西方博物学文化

WESTERN CULTURES
Of
NATURAL HISTORY

刘华杰——主编

北京大学出版社
PEKING UNIVERSITY PRESS

图书在版编目（CIP）数据

西方博物学文化/刘华杰主编. —北京：北京大学出版社，2019.5
ISBN 978–7–301–30167–8

Ⅰ.①西… Ⅱ.①刘… Ⅲ.①博物学 – 文化研究 – 西方国家 Ⅳ.①N91

中国版本图书馆CIP数据核字（2018）第294108号

书　　　名	西方博物学文化
	XIFANG BOWUXUE WENHUA
著作责任者	刘华杰 主编
责 任 编 辑	郭　莉
标 准 书 号	ISBN 978–7–301–30167–8
出 版 发 行	北京大学出版社
地　　　址	北京市海淀区成府路205 号　100871
网　　　址	http://www.pup.cn　　新浪微博: @北京大学出版社
微信公众号	科学与艺术之声（微信号：sartspku）
电 子 信 箱	zyl@pup.cn
电　　　话	邮购部 010–62752015　发行部 010–62750672　编辑部 010–62707542
印 刷 者	天津图文方嘉印刷有限公司
经 销 者	新华书店
	787毫米×1092毫米　16开本　37.25印张　620千字
	2019年5月第1版　2020年4月第2次印刷
定　　　价	128.00元

目　录

　　　　正名不是为了一统天下，而是为了相对地澄清边界，明确对象。博物活动涉及认知，但不仅仅是认知。博物学被遗忘得太久，现在人们习惯于将其纳入科学、科普的标题下思考。这有一定的道理，但缺点很多。比较合适的定位是，把博物学理解为平行于自然科学的一种古老文化传统。平行论更符合史料，也有利于普通百姓参与其中，从而为生态文明建设服务。

　　　　各国各地区自古就有博物学，这绝非套话。西方博物学从亚里士多德、塞奥弗拉斯特开始，就重视日常经验和积累，对自然的探究洋溢着自然主义的气息。到了近代，经过雷、林奈、布丰等人的努力，系统考察大自然的博物学范式基本建立，也为近代自然科学的兴起或者革命贡献了特殊的力量。不过，在西方，博物学一直与自然神学捆绑，从未完全祛魅。除了探究大自然的具体知识，博物学家华莱士、德日进、格雷、E.O. 威尔逊等还有更高层面的"致良知"，而要欣赏、发掘这类追求的价值，必须超出科学主义的缺省配置。

第二编　对缤纷大自然的"肤浅"探究 / 211

博物的范围从家园延伸到远方，地理大发现和帝国扩张都有博物学家的身影。博物的主体从皇家学会主席到平民百姓，有大地主、大人物也有各色小人物。如果说对数理科学和还原论科学的线性推进，男性一直唱主角，那么在面向生活世界的博物学中，女性一直扮演着重要角色，记录下来的只是百分之一、千分之一。自然、大地与女性之间，天然地存在着象征性或隐喻性联系，而以可持续发展的逻辑来考量，以求力、争速、意欲征服和控制为特征的男人理性则可能因为导致世界失衡而招致批评。

第三编　无法还原为科学家的迷离身份 / 327

科学与现代性为伍，相互支持，相互论证。在"好的归科学"的习惯性思维下，适应、生态、共生、土地伦理、国家公园、防止滥用杀虫剂等思想，好像都是科学家的原创，并最终纳入了科学常规研究。但是，不用说 G. 怀特、卢梭、歌德无法被整理成标准的科学家，梭罗、缪尔、利奥波德和卡森做的也不是常规科研，他们的思想和实践最核心的部分恰好不能还原为某种科学。他们首先是博物学家，博物的视野和情怀决定了其有特色的世界观和人生观。

第四编　重绘生活世界图景 / 411

在研究不充分的情况下，为整个西方上千年的博物学绘制一幅清晰的图像，是相当困难的。各个时代中，从粗犷的岩画到奥杜邦、梅里安、古尔德的精细手绘，博物学的确一直与图像结伴而行，图像与大自然本身一样缤纷多样，为认知、审美和生活提供有效的帮助。在现代性的大潮中，已经式微的博物学通向何方？它与生态文明有何关系？我们也只能在若干趋向的基础上粗线条地、猜测性地加以描绘。

引　言

不充分但非常有价值的传统

正名不是为了一统天下，而是为了相对地澄清边界，明确对象。博物活动涉及认知，但不仅仅是认知。博物学被遗忘得太久，现在人们习惯于将其纳入科学、科普的标题下思考。这有一定的道理，但缺点很多。比较合适的定位是，把博物学理解为平行于自然科学的一种古老文化传统。平行论更符合史料，也有利于普通百姓参与其中，从而为生态文明建设服务。

人类对地球环境的影响已堪比火山喷发、地震、海啸等巨大的自然力。诺贝尔化学奖得主克鲁岑（Paul Jozef Crutzen）基于人类对地质和生态的影响力于2000年提出，1950年可视为人类世（Anthropocene）的起点。（Zalasiewicz *et al.*，2010：2228—2231）在过去，对地质时代的描述借助于地层学，学者主要是博物学家、地质学家，确定地质分期和地层时代之"宇界系统阶带/宙代纪世期时"要组建各个工作组。研究我们身处于其中的人类世的"人类世工作组"（Anthropocene Working Group）除了包括地质学家外，还需要植物学家、动物学家、大气研究者和海洋科学家，哲学家和博物学家依然能够发挥作用。

地质年代的代（Ero）下分纪（Period），纪下分世（Epoch），世之下还要分期（Age），期下还可以分时（Chron）。从一个物种的崛起进程综合起来看，人类世其实在此之前3000年左右就已经启动，正式启动期应当从1760年左右的工业革命开始算，之前人类历史对应于人类世第一期（Anthropocene Age Ⅰ，简称AA Ⅰ，原始自然期）。现在我们正处于人类世第二期（AA Ⅱ，理性算计下的狂飙期），预计到2060年。这之后将迎来人类世第三期（AA Ⅲ，调整磨合期），将持续到2560年。如果发展顺利，最后将进入人类世第四期（AA Ⅳ，复归自然期）。

博物学（natural history）将有助于人们展望上述图景。但处于"理性算计下的狂飙期"的人们并不欣赏博物学，主流正规教育均是反博物、反自然的。

在人类历史的99.9%的时间中，我们的祖先并非靠最近三百多年才发展起来的科技而过活，而是靠博物学和传统技艺。反思人们仍不断赞美的工业文明，憧憬、建设新的生态文明，有许多文化资源可用，博物学只是其一。学界先前对于博物学的这一功能重视不够，本书只是一种极初级的探索。此工作不求全面，但希望信息量较足，也立下若干靶子供人们批判。

人类在这个星球上如果还想持久延续，博物学依然是可以依赖的，根本的一点原因是，总体上看它是适应于自然环境的学问。理论上讲，世界各地都有自己的博物学，但近代以来的人类文明具有典型西方化的特征，并且以展现强力和征服为荣耀。按法国哲学家塞尔（Michel Serres）的说法，西方思想家绞尽脑汁奉献自己的伟大思想，目的竟然是让人离开"生地"，即远离土地，幻想逃离地球家园。本来可以寄予厚望的自然科学，"在使生地进一步客观化的同时，更是将它置于千里之外"，多种因素的合取使我们进入了一个可与地质力相比拼的"人类世"，人类以空前的力量破坏着自己的生存环境。（塞尔，2016：40）塞尔说的生地（biogée），指水、空气、火、土壤、生物等，合称生命与土地，类似于利奥波德（Aldo Leopold）讲的包括人及其环境在内的土地"共同体"。其实，无论"生地"还是"共同体"，原则上都没有费解之处，搞懂其含义不需要高深的数理基础和特别的哲学思辨。但是，近代以来恰是无数高智商的人理解不了它们，历史资料显示，仅有少量非主流的思想家（其中包括若干伟大的博物学家）和大量非主流民众，真正理解这类概念。这也是今日在各门学术均十分发达的状况下，依然需要进行哲学思考、需要重启古老博物学的一个理由。

现在主流学院派哲学已经不关心大地，博物学更是已从课程表中消失半个多世纪了。两者还能结合起来，还能发出自己的声音吗？更基本的，哲学是什么，博物学是什么，能够通俗、形象地解释一番吗？

哲学是爱智慧，但不是智慧本身。哲学家关注存在与演化、物质与精神，在乎人类向哪里去。论证、辩论是在做哲学，看花，也是在做哲学，是在体验张祥龙教授所说的"象的思维"。亦如诗人、博物学家克莱尔（John Clare），观察、赞美大自然，"爱在草地、田野、幽谷"，是为了重建人生理想。中西博物学的边界都是模糊的，没有固定不变的"本质"。今日关注博物这样一个古老的文化传统，并不是想找到某种学科本质，而是试图以今人的视角、价值观重新建构它、延续它、发展它。

在1949年以前的近代中国，博物学名气很大，当时受过一点教育的人都十分清楚其含义。不过，也有夸大的时候。比如钱崇澍曾说："根本的学术者，博物学是也。"而这与吴家煦（冰心）在《博物学杂志》（上海博物学研究会编）创刊号上说的"我敢大声疾呼以警告世人曰根本的学术者博物学是也"，几乎一个模式。事后看来，当时部分学人误把自然科学放在了博物学内部考虑。随着西方各门分科之学接连引入中华大地，几乎没人再把那"根本的学术"当真了。不过，1949年之前，高等学校中，博物部、博物系、博物地学部、博物地理系等建制还是有的。

1949 年以后，"博物学"三字很少在图书、报刊上出现，各级教育系统中也不再有"博物学"字样的课程。主要原因是，科学技术向纵深发展，"肤浅"、无力的博物学难以满足国民经济建设的急需，博物学的其他功能当时不可能受到重视。

但是经过半个多世纪的发展，中国的科学技术发展取得了相当大的成就，中国高校每年颁发了全球数量最多的自然科学博士学位。中国已成为世界第二大经济体，同时中华大地又遭遇了各种各样难以对付的环境问题，此时古老的博物学被重新发现。博物学与生态文明的关系，也在 21 世纪之初，进入学者的视野。现在，既有操作层面的技术问题也有关键性的理论问题需要探讨。

一、"博物学"中的探究（history）

英文的 natural history 明明是自然史、自然历史，为何叫博物学？说来话长，却并非讲不清楚。伦敦自然博物馆、北京自然博物馆、上海自然博物馆的英文名中都包含 natural history 这个词组，但中文中无一带"历史"的字样。老一辈学者的做法当然是正确的。如果用啰唆的全称的话，它们应当叫某某自然探究博物馆。自然类博物馆的产生，当然也与博物活动有关。

英文词组 natural history 其实相当古老，来源于拉丁语 *historia naturalis*，而这与老普林尼（Pliny the Elder，即 Gaius Plinius Secundus）的巨著有关。而老普林尼的用法与古希腊学者的用法有关。关键的一点是，词组中的 history（historia）与现在人们熟悉的"历史"没有直接关系，它的原义是探究、记录、描述的意思，对应于英文的 inquiry。也就是说是指"时间"相对固定的情况下对一定范围事物的某种记录，相当于按下快门拍摄照片。在培根（Francis Bacon）那里，history 两种用法（指探究和历史）都有，见于《广学论》（*Advancement of Learning*）（即《学术的进展》）、《新工具》（*Novum Organum*）和《新大西岛》（*The New Atlantis*）。据新大西岛上外邦人宾馆负责人介绍，他们还保存着所罗门王撰写的《博物志》，"一部关于一切植物，从黎巴嫩的香柏木至生在墙上的苔藓，以及一切有生命、能活动的东西的著作"（培根，2012：20）。培根也特别用过 natural and experimental history 这样的表述，指的是博物探究和实验探究，而这两者是为他设想的自然哲学或新科学服务的。

到了近代，日本人面对英文词组 natural history，创译出"博物学"三个字。

中国古代有"博物"两字连用的情况，如张华的《博物志》以及习语"博物洽闻"之类，却无"博物学"三字连用的情况。日本人翻译得是否有道理呢？应当说比较有道理。英语世界中 natural history 覆盖的内容，与中国的博物志确实有相当多重合的地方，当然完全重合是不可能的。有人以"博物学"三字与日本关系太大而不建议使用，其实毫无道理，"科学""社会""经济"这样的高频词又何尝与日本没有关系。如果能坦然地不用"科学""社会""经济"这样的词，废弃"博物学"三字自然没得商量。

用辉格史[1]的观念翻译 natural history 是不合适的。有人根据后来，特别是布丰（Comte de Buffon，即 Georges-Louis Leclerc）、拉马克（Jean-Baptiste Lamarck）、钱伯斯（Robert Chambers）、达尔文（Charles R. Darwin）、华莱士（Alfred R. Wallace）的演化论出现之后，natural history 所包含的内容，来重新解释 natural history，硬说其中的 history 本来就包含"时间"的维度，因此正确或者唯一正确的译法是自然历史、自然史。难道很能体现 natural history 精神和旨趣的演化论（进化论）不讨论物种在时间进程中的变化吗？其实，这只是看似有道理，实际上不讲理。西文中 natural history 或 historia naturalis 是一个古老的固定词组，有约两千年的历史，它与 history of nature 不是一个概念。姑且不谈翻译的约定俗成原则，就实质内容而言，其中的 history（historia）真的不包含"时间"内容，亚里士多德（Aristotle）、希罗多德（Herodotus）、塞奥弗拉斯特（Theophrastus）、老普林尼、格斯纳（Conrad Gessner）的著名作品篇名都有类似 historia 的字样，准确讲无一包含"时间"的含义。希罗多德是西方历史学之父，他的名著标题难道不是历史的意思？坦率地说，严格讲还真的不是历史的意思，那部作品相当于某某考察报告！希罗多德也是标准的博物学家，现摘录一段：

> 鳄鱼具有以下特征：在冬季的4个月里，它不吃任何东西；它是水陆两栖的四足动物。母鳄在岸上产卵和孵化，它们一天的大部分时间是在旱地上度过，但是夜间它们返回河里，因为夜间的河水比夜里的空气和露水要温暖些。在我们所知道的所有动物当中，这是一种能够由最小长到最大的动物。因为鳄鱼卵比鹅蛋大不了多少，而小鳄鱼和鳄鱼卵的大小相当。可是，它

---

1 辉格史即"历史的辉格解释"，这一术语是由英国史学家巴特菲尔德（Herbert Butterfield）首先创用的，它指的是19世纪初期，属于辉格党（Whig）的一些历史学家从辉格党的利益出发，用历史作为工具来论证辉格党的政见，依照现在来解释过去和历史。——编辑注

成年之后，这个动物身长常常可达 17 腕尺，甚至更长。鳄鱼的眼和猪眼相似，长着和它的体格成比例的尖牙利齿。鳄鱼和所有其他动物不同之处，就是它没有舌头。它的下颚不能动，在这一点上它也是独一无二的，它是世界上唯一一种上颚动而下颚不动的动物。鳄鱼还长有强有力的爪子，背上有难以穿透的鳞甲。它在水里看不见东西，但是在陆地上它的视觉敏锐。既然它主要生活在水里，因此它的嘴里常常满是水蛭。其他的鸟兽看到鳄鱼都会逃避，但是它和一种叫作柳莺的小鸟和平相处，因为这种小鸟可以为它做事。原来，每当鳄鱼从水里来到岸上的时候，它总是习惯于面向西方张开大嘴躺在那里。这时，这种小鸟就到它的嘴里去啄食水蛭。鳄鱼喜欢柳莺对它的恩惠，因此它也注意不去伤害柳莺。（希罗多德，2013：138—139）

接着希罗多德说有些埃及人把鳄鱼尊为神兽，他生动讲述了如何饲养、装饰、厚葬鳄鱼，以及如何用猪脊骨肉作饵捕捉鳄鱼。他提到一个细节：把鳄鱼拖到岸上时，猎人要尽快用泥巴糊住其眼睛，这样就容易制服它了。希罗多德书中类似的例子有许多，显然他重视的是对鳄鱼的描述，而不是讨论鳄鱼如何演化而来。亚里士多德、塞奥弗拉斯特带 historia 字样的著作，也基本类似，那里不讨论时间演化的历史问题！因而他们的著作不能译成某某史。

那么怎么解释，西方世界后来的 natural history 研究中出现了十分重要的演化论这一事实呢？其实很容易。用上面提到的按快门拍照的比喻，各种 natural history 活动留下了大量瞬时照片，它们相当于真实历史的某种简单化的空间切片，数量很大。它们是不同时刻留下的，把它们联系起来考虑，相当于把不同的空间切片组合在一起，于是就建构起单向演进的时间这一维度。就某处某生物甲而言，naturalists（博物学家们）留下各个时刻、时间段的观察记录，积累起来综合考虑，就出现了生物甲的时间演化问题。达尔文的著作《物种起源》当然属于博物学成就，也讨论时间问题，这一点也不矛盾。简单说，空间切片积累多了，时间演化的问题自然就浮现出来了。但是，不能根据后者重新解释前者，那样就犯了辉格史的忌讳。在西方思想史上，"发现"单向的时间箭头，是相当晚的事情。

近代以来 natural history 与 natural philosophy（自然哲学）形成相对照的两种认识方式或知识类型。既然后者可以硬译为自然哲学，为何前者不能译成自然历史？这依然貌似有理，实际上还是辉格史观在作怪。在希罗多德的年代两者并未形成分野，historia 和 philosophia 两词含义一样，被伊奥尼亚人称为 historia 的，正是雅典人所说的 philosophia。"二者均为探求真理的学问和活动，但侧重点有所不同，前者旨在求真，从事'发现'真理，后者本意为爱智（热爱智慧）。"（徐松岩，2013：v）牛顿（Issac Newton）的书名虽然可以勉强译作《自然哲学的数学原理》，但那时的哲学与今日的哲学也不是一回事。需要再次强调的是，希腊人贡献了 historia 这个词，但从根本上却不是一个有"历史感"的民族，他们在 historia 标题下所做的不是今天理解为历史的东西，historia 获得时间性的意义是在经过基督教洗礼之后的近代。（吴国盛，2016a：92）比如到了 16 世纪中叶，格斯纳的作品中 historia 的含义依然老样子，是"志"而不是"史"。因此，这两个词组相对准确的译法都是"对大自然的探究"，细分的话，前者是更重视经验的探究，后者是更重视推理的探究。而实际上在任何时候、在任何人那里，经验与推理都交织在一起，只是或多或少的问题。可以讲培根、洛克（John Locke）更重视前者，笛卡儿（René Descartes）、莱布尼茨（Gottfried W. Leibniz）更重视后者，而伽利略（Galileo Galilei）、牛顿两者都重视。20 世纪的主流科学史写作［比如柯瓦雷（Alexandre Koyré）、库恩（Thomas S. Kuhn）］，过分重视力学、天文学、物理学的发展，导致十分在乎 historia 的培根传统被严重忽略，哲学界更是觉得培根经验论哲学太简单而不值得深究。这是一种严重的偏见，妨碍了对近代西方科学和西方哲学的理解。

汉语跟西方语言一样，史与志是密切相关的，志积累多了，就为史的探究提供了基本素材。这非常好理解，就像对北京昌平每年都写下详细的县志（或区志），积累多了，就可以用它们来研究昌平的历史。"史"，记事者也。在中国古代，"历"与"史"两字只是偶然搭配在一起，例子也不够多。较常引用的有："博览书传，历史籍，采奇异"（《三国志》）；"积代用之为美，历史不以云非"（《南齐书》）。在这里，"历史"是动宾词组，转变为一个名词的过程中，空间变换成时间。于是大致的经过是，中国古代的一个动宾词组，在日本人翻译西文的 history 时，具有了时间演化、经历的含义。之后，"出口转内销"，又传回了中国。（王泉、陈婧，2013）

不过，一切翻译和命名都是相对的、约定俗成的。道理尽可以讲，但不能太固执，学人更无权管制普通人的用法。最终词典是按实际存在的各种用法收集、归类语词的义项。博物学（natural history）也一样，只要知道中西文大致对应即可，普通人如何翻译、如何称谓自己关注的领域，属于个人的自由。因此，愿意把natural history译成自然史，也可以，只是别声称那是适用于任何语境的唯一可行的翻译即可。

二、博物学的活动空间：自然与社会的分形边界地带

博物学在与人这个物种的自然生存相匹配的时空范围行动。那么普通人在什么空间范围内博物呢？可下五洋捉鳖、可上九天揽月，对于博物而言显得夸张了。博物学的活动空间虽然无法画出明确的边界，但相对保守。也唯有如此，才适合于普通百姓。

第一，在宏观层面进行，这明显区别于还原论的做法。此方面已有诸多讨论。这是就纵向而言的空间。

第二，在自然与社会交叉的地带进行。这是就横向而言的空间。这个交叉地带作为一种空间，相对于理论上的整个空间非常小。理论上整个空间是由宇宙学和哲学来界定的，在那里已知与未知相比只占很小的一部分，可以粗略地讲这种意义上的整个空间是无限大的。

博物学活动的空间不指向与人的活动有关的纯粹社会领域，也不指向与人完全无关的纯粹自然领域，而是指向两者有一定互动的分形交叉领域。分形交叉的含义是两种东西混合在一起，界面并非原来意义上的欧氏几何线、面、体，而是一种你中有我、我中有你的交织状况。即使在某个城市小区中，也有自然与社会交织的情况，也可以开展多种形式的博物活动。大自然并不在通常想象的某种边界之外，大自然就在身边，只是通常被忽略了。霉菌、青苔、绿树、野草、飞鸟，在人们生活中随处可见，在社会化的自然环境中观察自然、体验自然，是当今复兴博物学的重要目标指向。有条件者，可以稍向外围扩展，在人化、社会化程度稍低的环境中进行博物活动。对于极少数人，可以拓展得更远些，到通常未受人类干扰的大自然中探险、考察。

自然与社会的分形交叉地带是人类生活与认知发生的空间场所。博物学在这样的空间中讨论本土知识（在地知识）、外来种入侵问题、生态保护问题。博物学不是热衷于人迹罕至的荒蛮世界吗？其实探险家所谓的无人烟的荒蛮世界，仍

然处于人类的关怀之下，而且并非很遥远。博物学家能够涉足的荒野深度与当时的社会发展状况，特别是交通水平，有着直接的对应关系。通常，考察的上限是地球，极个别情况下要考虑太阳系或者更大宇宙空间的若干问题。

自然与社会的分形交叉地带恰好是环境问题、生态问题发生的空间。博物学活动在此空间行动，一方面关注自然对个体和社会的影响，另一方面关注社会对自然的影响，包括长远可能的影响。

与空间相关的是时间，博物学关注的时间尺度依然是紧密围绕人这个物种来谈论的。就个体而言，人的自然寿命是 0 年至 150 年。突破上限，理论上并非不可能，但违背自然法则，与演化论所强调的适应原则矛盾。就群体而言，博物学在乎当下，也思虑长远，比如关注十年后、百年后、千年后人类的生存环境。为了更好地理解现在、把握未来，二阶（the second order）博物学则关注历史上的博物学，想知道博物学传统给人哪些启示和教训。

相比于其他学术，在判断对大自然进行人工改造是否合理时，博物学基于更大的时空尺度，所给出的结论可能与来自自然科学、社会科学、行政决策的不一致。事后看，出错的也可能是来自博物学的结论，但是目前在进行可行性分析时，缺少博物学的维度则是不明智的。因为对大自然的感受并非只有专家说了算，普通人也有发言权。比如专家可能说 PM2.5 数值在多少以下空气质量就合格、"三聚氰胺奶"通过了多少次质检就算合格饮品，但是普通人根据自己的感受可能给出不同的看法，空气刺鼻、婴儿喝奶致病是宏观层面看得见的效果，虽然一时半会儿百姓搞不清机理。普通公众能够搞清楚的是，随便向大自然中排放工业废气、随便向牛奶中添加化学物质，不但是可疑的也是不道德的。

三、平行于自然科学的博物学

博物学有悠久的历史，形成了一个重要的传统，这毫无问题。问题是，如何对这一传统进行定位，这涉及当下及未来人们如何看待博物学，如何复兴博物学。

其中最为关键的一个子问题是，博物学与自然科学是什么关系？如今谈到环境治理、生态保护，人们最容易想到的是借自然科学的思想和技术来解决问题，这里有博物学什么份儿？博物学是科学的一部分，还是它只是科学的初级阶段、肤浅形式，即前科学、潜科学？论及肤浅形式，容易将博物学与"科普"挂钩，于是有人想当然地认为，博物学是地学、生命科学、经典天文学、环境科学的普及形式。

博物，涉及认知和知识积累，于是它与自然科学一定有联系，想斩断这个联系是不可能的。事实上学者通常也不想切断其联系，却容易走向另一个极端：过分强调两者的相似性。

相似性是存在的，特别是从历史上看。现代课堂中讲授的自然科学成熟较晚，不过几百年，严格讲不到两百年。之前，现代自然科学所做的那些探究并不以"科学"之名统一地进行，比如牛顿的书还叫"自然哲学的数学原理"呢。回顾历史，人类所进行的各种探究，哪些算在科学题下，哪些不算，有相当大的弹性，这涉及科学编史学理论，与编史纲领密切相关。事实上，科学史的编史纲领一直在变动当中，学者对当下已有的科学通史并不满意，仍然依据新的理念不断重写科学的历史。有人指出自然科学的四大传统包含博物传统，还提了博物学编史纲领的大胆想法（刘华杰，2011c，2014a；张冀峰，2016），其着眼点并非只在于人类文化中科学这一子集。

强调在现代自然科学的历史进程中博物传统曾经作出了巨大贡献，以及即使是现在的自然科学当中博物的成分依然存在、对于科学本身也很重要，这也仅是一种思路，虽值得肯定，但还处于初期反思阶段，也有一厢情愿的味道。提出"博物学作为理性科学之外的另一大类科学类型"（吴国盛，2017：42），虽然有助于恢复多元科学观、为其他自然知识提供合法性，但是效果可能很有限。一方面，博物学能否提供人们大部分所需？另一方面，自然科学界是否买账？两者都难有完全肯定的回答。博物学真的是科学？在今日世界真的有必要将博物学打扮成科学？

在现代社会，科学具有相当的话语权，人们也习惯于"好的归科学"（田松博士发明的一个有趣的讽刺用语）。"好的归科学"，在操作意义上，展现了唯我独尊的霸权意识。划归了科学，便相当于宣布这东西是正确的，你们应当学习、遵守的。与未归入科学的东西相比，归队的就有了等级优势。对于博物学，情况如何呢？

博物学中显然有些内容可以经过筛选、提炼而转化为正规科学，进入荣誉殿堂，享受某种待遇。比如，可以对 G. 怀特（Gilbert White）的《塞耳彭博物志》

（*Natural History of Selborne*）和梭罗（Henry D. Thoreau）的作品仔细辨识，找出如今生态学所承认的某些个别论断，从而把他们追认为生态学先驱、生态学家。这样做有一定合理性，但是不能就此认为怀特和梭罗所做的只有这一点点可怜的意义。本来，怀特和梭罗也不以自然科学家自居，他们的作品中有多少科学成分未必是作者在乎的。英国 1964 年成立了生物记录中心（BRC），半个多世纪以来此"公民科学"（citizen science）组织在生物多样性调查、环境保护、自然教育方面做了大量有益的工作（Pocock *et al.*, 2015），补充了科学家研究的不足。BRC 号称做的是公民科学，实际上并不纯粹，也引起了一些争议。严格讲它继承了英国悠久的博物学传统，他们开展的工作也大部分是博物性质的，仅有一小部分可以归属于科学。

相对于把博物学仅视为科学事业的从属部分，我们愿意在此提出更有吸引力的一种新的"平行论"定位：博物学平行于自然科学存在并发展。在这种新的定位中，博物学的价值、意义并不完全依据科学来评定。此定位有一个宏大的时代背景：在全球范围建设生态文明。

平行论有两方面的优势。第一，平行论更符合历史资料。历史上博物学家做了大量东西，出版了比现在认定的自然科学著作多得多的作品。博物学家的作品中只有一小部分能够纳入科学的框架。从平行论的角度看问题，人们能够更公平地看待丰富的博物学史料。也正是基于这样的考虑，我们通常提"博物学文化"，而不是简单地提"博物学"。这表明，我们更愿意从文化史、生活史的角度理解博物学，有意淡化博物学的认知方面。当然，这不等于说博物不涉及认知，只是不强调现代实验室科学意义上的认知而已，实际上博物过程涉及许多非常有趣的认知方面，如亲知、具身认知、个人知识等。第二，平行论有利于当下及将来复兴博物学。如果博物学只能借助于科学、科普而获得价值承认，那么没必要单独考虑博物学，趁它式微任凭它死掉好了。的确有人欢呼博物学的衰落，认为它就应该死掉。问题是，也有相当多的人不这样看问题。当今世界面临许多难题，古老的博物学恰好可以大显身手，比如生态环境问题、教育问题、幸福问题。值得补充的一点是，平行论并不完全否定学科、领域交叉。打个比方，从北京到河北石家庄有两条大致平行的高速公路：京港澳高速公路（G4）和京昆高速公路（G5）。从北京到石家庄，这两条路在起点及终点上可以相通，中途也有其他连接路线（比如 G4501、G95、G9511、G18、S52 等）。也就是说，它们整体平行又有多处连接。如果 G4 好比科学，则 G5 好比博物学。平行说强调的是 G4 与 G5 不重合，无法完全归并，并没有否认它们之间的多种联络。

不利于平行论的一个重要方面是，博物学相对于自然科学中的还原论成果，不够深刻。换言之，博物学比较肤浅。比较好的回应策略是，首先，以退为进，先承认这一指责。接着，追问：那又如何？深刻又怎样，就有利于普通百姓幸福生存，就有利于生态文明？这就是关键所在。求深刻，求力，讲究对大自然和人类社会进行支配、控制的科学技术，并非每个因素、结果都是人们欢迎的。博物学纵然肤浅（姑且接受这一"美名"），它也有现实意义和长远意义。

博物实践，可以让广大参与者，特别是非科学家，更好地了解人们生存的环境，时刻明白人这个物种只是大自然中数以百万、千万物种中的一个，人的良好生存、持久生存离不开其他物种，离不开养育人们的土地及地球盖娅[1]。这种肤浅的实践，与严格的正规科研相比，各有优势，两者应当是互补关系。就情感和价值观培育而言，博物活动反而更具显著优势。

平行论并没有否定博物与科学交叉的事实。人类文化本来是一体的，命名活动不可避免地人为划分出若干领域、学科。许多博物学家是科学家，这容易理解。许多博物学家不是科学家，这个方面人们考虑得不多，稍思考一下也可以认定这是事实。有些博物学家事后被追认为科学家，这也是事实，但这样表述可能会被视为别有用心。其实别有用心是被逼出来的。某个博物学家多出个称号、头衔并不可怕，可怕的是遗忘之前他们本来的身份，将博物学的功劳据为己有。这还是"好的归科学"思想在作怪。

当人们津津乐道地谈论生态学、共生、国家公园、保护生物学、化学品污染时，是否还记得怀特、达尔文、缪尔（John Muir）、利奥波德、卡森（Rachel L. Carson）这些伟大博物学家的名字？也许人们可以事后给他们安上某某科学家的桂冠，但他们无疑个个是典型的博物学家，这是他们天然的身份，如利奥波德所言"we naturalists"（我们［作为］博物学家）如此这般。强调他们的身份，这有意义吗？回答是：非常有意义。

---

1 "盖娅"一词来自拉夫洛克（James E. Lovelock）的盖娅理论。——编辑注

四、世界图景：演化论基础上的共生哲学

哲学雕刻时代精神。理论上，哲学应当是一种宏观层面、综合性把握世界的学问，天然带有博物的色彩。但当今世界主流的学院派哲学是反博物的。

在缤纷的现代性大潮中，主流哲学遭遇了危机，越来越丧失对公共政策的话语资质，经济学、社会学、政治学、博弈论对于决策和舆论引导显得更为有用。历史上某个时候决策者可能还要听听哲学家的意见，现在则可能转而请教经济学家、金融学家、社会学家、房地产商甚至同性恋问题专家。对于哲学（界）的现状，人们有不同的看法，有人甚至非常乐观，认为哲学从未如此繁荣，比如哲学论文、专著空前高产，各种级别的学术会议此起彼伏。不过，依然能够觉察到哲学的危机：①相当一部分哲学模仿或冒充科学，不断专业化、碎片化。②脱离"生活世界"，仿佛思想不借助经验、历史、数据就可凭论证、演绎而蒸馏出来。③过分看重人类中心论的理论算计，实际上是小尺度的短程算计，对大自然的演化适应考虑不够。表面十分理性，实则理性不足、视野狭隘。

大约两千年前的《道德经》《庄子》是优秀的哲学、博物学作品。如今，哲学是外表严谨的一堆东西的混杂（在中国它包含若干人为划分的、几乎不往来的二级学科和若干专业方向），作为一个整体的哲学几近消亡，对霾、经济复苏、文明演进、天人共生等不再发声。哲学应当从博物传统的演化论汲取营养，重新获得对自然、社会的感受力和判断力。

从思想史的角度讲，现代世界观源于"从封闭世界向无限宇宙"的转变，此转变也伴随着从人格化的意义世界向客观化的无意义世界的转变。这样一场惊心动魄的观念革命与地心说被日心说取代有关，与哥白尼（Nicolaus Copernicus）等一系列思想家有关。这些故事已经被描述过无数次，细节、版本有所不同，但总的意思差不多。人类并没有止步于日心说，宇宙学在不断更新着宇宙的边界，实际上现在人们不知道宇宙有多大，也不承认宇宙有单一的中心。对生命的理解，也远超出19世纪地质学、分类学、演化论的结论，而进入了分子层面，科学家正对基因编辑、转基因投入极大的精力，生命科学似乎在暗示遗传密码便是一切。

不过，这只是一种过时的习惯。马古利斯（Lynn Margulis）的研究成果或许要取代哥白尼，再次对人们的世界观发生影响。但因为马古利斯的观念太反传

统，在相当长的时间里她的观念不可能得到普遍认可，虽然就自然科学层面来说，她的理论经历许多曲折，在过去的十多年里已经写进了中学教科书。

马古利斯不只是一名普通的科学工作者，或者有足够创新能力的科学家，她同时是一位伟大的思想家。她远不如其前夫萨根（Carl E. Sagan）出名，但就科学成就、思想成就而论，明星人物萨根完全无法与她相提并论。他们夫妻的离婚正好也象征了两种科学、两类思维方式、两种世界观的分离。哥白尼关注的是天体如何运动，马古利斯关注的是生命如何演化。一个是简单系统，一个是复杂系统。

达尔文对思想史的贡献也不亚于哥白尼，事实上他与哥白尼属于同一类型，他们的工作共同推进了现代性世界观的建立和流行。达尔文的工作属于博物传统，本来包含精致的内容，其成就亦可作多种解读，但着急的现代人迫不及待用"社会达尔文主义"来理解达尔文思想的全部。达尔文伟大的工作几乎都被作了相反的解读。比如，他的理论本来蕴涵着非人类中心论，即人只是演化树上一个普通物种，但达尔文之后，人类中心论变得愈加强势。他的理论认为演化是没有方向的，只不过是局部适应，但其信徒和传播者把它曲解为"演化即进步"，一切向着或终将向着某些人认为好的方向发展。回头看，处于资本主义上升阶段及全球扩张变得十分流行的特定时代，达尔文的思想不被曲解，几乎是不可能的。在19世纪和20世纪上半叶，达尔文的演化理论在全世界都被无意或有意地曲解，包括在中国。

因此，达尔文在思想史上虽然重要，但他只能扮演承前启后的角色。达尔文把现代性世界观由无机界推广到有机界，最终推动了竞争范式或者斗争范式的建立。对于即将到来的新革命，他的工作处于准备阶段，而新革命的主角是提出连续内共生理论（SET）的马古利斯。马古利斯遭受的非议、受到的阻挠，事后看都非常自然，因为她的理论是反现代性的，完全更新了演化论。她的工作否定了一种旧的世界观，最终将促成"现代性"观念的变革。

马古利斯在前人研究的基础上系统地构造了生命演化的连续内共生理论。简单点说，她认为生命的重要基础细胞是"化敌为友"共生演化的结果。比如细胞中的线粒体和叶绿体原来是"敌人"，但在长期相处过程中，最终"敌人"由外到内、成为自己的一部分。竞争中的两个主体在长期演化过程中实现了"化二为一"，在新的平台上原来两个主体彼此合作，在新主体下扮演各自的角色。这样的过程不是一次性完成的，而是在漫长的生命演化过程中，反复进行，形成了连续多次的共生，于是称连续内共生理论。此种内化过程对于整个生命世界的物种演化，具有特别重要的意义，它终结了原来线性分枝之"生命树"的简单演化图景。如果现在还要用树的形象来隐喻生命演化的话，这种树也不再是只分枝的普通树了，而是类似榕树的那种有分有合的树。就生命演化的大的分类单元的形成而言，比如在域、界的层面，这种内共生占据了主导地位，因而就大尺度生命演化而言，在一对矛盾中，合作共生是主要的，竞争斗争是次要的，至少从结果看是这样的。

从博物的视角可对马古利斯的理论进行哲学阐释。首先，简单的二元对立思维是不够的，甚至是有害的。竞争与合作是矛盾的两个方面，对于理解生命演化，只用一个是不够的，特别是只强调竞争是一种巨大的偏见，严重影响了人们对世界图景的理解，进而降低了人们耐心相处的能力。

其次，自亚里士多德时代起西方人习惯的"实体／属性"捆绑描述模式有其固有的语言学弱点。语词的命名以及由此产生的指代、指称关系，是近似的过程。好比在量子力学之后，人们虽然仍然可以继续使用位置、速度、质量、能量这样的老概念，但是要明确新体系下的概念仅仅沿用了原有的写法，含义上已经发生巨大的甚至不可通约的变化。对于描述生命体，语词的局限性更加突出。原来自由生存的细菌，在演化过程中形成了如今的细胞器（经过多个阶段），就几何结构而言，是你中有我，我中有你。这不是传统的欧氏几何所能描述的，而要用 20 世纪芒德勃罗（Benoît B. Mandelbrot）发展起来的分形（fractal）几何来描述。现在，仍然可把原来的细菌、中间阶段的细胞器，以"实体"的名义进行粗略的描述，但是它们不可能是分离意义上、客观的自存之物，而是网格意义上、内在地包含了异己成分的模糊主体。此主体内部有结构，其部分彼此构成环境，整个主体也生存在更大的环境之中。分离、阻隔后的主体不再是活的生命体，只是方便描述、称谓的对象。

第三，生命不是一次性起源，而是在演化过程中不断起源着。对某类生命之前状况的追溯，是起源研究的课题。最终起源的问题只是一个问题，甚至只有象征意义，而中间阶段的各次起源才是科学问题、哲学问题。生命演化涉及大尺度过程，对这类现象的洞察、理解自然需要大尺度的思维，需要大历史观。如果眼光仅仅盯住一天、一年、十年、百年，可能根本看不到这种宏大的生命演化进程！在小尺度上重要的力量、因素、事情，在大尺度上看，可能完全不重要，那些纠缠、恶斗和局部得失，可能只是一种可忽略不计的涨落。

来自博物传统的演化论的基本事实、理念，正在超出自身，将全面更新人们的世界观。不过，这不是可以立即完成的，在此之前机械论的世界图景（工业文明与之伴随）还要长期占据统治地位。恩格斯早就批判过机械论的形而上学，但多少年过后那种哲学依然流行。是不是西方文化传统天生喜欢机械论或者必然导致机械论？似乎得不出这样的结论。科学史家戴克斯特霍伊斯（Eduard J. Dijksterhuis）通过西方古代遗产、中世纪科学、经典科学的黎明、经典科学的演进这四个阶段描述了机械论世界图景的形成。（戴克斯特霍伊斯，2010）但是，这并不表明西方的文化遗产只能提供这样一种世界图景。如果区别于戴克斯特霍伊斯对人物、材料和编史观念的选取，比如不过分将学科限制于力学、物理学，更多地考虑医学和博物志，放弃理论优位而更重视丰富多彩的自然探究实践（吴彤，2005），则有可能得到不同的世界图景。同样是科学史家，考克罗杰（Stephen Gaukroger）则得出了稍不同的结论，甚至指出了机械论（力学观）在17世纪末18世纪初就已崩溃（collapse）。（Gaukroger，2010）

从"封闭世界到无限宇宙"的拓展，本来基于神是宇宙大机器的唯一设计师的基督教大前提，发展的结果却导出了令牛顿等人有些担忧的唯物主义机械论：世界从古至今不过是一些原子在那里撞来撞去，想象中的神不存在，辽阔的宇宙完全无意义。部分科学主义者对此祛魅过程倒不在乎，甚至得出完全相反的看法，认为唯物并不可怕，"生活世界"不如"科学世界"重要，科普的目的就是要消除百姓的主观而达于科学家的客观。这种客观化进程取得了一些有益的结果，颠覆了众生的朴素世界图景，使人们能够从旁观者的角度冷静地审视与自己无关的无限世界。但是客观化将大自然置于对象的角色，让人误以为大自然足够坚韧，资源无限丰富，人类可以为所欲为，结果，仅用了几百年时间，人类的行为就危害了天人系统的可持续生存。也许如《无限与视角》作者哈里斯（Karsten Harries）所言，"我们需要一种新的地心说"！（哈里斯，2014，中译本序：6）无限宇宙、无限资源的自然观不利于珍视我们的地球家园。

从拉夫洛克的盖娅理论、马古利斯的内共性思想、阿克塞尔罗德（Robert Axelrod）的博弈理论（阿克塞尔罗德，2008），到黑川纪章的共生哲学（黑川纪章，2015）、张立文先生的和合学（张立文，2016），共生的思想，现在已经不局限于非正规科学、正规科学，而进入人文社会领域，但显然还远没有成为主流思想，在相当长的时间内似乎也做不到。不过，努力的方向是正确的，生态文明的基础离不开有博物色彩的演化、适应、共生哲学，世界秩序的探讨也与此有关。（刘禾，2016）高明的竞争不是实质上消灭对手，而是建构新规则和模式，让对手在新体制下自愿为自己服务。实际上，严格讲也不是为"自己"服务，而是各司其职。

五、博物学文化之于生态文明，不充分但有重要关联

对当下科学要反思，对既有文明也要反思。

从批判的角度看，进化即退化，文明即野蛮。推进文明的手法有两大类型，都跟以强凌弱有关。第一种可称之为排污圈地，第二种可称之为排污榨取。塞尔在《生地法则》中提出一种见解：文明的前提是肮脏，文明通过圈地、污染而发展起来。具体讲，通过类似于尿、粪、血、精液的喷洒（即人类的排污）而占有，从而推动文明前行。（孟强，2016）如今，展望生态文明，就要对上述文明推进手段进行彻底的批判。塞尔的结论是，大自然需要代言人，即为大自然说话的人，谁能胜任？一种特殊类型的学者。但并非过去一般意义上的科学家，而是一些使用"生地语言"，关注天人共生的研究"生命与地球科学"的学者。我们相信，其中就包括博物学家。除了塞尔讲述的为达圈地目的不惜污染自己疆土的文明推进手段外，还有更赤裸裸的通过远程遥控攫取他乡资源、财富或者倾倒废弃物而污染弱势国家、地区的文明推进手段。发达国家转移工业污染已经司空见惯。矿山老板在落后地区建厂采矿，造成当地的水土、大气的快速污染，而自己却居住在杭州、海南甚至国外度假胜地，他们用资本剥削了贫穷而短视的当地人，留下了一系列癌症村，费金（Dan Fagin）的《汤姆斯河》（*Toms River*）和蒋高明的《中国生态环境危急》都讲了相关案例。按现代性的逻辑，这一切罪恶都可以做得"合理合法"，甚至天衣无缝、你情我愿。当发现不对头时，问题已经相当严重，污染的始作俑者早已逃之夭夭。解决的办法是维持社会公正，加强基础教育，使落后地区的百姓觉悟起来，不再"自愿"地与资本和权力合作，为了眼前利益"豁出生命搞开发"。受怎样的教育、如何觉悟呢？博物学有用武之地。

可是，谁能担保这类科学不会再次垄断知识？谁能担保这类科学家不会成为新的权贵？谁又能担保他们不会独霸代言人之位而排斥异己？为此，必须诉诸真正的民主。如塞尔所言，"真正的民主不仅使获取信息成为可能，而且使得人们的参与变得活跃起来"。在三方游戏中，我们每个人都有责任成为"生地居民"，充当生地的代言人，无论是主动还是被迫。这场游戏更是一场集体游戏，每一位生地居民都有权发出自己的声音，并竭力防止它沦为权贵的独白，无论他们是知识权贵、经济权贵还是政治权贵。（孟强，2016）

也就是说，单有"生命与地球科学"、博物学，是远远不够的，配合以充分的民主与完善的法治，生态文明才有希望。

从科学史的角度看，博物学是自然科学四大传统之一，而且是其中最古老的一个。

与西方数理科学、还原论科学相对照的西方博物学，经过漫长时间的发展（Farber，2000；刘华杰，2011b；吴国盛，2016b），本身也具有相当的丰富性，也可划分为不同的类型。有些博物学家视野宽广，在大尺度上思考问题，富有预见力，他们的想法对于今日考虑建设生态文明，有着重要的启示意义。

如19世纪的教育家查德伯恩（Paul A. Chadbourne）在《博物学四讲》（*Lectures on Natural History*）中描述的，博物学与认知、品位、财富和信仰均有关系。（查德伯恩，2017）认知与财富方面容易受到关注，而品位和信仰经常被忽略，但恰好是后两者与情感和价值观有密切联系，涉及天人关系。今日尝试复兴博物学，此四个方面均要考虑到，不能只在乎认知与财富。受沃斯特（Donald Worster）环境史研究的启发，近代以来的西方博物学可粗略地划分为两大类型：帝国型和阿卡迪亚型（田园牧歌型）。两者与如今讨论的生态文明都有关系，但并非都是始终有利的简单因果关系。此时在中国复兴博物学也必须考虑行为约束，《博物理念宣言》（也称《白鹿宣言》，2018年8月18日在成都彭州白鹿通过）是必要的。无法得出结论说，所有类型的博物学都有利于环境保护和生态保育。可以找到反例证明，有些博物学活动中的采集、猎杀、挖掘、贩卖甚至展示，也直接或间接造成了生态破坏，只是影响力相对小些。也就是说，找不到简单的对应关系。无法说某一种类型就完全无害或完全有害。比较而言，两种类型的影响有一定的差异，阿卡迪亚型对于生态文明建设更具正面价值。

阿卡迪亚型侧重观察、感受和欣赏，并不很猎奇，并不特别在乎新种的发现和自然珍宝的收罗。从认知、科学史的意义上考虑，这种类型经常被忽视，因为此类博物学似乎没有对近现代科学作出特别重要的贡献。生态学算例外，但生态学并非当今科学的主流范式。帝国型则得到一定程度的重视，虽然远比不上数理、实验科学。帝国型博物学的成果往往立即转化成各门具体科学的知识点，被分解注入别的学科，成全了地质学、地理学、植物学、动物学等，也为还原论科学提供难得的样品。

阿卡迪亚型博物学的代表人物 G. 怀特、克莱尔、梭罗、缪尔、利奥波德、卡森等为生态文明建设提供了极为丰富、重要的思想资源，而他们实践的博物学门槛反而很低，甚至没有门槛。现在面向普通公众考虑复兴博物学，最重要的也是复兴这一种类型，而不是鼓励实践帝国型博物学。现在缺少的不是个人能力，而是观念和兴趣。基础教育广泛开展博物教育、自然教育应当立足这种类型的博物学。可以从自己的家乡、社区、城市做起，从小培育热爱自己家乡的真情实感。1955 年引进的一部图书《研究自己的乡土》，其具体内容早已过时，但标题和基本思想依然很好，可据此编写出各种类型的本土、在地教材，补充当下普适、脱离实际的一般教材的不足。不了解不热爱家乡的土地、大自然，怎么可能关注他乡及整个地球的环境？情感非言语所能穷尽，也非可视的力量可以完全度量。习近平主席在 2017 年 1 月说，当今社会发展快速，"人们为工作废寝忘食，为生计奔走四方，但不能忘了人间真情，不要在遥远的距离中隔断了真情，不要在日常的忙碌中遗忘了真情，不要在日夜的拼搏中忽略了真情"。真情的培养是个漫长的过程，包括人与人的真情，也包括人与自然的真情。中国教育界显然忽视真情的培育，因为相比于"硬知识"的传授，"真情"在各级教育体系中几乎没有地位。

博物学、博物学文化，对于环保、自然教育以及生态文明建设，并不充分；没有什么东西是充分的，有重要的相关性就很好。如果归纳法还有意义的话，我们就得重视历史上博物学家的远见和博物学家的丰富实践。

大批公众如果实践阿卡迪亚型博物学，不但对个人身心健康有好处，也打开了个体与大自然接触的新窗口（这是现代科学所无法提供的通道）。普通人也能如我们的祖先一样在自然状态下感受、欣赏、体认大自然，更容易把自己放回到大自然中来理解，保持谦虚的态度，确认自己是普通物种中的一员，确认与其他物种，与大地、河流、山脉、海洋共生是唯一的选择。以博物思想武装起来的公民还可以如"朝阳群众"一样，监察环境的变化、外来种的入侵，及时向有关部门反馈信息或直接采取保护行动。

全球范围对博物学文化的研究才刚刚开始，中国更是如此。正规自然科学史之通史的研究与写作已有一百多年了，许多内容、事项仍在争论当中，博物学史的探究也决不会一锤定音、一劳永逸。重要的是扎实推进，先外后内。中国古代无疑有着优秀、丰富的博物学文化传统，中华美食、中医药、古代农学、《周易》《诗经》、老庄哲学、唐宋诗词以及曹雪芹的《红楼梦》无不包含大量博物内容，但是直接研究、评估中国的博物学非常困难，主要是缺少必要的参照系。先宏观地（个别可进入微观）研究清楚西方博物学发展的脉络十分重要，之后再来研究我们自己文化中的博物学。

这里汇集的文字，显而易见不构成完整的体系，实际上从一开始我们就不追求全面的系统，因为一时做不到；但不等于作者们不关注整体和体系。希望经过长期的积累，建立较成熟的体系。有些重要的、人们相对熟悉的博物学家，在此反而故意略过去了，比如 G. 怀特、拉马克、达尔文、迈尔（Ernest W. Mayr）、劳伦兹（Konrad Z. Lorenz）、E.O. 威尔逊（Edward O. Wilson）——实际上也未完全忽视，这些伟大博物学家的身影也时隐时现于文本中。这里所收录的内容也充分考虑了时空多样性，关注了不大出名的"小人物"，希望展示读者不大熟悉的内容，从而帮助读者获得关于博物学文化的新印象。

第 一 编

自然主义旅途上的格物致知

      各国各地区自古就有博物学，这绝非套话。西方博物学从亚里士多德、塞奥弗拉斯特开始，就重视日常经验和积累，对自然的探究洋溢着自然主义的气息。到了近代，经过雷、林奈、布丰等人的努力，系统考察大自然的博物学范式基本建立，也为近代自然科学的兴起或者革命贡献了特殊的力量。不过，在西方，博物学一直与自然神学捆绑，从未完全祛魅。除了探究大自然的具体知识，博物学家华莱士、德日进、格雷、E.O.威尔逊等还有更高层面的"致良知"，而要欣赏、发掘这类追求的价值，必须超出科学主义的缺省配置。

第1章　从亚里士多德到塞奥弗拉斯特 [1]

西方博物学的历史至少可以追溯到亚里士多德和他的大弟子、西方植物学之父塞奥弗拉斯特，前者熟悉动物，后者熟悉植物。塞奥弗拉斯特的《植物研究》（HP）和《植物本原》（CP）是两部经典博物学著作。师徒两人的博物学坚持自然主义立场，重视经验和日常生活，对自然物进行了清晰描述和分类。在中国，植物学界、农史界、科学史界似乎从来没有认真对待过塞奥弗拉斯特，把他的两部著作翻译成中文是要紧之事。

古希腊的学术包罗万象，处于童年时期，比较而言也是非常健康的时期。当今西方的所有学术在古希腊似乎都能找到源头，西方博物学也不例外。比如亚里士多德和塞奥弗拉斯特（Theophrastus，前371—前287，误差大约一年左右）是伟大的博物学家，留下了重要的博物学著作。

古希腊学术虽然发达，却没有现代意义上的科学和博物学，按理说这是显而易见的。只能在近似的意义上说那时候有一些与现代的做法类似的对待自然事物的态度和方法。关键是如何界定"类似"？容许的差别有多大？古希腊的科学或博物学是约定的概念，学者虽然可以做出不同的约定，但不宜循环论证。比如，不宜在古希腊的材料中选择性地拿出一部分，将其他材料抛到一边，然后把这一部分进行"打磨"以更好地适合自己心目中的某种探究类型，最后宣布：瞧，古希腊的科学或博物学就是这样的！

---

1 本章内容曾以"塞奥弗拉斯特的博物学"为题在中国自然辩证法研究会 2016 年学术年会上报告过，收入论文集下册，2016 年 10 月，第 193—219 页。后收录于《中国博物学评论》2018 年第 3 期。

古希腊的自然探究绝对不是只有一个向度、一条道路，而是包含多个侧面、多条进路，这种判断有明确的史料支持，比如大量成文的动物、植物、地理、矿物、气象、生理探究材料。那时的自然研究服务的目标也多种多样，有非实用的，也有实用的。断定古希腊学者只从事无用的高深学问，是不符合情理和现存史料的。科学史或人类知识史研究也应适当平衡理论优位和实践优位的偏见，说到底普通的认知以及科学的兴起、发展从来都与理论和经验有直接关系，两者缺一不可，在古希腊大学者亚里士多德一人身上理论（以其物理学为代表）与经验（以其动物志为代表）得以平衡把握，有时充分交织在一起，并无偏废。

我们讨论的博物学涉及科学和科学史，但并不必完全受传统上有关科学史、科学哲学探讨的限制，这里采用的基本假定是：博物学平行于自然科学而存在和发展。博物学史涉及的人物可以与科学史中的人物重合，但不是必然重合。一般说来，博物学较之于科学，抽象程度不够，肤浅许多，约束少了许多，但也更接地气，更显生活性、民间性、经验性和实用性。

亚里士多德肯定不是第一位博物学家，在他之前有许多博物学家。就连明显忽视 G. 怀特、梭罗、缪尔这类优秀的人文博物学家的著名作品《伟大的博物学家》一书也指出，除了苏美尔人、古埃及人的更早的研究之外，古希腊的阿那克西曼德（Anaximander）、恩培多克勒（Empedocles）便是更早的博物学家。但为了叙述方便，《伟大的博物学家》仍然从亚士多德讲起，古代先贤部分仿照惯例，只描述了四位极具个性、都留下重量级作品的人物（赫胥黎，2015）：亚里士多德、塞奥弗拉斯特、迪奥斯科里德（Pedanius Dioscorides）、老普林尼。前两者出生于公元前，关系也较近一些，其中一位擅长考察动物，一位擅长考察植物；后两者出生于公元后，迪奥斯科里德精通医药，留下了影响达千年的《药物论》，老普林尼喜欢编撰、汇总各种知识，留下了 10 卷 37 册《博物志》。即使对这几位大人物，本书也不可能一一讨论，只选择一个代表，想通过他一瞥西方古代的博物学。此人便是上述四杰中的第二位，被称为西方"植物学之父"的塞奥弗拉斯特。要说清塞奥弗拉斯特的博物学研究，需要交代他成长的环境、他的老师和同事、他的研究风格，以及其著作的具体内容。学术界对塞奥弗拉斯特讨论得不多，许多事情要从头说起。

古希腊时的博物学，就字面意思而言，是对自然世界的探究。就空间范围而言可分两个方面：①对附近自然物的探究，这一方面容易被忽略。实际上亚里士多德的动物研究和塞奥弗拉斯特的植物研究，讨论的绝大部分物种都属于地中海沿岸，这表明他们（不限于他们两个人）长时间认真观察、积累、记述了本地知识。②对远方的自然物、自然地理、风土人情的研究、描述。那时 historia（由希腊词转写）包含旅行见闻这一层意思。比如"希罗多德的探究首先意味着游历、考察那些陌生的地区、陌生的国度，力求发现新的知识、新的史实"（徐松岩，2013：v）。西方史学之祖、旅行家希罗多德（约公元前484—前430/420）的名著并无后来的"历史"含义，正是他的著作产生巨大影响后，他写的东西才被称为"历史"。希罗多德到各地旅行、考察、搜集材料、撰写，可能有自己的目的和人生规划，但为了能生存下去，也部分为城邦当局提供所需的信息。雅典城邦曾给予希罗多德巨款，显然不只是为了表彰他的演讲、说书、活跃市井文化，把他的社会服务解释为有系统地搜集对雅典十分重要的地方见闻，更为妥当一些。（默雷，1988：144—145）对大自然的 historia，即博物学或自然志，也可以作类似的理解，探究自然事物的目的也可能多种多样。

剑桥大学科学史专家弗仁茨（Roger French）在《古代博物学》这部著作中指出，西方古代的博物学是对 historiae 的收集和呈现，而 historiae 指的是值得哲学家、教育家或奇闻逸事传播者记述的诸东西。（French，1994）弗仁茨还暗示，古代学者从事博物学研究，目的复杂多样，与"科学"的关联未必比与其他事情的关联更多，而这是科学史家需要注意的。他甚至指出，古代博物学与马其顿、罗马军事扩张的联系，要多于与"早期科学"的联系。这好比汉代张骞（前164—前114）从西域带回了许多植物品种和重要的地理信息，有博物探险的效果，但他出使的主要目的是政治、军事和外交。不过，弗仁茨也只是强调了被忽视的一个侧面而已，在此不必从一个极端走向另一个极端。学者研究古代的事物必然用后来的观念去想象早已消失的历史场景，单一进路包打天下难以令人信服，多条进路合起来则有可能展示出丰富的古代画面。至于每个阶段呈现出来的画面是否真实，那涉及学者的信念，在此朴素实在论因为没有可操作性而没有说服力。实际情况是，有些猜测可信，有些不可信，对于不可信的东西在找不到更多材料之时，也只好悬置。此时可信的，彼时也可能变得不可信。

一、塞奥弗拉斯特：哲学家与博物学家

希罗多德出生一百多年后的公元前 371 年左右，塞奥弗拉斯特出生。公元前 371 年，马其顿国王腓力二世打败了底比斯和雅典联军，亚历山大大帝统治了希腊。古典时代结束，希腊化时代开始。塞奥弗拉斯特去世那年（前 287），数学家阿基米德（Archimedes）出生。

当时中国是什么状况呢？塞奥弗拉斯特的一生对应于战国时代，主要在东周显王、慎靓王执政时段（约前 368—约前 314）。前前后后发生的大事如下：前 403 年韩、赵、魏被周王立为诸侯，史称"三家分晋"；前 371 年韩国严遂杀死韩哀侯；前 311 年张仪游说楚、韩、齐、赵、燕五国连横，臣服于秦；前 307 年赵武灵王北攻中山，实行胡服骑射；前 288 年苏秦第二次由燕赴齐；前 287 年赵、齐、楚、韩、魏五国攻秦。那个时候《墨经》已经写成；《山海经》（前四世纪）、《孙膑兵法》（前四世纪）、《内经》（前四世纪）、《尔雅》（前三世纪）、《禹贡》（前三世纪）等相继问世。

塞奥弗拉斯特活了 85 岁，可以说很长寿。亚里士多德则活到 63 岁。如果说希罗多德长于对人事、战争的调查研究，也描述大自然的话，亚里士多德师徒则长于对自然物的探究，也描述人事。希罗多德的著名作品相当于《调查报告》；亚里士多德的 *Historia Animalium* 对应于《动物志》（16 世纪博物学家格斯纳的著作也叫这个名字）；塞奥弗拉斯特的 *Peri phytōn historias/Historia Plantarum/Enquiry into Plants* 则对应于《植物研究》，他还有另外一部植物学名著《植物本原》，详见下文。塞奥弗拉斯特是柏拉图（Plato）、亚里士多德的同事，更是他们的学生。亚里士多德去世后他执掌学园达 36 年，他教过的学生据说有两千人。如今雅典宪法广场北侧立着一块界石，粗糙的大理石表面依然保留着碑铭残迹。此界石是吕克昂学园的标志。公元前 320 年，塞奥弗拉斯特在此讲学，传播亚里士多德的思想。（帕福德，2008：17）

据地理学家斯特拉波（Strabo）《地理学》所述："塞奥弗拉斯特以前名叫 Tyrtamus，是亚里士多德把他的名字改为 Theophrastus 的。部分是因为原来的名字发音不雅，部分是要显示 Theophrastus 在言辞上非常讲究。因为在亚里士多德的教学下，他的所有学生都能言善辩，而 Theophrastus 是其中最厉害的一位。"（Fortenbaugh *et al.*，1992a：52—53）也有文献讲，他的名字先被改为 Euphrastus，然后才是 Theophrastus。Theophrastus 这个词由两部分构成，前者是"神"的意思，后者是"我出发""我趋向"的意思，因而整体上是"近于神的人""向往神的人"。(Fortenbaugh *et al.*, 1992a: 54—57)

现在可资利用的有关塞奥弗拉斯特生平的描述主要来自第欧根尼·拉尔修 (Diogenes Laertius) 的《哲学家们的生活》，而它成书于塞奥弗拉斯特去世后 400 多年。学者们 [如霍特 (A. Hort)] 认为描述还是可信的，因为它们与其他来源的大量零碎材料兼容得很好。按拉尔修的说法，塞奥弗拉斯特出生于爱琴海东北部列斯堡岛 (Lesbos) 的爱利苏斯 (Eresos)。父亲名叫梅兰达斯 (Melantas)，是一位洗衣工。

塞奥弗拉斯特是怎样一个人？宏观上看，主要选项有：①第一流的科学家或博物学家；②第一流的哲学家或者人文学者，比如他的《自然学说》是希腊第一部哲学史著作 (策勒尔，2007：13)；③极普通的一位古代学者。习惯于现代学术的人容易给出非此即彼的认定。在中国长期以来人们取的是第三个选项，因为几乎找不到对他的研究，提到其名字的文献都极少。接下来，人们容易在第一和第二选项中只选择一项，即认定他要么是杰出的科学家，要么是杰出的人文学者，不可能兼具。而实际的情况恰好是两者兼得。

今日称塞奥弗拉斯特为植物学家，比较好论证，因为有两部实实在在的植物 (学) 著作放在那里。除了较完整的植物学作品，他还写了数百本其他著作。其实很难判断植物学在他本人的各种学术研究中占据多重要的地位，虽然篇幅较大。据统计，植物学著作也只占到其作品的 5%。(帕福德，2008：27) 据第欧根尼·拉尔修，通常说塞奥弗拉斯特名下有 227 部专著。据说，这些书总计有 232850 行。(转引自 Fortenbaugh *et al.*, 1992a: 27—41) 从存目的书名可以猜测塞奥弗拉斯特涉猎面极广，在这一点上他很像其老师亚里士多德。可能还不止于相似，有些内容可能是两位大师共享的，"著作权"不分彼此。当然，那时没有现在的版权概念。联想到马克思与恩格斯的合作，吕克昂学园先驱者亚里士多德与塞奥弗拉斯特的合作也不是没有可能的。

现存的塞奥弗拉斯特的作品中，除了两个大部头的完整的植物学研究外，还有几个短篇《品性》(*Characters*)、《论气味》(*Concerning Odours*) 和《论天气征兆》(*Concerning Weather Signs*)。《品性》讨论了人的 30 种负面品性，如掩饰、拍马、闲扯、粗鲁、谄媚、无耻、饶舌、造谣、吝啬等，写得非常生动，对近代欧洲文学有一定影响。塞奥弗拉斯特的大部分作品已经遗失，但从他人作品中还能找到关于他的大量记述，包括他的一些言论。1992 年出版的两卷本《爱利苏斯的塞奥弗拉斯特：关于其生活、作品、思想和影响的文献》详细辑录了希腊文、拉丁文、阿拉伯文的相关资料，成为学者全面了解塞奥弗拉斯特的重要工具书。

举一例，从一份经阿拉伯文献转述的记载，可一瞥塞奥弗拉斯特的修辞学、文学贡献。他曾说："为了彼此的利益，有时需要借助于恶人，正如檀香木与蛇互惠互利一般：蛇得到了芳香和阴凉，而檀香木因蛇的保护免于被砍伐"；"当你成为某人的敌人时，不要与他的全部家人结仇，却要与其中的一部分为友，因为这样做能限制敌人施与的伤害"（Fortenbaugh *et al.*，1992b：368—369）据说，对于女性他曾讲过："在政治事务上女性没必要太聪明，但在家务管理上需要"；"对于妇女，文字教育似乎是必要的，至少这对于家务管理是有用的。事实上更准确地讲，这会使妇女对饶舌和管闲事之类事物不那么兴致勃勃"。（Fortenbaugh *et al.*，1992b：504—506）

二、塞奥弗拉斯特与柏拉图和亚里士多德的关系

塞奥弗拉斯特是柏拉图和亚里士多德的同事、学生。柏拉图去世时塞奥弗拉斯特正年轻（24～25 岁）。塞奥弗拉斯特只比亚里士多德小 12 岁。

塞奥弗拉斯特从老师那里学到许多东西，作为亚里士多德的学生及继承人，他自己也做了大量教学与研究工作。但是，长期以来只有极少数古典学者讨论塞奥弗拉斯特，一般的知识分子（包括哲学家、科学家、科学史家、文学史家）并不关注他，通常用一小段或一两页的篇幅把他打发过去。格林尼（Edward L. Greene）是个例外。通常的"古希腊罗马哲学"也不会提到他。

塞奥弗拉斯特的博物学或者植物研究，不是开天辟地、一切从头开始。他的研究以古希腊哲学为基础，利用了现成的语言工具和自然哲学概念。他从柏拉图和亚里士多德那里借鉴到对于事物进行分类、描述的一些思想，由前者学到"相论"（通常译作理念论），从后者学到"范畴论"。

相论的大致意思是，世界除了具体的一个又一个事物外，还存在更重要的、看不见的某种东西"相"（也译作理念），相是永恒不变、独立自存的真正存在。

（刘创馥，2010：68）比如有美本身、善本身、大本身存在，即美的相、善的相、大的相。我们这里不直接称"理念"或"理型"，而称相，延用的是陈康先生的叫法。比较而言，"相"同时有可见形象和不可见想象两个方面，更能体现柏拉图的原意，但也有理由仍然译作理念。（先刚，2014：241—249）按柏拉图的哲学，具体的美的东西、善的东西和大的东西，皆"分有"了上述的美的相、善的相、大的相。"这些美的东西之所以是美的，就只能是因为它们分有了美本身。对于所有其他的东西来说也是这样。"（北京大学哲学系外国哲学史教研室编译，1982：176）柏拉图这种哲学思想（理念论）与博物学的分类有一定的关系，涉及如何看待和区分世界上存在的极为多样的事物。举个现代的例子，苹果和樱花有许多共同点，在现在的植物学中两者都被分在蔷薇科中。用柏拉图的想法重新叙述：苹果和樱花是具体的东西，蔷薇科是具体事物之上的某种相，于是苹果和樱花皆分有了蔷薇科的相。好像也说得通，但这并不很符合现在的分类学操作。相论也有其缺点，先哲们早就意识到了，柏拉图本人后期就放弃了自己早期的想法，《巴曼尼得斯篇》展示了这一转变（当然哲学史界也有不同的看法）。

柏拉图认为个别事物分有了"相"的性质。（柏拉图，陈康译注，1982：42）个体分有"种"的性质，"种"分有"属"的性质。但是谁先谁后？实际上是团团转：由个别到一般再由一般到个别，个别与一般彼此印证而成一体系。从青年柏拉图到老年柏拉图，再到亚里士多德和塞奥弗拉斯特，"相论"到"范畴论"的转变基本完成。青年苏格拉底（Socrates）的"相论"，是柏拉图转述的他人的思想，而批评此相论的巴门尼德（Parmenides of Elea，又译"巴曼尼得斯"）则代表柏拉图本人！（柏拉图，陈康译注，1982：382）范畴论是亚里士多德把握存在物多样性、可变性的工具、理论框架。亚里士多德在此把语言问题、认知问题与本体论问题联系在一起。范畴同时具有两种性质：语言方面的与存在方面的，涉及思维与存在的关系。主谓词关系直接涉及对什么东西存在和如何存在的刻画：事物及其性质。

亚里士多德在柏拉图的基础上发展出四宾词和十范畴的思想。四种宾词指：定义、特性、种和偶性。其中的"种"，可理解为"相"或"类"，跟现在生物学中讲的种含义有差异。范畴共有十类：实体（本质）、数量、性质、关系、地点、时间、姿态、状况、活动（facere/doing）、遭受（pati/being-affected）。这十类范畴排列顺序在亚里士多德不同时期的著作中略有不同。各个范畴代表着不同的述谓类型，可把它们理解为不同的提问方式，代表从不同角度来把握对象。（刘创馥，2010：81）于是十范畴覆盖了下述问题：是什么？大小如何？有什么性质？与什么相关联？在哪儿？发生在什么时候？处于何种姿态？周边环境如何？有怎样的行动？遭受到怎样的作用？以这种提问的方式翻译反而更贴近亚里士多德所用的日常希腊用语。（刘创馥，2010：81）在范畴论视野中，研究者给对象的描述是多角度、立体的。对比一下，现在植物志中对物种进行描述，相当程度上与上述十范畴所涉及的内容一致。借用范畴可以组成命题，或者表示某物的本质，或者表示它的性质。这些范畴对博物学中的分类和描述是极为重要的。

　　亚里士多德在《范畴篇》中阐述了一个关于实体具有相对稳定性的假定（亚里士多德，1990：10—13。以下引用有时只给出简记形式），而这是命名与分类的重要基础。亚里士多德认为实体包括两类：第一实体（primary ousia）和第二实体。个别人"张三"、个别的马"那匹马"是第一实体，第二实体是指种和各种属（含义见下文）。第一实体是单一的事物，而第二实体不是一个事物而是多个事物。第二实体包含第一实体。如人包含一些具体的人。在此，人、动物都是第二实体。

　　　　进而，第一实体之所以最恰当地被称为实体，就在于它们是支撑着其他一切事物的载体，其他事物或被用来述谓它们，或依存于它们。现在，第一实体和其他事物的关系，就相当于种与属之间的关系：因为种之于属相当于主词之于宾词，属是用来述谓种的，而种不能用于述谓属。因此，我们有第二个理由说，种是比属更真实的实体。

　　　　对于种自身，除非同时还兼为属，就不会有一个种比另一个种更是实体。针对具体的人通过他所属于的种而给出的描述，与我们采用同样的定义方法针对个体的马的描述，我们无法说前者比后者更恰当。同理，某第一实体并不比另一第一实体更真实地是实体。个体的人也不比个体的公牛更具实体性。（译文据Ross：5修订。可参考：亚里士多德，1990：7—8；苗力田，1990：407—408）

在亚里士多德看来，除了第一实体外，其他事物都可用来述说作为主体的第一实体，或者依存于作为主体的第一实体。如果第一实体不存在，那么其他一切都不存在。亚里士多德认为实体有如下特征：①第一实体是其他一切事物的载体，是最主要意义上的实体。在最原始最根本的意义上讲，它既不述说某个主体，也不存在于某个主体之中。②每个第一实体都具有独特性。不同的第一主体之间就根本性而言无法比较，不能说某个第一实体比另一个第一实体更根本、更具实体性，比如不能讲张三比那头牛更是实体。③第二实体也不存在于某个主体中，但是可以用它来述说某个主体，比如可用"人"来述说某个特殊的人张三。也就是说第二实体可以用来表述个体。④实体自身没有相反者。第一实体指个体意义上的存在，没有什么东西能和第一实体相对立，如张三或者具体的一条鱼，都不会有相反者。第二实体也没有相反者，比如不能说人、动物有相反者。⑤实体在数目上保持单一，可以容受相反的性质。亚里士多德相当于承诺了实体的某种稳定性。除实体外，其他事物不具有这个特点。比如具体一个人张三，在数目上始终是一个人，即数目上是单一的。但张三可以有时白有时黑，有时发热有时发冷，有时行善有时行恶。对于第二实体"人"，这也成立。其他事物不具有实体的这种特点，比如"颜色"，虽然数目上可以保持单一，但是同一种颜色不可能既白又黑。又如某一"行为"，不可能同时既善又恶。这就是说，实体在数目上保持同一，又能通过自身的变化而具有相反的性质。严格讲，这并不容易真正实现。比如今天我们可以想象，事物时时处处在变化之中，彼时的张三其实不同于此时的张三。但是若要从事命名和分类，必须做出一定的理想化，要假定对象相对稳定，如果某人"根本不可能踏进同一条河流"，那么什么也做不了。讨论某河流时，自然要先假定此河流在一定时空范围内的相对稳定性、指称的相对固定性。论及人、动物和植物时也一样，需要承认其相对稳定性。

第一实体太多了，有无数个，分类活动是对第一实体这些载体的聚类过程，而且可以多次聚类从而分出多个等级。当然，在亚里士多德的时代，人们不可能分出十分完善的"界门纲目科属种"之类的等级，但确实分出了有明确差异的等级。第二实体是指种和各种属。第二实体包含第一实体，就像属包含种一样。如人包含一些具体的人，在此，人是种，具体的人是第一实体。另外，人这个种本身就包含于动物这个属中。在此，人、动物都是第二实体。

在亚里士多德看来，利用"属"和"种"能很好地描述实体，比如描述某个具体的人，说他（她）是"人"，比起说他是"动物"，会显得更清楚、更得当。前者相当于用相对窄的类来刻画，后者相当于用宽的类来刻画。说他是人讲得更具体，说他是动物则过于一般化。顺着亚里士多德的思路，我们可以另举一例。

对于红豆杉，我们可以说它是裸子植物，也可以说它是植物。前者从裸子植物这个"种"（注意，不同于后来生物学中讲的种）的意义上刻画它，后者从植物这个"属"的意义刻画它，前者比后者更清楚、更得当。显然，在亚里士多德那里，属和种的思想不同于近现代分类学中讲的属和种。但从类别的大小来看，对应关系是一致的。也就是说，在亚里士多德那里"种"相对而言是较小的类别，而"属"是相对较大的类别。此时，名词的翻译处于两难境地。一方面那时的eidos和genos的确与后来讲的东西不能完全对应，另一方面从词源上讲和语义上讲早先的eidos与species之间、genos与genus之间又的确有明显的继承关系。那么应当如何译呢？现在有三个选择：

①另造一组词，比如用"艾都"来译eidos，用"吉诺"译genos。

②按词源线索，用species译eidos，用genus译genos。

③故意反词源线索和语义关联来译，用species译genos，用genus译eidos。

这三者中前两者各有优缺点，但都是可以考虑的。第一种译法清晰，不至于造成混乱。缺点是人为斩断了某些关联。第二种译法考虑了继承关系，缺点是有可能让初学者误以为古代的概念与现在的概念含义完全相同。第三者缺点大于优点，人为造成麻烦。特别是这种做法故意与后来分类学的做法对着干，让人莫名其妙。涉及eidos和genos的地方，商务印书馆出版的《古希腊罗马哲学》中的译文，及苗力田先生主编、中国人民大学出版社出版的亚里士多德全集中的译文，都变得令人费解。值得注意的是，这并非亚里士多德著作本身的问题，而是中文翻译凭空增加的问题。但它也不是完全无优点，其优点是强调古今词语的巨大差异。但是它造成的逻辑混乱完全掩盖了那微不足道的优点。综合判断下来，第二种译法仍然是最好的，实际上长期以来西方学界就是按这个思路来译的。它也有缺陷，但没办法。作为学者，理所当然地要明白某个词语在不同时代不同人那里含义可能不同。于是，三者中第二种最佳，第一种次之，第三种最差。第三种原则上不应当考虑，第一种有时也可以采用。看下面亚里士多德的一段话：

> 不过，种和属也不是像"白色"那样仅仅表示某种性质。"白色"除性质外不再表示什么，而种和属则通过指称一个实体而规定其性质：种和属表示那具有如此性质的实体。在进行这般限定时，在"属"那里比在"种"那里包含了更大的范围。于是，那个用"动物"这个词的人，比起那个用

"人"这个词的人，实际上使用了外延更广的一个词。（亚里士多德，1990：
5，据 W. D. Ross 的英译文重译）

读者会感觉上述文字很清晰，普通人都能看得懂。叙述的内容与常识也是一
致的。但是《古希腊罗马哲学》中的译文是这样的：

> 但是"属"和"种"也不是像"白色"那样单单表示某种性质；"白色"
> 除性质外不再表示什么，但"属"和"种"则是就一个实体来规定其性质：
> "属"和"种"表示那具有如此性质的实体。这种一定性质的赋予，在"种"
> 那里比在"属"那里包括了更大的范围：那个用"动物"这个词的人，比起
> 那个用"人"这个词的人，是用着一个外延较广的词。（北京大学哲学系外
> 国哲学史教研室编译，1982：314）

读者读上面一段就会感觉非常别扭，难道亚里士多德会那样说吗？种为何
比属包含的范围更大？其实这与亚里士多德无关，只是中文翻译时人为制造的麻
烦。再看看中文版亚里士多德全集第一卷相关段落的译文：

> 但它们所表明的不是某种笼统的性质，如"白的"。因为"白的"除了
> 表明性质以外，别无所指。而属和种决定了实体的性质，这些性质表明它是
> 什么实体，而且，种所确定的性质的范围要比属所确定的更宽泛。因为说
> "动物"，就要比说到"人"包含得更多。（亚里士多德，1990：10）

我们发现，在这里种和属的关系是颠倒的，读者会误以为亚里士多德思维混
乱，其实跟他没关系。其实亚里士多德的思想很容易理解，只是不要教条地把种
和属完全理解成现在意义上的种和属即可。再看《范畴篇》中的另一段描述：

> 诸多第二实体中，种比属更具实体性，与第一实体的关系更密切。因
> 为要描绘第一实体是什么，应当提供更具体的描述，用种来界定比用属来界
> 定来得更恰当。因此，称某具体的人是"人"比称其为"动物"，给出了更
> 充分的描述。因为前者相当程度上限定了那个人，而后者未免过于笼统。同
> 理，某人想描述某棵树的本性，用"树"这个种来述说比用"植物"这个属
> 来述说更为精准。（亚里士多德，1990：5，据 W. D. Ross 的英译文重译）

亚里士多德主张用第二实体等概念来描写、述说第一实体，即用种和属等来描述实体。《范畴篇》中只简单地提及"属差"（diaphora/differentiae），并没有充分展开，比如"属差也可以用来表述种和个体""属差的定义也能够适用于种和个体"。亚里士多德从横向和纵向分析了属差与属差之间的关系。如果属是不同的并且是并列的，那么它们之间是不同的东西。比如动物的属差与知识的属差，两者不相干。如果某属A隶属于另一属B，那么A和B两个属可以具有相同的属差。"如果一个属从属于另一个属，那么就不妨碍它们具有相同的属差。因为较大的类被用来述谓较小的类。于是，宾词的所有属差也将是主词的属差。"（亚里士多德，1990：3，据W. D. Ross的英译文重译）需要注意的是，这里提到同一主词的多个属，它们分属于不同的层级。

在《形而上学》中亚里士多德的这一分类思想进一步得到发展。《形而上学》大讲利用属差来限定属，从而更精确地描述种和第一实体。

> 我们必须首先探讨由划分而来的诸定义。在定义中，除了最初的定义和属差以外，别无所有。其他的诸属，均是由初次定义的属加上随之而来的属差构成的。例如，首先给出的属可以是"动物"，接下来给出的属是"两足动物"，再下来则是"两足无羽动物"，如此等等，将包含越来越多的词语。一般说来，不管包含多少词语，定义的方式都是一样的。对于双词的情形，其一是属差，其二是属，比如在"两足动物"中，动物是属，两足是属差。（亚里士多德，1993：177—178，据W. D. Ross的英译文重译）

如果"属"除了"某属的种"之外本身根本不存在，或者如果它只作为质料而存在（比如声音是属和质料，但由它的属差构成了它的种，即字母），那么显然定义就是由属差构成的规则。

> 但是，还有必要考察由属差之属差构成的划分。例如，"有足的"是"动物"的一个属差，于是"有足的动物的属差"必定是以"有足的"为名义构成的动物的属差。因此，如果讲得准确的话，我们就不能说那种有足的东西有的长羽毛，有的无羽毛。我们必须将它进一步划分为偶蹄的和奇蹄的，因为这些才是关于脚的属差。偶蹄是脚的一种形式。这种构造过程总是

可以进行下去，直到抵达不包含属差的种。于是，脚的种类数与属数的个数相同，"有足动物"的种类数也等于属差的个数。如果情况是这样，那么显然，最后的属差将是某事物的本质和定义，因为在我们的定义中不应当将同样的事物陈述多次，因为那是多余的。的确有那种情况发生。当我们说"两足的有足动物"时，除了说出有足的动物并且有两只脚外，什么也没说。如果给出恰当的划分，对于同一事物我们就应当有多少个属差就说多少次。

如果属差的属差都这般一步一步构造出来，那么最后的属差将是形式和实体（本性）。但是，如果我们按照偶性来划分，如把有脚的动物进一步划分为白的和黑的，那么有多少种划分就有多少种属差了。因而很明显，定义是包含属差的原理（formula），或按恰当的方法由其中最后的属构成的。如果我们试图改变此番定义的顺序，比如谈到人，说"两足的并且有足的动物"就没增加什么，因为当已经说了"两足"后再说"有足的"显然是多余。（亚里士多德，1993：178，据 W. D. Ross 的英译文重译）

界定某物，先从最宽泛的描述开始，通过引入多种属差逐层深入，由宽的类到窄的类，最后达到没有属差的东西，即无法或不必再作细分的"种"。因为种是最接近作为个体的实体的最小分类单元。从上面的引文可以推断，亚里士多德甚至有很初级的双名法的思想。这与林奈（Carl Linnaeus）的双名法有怎样的联系呢？在绝对的意义上，两者无法对比，不可同日而语，但是两者都是通过等级补充的形式界定自然事物的。种、属的具体含义无法真正对应起来，但可以在等级差异和补充的意义上进行对比。两者最终都约化为讨论两个等级：上一级的大类 U 和下一级的小类 D。对于亚里士多德来说，他似乎有"唯名论"的思想，至少不强调大类 U 的真实存在性，退一步，承认其存在性时也只是在质料的意义上承认。那么他承认什么东西存在呢，一是具体的个体，二是 eidos。这个 eidos 就对应于西方文化中一直讨论到达尔文时代以及现在的 species 概念。

在中国，传统希腊哲学讨论中关于 eidos 和 genos 的传统的译法可概括为两个教条：①认为亚里士多德的用法是随意的，并无分类的意图。（亚里士多德，1996：4 脚注）并认为"在有些地方完全可以相互置换"。（亚里士多德，1996：394）②把 eidos 译成属，把 genos 译成种。认为那时 genos、eidos 与现今生物学、逻辑学中通用的 genus、species 概念正好反向对应。（苗力田，1990：535；亚里士

多德，1996：4 脚注；北京大学哲学系外国哲学史教研室编译，1982，236 脚注；310—315）

这两个教条都无法成立！关于第一条，亚里士多德使用概念向来非常认真，对于 eidos 和 genos 这样重要的词汇，怎么能随便说他的"使用相当宽泛和随意"呢？这样的词汇在《范畴篇》《形而上学》《动物志》《论动物的部分》中反复出现，特别是在前两者当中。我们考察的结果是，亚里士多德决无混淆之处，genos 与 eidos 只在一种特殊情况下可以相等（下文会讲具体的成立条件），一般情况下则根本不同。无论在《动物志》还是在《形而上学》中，亚里士多德的确是在讨论动物的分类时，用到了 eidos、genos 和 diaphora，当然不限于此。比如："另外一些部分虽则相同，就超过或不足而言又有差异，这种情况下动物的 genos 全都相同。我所说的 eidos，譬如鸟和鱼，因为它们中每一个就 genos 而言都有差别，而且鸟和鱼中又有众多的差异。"（亚里士多德，1996：4，译文有改动）怎么能说无分类意图呢？因此第一条应当否定。第二，从亚里士多德叙述的逻辑上看，genos 显然比 eidos 的类别更大、更一般，如果动物是某个 genos，则鸟和鱼是某个 eidos。希腊词 eidos 有 form、essence、type、species 的意思。把 genos 译成属、把 eidos 译成种是合理的，虽然它们与后来的分类学讲的属和种含义不同，但至少在类别大小顺序上是一致的。在《动物志》中亚里士多德谈到极大的属："动物中包含鸟属、鱼属、鲸属这些范围广泛的属，从这些属还可以进一步划分出属。"（亚里士多德，1996：15，据 D'Arcy Wentworth Thompson 的英译文翻译）不久又说："包括所有胎生四足动物的属中，有许多种，但并无一般的称谓。"（亚里士多德，1996：16）这表明，在亚里士多德眼中"属"有多个层级，而且他的确是在用属和种进行分类。在《论动物的部分》中亚里士多德说："于是我们必须首先描述共同的功能，即整个动物界共有的，或某个大的类群共有的，或一个种的成员所共有的功能。"（亚里士多德，1997：23，据 William Ogle 的英译文重译）在此，虽然没有现代意义上界、科、属、种的区分，但类似的等级划分是有的，而且说到种和其成员为止。在科学领域，关于种的含义也一直在争论着。因此，有理由把颠倒的再反正过来，应当把 eidos 译作种，把 genos 译作属。西方学者虽然也指出两者的用法并不十分严格，但通常认为 eidos 更具体、更基本，通常对应于 species 或 form（Woods，1993；Witt，1989），即对应于"种"或"基本形"。其中"种"和"基本形"不是两个东西，而是一个东西的两个侧面。

近代开始流行的对"种"的双名法描述并不是完全的创新，在古希腊那里就有雏形。在中世纪，波埃修（Boethius）和伽兰德（Garlandus）在自由七艺中的"辩证法"中继承发展了亚里士多德通过"属差"来界定实体的方法。（瓦格纳，2016：135—147）林奈是否熟悉中世纪的辩证法，不得而知。以现在的眼光重新考察，实际上亚里士多德提供了最初的命名尝试，而林奈最终完成了标准化和科学化。亚里士多德对"种"的刻画方式是：eidos（种）= genos（属）+ diaphora（差别）。举一例，人＝动物＋双足的。但是，较复杂的方面在于，亚里士多德讲的 eidos（种）通常指一种东西（species 或 form），但是他谈论 genos（属）时，指称的就不是一种东西了，若干个分类等级都叫属，从亚里士多德的叙述中可以提炼出递推定义。基本关系是用属和属差来描述种，即 eidos（种）可以定义为：genos（属）+genus-differentia（属差）。然后再用高阶属和相应的属差来描述低阶属。于是就有一种多层相生的关系，希腊词 genos 就有生成的意思。设 n 表示阶数，G（n）表示 n 阶属，D（n）表示 n 阶属差，Diff 表示定义，则有

Diff（n 阶属）＝ n+1 阶属 +n 阶属差，即

Diff G（n）＝ G（n+1）+D（n）。

上式的意思是，n 阶属是通过 n+1 阶属加上 n 阶属差来描述的。其中 G（0）是 0 阶属，等于种，G（1）、G（2）、G（3）分别是 1 阶属、2 阶属、3 阶属，等等。现在尝试用一个现代的例子近似描述如下。

多花紫藤：紫藤属＋茎左手性等，
紫藤属：蝶形花亚科＋木质藤本、一回奇数羽状复叶、花萼 5 裂、荚果肿胀等，
蝶形花亚科：豆科＋花两侧对称、花瓣覆瓦状、花冠蝶形等。

这里多花紫藤相当于 0 阶属（genos），即种（eidos）。紫藤属相当于 1 阶属，蝶形花亚科相当于 2 阶属，而豆科相当于 3 阶属。其他的一些描述相当于各级属差，如 0 阶属差＝{茎左手性等}，1 阶属差＝{木质藤本、一回奇数羽状复叶、花萼 5 裂、荚果肿胀等}，2 阶属差＝{花两侧对称、花瓣覆瓦状、花冠蝶形等}。

要注意的是，属不仅仅只有一个，而是有许多层级。各个级别的属是如何界

定的呢？用范围更大、相对不精确的类来界定小的、更精确的类，即用高阶属来描述低阶属。其中零阶属与种是一回事。这相当于"某属兼为种"，即最低阶的属等于种。由属1、属2、属3，到属4，层级越来越高。

　　不过，也不能拔高亚里士多德极初级的双名思想，亚里士多德讲的属包含了多种不同的东西，他也无意用某一个固定的属和种加词来完全限定住某个种。在此可稍提一句林奈的双名法：Diff 种＝属＋种加词。以油松为例，它的学名为 *Pinus tabuliformis*，这个双名作为一个整体，唯一确定了一个物种。其中 *Pinus* 为属，即松属；*tabuliformis* 是种加词，要注意单独这个词是不能称为种名的。在林奈的命名体系及现在的植物命名规则中，属名是唯一的，但种加词不是。比如毛泡桐（*Paulownia tomentosa*）、山黄麻（*Trema tomentosa*）、毛樱桃（*Cerasus tomentosa*）的种加词都是一样的。如果种加词自身就称为种名的话，岂不是多种不同的植物具有了相同的种名？关于动物命名，与种加词对应的是"种本名"，它本身也不能代表某个种的名称。种名唯一以及种名包括两部分本来是常识，却在传播中被误传。在此可以提及辛格在《植物系统分类学：综合理论及方法》一书3.5.2小节的正统表述，来强化一下正规的说法："一个种的名称是双名，即由2个部分组成，属名及其后面的种加词。"（辛格，2008：28）

　　无论是 eidos 还是 genos 都不是指个体，而是指一定的群体，只是 genos 的类别更高、更一般罢了。在此基础上，亚氏认为 eidos 比 genos 更加接近第一实体。举一例，如果要说明第一实体"一棵银杏树"是什么，用"树"来说明就要比用"植物"来说明更容易明白。在亚里士多德那里，genos 其实不是指物种的生成，那时候没有生物演化的概念，而是指用来描述实体的范畴、名称的生成。对应于我们上述的"公式"，生成指的是用"属加属差"来定义另一层级的属名的生成过程！不同的"属"如果是平行而没有隶属关系的，则这些"属"中所包含的"属差"之间，在种类上也不相同。比如，讨论"动物"这个"属"和"知识"这个"属"时，有足的、双足的、有翼的、水栖的等，是"动物"的"属差"，而不是"知识"的"属差"。某一种的"知识"与另一种的"知识"之间有差别，并不表现在它是两足的还是有翼的等方面。

　　小结一下，在亚里士多德看来，种比属更基本，属是用来描述种的。种跟属的关系，正是主词对于宾词的关系。对于某类东西而言，种只有一个，是最基本的，而属建立在种基础上，可以指称多个层级，相当于现在的属、亚科、科、超科、目之类。"属差"被用来述说"种"和个体。

亚里士多德的《动物志》和塞奥弗拉斯特的《植物研究》贯彻了上述范畴论思想。亚里士多德描述动物的粗糙双名法也影响了塞奥弗拉斯特对植物的双名描述。塞奥弗拉斯特虽然没有近代意义上的属（genus）的概念，但他的确有粗糙的类似属的思想。他提到有数种野罂粟，具体列出三种：①角罂粟，黑果扭转如兽角，叶如毛蕊花的叶。茎高一腕尺，根结实但比较浅。小麦收获时采集。②罗伊阿斯，像野菊苣，可食用，开红花，指甲盖大小，大麦收获时它还有些发绿。③赫拉柯雷亚，叶有点像肥皂草的叶，根细且浅。果实是白色的。"它们是完全不同的植物，虽然有着同样的称谓。"（Theophrastus，1926：279—281）他所说的同样的称谓便是 mekon，相当于后来的 *Papaver*（罂粟属）。

写作方式上，亚里士多德的《动物志》是塞奥弗拉斯特模仿的直接范本。《动物志》给人的最突出印象如下。

第一，对如此多动物种类的如此多的方面进行了细致的经验性描述。特别要指出的是，他所描述的事实和结论，不可能借由逻辑推演而推导出来，必定来自多人的长期经验观察和总结。古希腊的自然探究虽然明确表现出理性科学与博物科学的差异，但两条进路在亚里士多德那里并存。

第二，将人这个物种与其他动物混在一起讨论，没有特别突出人。简单讲，亚氏没有把人不当动物对待，认为人是普通动物。这一点在现代人看来再平常不过，但在思想史上、博物学史上却极为重要，也可以称之为某种坚定的自然主义立场。自然主义就说明模式而言是与超自然主义对立的，但是自然主义也是一个谱系，唯物化的过程不是一次性完成的。自然主义与民间信仰或自然目的论并不必然矛盾，比如藏族灵魂观也表现出了某种自然主义倾向。（娥满，2015）在后来的博物学发展中，自然主义立场得以加强，如林奈、达尔文。以下引文如不特意说明均出自中国人民大学的全集译本第 4 卷《动物志》（亚里士多德，1996）。《动物志》第一卷中讲动物的部分时，举的例子就是人的鼻子和眼睛，并与马及其他动物进行对比（亚里士多德，1996：3）；讲动物是否群居时，将人与蜜蜂、胡蜂、蚁等并列（亚里士多德，1996：8）；讨论胎生时，举例为人与马（亚里士多德，1996：13）；讨论有足动物时，将人与鸟放在一起（亚里士多德，1996：13）。"人胃类似于狗胃"（亚里士多德，1996：29）；"人的脾脏又狭又长，与猪脾相像"（亚里士多德，1996：32）；"人的肝脏呈圆形，与牛肝相像"（亚里士多德，1996：32）。将人的部位与其他动物进行了对比："人身上凡是生在前面的部分，在四足动物身上都生在下面，即生在腹部，凡是人身上生在后面的部分，四足动物都生在背部。"（亚里士多德，1996：38）讨论胎生动物被毛时，虽然指出人的情况与其他四足动物不同，但仍然在同一类别中加以比较，没有强调谁高谁低、谁好谁坏。"人体除头部之外其余只有些许毛，可是头部却比其他任何动物的头部更为毛茸。"（亚里士多德，1996：38）讲生殖器的位置时说："雄性动物的生殖器有的生在外面，如人、马和其他许多动物；也有生在体内的，如海豚。生殖器生在外面的动物中，有些生在前面，如上述的动物，其中有些动物的生殖器和睾丸都松松地悬垂体外，如人；另一些动物的生殖器和睾丸均紧贴肚腹，有的更紧些，有的更松些：因为野猪与马的这部分贴近肚腹的松紧程度并不一样。"（亚里士多德，1996：42）粗看起来，这样对比似乎极平常，无甚重大含义。但是细想一下，在讨论如此特别的部位时，将人与野猪、马并列，本身并非平常的事情，作者一定得理所当然地把人视为普通动物才做得到。在讨论动物交配、生育的年龄时，先说山羊、猪、狗、马、驴，然后说到人，指出男女生殖的上限，男性达 70 岁，女性达 50 岁。（亚里士多德，1996：160—161）讲马的发育时，将雄雌成熟顺序与人比较，认为"这跟人类胚胎的情况相仿"（亚里士多德，1996：236）。作者也提及"在诸种动物中，女人与牝马在妊娠期间最有可能接受性配"（亚里士多德，1996：259）。第八卷开篇则大段讲了人与动物的相同与差异。（亚里士多德，1996：269—270）

《动物志》第七卷全部讨论人的问题，具体说是人的生产。这一卷讲述的丰富知识大致相当于现代的"生理卫生"和"妇科"的内容，甚至有少量"儿科"的内容。描述了男女性成熟的身心特征，如男性长出胡须，女性行经。而且提到行经与月相有同步关系。作者比较了胎儿在子宫中的姿态："所有四足动物均长伸着，无足动物侧斜着，如鱼类，两足动物则蜷曲着，如鸟类；人类也蜷曲着身体，其鼻子夹在两膝之间，眼抵在膝上，耳朵则在外边。一切动物的头最初都朝上，当它们不断增长并且欲将离开母体时其头部翻转朝下，合乎自然的出生方式于一切动物均是头部先出，但是也有脚部先出的反乎常情的方式。"（亚里士多德，1996：263—264）

当然，《动物志》中也有强调人之特殊性的地方，但不多。比如："很多动物都有记忆并可受调教，但除人之外，没有动物能够随意回想过去。"（亚里士多德，1996：10）即使在这里，也是强调相同而不是相异。

塞奥弗拉斯特在《论气味》中显然延续了亚里士多德对人的处理方式："具有气味的植物、动物或无生命物质，都有自己的特殊之处。但是在许多情形中，对我们来说这并非显然，因为几乎可以这样讲，我们对气味的感知不如其他各种动物。因此，对我们而言似乎并无气味的东西，其他动物却能感觉出气味，比如役畜能够闻出柯德罗波利斯的野麦而拒绝吃它，因为它有糟糕的味道。同样，有些动物能识别某种气味，而我们却做不到。实际上，动物并非天生就欣赏某种好味道，道理在于，在一定条件下所散发的味道有益于动物的生长，动物比较享受罢了。有些动物似乎的确讨厌某些味道甚至好味道，假如关于秃鹫和甲虫所说的是真的。对其解释在于，它们的自然特性是，对各种气味都反感。为了能在具体情况中领会这一点，人们就应当考虑所述动物的性情，也要考虑气味的威力。"（Theophrastus，1926：328—331）在塞奥弗拉斯特看来，人并不必然处处比其他动物强，人与动物可能各有自己的长处、本事，他还没有领会到这些是长期进化适应的结果，但是他的确毫不含糊地指出了动物对某些气味敏感、喜欢某种气味，可能是因为此气味对动物有益。他总是设法用动物生活中的自然原因来进行解释。虽然他不忘提及本性，但不限于此，没有把现象的原因单纯还原为抽象的本性。他的观点是要从内外两个方面来理解，这当然为日后的适应解释提供了可能性。

第三，对动物的刻画中极少使用玄想式的描述，虽然大量使用对比手法，却几乎没有无端的联想。极少对动物作象征性、拟人化刻画。下面引用一大段："有些动物性情温驯，滞缓，不会勃然发作，比如牛；另有些动物性情暴烈，易于发作，并且不可教化，如野猪；有些动物机灵而胆小，如鹿与野兔；有些动物卑劣而狡诈，如蛇；另有些动物则高尚、勇猛而且品种优良，如狮子；还有些动物出于纯种，狂野而又狡诈，如狼。"（亚里士多德，1996：10）"有些动物机巧而邪恶，如狐狸；有些动物伶俐、可爱而且擅作媚态，如狗；另有些动物温顺且易驯化，如象；有些动物腼腆而又机警，如鹅；有些动物生性嫉妒而好招展，如孔雀。"（亚里士多德，1996：10）这样的情况在《动物志》中是极少见的。但"动物象征"式写作，在中世纪甚至到 16 世纪格斯纳时代却十分流行。也可以说在亚里士多德那里，已经为日后的发展埋下了一颗小小的种子。当然，还必须重申，对于亚氏著作来讲，这方面的内容属于特例。上面引用也只是想以其作为非主要内容而从反面衬托亚氏的写作方式。即使是上面的引文，刻画的动物习性也基本上是有根据的，并非随意联想。

根据希腊哲学史家策勒尔（Eduard Zeller）的见解，古希腊学者或许根本不把他们的著作活动看作生活中最重要的方面，他们仅把这视为愉快的消遣。（策勒尔，2007：12）他们最看重的是自己与学生的交谈和个人接触。谈话中，教学相长，教师的许多重要的思想并非直接由本人书写下来，而是通过弟子的转述而传播开去、保留下来。

单纯用某些存世作品来说明亚里士多德与塞奥弗拉斯特两人间的关系，可能遗漏了一个重要方面。现在存世的整个吕克昂学园成员的早期作品，也可视为一个整体。不必否认每个人做出的具体贡献，但是也有必要强调它们是集体成果，有着鲜明的集体特征。具体讲，作为学园开山人物的亚里士多德与塞奥弗拉斯特的作品或者存目作品的名称，有相当多是一样的。由此可以猜测在原创的意义上他们对诸多主题都做出了贡献，都讲授过相关的课程。他们存世的作品很像课堂讲义 [黑格尔（Georg W. F. Hegel）的一些作品也是讲义，包括课堂讨论]，作品中充满了课堂用语，显然与教学活动有关。留下的作品应当如何署名呢？那时候没有明确的著作权意识。根据现存的材料反推，其作者不是一人两人，而是一个集体，包括了当时的学生。学生参与了课堂讨论，记录并整理了课堂笔记 [由此可联想到加德纳（Martin Gardner）为卡尔纳普（Rudolf Carnap）整理《科学哲学导论》教材]。这些讲义包括的题材相当广泛，几乎涉及当时的所有学问，以如今的大学来想象，亚里士多德和塞奥弗拉斯特两位教授把大学中几乎所有课程都讲过了。主讲人要年复一年重复讲授一些课程，因而讲义在几十年中也可能不断完善。现在的材料与此猜测颇吻合。吕克昂从亚里士多德时开始，存续了250多年。可以猜测，在这期间学园的研究成果、教学材料某种程度上是共享的。

我们讨论塞奥弗拉斯特的博物学、植物学成就，显然也不能把所有成果都算在某一个体头上，更妥当的理解是：它们代表那一时期诸多古希腊人对大自然的理解和利用。

三、塞奥弗拉斯特对植物的描述

塞奥弗拉斯特留下两部完整的植物著作，分别简称为 HP 和 CP，前面已提到的《植物研究》对应的就是 HP，全称为 *Historia Plantarum /Enquiry into*

Plants。此书描述植物的组成、各部分的名称、植物的分类等，通常不讨论原因问题。CP 全称为 *De Causis Plantarum / On the Causes of Plants*，此书考察植物发生的原因，中文可译作《植物本原》或《植物原因论》。从字面上看，前者相当于分类学，后者相当于生理学，实际上它们都属于博物学的范围，与近代意义上的分类学、生理学还有相当的距离。国内对塞奥弗拉斯特的兴趣，虽然科学史界关注较早（罗桂环，1985），但整体而言，世界史领域竟然走在科学史领域的前面，目前安徽师范大学世界史专业已有人以塞奥弗拉斯特的上述两部作品写作学位论文（冯春玲，2014）。

塞奥弗拉斯特在形式上有意模仿老师亚里士多德的做法，研究植物的两部分内容和亚里士多德的动物研究也能大致对应上。分类描述与生理探究两类工作两人都做了，都有相对应的作品。亚里士多德留下的动物研究在十卷本全集著作中占了第 3、第 4 和第 5 共计三卷，整体上可分作两部分。第一部分为第 4 卷的《动物志》（第十卷风格不同，不属亚氏的作品）。从类型上看，《动物志》对应于塞奥弗拉斯特的《植物研究》（HP），卷数也相同，均为九卷。第二部分的作品相当于动物生理部分，包括《论动物部分》《论动物运动》《论动物行进》《论动物生成》（以上四部分收于第 5 卷），以及《论灵魂》和《自然短论七篇》（以上两部分收于第 3 卷）。其中《论动物部分》从名字看似乎是讨论分类而不是讨论原因，实际上此书共四卷，只有第一卷讨论动物的种、属、属差，第二卷则讨论原因。第二卷开头说："在《动物志》中，我已详尽地说明构成动物部分是什么以及数目有多少。现在我们必须探究决定每种动物构成方式的原因，这个问题同我在《动物志》里所讲的截然有别。"（亚里士多德，1997：25）如此看来，前面的第一卷只相当于一个引言，也可能是后来加上的。此书的书名应当叫《论动物原因》而不是《论动物部分》。亚里士多德这部分动物著作作为一个整体对应于塞奥弗拉斯特的《植物本原》（CP）。

沿着其老师的思路，塞奥弗拉斯特也探讨了植物的灵魂。亚里士多德认为生物界有三种不同的灵魂：植物的灵魂、动物的灵魂和人的灵魂。塞奥弗拉斯特将植物的灵魂定位于植物根部和茎干相连接的部位。

科学史界罗桂环先生曾介绍了塞奥弗拉斯特在植物形态、分类学上的工作，以及对植物分布、起源、遗传的探索。（罗桂环，1985：40—42）

塞奥弗拉斯特著作中研究的植物种类十分丰富，绝大部分能够与现在的植物对应起来，如非洲乌木、希腊冷杉（*Abies cephalonica*）、地中海柏、松属植物、无花果、栓皮槭（*Acer campestre*）、蒙彼利埃槭、普通茉萸、欧洲榛子、欧洲杨梅、木犀榄（油橄榄）、小花柽柳、月桂、桃金娘、牡荆、悬铃木、欧洲栗、常春藤、葡萄、欧洲桤木、山榆（*Ulmus montana*）、光榆（*Ulmus glabra*）、欧洲朴树、没药（*Balsamodendron myrrha*）、乳香黄连木（*Pistacia lentiscus*，即阿月浑子）、棕榈、扁桃、多种梨、铜山毛榉、希腊野苹果、刺山柑、树莓、地中海黄杨（*Buxus sempervirens*）、笃薅香（*Pistacia terebinthus*）、大麦、白羽扇豆、蚕豆、鹰嘴豆、沿海甜菜（*Beta maritima*）、小扁豆、荆豆（*Vicia ervilia*）、孜然芹（*Cuminum cyminum*）、阿魏（某种大茴香）、毒参（*Conium maculatum*）、小萝卜、欧亚萍蓬草、罗勒、牛至、罂粟、药用前胡（*Peucedanum officinale*）、旱芹、芝麻、欧苦苣菜（*Sonchus nymani*）、洋甘草、黑桑（*Morus nigra*）等。

塞奥弗拉斯特著作中提到的植物名大多是从农民、果农、牧人、商业菜园主、木匠、染工、漂洗工、医生、药剂师那里获得的。（帕福德，2008：28）

四、《植物研究》（HP）

塞奥弗拉斯特细致描述了许多植物，包括吕克昂学园种植的植物、大量本地（希腊和累范特）植物、外出考察观察到的植物、其弟子从远方记述的植物，也有亚历山大的随从收集来的植物。书中有"马其顿人说""伊达山的人说"字样，于是有学者猜测是分布在各地的学生"代表"在给塞奥弗拉斯特传递植物报告（Hort 的导言，转引自 Theophrastus，1916：导言 xx）。塞奥弗拉斯特教过的学生有两千余人，其中可能有一小部分人也喜欢植物。如果这是真的，那么这有点像林奈使徒向林奈汇报收集到的远方植物信息。塞奥弗拉斯特的书也引用过哲学家门内斯托（Menestor）、阿那克萨戈拉（Anaxagoras）对于植物的看法。

塞奥弗拉斯特的《植物研究》有九卷。第一卷：论植物的部分和组成，论分类。第二卷：论繁殖，特别是树的繁殖。第三卷：论野生树木。第四卷：论树木，及某一地区和地点的特有植物。第五卷：论各种木材及其用途。第六卷：论野生和栽培的灌木之下的木本植物。第七卷：论盆栽草本植物和类似的野生草本植物。第八卷：论草本植物——谷类、豆类和"夏季作物"。第九卷：论植物汁液，及有药性的植物。这九卷内容几乎覆盖野生与栽培植物的各个方面，如一般性描述、分类，重点讨论了树木和农业作物，也讨论了"世界各地"的植物的特点，还涉及药用植物等。在此书之外的一部小书中塞奥弗拉斯特另外讨论了植物气味。因此，总体上看，表面上行文不讲实用，但整部著作仍然显示出实用导向。作者以那个时代的最高标准，系统地讨论了与古希腊人日常生活息息相关的植物的各个方面。

塞奥弗拉斯特将植物区分出四大类：树木、灌木、亚灌木和草本植物，但区别并非绝对的。其中的"树木"还不能简单地等同于我们现在所说的"乔木"。实际上他经常提醒读者，对植物所做出的划分经常出现模糊、例外的情形。

> 树木可界定为这样一类植物，由根生长出带有节和多个枝条的单一茎，并且不容易被连根拔起，比如油橄榄、无花果和葡萄藤。灌木可界定为，从根部生长出许多枝条的植物，比如树莓、滨枣。亚灌木可界定为，从根部生长出多条枝和多条茎干，比如香薄荷和芸香。草可界定为，从根部长出许多叶、无主茎并且种子结在茎上的植物，如谷类和盆栽的草药。
>
> 不过，这些定义仅适用于一般性应用，要在整体上认可。因为就某些植物而言，似乎能够发现我们的定义是重叠的。有时栽培植物似乎变得不同，偏离它们的基本本性，比如锦葵长高时变得有点像树木。由于过不了多长时间，不超过六到七个月，这种植物的茎长得又长又硬，像长矛一般，人们于是把它用作手杖。栽培的时间越久，效果也成比例地变化。甜菜也如此，在栽培条件下，它们会增高，牡荆、滨枣、常春藤也如此。于是，一般会承认它们变得像树木，但仍然属于灌木的类别。另一方面，桃金娘如果不剪枝的话会变成一种灌木，欧洲榛树也如此。对于后者，如果我们保留足够数量的侧枝不被修剪的话，似乎的确能结出更优质、数量更多的果实，因为本性上欧洲榛树像灌木。苹果、石榴、梨也不是只具有单一茎干的树木，任何具有从根部长出侧茎的树木也都如此，但是当它们的其他茎干被去掉时，它们展现出树木的本性。然而，人们会让一些树木留有大量苗条的茎干，比如石榴和苹果，但他们会把油橄榄和无花果的茎干截短。（Theophrastus, 1916: 23—27）

塞奥弗拉斯特指出，给出精确分类有时是不可能的。他强调了例外的广泛存在性，并且建议关注典型性，近乎有了"模式"的思想。比如有人建议，在某些情况下只根据大小、只比较粗壮性或者生命的长短就可以分类。亚灌木和盆栽草本类别的植物，有一些只有单一茎，外表可能显现出树木的特征，比如甘蓝和芸香，因而有人称它们"树草"（tree-herbs）。事实上，所有或者绝大部分盆栽植物类别，如果长期处于户外，可能长出一些枝，于是整株植物具有了树木的形状，尽管比树要短命。

由于这些原因，我们要说，不能给出太精确的定义。我们应当使定义具有典型性。因为对于野生的与栽培的、结果的与不结果的、开花的与不开花的、常绿的与落叶的植物，我们也必须基于同样的原则作出区分。因此，野生的与栽培的之间的区别似乎只是由于栽培，因为根据希朋（Hippon）所评论的，根据它受到或者没有受到关注，任何一种植物要么是野生的要么是栽培的。不结果的与结果的、开花的与不开花的之间的区别似乎也只在于地理位置和所在地区的气候。落叶的与常绿的之间的区别亦如此。因此，他们讲，在埃及象岛地区，葡萄藤和无花果都不落叶。

可是，我们不得不使用这样的区分。因为相近的树木、灌木、亚灌木和草本植物都有一些共同的特征，因此当人们分析发生原因时，必须考察所有相近的植物，而不能针对每一类别给出分离的界定；有理由假定，原因对于所有植物来说也是共同的。事实上，对于野生的和栽培的植物，从一开始似乎就存在着某些自然的差异，我们注意到有些植物在栽培园地的生长条件下是无法成活的，有的则根本不适合于栽培，仅仅是被迫忍受罢了，比如冷杉、希腊冷杉或者西西里冷杉、构骨叶冬青，一般说来它们喜欢寒冷的雪地。同样道理也适用于亚灌木和草本植物，如刺山柑和羽扇豆。现在，在使用术语"栽培的"和"野生的"之时，我们必须一方面把这些作为标准，另一方面要搞清楚什么是真实意义上的栽培植物。（Theophrastus，1916：27—29）

塞奥弗拉斯特对植物之纯粹知识的兴趣远超出之前和同时代的所有人，不过他对植物存在方式的描写以及对农业、果树业生产技术和生产过程的大量刻画，显然有实用的效果，也很难说是无意为之。

塞奥弗拉斯特著作中的谷类主要指小麦、大麦、单粒麦、米麦和其他类似的作物。豆类主要包括鹰嘴豆、豌豆和其他豆类。"夏季作物"包括粟、意大利小米、芝麻以及其他夏播作物，还有一些不易归类的农作物。

一年当中有两个季节最适合播种。第一个也是最重要的季节是：秋末早晨昴宿（Pleiades）下降之时。作者提到，赫西俄德（Hesiod）甚至都遵守这条规则，于是人们有时简称此时间为播种期。另一个时间是冬至后的春天开始之时。（Theophrastus，1926：143—145）[1]葡萄开始变色时，冬天开始。葡萄变色、收葡萄和收麦子的时间一般也是固定的，书中多次用这样的标志性事件来描述一年当中的农事活动。

《植物研究》与亚里士多德的《动物志》有明显对应关系。作为学生的塞奥弗拉斯特，其书的写法有意模仿老师。《动物志》是这样开头的：

> 动物的部分中有些是非复合的，它们全部都可以分为自同的部分，如肌肉分为肌肉；有些则是复合的，它们全都不可以分为自同的部分，如手不能分为手，脸也不能分为脸。
>
> 这类部分中有一些不仅可以称为部分，而且可以称为肢体，这就是那些自身为一整体而又包含另外一些部分于其中的部分，例如头、足、手、完整的臂和胸，因为它们自身都是完整的部分，其中又有着另外的部分。
>
> 所有非自同的部分均由自同的部分构成，例如手由肌肉、肌腱和骨骼构成。（亚里士多德，1996：3）

相应地，塞奥弗拉斯特的《植物研究》开头为：

> 在考察植物的独具特征和本性时，人们通常必须考虑到它们的部分、它们的性质，以及它们生命的起始方式和每种情形中彼此相继发生的历程（我

---

1 古希腊的历法中，一年分冬、春、夏、秋四季。特点是四季不等长。冬季：早晨昴宿下降（11月9日）到春分（3月24日），共计135天。春季：春分到昴宿早晨升起（5月11日），共计48天。夏季：从昴宿升起（5月11日）经过夏至（6月21日）再到大角星（Arcturus）升起（9月22日）。亚里士多德《动物志》中提到小龙虾在9月份大角星升起之前产卵，再于此星升起之后遗弃卵团（亚里士多德，1996：171），共计134天。秋季：从大角星升起和秋分到昴宿下降（11月9日），共计48天。全年365天加41/42分数天，其中的分数天一般加到夏至前。（Theophrastus，1976：序言xlvi—xlviii）在古希腊的历法中，一年始于夏季的中段，因此塞奥弗拉斯特书中讲到的一年中的"早"与"晚"不同于现在历法的理解。对塞奥弗拉斯特来说，5月算一年当中的"晚"，而7月算一年当中的"早"。塞奥弗拉斯特时代的农历大致是这样的：6月21日，夏至。7月20日，可见天狼星升起，刮南风。8月26日，地中海季风停止。9月7日，可见大角星升起。9月21日，秋分。10月28日，大角星在晚上下降。11月5日，可见昴宿下降。12月22日，冬至。2月2日，刮西风。2月18日，燕子出现。3月18日，春分。5月9日，早晨昴宿升起。

们在动物中找到而在植物之中却没有发现的作为和活动）。当下，就植物生命的起始方式、就它们的性质以及就它们生活史的差异而言，相对容易观察，并且相对简单，可是，植物的"部分"中所显露的，却更加复杂。的确，还没有令人满意地研究清楚哪些应该哪些不应该称为"部分"，区分的过程中遇到了一些困难。

此时，所谓"部分"，似乎是指属于植物之根本特性的某种东西，我们指的是某种长久的东西，要么持续存在着，要么曾经出现过（如同动物的部分，它们维持在一定时期内不发育）。长久是指，除非因疾病、衰老和毁坏而不会失去。尽管某些植物的部分存在的时长，只限于一年，比如花、"荑荑花序"、叶、果，事实上所有那些部分都先于果及与其相伴的东西。同样地，新芽本身必须被包括在这些东西之中；因为树每年总是生出新东西，地面之上的部分与那些属于根的部分是类似的。于是，如果我们把这些（花、荑荑花序、叶、果、芽）直接叫作"部分"的话，部分的数目将是不确定的，并且经常变化；如果另一方面这些不被称作"部分"，结果将是，在植物达到完美之时的那些本质性的东西，它们那些显而易见的特征，将不会被称作"部分"。任何植物，当它重新生长、开花和结果时，总是显得更好看更完美，也确实如此。我们说，诸如此类，便是定义"部分"时遇到的困难。（Theophrastus，1916：2—5）

作为哲学家，塞奥弗拉斯特考察植物时首先要关注如何界定"植物"，植物包含哪些部分，不同植物依据哪些根本特征加以区分。师徒研究的对象不同，研究方式却是类似。具体笔法也类似，比如先给出概括性的断言，接着举例加以说明。为什么一开始便讨论部分与整体？亚里士多德在《动物志》中首先要描述不同动物之间的相同与差异，这就涉及组成方面，然后才是生活方式、习性和行为方面。在《动物志》中亚里士多德一共讨论了动物在以下四个方面的差异：①身体特殊部分上的差异（第一、二、三、四卷）；②生活方式上的差异（第五、六、七、九卷）；③活动类型上的差异（第五、六、七、九卷）；④专门特征上的差异（第八卷）。整体与部分属于第一个方面要讨论的内容，涉及系统可还原的程度和分类原则，最终也会涉及四因说中形式与质料的关系，这些对于自然哲学家来说具有相当的重要性。亚里士多德在《形而上学》中也论及部分与整体（苗力田，1990：528—529），涉及两种部分：形式的部分和质料组成的组合物的部分，他更重视前者。只有形式的部分才是原始的部分。整体和部分谁在先，不可一概而论。"在这里，理所当然要出现一个难题。哪些是形式的部分，哪一些不是，而是组合物的部分。这个问题如不清楚，也就无法给个别事物下定义，因为定义是普遍定义，是形式定义。从而，到底哪一些部分作为质料，哪一些不是，如若这一问题不清楚，就没有事物的原理是清楚的了。"（转引自苗力田，1990：531—532）也正是在此处，亚里士多德明确批评了青年苏格拉底的"相论"思想，重新阐述了普遍与特殊、整体与部分之间的关系："因为像这样把一切归结为一，而抽掉质料是件费力不讨好的事情。因为事物总是个别的，这个在那个之中，这些具有那些样子。青年苏格拉底在生物上所习用的比喻并不完美，它脱离了真理，造出了一个假设，似乎人可以不须［需］部分而存在，正如圆形可以脱离青铜一样。但事情却并非如此，生物是有感觉的东西，不能离开运动给它下定义，所以也就不能不以某种方式分有部分。手并不是在任何情况下，都是人的部分，只有在执行其功能，作为一只活生生的手时，才是部分。一只无生命的手就不是部分。"（转引自苗力田，1990：532—533）黑格尔的自然哲学也在重复同样的高论，当然这是正确的。

塞奥弗拉斯特的博物学讨论在语言、思维上有着浓重的吕克昂哲学特征。不过，亚里士多德和塞奥弗拉斯特的博物学研究对后人的启示，重要的不是抽象的形式分析和原因考察，而是丰富的实际经验总结。结合具体的植物，塞奥弗拉斯特的讨论更接近于后来的经验科学探究，而非当时和后来的哲学论辩。

塞奥弗拉斯特注意到植物与动物的对应关系，更注意到它们之间巨大的差异，在方法论上指出对两者的研究可以不同。接下去，塞奥弗拉斯特说：

> 不过，在考虑到更多涉及繁殖而非其他方面的事情时，我们或许不应当指望在植物中发现与动物的一种完全对应关系。于是，我们应当把植物所由生出的东西断定为"部分"，比如它们的果实，尽管我们不把未出生的小动物作此类断定。（然而，花或果这一产品对于眼睛来说似乎最美丽悦目，此时植物处于其最佳状态，于是我们不可能从中找出支持我们的论证，因为即使在动物当中，年轻的动物也处于最好的状态。）

许多植物每一年也蜕掉它们的"部分"，成年牡鹿甚至也蜕掉角，冬眠的鸟（注：古时的一种错误观念，以为鸟在洞中冬眠）换掉羽毛，四足兽换掉毛发。毫不奇怪，植物的部分不应当是永久的，特别是如动物中所发生的，植物中叶的脱落是类似的过程。

植物中与繁殖相关的部分，取类似的方式，不是永久的；因为即使在动物当中，当小动物出生时，有些东西从父母那里分离开来，另外一些东西［胚胎不是从母体中导出的唯一东西］被清除了，虽然所有这些都不属于动物的根本特性。植物生长，似乎也如此；显然，生长到一定阶段，此过程的完成就会导向繁殖。

一般说来，如我们已经谈到的，我们一定不能假定在所有的方面植物与动物之间都存在完全的对应。这也就是何以部分的数目未定的原因；因为植物的部分在其他各种部分中都有生长的能力，恰如其各个部分均有生命一般。因此，我们应当假定的真相是，如我刚才讲的，不仅仅限于我们眼下的事物，还要看到将来展示于我们眼前的东西；因为费力做那些不可能做的比较，只是在浪费时间，并且那样做的时候我们将迷失对恰当主题进行探究的视野。对植物的探究，一般来讲，可以一般地考虑外部部分以及植物的形式，或者它们的内在部分。后者的方法对应于动物研究中的解剖。

进而，我们必须考察哪些部分属于所有类似的植物，哪些专属于某一种植物，以及属于所有类似植物的哪些东西本身在所有情形中都是相似的，比如叶、根、皮。此外，如果在某些情形中，应当考虑类比（比如通过动物的类比），我们也必须将此牢记在心。并且在那样做的时候，我们当然必须把最接近的相似性和最完美发育的例子作为我们的标准。最后，植物的部分受影响的方式，必须与动物在此情形下的相应效果进行对比，以至于人们在任何给定的情形下通过对比都可以发现相似性。（Theophrastus，1916：5—9）

塞奥弗拉斯特在描述植物时，尽可能与动物进行类比，但也表现出相当的灵活性。比如谈到树液会令人想起动物的血液。"对于植物来说，并没有类似肌肉和血管之类的特殊名字，但是因为有相似性，所以从动物对应的部位借用了名字。但是可能存在这种情况，不仅这些东西，就一般的植物世界而言，可能展现出不同于动物世界的其他差异。因为我们已说过，植物世界是多种多样的。然而，正是借助于已经较好地了解的东西，我们才能了解不清楚的东西。而已经较好了解的东西是那些个头较大，对于感官来说更容易感受到的东西，于是显而易见，可以正当地这般进行讨论：在考察了解得不够多的对象时，我们应当把已经较好了解的东西当作我们的标准，我们将问在每一种情形中可以用什么方式进行对比以及对比的程度。当我们考察部分时，我们必须接着考察它们所展示出的差异，因为这样一来它们的本质特性将显现出来，与此同时，一种植物与另一种植物之间的一般差别也显现出来了。"（Theophrastus，1916：17—18）塞奥弗拉斯特考察的结论是，植物最重要的部分是根和茎。

如果熟悉亚里士多德的《范畴篇》，塞奥弗拉斯特对植物的处理方式就比较好理解了。对于植物个体，即亚氏所讲的第一实体，要通过"实体"之外的各种范畴来加以刻画。并且，在对植物的各种探索中，要时常与动物进行对比。不过，塞奥弗拉斯特相比于其老师，对于目的论和抽象的自然哲学思辨的考虑要弱一些，他表现得更像近代经验科学之后的某位植物学家，他更注重描述植物的细节事实。

植物学著作开篇就讨论植物的"部分"，在现代人看来多少有些奇怪，但这是西方学者的习惯，向前自然可追溯到塞奥弗拉斯特。这一传统的形式甚至一直持续到19世纪初，在德堪多（Augustin Pyramus de Candolle）1819年的著作《植物学基本原理》第二章中甚至能找到深受塞奥弗拉斯特影响的痕迹。比如德堪多讨论了植物的部分的测量、部分的颜色、部分的表面、部分的方向性、部分的单一性与构成性、部分的寿命等。（de Candolle and Sprengel：10—49）

塞奥弗拉斯特先指出"植物的部分"之间存在着三种差异：①某植物拥有它们而另一种植物不拥有（比如叶和果）；②在一种植物中它们在外形和大小上可能不同；③它们在安排上可能所有不同。不同显现于形式、颜色、安排的紧密程度与粗糙程度，以及气味上的差异。不同体现于数量和大小上，以及多出或者欠缺上，而"安排上的不同"意味着位置的差别。比如，果可能在叶上或叶下；至于在树本身的位置，果可以长在树顶上，也可以长在侧枝上，在某种情况下甚至可以长在树干上，而有些植物甚至还可以在地下结果。某些植物的果有柄，而有些无柄。花器官也存在类似的差异：在某些情形中，它们包围着果，在其他情形中它们被放在不同的位置上。差异体现于对称性上，涉及枝对生、分枝间的距离和更复杂的排列方式。"植物间的差异，必须从这些特殊方面来观察，因为它们合起来展现了每一种植物的一般特征。"（Theophrastus，1916：9—11）

塞奥弗拉斯特按这种方式讨论植物的本质部分及其组成物质。在讨论每种具体植物之前，先以树木为范本，列出"植物的部分"包含的清单。首要的和最重要的部分，也是多数植物通常具有的，包括根、茎（stem）、枝（branch）、嫩枝（twig）。它们是植物的"部分"，也可视为"部件"，类似于动物的部件：每一个在特征上都不同于其他的，合起来则构成一个整体。"植物借助根吸收养料，借助茎进行传导。其中'茎'（stem）我指的是，长于地面之上未分支的部分。这一部分最常见于一年生也常见于多年生植物中。对于树的情况，称它为树干（truck）。'枝'我指的是从树干上分离开来的部分，有时也称作大树枝（boughs）。'嫩枝'我指的是从枝上生长出来的未分支的生长部分，特别指当年生长的部分。"（Theophrastus，1916：11—13）塞奥弗拉斯特补充说，上述"部分"通常专属于树木。但其他植物也可以做类似的理解。有的植物的茎，不是永久的，只是一年生的。实际遇到的植物多种多样，形态各异，很难用一般的词语描述。"我们在这里无法抓住所有植物共同具有的任何普遍特征，像所有动物都有一个嘴和一个胃这样的特征。在植物当中，有些特征出现于所有植物中，仅仅在类似特征的意义上成立，除此之外则不同。"（Theophrastus，1916：13）塞奥弗拉斯特充分意识到植物比动物要复杂。"并非所有植物都有根、茎、枝、嫩枝、叶、花、果，或皮、髓心、纤维及脉管，比如蘑菇和块菌。然而这些及类似特征属于植物的基本的本性。可是，如已经讲到的，这些特征特别属于树木，我们对特征的分类比较而言更适合于这些树木。将这些视为标准来讨论其他的植物是有道理的。"（Theophrastus，1916：13—15）也就是说，明知道有些植物不具有某些特征、"部分"，却仍要立下一个标准，描述其他植物时要参考这个标准来进行。这是很有意思的，我们可以想一想"游戏"的共同特征、"科学"的共同特征是什么？确实容易为它们各自找到一些共性，但很难找到完备集，无法提供一个充分必要组合。用现代人的说法来重新叙述，植物与植物之间可能仅有粗略意义上的"家族相似性"。

在塞奥弗拉斯特看来，树木的部分是有限制的。当提到某植物体是"由类似之部分组成的"，其意思是，尽管根与树干是由同样的元素构成的整体，但如此讨论的部分本身不能再被称为"树干"，只能称作"树干的组分"。这跟动物身体有部件的情形是一样的。也就是说，腿与臂的任何部分在整体上是由同样的元素组成的，但是与肉与骨的情形一样，它们并不能冠以同样的名称。腿和臂的组分没有特别的名字。任何其他有着均一组成的机体部分，经过再划分，也不再拥有特别的名字，所有这般再次划分出的东西均无名。但是，那些本身为复合的部分比如果实的再次划分，是有名字的。对于脚、手、头，其再次划分的名字有脚趾、手指、鼻子或眼。也就是说，手对于人来讲，是一部分；手指对于手来说，也是一部分。但手指再切开成几块，那些小块则不能再称作部分。植物的情况也类似。植物中有些东西的某些部分是构成性的，如树皮、木质和髓心，这些东西均由"类似的部分构成"。进而，有些东西甚至先于这些部分而出现，比如树液、纤维、脉管、果肉。它们对于植物的所有部分都是共同的。因此，植物的根本和全部物质是由这些构成的。（Theophrastus，1916：15—17）

塞奥弗拉斯特对植物部分的哲学式界定现在看来算不上有多高明，却涉及植物解剖，并无什么不当。

> 还有其他一些内部特征，它们本身没有特别的名字，不过根据它们的外表，参照动物的那些类似部分而起了名字。于是，植物有了对应于"肌肉"的东西，这种准肌肉连续、易裂并且较长，进而既不会从侧面分出枝也不会接着它生长。植物也有"血管"。从其他方面看有些像"肌肉"，但是它们更长、更浓密，并且可以侧向生长及包含湿气。还有木质和肉质：有些植物有肉质而有些有木质。木质可沿一个方向裂开，而肉质像土或土制的东西可沿任何方向断开。在纤维和脉管之间有中间物，其特性可以特别从种子包被的外层覆盖物看到。皮和髓心虽然称谓恰当，但也要进行界定。皮处于外层，与它所覆盖的实体是可分离的。髓心由木质的中间部分形成。顺序由外到内依次为皮、木质和髓心。髓心与骨头的骨髓对应。有人称这一部分为"心"，另一些人称之为"心木"。有的人只把髓心的内侧部分称为"心"，而另一些人把这叫作"骨髓"。
>
> 这里我们有了比较完备的"部分"列表，那些后面命名的东西是由前面的"部分"组成的。木质是由纤维和树液组成的，在某些情况下也由肉质组成。因为肉质变硬可转化为木质，比如在棕榈、阿魏（某种大茴香）及其他植物当中，能够发生转化为木质的现象，如同小萝卜的根。髓心由湿气和肉质组成。皮在某些情况下由所有三种东西组成，如橡树、黑杨和梨树的皮。而葡萄藤的皮由树液和纤维组成，（欧洲）栓皮栎由肉质和树液组成。进而，

由这些构成物组成了最重要的部分，即我最先提到的东西、可以称作"组员"的东西。不过，除了构成物以各种方式进行组合之外，并非所有那些部分都由相同的构成物组成，也不以同样的比例组成。

此时，我们可以说，考察所有部分，我们必须努力描述它们的差异，以及从整体上看树木和植物的本质特征。（Theophrastus，1916：21—23）

翻看近现代植物学家的著作，比如德堪多的《植物学基本原理》或萨克斯（Julius von Sachs）的《植物学史》，博物学意义上的植物研究大致包括三部分内容：术语界定、分类学、形态描述与植物利用。塞奥弗拉斯特的植物研究无疑对这三大块都有不同的涉及，尤其以对栽培利用的描述见长。以辉格史的眼光看，他在科学分类理论和分类实践方面相对较弱。斯普伦格（Kurt Sprengel）给出一种简单的解释：那时人们接触的植物总数并不多，不超过1000种。塞奥弗拉斯特能够分辨出500种，半数以上曾在古希腊的诗歌、戏剧和散文中出现过，比如荷马史诗中就提到过60多种。（帕福德，2008：16）塞奥弗拉斯身边的农民或专家能够分清楚地中海周围的常见植物。因此，客观上希腊人对于一种严密的分类学的需求可能并不很强。分类学真正发展起来，与全球探险和世界的一体化有关。所以，自林奈以来出现各种分类体系，显然也与应对数千种甚至更多以前闻所未闻的种类有直接关系。塞奥弗拉斯特本人旅行的范围不算很大，他的植物收集人旅行的范围比他略广，但还谈不上走出地中海附近地区，没有深入亚洲、非洲，更没有到达美洲、大洋洲。对于古希腊植物研究来说，现代意义上的"科""属"概念还没有迫切需求。

塞奥弗拉斯特讨论完植物的组成部分，便着手分析植物的"习性"，特别提到野生植物与栽培植物的异同。"野生种类似乎能结更多的果，比如野生梨和野生油橄榄，但是栽培植物能产出品质更佳的果，具有一致的风味，更甜更可爱，并且一般来说大小更匀称。"（Theophrastus，1916：29—31）原因何在呢？塞奥弗拉斯特接着具体讨论了对于博物学十分关键的地方性特征："我们必须考虑到地域性，的确不大可能不这样做。地域上的这些差异似乎能够给出一种划分子类的方式，比如水生植物和旱生植物的区分对应于我们在动物的情形中所做的划分。因为有些植物只能在湿地生存，也可以按照它们对湿的不同喜欢程度彼此区分开来。于是，有些生长在沼泽中，有些生长在湖水中，另外一些生长在河里，甚至在海里，较小的生长在我们自己的海中，较大的则生长在红海中。人们于是又可以说，有些植物喜欢非常湿的地方，或者说它们是沼泽植物，比如柳树和悬铃木。有些植物在水中则根本无法存活，它们喜欢干旱的地方。有些植株矮小的植物则喜欢在岸边生长。"（Theophrastus，1916：29—33）不过，塞奥弗拉斯特总是不忘谈到例外的情况。"如果人们希望再精确一点就会发现，即使这样，有些也保持中立，因为它们具有双重性。有的植物稍湿一点、稍干一点都能生长，如小花柽柳、柳、桤木，而另外一些植物既能在旱地、有时也能在海水中生长，比如棕榈、海葱和密枝日影兰。但是，考虑所有这些例外，以及一般地总是这样思考问题，并非前进的正确途径。因为若这般思考，大自然也一定不能因此而遵从任何确定而可靠的规律。"（Theophrastus，1916：31—33）这番阐述暗示了两层意思：第一，我们找到的严格规律，并不表明大自然本身就如此运作，规律只是一种人为抽象；第二，反过来，要获得对大自然的认识，就需要化简，要考虑一般情形，从而概括出有用的规律。这些话语仿佛穿越时空，进入了20世纪80年代科学实在论与工具主义的讨论。

关于植物各个部分之间的差异，塞奥弗拉斯特举出大量例子加以说明。"有的植物一直向上生长，长有很高的茎干，如冷杉、希腊冷杉和柏；有些相对而言斜着生长并且有较短的茎干，如柳、无花果和石榴；也存在着与粗细程度相类似的其他差别。有的长有单一的茎干，而有的长有许多茎干，而这一差别多少对应于侧生长和非侧生长、多枝与少枝之间的差别，如海枣。而在这些具体例子中，我们还会遇到强度、粗细及类似特征之间的差别。有的长有薄皮，如月桂和欧椴，而有的则长有厚皮，如橡树。有的长有光滑的表皮，如苹果和无花果，有的则长有粗糙的表皮，如野橡树、栓皮栎和海枣。不过，所有的植物在年幼时表皮都是比较光滑的，变老的过程中表皮开始变得粗糙。有的表皮裂开，如葡萄；在有些情形中，表皮渐渐脱落，如希腊野苹果和欧洲杨梅。有的表皮是肉质的，如栓皮栎、橡树和杨树，而在其他一些则多纤维、并不多肉质。同样，这些也可以用于分析树、灌木和一年生植物，比如葡萄、芦苇和小麦。有的皮不止一层，如欧椴、冷杉、葡萄、无叶豆和洋葱，而有的只有一层外套，如无花果、芦苇、毒麦。这些涉及的都是皮的差别。"（Theophrastus，1916：35—37）

塞奥弗拉斯特在各部分的差异之后，讨论植物性质和特征方面的差异。包括硬和软、坚韧和脆弱、结构封闭和开放、轻和重。柳木无论何时都很轻，但是黄杨和黑檀在干的情况下也不轻。欧洲冷杉易裂，油橄榄的树干则很容易呈现网状撕裂。有些不长节结，如接骨木，而有些长节结，如杉木和欧洲冷杉。"欧洲冷杉之所以易裂开，是因为其纹理是直的；而油橄榄之所以易破裂，是因为其纹理扭曲并且坚固。另一方面欧椴的木材和其他木材易弯曲，是因为它们的树液黏稠。黄杨和黑檀的木材较重是因为其纹理致密，橡木则是因为它包含矿物质。类似地，也可以用某种方式考察其他一些特殊的性质。"（Theophrastus，1916：37—39）植物的茎心也存在着差异。首先有些有髓心有些则无，比如接骨木就无髓心。茎心分多肉的、木质的或者膜质的。比如在葡萄、无花果树、苹果、石榴、接骨木和阿魏中，茎心是多肉的；在欧洲冷杉、杉木中，茎心是木质的，它们最终会变得含树脂。梾木、铁橡栎、橡树、毒豆、桑树、黑檀、朴树的心材则更加硬、更致密。茎心在颜色上也存在差异。

最后讨论到植物的根的差异。有些具有许多长根，如无花果树、橡树、悬铃木。另外一些植物具有较少的根，比如石榴和苹果。有的长有单一的根，如欧洲冷杉和杉木。扁桃向下长有一条长根，即中央根也最长、扎得深；油橄榄中央根较小，但是其他根较大，某种程度上可以说呈横向发展。葡萄的根总是很柔弱。某些植物根深，如橡树；某些植物根浅，如油橄榄、石榴、苹果、柏木。有些植物根直且均匀，有些植物的根则扭曲并彼此交叉。"于此，并不能仅仅解释为它们找不到直线通道。这也可能是由于植物的自然特征使然，比如月桂树和油橄榄。而无花果树和诸如此类的植物的根扭曲，是因为它们不能找到径直前进的通道。"（Theophrastus，1916：41—43）多数盆栽植物长有单根，但有些长有较大的侧根，并且就其大小比例而论，它们比树木的侧根扎得还要深。有些根是肉质的，如小萝卜、芜菁、欧海芋、番红花，而有些根则是木质的，如紫花南芥和罗勒。

《植物研究》也讨论到香水的特性，指出有些香水容易引起头痛。"最清淡的香水是玫瑰香水和凯普洛斯，它们特别适合男人使用，也包括睡莲香水。最适合于女人使用的香水来自没药油、迈加雷昂、埃及马郁兰和甜马郁兰、甘松香。因为其持久、浓重的特性不易挥发、消散掉，而长久散香是女人所要求的。"（Theophrastus，1926：365）

《植物研究》不同于《植物本原》，主要精力不在于探讨原因，但也偶尔涉及。比如用复合性来解释滋味和气味。"一般说来，气味与滋味类似，均是由于混合。因为任何非复合的东西都闻不出气味，就好像它没有味道一般。简单物质没有气味，如水和火。另一方面土是唯一有气味的基本物质，或者至少在某种程度上与其他东西相比是这样，因为它多多少少比它们更具复合性。"（Theophrastus，1926：326—327）对于同一类原因，塞奥弗拉斯特也指出，由于量的不同、时间的不同，结果也可以不同，甚至完全相反。"丰沛的雨水对于正在发出叶片、正准备长出花朵的农作物都是有益的，但是对正在开花的小麦、大麦和其他谷类却是有害的，因为它能伤到花。"（Theophrastus，1926：178—181）

五、《植物本原》（CP）

塞奥弗拉斯特的CP确实不等同于后来的植物生理学，一方面是它的深度、还原度不够，另一方面它讨论的范围很大。CP共有六卷，前两卷讨论生殖、发芽、开花和结果，以及气候对植物的影响；中间两卷讨论耕种和农业方法；最后两卷讨论植物繁殖、疾病与死亡原因、独特的滋味和气味。

"在《植物研究》中我们已经说到植物有数种生殖模式，在那里已经列举出来并做了描述。因为并非所有模式在所有植物中都发生，于是有必要对于不同的组群区分出不同的模式，并且给出原因。要基于植物的特别特征进行说明，因为说明首先必须符合那里给出的解释。"（Theophrastus，1976：3）接下去讲由种子而来的生殖和由"自发"生长而来的生殖。讲种子生殖时借用了目的论："所有结种子的植物，都可由种子生殖，因为所有种子都能够生殖。它们能这样，不仅仅看起来显而易见，理论上这或许也是一条必要的结论：自然不仅不做无用功，并且做事情首要的是直接服务于其目的，并且为取得其成就毅然决然。此时，种子就具有这种直接性和坚毅性，于是，如果种子不能生殖，它势必在做无用功，因为它总是瞄准着生殖，借由自然生产出来以成就此目的。"（Theophrastus，1976：3—5）不过，在现实中并非所有人都立即明白这些道理，由于人们经验有限，还存在一些不同的意见。"所有种子均能够生殖，这一点可以算作除个别人外大家都承认的一般性共识。但是因为有些农民并不用种子进行生产（因为植物由自发生长成熟得更快，还因为有时不容易像获得草本植物种子那样获得树木的种子），有些种植者由于这些原因而不大确信植物可由种子进行生殖。而实际上，如我们在《植物研究》中说到的，对于柳树，由种子繁殖是十分显然的。"

（Theophrastus，1976：5）从这里可以看出，作者借用目的论来说明，但也讲因果关系，比如农民的生产经历，当然也引用观察事实。

《植物本原》内容的主结构可划分为两部分：（1）植物的自然生长或自发生长；（2）植物借助于技艺（art）的人工辅助生长。前者是依据植物自己的本性来生长，出发点在于其本性。后者的出发点在于人类的精巧和发明。塞奥弗拉斯特提到，在某些条件下有些树木拒绝栽种。事情显得有些奇怪：在此情形中，技艺与自然合力而行，植物得到精心照料，它不是应当长得更好、结更多果实吗？塞奥弗拉斯特解释说，这里并没有任何费解之处。要害在于，植物各有特点，每一具体植物的本性都可能有别于其他植物。各种植物也不可能具有同样的目的以发挥各自结实的潜能，每种植物都可能有自己独特的有关滋味、气味及其他方面的自然目的（natural goal）。而在农业、果木业中，人们主要考虑气味和滋味两个要素来对植物进行营养调节。于是有理由设想，农业生产有可能不适合某些植物，特别是出于药用的考虑要人为得到特殊的风味时。一些草药生长需要的条件，在人工种植环境下可能无法得到充分的满足。植物生长需要最适合其本性的空气（air）和位置（locality）条件，这两者在栽培情况下难以精确复制。实际上所有的栽培条件多多少少都是反自然的。作者还指出，即使对于适合栽培的植物来说，也不是照料越多越好，过度的照料可能损害植物。对于不同的植物，此限制的程度是不一样的，有些植物则根本不需要人为照料。（Theophrastus，1990a：3—11）

塞奥弗拉斯特用相当的篇幅讨论利用插条进行繁殖。插条应当从年轻或壮年的树上截取，并且在任何情况下都选择最光滑、最笔直并尽可能强壮的枝条，因为这样截取的插条结实、有活力、易萌发。不能选择不够光滑的，比如有结或者暗结的枝条作插条，因为那样的插条比较弱。另一条建议是，尽可能从类似土壤上生长的植株制作插条，如果做不到就从相对贫瘠的土壤上找植株，理由是，在第一种情况下，因为土质相似，不易导致插条生长不适应，在第二种情况下，土质由坏变好，相对而言插条能得到更多的营养，因而有利于插条生长。塞奥弗拉斯特据此还提出了更细致的要求：插条植入土壤后的朝向很重要，若原来生长在树上朝向是北南东西，插条植入土壤后也应当保持北南东西的方向不变。这样做是为了使植物的本性和它所处的周遭状况尽可能少受扰动。（Theophrastus，1990a：33—37）

关于粪肥的使用，谈到了用量的问题和针对性的问题。施肥可使土壤保持松软，也能让土层保温，这两者都有利于植物快速生长。但关于如何施肥，并非所有专家都一致的做法。有些人直接把粪与土壤混合，然后把混合物放在插条的四周。另外一些人把粪放在两层土之间，这样既能保持湿度又不至于随雨水而流失。不过所有专家都同意的一点是，粪力不能太刺激、太强劲，而是要温和。于是，专家建议主要使用畜粪而不是人粪，粪肥太强，会产生过多的热量，对插条不利。（Theophrastus，1990a：41）后文再次谈到肥料可能的副作用：即使有利于树木、为树提供助力的东西，如果积累到太大的数量或强度，或者施肥时间不恰当，都可能毁坏树木。水适合所有植物，而粪肥不同于水，并不适合于所有树木。不同的树木需要的肥料可能不同。即使是水，有时用量过大也可能毁坏树木、让植物烂根。对于小树或者不喜水的柏木，水甚至是毁灭性的。（Theophrastus，1990b：167—169）

在最后一部分中，塞奥弗拉斯特讨论了干湿度对于植物芳香的影响，给出的因果线索甚至有布鲁尔（David Bloor）在论证科学知识社会学强纲领所举例子的味道：某一参量变化时其作用的效果可以变得相反。植物放置在适当的地方，处于适当的干湿度，会具有很强的芳香味，因为水已经从中被排除，余下的则调和得较好。干燥事实上对气味有利，所有芳香植物及其部分趋于更干一些。证明如下：①大量芳香植物产于较热的地区，它们的芳香味也特别明显，显然在那里它们被调和得更好；②有些植物处于干燥之时有气味，而处于潮湿时则无（如芦苇和灯芯草），另外一些植物变干时气味会增强（如鸢尾和草木樨）。不过，并非所有植物及其部分在干燥时都如此，甚至可以出现完全相反的情况。因此我们必须区分两个类群：①具弱气味的植物及其部分（一般说来通常对应于花）在潮湿或者新鲜的时候更具芳香，但是当放置很长时间后，由于蒸发，气味会变淡；②那些气味较重的植物及其部分（通常对应于更具土质的植物）当干燥时或者保存一定时间后会具有更强的气味（比如金鸡纳和甘牛至）。对于草本植物，情况也如此。有些植物新鲜时无味，干燥后变得有气味（如豆科植物葫芦巴）。甚至葡萄酒放置一定时间，水分适当分离，也会变得更适合饮用并获得香味。另一方面，有些植物放置后气味会因蒸发而变弱，比如一些鲜花的香味会变弱变没，还可能变得刺鼻难闻。（Theophrastus，1990b：381—389）

对塞奥弗拉斯特植物学著作的研究才刚刚开始，以上也只是列举了一小部分来示意他讨论问题的方式。在中国，植物学界、农史界似乎从来没有认真对待塞奥弗拉斯特，也许把他的两部著作翻译成中文是第一步要做的工作。

科学史家罗维（也译作"劳埃德"）（Geoffrey Lloyd）曾概括古希腊学术有两大特点：对自然的发现和理性辩论，即自然态度和自由争辩。（劳埃德，2004：7—17）两者不局限于自然科学，同样贯彻于法律、政治和公共事务领域。"对自然的发现"，首先不是指找到了独立存在的客观自然，而是指一种自然主义态度或者方法，是相对于"超自然"而言的，这一点对西方学术，特别是自然科学的发展极为重要。早期的自然主义与近代科学建立之后科学哲学领域如蒯因等人所讲自然主义有相通之处，但也有差异。可以说前者更朴素、更自然，而后者与物理主义、还原论、机械论有某种挥之不去的关联。

亚里士多德与塞奥弗拉斯特均有非常典型的自然主义气质，在他们的著作中，几乎没有超自然的话语空间。"希腊人没有受到势力强大且高度组织化的神职人员的阻碍"（帕福德，2008：32），至少这两位顶尖级的学者没有受到神职人员的过分影响。他们能够平衡对待理性与经验，不随便拔高或贬低某一侧面。而中世纪学者有所偏向，对亚氏及其弟子的学术做了极片面化的传承和解释，越来越教条化，不再对经验、体验开放。当理性在思辨中脱离大地，日益玄学化，学术便僵化、反动。最终需要再一次解放、文艺复兴，才能重新焕发出古希腊的学术活力。

大尺度上看西方两千多年来的博物学发展史，博物学家对自然物的说明，特别是对生物有机体发生、行为的说明，一共有四类范式：

①自然目的或者自然本性范式。代表人物是亚里士多德和塞奥弗拉斯特。

②自然神学范式。代表人物是约翰·雷（John Ray）、G.怀特、佩利（William Paley）。

③演化适应范式。代表人物是达尔文、华莱士。

④基因综合范式。代表人物是迈尔、E.O.威尔逊。

其中前两者涉及超自然、神，后两者不涉及超自然法力。不过，第一个范式中神并不经常出场，在那里"本性"是主要的。此本性就人的判断而言有善有恶，有好有坏，有精致有非精致，涉及各个方面。即使在第一个范式那里，自然主义的色彩依然非常浓，比如塞奥弗拉斯特对植物的说明，虽然不忘形式上讲某某现象依照了其自然本性，但通常情况下还是根据具体情况进行了具体说明。说明中会从内外两方面找原因，特别是会追索当地的气候、水质、肥力、风向等条件，把"本地性"当作非常重要的方面加以考虑。

　　塞奥弗拉斯特被称为西方植物学之父，并非由于有关植物的知识都源于他一个人。完全不是这样。他撰写植物书之时，古希腊人已经吸收了古巴比伦和古埃及的文明。考古学家发现公元前1500年，古埃及就有了大量药用植物知识，许多药方记录在莎草纸上。有趣的是，这份材料本身还列出更古老的"参考文献"。公元前7世纪亚述王国的尼尼微（Nineveh）碑文上，已经按用途将植物分成16大类，碑文是用古老的苏美尔语写成的。但是，塞奥弗拉斯特的著作系统整理了当时的植物知识，并且没有过分强调对植物的应用，虽然字里行间仍然能够不时看出应用的痕迹。他是如何做到的？这也许只能从哲学家的趣味来寻找了。作为哲学家的塞奥弗拉斯特，不可能只关注具体的应用，而置纯粹知识于不顾，那样不符合吕克昂学园钻研学问的宗旨。但是，与通常的哲学家又非常不同的是，塞奥弗拉斯特几乎处处从经验事实出发，没有脱离实际生产和生活来抽象地议论学术。

第 2 章　培根的博物学

　　弗朗西斯·培根是 16 到 17 世纪的重要哲学家和科学家，他的博物学研究虽然长期被人所忽视，但同样在科学史上扮演着重要的角色。他在《伟大的复兴》中将博物学列入自己的研究计划，并且将其视作新哲学的基础，赋予了很高的地位。他最为重要的博物学著作《木林集》中，集中体现了他的博物学思想，展示了他在科学研究方法以及更为重要的认识论原则上，同传统观念的决裂和革新，具有重要的科学史意义。

　　弗朗西斯·培根（Francis Bacon，1561—1626）作为英国文艺复兴时期的思想巨人，不仅在哲学史上举足轻重，也是科学史、博物学史研究中的重要人物。作为新旧之交时代的学术代表，培根的自然哲学深深影响了后世的自然科学。然而我们提到培根时，往往只注意到他是科学方法论的提出者，是科学的吹鼓手，甚至是一个文笔优美的散文家，却鲜有人注意到他还是一个重要的博物学家。

　　培根的博物学研究，占据了其著作相当大的篇幅，并且，"在许多'培根派学者'看来，培根的遗作《木林集》（*Sylva Sylvarum*，1627）是他最伟大的遗产"（狄博斯，2000：121）。在研究者看来如此重要的精神遗产，却既非一部科学方法论著作，也非一部鼓吹科学的社会功用性著作，而恰恰是一部博物学著作，它是培根晚年研究的各色实验的分类结集。"在 17 世纪，这部书的英文版至少出版了 15 次，并使不止一个像罗伯特·波义耳这样的作者试图续写下去"（狄博斯，2000：121）。不仅仅自然哲学家热衷于实验，博物学家也越来越多地引入实验方法，比如约翰·雷的动物学研究中就有大量实验内容。范·海尔蒙特（Jan Baptist van Helmont）的柳树实验通常被认为是最早的植物生理学实验。《木林集》中培根也有过类似的实验记录，而且《木林集》成书稍早于海尔蒙特的柳树实验，因此，培根甚至争议性地成为争夺植物生理实验第一人桂冠的三位科学史人物之一。（Benedict，1939：411）

那么培根具体做了哪些博物学研究工作，他的博物学研究工作在整个西方博物学史中占据何种位置，以及在培根本人的思想体系中占据何种位置，便成为培根研究中绕不过的重要问题。

在经院哲学主导欧洲学术的时代，由于柏拉图、亚里士多德哲学传统备受推崇，博物学在知识大厦中的地位与古希腊时类似，在知识等级中处于一个低下且并不基础的位置。例如，14世纪早期的哲学家阿巴诺（Pietro d'Abano，约1250—约1316）就认为，所谓的博物学只关心细节，缺乏秩序，并且不能得到理性的证明，因此不能被归为真正的知识。同时，他还认为博物学著作冗长，读起来费时费力，反对将博物学作为教学的内容和工具。（何军民，2010：37—38）

文艺复兴时期，由于古希腊罗马博物学著作的重新翻译和出版、新大陆的发现和商业的繁荣，以及医学界对药用植物学的重视，博物学重新进入一个大发展、大繁荣的时代。（吴国盛，2016：94）在文艺复兴时期人本主义思想的笼罩下，博物学观念也有了新的突破。首先是对博物学在知识体系中的定位有了明显的提升。博物学开始被视为自然哲学的基础。意大利诗人波利齐亚诺（Angelo Poliziano，1454—1494）就认为，对于自然的哲学认识，博物学所提供的大量实例是不可或缺的，只有通过博物学的训练，才能够真正学会与自然打交道的技艺。不仅如此，这一时期的人本主义者还赋予了博物学道德教化的价值。他们按照人本主义的神学观，将大自然纳入亚里士多德的目的论宇宙观框架中，认为对自然知识的学习能够服务于对公民的道德教化。最后，基于实地考察的经验性描述逐渐发展成为博物学研究的重要方法。这一时期的地理大发现和商业流通，使人们增长了见识，发现了大量前所未见的物种和自然现象，古希腊罗马著作中的种种错误记载和看法也随之被人们所纠正。在对前人文献进行辑录整理的基础上，对事物的一手观察开始日益成为博学家们所依赖的重要手段。整体而言，这一时期的博物学仍处在亚里士多德所奠定的世界图景框架之内，无论是对博物学的重新重视还是发展，都仍是在复兴古希腊罗马文化的大旗下所进行的，这一时期的博物学家们都自觉地将自身看作是亚里士多德和老普林尼的继承人。但与此同时，随着博物学地位的提升和经验知识的积累，"按照事物本然面目对其进行描述"这一博物学信条，和包裹着这一内核的外在形式——亚里士多德目的论的宇宙观框架——之间的矛盾也在不断地积累和扩大。而培根的博物学，正是处在这一矛盾的顶点和爆发时刻，构成了博物学范式革命的一个标志性事件。

一、培根关于博物学的写作计划和主要作品

培根曾经计划写一部百科全书式的鸿篇巨制，并将它命名为《伟大的复兴》。根据培根所列出的《伟大的复兴》的写作计划，该书包括 6 个部分（Bacon，2000：14）：

（1）"科学的分类"（The Divisions of the Sciences）；

（2）"新工具"，或"关于解释自然的指导"（The New Organon, or Directions for the Interpretation of Nature）；

（3）"宇宙的现象"，或"一部作为哲学基础的博物志与实验探究"（Phenomena of the Universe, or A Natural and Experimental History Towards the Foundation of Philosophy）；

（4）"理智的阶梯"（The Ladder of the Intellect）；

（5）"先驱者"，或"新哲学的预测"（Forerunners, or Anticipations of Second Philosophy）；

（6）"新哲学"，或"实用的科学"（Second Philosophy, or Practical Science）。

培根实际上只完成了（1）、（2）两部分，这就是他的《学术的进展》（*The Advancement of Learning*，1605）和《新工具》（*Nowum Organum*，1620）两部书，第三部分包括《风志》（*Historia Ventorum*，1622）、《生死志》（*Historia Vitae et Motis*，1623）、《浓稀志》（*Historia Densi et Rari*，1658），以及最为重要的《木林集》。《木林集》是培根未完成的最后一部著作，在他死后由其秘书编辑出版，相较于《风志》《生死志》等单一主题的博物学著作，《木林集》体量最为庞大、内容最为丰富，也是培根唯一的一部综合性博物学著作。可以说，《学术的进展》《新工具》和《木林集》这三部著作形成了培根思想的三部曲：在学术批评著作《学术的进展》中，培根指出了那个时代学术的实然问题和应然解决方

向；在科学方法论著作《新工具》中，培根系统性地给出了解决的办法；而培根终其晚年致力于编写的博物学著作《木林集》，则是其新自然哲学的奠基材料。

根据培根在《伟大的复兴》中所列举的计划，培根在 1620 年出版了《博物志和实验探究预备篇》(*Preparative Towards a Natural and Experimental History*)。在他看来，这部著作是对《伟大的复兴》写作计划中第三部分的详细补充，对博物学的研究对象和内容进行详细的界定和分类，构成了培根博物学研究的一份纲领性著作。

根据自然本身受外界干扰的程度，培根将自然分为三种不同的状态：第一种，"自由地按照正常过程发展其自身的状态"，也即是物的本然状态 (species of things)；第二种，"受到扭曲而偏离正常的状态"，也即是物的异变状态 (monsters of things)；第三种，"由于人类的技艺干扰受到影响和束缚的状态"，也即是物的人工状态 (things artificial)。(Bacon，1857：357) 基于这三种状态的区分，博物学同样应该根据研究对象的差异分为三大类，分别是："衍生志" (history of generation)、"异变志" (history of pretergeneration) 和 "机械或实验研究" (mechanical or experimental history)。根据这一区分，培根列出了 130 个大类的博物学研究主题：自然现象，例如天文、气象、地理、地质现象等，共 21 种；土、水、气、火元素 4 种；各类矿产、金属和动植物等 15 种；人体结构功能和生死寿命等 18 种；纯粹数学 2 种；其他的杂类，例如医药、绘画、烹调和体育等，共 72 种。

在培根看来，新的博物学不能仅仅满足于收录材料的多样和繁杂，而应当根据博物学的目的和作用——即前文所说的为新哲学提供材料基础，按照科学的原则收集材料，以满足后续更高层次的研究需要。在他的《风志》《生死志》《浓稀志》中，他就根据自己的分类原则对各类具体的知识进行分门别类的收集和整理。而《木林集》一书，由于未能在培根生前完成，因此在编排上并未完全体现出培根在博物学上的新分类原则。但从其章节的分类中，还是可以看出一定的逻辑关联。例如，第二章的 100 个实验主要侧重于声学，第四章的 100 个实验主要侧重于植物学。

在《伟大的复兴》中，培根对第三部分，也即是博物学的内容，雄心勃勃地拟订了六部著作的写作计划，即《风志》《生死志》《浓稀志》《轻重志》(*History of Heavy and Light*)、《爱恨志》(*History of the Sympathy and Antipathy of Things*)

和《硫汞盐志》(*History of Sulphur, Mercury and Salt*)。其中《风志》和《生死志》都是在他生前的1623年出版,而《浓稀志》则是在他死后的1658年出版,剩下的三部则仅仅完成了大纲。这六部著作都是对某一具体领域内问题的研究,例如《生死志》是对医学问题的研究,《硫汞盐志》是对矿物问题的研究。

相较于这些专门性的著作,一般认为,《木林集》是培根最为重要的一部博物学著作。在培根的晚年,大约是从1620年到1626年之间,培根将全部精力投入到博物学研究之中,搜罗了大量的资料,留下了丰厚的研究成果。在他去世之后,他的秘书莱利博士将之整理出版,也就是我们今天所看到的《木林集》。这一著作的拉丁文书名为 *Sylva Sylvarum*,其中 sylva 的意思是构建各种事物的材料,也可以指作为建筑材料的木料,因此 Sylva Sylvarum 的原意为"对材料的汇编"。《木林集》一书囊括1000个实验,分为十章,每章收录100个实验,因此《木林集》的副标题为《十组实验的博物学》(*A Natural History in Ten Centuries*)。如前文所述,《木林集》的编排体例相对混乱,各章节没有明显的主题和逻辑关联,其实验的内容十分庞杂,包括天文学、地理学、磁学、声学、植物学、矿物学等多种学科的研究,同时也有炼金术、感应论等神秘主义的实验内容。

《木林集》收录的实验中,参考了大量前人书籍中所记载的内容,如亚里士多德的《论问题》和《气象学》、老普林尼的《博物志》、波尔塔(Giambattista della Porta)的《自然魔法》、桑迪尼的《游记》等等。对于这些收录的材料,培根并非全盘照抄,而是进行了丰富的扩充,"时不时加入自己的观察,作为第一手材料、建议,和作为着眼于哲学的博物学"(Bacon,1857:50)。有的增加了新的事例,有的则设计了新的人工实验来加以检验,对他所发现前人观点的错误之处则提出批评和新的看法。同时,书中还收录了大量培根自己所做的实验及研究成果。

《木林集》中的实验和观察,基本上遵循的都是同一套固定模式。第一步是对一个事实(factum)的陈述。在培根的笔下,事实并不是我们今天所理解的那样,而是不仅包括我们所能观察到的种种现象,还包括各种传闻、公认的看法以及间接的证据等等。第二步则是对这一事实进行探究,通过直接观察或实验设计,分析这一事实所产生的原因。第三步则是对这一原因进行提炼和总结,得出某个更具有普遍性的原理。从实验的复杂性来看,《木林集》中除了对单一实验的记载之外，还包括大量的复合实验。单一实验通常由一个自然段构成。复合实验则由多个自然段构成，针对同一个主题收录多个具有逻辑关联的实验。例如：第 422 到第 476 自然段，共同构成"有关使果实、树木和植物增大的复合实验组"；第 610 到第 676 自然段，共同构成"有关植物的各种混杂实验"。

《木林集》一书在博物学史上具有重大的影响，在其 1626 年首次出版后就迅速一售而空并多次再版。在整个 17 世纪，《木林集》的出版次数甚至超过了《新工具》，得到广泛阅读，在当时的各类科学著作中被频繁地引用。不仅如此，培根在《木林集》中所采用的实验方法也被广泛地传播和接受，很多学者在自己的研究中对培根的实验进行重复和改进，推动了各门科学的深入发展。此后众多的博物学家也纷纷将自己视作培根事业的继承人，例如 18 世纪法国的狄德罗（Denis Diderot）和达朗贝尔（Jean le Rond d'Alembert）就在其编写的《科学技术及专业百科全书》中坦承，他们的这部著作就是对培根计划的追随。

二、培根的博物学观念

1. 对博物学地位的提升

从培根的写作计划来看，培根新博物学的目的，不同于他之前的博物学，它既不是出于学者博览群书、搜罗异闻的志趣，也并非仅仅服务于某种实用的目的，而是被置于一个十分重要的位置，是作为培根新哲学的基础存在的。

在培根这里，博物学的地位之所以有了质的提升，是由于培根对当时学术的诸多问题的洞见。在《学术的进展》中，培根指出，当时学术存在的诸多问题，"有时显现在宗教家的狂热和猜忌上，有时呈现在政治家的严酷和傲慢上，有时却体现在学者本身的错误和不成熟上"（培根，2007：3）。结合篇幅和培根的学术构想，我们可以发现其中最为强调的就是学者自身的问题，而学者本身的错误和不成熟，又导致知识的可靠性很成问题。长久以来，原初经验、形而上学的实体论、语言的误用以及泛灵论等因素一直笼罩着科学的对象区域，在这些谬误的支配下，认识活动源源不断地产生着各式假象。培根在《新工具》中指出了这些认识谬误的基础，也就是四种假象：族类假象、洞穴假象、市场假象和剧场假象。而新的科学工具，则是归纳法，即通过实验和观察，对经验事实层层归纳，最终得出一般的公理。

但要想使新的哲学能够建立在坚固的基础上，不仅需要引进新的科学研究方法，还需要为新的方法提供事实和材料作为基础。"我已提供了机器，但加工材料必须从自然事实中收集。"博物学所要做的，就是尽可能地去收集最为丰富的事实材料，其目的在于"启发人们发现原因和给予嗷嗷待哺的哲学以第一次食物"。培根认为，只有从博物学出发，通过对自然结构的充分描述和归纳，才能够为新哲学提供确凿和可靠的自然知识。培根也清醒地认识到，这一浩大而重要的工程，绝非他一人可以完成，而需要动员全国乃至全人类的力量。因此，在《伟大的复兴》的写作计划最后向国王詹姆斯四世的致辞中，培根唯一的请求就是希望国王下令收集和完善各类自然和实验的材料，这样哲学才能建立在各种经验的坚实根基上，而不再飘浮在空气中。（培根，1857：24—46）

培根对博物学重要性的洞见有着深远的意义。正如黑格尔对培根的评价所说，"我们可以借用西塞罗形容苏格拉底的话来形容培根：他把哲学理论（从天上）带到了世间的事物里，带到了人们的家里"（黑格尔，1978：20）。黑格尔的这个说法意谓培根认识到了概念本身的有限性，指明了一种新的认识途径，即通过具体经验而通达一般认识。古代人虽然也注重经验，但远远不够，到近代人这里才实现了决定性的转向，培根的功绩正在于促成了这个转向。

2. 依托实验的研究方法

不同于传统博物学家对经验的简单收集，培根将实验方法作为对自然进行研究的基本方法。法国思想史家皮埃尔·阿多（Pierre Hadot）指出了培根的博物学与传统博物学的区别："他想表明实验对于科学进步的重要性。自古以来，学者们一直只是收集对自然现象的观察。亚里士多德就是这样来撰写《动物志》的。然而，重要的并非对观察进行准确的说明，而是借助于机械技艺所做的实验。"（阿多，2015：134）

培根明确地将经验和实验进行了区分，在他看来，由对自然现象的观察而来的经验，具有偶然性，是杂乱无章的，缺乏系统性，对于新哲学的建立没有太大的帮助。通过经验描述所建立起的博物学只能是叙述性的，而真正能够为新哲学提供帮助的博物学，应当是经过有序编排的归纳性的博物学，应当通过大量的实验来对自然进行人工干预，才能更便于我们洞察自然的秘密。"因为（我）看到，较之其天然自由状态，在受到技术扰乱的情况下事物更容易暴露其性质。"（培

根，1857：48）

正因为如此，在培根的博物学著作中，对实验的记载构成了最为重要的部分，而不再是充斥着对事物简单的外在描述。在《木林集》中，每一个段落的前面都被培根冠以"有关××的实验"的标题，以至于我们可以将整本《木林集》视作一部实验集。不仅如此，在培根的著作中，他还对各种实验方法进行了细致的分类，指出了实验所应具备的物质条件，诸如实验设备和费用，并且提出应当由国家来资助学者进行大规模的实验研究。

从经验到实验，绝非仅仅是研究方法本身的改良和进步，还意味着理性与经验的一种新的结合方式，从关于自然的现代性观念的诞生来说，这一转变具有革命性的意义。就像培根自己所说的："我以为我已经在经验能力与理性能力之间永远建立了一个真正合法的婚姻。"（培根，1975：8）这个婚姻的一方是博物学，另一方是他的逻辑工具，双方的子嗣便是自然哲学。博物学属于这种意义上的知识，它不是"如同情妇似的，只是增加人的欢愉和虚荣，或者像女奴隶，只供主人占有和驱使，而是如同配偶，是为了繁殖、结果和慰藉"（培根，2007：31）。理性能力在这场婚姻中充当的是丈夫的角色，而作为人的经验能力的博物学则是有待规训的配偶，自然的秘密隐藏其中，理性需要深入自然的隐秘结构之中方能获取。在女权主义者看来，培根的这些论述乃是赤裸裸的性意象，它使"强制地进入自然变成了语言上的赞许，使得为人类的善而剥夺和'强奸'自然合法化"（麦茜特，1999：189）。但深究其中的性别隐喻并无太多意义，问题的关键是，理性通过实验、归纳等手段建立了对自然的有效统治。文艺复兴晚期的那个充满精灵和魔法的自然在培根驱除幻象的召令中悄悄退隐，取而代之的是在理性的征服下袒露身体秘密的妇女形象，而再往后，自然成了一部死气沉沉的机器。培根所处的位置，正是在从内在性的自然向被理性的超验力量所统治的自然转变的关节点上。

3. 同一性的认识论原则

传统的博物学著作既收录对种种自然事物的描述，同时也大量地掺杂有前人的论述、民间的传闻乃至对炼金术、魔法等奇异事物的记载，精确的描述、他人的报道、相关的寓言和道德化评语都混杂在一起，共同构成百科全书式的散漫文体。在萨顿看来，这一时期的博物学内部，"科学家们仍然被繁重但常常与科学毫不相干的知识压倒"（萨顿，2007：285）。

而在培根那里，这种内容和文体上的杂糅和散漫是科学不严谨的表现，是由于错误的认识方法所导致的，也即是他在《新工具》中提出的四种认识假象：族类假象是指人类往往以己度物，从而歪曲了自然的本相；洞穴假象的说法源于柏拉图著名的洞穴之喻，培根借此来说明个人囿于自己的本性、教育和习惯等因素，所看到的只是假象；市场假象是指人们交流时因对语言的错误使用而造成的理解障碍和思维混乱；剧场假象指过去的哲学体系就像不同哲学家编写的个人剧本，总是建基于过于狭窄的博物学和实验志之上，以少量的实例来树立权威。至于四种假象产生的原因，培根认为："人的内心并不像一面干净平滑的镜子，能够按照事物真实的投射进行反射；实际上人的内心更像一面被施与魔法的镜子，如果不解除魔障，恢复真实面目，里面就会充满迷信和欺骗。"（培根，2007：117—118）

把人的内心比作镜子，认识就是让镜子完整地映现自然，这是17世纪认识论的一个常见比喻。在福柯（Michel Foucault）看来，主体与客体的相似性关系，就是镜子的魔障，也是主导着此前博物学家的认识论原则。就像堂吉诃德一样，他在仗剑天涯的游历中不断地在世界上寻找与内心各种想象相似的形式，在他那里，现实不断转变为符号，符号就是实在。"堂吉诃德读解世界，是为了证明自己的书本。"（福柯，2001：63）培根在《新工具》中提出的四种假象，均是以相似性的方式去看待世界。如福柯所指出的："洞穴幻象和剧院幻象使我们相信，事物相似于我们所理解的一切和我们为自己塑造的理论；其他幻象则使我们相信，事物因它们之间存在的相似性而相互联系在一起。"（福柯，2001：69）但培根只承认自然这本大书，为了揭示自然，必须祛除一切魔障或臆造的书本，让主体从客观世界中退隐，从而让表象作为纯粹的表象而出现。

> *我们必须以坚定的和严肃的决心把所有这些东西都弃尽屏绝，使理解力得到彻底的解放和涤洗。*（培根，1984：44）

因此，培根用新的认识论原则替代了相似性原则。在培根的新认识论看来，人的心灵是一面镜子，而眼睛是心灵的窗户，这样便把一切认识活动归结为一种视觉关系，如果认识发生了错误，那么必定是因为眼睛的盲目，或者它粗心大意没有看到应该看到的，或者它老眼昏花把幻象看成了实在。培根把科学认识比作阅读自然的大书，科学认识因而是一种阅读行为。这就是近代的经验主义认识论。它以这样一个前提为依据：认识对象与现实对象的同一。因而其在更本质上是一种同一性原则——它意图把纷繁的世界把握为思维中的逻辑形式。这种同一性原则在对事物的抽象中进一步表现为对事物的同一性规定，它像驱除假象一样驱除了事物的一切不能为认识所把握的性质，而只保留可度量的性质，并把它抽象出来当作事物的本质。

培根的新博物学，正是通过排除文字资料和传说，廓清了一个作为纯表象的自然领域。如福柯所指出的，在文艺复兴时代，"符号是物的一部分，而在 17 世纪，符号成了表象的样式"（福柯，2001：170—171）。一切关于巫术、魔法和梦幻的叙述都遭到了培根的拒斥，认为不能再将其"与纯粹的自然现象混在一起"（培根，2007：66）。符号不再被当成物来对待，而新的博物学正是诞生于这一因词与物的分离而敞开的空间中。通过对一切假象的驱逐，培根在博物学研究中排除了一切陈旧的文字资料、传说甚至味觉等第二性的质，人类对自然的多方面的感受开始被局限于视觉，甚至就视觉来说，也仅限于自然在技术促逼下所显现出的现象。

三、小　结

就培根在博物学历史上的地位而言，其"主要的贡献不在于他具体的博物学工作，而在于关于博物学的哲学呐喊"（吴国盛，2016：20）。就其主要的博物学著作而言，培根所做的具体工作零碎而散乱，没有形成系统性的研究，研究成果也乏善可陈，甚至没有完成他自己所拟订的研究计划。然而，正如福柯所正确地指出的那样，培根的博物学思想构成了博物学发展史上的一个重要范式变革。如果将之放大到整个近代科学革命的视野来看的话，甚至构成了整个现代认识论的重要起点之一。恰如马克思所评论的：

> 唯物主义在它的第一个创始人培根那里，还在朴素的形式下包含着全面发展的萌芽。物质带着诗意的感性光辉对人的全身心发出微笑。但是，用格言形式表述出来的学说本身却反而还充满了神学的不彻底性。
>
> 唯物主义在以后的发展中变得片面了。霍布斯把培根的唯物主义系统化

了。感性失去了它的鲜明的色彩而变成了几何学家的抽象的感性。物理运动成为机械运动或数学运动的牺牲品；几何学被宣布为主要的科学。唯物主义变得敌视人了。为了在自己的领域内克服敌视人的、毫无血肉的精神，唯物主义只好抑制自己的情欲，当一个禁欲主义者。它变成理智的东西，同时以无情的彻底性来发展理智的一切结论。（马克思，1957：163—164）

这种带着诗意的感性光辉的微笑正体现于培根的博物学之中。在培根那里，博物探究与实验探究同属于他所倡导的对大自然的经验研究、实证研究，培根所开拓的不同于中世纪以书本为中心的烦琐哲学的研究进路，为新的学术研究奠定了新基础。不过，几百年后，培根所拥护的科学技术不可避免地走向异化发展之路，那是培根所憧憬的吗？这是很难回答的问题。

对于博物学在培根整个思想体系中的地位，以及在他所倡导的经验主义、归纳主义方法论中的地位，学术界可做深入持久的探索。相关研究可能深化对于培根的理解，也有助于为当下的复兴博物学提供更多背景资料。

第3章 雷与17世纪的博物学

约翰·雷是17世纪英国博物学家，有"现代博物学之父"和"当代的亚里士多德"之称。约翰·雷就植物、动物、化石等自然界各方面内容做了广泛探索，著述众多，对同时代及后世的博物学家影响深远。有科学史家认为，约翰·雷在博物学上的成就，可与同时代的牛顿在数理科学方面取得的成就相提并论。约翰·雷的博物学研究促成了17世纪英国博物学学科范式的形成。这一时期的博物学处于新旧传统的交替中，与社会、政治和哲学思潮有密切关系，与数学传统之间的张力也由来已久。

一、科学史上对约翰·雷的认识

在世界科学史上，17世纪是英国最值得称道的一个辉煌时期。这一时期名人辈出，从培根到波义耳（Robert Boyle）、牛顿等人，随便举出一个，都能演绎成一段科学神话。与这些人不同，约翰·雷（John Ray，1627—1705）似乎从哪个方面来看都显得更为低调。他自幼在英国布瑞特伊（Braintree）附近埃塞克斯的一个小村子里长大，父亲是一名铁匠，母亲伊丽莎白（Elizabeth Ray）也只是一位熟知草药性能的农妇，在当地略有声望。

约翰·雷在当地一家语法学校里当小学生时，引起了布瑞特伊教区牧师的注意。正是在这位牧师（他的儿子就读于剑桥大学）的引荐和帮助下，约翰·雷于1644年以"减费生"（sizarship）的身份进入大名鼎鼎的剑桥三一学院学习，预备成为一位牧师。同年6月，似乎是学费资助出了一点问题，约翰·雷转入凯瑟琳学院。1646年，问题解决后，约翰·雷又转回了三一学院。他的传记作者瑞温（Charles Raven）沿用其遗嘱执行人兼早期传记作者德尔海姆（William Derham）的说法，认为约翰·雷回到三一学院，主要原因是他在凯瑟琳学院的导师去世了，另外，"三一的氛围比较适合约翰·雷的气质，这里更适宜传播通过观察和实验来研究世界的新观念"（Raven，1986：26）。另一位研究者麦克马洪（Susan McMahon）认为德尔海姆本人有很强的国教倾向，对其说法应慎重看待，据她猜测，约翰·雷回三一学院是因为该学院当时在议会党控制下，能为一名低年级学生提供更多机会。然而约翰·雷选择的导师却是一位保皇党人。（McMahon，2001：22—23）

约翰·雷的传记作者通常会特意提到，1646年与他一同转入三一学院的还有一个重要人物，即后来牛顿爵士的导师巴罗（Issac Barrow）。1648年两人同时毕业，并留校任教。约翰·雷于1649年成为三一学院的初级教授，并在1651—1656年之间分别担任希腊语讲席教授、数学讲席教授和人文学讲席教授。1657年他担任了"praelector"（牛津、剑桥两所大学在毕业仪式上引领学生的人）。当时剑桥属于议会党势力范围，牛津则在保皇党势力范围之内。剑桥辞退了一大批保皇党，但瑞温认为，此举反倒为剑桥注入了一些新的血液。剑桥形成一个热衷于从事自然哲学和实验研究的小圈子，学者们从事教职之余，通常有一些业余的爱好。在这段时间内，约翰·雷深受新思想的影响，并曾在同事尼德（John Nidd）的房间里参观动物解剖实验。

三一学院有很强的宗教背景，在传统上，教职人员升职的同时也必须接受神职任命。然而由于议会军取消主教制，约翰·雷一直没有接受圣封。1658年，克伦威尔（Oliver Cromwell）去世，指定其子理查（Richard Cromwell）为护国主继承人。约翰·雷当时在外旅行，旅行日记中记录了这件事。1659年，理查解散议会，放弃护国主称号。1660年，驻守英格兰的英军总司令乔治·蒙克（George Monck）率军南下，兵不血刃地进入伦敦，迎接流亡在外的查理二世回国即位。斯图亚特王朝复辟后，约翰·雷在伦敦接受神职封号。

令一切希望重新获得和平安宁的人失望的是，查理二世上台即开始谋划恢复英国国教，并逐步加紧对新教徒的压制。1662年，查理二世颁布"划一法"（The Act of Uniformity），要求所有不信国教者服从圣公会教义。剑桥大学要求所有神职人员在法案上签字，宣誓《神圣同盟和合约》为不合法条约。约翰·雷拒绝签字，因而失去教职。此后他继续从事在剑桥时代就已开始的博物学研究。在他那群同样热爱博物学研究的学生如威路比（Francis Willughby）等人的陪同下，约翰·雷前往欧洲及一些低地国家，进行大量旅行考察。在 1705 年逝世之前，约翰·雷著述了多本博物学著作，其中涉及花鸟鱼虫、异域风貌、人文考察等，在研究方法以及范围上都极大拓宽了博物学的疆域。

约翰·雷选择博物学为终生的追求，既有内在的驱动力，也有外在的环境因素。其一，作为一位曾经受封的神职人员，他不愿意从事"世俗"的工作，与此同时，他内心始终认同自己的教士身份，认为自己有责任去探索和领会造物主的意图。其二，失去教职后他得到贵族出身的威路比的庇护，后者的热情和帮助使他得以继续四处旅行考察，获得大量一手的博物学材料。威路比在遗嘱中给他留下 60 英镑的年金，也保证了他后半生的生活，使他有闲暇去从事博物学研究。不过，结合约翰·雷在晚年的著作中更为直接的表述来看，他的选择背后还有更深层的原因。

约翰·雷的《植物志》（*Historia Plantarum*）、《鸟类志》（*Ornithologiae Libri Tres*）等博物学著作在英国一直具有较大影响，甚至成为 18 世纪博物学家的"圣经"。后世博物学家，包括林奈、G. 怀特以及达尔文在内，事实上大多沿袭约翰·雷的研究方式。无论是同时代人，还是后来的居维叶（Georges Cuvier）等，都给予约翰·雷极高的评价，并肯定他作为"当代的亚里士多德""英国的林奈"以及"现代博物学之父"的地位。

历史名人大致有两类：一类像划过天幕的璀璨流星，瞬间照亮人类文明的天幕；另一类像距离地球更遥远的明星，尽管我们不一定抬头就能看见他们，但他们在人类文明整体背景中始终占据着重要的位置。前一类，比如因为做出某项具有时代意义的重大发明而名噪一时的人物，后一类，则如约翰·雷。

在科学史上，无论是对约翰·雷本人还是对整个 17 世纪博物学研究的认识，都是逐步而缓慢的。正如芬德伦（Paula Findlen）所说："直到 20 世纪 90 年代初期，科学史家也极少强调作为 16、17 世纪知识转变中一个部分的博物学的发展，而是更为关注物理学和天文学。"（Findlen，2006：436）相当一部分科学史著作，如丹皮尔（W. C. Dampier）《科学史》（*A History of Science*）等对约翰·雷几乎只字未提。然而在此之前，已经能零散地见到分布于各类文献中的相关材料。首先是植物学史著作，无论情愿与否，史学家必须提到约翰·雷。在更具体的研究著作中，则通常会提到他的生物分类学，以及他的"物种"概念中体现出的"现代性"。迈尔曾在《生物学思想发展的历史》(*The Growth of Biological Thought: Diversity, Evolution, and Inheritance*)(1990年中文版)中以相当克制的态度指出：约翰·雷在植物分类学史上起到了"有限的影响"，因为分类学"最低限度可以使令人眼花缭乱的多样性纳入一定的条理"。

概括来说，传统科学史上对约翰·雷的论述大多属于两类：一类从现代科学的语境出发，局限于谈论约翰·雷在植物学领域，尤其是分类问题上做出的贡献，并且仅限于概述性的评价；另一种虽然提倡回到当时情境中去，却仍旧无法避免用现代科学的标准来衡量其工作。原因在于：其一，现代普遍流行的"科学"概念起到先入为主的作用，使我们在考察历史人物时，习惯性地关注那些为现代主流科学所接受、吸收或重新加以阐释过的内容；其二，史学研究中采用的通常也是为现代科学所认可的方式，即在线性的科学发展图景下对历史人物进行"点"上的剖析，从中汲取抽象的思想与理论，而对理论诞生的具体语境，以及众多具有丰富历史价值的原始文献，则重视不够。

传统科学史的另一个特征，是淡化约翰·雷的宗教与神学特征。史学家或避而不谈约翰·雷的自然神学，或视之为一种无关宏旨的私人信仰。例如，克罗瑟(J. G. Crowther)声称约翰·雷"在考察基础性的事物时，做到了完全按照他希望的那样，用理性去从事研究。约翰·雷的行为表明，无论他对于神学采取怎样一种说法，他实际上想做的始终是科学"(Crowther，1960：130)。威斯特弗(Richard Westfall)也认为，约翰·雷在撰写神学著作和世俗的自然科学著作时遵循两套不同的原则："尽管他努力证明科学发现支持基督教学说，但他在撰写宗教作品时并不认为必须对每一条与科学理论冲突的陈述进行检验。因此，在宗教著作中，他可以继续接受特殊启示(Particular Providence)的学说，而在自然哲学著作中讲述一种不容阻挡的自然秩序。"(Westfall，1958：96)对照玛格纳(Lois N. Magner)《生命科学史》的第1版和第3版(1985年版和2009年版)，不难看出对关于自然神学的内容进行了删减。这种模糊化的态度，使我们一方面更深入地认识作为"现代科学先驱"的约翰·雷，另一方面又更为无视作为"教士和神学家"的约翰·雷。

近几十年中，在新的史学观念的影响下，人们对博物学传统的兴趣日渐浓厚。部分学者开始关注约翰·雷在博物学上的成就和地位。《剑桥科学史》第三卷中收入的"博物学"一文中，提到了约翰·雷在 17 世纪博物学的转型中起到的作用。（Findlen，2006：463—465）20 世纪后期，古典学研究者拉曾比（E. M. Lazenby）的博士论文《约翰·雷的〈植物志〉第一卷翻译及阐释》（*The Histaria Plantarum Generalis of John Ray: Book I—A Translation and Commentary*，1995）翻译并阐释了约翰·雷 1686 年的《植物志》第一卷。这篇论文从原始文本入手，结合古代以及文艺复兴时期博物学家的研究，并援引植物学史家萨克斯与默顿（R. K. Merton）等人的研究，逐条解读约翰·雷的植物学思想。拉曾比表示："我对著作内容的研究越是深入，约翰·雷和他的观念就越让我着迷。"（Lazenby，1995：17）

　　麦克马洪先后在其硕士论文《博物学或对自然的研究：17 世纪英国博物学探究》（*Natural History or Histories of Nature: Perspectives on English Natural History in the Seventeenth Century*，1994），以及博士论文《建构 1650—1700 年间英格兰的博物学》[*Constructing Natural History in England (1650–1700)*，2001] 中探讨约翰·雷的博物学思想，并谈到 17 世纪英格兰博物学范式的形成。麦克马洪的博士论文借鉴玛丽·赫西（Mary Hesse）的科学哲学思想，并采取柯林斯（Harry Collins）的科学知识社会学的进路，着重探讨 1700 年左右英国博物学如何从早期零散不成体系的活动，转变为一种明晰可辨的学科范式，并为一个自然哲学家共同体所认可。在分析社会、宗教与政治语境的基础上，麦克马洪结合文本与数据分析，阐释了约翰·雷是如何通过融入她所谓的保皇党人热衷的"农事文学"传统而获得赞助，以及约翰·雷本人在现代博物学范式的形成中起到的重要作用。（McMahon，2000）

　　关于约翰·雷的传记中较具代表性的是瑞温的著作。瑞温本人既是一名具有博物情怀的生物学家，也有着同样的宗教背景。他对约翰·雷的工作进行了细节上的考证，并给予高度评价。瑞温甚至认为，约翰·雷的"物种"观念可等同为现代的"生物种"概念。生物学家凯恩（A. J. Cain）则指出瑞温从未提到约翰·雷的"前伽利略式的运动观念"、关于"服从自然法则的原始观念"，以及一种"能完全意识到自己行动的作用者"的概念。在他看来，约翰·雷的物种概念具有相当的复杂性，需要进行更深入的分析。（Cain，1999b：223—231）此外，斯特恩（W. T. Stearn）等人从总体上提到了约翰·雷在生物学上的先驱意义。在生物学史领域之外，部分学者注意到约翰·雷自然神学中包含的生态思想，及其对现代环境伦理学的意义。（沃斯特，2007：60；65—67；75—76）现代语言学著作对约翰·雷在语言学上的先驱性工作也略有提及。（Gladstone，1991：115—153；Burke，2004：37）

就国内而言，《〈植物学〉中的自然神学》一文以及2012年初出版的《博物人生》一书中评述了约翰·雷博物学的特点及其在博物学史上的地位（刘华杰，2008：166—178；2012：130—134），《约翰·雷的博物学思想》（熊姣，2014）中做了更进一步的探讨。

实际上，从18世纪直到约翰·雷逝世三百周年，人们并未忘记这位"伟大的博物学家"。1760年，乔治·斯科特（George Scott）编辑出版《约翰·雷遗稿选录》（*Select Remains*），其中收入四篇祈祷词与冥想文（Meditations），以及约翰·雷1658—1662年的旅行日志等。1844年，以约翰·雷之名命名的雷学会（Ray Society）成立，学会的宗旨是致力于资助重印博物学方面的旧书籍。时隔一年，雷学会的秘书兰克斯特（Edwin Lankester）整理出版《约翰·雷备忘录》（*Memorials of John Ray*），其中除生平等材料之外，还收录1844年前往布莱克诺特利朝拜约翰·雷墓碑的颂词，即"*Pilgrimage to the Tomb of John Ray, the Naturalist, at Black Notley*"，以及林奈协会的创始人史密斯（James E. Smith）撰写的约翰·雷生平，与居维叶等人对雷的评价，此外详细描述了以约翰·雷的名字命名的 *Raiania* 属植物及该属的种。1848年，兰克斯特又推出《约翰·雷通信》（*Correspondence of John Ray*），补充了德尔海姆编辑的《哲学通信》中遗漏的内容。在此基础上，罗伯特·冈瑟（Robert Gunther，1869—1940）于1928年编辑出版《约翰·雷通信续篇》（*Further Correspondence of John Ray*）。冈瑟是一名科学史家兼动物学家，也是牛津科学史博物馆的创始人。从1923年到1945年间，他先后出版14部"牛津早期科学"（Early Science of Oxford）系列图书。1942年，瑞温的巨著《博物学家约翰·雷的生平及其成就》（*John Ray: Naturalist, His Life and Works*）全面介绍了约翰·雷的生平与著作，以及相关的研究状况。截至1963年，科学史著作，无论是生物学史（包括生物学通史与植物学史和动物学史）还是地质学史中，通常都会提到约翰·雷。虽然其中不乏较深入的介绍与研究，但多数仅限于复述原有材料。正如索叶尔（F. C. Sawyer）所说："关于这位著名博物学家的生平，目前已知的具体内容已经被出版过如此多次，仅仅列出一个简短的总结，未免也嫌啰唆。"（Sawyer，1963：97）不过，1976 年杰弗里·凯恩斯（Geoffrey Keynes）编写的《约翰·雷（1627—1705）书目 1660—1970》（*John Ray*，*1627–1705: A Bibliography 1660–1970*）依然值得一提，这部著作详细介绍了约翰·雷的每部著作，而且阐述了这些著作的出版及再版情况。

1986 年，人们对约翰·雷的热情再次达到高潮。为纪念约翰·雷《植物志》出版 300 周年，剑桥科学经典书系再版瑞温的传记著作。鲍德温（Stuart A. Baldwin）出版《埃塞克斯博物学家约翰·雷（1627—1705）：生平、工作及科学成就概述》[*John Ray (1627–1705)*，*Essex Naturalist: a Summary of His Life*，*Work and Scientific Significance*]。同年，约翰·雷理事会成立，以促进公众对约翰·雷的认识，并每年为研究者及其他自然科学方面的短期项目提供资助。2005 年，即约翰·雷逝世 300 周年，约翰·雷理事会第一任主席布莱恩（Malcolm Bryan）发表《自然科学先驱约翰·雷（1627—1705）：对其生平与成就的赞颂》[*John Ray (1627–1705)*，*Pioneer in the Natural Sciences: A Celebration and Appreciation of His Life and Work*，2005]。这部新的传记作品着力于"将约翰·雷置于他的前人及同时代人的语境之中，评价他的独特贡献"。

1999 年，于英国布莱特恩召开以"约翰·雷与他的后继者：作为生物学家的教士"为题的会议，尼尔·吉利斯俾（N. C. Gillespie）和斯洛（Philip Sloan）、贝利（R. J. Berry）等人发表演讲并以论文形式出版。基督教学者们更注重约翰·雷为当今神学的发展做出的贡献，致力于从中寻找一种将人置于一个更大伦理圈中的自然神学。瑞温的传记著作以及他的《英国博物学家：从尼坎姆到约翰·雷》（ *English Naturalists from Neckam to Ray: A Study of the Making of the Modern World*，1947）均体现了类似的思想。

二、17 世纪英国新博物学兴起的背景

1. 早期皇家学会的出现

17 世纪英国的自然哲学家，以早期皇家学会会员为代表，均受到培根主义的极大影响。这些人认为，一切自然研究都应当从博物学出发，科学家的首要任务是观察、询问和分类，博物学是自然哲学的必要基础。尽管皇家学会的会员深知数理科学的重要性，但是他们认为，数理科学在一切科学和哲学中占据主导

地位还有待将来。由此列文（Joseph M. Levine）提出："要理解17世纪科学，无论是在科学活动还是在科学理论的层面上，都应当首先考虑博物学。"（Levine，1983：69）

在威尔金斯时代，皇家学会的成员多数是声名卓著的自然哲学家，一般拥有较高的社会地位。此外也包括一些从事与自然哲学相关职业的人，例如医生、大学或中小学教师、学者及旅行者。早期会员几乎在自然科学的各个分支领域都有出色的表现。除数学等学科之外，皇家学会也资助各种人文研究。早期皇家学会也是一个绅士俱乐部：物理学和数学领域的天才人物与哈克（Theodore Haak）和迪格比（Sir Kenelm Digby）等钻研牡蛎养殖和怪物生殖的业余爱好者友好合作。在当时，"巨人和侏儒一样沉迷于现代人眼中不成体系的观察以及神秘的炼金术"（Hoppen，1976：1—24；243—73）。"波义耳的双头牛犊、牛顿的万能溶剂、罗伯特·莫雷（Robert Moray）的梦境和雷恩（Christopher Wren）的鬼怪传说，使早期皇家学会形成一种开放式的、折中的，也许还有些天真的开明气氛。"（Sprat，1959：72—73）不同于法国笛卡儿主义的先验演绎体系，英国学者普遍采用一种经验的研究方法。自然哲学家们依照培根的《新工具》指明的方向，搜集广泛的博物学数据，试图在此基础上建立一套不同于经院哲学的自然哲学体系。

2. 宗教和政治背景

17世纪英国的社会和宗教对于博物学与自然神学的复兴起到推波助澜的作用。在16世纪波及整个欧洲的宗教改革之后，新教徒的自然观念发生了极大变化。自然界不再仅仅是用来安置堕落人类的场所，而是上帝的造物、上帝智慧的体现，人类将凭借"自然之光"，即理智，来从自然物体中理解上帝的意图。紧随宗教革命之后，英国社会相继经历了几次大的变动，即国内战争、斯图亚特王朝复辟，以及最终使英国社会建立君主立宪制并从封建主义过渡到资本主义的"光荣革命"。政治上的动荡和原有社会体制的瓦解带来强大的冲击，使旧的信仰和伦理体系遭到破坏，新的信仰体系亟待重建。对当时而言，博物学也是自然哲学家们为了重建社会秩序和信仰体系而做出的努力。政治变革带来的另一个后果是，随着权威和极权的崩塌，理性主义以及个人经验成了破除迷信的最佳武器和手段。人们试图从自然中找到可靠的知识来源。传统基础的崩塌，自然观念的转变，以及社会和政治变革带来的信仰真空，都为博物学的发展铺平了道路。依据麦克马洪的研究，17世纪中期博物学在英国依然是一门业余人士从事的活动，到17世纪末，博物学已经成为"一个自然哲学家共同体的专业学科"，这些哲学家"致力于精确的一手观察，一致认同他们所代表的学术传统，并充分认识到分类、描绘自然秩序与事物关系的自然哲学的重要性"（McMahon，2001：302）。作为其中的一员，约翰·雷不仅亲身致力于这项事业并取得极大成就，而且以其对博物学的热情感染了同时代的一批学者，使这一时期英国的博物学达到鼎盛。

在1690年出版的《不列颠植物纲要》（*Synopsis Methodica Stirpium Britannicarum*）序言中，约翰·雷声称随着社会的稳定和宗教自由的恢复，植物学研究进入了一个新的时期："这是一个在一切学科上每天都有新发现的时代，尤其是在植物志上：从平民百姓到王子和权贵，所有人都急于寻找新的花卉来补充他们的花园与庭园；植物采集者被派往遥远的印度，他们翻山越岭、跋山涉水，探寻地球上每一个角落，并为我们带回一切隐藏的物种。"这是一种令人振奋的场景。然而作为一位受过古典教育的学者，约翰·雷也敏锐地看到科学革命带来的问题。用他的话来说："没有什么绝对是好的……一个世纪以前如日中天的语言与文学方面的研究，如今似乎走向了没落。"（Raven，1986：251—252）

3. 新材料的出现和前人研究的不足

16世纪和17世纪，探索者们在亚洲和美洲大陆上的伟大发现，使正以空前规模汇聚于欧洲的各种异域动物大受青睐。随着地理发现与旅行活动的展开，人们逐渐发现古代动物学论著中的错误或遗漏之处。格斯纳"完备而非系统地"记录了他那个时代所知道的一切动物，编写出一部五大卷的《动物志》（*Historia Amimalium*，1551—1587）。阿德罗范迪（Ulisse Aldrovandi，1522—1605）发表了一部三卷本的鸟类研究著作以及昆虫方面的著作。贝隆（Pierre Belon，1517—1564）与郎德勒（Guillaume Rondelet，1507—1566）通过亲自考察地中海区域的动物群，证实了古代文献中记载的动物形态。贝隆分别于1551年和1553年出版《鱼类志》（*Histoire de la nature des estranges poissons marins*）和《鸟类志》（*L'historie de la nature des oyseaux*），郎德勒则集中研究地中海的海洋生物，于1554年出版《水生动物》（*Libri de piscibus marinis*）。

然而，这些著作依然主要以古代文本为依据，而且存在很多模糊和混乱的地方。总体而言，这一时期的著作中依然充斥着关于神话动物的古老传说；动物学书籍中各条目通常采用字母排序，名实不符或是将雌雄两性视为不同种的现象极其普遍；神父们也习惯于将圣经中记载的怪兽当作习以为常的事物来谈论，一方面用作伦理隐喻，另一方面则为布道增添趣味性。直到17世纪早期，学院学科设置依然停留在中世纪时代，主要关注古典学、语言学和神学。博物学相比之下仍停留在更早期的状态中。

另一方面，航海与旅行带来的技术发展和大量外来物种的涌入，显微镜的发明揭示出微观世界先前不为人知的奥秘，以及解剖学与生理学研究的进展，也激发了人们探索自然的热情。与此同时，培根主义和宗教改革带来的影响，使人们更加注重理性和经验观察，并试图以一种自然主义视角来重新解读圣经与自然这两本大书。相对中世纪时期"文本传统"以及文艺复兴时期"隐喻"的博物学，一种"新"博物学开始出现，其研究方式以及背后隐含的"自然"观念都发生了改变。

约翰·雷如是说道："我们不应满足于学习书本知识、阅读别人的著作并轻信错误而不是真理。只要有机会，我们就应该亲自审视事物，并在阅读书籍的同时与大自然交谈。……我们不要以为，我们学到前人教授给我们的知识（Science）之后就万事大吉了。"（Ray，1717：172）大自然中的奥秘是没有穷尽的，人类有义务去思考和探索，即便这项研究并不会带来实际的好处。在早期匿名出版的《剑桥郡植物名录》（*Catalogue Plantarum circa Cantabrigiam Nascentium*）序言中，约翰·雷写道："我们将鼓动大学里的人们暂时从其他事务中抽出一点空闲，去研究自然和造物界广阔的图书馆，这样他们就能第一手地获得造物中的智慧，并学会阅读植物的叶子，以及印在花朵、果实与种子上的特征。"他明确指出，他的目的是复兴博物学这门"久已被遗忘的学问"（Ray，1660）。

然而，当他沉浸在植物学带来的"单纯的快乐"中，并希望进一步了解眼前的美丽事物时，他失望地发现，这一时期剑桥根本不重视这门学问，在这里根本找不到一位"指导者（preceptor）和启蒙老师（mystagogue）"。古代文本，例如亚里士多德、塞奥弗拉斯特以及迪奥斯科里德的著作，依然是通行的典籍。对植物感兴趣的人主要是药剂师和园艺师。在约翰·雷之前，英国较具代表性的植物学研究者有吉拉德（John Gerard）、约翰逊（Thomas Johnson）和帕金森（John

Parkinson）。[1] 约翰逊与吉拉德的著作是为了满足本草学家与药剂师的需要，而帕金森的研究则主要从园艺师的角度出发。约翰·雷虽然极为推崇这些前驱者，并在著作中逐一指明了前人的贡献，但是他意识到前人著作中存在的问题：仅根据那些"简短模糊的描述"，很难精确地指明作者所提到的植物种类；而且，"那两位最知名的先驱者（指吉拉德和帕金森）全然无批判性地使用前人著作，他们带有一种欲望，即尽可能增多植物条目，对'种性差异'缺乏清晰的认识"（Raven，1986：77）。面对这些困难，约翰·雷认为，"如果听任'自然哲学和博物学'中这样一个可贵而且必要的要素完全处于被忽略的状态，那将是十分可耻的事情"。于是他开始在周围地区进行大量探索，并广泛涉猎当时的植物学著作，其中包括古典文献，以及国内外本草学者和园艺家的著作。

就植物学而言，本草学是人类认识植物的开始。本草学通过书本和口头途径代代相传，积累了大量有用的知识。从古希腊，经过文艺复兴时期，直到17世纪，本草学著作层出不穷，本草学知识以其实用性在民众中极具影响力。例如，格斯纳的本草书中提到大量药方，涉及很多英格兰常见植物，例如菟丝子、草莓、烂苹果（rotten apples）、山毛榉等。1664—1665年伦敦瘟疫流行时期，气味芳香的迷迭香（rosemary）一度变得极其昂贵。然而，有许多本草学知识"听起来就像传说故事，还有一些非常可疑，有些明显是出于想象"。传统的草药采集者和草药商人为了保护其职业的垄断性，故意编造出一些迷信故事，致使本草学受到一些更富于科学气质的人的反对与质疑。（Bancroft，1932：239—253）就整个17世纪而言，本草学几乎可说是中世纪巫术与近代理性主义交锋的缩影。

除了各种稀奇古怪的药方，流传到16、17世纪依然十分兴盛的本草学迷信，还包括"占星植物学"（astrological botany）和植物"表征说"（signatures）。其中尤为流行的是植物"表征说"。"表征说"最早于1493年由医药化学学派的代表人物帕拉塞尔苏斯（Paracelsus）明确提出，但在此之前已经大量出现在旧的植物学著作中。1588年，新柏拉图主义学者波尔塔进一步宣扬了这种观念。波尔塔认为，植物的属性能通过其外在的形态、生长特征以及颜色和气味体现出来，此外，不同生长年限的植物能相应地缩短或增加人的寿命，特定区域生长的

---

[1] 约翰逊曾于1629年穿行英格兰与威尔士25个郡县去寻找新的植物。英国内战爆发后，这位先驱人物于1644年贝星宅院（Basing House）受到围攻时为保皇党人作战，不幸被杀。帕金森是"詹姆斯一世的药剂师""查理一世的植物学家"。

植物能用来医治当地居民的地方病。（Bancroft，1932：239—253）

在动物学方面，按迈尔的说法，由于"脊椎动物、昆虫、水母之间，甚至在脊椎动物之内的哺乳动物、鸟类、青蛙和鱼之间"的形态差异十分明显，并不像植物那样难以区分，因此早在亚里士多德之前，主要的动物类别就已经分清了。在文艺复兴时期科学复苏时，动物分类相对植物分类而言处于相当领先的地位。但是自老普林尼的《博物志》以来，一直到中世纪的《动物寓言集》，以至17世纪重新兴起的《伊索寓言》，动物的隐喻和象征意义始终十分盛行，甚至超出了动物本身的科学价值。新的动物学家依然习惯于"忠实地引证经典作家的传统和沉湎于对动物名称的意义进行语言学分析的学究习气；另外对旅行家所谈的荒唐故事以及存在妖魔怪物的轻信仍然相当流行"（迈尔，1990：192）。到此时为止，亚里士多德的《动物志》、老普林尼的《博物志》以及盖伦（Claudius Galenus）的生理学著作，依然代表着动物学研究的最高水平。鸟类学家在谈到某种鸟类时，通常只描述何处能见到这种鸟、这种鸟是否适合食用、医疗价值如何，以及它所具有的"人性特征"（例如，鹟鸫被视为勇敢的象征，而雀类则呆笨无知）。在鱼类学方面，乔治·迈尔斯（Georges Myers）指出："事实上，除了古代亚里士多德、老普林尼等少数几位作者的著作，鱼类学本身在欧洲直到1492年都尚未诞生。"（Myers，1964：34）除此以外，动物学的另外几个分支几乎也处于同样状况。

三、约翰·雷本人及其学生的工作

约翰·雷出生的那个小村庄远离伦敦，政治消息相对闭塞，当地并没有什么特别的历史或人文遗迹，这些条件似乎天然决定了，约翰·雷的童年生活是与一些花草和昆虫相伴的。约翰·雷本人也认同，人类天生就对植物有兴趣，他曾表示："我们相信，植物研究对年轻人来说应当是具有吸引力的；因为我们看到，三一学院的很多孩子都能从中得到身体上的锻炼，以及智力上的满足。"（Ray，1660：Preface）如果说幼年时代乡村生活的影响，以及母亲的熏陶，给了约翰·雷最初的热情，剑桥时期则给他提供了一个重新回到大自然中的契机。

1. 植物学

约翰·雷最初接触植物学，是在 1650 年左右，当时他刚从剑桥三一学院毕业，并留校任职。根据他自己的说法，当时他生了一场病，精神上和身体上都不太舒服。[1] 医生建议他尽量多外出散步，在这种情况下，他发现了植物学带给人的愉悦：

> 在旅途中，我有大量的闲暇去思考那些总是出现在眼前，而且经常被漫不经心地踩在脚下的事物，也就是各种美丽的植物，自然界神奇的作品。首先，春天草地上丰富的美景吸引了我，使我随即沉醉于其中；接着，每一株植物奇妙的形状、色彩和结构使我满怀惊异和喜悦。当我的眼睛享受着这些视觉上的盛宴时，我的心灵也为之一振。我心中激起了对植物学的一种热情，我感觉到一种成为这一领域专家的蓬勃欲望，从中我可以让自己在单纯的快乐中抚平我的孤寂。（Ray，1660：22）

在约翰·雷看来，植物学研究是缓解压力的最好办法。"平滑的叶子极其美观而且华丽"，"植物的叶片与花、果之间的比例，极其美观与雅致"，而"除了形态上的优雅之外，很多花还具有丰富多彩的颜色，以及十分美妙芬芳的气味"。（Ray，1717：105）植物的美丽不仅装点大地，而且给人带来生理上和精神上的双重愉悦："……陆地上大部分地区都覆盖着一片如茵的绿草，以及其他的芳草；草地的色彩不仅令人心旷神怡，而且对眼睛的健康有很大的好处；大地上还点缀着众多形态各异的花儿，它们色彩缤纷，形态迷人，而且有着最动人的芬芳，可使人得到精神上的放松，以及天真烂漫的欢乐。"（Ray，1717：207）

自 1650 年开始，约翰·雷在六年的考察中收集了大量资料。此后三年，他开始进行整理汇编。在剑桥书商的建议下，1660 年约翰·雷匿名出版他的第一部植物学著作《剑桥郡植物名录》。1662 年，约翰·雷因拒绝在"划一法"上签字而失去剑桥的教职。这场风波并未中断他的研究，反倒促使他去进行更广泛的旅行考察。此后几年中，约翰·雷对英国本土以及欧洲地区进行了广泛的考察，并结识了当时有名的植物学研究者，他收集的植物名录中包含很多前往非洲、美

1　据瑞温推断是因为学习与争取教职的压力所致，麦克马洪则归因于政治与宗教氛围造成的影响，并以此为据来说明约翰·雷并不认同议会党的政权。（Raven，1986；McMahon，2001）

洲与中东等地旅行的考察者提供的材料。1670 年，约翰·雷出版《英格兰植物名录》(*Catalogus Plantarum Angliae et Insularum Adjacentium*)。这是第一部完整的英伦各岛植物志，大小十分适于携带，成为英国好几代植物学家必备的野外考察指导手册。随后他又先后出版《不列颠植物纲要分册》(*Fasciculus Stirpium Britannicarum*)、《低地诸国考察》(*Observations Topographical, Moral and Physiological*)，以及《植物志》三卷和《不列颠植物纲要》(*Synopsis Methodica Stirpium Britannicarum*)。《植物志》中述及一万九千种植物，共分 125 个纲或者类。其中基于对种子解剖结构的研究，将开花植物分为双子叶植物和单子叶植物，并收入了许多之前无人注意的隐花植物，例如藻类、藓类、蕨类，以及海洋里的藻类或植物性动物，对"种"的定义也日益清晰。

在约翰·雷的《植物志》中，他本人观察所得，明显比出自其他作者的材料更为科学，其中简明的描述，对植物主要差异的认识，以及花期、习性、大小、生境方面的记录，和对植物特征与药用价值的考察，都极为显著。而关于烟草、咖啡以及苹果和葡萄的讨论，几乎构成了详细精确的专论。(Raven，1986：221—22；225；241)

玛格纳称约翰·雷为"第一个把物种(Species)作为分类的单位、并建立了适合于动物和植物分类系统的博物学家"。她表示："如果约翰·雷的观点得到进一步发展，它就可能导致建立分类的自然系统，这个系统将会产生一个比著名的林奈系统更适合于进化观点的发展分类学。"(玛格纳，2009：254)霍尔(A. R. Hall)则认为，尽管约翰·雷对当时兴起的新的生物学分支没有太大贡献，但其"哲学和总体的科学视角比起那些最成功的博物学家更为开阔"。他声称约翰·雷奠定了现代描述和系统生物学的基础，并认为约翰·雷或许是最早专门撰文论述分类学原则的生物学家，其分类思想比同时代的图内福尔(Joseph Pitton de Tournefort)以及后来林奈的系统更"自然"；对约翰·雷而言"分类学绝非生物学的最终目的"。(Hall，1956：284—286)萨克斯虽然将植物研究分为形态分类、植物解剖学和植物生理学三个部分，但是他指出，这三者在约翰·雷的表述中没有严格区分。他高度评价了约翰·雷"将前人成果与自己的观察记录结合起来形成一个和谐整体"的能力，以及约翰·雷对当时植物学水平的汇总概括。(Sachs，1906：68—74)

2. 动物学

作为博物学的三大经典组成部分之一，动物学在约翰·雷的博物学体系中所占据的重要性仅次于植物学。他的著作涉及鸟、兽、虫、鱼，在当时及对后世均有很大影响。鸟类志方面的百科全书《鸟类志》[出版于 1676 年；于 1678 年出版英文本《威路比鸟类志》(*The Ornithology of Francis Willughby*)]被普遍认为是鸟类学史上最杰出的著作之一。约翰·雷在《鸟类志》的序言中声称要"去除象形文字、象征、道德、寓言、预示以及其他与神学、伦理、语法或者任何一种人类学问相关联的事物"。针对前人的著作，约翰·雷如是说："无论是本书的作者，还是我本人，都无意去撰写一部鸟类全书——把前人写过的一切相关事实，无论真假虚实，一律收录进来，就像格斯纳和阿德罗范迪书中大量出现的那样……"他试图通过细致的对照和严格的考察来落实前人书中提到的每种动物，列出每一种动物在不同语言中的名称，从而消除同物异名和同名异物现象，从混乱中建立秩序。与前人不同，他并不单单是描述其他人提到过的动物，而是确保"通过亲自观看和审视摆在眼前的物种"来细致地描绘每种动物。他声称这些努力并不是多此一举，因为他们确实"通过这种办法消除了很多困难，也纠正了格斯纳和阿德罗范迪著作中的很多错误"。在此基础上，他建立了一套明确可靠的检索系统。他写道：

> 我们的主要目的是阐明鸟类的博物学（History of Birds），这门学科在很多具体情况上混乱且模糊不清（正如我们之前在普遍谈论动物时说过的），因此我们试图通过准确地描述每种鸟类，观察它们独有的特征，让读者能确实理解我们的意思，只需将任何鸟儿与我们的描述进行对照，就能弄清是否是我们书中所记载的种类。读者也不难查出某种不知名的鸟儿是书中提到的哪一类：只要首先对照目录表，从最高或者最上面的类别（genus）特征开始往下找，他就能很容易地找到最下面一级的类别；而在同一物种（species）之间，由于种类并不太多，只要再对照若干种鸟儿的描述，就能迅速找到那个种。（Willughby，1678）

这正是为什么《威路比鸟类志》被普遍认可为欧洲鸟类科学的开端。它代表当时最好的鸟类分类思想，其中采用结构特征作为分类标准，而不是像贝隆等人那样结合生境之类生态学因素来进行分类。（Allen，1951：424）蒙哥马利

（Robert Montgomerie）与伯克海德（T. R. Birkhead）指出，《威路比鸟类志》之所以尤为突出，是因为它具有以下几点创新之处：①定义了"鸟"是什么；②基于外在的形态特征来区分出种；③将先前的作者所描绘的那些神话和想象中的鸟类与证实为真的鸟类分开来，从而试图将鸟类学研究建立在已知事实的基础上。（Montgomerie & Birkhead，2009：884）瑞温则认为，《鸟类志》的分类思想主要出自约翰·雷，威路比早期的分类法主要是依据羽毛之类的特征，而约翰·雷采用了羽毛与喙和趾等形态特征相结合的分类方法。在《鸟类志》中，约翰·雷首先将鸟类分为陆禽和水禽。水禽又分三类：涉禽（waders，经常在水中行走，但不潜游）；游禽（swimmers，具有蹼趾，在水中潜游）；以及介于涉禽和游禽之间或兼具有两者特点的，其中有些是偶蹄分趾类，然而能游水，还有一些是蹼趾类，但是具有像涉禽一样的长腿。这种分类思想被现代鸟类学家视为最早对鸟类进行理性划分的尝试。

　　类似地，约翰·雷的《鱼类志》（*De Historia Piscium Libri Quartuor*，出版于1686年）则被誉为"欧洲第一部能称得上现代鱼类学著作的重要作品"，最早根据解剖学特征将鱼类划分为大体上依然为现代鱼类学家所认可的若干类别。（Myers，1964：35）

　　在昆虫与兽类方面，沃尔夫（Abraham Wolf）曾表示，从约翰·雷的《四足动物分类纲要》（*Synopsis Methodica Animalium Quadrupedum*）中可以"看到最早的对动物的真正的系统分类"（沃尔夫，1985：461；466）。约翰·雷的《四足动物与蛇类要目》（*Synopsis Animalium Quadrupedum et Serpentini Generis*，出版于1693年）、《昆虫分类方法》（*Methodus Insectorum*，出版于约翰·雷病逝的前一年，即1704年），以及遗稿《鸟类与鱼类纲要》（*Synopsis Avium et Piscium*，出版于1713年）和《昆虫志》（*Historia Insectorum*），被认为"为各门学科严肃的科学发展奠定了基础，其意义甚至超出他的植物学著作"（Raven，1986：308）。

　　有人如是评价《昆虫志》："其中对动物生命史、变态发育、寄生以及排泄现象的观察，必须被视为有关昆虫及其生活方式与手段的最早的科学观察与精确的文字记载。"（Mickel，1973：5）瑞温称，约翰·雷对蝴蝶和蛾类的研究"打开了一个新的领域"："事实上除了少数色彩艳丽的大型种类之外，这类动物在当时几乎完全不为人知。此前没有任何人曾认真地收集它们，也没有人意识到研究其变态发育以及完整描述出其生命各阶段的重要性。约翰·雷似乎已经领悟到，如果要真正地了解那些昆虫或是对其进行正确的分类，仅收集成虫是不够的，而比他晚150年的昆虫学家们还要经历一段漫长的时间才能认识到这一点。"（Raven，1986：416—417）包括林奈在内，后来的许多研究者都仅将蝴蝶和蛾类的成虫形态作为划分科属的标准，而完全忽略了更早期的成长阶段。如果有人将约翰·雷收集的标本对照他的手稿，印制成带插图的书籍，那"将免去一个世纪的摸索"。

居维叶认为约翰·雷是"第一位采用比较解剖学方法的动物学家"，他的研究奠定了"整个现代动物学的基础"（Cuvier & Thouars，1846：65；104—106）。类似地，克罗瑟断言约翰·雷的工作"实际上对宇宙和有机物的起源问题首次做出了重要的系统阐述。在解决问题的过程中，系统化阐述是最重要的步骤，因此，他是为进化论的发现做出最大贡献的人之一"（Crowther，1960：130）。

约翰·雷的工作并不限于此，关于他在地球构成和语言学等方面的研究，《约翰·雷的博物学思想》中有论及，不予赘述。

3. 对同时代及后世学者的影响

从研究的地域范围以及思想背景上来说，约翰·雷的植物学研究大致分为三个阶段。最早期阶段，也就是他刚被那场突如其来的疾病唤醒，重新找回幼年时代对植物学的热情之时。在这个阶段，他主要的工作是汇总前人著作中常见的植物名称，通过实地考察，将亲眼所见的植物与名称一一建立对应关系。第二个阶段可谓约翰·雷植物学研究中的黄金时期。在这个阶段，他对欧洲国家的野生植物及植物园里的栽培植物进行了大量考察，不仅范围明显扩大，而且在与国内外同行的通信和交往中建立起显著的声望。1667年，他受邀成为早期皇家学会的会员。在这一时期，其早期著作中已经露头的一些兴趣，例如植物生理学和解剖学方面的研究，得到进一步发展。第三个阶段，约翰·雷退隐乡间，因身体健康状况与家庭所限，主要依靠他人提供的标本或材料，精力更多放在汇编整理以及对更系统的分类法的探寻上。

从剑桥时期到广泛的欧洲旅行，再到晚年的乡居，约翰·雷在当时的整个博物学活动中起到重要的影响。他以他那种传道式的热情，感染了他的同时代人，促使周围一批学者参与到这项研究中，并亲自去探究自然界的奥秘。在给李斯特（Martin Lister）的一封信中，他给予这位年轻人极大的鼓励，并说道："你已经掌握了正确的方法，那就是，用你自己的双眼去观看，而不是无所事事地依赖于你本人之外的任何权威，将实物与书本进行对照，从而竭力了解其中一切可知的内容。"他指出，自然界是一个广阔的领域，研究者不应该仅仅局限于某些狭隘的领域，而应当"考虑到博物学的整个维度"（Lankester，1848：14）。为条件所限，约翰·雷晚年的大部分工作都在室内进行，但是借助于植物采集者提供的材料，他了解到许多异域植物。1700年，康宁汉姆（James Cunningham，1665—1709）[1]到达舟山后，将收集到的大量标本寄给贝迪瓦（James Petiver），后者在回信中提到，标本悉数交给了约翰·雷。约翰·雷1704年的《植物志》中收入了一些由康宁汉姆寄回国内的中国植物。可以说，约翰·雷的每本植物名录都包含集体协作的成分。

不仅如此，或许因为约翰·雷本人的出身，在很多地方，他都十分关注平民教育。例如，他评价荷兰本草学家推出的《马拉巴尔植物园》（*Hortus Malabaricus*）"篇幅过大，成本太高，根本不是普通民众（mean persons）买得起的"（Lankester，1848：146）。他注重在最精简的著作中囊括尽可能多的内容，以便于更多的人去从事植物学研究，亲自去"阅读"每一片叶子，并学会辨识每一株植物独有的特征。而在说明编写植物名录的原因时，他提到的一条理由是："海外其他民族的学者们正忙着投身于这类研究，英国人即便不表现得全然昏睡无知，至少也要努力做出一些贡献，以便促进和教习这样一种令人愉快而且有用的知识。"（Lankester，1848：164）

约翰·雷的同时代人，例如李斯特、利维德（Edward Lhwyd）、戴尔（Samuel Dale）和德尔海姆等人，以及下一代人，如G.怀特、居维叶，乃至林奈，都深受其影响。18世纪中期之后，博物学日益民间化并形成一股风潮，与约翰·雷的努力不无关系。在推动博物学的发展和传播上，约翰·雷起到了重要作用。用史蒂芬森（Ian Stevenson）的话来说："他在科学史上的地位无疑低于他在科学家中的地位，因为他一生中最大的成就，（正如他本人在其他地方所说的那样）就是'促使很多人投身于这项研究，并关注他们在田野里漫步时遇到的那些植物'。"（Stevenson，1947：261）

---

1 苏格兰医师。第一位前往中国的英国植物采集者。他曾前往中国厦门、马祖岛和舟山进行植物采集，在厦门期间请人绘制了一些花卉图。关于前往中国的欧洲植物采集者，参见基尔·帕特里克，2011。

四、约翰·雷博物学的特点：新旧传统之间

　　"一个多世纪以来，自然研究中对自然本身的观察与实验，始终伴随着象形文字、隐喻、象征、语言，以及对自然的道德化。一直到约翰·雷的著作中，两者才完全分离开来；隐喻之书随之成为一种对生命的严肃解读。"（Raven，1947：47）作为典型的17世纪学者，约翰·雷对本草学以及民间医药的态度十分耐人寻味。在理论层面上，他认识到本草学传统的失真之处，并对某些本草学知识表现出明显的怀疑。例如，对于"朱鹮（Ibis）教人如何施行灌肠法（Clyster）；[1]野山羊中箭后借助'苦牛至'[2]的作用来拔除箭矢并治愈伤口；燕子依靠白屈菜[3]恢复视力"等等传说的"真实性"，他表示"我并不是十分满意，因此不想多说"（Ray，1717：135）。在1661年致考托普（Peter Courthope）的回函中，就金鸡纳树皮制成的粉末（*pulvis de cortice per*）治疗疟疾的效果，约翰·雷如是说道："事实上我本人没有试过，也没有任何相关经验，我倒是时常读到或听人说起，因此我可以跟你说说其他人的观点。我估计你也不会没听说过。"他指出，法国医师希夫莱（Chiffletius）的著作中提到，意大利和低地国家多数医生都反对使用这种药物，因为它虽然能制止痉挛，但经常会引起其他更危险的疾病；另一方面，古代有人用过这种药物之后效果十分显著，也没有产生副作用。最后他表示："我不希望你去使用如此不可靠、如此模糊的一种医药，除非你自己有更可靠的经验。"此外他还提到很多人通过使用锑杯（antimonial cup）[4]治好了疟疾，然而"我仍然不愿意建议你去使用这种疗法"（Gunther，1928：22—23）。

1　据说朱鹮能将喙插入肛门，往里注水，从而缓解肠道不适。

2　Goats of Dictamnus，即 *Origanum dictamnus*，为克里特一种本土植物，也称 Diktamos、Hop Marjoram，或 Dittany。民间视之为一种有疗效的草药，顺势疗法中经常用到。此处提到的野山羊，是指克里特独有的山羊 Kri Kri，也叫高地山羊（*aegagrus creticus*）。

3　*Chelidonium majus*，据说这种黄色的花朵能恢复视力。白屈菜的英文名 celandine 源自希腊语中的燕子（chelidòn），原因有两点：其一，白屈菜在燕子刚刚飞回时开花；其次，人们相信这种植物具有医疗作用，将其汁液滴入小鸡的眼睛里可改善视力。

4　一种锑制的杯子，据说可无限次使用而不失疗效。汤姆森（St Clair Thomson）在提交给皇家学会的一篇论文中阐述了医疗上使用锑的历史，他引用希罗多德的记载"古埃及人是最健康的，因为他们每个月都有三天进行催吐剂和灌肠术"，从而将锑杯疗法追溯到古埃及时代。其中提到1642年伦敦出版的一部流行手册，其作者是一位名叫伊凡斯（John Evans）的牧师，手册全名为《一种普遍疗法，或称磁杯或锑杯的疗效。经验证具有保健、疗养和康复作用》（*The Universal Remedy, or the Vertues of My Magnetical or Antimonial Cup. Comfirmed to be a health-procuring, health-preserving, and a health-restoring Effectuall Medicine*）。参见 Thomson，1926：669—671.

无论约翰·雷做出的结论有何正面价值，有一点可以肯定："在促进植物药用价值的科学研究以及清除由来已久的迷信特征上，约翰·雷起到了重要作用。……当医学史得到全面的研究，人们会给予约翰·雷恰当的评价，并称之为药物学方面的伟大先驱。"（Raven，1986：159）

约翰·雷晚年出版的博物学著作《造物中展现的神的智慧》（*The Wisdom of God Manifested in the Works of the Creation*）开创了英国自然神学的传统。佩利的《自然神学》（*Natural Theology*）很大程度上是对约翰·雷的回响。1999 年 3 月 18 日至 21 日在英国埃塞克斯的布莱特恩召开了一次关于约翰·雷与其他"牧师—博物学家"（clerical naturalist）的大型会议，会议主题为"约翰·雷和他的后续者：作为生物学家的神职人员"。参会的生物学家或博物学家，包括斯特恩和斯蒂芬（Hoskins Stephen）等人，针对约翰·雷的工作和信仰，以及宗教与生物学之间的相互影响，发表了一系列论述，对约翰·雷的成就与影响给予高度评价。此外，几百年间陆续出版了一些相关的书评，对约翰·雷其人及其著作均有很高的评价。随着近几十年中科学与宗教对话的增多，作为近代"牧师—博物学家"的典范，约翰·雷的"理性的虔诚、健康的哲学（sound philosophy）"一再被重提，被视为开拓一种新的神学进路的关键所在。R. J. 贝利对约翰·雷对当今神学的发展所做的贡献给予了更多关注。他指出："尽管约翰·雷生活在一个启蒙时期理性主义高涨的时代，但他并不是一名'理神论者'。他是通过学习神的'创造之书'来欣赏和膜拜神的人。"贝利认为约翰·雷提供了一种看世界的"基督教进路"：约翰·雷的自然神学将人置于一个更大的伦理圈中，对当今的生态学研究具有深远的启示意义。无论在生物学史上，还是在我们日渐懂得从世俗知识角度来理解圣经的过程中，约翰·雷都是一位关键人物。（Berry，2001：25—38）尽管约翰·雷生活在启蒙时期理性主义高涨的时代，但他始终反对机械论，并以他的博物学与自然神学研究，给同时代的人提供了心灵的慰藉。博物学与自然神学的关系并不是一成不变的。自约翰·雷之后，英国才真正形成自然神学传统，并经由佩利到 G. 怀特，形成一种持续相传的"牧师—博物学家传统"。英国自 17 世纪之后就体现出极其浓厚的实验性和机械性色彩，然而另一方面，自然神学在英国拥有更深厚的传统，它对英国科学的统治比对大陆科学的统治更长。深入追溯其根源，约翰·雷所起到的影响不容忽视。而麦克马洪认为，约翰·雷在近代博物学范式的形成中起到重要的主导作用。

约翰·雷处在新旧世界的分水岭，他亲身参与了后世科学史家们通常所谓的"科学革命"：他明确表达了对陈旧的宗教仪式与陈旧学术框架的厌弃和不满，高度赞扬实验哲学以及海外探险考察活动，并撰写了大量具有划时代意义的著作。他的著作无论从研究视角还是方法上来说，都意味着与过去充满隐喻和传奇色彩的博物学的决裂。然而这种断裂并不绝对。相比那些迫不及待要彻底重建自然秩序与社会秩序的人，包括霍布斯主义的无神论者，以及试图在各个领域推行数学化的狂热分子，约翰·雷对旧时代的生活秩序抱有更多的同情，对古典时代、中世纪以及文艺复兴时期作者们的写作方式也给予了更多认同。他声明修辞学只是调味剂，无益于身体的健康，与此同时他叹惋一个世纪前如日中天的语言学研究的衰落，并在旅途中对各地的方言、谚语以及语言的变化产生极大兴趣，亲自编撰一系列语言学著作。他一再强调不要迷信前人的著作，不要以为科学知识领域存在"赫拉克勒斯之柱"，此外再无其他。与此同时他审慎地对待前人的著作，无论是对亚里士多德、西塞罗（Cicero）、老普林尼等古典时代的作者，还是对鲍欣兄弟（Caspar Bauhin and Jean Bauhin）、切萨皮诺（Andrea Cesalpino）等近代先驱，也无论对本国抑或欧洲大陆的同行，他始终保持着谦恭与尊崇的态度。在与李斯特的通信中，他说服后者消除对老普林尼的偏见，将老普林尼视为"宝贵的知识来源"（a great treasure of learning）（Lankester，1848：48—49）。在熟悉前人著作的基础上，他结合亲身实践，对历史上遗留下来的、由真理与谬误混杂而成的庞杂材料进行理性的甄别和筛选，为17世纪的人们了解自然事物提供了最可靠的指南。

五、结语：博物学与数学

如果"革命"仅停留在对自然以及新事物的兴趣上，或者用怀特海（A. N. Whitehead）的话来说，只是为了"从中世纪思想的僵硬理性上倒缩回来"，现代科学或许会呈现为另一种面貌。然而启蒙运动和进步主义观念的盛行，使人们不再满足于简单的观察和数据积累，而急于用简单的数理公式去把握自然背后的规律，进而利用自然。皇家学会建会之初提出的"通过实验来促进自然科学知识以及有用的艺术"这一宗旨，以及博物学家的研究方式，都成了一些数理科学家抨击的对象。尼尔（William Neile）主张皇家学会的研究应当超越单纯的实验，因为实验本身"只是单调的娱乐，而不究其原因"。他声称"光坐着记录表象（effects）而不探寻原因，似乎有辱哲学家之名"。居林（James Jurin）在谈到牛顿时如是说：

> 对于一个哲学家，乃至最低等级的哲学家来说，除了弄清一只昆虫、一颗卵石、一株植物或是一枚贝壳的名称、形态和外在性质，还必须知道更多的东西。……我们都记得他常说的一句话，"博物学或许确实能为自然哲学提供材料，但是，博物学并不是自然哲学。"……他并不轻视博物学这样一种有用的学科分支；……只不过他认为，哲学的这位卑贱的婢女，虽然可以用来收集工具和材料以服务于她的王后，但如若她胆敢僭夺王位，自封为各学科之王后（Queen of Sciences），她就必是自忘身份。（Feingold，2001：78）

尽管培根、波义耳等人主张将数学与逻辑仅作为一种有用的手段，但是自17世纪70年代后，数学家不仅在天文学、物理学等领域取得了绝对胜利，而且开始向地质学、医学等领域推进。"《自然哲学的数学原理》的出版标志着数学家与博物学家之间的关系进入了一个新的阶段。不仅因为这本书的成功极大地促进数学化的物理学广泛传播（就连那些看不懂这本书的人也知道它），而且因为牛顿主义方法取得的胜利，似乎使其获得了应用于其他科学领域的合法权利。"（Feingold，2001：87）数学家声称，无论在数学还是其他自然哲学领域中，"探究复杂事物"都应当因循牛顿著作中采用的方法。佩蒂（William Petty）督促皇家学会的会员"用数学来探讨物质，因为只有借助数字规则，自然哲学，尤其是物质理论，才能从'质'和'词'造成的混乱中摆脱出来。"（Petty，1674：5）

依照费高德（Mordechai Feingold）的说法，博物学家和数学家之间的内在张力一直存在。然而在皇家学会早期的几十年中，很多活跃的会员都是博物学家，同时也是卓越的数学家[1]，"他们广泛的兴趣确保了科学知识的所有分支都受到合理的重视，没有哪一支能占据至高位置"（Feingold，2001：94）。以约翰·雷为例，他对雄心勃勃的数学化所导向的机械论明确提出反对："自然界中有很多现象，部分超出于机械力的作用范围之外，部分则恰好背离了机械定律。"（Ray，1717：43）最为显著的是，机械论哲学家"明智地认识到，在动物问题上

1　瑞温曾提到，约翰·雷在三一学院受到极好的数学教育，并在这方面表现出众。

机械论体系难免要被打破，因此他们索性绝口不提动物"（Ray，1717：44）。然而另一方面，约翰·雷并不认为数学与博物学之间存在对立，而是将两者均视为自然哲学的一部分。他甚至表示："我很遗憾地看到，大学里对真正的实验哲学并未给予太多的重视，那些卓越的数学学科也严重受到忽视，因此我热切地督促那些年轻人，尤其是年轻的绅士们投身于这些学问，并略费点心思去学习。"与此同时他指出，他所针对的只是"那些能够横向把握和理解整个学问的人"。（Ray，1717：173—174）很显然就约翰·雷而言，机械论、数学化与数学本身之间有明确的区分。数学作为一门有用的学科分支和智识活动，有助于人们进行自然哲学探讨，但其使用范围无疑有一定的限度。

直到17世纪80年代中期，数学在自然哲学中并不占统治地位。到17世纪末，"大多数博物学家依然保持着开放的思维，但大多数数学家则不然"。约翰·雷等博物学家去世后的一段时间内，博物学家阵营内部产生了一些争端，与此同时数理科学的阵营却取得了稳步发展。（Mordechai，2001：96—98）自然的数学化与机械论哲学的结合，使数学成为自然哲学的主导力量，而不再是为自然哲学服务的工具。与此同时，以宇宙论为主的"理神论"取代了以动植物为主要关注对象的"自然神学"，博物学背后的"神"变得可有可无，取而代之的是一系列的数学公式与法则。到18世纪英国维多利亚时期，归功于赫胥黎（Thomas H. Huxley）等人的工作，职业科学家登上历史舞台。随着科学体制的完善，博物学逐渐转变为现代所谓的植物学、动物学和矿物学。作为一种学术传统的博物学从学者群体中淡出，进入民间，并一度沦为一种橱柜式的"收藏"文化。博物学家们被斥为业余人士，主张"陈旧"自然神学观念的牧师—博物学家尤其是遭受奚落的对象。

究其原因，主要在于博物学重视描述性和整体性，缺乏数理科学的明晰简洁。此外，博物学强调自然目的性，与自然神学之间有着千丝万缕的联系。当数理科学传统似乎找到了描绘宇宙秩序的方法时，博物学的描述方式就变得无足轻重，因果论也取代了陈旧的目的论。然而在做出让步的同时，博物学并未销声匿迹，而是从学术精英的圈子隐退到了民间和大众文化中。在新的语境下，博物学呈现出复兴的态势。相对于职业化的科学家模式，人们更为怀念贴近生活的"半业余式的"博物学家。

无论在科学革命时期还是在现代语境下，博物学都不曾试图取代或凌驾于其他学科之上。正如约翰·雷所说:"我无意否认或诋毁其他的学问——如果我这样做的话,那只能是暴露我自己的无知与欠缺;我只希望那些学科不要完全排挤和排斥博物学研究。我希望博物学会在我们中间兴盛起来;我希望人们能一视同仁地对待那些他们本人不懂或者不十分精通的学问,而不是一味地歧视、嘲讽和中伤;没有什么知识比博物学更加令人快乐,也没有什么研究比博物学更能带来心灵上的满足与富足。"(Ray,1717:169)博物学是一门开放式的研究,它的主要目的在于补充其他学科未曾带给人们的满足感,使科学研究更加贴近人的情感和精神生活。因此,博物学的研究进路有望将科学从少数人的"殿堂"中释放出来,使之向普通民众生活靠拢,进而弥补现代文明给人类社会带来的缺憾。福特(Brian J. Ford)等人呼吁"努力摆脱赫胥黎的遗产,回归约翰·雷的精神"(Ford,2000:22),亦即,从职业科学家的模式,返回到约翰·雷的业余博物学家模式。

实际上,博物学始终是现代科学中一个隐秘的维度。博物学与数学之间,存在一场延续至今的战争,而在对抗中存在着融合与互通,两者绝非截然对立、非此即彼。现代生物学的发展趋势,以及新一代具有博物学情怀的生物学家的出现,都充分表明了这一点。与此同时,博物学将最终脱离狭隘的采集收藏模式,回归约翰·雷开创的观察、研究和综合模式。这一模式以对自然界的热爱,以及广泛、全面、不迷信于权威的认知态度为特征,对于当代科学摆脱现代化困境具有丰富的启示意义。

第4章　林奈的博物学改革

　　卡尔·林奈是18世纪瑞典著名的博物学家。林奈以他对自然界特有的秩序感，对博物学界进行了开创性的改革，这场改革以分类和命名为核心，以简洁、高效、实用为特征，博物学界由此结束了长期的混乱状态，进入了标准化时代。林奈的《植物种志》（1753年版）和《植物属志》（1754年版）成了植物命名的划界起点，《自然体系》（1758年第10版）则成了动物命名的划界起点。林奈的改革一方面源自学者对知识分类的自觉性，另一方面也是当时欧洲社会的客观需求所致。分析林奈体系何以流行，必须考虑体系的实用性、文化背景、传播语言、传播途径等要素。

　　卡尔·林奈（Carl Linnaeus，1707—1778），18世纪伟大的博物学家，他在博物学方面的成就为他赢得了"植物学王子""花卉之王"的称谓。卢梭（Jean-Jacques Rousseau）曾沉迷于林奈的《植物学哲学》（*Philosophia Botanica*），歌德（Johann Wolfgang von Goethe）则将林奈同莎士比亚（William Shakespeare）和斯宾诺莎（Baruch Spinoza）相提并论。林奈与布丰均生于1707年，是18世纪最耀眼的两位学者，那个时代是博物学蓬勃发展的时期，但林奈体系对后世博物学的影响要胜于布丰，布丰曾掌管的巴黎皇家植物园也于1774年采用了林奈体系。林奈体系的出现结束了前林奈时期博物学界分类和命名的混乱，构成了现代动植物分类和命名的基础。林奈出生于乡野牧师之家，父亲是名业余的植物学家，母亲期望他子承父业，他却自幼对自然着迷。成年之后，他先后在瑞典的隆德大学、乌普萨拉大学就读，后又游历荷兰、英国、德国、法国等地，同当时世界上最优秀的博物学家如哈勒尔（Albrecht von Haller，1708—1777）、裕苏三兄弟［安托万·裕苏（Antoine de Jussieu）、贝尔纳·裕苏（Bernard de Jussieu）、约瑟夫·裕苏（Joseph de Jussieu）］、布尔哈弗（Herman Boerhaave，1668—1738），最富裕的庄园主和贸易商如克利福德（George Clifford）保持着紧密联系。海外归来后，他同瑞典皇室和政府建立了密切关系，是瑞典科学院的初创者之一。他的学生来自世界各地，他的通信者遍及世界各个角落，他赢得了几乎所有欧洲知名科学院的会员称号。在诸多学生笔下，他显得谦逊温和，但"上帝创造，林奈整理"（Deus creavit, Linnaeus disposuit）却显示了他在博物学领域的自信甚至自负。他称自己的《植物种志》（*Species Plantarum*）为植物学领域最伟大的作品、《自然体系》（*Systema Naturae*）为开卷有益之作；从另一方面看，林奈在逻辑组织方面的天赋，在分析和建设方面的能力，以及他超人的勤奋和不懈的努力，使得这些称颂并不为过。林奈也是一个矛盾体，他一方面对上帝虔信不已，但另一方面对创世纪又有所怀疑，他的《天谴》（*Nemesis Divina*）一书则反映了他对死亡、欲望、灵魂等问题的思考。他不但在生物学领域是百科全书式的人物，在医学、教育、饮食、神学等方面也颇有造诣。

18、19世纪的博物学界经历了一场改革，这场改革契合当时的时代需求，以分类和命名为核心，林奈博物学体系在欧洲各国的广泛接受标志着这场改革的完成。林奈以他对自然界特有的秩序感对博物学界进行了开创性的改革，博物学界由此结束了长期的混乱状态，进入了标准化时代。《植物种志》（1753年版）和《植物属志》（*Genera Plantarum*）（1754年版）成了植物命名的划界起点，《自然体系》（1758年第10版）则成了动物命名的划界起点。学者通常将1753年之前称为科学命名的"前林奈时代"。这场改革主要以自然对象的描述、分类、命名为宗旨，从自然物的分类根据、分类和命名原则出发，对前林奈时代的博物学体系进行了总结、改良和创新，进而形成了林奈简洁、高效、实用的博物学体系。当然，林奈体系地位的确立同当时的时代背景也密不可分。

一、博物学繁荣的时代背景及改革的必要性

1. 支持18世纪博物学发展的客观条件

就传统而言，药用价值是推动博物学发展的重要动力。到了18世纪，关于博物学，更精确地说，关于动植物、矿物的知识和实践在各个方面发生了变化。文化变革、经济需求、国家对科学的庇护等，构成了这一时期博物学发展的动力。下面以植物学领域为例简要分析。

首先，药用价值需求。直到17、18世纪，植物学依然同医学保持着密切的联系，尤其是草药文献，一般依据药用价值对植物进行分类。18世纪之前，大部分植物园的建立与植物的药用价值相关，如阿姆斯特丹植物园本身就是一个药用植物园。作为博物学发展的传统动力，药用价值一直是推动博物学发展的一个重要因素。

其次，文化需求。制定出有别于乡下人的知识体系以彰显自己的高贵身份，成为当时博物学领域内的一种现象。这典型地体现在植物命名的改变上。"17世纪和18世纪初期，牧羊女和乡下人所使用的植物名逐渐被那些高贵人士抛弃或改造。那些过于粗俗的解剖学的或巫术似的名字被更文雅的名字代替。诸如少女黑发（铁线蕨）、赤裸妇女、神甫的胡说和马枪（horse pistle）等植物被重新命名。"（菲塞尔等，2010：131）作为一种高雅的消遣，植物学知识在人们的生产和消费中日益扮演重要的角色，收集植物、阅读关于这方面的书籍、绘制植物的图画成为社会地位的表现，甚至植物学知识开始具有某种道德的目的。[1] 卢梭曾盛赞林奈植物学内在的道德品格，并认为它是巨大的快乐源泉，《植物学通信》（*Lettres élémentaires sur la botanique*）正是以林奈的植物学为范本来写的。而关于植物学知识的书籍也逐渐畅销，比如达尔文的祖父伊拉斯谟·达尔文（Erasmus Darwin，1731—1802）的《植物之爱》（*The Loves of the Plants*）。

第三，商业价值需求。文化上的变革部分地推动了植物学商业化的趋势，园艺和园艺学慢慢成为炙手可热的职业，园艺家的工资相当于甚至远远高于高收入的牧师。例如，"安妮女王和乔治一世（1660—1727）的园艺师亨利·怀斯（Henri Wise，1653—1738），他每年拥有1600英镑的收入。这个数目只有王室

---

[1] 这可能跟18世纪后期的浪漫主义思潮有关。

才出得起。但在17世纪80年代，柴郡（Cheshire）莱姆城堡（Lyme Hall）的园艺师可以获得60英镑的年薪，相当于一个高收入的牧师"。对于罕见植物的兴趣与追求使得植物的商业价值得到充分挖掘，而且这种兴趣不仅仅局限于当时社会的上层和中层，甚至包括部分的下层，植物的价格也随着时尚轮转。这种情况下，建立系统的植物学知识成为一种需求。1730年，伦敦园艺家协会出版了《植物名目录》（*Catalogus Plantarum*），旨在将植物名称标准化。而当时的"种花人协会"则成为中低层和工匠层谋求经济利益的代表。（菲塞尔等，2010：131）

第四，国家利益的推动。18世纪，科学越来越多地享受到政府和君主的庇护，这种庇护的动机显然是功利的，科学知识在制造业、农业、医疗进步、公共事业和军事上的价值反过来促进了政府更多地参与对科学的资助，欧洲各地科学院、科研机构的设立很大程度上与政府的支持相关，法国巴黎的皇家科学院和俄国的圣彼得堡科学院的做法堪称典范。

国家对科学的重视客观上促进了科学与博物学等学科的发展，瑞典即是代表之一。瑞典科学院的创立也是利益推动学科发展的典范。瑞典科学院于1739年在斯德哥尔摩成立，创始人由六名科学家和一个政治家组成，林奈任首任主席。科学院最初成立的宗旨即：寻找有用的科学，发展本国经济。而在发展科学和博物学方面，以林奈为代表的一批人最终将目光投向了博物学，期待尽可能全面地考察自然，发现存在于自然之中的秩序，挖掘自然的潜力，促进本国经济的发展，"将自然用于经济，反之亦然"。

2. 博物学改革的必要性

在这样的大背景下，一方面，欧洲诸国在地理、经济上的快速扩张客观上促进了新的动植物、矿物的发现，另一方面，基于特定的性征，新的分类体系和命名方法不断涌现，由此带来的交流障碍随之出现。诸多博物学家致力于新的宏大体系的构建，但很难找到这样一个体系：它把自然纳入一个统一秩序的同时，能够在国际上通用，满足现实的需求。

林奈在《植物学哲学》中曾谈及体系在植物学中的重要性："对于植物学而言，体系就像'阿丽安公主的线球'，没有它，植物学将一片混乱。"前林奈时期，一直以来并不缺乏博物学体系，却无明确标准可言，很多博物学家都建立了各具特征的体系：瑞士的卡斯帕·鲍欣（Caspar Bauhin）很早就建立了自己的体系，首次提出用双名法对植物进行命名；意大利的切萨皮诺在1583年发表的《论植物》（*On Plants*）一书，从植物的生活习性、传粉器官和其他构造等多方面进行描述；约翰·雷、图内福尔等人的体系也非常完善。尽管在分类基础上存在相似或共通之处，不同体系之间依然存在诸多交流困难，并没有一个稳定、统一、有效的体系通行于欧洲各地。

驳杂多变是当时博物学体系的典型特征。以植物分类为例，林奈曾对各类分类学家做过整理，林奈认为真正的分类体系是建立在植物的生殖系统基础之上的，据此，他将前林奈时期的分类学家分为正统的（orthodox）分类学家和异端的（heterodox）分类学家两类。我们也可以简单看一下林奈笔下的各类植物学家。首先是**异端的分类学者**：

> 字母顺序分类者（Alphabetarii）：依据字母分类法对植物进行分类。
>
> 根部分类者（Rhizotomi）：根据植物根的结构进行分类，比如园艺家。
>
> 叶部分类者（Phyllophili）：根据植物叶的形状进行分类。
>
> 外形分类者（Physiognomi）：根据植物的外部形状进行分类。
>
> 时间分类者（Chronici）：根据植物开花的时间进行分类。
>
> 地理分类者（Topophili）：根据植物的生长地点进行分类。
>
> 经验分类者（Empirici）：根据植物的药用进行分类。
>
> 药用贸易分类者（Slplasiarii）：以植物的药用价值以及药剂师的分类为
>
> 准。（Linnaeus，2003：23）

其次是**正统的分类学者**。林奈认为正统的分类学者应该坚持物种的自然属性，依据真正的分类基础——植物的结实部分（fruit-body），来建立自己的体系。对正统的分类学者进一步细分，他们又可分为完全（universal）正统的分类学者或者部分（partial）正统的分类学者。比如，完全正统的分类学者根据植物结实的分类体系确立植物所有的纲，根据分类基础的不同他们又可分为：

> 果实分类者（fructisits）、花冠分类者（corollists）、花萼分类者（calycists）和性分类者（sexualists）：果实分类者根据植物的果皮（pericarp，80）、种子（seed，86）或者花托（receptacle）进行植物的纲

的排列……花冠分类者根据植物的花冠及其花瓣……花萼分类者根据植物的花萼……性分类者的体系建立在植物性别基础之上，比如我自己。（Linnaeus，2003：23—24）

整体而言，17、18世纪，正统的分类学者占据当时的主流，当时较有影响力的分类学体系大都建立在植物的生殖系统基础之上。

分类根据和体系的不同也会导致认知交流的困难。事实上，分类根据不同，加上没有统一的命名标准，在不同人群中存在着同物异名、异物同名等现象，博物学领域的混乱可想而知。比如在植物命名问题上，由于新物种的不断涌现，植物学家们只好在植物名字之中不断加入更多的信息以便区分。所以同一植物，在不同时期，不同人甚至同一个人不同时期那里都会有不同的名字。举个简单的例子，1576年，安特卫普的植物学家克鲁西乌斯（Carolus Clusius，1525—1609）曾将旋花属的一个种命名为：*Convolvulus folio Altheae*。到了1623年，瑞士植物学家卡斯帕·鲍欣则将其命名为：*Convolvulus argenteus Altheae folio*。林奈在1738年则给出了一个新的名字：*Convolvulus foliis ovatis divisis basi truncates: laciniis intermediis duplo longiorbus*。到了1753年，林奈又将其订正为：*Convolvulus foliis palmatis cordatis sericeis: lobis repandis, pedunculis bifloris*。（Stearn，2001：251）

无论从当时的社会需求还是从博物学家自身的需求而言，一个相对稳定统一的博物学范式的建立都迫在眉睫，林奈体系的发展与地位的确立便出现在这样一个背景之下。

二、林奈博物学改革：批判继承与改革重点

1. 对前林奈时代博物学体系的批判继承

博物学体系的优劣之争持续存在于整个18世纪，其中，分类标准和命名规则的不一致是混乱的根源所在，对此，林奈有着清醒的认识。虽然林奈私下曾表示当时的博物学家并未触及博物学的真谛，但在对待其他博物学体系的问题上，林奈在坚持正统的前提下，对先驱和同时代其他博物学家给予了充分肯定。一方面，林奈在很多方面的确受惠于其他博物学体系，另一方面，对前林奈时代博物学体系的借鉴和宽容一定程度上为林奈博物学体系的传播创造了一个相对宽松的

环境。

首先，在传统的传承上，林奈旗帜鲜明地声称自己是亚里士多德分类传统的继承者。尽管在林奈体系是否属于亚里士多德分类传统这个问题上，争论颇多，但从表面来看，林奈也可归为亚里士多德主义者。在一定的逻辑框架下，根据事物的本质而非其他对事物进行分类，进而确定自然界的秩序，这是亚氏分类的特征之一，从这个角度而言，林奈的确符合亚士多德主义者的要求，这点在林奈的分类准则中也可见一般。同多数本质论者一样，林奈认为属是具有共同本质的种的总体，对属的定义对于物种的分类极为重要。在《植物学哲学》一书中，林奈将定义植物属的性征分为三类，即人为的、基本的和自然的。对三者的选择上，林奈认为尽管自然性征是每个植物学家的追求，但因要考察的植物的属性过多，在具体应用和操作中的困难较大，相比之下，属的基本性征定义法只需要考察植物特定或特有的关键性征即可。在对三种方法的取舍上，林奈表面上积极向自然性征定义法靠拢，但依然将基本性征定义法作为当下的最优选择，人为性征定义法作为辅助方法。作为分类原则，这些观点在《植物学哲学》中也有着清晰的表述，比如在对"人为""基本""自然"三者关系的界定上：

186. 可以拿来定义属的性征存在三种形式：人为的、基本的和自然的。

187. 基本性征定义法将合适的和独有的特征应用到属的定义中。以特有的形式，基本性征将特定的属从同一自然目（natural order）中区分出来。

188. 人为的性征将特定的属从其他属中区分出来，但也仅仅是从人为的目中分离出来。

189. 自然的性征包括该属所有可能的特征，所以也包括基本的和人为的（特征）。（Linnaeus，2003：141—142）

又比如，林奈对三者的取舍及其缘由：

190. 人为的性征（在分类中）居于辅助地位；基本的特征是最适用的，但并非在所有的情况下都是可行的；自然的性征在应用中存在着巨大的困难，但一旦作为分类体系的基础，则是植物属划分中绝对可靠的保证。（Linnaeus，2003：141—142）

自然，正如林奈所言，对基本性征而非自然性征的考察构成林奈属的定义的基础。这在很多植物学家看来，尚属自然分类的范畴之内，尽管在实际操作中，林奈并非完全依据植物的基本性征进行分类。在分类遇到困难时，林奈通常会采取许多变通的方法，人为分类的痕迹也较为明显，这也成为林奈博物学体系经常被同时代博物学家诟病的地方之一。但在具体原则上，林奈始终打着亚里士多德和本质主义的旗号，力图向18世纪博物学界普遍认同的自然的分类方法靠拢，这样，林奈的博物学体系一方面迎合了当时博物学界自然的分类传统，避免了很多不必要的麻烦，另一方面它自身的实用性和效率则与18世纪紧迫的分类需求相契合。

其次，在对待其他博物学体系的态度上，在坚持本质主义的前提下，林奈采取了相对宽容的做法，而且给予了前人足够的肯定。在《植物学基本准则》（*Fundamenta Botanica*）、《植物学哲学》等著作中，林奈对18世纪及之前的植物学家进行了整理，并进行了归类。在上榜的植物学家名单中，16世纪的有38人，17世纪的有62人，18世纪的有53人，基本涵括了当时欧洲各国小有名气的植物学家。进一步，林奈将这些人分为三类：杰出的植物学家、真正的植物学家和业余植物学家。在这份名单之中，杰出的植物学家共六人，分别为格斯纳、切萨皮诺、卡斯帕·鲍欣、莫里森（Morison）、图内福尔和瓦扬（Sébastien Vaillant，1669—1722）。林奈将自己划在级别较低的一类植物学家之中，即真正的植物学家。（Linnaeus，2003：13—14；Stafleu，1971：35）而根据林奈的标准，上述六个杰出的植物学家均是正统的分类学者。从格斯纳到切萨皮诺到林奈，都承认植物结实器官的重要性，只是依据的相关性状有所不同，比如切萨皮诺将果实作为第一步分类的依据，图内福尔将花冠作为第一步分类的依据，林奈则将雄蕊作为第一步分类的依据。对结实部分重要性的共同认知应该是林奈对上述几位特别重视的理由之一，瓦扬则对林奈性分类体系思想的形成产生了直接的影响。

在具体分类过程中，林奈时常将前人或同时代学者的研究成果纳入自己的体系当中，比如雷对禾本植物的整理、蒂伦尼乌斯（Johann Jacob Dillenius）对苔藓与真菌植物的研究。这对于融合不同学派成果、缓和不同体系间的冲突有一定的积极作用。事实上，雷、图内福尔、瓦扬等在很多方面都对林奈产生了影响。

第三，肃清博物学界的异端传统。博物学界的分类异端是长期以来博物学秩序混乱的原因之一，消除这些异端或者将其排除在博物学体系之外，是博物学走向有序的第一步。17、18 世纪，地理大发现和海外扩张直接导致新发现物种数量的爆发式增长，如何对其进行快捷有效的分类和命名成为一种迫切的社会需求，在这个背景之下，基于生物性状考察基础之上的分类越来越多。

尽管基于结实器官的分类方法是当时主流的分类方法，但其他的传统分类方法也占据一定地位，如地理分类者、经验分类者、时间分类者、字母顺序分类者等等。这显然是博物学体系交流与统一过程中不可回避的一个问题。即使同样基于结实器官，不同的分类体系之间尚且存在严重的交流障碍，更不用说分类标准存在巨大差异的分类体系间的交流与统一。而在"全球化"趋势日益明显的 18 世纪，物种间流通的需求必然地要求一个相对稳定的沟通范式，也要求这种范式必须具备"超越本地性"的特征，能够给出一个全球通用的、指称明确的分类、命名体系。从这个意义上来讲，对统一的博物学范式的需求已经超越了博物学自身的学术领域，成为一种时代需求。当我们将目光转向英国斯隆爵士（Sir Hans Sloane）、班克斯爵士（Sir Joseph Banks）及荷兰克利福德所从事的事业以及他们对收藏整理的爱好时，就不难理解这种需求了。

应对这种需求，林奈在学术上有意无意地采取了一种渐进的策略，由远及近，首先将所谓的"异端传统"清除出博物学领域。通过限定分类原则，林奈将基于植物结实器官的分类方法规定为正统的分类方法，而除此之外的分类方法则降级为异端的分类方法，排除在分类学考虑之外。客观而言，林奈的这种做法未免有点武断，但在当时的社会背景之下，如何快速有效鉴定出物种、快速发现新物种才是博物学的主流，在这种形势之下，分类和命名的准确度和效率成为衡量博物学体系优劣的标准之一。将异端的分类方法排除在主流的博物学之外无疑是符合当时社会需求的，对于博物学秩序的稳定和统一也是有益的。

总之，林奈的这些工作为林奈体系在其他国家的传播奠定了一定基础。从本质上讲，博物学范式的统一根本上还是分类根据和命名规则的统一。

2. 分类改革

正如林奈所言，"植物学的基础包括两个方面：整理和命名……而整理又是命名的基础"，这里的整理即分类，分类和命名显然构成了林奈博物学革新的核心工作。作为命名的基础，如何分类成为林奈面临的首要问题。

长期以来，植物学家分类的基础通常建立在物种的相似性上，分类学家由此将不同的物种安置在不同的分类单位中，而相似性的获得则由分类性状决定。显然，植物的药用价值、季节性、生存环境、结构形态等都构成分类性状考虑的因素。而关于分类性状的争论也一直存在：采用单一性状还是多个性状？采用形态性状、生理性状还是其他性状？性状之间应否加权，加权的标准又是什么？

就上述问题，亚里士多德笼统提出了有些性状比其他性状更为有用的观点，在历史上多为分类学者所接受，17、18世纪的博物学家，如雷、图内福尔等人遵循的也是这个原则。但在单一性状还是多个性状问题上，不同学者存在明显的分歧，甚至是自然分类法和人为分类法的区别之一。在林奈之前，对多个性状的考察更符合博物学家通常的做法，这种做法也通常被认为是自然分类法的特点之一。以雷为例，雷的分类体系基于多性状，他被公认为自然分类的典范，对英国的影响持续到18世纪，比如在纲的划分上，他将植物的果实和子叶的数目纳入考察范围之内。尽管在专业的分类学家看来，雷的做法堪称优秀，但其在具体的应用中却问题重重，在面对未知植物的时候，一个没有经验的人很难将雷的体系应用到实践中。图内福尔等人体系的问题也大致如此。客观而言，很难讲林奈体系相比其他体系在逻辑严密性上到底有多少优势，但在林奈之前，并不存在这样一个分类体系，它在指称明确或者鉴定效率上优于林奈体系。而分类效果和效率正是17、18世纪博物学界所急缺的。林奈性分类体系的诞生迈出了林奈博物学革新的第一步。

（1）性分类体系

林奈植物分类体系的一大特点是依据植物的生殖器官进行分类，这也是林奈性分类体系名称的由来所在。事实上，这种分类方法并非林奈的独创，至17世纪晚期，当时的博物学家们已经开始认识到植物的有性生殖方式，17、18世纪欧洲各国的学者为此还展开过优先权之争，如法国的瓦扬和克劳德·吉尔福利（Claude Geoffroy）曾因此争得喋喋不休，而英格兰的罗伯特·桑顿（Robert Thornton）则抱怨这个发现应归功于英国人而非法国人。（Schiebinger，1993：19）林奈的性分类体系确曾受惠于这些前辈，林奈从学于罗特曼（Johan Rothman）之时，就曾研习过瓦扬的论文《花草的结构》（*Sermo de Structura Florum*），而瓦扬在这篇文章中就花的雄蕊和雌蕊的生殖功能做了详细说明。（Blunt，2001：247）但毫无疑问，林奈之后，性分类体系作为林奈博物学改革的一部分才更加广为人知。

在分类性征的选择问题上，传统的分类学家很清楚没有别的植物结构会比植物的结实器官（花、果实、种子等）能提供更多更好的鉴别特征，因此，从格斯纳到切萨皮诺再到林奈，几乎所有的植物学家都承认结实器官的重要性，只是大家在选择不同性状作为第一步分类依据方面不同。比如图内福尔和里努维斯（A. Q. Rivinus，1652—1723）选择花冠，布尔哈弗选择果实，而林奈则选择了植物的雄蕊。而他们的选择也直接影响到其后博物学家分类选择上的倾向性——英国很多学者追随雷的传统，德国人则倾向于里努维斯的传统，法国尤其是巴黎则是图内福尔学派的根据地。

从表面来看，关于选择植物结实器官的何种性征作为分类特征，并不存在优劣之争，林奈的著作中也并没有特别指出这种差异。在《植物学哲学》中，林奈曾论及"植物的三个部分必须引起初学者的格外重视：根、茎干（herb[1]）和结实器官"，其中，"植物的本质在于结实器官"，而"作为植物临时的部分，结实器官的作用在于繁殖，使得植物的新老更替得以维持；结实器官包括七个部分：花萼（calyx）、花冠（corolla）、雄蕊（stamen）、雌蕊（pistil）、果皮（pericarp）、种子（seed）和花托（receptacle）"（Linnaeus，2003：52、68、65—67）。

但在结实器官问题上，林奈并没有得出各个结实部分存在优劣差异性的结论，只是认为对结实器官各个部分的考察要从四个方面同时进行——即数量、形态、比例和位置。（Linnaeus，2003：71）相比前人，这个观点只能说是一种改进而非本质性的改变。在实际的博物学实践中，即使林奈最终选择了雄蕊作为他第一步分类的根据，这在分类宗旨上同传统之间也并不存在太大的冲突。相反，由于选择单一性征（即雄蕊的性征）作为分类的基础，林奈在物种鉴定上较之其他分类体系更方便快捷。事实上，图内福尔学派之所以能够在巴黎长期占据统治地位，成为林奈思想在法国最大的劲敌，很大程度上就源于它的简明实用性。

真正把林奈性分类思想推向风口浪尖的是林奈的另一项举措，即对植物性别的过分强调。尤其在《植物学哲学》一书中，林奈详细阐述了他的性分类思

---

1 很难用一个精确的词来跟 herb 对应，在《植物学哲学》中，林奈这样描述："81. 茎干（herb）指从根部长出，终结于植物结实器官的植物部分；它由植物的躯干、叶、支撑部位（supports，指叶柄、卷须、刺等部位）和冬芽组成"（Linnaeus，2003：52—62）。

想，并将之作为自己的分类基础，同时，也部分给出了他将植物的花作为分类第一步依据的理由。早在1735年的《自然体系》中，林奈就已经将性体系作为自己的分类基础，而在后来的《植物学哲学》中，这种思想得到了更明确的阐述。在《植物学哲学》开始的章节中，林奈就表明了自己的立场，"性分类者的体系建立在植物性别基础之上，比如我自己"。随后，林奈将植物的性别单列出来进行讨论[1]，他认为包括植物在内，所有的活物在被创造出来的时候，每个物种都存在一对对立的性别，而植物的花则是植物性别的标志。（Linnaeus，2003：24、99—103）

对生殖的重视是林奈走向性体系的第一步，"141.花早于果实，就像生殖结合早于生产"（Linnaeus，2003：103），这句话也隐含了生殖性征优于果实性征的分类思想，而对植物生殖过程的过度描述则是林奈思想走向疯狂同时受人诟病的最初缘由。林奈认为，植物的每个花朵都备有花粉囊和柱头，植物的性别由此而定——花粉囊相当于植物的雄性生殖器，花粉的功用则等同于精子，而连接子房的柱头则相当于植物的雌性生殖器，花粉与柱头的结合即植物的生殖结合。早在1729年的《植物婚配初论》中，林奈已经论述过这种思想，并做了清晰的图解，运用拟人化手段，将植物间的授粉过程描述成新娘和新郎的结合过程。

在《植物学哲学》中，林奈再次明确了这个观点，并逐步将之确立为植物学的一些分类原则：

> 145.植物的生殖结合经由这样的方式完成：花粉从花粉囊落到裸露的柱头之上，花粉爆裂并产生助力，进而被柱头分泌的液体所吸收……

> 146.因此，花萼相当于床，花冠相当于窗帘，花丝相当于精索血管，花粉囊相当于睾丸，花粉相当于精子，柱头相当于女阴，花柱相当于阴道，植物的子房相当于动物的卵巢，果皮（PERICARP）即受精的卵巢，而种子则等同于动物的卵。（Linnaeus，2003：104—105）

同时，林奈也表达了这样一个观点：自古以来，人们就将植物等同于动物，并称其为"倒置的动物"，植物的各个器官的功能也同动物的器官——对应，比如叶等同于植物的肺、树干相当于植物的骨等。

---

[1] 在《植物学哲学》中，林奈用了一章的内容专门阐述植物的性别。

如果说植物性别化的类比尚能被人接受，那么植物生殖过程的拟人化则显得有违社会伦理。

按照林奈的观点，一个只开雄花的植株可以叫作雄株，一个只开雌花的植株叫作雌株，那么只开两性花的植株，同时开雌花和雄花的植株，以及雌花、雄花和两性花同时开的植株又该叫作什么？今天，我们普遍把这种情况称之为雌雄同株，林奈将之分别命名为 hermaphrodite、androgynous、polygamous。对于植物学家而言，称谓上的变化并不导致矛盾的形成，但如果更进一步，根据林奈的类比推下去，那么植物之间的生殖或者婚配则存在伦理上的问题，比如植物界内将会出现一妻多夫、多妻多夫等现象，这显然为当时的伦理文化所不容。而在纲、目分类术语的采用上，林奈并没有采用雄蕊、雌蕊作为他的命名术语，而是用希腊语中的"andria（丈夫）""gynia（妻子）"取而代之，彻底将植物分类拟人化，更加剧了林奈性分类体系伦理上的困境。比如在24纲的划分中，依据雄蕊的数量、相对长度等特征分别命名24纲——Monandria（单雄蕊纲：单雄蕊）、Diandria（双雄蕊纲：2枚雄蕊）、Triandria（三雄蕊纲：3枚雄蕊）……

也正是在上述方面，林奈性分类体系遭遇到了文化和伦理上难以解决的难题，甚至面临"淫秽""下流"的指责。而在林奈体系传播的过程中，很长一段时间，相当一部分植物学家拒绝接受林奈的性分类体系，不能不说这与林奈性体系中植物生殖的拟人化带来的伦理难题有关。比如，《不列颠百科全书》（*Encyclopaedia Britannica*，1771）第一卷的主编威廉·斯梅利（William Smellie）就不赞成"雌雄同体（或雌雄同株）"的概念，拒绝将植物性别的类比收入全书，同时，他也斥责林奈的类比"远远超出了适宜的界限"，他宣称林奈的比喻如此下流，简直超过了那些最"淫秽的罗曼史作家"[1]（隆达·席宾格，2010：175）。类似的指责来源很多，包括林奈的主要对手哈勒尔、布丰等人。

但尽管有一部分植物学家对林奈就植物生殖过程的过度拟人化描写不满，但大多数植物学家最终还是接受了林奈关于植物性别的构想，甚至在某种场合，关于植物性别的构想逐渐成为林奈植物学传播的一种优势。最典型的莫过于英国诗人伊拉斯谟·达尔文的《植物之爱》，这首诗因为具有林奈分类法中高度性别化的特点而为人熟知。而扑克牌、袖珍手册、业余水彩画也渐渐成为林奈植物学在

---

[1] 同时见 William Smellie，"植物学"（Botany），《不列颠百科全书》（*Encyclopaedia Britannica*，Edinburgh，1771），第1卷，第653页。

各国传播的途径，尤其在上流社会的女性中间，植物学的学习甚至成为一种高雅的消遣，逐渐具有某种道德教化的目的。（菲塞尔等，2010：130）随着时间的流逝，学者们对林奈性分类体系伦理问题的指责也慢慢淡化。

更重要的是，对整个林奈体系而言，性体系带来的实用性远胜于伦理问题带来的麻烦，基于单一性状的林奈体系显然在分类鉴定的可操作性和易认知性上远胜其他体系，为林奈体系地位的最终确立奠定了基础。

（2）植物的整理与分类

作为植物学的基础之一，对植物合理的分类是植物学中最重要的一项工作。分类的目的在于鉴别，在于描述植物之间的区别和联系。当然，如前所述，这一切的基础都建立在对植物结实器官考察的基础之上。

首先是分类等级的问题。在分类的操作上，林奈认为植物学应该效仿其他科学，如地理学、哲学和军事学，进行逐级分类。最终，林奈借鉴图内福尔的观点，认为一个合适的分类体系，在范围上应该由大至小，依次包含，分为五个等级——纲、目、属、种、变种。进一步，林奈又将这五个等级分为两个层面，即理论层面的分类和实践层面的分类，前者包括纲、目、属，后者包括种和变种。林奈认为，这种等级分类体系对于植物学而言，就像古希腊神话中"阿丽安公主的线球"，是引导植物学走出混乱状态的关键。

紧接着，林奈就分类体系的五个等级做了一一界定和说明。

157. 植物种的数量等同于物种诞生时的数量。

158. 源自同一物种的种子而产生的不同的植物的数量最终构成变种的数量。

159. 拥有相似结实器官构造的不同的自然种构成属。

160. 按照特定的原则（自然的或人为的），结实器官存在一致性的属组成纲。

161. 目是纲的细分，在人们很容易理解和区分不同的属时，并没必要存在。（Linnaeus，2003：113—115）

就像上述几条所反映的，在具体的分类中，林奈并不是很重视"目"存在的意义，认为它仅仅是纲的细分，避免同一纲等级下属的数量过多而产生混乱。同时在纲的确定上，林奈也暗示了纲的划分未必完全出于"自然分类"的结果。尽管林奈坚持认为上帝创造万物的时候，存在一定的自然秩序，但在秩序的具体寻找上，存在一定的滞后性，人们短期内不可能发现所有的属，因此只能暂时采取一些人为的办法，用人为的纲替代自然的纲。但随着发现的属的数量的增多，这个问题将会逐步得到解决。至于变种，林奈认为它是由同一种的植物在偶然的因素下而发生的变异，比如受气候、土壤、风等因素的影响，有时，受人为因素的控制，比如园丁会培育出色彩鲜艳的花朵，但从根本而言，并不存在新"种"的产生。

在五个等级之中，林奈最终得出结论：种和属是自然产生的，种是恒定不变的；变种常常出于培育的结果；纲和目的得出是自然和人为共同作用的结果。相较之下，林奈特别重视种和属的界定。这种情况下，博物学体系最终的分类重心落在属和种的划分上，减轻了博物学考察的负担。

其次是如何确定植物种和属的问题。林奈认为植物的结实器官是定义植物种和属的唯一依据，除此之外，任何其他要素的介入都会导致植物的分类走向歧途，卡斯帕·鲍欣根据植物习性（Habit）[1] 进行分类就是例证。而对于结实器官在植物分类上是否充分的问题，林奈认为前人之所以有如此担忧，关键在于他们对植物结实器官的认知度不够。林奈将结实器官分为两大部分、七小部分：两大部分指花和果实，而前者又包括花萼、花冠、雄蕊和雌蕊四部分，而后者则包括果皮、种子和花托。在分类性征的确定上，林奈认为每个分类性征的产生都要源自于对以上七部分结实器官的考察，而考察则分为四个方面：数量、形态、相对大小和位置。至于植物的习性，虽然不能将其作为分类的基础，但是也应该详加考察，防止在属的界定上犯错，而在很多情况下，它能够帮助人们很快地认出植物。

在性征和属的关系问题上，林奈有着清醒的认识，性征作为属的表现方式，为人们对属的认知提供便利，但是在属的界定中应该注意，不同的属也可能存在共同的性征，所以即使基于结实器官的几个性征能够有效地确定一个属，但在另一个属的界定中，它们未必有效。在这个问题上，林奈特别指出，性征不产生属，而是属产生性征，性征的存在意义并不在于形成一个属，而是让这个属为人

---

1 这里的"习性"指与植物相关的其他特征，比如植物的枝叶、根等的生长情况。

所知，而大部分的属都有自己典型的结实器官性征。（Linnaeus，2003：132）

在种和属的关系上，林奈采取了一个妥协的方式。我们知道，毫无疑问，同一个属下的种原则上存在一些共有的性征，我们可以称其为这个属的典型性征。林奈认为，也会存在例外，并举了例子。

> 172.如果结实器官的某些特征对于特定的属而言比较典型或适宜，但并没有表现在所有种中，必须注意，要尽量避免属在数量上的累积。比如，两种龙舌兰，Aloë 和 Agave 组成同一个属，但雄蕊却有差异，后者的雄蕊不是深入花冠，而是深入花托。（Linnaeus，2003：135）

相比之下，同一属中，某一结实器官的性征越多地在不同种上面表现出来，那么这个性征越具有这个属的特征。在具体的操作中，相比于其他结实器官，林奈更重视雄蕊、雌蕊性征在分类中的重要性。

再次是自然性征与属、种定义。林奈认为植物的属就是拥有相似结实器官的种的集合。在属的问题上，图内福尔是第一个给出定义的人，他分别从两个方面，即花和果实的角度，单独对属进行了考察。林奈则主要从花的角度进行定义。相比之下，林奈的定义更窄，也更容易观察，应用也更为广泛。关于属的定义，林奈认为对自然性征的全面考察是一种理想状态，但在实际的操作中，只需要考察基本性征即可，所以对基本性征而非自然性征的考察构成林奈属定义的基础。

尽管如此，自然性征应该是每个植物学家必须坚持的方向。因为随着新的更多的属的发现，基本性征能否完全满足属的定义的需要，在逻辑上也是个问题。由此，对自然性征的考察就显得尤为必要，"所有种在性征一致之前，有大量工作要做；结实器官的所有部分都要排查，甚至要用到显微镜，因为在结实器官没有完全检查之前，并不能完全定义一个属"，而在所有的种没有得到完全考察之前，并不存在完全可靠的结论，只有对物种尽可能多的考察，对属的性征的描述才会尽可能精确，直至达到一个完满的结果。（Linnaeus，2003：143—144）

按照林奈的逻辑，在所有植物的物种被揭示之前，并不存在一个完满的分类方法，这也是当时博物学普遍存在的问题，但这个逻辑缺口只能尽可能依靠实践中的努力去弥补。对植物的考察和分类是一个宏大的工程，而尽可能考察更多的物种、尽可能细致地考察单个物种的性征是通向自然分类法必不可少的程序。林奈散布世界的使徒和通信者为林奈构建了一个庞大的博物学搜罗体系，也为林奈博物学在实践考察上确立了不可动摇的权威性。显然，完全自然的分类只是植物学家的一个理念，起码在当时的技术、背景之下并无可行之处，基本性征定义属的做法一方面保持了与"自然分类"目标的一致，同时也满足了林奈对分类体系效率、实用性上的要求，这不能不说是林奈实用主义哲学的产物。

3. 命名改革

对林奈而言，"命名"是植物学的两大基础之一，命名对植物学的意义仅次于分类对植物学的意义。而在植物学知识的历史传承中，名字的意义更加重大，物种的名字蕴含着与该物种相关的知识。但是，在林奈之前，并不存在统一的命名标准，对于同一植物，年代、地域、人等因素都可能会导致物种名字的不同或变化。加之新物种的不断涌现，植物学命名的情况更加混乱。尤其到了17、18世纪，命名上的混乱给植物学的发展带来的阻碍日益加大，有些植物学家开始做出努力，试图改变这种局面，比如图内福尔曾制定过一些命名标准，但只是停留在小范围之内。瓦扬是第一个敢于从命名准则方面进行改革的人，但他本人在这项工程刚刚开始就撒手西去。在此之后，林奈成功接过了命名改革的任务。（Linnaeus，1938：vi）

1737年林奈出版的《植物命名规则》（*Critica Botanica*）的最初目的就在于探索一个命名准则，以图改变过去的不规范现象。在给哈勒尔的信中，林奈给出了明确的解释："在我看来，植物学家似乎并未触及命名科学的真谛，也没有着手处理植物学领域的这个问题。如果将从图内福尔至今出现过的属名（命名方法）整理一下，至少有一千种以上。名字变化的原因是什么呢？没有一个共同遵守的命名规则，我想，除此之外，别无他因。"（Linnaeus，1938：viii）

从《植物命名规则》到《植物学哲学》再到《植物种志》，从命名原则到命名实践，林奈关于命名的改革逐渐成熟，并逐步被人接受。

（1）命名规则

无规矩不成方圆，要改变植物命名的混乱状态，命名规则的确立是首要任务。林奈制定了系列规则来规范属名和种名的构成，相比之下，对于纲、目名称的构成并无特别详细的说明，但适用于属名的规则一般也适用于纲和目的命名。

林奈认为，植物的名称必须由一个属名和一个种名构成，纲名和目名不能出现在植物的名称之中，但是可以作为附属以便于人们理解。因此，林奈命名规则的制定与论述主要是围绕属和种进行的。

（2）属名的改革

属名的改革是林奈的主要贡献之一，对后世影响很大。林奈主要从命名者资格、命名原则、属名选用等方面进行了讨论。

在命名者资格问题上，林奈认为只有真正的植物学家才有权利给植物命名，这里的植物学家指懂得对植物自然属性进行考察的人。鉴于植物分类的基础建立在植物的属和种之上，因此，植物命名的工作也要求由对植物的属和种有充分了解的植物学家来做，否则，对植物命名过于随意，很容易导致命名不规范等现象的发生。通过属名的命名规则，可以分析一下，"真正的植物学家"构成命名前提的缘由。比如《植物学哲学》213、214中：

213. 同一属的植物应该有相同的属名。

214. 同理，不同属的植物应该有不同的（属）名。（Linnaeus，2003：170）

显然，对植物属或者植物自然性征的了解是规则213、214成立的前提，而这个前提则要求命名者本人必须是真正的植物学家。

在命名原则上，则应该尽量避免属名的混乱。比如，同一个属有且只有一个属名；如果同一属名同时用在不同的属上，必须将其命名范围压缩至一个属；新属的发现者同时也应该是命名者；在种名给出之前，属名必须预先确立；等等。这些原则的确定对于约束学者在命名上的随意性、属名无限制的增多、属名指称不明等现象有着积极的作用，也尽量遵循自然分类的逻辑，有利于保持命名的权威性、避免属名混乱。

在属名的选用上，林奈更倾向于选择有希腊或拉丁词源的词作为属名——"非源于希腊或拉丁词源的属名应避免使用"，之所以如此，是因为林奈认为拉丁语作为欧洲长期以来的通用语言，有相当的普遍性，而希腊语则是植物学最初建立的基础，植物学中很多词汇也源于希腊语，且希腊语发音更为简明清晰，所以希腊语也应考虑在内。（Linnaeus，1938：37—38）借助对二者的改良，林奈试图统一植物学分类语言，建立植物学语言的巴别塔，消除语言隔阂造成的交流障碍。因此，在《植物学哲学》和《植物命名规则》中，林奈规定：属名必须使用拉丁语书写。在上述前提下，林奈也列出了命名中应该避免发生的情况。比如尽量避免混搭词的出现；比如由于语法和书写不同的原因，应尽量避免拉丁语和希腊语搭配组词；由于语法规则的不允许，属名一般不能由两个拉丁词构成，而希腊语则可以；不同属的属名尽量避免采用发音相近的词作为各自的属名，以免实际运用上的混淆；跟种性征冲突的属名也应避免使用；形容词一般不能作为属名；纲名、目名用过的词不能再做属名；属名可以用来表彰植物学家，但不宜用来纪念或者取悦于植物学领域之外的人；动物学、矿物学中用过的词可以用作属名，但其他领域如解剖学、病理学等，应予以抛弃……（Linnaeus, 1938；Linnaeus, 2003）

除此之外，林奈在属名的选用上更倾向实用性和易记忆性，尽可能使用短小、悦耳、与众不同且利于记忆的名字。这点在命名规则上也明显体现出来，比如倾向于采用最能反映植物本质性特征的属名；属名的结尾和发音应该简单；属名不宜过长。

同时，为避免属名更替过快，林奈也制定了一些看似不很合理的规则：

243. 属名如果合适，一旦选定，不能更换，即使有更合适的属名出现。

245. 除非不合适，否则属名之间不能更换。

246. 如果根据自然和人为规则，一个属被重新分为几个新属，那么这个属的原有属名应该留给新属中最常用、最常见的属使用。（Linnaeus, 2003：212—213）

尽管表面看来，这些规则不利于最优属名的确定，但从植物学实践和植物学的长远发展来看，这些规则的确立对于属名的长期性和稳定性是必要的，而属名的稳定性也是林奈命名改革的出发点，对于植物学知识的积累、延续和交流都是一个必要的条件。

（3）种的定义

属或者属名确定之后，接下来的一个任务就是种的界定。种名和属名命名的完成意味着命名的结束。

需要澄清的一点是，这里提到的种名，是当时林奈体系意义上的种名，不同于现在的命名法规及现代双名法中的种名，它主要是对植物属差的描述性定义。种名（nomen specificum）是一个种区别同一属的其他种的一个标志，如果一个属中只有一个种，就没有区别的必要，也就不存在鉴别性征（diagnostic character）了。所以，种名的意义在于将这个种从某一属的其他植物中区分出来，种名的构成则是"鉴定短语"（diagnostic phrase）。（Stearn，2001：250）

简单来说，林奈的种名命名原则有**三个特征**：稳定性、本质主义倾向和简洁实用性。

首先，特征的稳定性是林奈将其纳入种的定义的首要前提。我们知道，林奈对种的描述同时也是一种鉴定短语，让人们在知道种名的基础上，能够迅速认出种名所描述的物种。这就要求种名所描述的性征必须是稳定不变的，而非变化不定的。因此，经常变化的特征就不能拿来作为种名的参考要素。比如植物自身的大小会随着气候、土壤、产地等因素的改变而改变，植物开花的时间、生长周期等也受外界影响较大，诸如此类的特征在种名的命名过程中就必须排除在考虑之外。

其次，本质主义倾向。相比属名的命名原则，无论在命名人资格还是命名细节上，对种的描述已经相对宽松，但林奈依然限定了种的命名中需要考察、描述的对象，而这些也是林奈本质主义倾向的体现。

在种的定义上，林奈放宽了种定义来源的限制。"每个定义必须来自对植物各个部分数量、形态、相对大小和位置特征的考察上"，林奈将植物根、茎、叶等部分特征纳入考察范围，尤其特别重视叶在种定义来源中的作用，认为"叶是植物最贴切、自然的定义"，但同时林奈依然将植物结实器官各个部分的特征作为种名最可靠的命名来源，"结实器官的各个部分通常提供最可靠的定义"，而其他，比如根，"尽管植物的根也提供显著的定义特征，但不到万不得已不要采用"。至于地域、气候、植物功用、气味、味道、性别等，都排除在植物种名的考察范围之外。（Linnaeus，2003：221—242）

第三，对种的描述简洁、实用、精确。重视效率、实用性是林奈一贯的特点，在种的定义上也不例外。比如，出于节约纸张及便于田野实践的需要，林奈认为对种的描述越短越好，最好不要超过 12 个单词。对种的描述采用拉丁语书写而非希腊语，也是因为拉丁语书写起来更简单方便。

为了描述的简单、精确性，林奈甚至更改了种名"鉴定短语"的语法规则，鉴定短语只能含有实词和形容词，实词在前，形容词在后：

> 303. 对种的描述中不能有连接形容词和实词的小品词。
>
> 304. 对种的描述中用标点而非形容词来分割种不同的部分。
>
> 305. 对种的描述中不能含有插入语。（Linnaeus，2003：254—255）

比如，他对车前草（*Plantag media*）的命名，*Plantag foliis ovato-lanceolatis pubescen tibus*，*spica cylindrica*，*scapo tereti*（车前草：有毛的卵状披针形叶，圆筒状花序，圆筒状花茎），种名中显然只存在实词和形容词，这种描述性定义的规则沿用至今。

另外，为了保障种名鉴定短语的精确性，林奈明确反对使用修辞、夸张等手法。"种名不能采用修辞或隐喻，更不用说错误的语句，它必须忠实地表达大自然的原意；种名不能采用比较的或夸张的手法；种名应该使用肯定或否定的术语。"（Linnaeus，2003：249—250）尤其18世纪后期，浪漫主义兴起之后，这种写作风格深受欧洲很多学者的欢迎，甚至被赋予强烈的道德价值，卢梭就是其中一位。（Koerner，1996：155）

在上述命名原则基础之上，根据命名特点的不同，林奈将种名的类型分为"基本型的"（essential）种名和"概要型的"（synoptic）种名。当一个种在一个显著的性征上独一无二，或者明显不同于其他种，那么，就可以用一个本质性的名字来记录这个特征，"基本型的"种名由此而来，比如 *Plantago scapo unifloro*（独立花茎的车前草，*Plantag* 为属名，*scapo unifloro* 为种名）。但通常情况下，种名更多的是对该种区别于同属内其他种的特征的综合，林奈称之为"概要型的"种名。比如1738年他对车前草（*Plantag media*）的命名，*Plantag foliis ovato-lanceolatis pubescen tibus*，*spica cylindrica*，*scapo tereti*（车前草：有毛的卵状披针形叶，圆筒状花序，圆筒状花茎），以此来区分 *Plantag foliis ovatis glabris*（车前草：无毛卵状叶）和 *Plantag foliis lanceolatis*，*spica subovata nuda*，*scapo angulato*（车前草：披针形叶，卵状裸露花序，弯曲的花茎）。（Linnaeus，1938：169—170；Stearn，2001：250）

林奈在植物属名和种名上的变革直接影响到此后学者对科学命名的认知。随着林奈命名法的逐渐成熟，其中的许多规定逐渐成为其后科学命名法的准则。

1905 年,《国际植物命名法规》(*International Code of Botanical Nomenclature*) 将林奈 1753 年版的《植物种志》视为植物命名法的起点,《国际植物命名法规》的很多规定都是建立在林奈原有规定的基础之上,成为通用的准则。比如《植物学哲学》中有 "215. 同一属有且只有一个属名",相对应地,《国际植物命名法规》(1935 年版) 有这样的阐述:"每个特定界限、位置和等级下的群体只能有一个有效的名字"。又比如《植物学哲学》中有 "如果同一个属名被用来命名两个不同的属,那么必须从一个属中剔除出去",相对应地,《国际植物命名法规》中这样规定:"如果发现一个分类群的名字在以前同等级的群中出现过,且是有效实用,那么这个名字就是不合法的,必须被拒斥"。类似这样的阐述不胜枚举,林奈的命名法在很大程度上成为其后科学命名法的基础。

4. 双名法的应用

对 "种"(species) 的实在论、本质主义理解,在西方文化中有着悠久的历史。种是不变化的还是变化的? 长期以来没有定论,但多数人相信不变,直到达尔文时代,人们对此仍然很敏感,这与西方人的一般信仰有关。如何描述一个具体的种,对西方人来讲一直是个重要学术问题。林奈基本上认定种是不变的,偶尔会出现不很重要的变异。对于种,林奈最终给出一种简明的描述方案,即双名法(binomial nomenclature)。严格讲应当叫 "双词法",因为这里面根本不存在两个名字 (属名和种名) 的问题,而是指刻画一个种时先要确认它所在的属 (genus),然后再用一个形容词来限定,两者合起来才准确地、唯一地界定一个种。双词中的前者可以称作 "属名",但后者根本不能称为 "种名"。那么何谓种名呢? 种名即双词构成的整体。理论上,通过双词如此这般刻画的种才是唯一的,实际中也会出现不唯一的情况,于是要着手修改。

对于林奈而言,双名法最初只是其博物学实践的辅助工具,直到 1753 年,《植物种志》出版,双名法在林奈著作中的地位得以最终确立。但显然,相比林奈在性体系和植物属种方面的改革,双名法在欧洲范围内更快地获得了认可,双名法的使用也延续到了今天,双名法对于林奈的标志性意义显然更胜其他。

学者普遍将 1753 年《植物种志》的出版作为科学命名法里程碑式的标志,很大程度上是因为双名法的普及性。但客观而言,《植物种志》的目的并不在于引进双名法,而是借助于既有文献,提供一份已知植物的简洁可用的信息。从

1733 年林奈最初产生这种想法，到 1746 年林奈着力去做，再到 1753 年《植物种志》的出版，双名法更像是一种编码工具，起着类似信息检索的作用。

从双名法的历史来看，双名法的发明本质上还是出于实用的目的。在双名法推广之前，对植物的命名采用的一直是"鉴定短语"（即植物的种名，借此区分同一属的其他种）的方法。尽管林奈对于属的改革已卓有成效，影响力也逐渐扩大，但对种的描述过于烦冗的麻烦并未得到彻底的解决。随着新发现物种的不断增多，为区分同一属下不同种，对植物种的描述需要不断修正，长度也不断增加。

尤其在野外考察实践过程中，种名过长更是一个问题。在博物学考察中，出于节约纸张[1] 和便于记录的需要，林奈的学生通常并不采用冗长的"鉴定短语"，而是采取编码的方式。比如西洋蓍草并不采用它的鉴定性命名，即 *Achillea folliis duplicatopinnatis glabris, laciniis linearibus acute laciniais*，而是用 *Achillea* no.5 代替，其中 *Achillea* 代表该物种的属，而数字则代表它在林奈《瑞典植物志》（*Flora Suecica*）的 *Achillea* 中是第五个种。林奈自己也坦承之所以这么做的原因。"出于节约纸张的需要，我们可以将 1745 年斯德哥尔摩版的《瑞典植物志》作为参考，用该种的属名、它在《瑞典植物志》中的编号以及一些形容词来代替原本的鉴定短语。"（Stafleu，1971：108）类似于"*Achillea* no.5"的组合，即"属名＋编号"的做法，是林奈双名法的雏形，但显然数字并不利于人们的记忆。"属名＋编号＋形容词"的做法也曾出现在林奈的一些著作中，但编号最终被排除在林奈的命名法之外。

在 1753 年版的《植物种志》中，林奈将植物的通俗描述（*nomina trivialia*，即一个形容词）印在页边空白处。在前言中，林奈这样解释这些俗名的用处："我将这些通俗描述印在页边，这样我们就可以简单地用它来代表一个植物的名字；这些名字的选择比较随意，以待未来的某一天使用。但同时我郑重地警告所有聪明的植物学家，在没有充分地作出区分之前，请勿随便命名，以免这门科学倒退到它的原始混乱状态。"

以《植物种志》叶苔属植物的一个种为例：

---

[1] 斯特恩、穆勒维勒（Staffan Müller-Wille）等学者认为，双名法最关键的一个作用是起到节约纸张的作用，笔者怀疑这个结论的得出是否跟当时纸张的欠缺有关？当然，林奈自己也指出了这个作用。而事实上，在野外博物学实践中，双名法一方面便于记录整理，节约时间，另一方面，能有效地节约空间，腾出更多的记录空间。双名法的这一点有时对于博物学家还是很有诱惑力的。

"2. JUNGERMANNIA frondibus fimpliciter pinnatis foliolis fubulatis.

viticulefa（页边空白处）……

Lichenaftrum trichomanis facie c bafi & medio florens.

Dill. Mufc. 484. *t.*69. *f.* 7.

Habitat in Europae udis umbrofis fylvis."（ Linne，1753：1311 ）

显然 JUNGERMANNIA 是其属名，页边空白处 "*viticulefa*" 是其种的通俗描述，"*Jungermannia viticulefa*" 构成该种的双名，"frondibus fimpliciter pinnatis foliolis fubulatis" 是其种名（鉴定短语）。接下来两组命名是前人文献里出现过的命名，并且给出了命名人、出处、页码，"*Dill. Mufc.* 484. *t.*69. *f.* 7." 代表蒂伦尼乌斯 *Mufc.* 484 中曾经描述过该种，包括插图（ *t.*69. *f.* 7.），然后是产地和习性，"*Habitat in Eruopae udis umbrofis fylvis*"。这里，"对种的描述＋属名" 取代了原有编号的参照作用，数字编号依然保留，但失去了最初的价值。同时，俗名并没有取代原有鉴定短语，俗名和鉴定短语发挥着不同的功能，前者类似于物种的鉴定代码，而后者则提供逻辑意义上的鉴定陈述。

　　尽管双名法的设计最初只是为了博物学实践方便的权宜之计，双名法的功用却很快得到了包括林奈在内的博物学界的重视。林奈曾这样说道："在植物的俗名被发明并用于所有物种之前，人们从来不可能记住植物种之间的差异（ *differentias specificas* ），如果没有属差（ *diffuso genere dicendi* ），就不能确定植物的归属，但是现在这项工作变得如同人取名字一样容易。"这个类比也恰当地说出了属名和俗名之间的关系，属名就相当于植物的"姓"，俗名则相当于植物的"名"。（ Stafleu，1971：109 ）

　　之后，随着更多物种的发现，《植物种志》所涵盖的物种不断更新。1758 年《自然体系》的第 10 版也正式将双名法引入进来，在《自然体系》第一卷中，双名法开始应用到动物命名中。发展到今天，双名法在植物命名中早已确立了不可动摇的地位，成为国际通用的命名规则。根据约定，种名由拉丁化的两部分语词组成的一个整体描述出来。这两个部分是属名和种加词，均用斜体拉丁字母表示。属名在前，名词，大写；种加词在后，形容词，小写。种加词之后，可加上命名者的姓名或缩写，正体书写。如寒兰的学名为：*Cymbidium kanran* Makino。前两者作为一个整体叫作寒兰这个物种的种名。其中 *Cymbidium* 为属名，*kanran*

为种加词，Makino 为命名人。

5. 植物学拉丁语——标准分类语言的引入

作为目前世界上植物学家通用的国际语言，拉丁语由于其精确性和简洁性，被用来描述和命名植物。拉丁语对于植物学的重要性，可以用约翰·伯肯豪特（John Berkenhout）1789 年的一句话来形容："那些甘愿对拉丁语一窍不通的人，和植物学的研究无关。"正是拉丁语消灭了人们语言和文字上的巴别塔之乱，使人们得以形成共识。（Stearn，2004：6）正是借助于拉丁语，林奈才得以同博物学界的其他学者保持交流，并将他的博物学思想传播到世界各地。实际上，除拉丁语和瑞典语之外，林奈并不精通欧洲其他任何国家的语言，其著作除少部分采用瑞典语写作之外，大部分均采用拉丁文写作。如果说林奈自然秩序的确立建立在他分类基础的确立和种属的改革之上，那么植物学拉丁语则是林奈秩序得以传播的一个重要工具。

与古典拉丁语有很大不同，植物学拉丁语是一种相对独立的植物学专用语言，而在植物学拉丁语的演变和最终确立为植物分类学语言的过程中，林奈的作用不容忽视。

一方面，林奈参与到了植物学拉丁语的改造中。历史上，植物学拉丁语曾是古典拉丁语的附庸，它最初源于罗马的老普林尼关于植物的作品。随着拉丁语的使用延续至文艺复兴以至 16 世纪，在欧洲各国外交、法律和宗教事务中拥有至高无上的地位，植物学拉丁语也得以延续使用。到 17 世纪至 18 世纪初期，约翰·雷、图内福尔、瓦扬在各自的著作中用拉丁语描述植物，确立了一些植物学的标准用法，并部分地借用希腊文作为帮助，但古典希腊语和拉丁语在植物的命名中却显得有些贫乏。林奈对约翰·雷等人的工作加以继承和改造，为植物学拉丁语的发展做了很好的继承和拓展工作。

林奈对拉丁语的改造主要包括植物拉丁术语的改革和植物描述的改革。

在具体的植物术语定义上，林奈运用约定定义的办法精确化了植物学拉丁语定义。比如 "corolla" 一词，拉丁语本意为 "小的王冠或花环"，在植物学拉丁语中则被约定定义为花冠，严格表示花中包围着性器官的内层包被。（Stearn，2004：14—38）

在对植物的具体描述规则上，林奈则取消了动词、小品词等的使用，确立了主格用法，确定在鉴定短语中，只使用实词和形容词，实词在前，形容词在后。林奈精简了植物种的描述，同时也确立了统一的描述方式，这种描述方式成为今天植物学拉丁语的准则。

另一方面，林奈确立了拉丁语作为植物命名通用语言的地位。我们提取《植物学哲学》中与植物术语拉丁化相关的几条规则：

> 229. 没有拉丁或希腊词根的属名应拒绝使用。
>
> 247. 属名必须用拉丁语书写。
>
> 295. 种加词不能是合成词；出于简单需求，种加词采用拉丁语，而非希腊语。（Linnaeus，2003）

单一语言的使用显然有利于植物学的发展。对林奈而言，在植物命名语言的选用上，希腊语和拉丁语是林奈最重视的两个选项，两者都是植物学历史上使用最频繁、对植物学贡献最大也最为植物学家熟悉的语言，但综合考虑之下，"对一个种的命名必须能够解释自身，因此越清楚越好"，而拉丁语的语法规则显然更符合这个要求，因此，用拉丁语作为植物命名的唯一语言就不足为奇了。同时，在整理植物学文献中，将相应的希腊语转化为拉丁语也势在必行。（Linnaeus，1938：37—38、99—100、175—176）显然，拉丁语作为标准语言的引入，不仅有利于林奈博物学体系自身的传播，也有利于整个博物学体系的传承。相比之下，林奈同时期的许多植物学家，尤其是法国的一些植物学家，依然采用本国语言进行植物学的分类和命名，这显然无益于博物学知识世界范围内的交流和沟通。

本着简练、精确、易于表达和理解的原则，林奈逐步确立了自己的拉丁语准则，并影响深远。18世纪和19世纪，植物学拉丁语与古典拉丁语越走越远。植物学拉丁语能够形成一套独立的体系，林奈功不可没。

三、小结：林奈博物学体系地位确立的要素

对自然的描述和分类是博物学体系的核心，但一个博物学体系要获得最大程度上的传播，还必须考虑体系的实用性、文化背景、可流通性、传播途径等要素。

首先，是体系的实用性。如果仅从体系的严密性考虑，与雷、图内福尔等人的体系相比，林奈体系并不存在明显的优势，甚至有时显得过于简单，林奈的单一性状划分也被很多分类学家指责为过度"人工化"。林奈自己也承认，考察的不全面会导致自身体系在反映事物本质属性上存在一定缺陷，但这个"缺点"最终却为林奈体系带来了简单易记忆的优势，而且降低了博物学的门槛。林奈体系的简洁、有效的特点是其他体系所不能媲美的，在博物学实践中也更易理解和操作，更有效率。

其次，是文化背景。林奈博物学体系中的文化因素，其一是神学因素，其二是分类文化的共同认知。17、18世纪，尽管科学已有摆脱神学的趋势，但博物学很大程度上依然跟神学交错掺杂，自然神学渗透于博物学之中，有时甚至成为一个共有的认知基础，雷如此，林奈也如此。"上帝创造，林奈整理"作为林奈的口头禅，并非单纯停留在语词之中，在探究事物"本质"的时候，林奈也给上帝留下了很大空间，有时也要借助于上帝赋予的灵感去感知。分类文化的共同认知则体现在林奈对前人工作的了解和继承上，比如植物分类中沿用主流分类学者的传统，以植物的结实部分作为分类的依据，尽量遵从"自然的分类方法"，而减少分类中人为的成分。

当然，同前林奈时期的博物学家相比，林奈的博物学体系少了"艰涩"之气，更具"大众化"特点。

再次，流通性的问题。有效的命名规则和通用的语言有助于林奈体系更好地传播。在命名规则上，林奈的双名法影响巨大，它解决了前林奈时期命名法的一个共有缺点——命名过于烦冗。与此同时，林奈对属名和种名命名规则的改革也影响至今，许多条例成为当今命名法的通用规则。而在语言上，林奈对约翰·雷等人的工作加以继承和改造，为植物学拉丁语的发展做了很好的继承和拓展。命名规则和分类语言的统一，进一步为林奈博物学体系的传播扫清了道路。

最后，林奈体系的传播途径。体系的传播归根结底还是人的作用。在林奈体系最终确立的过程中，林奈的学生和通信者以林奈为核心形成一个整体，前期作为林奈体系构建的辅助者和执行者，后期则成为林奈体系的实践者和传播者。（徐保军，2015a：92—95）

总之，对自然秩序的狂热追求是林奈博物学的终身动力。在林奈眼中，上帝为自然立法，他则致力于寻找这个自然法则。分类和命名构成林奈体系的基础。在林奈博物学体系构建的过程中，有一个思想贯穿始终，即体系的简洁性、实用性和普及性。林奈的梦想在于：一种植物无论在科学史上出现过没有，任何人运用他的方法，即使不能将其归到正确的属中，也有可能将其归到正确的纲和目中。（Pratt，2008：26）分析18世纪中后期林奈博物学体系在世界范围内统治地位确立的原因，除却林奈分类和命名改革带来强大的实用性、简洁性和标准化外，如库恩所言，新的范式或秩序的确立不单是体系完备性的问题，也许还要考察人、文化、实践、利益等因素。这些因素综合在一起，最终保证了林奈体系地位的确立和广泛传播。

第5章 布丰的《博物志》

在西方近代博物学史上，布丰是最为关键的人物之一。但是，布丰起初并不是博物学家，而是一名出色的数学家，并因此被接纳为皇家科学院院士。布丰为什么要放弃借以成名的数学而转投博物学，并创作出了启蒙时代的代表性巨著《博物志》？可从布丰所处社会背景和布丰本人哲学风格的变向两个角度出发进行一番考察：布丰将真理区分为数学真理和物理真理，数学真理只是心灵的建构，自然界中只有物理真理，后者用概率来表达；博物学的目的就是为自然建立一座物理真理的大厦。

博 物类科学的历史不像数理类科学那样简明、那样具有逻辑性。姑且不论成果的深度与广度，在博物学的历史上做出贡献的人物数量比数理科学要多得多。其中有两个同年出生的人物极为特殊，一位是瑞典的林奈，另一位是法国的布丰。

布丰（Georges-Louis Leclerc, Comte de Buffon, 1707—1788, 或译"布封"），法国18世纪著名的博物学家、科学家及文学家，启蒙时代的重要代表人物之一。布丰先后入巴黎皇家科学院、法兰西学术院任院士，并担任巴黎皇家植物园主任长达五十余年，在许多学术领域都有重要贡献。

布丰的代表作品是其倾一生心血撰写的36卷本《博物志》（Natural History）。布丰去世后，他的学生拉塞佩德（Lacépède）又续写了8卷，总计44卷。《博物志》包罗万象，不仅涉及物种进化、动物、植物、人类等生物界内容，也涉及宇宙起源、天体运行、地质矿藏等非生物界内容，集哲学、科学、文学与艺术于一体，产生了巨大的影响，成为启蒙时代的重要著作。他的生物进化思想，直接影响了拉马克、居维叶等生物学家，并被认为是达尔文的先驱。迈尔评价道："在18世纪后半期，布丰是博物学思想之集大成者。"（Mayr，1981：330）布丰研究专家罗杰（Jacques Roger）指出："（在博物学方面，）布丰是从亚里士多德到达尔文之间最重要的人。"（Roger，1989：14）

一、以数学家身份进入学术界

1707年9月7日，布丰出生在法国勃艮第省西北地区蒙巴尔（Montbard）的富裕家庭。勃艮第风景优美，有法国最茂密的森林，盛产着与波尔多齐名的葡萄酒。布丰的父亲是公务员，母亲也出身公务员家庭。1717年，布丰的母亲继承了一笔财产——"布丰庄园"。布丰名字中的"布丰"，便是来自这个庄园。布丰的父亲仗着家族财大气粗，在勃艮第首府第戎买了一个议员的席位，于是全家搬到第戎居住。

到第戎后，布丰进入一个耶稣会学校学习。在学校里，他表现一般，比较安静，有点慢性子，只是运动能力稍好。他非常喜欢数学，业余时间全都沉浸其中了。期间他阅读了欧几里得（Euclid）的《几何原本》和洛必达（Marquis de l'Hôpital）的《无穷小分析》。《无穷小分析》写于1696年，是最早的微积分教科书。在当时，牛顿—莱布尼茨的微积分方法才刚刚发明不久，还没有进入学校正式课程。（Roger，1989：23）但布丰对此却非常着迷，乐在其中。由对微积分的学习，布丰进一步接触到了英国哲学。

1723年，16岁的布丰从这所学校毕业。在父亲的要求下，布丰进入了第戎法学院学习法律。虽然布丰对法律不感兴趣，但他的父亲认为只有这样他才能做一个合格的家族继承者。不过还好，法学院的生活相对比较自由，布丰可以将大量的时间花在数学研究上。就在这一年，他有了一个重要的收获：认识布耶（Jean Bouhier）。布耶是当时的名人，第戎议会的主席，法学家，后来还当选为法兰西学术院院士（1727）。他经常举办学术沙龙，邀请一些知名知识分子来聚会。布丰就经常参加布耶的沙龙。尽管布耶比布丰大几十岁，但这并不妨碍两人的交往。布耶酷爱读书，家中建了一个藏书馆，到去世前共收集了3.5万册图书以及2000卷手稿。（Roger，1989：24）

当时培根、洛克、霍布斯（Thomas Hobbes）以及牛顿等人的经验主义学说在英国国内非常流行。得益于地缘优势，这些学说迅速进入法国，并俘虏了伏尔泰（Voltaire）等一批启蒙思想家，布耶也是其中之一。布耶对哲学、数学和科学都很感兴趣。他崇拜洛克，熟知英国人的思维方式与哲学风格，也是经验论哲学的信奉者。布耶向布丰介绍的培根、洛克、牛顿等人的学说，激起了布丰的兴趣。正是在布耶这里，布丰接受了英国的经验论哲学，并洞察到了洛克、莱布尼茨等将成为 18 世纪法国哲学的主流；也正是布耶，鼓励布丰进入科学和哲学的王国。（Roger，1989：25）

1726 年，布丰从第戎法学院毕业。经过再三考虑，布丰放弃了做律师或者公务员，而打算进入科学界，成为一名科学工作者。布丰为此受到了家族的批评。在 18 世纪前期的法国，科学事业还没得到中产阶级和贵族的认可。直到 19 世纪的法国，科学家的社会地位才可与律师、公务员等相匹敌。原因很简单，除了医生和教师之外，几乎没有什么工作岗位需要科学家。作为一个浑身流淌着贵族血液的青年知识分子，去当一名教师或者医生，那分明是自掉身价——那是小资产阶级才乐意做的事。更何况，科学界在当时只是一个封闭的圈子。即便是皇家学院（Collège Royal）或者皇家植物园（Jardin du Roi）里的老师，在一般人眼里，跟普通学校的老师也没什么区别：论收入比不上资本家，论地位比不上公务员和律师。唯一有点影响力的是皇家科学院（Académie des Sciences），但尽管其名气不小，却几乎没人知道它是干什么的。而且对于一个 20 岁的"外省人"来说，想进去几乎是天方夜谭。因此，布丰要进入科学界，遭到了父亲、亲属甚至是第戎议员的反对，父子关系也开始恶化。

但布丰已经下定决心要做科学家。通过自己的努力与天分，布丰独自发现了牛顿的二项式定理——此时的布丰只有 20 岁。但不幸的是，第戎已经没有人能做布丰的老师了，他转而向职业数学家们沟通、请教。其中一个就是瑞士著名数学家克拉默（Gabriel Cramer）。此人对布丰很看好，而且正是由于克拉默的引荐，布丰日后才得以在数学界获得一席之地。但毕竟第戎已经不能再给布丰提供任何学术资源了，再加上他对第戎的官僚风气已经感到厌恶，"只要能永远地离开第戎，我做什么都愿意"（Buffon，1971：3—4）。布丰于 1728 年离开第戎，转到昂热大学。

在昂热大学，布丰选修了大量的数学课程，第一次阅读了牛顿的原著，深为牛顿的伟大所折服，并对牛顿重视实验、将数学视作计算工具的态度尤为认同。（伯特，2012；Roger，1989：25—27）此外，他还独自发现了数学家、皇家科学院终身秘书丰特内勒（Bernard Fontenelle）的"无穷的几何要素"。在数学之外，布丰还选修了一些植物学和医学课程。另外，布丰还在这里遇到了之前在第戎认识的英国贵族金士顿公爵（Duke of Kingston）及其家庭教师。这个公爵在家族中不大受待见，被派到大陆"长长见识"。念书之余，布丰参与了一场决斗。结果，布丰不得不离开昂热避难。[1]

布丰和金士顿两人一拍即合，一起离开这里。他们先回到了第戎。第戎当然不是他们的庇护所，他们只好又离开。1730年11月3日，布丰和金士顿公爵一路向南，先到达南特（Nantes），之后在波尔多（Bordeaux）享受了一下葡萄酒和赌博，再途径图卢兹（Toulouse）、蒙彼利埃（Montpellier），最后于1731年5月到达里昂。10月，布丰和金士顿来到瑞士日内瓦，同克拉默会面。然后奔赴意大利，途经都灵、米兰、比萨、佛罗伦萨，最后抵达罗马。

在旅行的过程中，布丰认真观察了民风民俗、生活方式，并将其同数学和哲学联系起来。在波尔多，人们粗犷、豪爽、纯真，为布丰所赞赏。布丰尤其研究了波尔多人最大的爱好——赌博，为日后几何概率理论的提出提供了灵感。在南特，有大量的小资产阶级，他们的实用主义与进取精神也吸引着布丰。布丰欣赏南特人的金钱观：大方出手，量力而行，把财富当作一种实现目标的手段。不像第戎人那样宁愿做吝啬、小气的守财人。从南特人身上，布丰还总结出了"多余就应当消失"的想法，成为后来的"有机分子"理论（Théorie des Molécules Organiques）[2]以及精神病学理论的思想源泉。（Roger，1989：29）

相比之下，意大利精致的歌剧、圆形广场未入布丰之眼，那里的山川美景也同样没能吸引布丰的兴趣。布丰倒不是不喜欢意大利（尽管他一生就到访过意大利这一次），只是他当时对数学以外的东西都不感兴趣。在意大利，他除了买数学书，就是拜访数学家，请教数学问题。他休息的时候，脑子里想的是曲线和方

---

1 这次决斗是否涉及感情纠纷？布丰在决斗中是杀死了对方，还是仅仅伤害？罗杰考证后认为，没有证据能证明这些观点。（Roger，1989：27）

2 在《博物志》中，布丰用"有机分子"理论来解释生物繁殖问题。有机分子是控制物种繁衍出稳定后代的最小单位。不同的物种间正是因为有机分子不同，而不能繁殖出可育的后代。这有点类似于现代的"基因"理论。

程。在途中，布丰与数学家克莱罗（Alexis-Claude Clairaut）[1]建立了联系，后者也对布丰的能力大为赞赏。（Roger，1989：30）

1732 年 3 月，布丰与金士顿告别。金士顿在意大利帕多瓦大学（Padua University）办理了入学手续，而布丰则由于家中变故回到了第戎。布丰的母亲病故，父亲打算再婚，以 50 岁的年龄娶一个 22 岁的女人。但这个女人除了年轻貌美，一无所有。布丰感受到了自己的财产会有危险——母亲遗赠给布丰的"布丰庄园"，原本由他的父亲代为管理，但他的父亲遇到了财务困难，又要迎娶新人，打算卖掉这个庄园。布丰委托律师，要回了这个庄园。但因此，布丰与父亲的关系在相当长的时间里都很紧张，父亲的婚礼他更是拒不参加。

自 1732 年 7 月起，布丰定居巴黎，开启了科学生涯。继承自母亲的庄园每年能带来 8000 里弗[2]的利息，为布丰的科学活动奠定了物质基础。在巴黎，布丰又认识了一些重量级的学者朋友。他先是住在布尔杜克（Gilles-François Boulduc）[3]家中，然后结识了伏尔泰等启蒙思想家。此外，他还结交了克莱罗的朋友、另一个知名数学家莫佩尔蒂（Pierre-Louis Maupertuis）。布丰与莫佩尔蒂都是牛顿学说的爱好者，因此两人很快交往甚密。更重要的是，布丰现在终于有了科学界的一个大靠山。莫佩尔蒂是数学家、物理学家，在科学界地位很高。此人 1723 年成为巴黎皇家科学院院士，1728 年入英国皇家学会，而后又成为法兰西学术院院士（1743），还担任过巴黎皇家科学院院长、柏林科学院院长等职。借此机会，布丰希望能正式进入巴黎科学界，做一名职业科学家——布丰想到了皇家科学院。尽管科学院在当时的地位比不上现在（Hahn，1971），但也是最好的平台了。而且对于一个 26 岁的青年来说，获得科学院的最低级别"助理"（adjoint）身份，虽然不容易，但也并不是不可能。在科学院的历史上，20 岁成为助理，25 岁成为"副研究员"（associés）甚至是正式的"院士"（pensionnaires），并非不可能。[4]

当时皇家科学院分为六个学部：几何、天文、力学、解剖、化学和植物。每当一个学部出现职位空缺，就从相关专业的"助理"中选拔候选人来继位。院士

---

1 法国当时著名的数学家，16 岁破格入皇家科学院，18 岁成为正式院士，也是该院历史上最年轻的院士。
2 法国古货币单位。大革命后，按一比一的比例被法郎取代。
3 路易十五的药剂师，1716 年入皇家科学院，1729 年继承了父亲的职位，成为皇家植物园的化学教授。
4 譬如克莱罗、莫佩尔蒂等人。

到了一定年龄、完成一定贡献后，会被授予"资深院士"（veteran）的荣誉头衔。在科学院里，只有院士才能领取薪俸（资深院士可以领取退休金）。助理或者副研究员虽然没有工资，但声望很被认可，能利用科学院的资源，而且学术上相当自由。科学院当时基本上都是年轻人，有着一个良性竞争环境——基本上只要有能力，就能获得助理身份。但想从助理高升到院士，就要面临非常复杂的竞争了。

要敲开皇家科学院的大门，需要有重量级的学术成果作敲门砖。之前布丰在几何与微积分方面已经深耕多时，后来在和金士顿公爵游历的时候，由对赌博游戏的观察而深入研究了概率问题，因此对这两个领域都比较熟悉。参考皇家科学院的咨询意见[1]，又结合自身的条件，布丰打算做一项原创性的研究：在概率和几何之间建立一座桥梁。1733 年，布丰向科学院递交了一篇数学论文《论方砖赌博游戏》（Mémoire sur le Jeu de Franc-carreau）[2]。这篇论文凝结了布丰多年的数学积累。（Buffon，1954：471）在这篇论文中，布丰用几何来表示概率，这样便将几何与概率计算结合了起来。较之于前人认为的"概率只与离散的数字有关"，这是一个全新的数学思想。后来在 1777 年，布丰又进一步研究了这个问题，进行了著名的"布丰投针"实验[3]。布丰因此被认为是几何概率（geometric probability）的创始人。（Roger，1989：39）

从纯数学上看，布丰的这篇论文说不上完美。文中有些计算错误，对有些困难也视而不见。即便考虑到 18 世纪的数学整体发展水平，布丰的工作也难以称得上严密和精确。布丰的创新主要体现在方法层面——为微积分的应用开辟了一条几何学的道路。在布丰之前，没有人认真研究过这个问题。在布丰之后，也鲜有人提及这个问题。直到 19 世纪中期，这个问题才得到学术界的重视。体视学（stereology）就是由此诞生，布丰也被尊为这门新学科的老祖先。（Miles and Serra，1978：3—28）此后，几何概率被广泛用进了地质、冶金、细胞等科学

1 在当时，任何人都能够向科学院咨询哪些是前沿问题、哪些领域更容易做出成果。
2 这篇论文的大概内容为：向一个由相同砖块铺成的地板上投掷一枚钱币，计算钱币落到砖块内部或砖块之间缝隙上的概率分别是多少。布丰首先考虑了地面的几何形状，有矩形、等边三角形、六边形等，分别计算了在这些条件下的概率。之后，布丰考虑了更复杂的情况，譬如钱币的不规则性等。值得注意的是，布丰区分了理论与实际的差别。在几何学中，两个方块之间的直线没有宽度。但在现实中，两块砖之间的缝隙是有宽度的，会影响到计算的结果。
3 在一个房间里，地板由平行且等距木纹铺成。向空中抛一枚针，针的长度小于木纹间距，求针和某条木纹相交的概率。关于这个实验，有很多数学史和科学史方面的论文。

中。（ Roger，1989：40 ）

　　这里再多提一点。我们从这个案例可以看出，布丰是一个很有想法的数学家。虽然他在计算的细节方面不够精确，但他能提供对新领域的洞见。比起大多数精于计算的数学工作者，布丰更应算作数学思想家，一个有重要创新成就的数学思想家。他为何能做出这样跨领域的贡献？可能跟他的思维方式有关——他重视横向联系、打通不同领域，将几何、概率联结起来。而这恰恰是博物学的思维方式。至少在布丰这里，博物学的思维方法不仅仅适用于博物学自身，也同样适用于数理科学。

　　皇家科学院将布丰的这篇论文交给了克莱罗和莫佩尔蒂审阅。这真是非常幸运！4 月 25 日，这两位专家公布了审稿意见，赞赏道"它是几何学之外的重要发现"。在接下来的科学院会议上，克莱罗单独向院士们宣读了布丰的这篇论文——这在当时是非常高的荣誉。随后，皇家科学院的终身秘书丰特内勒也评价道，"这篇精致的数学论文将给布丰先生带来一个很好的未来"。（ Fontenelle，1733 ）就这样，布丰的学术能力终于得到了官方的认可。

　　1733 年 11 月 25 日，布丰以"编外人员"的身份被邀请到皇家科学院，做了一场几何学的报告（实际上是关于力学问题的报告），获得了好评。12 月，皇家科学院的力学部出现了职位空缺。布丰把握住这个机会，战胜了其他的候选者。时任法国海军大臣莫尔帕（ comte de Maurepas ）在布丰竞选力学部助理的过程中起了关键的作用。1734 年 1 月 9 日，布丰正式加入了皇家科学院，成为力学部的助理研究员。布丰很谦虚地接受了这份胜利，向好朋友布耶写信道："他们对我的估价几乎是我真实价值的一千倍。"1736 年，布丰在科学院发表了关于方砖赌博的第二篇论文，以表明在科学院继续从事数学事业的愿望，甚至向克拉默写信："我希望彻底献身于数学。"（ Weil，1961 ）但是，布丰最终没有成为一名数学家，而是成为一名著名的博物学家。

二、涉足博物学

　　1731 年，路易十五的海军大臣莫尔帕伯爵来到科学院（为实际负责人），要求学者们开展对木材结构的研究，以改善战舰质地性能。（当时英法海军存在竞争。）科学院里的学者们都认为缺乏必要的研究条件，而不敢接受这个使命。布丰来巴黎后不久，获得了这个消息。从小就在遍布森林的蒙巴尔长大、对树木结构相当熟悉的布丰，敏锐地感觉到机会来了。他要去吸引莫尔帕的注意，以作为日后在科学院的事业的"关系"。1733 年 5 月，布丰不等科学院的竞聘结果出来，就回到了蒙巴尔，为相关研究工作做准备。

从 1735 年起，布丰开始在蒙巴尔和巴黎之间过两点一线的生活。每年 3 月份，他离开巴黎回到蒙巴尔，在森林中工作，直到 11 月才返回巴黎，处理行政事务。有人提出质疑，认为布丰在搞特权，布丰则以"要在森林里研究木材结构"为由回击。但这个理由只是一部分——他在效仿英国贵族的田园生活方式和思想气质。

在英国资产阶级革命后，教会权力大为削减，思想自由已经成为一种风尚，贵族和中产阶级的价值观开始成为社会主流。他们积极进取，崇尚科学，热爱自然。许多贵族都与知识分子密切联系，常常往返于自己的庄园和伦敦的机构之间，在科学、农学、园艺以及博物学等领域寻找着自己的兴趣。这些贵族们不仅热爱知识，还常常将新技术、新知识应用在工商贸易中。像"英国纯种马"以及某些家禽新品种，恰是这些人的发明培育，而非那些殿堂之中的科学家。（Roger，1989：70）经济发达、政治自由、法制完善，使得英国在法国知识分子心中成为了财富和自由的代名词。来到英国的外国访客，像伏尔泰、孟德斯鸠（Montesquieu）等，都为英国的社会、政治、经济文化所震撼。不过，罗杰也指出，伏尔泰等人只顾着赞叹英国的美好了，忽视了隐藏的政治危机以及同法国几乎一样严重的社会不公。（Roger，1989：71）英国贵族的田园生活，深深吸引着布丰。在其与英国学者之间的信件中，有许多都与农林、园艺、建筑有关。（Monod-Cassidy and Le Blanc，1941：522）

在蒙巴尔，布丰接待了许多英国学者。像英国皇家学会秘书长、数学家居林，以及英国皇家学会副主席马丁·福克斯（Martin Folkes）等，都跟布丰建立了交情。布丰与这些学者们保持着密切的联络，这些人为布丰带来了大量的英国书籍。这些英国的知识分子深度俘获了布丰，以后基本上只要一发生论战，布丰都会站在英国人这一边。譬如当尤林为捍卫牛顿的微积分的发明权而跟莱布尼茨的信徒发生冲突时，布丰坚定地站在尤林一方，攻击莱布尼茨。而同英国人打交道也使得布丰得到了回报——1739 年他成为英国皇家学会的外籍院士。总的来说，布丰的思想风格，是与英国人而不是法国人在同一条船上。

从 1737 到 1744 年，布丰在科学院提交了一系列的论文，涉及培育林木的方法、土壤选取、光照强度、抵御霜冻等。从这些论文中可以看出，布丰对自己的研究有着深刻的洞见。他放弃采用传统植物生理学理论，而是选择英国林业理论，以实验为基础，大量地将新理论和新技术应用在林木的培育及繁殖上。（Hanks，1966：156—168）在当时的欧洲，科学理论还处在"襁褓"期，尚不能直接运用于生产实践。布丰很善于在现有理论的基础上进行"二次开发"，将理论运用了实际。在研究中，实验是最主要的方法。无论实验成败，他都会将过程写进报告中。他从不佯称自己做出了"宏大的发现"，而是认为，一个不起眼的小角落也许隐藏着重要的价值。（Hanks，1966：183）他还特别关注实验的性价比——一个实验既要在研究成果上高收益，又要在经济上低成本。

我们不妨看一下布丰的研究方法。由于木材的强度受木质、天气、水土、矿物等条件影响很大，即便是同一个研究在不同的时间重复进行，也会有很大的差别。（Hanks，1966：193—213）当时解决这个问题主要有两个方法：物理实验或数学推理。木材强度所涉及的物体弹性问题，在 17 世纪被一些伟大学者们深耕过。伽利略、胡克（Robert Hooke）、莱布尼茨、马略特（Edme Mariotte），以及一些建筑家、工程师，都分别从数学和物理两个维度进行过研究。英国人通常会用牛顿的实验方法。而在法国乃至欧洲大陆，数学方法更占主流。1729 年，工程学家福雷斯特（Bernard Forest）写了一部书《工程师的科学》（*La Science des Ingénieurs*），攻击实验派学者，提倡纯粹的数学方法。因此，布丰首先面临着实验方法和数学方法的选择。

布丰深信牛顿"站在巨人的肩上"的治学理念，他需要一种现有的植物学理论，作为自己研究的基础。由于受英国经验论的强烈影响[1]，布丰很自然地将目光转向了英国方面。他看到了植物学家黑尔斯（Stephen Hales）的《植物静力学》（*Vegetable Staticks*）。这部书出版于 1727 年，有英国学者将其介绍给布丰。布丰读罢直接将其翻译为法文版，于 1735 年出版。黑尔斯是牛顿的狂热信徒，相信植物的生长机理完全符合牛顿力学，热量、引力、发酵等是生命现象的原动力。他的方法也是牛顿的实验方法：首先，通过实验切入研究主题；其次，检视这些

---

[1] 在布丰这里，知识归根结底来源于经验。布丰相信牛顿的科学方法，认为理论应建立于对事物的观察，通过实验研究而进行的理论归纳优于单纯的数学或逻辑推理。布丰在《博物志》第一卷的初论"博物志研究方法"中，详细表述了他的经验主义的研究方法。限于篇幅，经验论的细节不再详谈。

实验结果，从中寻找那些一致的或者是同时发生的要素。在黑尔斯的书中，充满了大量的实验报告。他将实验方法及过程悉数记录在案，而对于实验之外的那些形而上学的思辨，黑尔斯尽量不涉及。黑尔斯还不满足于仅仅做实验，而是力图在实验中提出新理论。黑尔斯的这些做法深得布丰的赞同。布丰在法文版的序言中称赞道：只有通过科学实验，我们才可以查看到自然的秘密，而其他的方法从未成功。布丰随后在《博物志》的研究中，基本上采纳了黑尔斯的观点。黑尔斯甚至成为布丰的"创新之源"。（Roger，1989：49—51）

基于黑尔斯的理论，布丰反对纯数学方法，提倡实验进路。布丰认为，木材的内部结构复杂多变，单靠纯数学分析难以奏效。譬如对于任意一棵树，选取不同的部位作为样本，实验的结果都会相差很大。况且，现有的数学理论中也没有哪一个能直接运用在一整根木头上。他做了一千多次实验，分别从树干中心、树皮以及二者中间部位选取小段样本，比较张力的差别。另外，他还检测了曲面强度，之后把这块木头打碎，通过称量这些碎块的总量，计算木头的密度。同时，他总是选用新鲜的木材，从而避免了木块因干燥脱水带来的问题。（Roger，1989：69）布丰将这些实验数据制成了一个类比表格。但在解释这些数据的时候，布丰遇到了一些困难。由于同一个实验每次重复就会得到不同的结果，而统计学方法在当时还没用在微积分的计算中，于是布丰的方法是选取一个数学平均数。另外，他在重量与张力之间、大木块与小木块的强度之间建立了一种比例关系，相信这将帮助他纠正伽利略等所犯的错误，并且能够对一个给定的木块精确预测其张力。

基于这次实验，布丰还提出了一些独特的设想。他认为，森林不仅仅是一堆树木的聚集，更是一个整体。在这个整体中，每一棵作为个体的树都与其他个体之间发生着联系。布丰还关注到由不同类型的物种构成的不同群落之间的关系，还注意到了鸟类传播种子、老鼠打洞所起到的作用。在布丰这里，森林完全成为一门学科。布丰的这种观念，正是当今森林生态学的重要内容。（Roger，1989：68）

总体看来，通过木材结构的实验，布丰形成了经验主义的态度——无论是一个多么成熟的理论，布丰总是尽可能地用实验来检验。布丰之前就认为数学很难应用到复杂的物理现象中，这次实验使得布丰更加坚定地站在了实验方法一边，并且间接导致了布丰与数学事业的挥手再见。到了1739年初，布丰的思想气质、生活方式、科学和实验的方法和风格都已经自成一体了。但此时的布丰还只是科学院的助理，缺少一个机会证明自己的实力。他努力地扩大自己的知识面，试图将各个知识点结合起来，建构出一幅自然图景。（Roger，1989：66—72）

三、告别数学事业

通常，一个人如果得到数学界的认可，并成为皇家科学院的一员，那么他一生基本上都会从事数学研究了。但布丰就恰恰是一个特例。

早在1731年，布丰在和金士顿公爵游历时，就已经表现出对数学的反思了。在受到南特人金钱观的感染后，布丰将数学与金钱相比较。他在一封写给克拉默的信中指出："毫无疑问，数学计算是毋庸置疑的精确与严密。然而，数学尽管逻辑严密，但不能代替实在。数学计算与数学的普遍意义是有差别的，就如同金钱的数量和金钱的价值之间的区别。数学家在进行财富计算的时候，眼中只有数字，也就是金钱的价值体现在金钱的数量中。但一个有理性的人就不会这样，不仅看有多少金钱，而且看这些金钱能带来多少实际好处或乐趣。一个人在拥有了10亿元后未必比他只有100元的时候快乐。"（Buffon，1954：465；Binet and Roger，1977：49）布丰的这种观点，已经暗含了把数学作为一种工具的态度，在考虑到数字量的同时，还会考虑到数字代表的实际意义。而这两点恰好是现代概率论的基础条件。（Weil，1961：116）

1736年，牛顿的《流数术与无穷级数》英文版出版。这本书的拉丁文原版完成于1671年，但由于种种原因（Westfall，1980：226），在牛顿生前未能出版，直到剑桥大学的科尔森（John Colson）教授将其翻译成英文才得以出版。布丰在得知此书已经翻译为英文版后，开始着手将其译为法文版，并最终于1740年出版。布丰认为，这本书是面向微积分初学者的入门性读物，内容并不深入，本身并没有太大的翻译价值。那么布丰为何要翻译此书？我们在这本书的前言中可找到答案：布丰由捍卫牛顿的微积分发明权而反思了微积分——更具体地说是无穷或者无限的本性问题。布丰也因此放弃了成为一名数学家。

牛顿与莱布尼茨的微积分发明权之争，更准确地说，是牛顿的信徒与莱布尼茨的信徒之间的争论。牛顿或莱布尼茨，是谁发明了微积分，这不仅是一个学术荣誉或者科学史问题，还是一个形而上学问题甚至政治问题。在伦敦，牛顿的学说占据着主流的地位，在政治界与神学界也几乎成了科学评判的标准。（Hall，1980）而莱布尼茨则在欧洲大陆影响力很大，而且其学说在很多方面与牛顿相悖。1711年，有牛顿的门徒公开指责莱布尼茨剽窃了牛顿的微积分成果。1712年，英国皇家学会出版了一套文集《通信集》（*Commercium Epistolicum*），公开支持牛顿应享有微积分的发明权。1714年，英国的安妮女王驾崩，来自德国汉诺威王室的乔治成为新的英国国王——乔治一世。乔治的母语为德语，不通英文，而且还拥有德国血统，这就引起了人们的担心：乔治会不会将德国的哲学，如莱布尼茨引入英国？毕竟，乔治来自汉诺威，而汉诺威也正是莱布尼茨扬名立万之地。[1]牛顿的崇拜者们很害怕这一点，觉得务必采取些行动。1715年，牛顿的信徒克拉克（Samuel Clarke）为捍卫牛顿，同莱布尼茨就自然哲学、宗教等问题展开了论战，揭示了牛顿与莱布尼茨之间的差别。1716年，莱布尼茨去世，但争论并没有结束，而是不断升温——此时欧洲大陆的学者几乎都站在莱布尼茨这一边。他们倒不是因为地缘关系而支持莱布尼茨这个大陆学者，而是因为同牛顿比起来，莱布尼茨的微积分方法确实要更加好用。

在序言中，布丰坚信牛顿才是微积分的发明人，以此立场重述了微积分的历史。微积分是建立在无穷小量的自由应用之上的，那么，这些无穷小量的本性是什么，又是否具有实在性？布丰接下来对这个问题进行了深入的思考。

无穷不仅在数学史上是一个古老的问题，还涉及哲学、政治与宗教。但是，无穷是否具有实在性？中世纪的哲学家们就此展开过讨论，讨论的话题主要是围绕"一个无穷的宇宙是否是证明造物主全能的必需证据"。意大利的布鲁诺（Giordano Bruno）给出了否定的答案，结果被宗教裁判所活活烧死。笛卡儿在这个问题上宣布投降，并称"不要试图论证无穷小（大）是什么，也不要试图去论证它不是什么"（Costabel，1985）。对于笛卡儿来说，既然无穷（无限）在人脑中占据着一个实实在在的位置，那么在人之外，一定存在着一个无限的物体——上帝。人们至少无法拒绝一个无穷的宇宙，因为这等于给上帝的能力判定了一个界限，而没有人能够充当这个权威。因此，这个问题不是人类能够解决的，已经超出了人类理性的范围。

---

1 莱布尼茨有40年时间是在汉诺威度过的。为纪念莱布尼茨，在莱布尼茨诞辰360周年（2006年7月1日）之时，汉诺威大学改名为汉诺威莱布尼茨大学。

　　自 17 世纪以来，笛卡儿的机械时空观已经占据了主流的地位。时间、空间，包括宇宙本身，都被认为是无穷的，代表着无限能力的上帝。（柯瓦雷，2008）但是，无穷的形而上学问题始终没有解决。微积分的诞生，给这个话题又添加了一把火。在 1727 年，丰特内勒等人捍卫无穷小的客观真实性。丰特内勒认为无限和有限具有同样的真实性，"那种认为几何学仅仅是人的猜想、仅仅是人们为了研究方便而发明出来的权宜工具的想法，是不正确的"（Fontenelle，1727）。

　　布丰起初也支持丰特内勒的观点，一个数列能扩展到无穷，或者一个数字能被无限分割，至少同意有这个可能性。但布丰很快就转而批评他。（Brunet，1931）布丰认为，数学或几何学的内容不具有客观实在性，而只是人脑的产物。无穷在现实当中并没有具体的体现，都是心灵建构出来的。甚至时间、空间、广延也不是真正的无限大。没有哪个数字能代表无穷小（大），也没有哪个数字能比无穷大更大，或比无穷小更小。数字只是反映了事物的量的特征，并不能独立于它所代表的事物而存在。数字本身在现实世界中并不存在，事物实际上也不能被无限扩展。布丰总结道："在形而上学中，我们犯的最大错误就是，赋予我们大脑中建构的观念一种真实性。无穷或者无限，只是反映了思想的一种缺陷，是对有限性的一种逃避。只不过在某些情况下，无穷可以帮助我们对思想进行简化，有利于在科学实践中概括出一些东西出来，简化科学研究。无穷的价值只体现在实际应用当中。"[1]（Buffon，1954：448）

　　接着，布丰表明了自己的知识论态度：首先，经验只将有限的世界展现给我们。通过理性，我们可以构造出无限。但是理性本身并不能告诉我们无限的本质是什么，也不能理解世界的本性，科学只是人的科学。进一步，布丰攻击被视作绝对真理的数学：若绝对真理真的存在，那么何以判定这条真理是绝对真理，谁又能当此权威？数学本身并不告诉我们关于实在的任何东西，它只是一种证明的工具，是人的心灵的建构产物，而不具有现实中的任何意义，不反映任何实在。它很有用，也不可或缺，但也仅此而已。布丰在 1749 年出版的《博物志》第一卷的"博物志研究方法"一文中，再次详细表达了他对数学的态度。他的这种哲学观同洛克一致，并在《博物志》中占据着重要的地位。（Roger，1989：64）

---

1 布丰在这里，实际上持有的是潜无穷的观念。他的观念事实上更接近于莱布尼茨。在《博物志》中，布丰认为物种之间是连续变化的，很难找到明确的界限，现有的分类体系并不科学。他尤其反对林奈在物种之上的纲、目和属的划分方法。很容易发现，他这里是受着莱布尼茨的"连续性"观念的影响。

在翻译完牛顿的这部著作后，布丰逐渐脱离了数学事业。如果数学只是一种工具的话，那么在一门工具上花费一生的时间，是布丰绝不愿意做的，他要做更有意义的事情。何况在 1748 至 1749 年间，布丰卷入进了一场关于天体力学计算的数学争论。争论的详情这里不再细谈[1]，数学史、科学史都有相关著作研究，其意义在于，布丰与克莱罗等数学家的关系严重恶化，并最终告别了数学界。1744年，布丰成为科学院的正式院士以及财务总管，领着 3000 里弗的年金。但布丰发现自己的个性与科学院的风气越来越不相称了，每次从蒙巴尔回到科学院，就感到很不舒服，而在蒙巴尔的大自然中，则浑身充满着活力。由于布丰长期不在巴黎，科学院给他配了一名行政助理，他便通过这位助理参与巴黎方面的行政事务。慢慢地，布丰的全部精力，都用在研究矿物、动物、植物、生殖等博物学内容上，科学院的事务参与得越来越少。他的目光，已经放到数学符号之外的自然界中了。1752 年以后，布丰基本上没有在皇家科学院发表过任何数学论文，直到 1777 年才撰写了《论道德算术》(*Essai d'Arithmétique Morale*)[2]一书，继承和发扬了他早年的数学思想。

布丰之前在蒙巴尔的木材实验深受海军大臣莫尔帕的赞赏。莫尔帕希望能进一步发挥布丰的才能，便于 1739 年春将布丰由力学部调到植物学部，这是布丰职业生涯的重要转折点。就在布丰刚刚入职的第八天，老部长突然去世，原来的副研究员贝尔纳·裕苏成为新任部长。布丰便接替贝尔纳之前的位置，成为一名副研究员。在贝尔纳和莫尔帕的引荐下，布丰引起了路易十五的注意。路易十五对农学特别是植物学非常感兴趣，他将布丰邀至枫丹白露宫，向其咨询如何改良城堡周围的树木。布丰的回答令路易非常满意，路易打算将皇家的林地都交由布丰照料。这是一个很大的权力，布丰考虑再三，谢绝了这个任务。(Hanks, 1966：134—135) 路易十五倒是不生气，还赠送了 2000 里弗奖励给布丰，同时考虑给布丰找一个能全身心投入博物学研究的岗位——路易想到了皇家植物园。(Monod-Cassidy and Le Blanc，1941：335)

---

1 大致是，克莱罗为解决天体的实际观测与数学推演不一致问题，在牛顿的万有引力公式后面加上一个参量，这遭到了布丰等人的强烈反对。

2 Springer 数据库上有此书的英文电子版。在这部书中，布丰讨论了确定性与或然性的概率水平、金钱的道德价值以及对得失的不同评估。此外，布丰还设计了重复性的实验，以检测赌博中道德的价值水平。布丰晚年写了一系列与人口、政治、道德有关的概率文章，如《论政治算术》《寿命长短的可能性》等。另外，布丰还出了一些数据研究集，涉及巴黎和勃艮第城市和乡村地区的出生、结婚和死亡数据及比较，以及英法两国乡村的死亡率比较。

四、在皇家植物园

皇家植物园，最早名为皇家药用植物园（Jardin Royal des Plantes Médicinales），和皇家科学院一样都是法国最古老的官办科学机构。但皇家植物园并不从属于皇家科学院，而是一个与其平行的机构，二者都是法国科学界的最高级别，而且都不颁发学位证书。此外，二者还都挺住了大革命炮火的摧残。大革命期间，除这二者之外的几乎所有的大学和科学机构都受到了战火的破坏。大革命后，皇家科学院改名为法兰西科学院，皇家植物园则改名为巴黎国立自然博物馆。（Francois，1952）

皇家科学院与皇家植物园还有一个特殊的相同点：两者都是为了弥补巴黎大学的弊端而建立。早在1523年，弗朗索瓦一世大帝建立皇家大讲堂并设置皇家讲师的席位，以讲授那些巴黎大学不愿意开设的课程，包括希腊文、阿拉伯文、希伯来文等。同时，科学内容也被包括在语言类课程中。到了路易十三的时候，皇家大讲堂直接升级为皇家学院（Royal College），同时皇家植物园建立。这就形成了法国的一种科学建制风格：每当巴黎大学拒绝包容新科学的时候，政府就会建立一所新科学机构。这样，自17世纪开始，先是平民大学和军事工程类学院如雨后春笋般出现。之后，理工学院在大革命时期出现，高等应用技术学院则出现在法兰西第二帝国时期，国家行政学院则出现在第二次世界大战后。几乎在每个时代，政府总是比巴黎大学更具有创新，更富竞争力。（Roger，1989：77）这也是法国学术界的一大特色。

在路易十三时期，医学研究是一大难题。当时的巴黎医学院是一个独立机构，只听命于校务委员会和院长。教授的行事风格非常保守，穿着服饰、生活起居都非常老套，而且对自己享有的特权捂着不放。在教学上，他们只讲授盖伦的学说和经典药典，基本上都是照本宣科，一板一眼。解剖学家小里奥兰（Jean Riolan le Jeune）是学院的高层领导，曾"成功"地抵制了哈维（William Harvey）的血液循环理论。直到1672年，哈维才被医学院接受。巴黎医学院的竞争对手蒙彼利埃医学院则相反。这个医学院从亨利四世起就得到了皇室的支持，教授都是由国王直接任命，而且还要接受考核。不通过考核者会有被解聘的风险，虽然实际当中几乎没有发生过。到了路易十三时，宫中几乎所有的御医都来自蒙彼利埃。御医们还可以私自开展医学实验，有些蒙彼利埃医师还是新教徒，将德国新教徒的药典引入法国。这些行为直接触怒了巴黎医学院那批老先生，双方相互攻击和敌视。

好在当时路易十三的宰相、红衣主教黎塞留（Cardinal Richelieu）站在蒙彼利埃这一边。1626年，御医布罗斯（Guy de la Brosse）按照路易十三的要求，以蒙彼利埃植物园为样本，筹建皇家植物园。1635年，黎塞留正式公布了兴建皇家植物园的法令，标志着植物园的正式建立。[1] 1640年，皇家植物园对外开放。当巴黎医学院试图干涉时，布罗斯则以"巴黎医学院不愿意开设手术学课程"为由回击。植物园建好后，主要任务是教学研究和药用植物栽培。植物园的老师会给学生们讲解植物和药物的内部结构，同时通过化学工具分析其成分特点。（Francois，1952）布罗斯还建立了一个化学实验室，专门用来研究新药。于是化学教学也就成了必备课程。当然，化学和植物学课程都是为医用服务的。在植物栽培方面，截止到1640年，已经有2300种植物栽培在皇家植物园中，从而成为欧洲大陆上可以与英国邱园匹敌的植物园。另外，皇家植物园还肩负着一个特殊使命：收集海内外的所有的药物样本，以及自然中所有的稀奇古怪的玩意。这样，用作储藏之用的药物标本柜（Cabinet des Drogues）就诞生了。（Howard，1983）

1641年，布罗斯去世，巴黎医学院趁机攻击皇家植物园。幸有御医集团和皇室的庇护，皇家植物园安然无恙。1648年，巴黎医学院试图取缔皇家植物园的化学课程，未遂。1673年，巴黎医学院试图阻止植物园的血液循环实验，路易十四亲自介入，才平息事件。1693年，法贡（Guy-Crescent Fagon）成为皇家植物园主任。法贡1638年出生在皇家植物园，母亲是布罗斯的侄女，而且从1665年起就已经在植物园教授化学课程了。这个人能力出众，技艺精湛，是路易十四的首席御医，对皇家植物园的发展做出了重要的贡献。（Fontenelle，1742：34）而且作为一个巴黎本土医师，法贡知道如何在巴黎和蒙彼利埃之间达成一个停战协定。他提升了植物园的教学质量，提拔了一批大科学家，如植物学家图内福尔、安托万·裕苏（贝尔纳·裕苏的哥哥），化学家克劳德·吉尔福利和

---

[1] 布罗斯在前期做的工作很有限，主要是买了一些地皮，实质性的工作还是要归功于黎塞留。植物园创立的时间是1635年。作为法国最高行政官，黎塞留在推动科学进步、政治改革方面起了巨大的作用。像法兰西学院、皇家植物园等机构，在创立的过程中，黎塞留都起到了重要的作用。当然，皇家植物园的兴建过程中，面对着巴黎医学院的各种阻碍。

西蒙·布尔杜克（Simon Boulduc），以及解剖学家及外科医生迪韦尔内（Joseph-Guichard Duverney）和佩罗尼（François Peyronie）。法贡还建立了一个能容纳600人的圆形剧场，以演示实验之用。总之，在法贡的带领下，植物园发展成为了一个现代化的科学机构。

在法贡之后，希拉克（Pierre Chirac）和费伊（Cisternay du Fay）先后担任植物园主任。这两位掌门将植物学从医学中独立出来，成为独立的学科。希拉克吞并了南特的药用植物园，得益于此，每年有大量的异域植物经此进入法国。同时他还与海外（主要是法属殖民地）的法国旅行者保持密切联系，取得了大量的植物标本。费伊则在参观了英国和荷兰的植物园后，仿效之，也在皇家植物园内修建了温室大棚，以培育热带植物。费伊去世时，丰特内勒在悼文中大赞费伊的业务能力、果敢性格以及人脉关系。（Fontenelle，1742：664—665）

1729年，药物标本柜改名为自然博物馆标本柜，越来越多的海外医师和学者们受命为植物园寻找奇珍异兽，大大丰富了馆藏。自此，皇家植物园形成了良好的学术氛围。在法国国内，皇家植物园也是植物学家、化学家、医师等能够向学生传授自己的研究成果、追踪学界最新进展的唯一科学机构。植物园还吸引了大批的海内外学生、学者，来此学习植物学、分类学、解剖学及化学。1738年，与布丰同年出生的瑞典植物学家林奈来访。林奈在此时已经小有名气了，但他乔装打扮，混进一群学生当中，跟在当时的植物学讲师安托万·裕苏后面。当安托万指着一种植物向大家询问区系名的时候，听到了一个拉丁语回答"Facies Americana"（美洲区系）。安托万便同样以拉丁语回答道："Tu es diabolus aut Linnaeus."（你要么是魔鬼，要么是林奈。）就这样，两位植物学家成为好朋友，还共同前往调查巴黎地区的植被。安托万甚至提名林奈为皇家科学院的通信院士。林奈后来自己建立了一个"植物大作战办公室"（Officiers de l'Armée de Flore），自封为总司令，而第二把交椅"大将军"（Major Général）就给了安托万·裕苏。（Goerke，1966：126）受林奈影响，1739年，安托万·裕苏放弃了图内福尔的分类体系，转向了林奈的双名法体系。（Larson，1971：59）林奈则根据巴黎皇家植物园的形象在瑞典的乌普萨拉大学建立了一个植物园（1745）。总之，大量外国游客来访，使得皇家植物园名声大噪。丰特内勒更是扬言道，皇家植物园是欧洲最美丽的植物园。

1739年7月16日，时任皇家植物园主任费伊死于天花，这个职位便空缺了下来。布丰听到这个消息时还在蒙巴尔，深感天赐良机，便急忙向巴黎的埃洛（Jean Hellot）等人写信求助，以表达对执掌皇家植物园的渴望。（Hahn，1971：41—42）甚至在巴黎的朋友们还没有收到布丰的信件的时候，布丰就已经迫不及待地要采取行动了。因为当时最有可能成为布丰的竞争对手的，是布丰的老对手迪阿梅尔（Henri-Louis Duhamel）。

迪阿梅尔当初和布丰一起接受了木材结构的研究任务。此人是一个植物学家，拥有一个城堡，但没有自己的林地，因而不得不在别人的森林中研究。相比之下布丰的优势就很大了。蒙巴尔有茂密林地，布丰名下有大片的优质林，他只需在自己的庄园中工作即可。不过，林地虽然是布丰的，但水资源和其他一些设施要受到上级林业部门的监管。布丰的木材实验也受到过其他人的反对，直到30年后布丰还被诉讼纠缠着。（Hahn，1971：177）莫尔帕要求布丰和迪阿梅尔合作研究。两人在科学院发表了最初的研究成果。不过好景不长，二人关系很快恶化。迪阿梅尔认为，布丰篡夺了大家共同的研究成果。在布丰的科学院讲演快要结束时，他向布丰说："看起来您的记忆力不错。"言下之意是布丰窃取了他的果实。布丰则毫不客气地说："我只是懂得如何研究。"（Hahn，1971：177—178）最终，迪阿梅尔与布丰分道扬镳，站到了布丰的对立面。现在，在皇家植物园主任这个宝座面前，迪阿梅尔又一次成为布丰最大的竞争对手。他本人早就觊觎主任的宝座，并且他在学术成果、社会声望以及人脉关系方面，都与布丰势均力敌。他比布丰大七岁，早五年进入科学院。此外，在已故老主任费伊的心目中，迪阿梅尔也是一个合适的候选人。

最终，布丰战胜迪阿梅尔等人，成为新一届皇家植物园主任。我们从丰特内勒的档案中可以发现，布丰的胜利，除了自身的能力出众之外，也受到了"贵人"的重要帮助。

费伊在病重的日子里，意识完全清醒，而且主动要求备办丧礼。埃洛是费伊关系非常铁的朋友，费伊的遗嘱执行人正是埃洛。在费伊生命最后的时间里，埃洛也是与费伊接触最多的人。根据丰特内勒所记，埃洛大力推荐布丰，并建议费伊向莫尔帕写信，以表达对布丰的看好。（Fontenelle，1742：668—669）而莫尔帕，本身就已经是布丰的知己了，即便没有埃洛等人推荐，也更倾向于布丰，而不是那个一板一眼的迪阿梅尔。更让人感到不可思议的是，国王路易十五也主动站到布丰这一边。路易十五明确表示，不希望布丰之外的人掌管皇家植物园。

但是，布丰当时没有直接参与到候选人的竞争中，也不知道这些内幕。（Buffon，1860：231；Buffon，1971：42）在这么多重量级的贵人相助下，7月25日，布丰被提名为第一候选人。第二天他就被正式任命为皇家植物园主任，开始领取年薪3000里弗的薪俸。（Genet-Varcin and Roger，1954：516）

布丰此时还在蒙巴尔，得此消息后，朋友们纷纷来祝贺。布丰也一度感到，皇家植物园主任这个位子好像来得确实太容易了些。但事实上，整个事情远比布丰想象的要复杂。根据布洛（Le Bleau）的记载，皇家植物园主任这个位置是个大肥差，几乎每一个医师和科学家都希望能掌此大印。植物园主任拥有极大的资源，直接效忠于国王，还掌控着下属各部门人员的调动，权力非常大。如果将这个位置换算成财富，价值1000个国王王冠，这足以保证在巴黎过上最上流的生活。布丰的竞争对手，足足有50人之多！布丰成为皇家植物园主任，一时间轰动了科学界，因为许多人觉得布丰的资历和能力都不是最出色的。但很快大家都表示拥护这个决议。（Monod-Cassidy and Le Blanc，1941：337）与此同时，布丰与迪阿梅尔的关系也彻底恶化。作为安慰，莫尔帕任命迪阿梅尔为海军督察。尽管也是一个显赫的官位，但比起直接效力于国王的皇家植物园主任布丰来说，还是要暗淡一些。迪阿梅尔永远都忘不了那个"窃取"了自己人生理想的布丰。

五、创作《博物志》

皇家植物园之前面积不大。费伊在位时，将皇家植物园路右侧的一些城堡翻修扩建，这些城堡就成了植物园早期的主要建筑。但在布丰看来，根本就不够用。布丰上任后，首要工作就是扩展了植物园的面积。植物园周边一带的土地交易基本都被布丰插手过。但是，大笔的土地交易，也意味着大笔的财务支出，而布丰的经费有限，他便采用一些有争议的手段，譬如强拆、强买等拿地。尽管因此遭到了尖锐的批评，但植物园面积终究是扩大了不少。现在，我们从谷歌地图（Google Earth）上可以看到，这个植物园呈东北—西南走向。东北毗邻塞纳河，西南方正对皇家植物园路［现已用拉马克的学生圣伊莱尔（Geoffroy Saint-Hilaire）重新命名此路］。西北面是居维叶路，而东南面就是"布丰大道"（Rue Buffon）了。隔着居维叶路的对面是圣维克多修道院（Saint-Victor Abbey）。布丰一度看中这个修道院的地皮。但按照法律，教会的土地禁止转让，即便是僧侣们想卖掉这个庙，也没有这个权力。[1]另外，馆藏标本也已经许久没有维护和更新了。布丰将植物园的一些城堡改造成了新的标本馆，并尽一切可能去丰富馆藏标本的数量和质量，同时扩大栽培的物种数量。（Francois，1952：107—108）甚至早在布丰被任命为植物园主任的第二天，他就迅速从蒙巴尔赶赴巴黎，去接收寄往植物园的几大箱标本。（Michaut，1931）

　　在植物园，布丰深知自己资历浅薄、资源有限，因此特别注重搞好人际关系。当时有五位教授——又称为"讲解员"（Démonstrateur）[2]，为植物园的功能运作发挥了重要的作用。他们首先都是皇家科学院的资深院士，年龄、辈分都比布丰高，各自也是自己领域中的权威。他们分别教授植物学、化学、解剖学等课程，同时还会向公众演示实验。每人各有一个官方头衔，以标识自己专长于哪个科目。不过，所讲内容也不一定必须与头衔有关，而是有相当大的自主性。这五人中，除了化学家布尔杜克是布丰的老朋友外，其他人布丰就不太熟悉了。布丰谨慎地处理与这些人的关系，尽量不干涉他们的活动。譬如前文曾提过，之前植物园标本的标签采用的是图内福尔的命名法，安托万要求将其更替为林奈的双名法。尽管布丰非常讨厌林奈，但还是同意了他的要求。（Roger，1989：92—93）

　　这些年龄大的资深教授虽然德高望重，资源广博，但也很快去世。当时还没有退休的概念，职位是终身制的。只有当一个人去世后，他的职位才会空出来。布丰在选择新候选人的过程中，会倾向那些经验丰富、德高望重的老者，认为这样有助于开展工作，并有助于维护现有人脉。（Roger，1989：47—51）贝尔纳·裕苏就是这样继承了哥哥安托万·裕苏的职位。类似地，1742年布丰任命温斯洛（Jacques-Bénigne Winslow）作为于诺勒（François-Joseph Hunauld）的接班人，布丰虽不太喜欢此人，但此人技艺精湛，经验丰富，是当时最出色的解剖学家之一。1743年，布丰又任命了两位化学家。虽然接替莱默里（Lois Lémery）的布尔德兰（Louis-Claude Bourdelin）学术能力不是很出色，但接替布尔杜克的鲁埃勒（Guillaume-François Rouelle）相当优秀，做出了许多原创性的工作，而且此人第二年就被选入皇家科学院。在鲁埃勒之后，布丰又提拔了狄德罗和拉瓦锡（Antoine-Laurent de Lavoisier）接替，后来两人都成为学术界的巨匠。1745年，布丰又提拔了当时不知名的图安（Jean-André Thouin）作为皇家植物园的首

1 后来，这个修道院在动荡年间被破坏，巴黎六大等单位瓜分了它的土地。
2 有点类似现在科学中心里面的解说员，但首先是职业科学家。

席园丁，后来被证明也是非常的正确。

在植物园外，布丰也打造了一套关系网络，同世界各地的博物学家（当然，主要是法属海外殖民地）保持联络，获取标本。例如在 1742 年，布丰与医师阿蒂尔（Jacques-François Artur）建立了联络。此人是国王在法属圭亚那首府卡宴（Cayenne）的御医，给布丰寄来了大量的植物标本，但要求加薪。（Buffon，1971：47—50）为应对这一类人，布丰想了一个招数：恳请莫尔帕打造一套证书，铭刻有"皇家植物园通信员"等字样，作为国家荣誉赠送给那些在海外为布丰采集标本的旅行者。但还是没有实质性奖励。布丰只是在《博物志》等著作中再次向这些通信员表示谢意。

至于同皇室的关系，布丰的策略是小心维护，大胆利用。每次从蒙巴尔回到巴黎，布丰都先到凡尔赛宫觐见国王，以表对皇家的尊重。而路易十五也很想从布丰那里获知一些博物学的趣闻轶事，以致常常是布丰还没走进宫，路易就在门口等着了。路易十五的著名情妇蓬巴杜夫人也为布丰渊博的知识所折服，大叫道："蒙巴尔的布丰，是个美男！"这个夫人在去世前将其最爱的宠物狗托付给布丰照料。布丰与夫人的这种友谊，曾使得布丰免遭一劫。[1]在皇家的帮助下，布丰于 1744 年拿到了莫松（Joseph Mosson）[2]的标本。1748 年，布丰从路易十五那里弄到了一张意大利大理石桌子。这张桌子本来放在卢浮宫，被布丰无意中瞧见。桌子镶嵌有奇石，而且有用珊瑚绘成的鸟、花、昆虫等图案。[3]

总的看来，布丰作为旧体制内的一员，很善于利用制度做自己的事情。他有着自己的处事风格，并成为皇室与政府的"大内助"（Grand Commis）。自路易十五开始尊重知识分子后，布丰因作为科学机构的负责人而避免了许多政治风波。但他始终是一个旧制度下的人。在这个"开明的君主制"内部，布丰为皇家植物园，也为自己的前程拼搏着。在布丰的晚年，他已经感到了一种不安，已经预感到了法国社会即将出现的大震荡。当然，这是后话了。

1739 年，莫尔帕曾要求布丰整理皇家植物园的藏品，并将结果出版成《皇

1　1749 年，莫尔帕，这位海军大臣、布丰仕途中的贵人，写了一首诗讽刺蓬巴杜夫人。路易十五闻后大怒，立即免去莫尔帕的职务。莫尔帕不得不流亡海外，直到路易十六时期回国。布丰是莫尔帕一手提拔，几乎也要跟着受牵连。幸有蓬巴杜夫人的庇护，布丰才躲过一劫。尽管如此，布丰同莫尔帕一直保持着良好的私人友谊。

2　莫松，法国殖民海外的贵族、军人，收藏了大量的生物标本。

3　这张桌子现藏于巴黎自然博物馆。

家植物园珍品说明》。相比那些枯燥无趣的行政事务，这件事可谓是非常合布丰的口味。自然博物馆标本馆原由贝尔纳打理，但贝尔纳对这份工作非常不上心，甚至连自己头衔的铭文都没变，还是十年前的 "Garde du Cabinet des Drogues"（药物标本柜管理员）。1745 年，布丰让自己的蒙巴尔老乡及亲戚多邦东（Louis-Jean-Marie Daubenton）接替了贝尔纳的这份工作，赐其头衔为"博物标本柜讲解员 & 管理员"（当然是得到了贝尔纳的同意）。29 岁的多邦东对博物学事业非常着迷，欣然接受这一使命，对混乱的标本和藏品进行了逐一整理。

但布丰的目标不仅仅是要写一部植物园的馆藏细目汇编，他在人脉资源上花费大量的心血也不是为了自己升官发财。布丰要借这个机会做一件构思已久的事：撰写一部囊括自然界一切事物的《博物志》。他将标本整理这些体力活交由多邦东完成，而他自己则是一有机会就离开巴黎回到蒙巴尔撰写《博物志》——只有在蒙巴尔的深林里，他才能做自己的主人，做自己想做的事情。当然，多邦东在布丰撰写《博物志》的过程中起到了重要的作用。《博物志》第三卷"皇家珍藏品说明"的很大篇幅，以及四足动物部分的解剖学内容，都要归功于多邦东。（Roger，1989：61）1749 年，经过十余年的准备，《博物志》前三卷出版。

六、《博物志》主要内容

《博物志》全名为《博物志——广义、狭义以及皇家珍藏品明细》（*L'Histoire Naturelle, Générale et Particulière, avec la Description du Cabinet du Roi*）。各个分册内容如下。

第一卷：分为两部分——初论（*Premier Discours*）和副论（*Second Discours*）。初论为"博物志研究方法（*De la Manière d'Étudier et de Traiter l'Histoire Naturelle*）"，副论为"地球史：理论及证据"（*Histoire et Théorie de la Terre, Preuves de la Théorie de la Terre*）。

第二卷：动物及人类的博物志（*Histoire générale des Animaux, Histoire Naturelle de l'Homme*）。

第三卷：皇家藏品明细，人类的博物志（*Description du cabinet du Roi, Histoire Naturelle de l'Homme*）。前三卷于 1749 年出版。

第四卷到第十五卷：四足动物（*Quadrupèdes*），1753—1767（出版时间，下同）。

第十六卷到第二十四卷：鸟类（*Oiseaux*），1770—1783。

第二十五卷到第二十九卷：矿物（*Minéraux*），1783—1788。

第三十卷到第三十六卷是作为全书的增补（*Suppléments*），于1774—1789年出版。

第三十卷：矿物（*Histoire des Minéraux*）。

第三十一卷：植物史——假设和实验部分（*Histoire des Végétaux—Parties Expérimentale & Hypothétique*）。

第三十二卷：四足动物（*Animaux Quadrupèdes*）。

第三十三卷：人类的博物志（*Histoire Naturelle de l'Homme*）。

第三十四卷：自然的世代（*Des Époques de la Nature*）。这是非常有分量的一卷。

第三十五、三十六卷均为四足动物部分。

《博物志》本打算囊括整个自然界的知识，但最终只写了矿藏和动物，植物几乎没有涉及。布丰去世后，他的学生拉塞佩德续写了8卷。

第三十七和三十八卷：爬行类（*Reptiles*），分别为四足卵生动物（*Quadrupèdes Ovipares*）和蛇（*Serpents*），1788—1789。

第三十九到四十三卷：鱼类（*Poissons*），1798—1803。

最后一卷即第四十四卷：鲸类（*Cétacés*），1804。

布丰在前三卷出版之前，是牛顿的忠实信徒，几乎全盘接受了他的运动概念和连续性概念，而对系统分类学的了解颇为有限。他关注静止的实体，而那些不连续的实体如纲、目、属等，在他看来完全没有意义。[1]布丰在《博物志》序言中指出，要将各种生物安排在不同的阶元中是完全不可能的，因为在生物的一个属与另一个属之间总有过渡生物的存在。或者说，如果要采用任何一种分类法，就应当根据所有性状的总体，而不能像林奈那样只依赖主观选定的部分性状。[2]

布丰在《博物志》序言开头就提到林奈，有着重要的原因。林奈是瑞典著

---

1 但他注重研究活的动物及其特征，这样反而将自己的缺点转变为了优点。

2 参见布丰《博物志》法文版序言。本节对布丰原文的引用，主要选取的是法国国家图书馆Gallica电子数据库提供的《博物志》法文影印版全集，同时参考了陈焕文选译的《自然史：人类和自然万物平等共存的完美演绎》等中文读物。以下如无特殊说明，皆为此法。

名的植物学家，与布丰同年出生，但二人观点大为不同，甚至很多时候完全相反。林奈强调事物的离散性，注重实体的单个鉴别性状，信奉柏拉图和托马斯的哲学。布丰则看重事物的连续性，在布丰看来，连续性的观点远比某些"命名学家"[1]枯燥无味的分门别类优越得多。布丰在序言中指出，牛顿的万有引力定律已经证明了由普遍规律所产生的自然界的统一，所谓的"种""属""纲"等不仅不存在，还起到了肢解这种统一性的作用。在《博物志》第一卷"初论"的"博物志研究方法"一文（以下简称"方法"）中，布丰更是声称"自然并不认识种、属，自然只认识个体，连续性就是一切"。[2]此外，从"方法"篇还可以看到，布丰不重视鉴定，只想把各种不同的动物描绘得栩栩如生。他反对经院哲学家和人文主义者们所强调的逻辑范畴、本质和不连续性，而坚持"必须利用所研究对象的一切部分"进行研究。[3]

从第四卷起，布丰的观点开始发生变化。在1749年，布丰不认可生物分类的可能性，但到了1755年，布丰全面接受了种的概念。1758年，布丰还在攻击属的观念，但到了1761年，布丰为了统计"自然的最小物体"的数量的方便而间接承认了属，并于1770年以"属"作为"鸟类篇"（第十六—二十四卷）的分类基础。而且1761年之后布丰还接受了"科"的概念。之所以《博物志》前三卷（1749）与第四卷（1753）及后续作品有很大不同，一个重要原因是布丰在1750年之后读到了莱布尼茨的著作，接触到了莱氏所强调的存在之链完满性、宇宙的完善性等原则，同时还了解了莱布尼茨对进化的暗示。（Mayr，1981）自此，《博物志》就将牛顿和莱布尼茨的思想混合了起来。一方面仍然崇尚完满原则，认为"凡是可能存在的都存在"；另一方面，不赞成最终因，反对目的论——既然世界在创造之初就是完美无瑕的，那就用不着再朝更完美的方向努力。布丰还明确反对柏拉图的本质论，认为当我们在从多样性的现象中抽象概括的时候，这种抽象只是我们自己的智慧产物，并不具有实在性。

在"博物志研究方法"之后，《博物志》里最先出现的是地球史。对布丰来说，地球史在博物志中最为根本，因为不明白地球，就不明白上面的动物、植物

---

1 这是布丰对林奈的鄙视。

2 但布丰在《博物志》的第二卷中就放弃了这个观点，并提出了物种评判标准：能否产生可育的后代。

3 但是，尽管布丰强调连续性，他在《博物志》的前三卷中并没有提到进化，也没有提到某一物种是从另一种起源或由另一物种发展而成。

和人类等。因此，研究生命的历史，就须首先研究生命赖以生存的地球的历史。在 1749 年的"地球史：理论及证据"刚刚发表时，布丰深受洛克的唯物主义的影响，拒绝上帝对自然的直接干涉，提倡在自然界内部寻找原因，相信人有能力认识并利用自然界的基本规律。在当时，绝大多数人都相信圣经的记载——地球的历史只有几千年，布丰则希望在宗教之外寻找一条研究路径——他打算用牛顿的物理学来推断地球和宇宙的起源。布丰大胆猜测，曾经有一颗巨大的彗星，沿着太阳的切线方向朝太阳撞击过来，碰撞出相当于太阳质量六百五十分之一的炽热物质流，一部分由于引力回落到太阳，另一部分依不同密度凝结成球体，形成行星。这些行星一方面在同一平面上以相同方向绕日旋转，另一方面，由于彗星对太阳撞击的倾角效应，也绕轴自转。由于这种自转运动，所有的行星球体都呈两极扁平的形状。同时，在离心力的作用下，行星也被撕裂了部分物质，从而形成自己的卫星。

布丰的这个观点提出后，遇到了一些困难。譬如，当时已知彗星的密度非常小，这么低的密度如何发生撞击？另外，欧拉（Euler）的力学理论已经证明，从太阳上撕开的物质，由于引力的作用，最终还要回到太阳上。但布丰不以为然，坚持自己的学说，并以之作为自己地球理论的基础。另外，布丰还遭到教会的强烈反对。巴黎大学索尔邦神学院责令布丰必须放弃自己的"异端"言论，布丰只好妥协。但布丰是懂得变通之人。经过长期的思索，他想了一招妙法：圣经中记载世界是上帝在七天中创造出来的，而且创世后就一直不变，但创世的一天绝不是我们现在的一天，而是一个很长的"一天"，或者说是一个"世代"。布丰认为，正如界定文明史的各个时代那样——查阅资料、搜寻古代的石碑、辨认墓碑铭文，才能划定人类历史发展的确切日期，同样地，对于自然史也需要发掘地球的历史，从地底下找出古老的遗迹，搜集这些残片，并且把那代表着物质变迁征象的资料，以及可以帮助我们追溯大自然过去各时期的文物都集中起来，组成一系列的证据，如此才能了解自然的历史，这也应是研究博物学的唯一方法。在《博物志》的增补卷《自然的世代》（第三十四卷）中，布丰根据对地层中化石遗迹及金属冷却速率的研究，将地球的历史分为七个世代。

第一世代：彗星撞击太阳，产生太阳系。源自太阳的炎热流体物质形成地球，呈炽热的熔融状。

第二世代：地球开始降温冷却。地表褶皱产生，地势高低起伏，高山形成。

地表依然很热，没有海洋。

第三世代：地表继续冷却，海洋出现，并覆盖大地。原始海洋动物产生。

第四世代：海平面下降。陆地高山出现，火山开始运动。海陆分离，陆生植物出现，但陆地上没有动物。好望角、南美角形成。由于南极的水多，向北冲刷。北方出现山脉，西伯利亚最先冷却。

第五世代：阿尔卑斯山脉形成，火山喷发，淡水水域出现。动物开始占据大陆。西伯利亚的温度与湿度变得适合动物居住，大象、河马等同时出现。亚洲和美洲的动物开始相互迁徙。

第六世代：美洲与欧亚大陆分离，形成现在所具有的形状。

第七世代：人类出现。

从第二卷开始，《博物志》出现了人类。布丰认为，自然界存在着从非生物、植物到动物的连续序列，组成了一个从最不完善的事物上升到最完善事物的线性链条，每一个事物都是链条中的一环。人是最高等的生物，处于存在之链的最高端，其下是四足动物，再下是鸟类、植物、矿物等。

布丰撰写人类史的重要目的之一就是探究人类演变的原因。布丰向我们解释了以下这些问题：我们是什么时候才开始生活在自然界中的？我们初民的生活是怎样的？我们的本性如何？构成我们存在的究竟是哪些物质？布丰认为，人类的诞生完全是生产斗争的结果。所以，人类不仅具有改造自然的能力，人类自身也可以被生命内部的力量所改变。另外，布丰还提出了一个重要的概念：灵魂。他认为，灵魂是物的本性。生命是存在于物质之中的东西，而且只能存在于物质之中。

在《博物志》的增补卷、第三十三卷《人类的博物志》中，布丰对人类的本性作了进一步的思考。布丰论证道，大自然赋予人们各种器官，但人们只是用来感知外部世界，而忽视真正丰富的内在感觉。但事实上，我们要想真正了解自身，就必须利用这种内部感觉，因为它是我们进行自我判断的唯一方法。人类在认识自我的过程中，遇到的最大困难就是明确认识组成人类的两种物质本性：一种是精神本原，是内部感觉，是人的灵魂，是无形的、非物质的，是永恒不灭的；另一种是物质本原，即动物本原，是有形的、物质的，是要消亡的。如果肯定一种而否定另一种，那么这种否定是不能带来什么知识的。精神本原是简单的，不可分割的，只有一种形式——通过思想的形式表现出来。物质本原只是能感受的一种形式主体。这两者差别非常大。那么，要认识两种本原的实质，就要采用比较的方式，将两种本原相互比较。

为何必须采用比较的方式呢？布丰解释道，那些无法进行比较的东西，通常也是不能被理解的东西，如同上帝的概念——"他"（上帝）是无法被理解的，因为"他"是无法被比较的。但是，所有能进行比较的、能通过不同侧面进行观察的，以及所有我们可以进行相对的考虑的，都才是我们的知识的范畴。越是比较容易的，有不同的侧面的，便于我们观察的事物，我们了解它们的方法就会越多，也越容易综合各种观点，并在此基础上形成我们的判断。

用这种比较的方法，布丰进一步论证道，灵魂具有一种与物质完全不同的本质。他说，灵魂与我们是一个整体，存在和思考就是一回事。灵魂独立于意识、想象、记忆以及其他能力之外，为什么呢？因为人的感觉器官，如人的意识能感受到空间的广延，人的眼、耳、鼻、舌、身等能够感受到外界的声、光、电等的刺激，那么人的感觉器官，必然与传播声、光、电等外界物质有相同的本质，可是每个人的感受却又有差别。因此，我们的灵魂，即内在感觉，必然与这些外部物质有着不同的本性。由此可以断定，内在感觉与引起感受的东西是截然不同的，感受与引起感受的东西没有任何外在形式上的相似。当我们将物质实体与灵魂进行比较时，会发现它们之间的区别是如此之大，对立是如此明显——它属于一种至高无上的范畴。

布丰进一步去挖掘精神本原具有的独特意义。灵魂，就是所有意识的本原，与另外一种表现为纯物质的本原——动物本原相对。灵魂来自于科学、理性，与智慧并存，动物本原则是可以引起欲望和错误的奔腾迅猛的激流。但是，动物本原是人最先发展的，是生来俱有的，存在于由我们的物质感官引起的印象的运动和更新的过程中。但精神本原出现得晚，只有通过受教育的方法，才能得到发展和完善。尤其是儿童，只有通过与他人进行思想交流，才能获得精神本原，并逐渐成为一个具有一定思维能力、比较理性的人。假若一个人只依照他的物质本原的内在感觉行动，缺乏甚至是没有这种思想上的交流，那么他就会变成一个傻瓜，或者是一个怪物。

如何清楚意识到这两种本原的存在？布丰的答案是内省。通过内省，就能发现两者的矛盾性。我们会发现，我们在某些时刻总是会做一些不想做的事，但却无法控制。代表理智能力的精神本原会指挥代表想象力和幻觉的动物本原所做的一切，但在有些时候，前者不够有力，无法有效地阻止后者试图做的一些事情。相反，代表感性的动物本原，在很多时候却约束、战胜并控制着前者，就像有时候我们不管多么想行动，却仍是处于不行动的状态一样。这也是为什么有时候我们的思想与我们的行动不一致、甚至相反的原因。

当人们可以平静照顾自己、妥善处理自己的朋友和事物的时候，就表明代表理性的精神本原处于了上风。但此时动物本原仍是存在的，会在漫不经心时表现出来。当动物本原控制我们时，我们不仅很难对占据、充斥我们身心的事物进行思考，还会放任自己放荡、骄奢淫逸。在理性占主体时候，我们可以随心所欲地发号施令；而在动物本原控制我们的时候，我们会变得更容易服从别人和外界。正常情况下，这两种本原只有一种在行动，我们感觉不到内在的任何矛盾，只感觉到简单性的幸福。但一旦深入思考，就可能会指责自己所谓的快乐，或者在强烈欲望的控制下，会仇恨理智。此时我们就不会感到幸福了，因为此时我们已经失去了生命本来的平静统一性，内心矛盾在此刻重新产生了。两个"我"对立起来，两种本原相互感受，产生了疑惑、焦虑及悔恨。

通过比较这两种本原，布丰去寻找人类痛苦的来源。当主宰人的本性中的两种本原都处在剧烈的运动中、并且这两种本原势均力敌时，是人最痛苦的状态。这样会让人在内心中产生对生活的深深的厌倦。这种状态如果很强烈，会使我们的内心希望停止生存，甚至导致我们想方设法地自我毁灭。这种情况的出现，时时刻刻都会让我们心烦意乱、犹豫不决甚至痛苦不堪。我们的身体也因为受到内在的乱斗而饱受折磨，日渐衰竭。

因此，真正的幸福来自于两种本原的统一。所以，童年是最幸福的，因为此时只有动物本原支配着人类的意志，同时这个本原会不断地督促我们。

如果一个儿童完全放纵自己，他感到非常幸福。但是，这种幸福是很短暂的，很快就会消逝。随着年龄增长，痛苦会产生。到了青年时代，精神本原开始控制我们的意志，并会愉快地顺从由这种物质感觉所产生的强烈欲望。人们往往是为了认同和满足自己的欲望，才进行思考和行动。当这种兴奋被延续了，人们也就感到幸福了。但是，这种幸福会如同梦一样快速逝去，随之而来的是厌倦以及可怕的空虚。同时，刚刚走出麻木状态的心灵再次变得难以认识自己，它由于受奴役而失去了支配的欲望、丧失了原本的指挥力量，开始变得仇恨受奴役，并试图寻找一个新的主宰以将这种痛苦转嫁出去，这样人就产生了一个新的、但是也会转瞬即逝的欲望。这种状态下，人们内心的暴力和厌倦就增加了。快乐为何总是很快流走？度过这样的青春之后，我们剩下的只有软弱无力的身体、伤痕累累的心灵，还有对身心受伤的无奈。

那么，怎么才能摆脱动物本能对人的控制、获得永恒的幸福呢？唯有教育。教育能给人的精神本原带来养料，重塑人的灵魂，并使之逐步强大，摆脱欲望的控制，从而建立起高尚的品德和人格。文明人和土著人最大的差别就是教育。人和猩猩最大的差别也不是在体形方面，而是在教育，尤其是对儿童的教育。事实上，布丰撰写《博物志》的一个重要目的，就是向普通大众，尤其是妇孺儿童传播科学知识，使其摆脱迷信的桎梏，以达成弘扬启蒙精神之目的。

在人类之后是动物志、矿物志。布丰原本还要写植物，但由于工作量太大，最终没有完成。在动物志部分，布丰对物种的排序完全采取功利主义的态度。那些对于人来说最重要、最有用的物种，都排在每一卷的卷首。因此像马、狗、牛这些人工驯养动物就排在野生动物之前，温带动物也放在其他异国动物之前。事实上，布丰也从来没有试图去为整个动物界和植物界分类。现介绍一部分章节，从中我们可以窥探《博物志》的写作风格。

布丰将四足动物划分为两类：家畜和野兽。在家畜部分，布丰依次选取了马、驴、牛、羊、猪、狗、猫、鸡等。布丰用人工的方法对家畜进行分类，根据它们与人类之间的关系来划分等级。布丰用生动的辞藻对家禽家畜作了精细特写，令人对其特性产生了更深刻的印象。

在鸟类部分，布丰运用热情而浪漫的笔调，向读者展现隐藏在大自然中的生物的生存与繁衍。布丰用具有独特魅力的叙述方式，结合他丰富的知识、细腻传神的文笔与饱满的情感来谱写这一壮美的篇章。布丰选取了鹰、秃鹫、鸢、鵟、伯劳、猫头鹰、鸽子、麻雀、金丝雀、莺、南美鹤、鹡鸰、鹪鹩、蜂鸟、翠鸟、鹦鹉、啄木鸟、鹳、鹭、鹤、野雁、野鸭、山鹬、凤头麦鸡、鸻、土秧鸡、鹈鹕、军舰鸟、天鹅、孔雀、山鹑、嘲鸫、夜莺、戴菊莺、燕子、雨燕等鸟类。

四足动物及鸟类，合起来可简称为《动物志》。从文学风格上看，《动物志》如同一部美妙的散文，语言描述风趣诙谐。每一篇对动物形象的描绘，就像是一幅工整的素描，将动物的形象鲜活地展现在人们面前。这也正是《动物志》的价值。布丰采取拟人的叙事手法，以人的姿态将动物全方位展示出来。从这一点来说，《动物志》不仅是一部博物志，更是一部绝美的散文。

布丰的《博物志》，还涉及进化的要素。这是一个复杂的问题，限于篇幅，这里不再详谈。布丰虽然没有提出过系统的进化论，但是他却算得上是进化论之父，因为《博物志》中涉及了拉马克和达尔文理论中的所有要素。布丰谈到了后来的进化论者们提出的几乎所有问题。（汪子春，2009：236—241）

从学术意义上看，布丰对博物学的发展做了里程碑式的贡献。布丰的博物学包括了今天属于动植物学、形态学、分类学、生态学、古生物学、地质学、地理学甚至气象学等的内容。在布丰之前，博物学基本上是人类的业余爱好。在布丰的努力下，博物学的理论及方法更加严谨，并成为科学研究的一部分。拉马克和达尔文的进化理论正是建立在博物学研究的基础之上。（汪子春，2009：236—241）

《博物志》出版后，引起了巨大的反响。欧洲大部分图书馆都有馆藏，普通读者、知识分子包括女性都争相阅读。1753年，布丰因《博物志》优美的文字而入选法兰西学术院院士。从此之后，布丰的形象就由数学家变为了博物学家和文学家，布丰也因此成为与伏尔泰、孟德斯鸠、卢梭齐名的启蒙运动四大思想家之一。

第6章 自然神学与博物学的捆绑

　　自然神学自诞生之初就备受非议，然而它在历史上的重要性不容否认。作为一种理性地探讨神性存在的研究进路，自然神学为博物学提供了理论框架和道德基础。博物学则为自然神学提供了大量与"超自然证明"不同，并且更切近普通人生活的论证材料。以约翰·雷的自然神学思想为例，目的论和活力论为他拒斥启蒙时期大行其道的机械论世界观提供了有力的支持，也最终成为他深入接触自然界壮丽景观的出发点。在约翰·雷的思想体系中，人与神，以及神的造物，三者通过博物学与自然神学之间的纽带形成一个整体，构成圆满而自洽的物理世界与道德世界。

　　无论宗教还是自然神学，在前期正统的科学史中通常都被视为是有碍科学发展的。而且，鉴于如今自然神学似乎已被批驳得体无完肤，现代人难免会觉得奇怪：为什么历史上那些伟大人物会相信这样一种在本体论和认识论层面上都存在明显漏洞的思想体系？本着"为尊者讳"的态度，传统科学史家往往对早期科学家的神学思想要么一笔带过，要么极力寻找开脱的理由。然而随着对英国17、18世纪自然哲学研究的深入，学者们基本已经达成共识：就这一时期而言，社会、宗教与自然哲学研究融合为一个整体，谈论任何一个方面，都不可能将其他要素割裂开来，孤立地来谈。要全面了解当时英国兴起的博物学，自然神学是一个无法回避的大背景。

　　关于神学思想对近代早期科学家的自然哲学探索究竟起到何种影响，近年来科学史和科学与宗教领域的研究者虽然进行了大量讨论，却并未达成共识。一方认为，有没有神的观念，似乎并不影响人们对事实的阐释，自然哲学要做的就是为自然现象寻找自然解释。"当他们写到神与信仰时，他们这部分著作就是关于神和信仰的。但是当他们没有提到神和信仰，也没有给出暗示时，那就无关乎神和信仰。"（Grant，1999：251）另一方则认为，无论中世纪还是近代早期的自然哲学研究，多数都与神学相关，神学问题对于自然哲学是如此重要，以至于不仅在自然哲学家公开谈论或提及神的时候，而且在其他时候，自然哲学都始终是"关于神及其创造物"（Cunningham，2000：259—278）。

但是与早期科学史家的做法不同，目前科学史界倾向于承认自然神学与现代科学之间的"范式转换"，以及自然神学的积极意义。（刘华杰，2008：166—178）科学与宗教对话中也致力于寻找沟通世俗科学与神学的桥梁。

一、自然神学是一门学科，抑或一个谱系

首先有必要指出的是，神学不同于宗教。"theology"一词从词源上来说，是一门学科，即关于神的学问。自然神学作为神学中一种重要的研究进路，更多的是一种理性的探讨，而非信仰。其次，严格来说，自然神学是基督教神学的一种研究进路。大体而言，基督教学者对理性的态度可分为三类：第一类敌视理性，认为过于信赖理性会导致削弱信仰，其中代表人物有图尔良等人；第二类认为理性无关乎信仰，这两者分属于不同的领域；还有一类则是"理性辩护主义"，认为理性与信仰并不相悖，遵从理性也就是遵从神的意旨。托马斯·阿奎那（Thomas Aquinas）属于第三类，他主张凭借理性或信仰都能达到接近神的目的，并首次对自然神学与启示神学做出了明确的区分。阿奎那从"目的论"观点出发，论证自然背后存在某种智慧力量的引导作用，从而使神成为推动宇宙运行的"第一因"。然而在中世纪学者看来，神的存在根本无须证明，自然界中可见的目的和秩序在神学讨论中只占第二位。换言之，自然神学只是对启示神学的一种辅助。自然神学的意义在于它能更清楚地讲明义理，便于劝服异教徒和非教徒接受基督教教义。

到16世纪，文艺复兴运动的兴起重新引起人们对自然的兴趣，造物中彰显着神的荣耀、智慧与仁慈的观念已经成为共识。然而直到17世纪最后十年之前，

英国自然神学大体上并未摆脱阿奎那设定的框架。此后，英国自然神学进入鼎盛期。正如尼尔·吉利斯俾所说，培根的《新工具》虽然意在反对柏拉图、亚里士多德和盖伦等人的目的论传统，并主张要将自然研究与神学研究分离开来，结果却"全然无心地提供了第一次动力，使英国的博物学与自然神学更为紧密地联系起来"。（Gillespie，1987：12）自然神学与自然哲学研究，尤其是博物学，紧密地联系起来，新的观察记录和解剖结果为自然神学提供了更为丰富的论证材料。这一时期的神学论证集中在从设计出发的论证，摩尔（Henry More）、波义耳以及约翰·雷，都认为自然的秩序、美丽及其中体现出的目的性，表明自然背后存在一个智慧、仁慈的造物主，并主张通过观察和认识被造物去接近神，理解神的意图，并赞美神的智慧与力量。

1691 年波义耳逝世后，留下一笔款项，设立"波义耳讲座"。讲座的目的原本是"向异教徒证明基督宗教"，但这一行动"不仅没能劝服听众接受基督教信仰，反倒播下了怀疑的种子"，并从 18 世纪中期开始衰落。其原因在于，英国"牛顿主义世界观"[1]的盛行使自然神学与一种机械世界观联系起来。这种机械世界观即便没有完全排除"神意"，多少也削弱了自然神学的传统内涵。（Kubrin，1967：325—346；McGrath，2006）按照麦格理斯（Alister E. McGrath）的看法，这种进路最终导向的是"理神论"（Deism），而不是正统基督教。[2] 19 世纪初，佩利的《自然神学》出版后，遭到 19 世纪公认最重要的英国神学家纽曼（John Henry Newman）的无情批驳。纽曼认为，一方面，佩利过于强调"设计"（Contrivance），因而将神降低到世界之"神性设计者"的地位，另一方面，佩利十分强调人类理性的重要性，致使人类的想象与情感失去立足之地。总体而言，佩利的"钟表匠"神是一位冷漠无情的、机械论的法则制定者，而不是正统基督

---

1 这种世界观并不等同于牛顿本人的世界观。18 世纪法国学者伏尔泰等人有意将牛顿理性化，以宣扬他们自己的理性哲学，并用自然神论取代牛顿自然哲学背后的唯意志论神学。参见袁江洋、王克迪，2001，pp.60—96；袁江洋，1995，pp.43—52。

2 "理神论"是一种非主流的宗教主张，国内亦译作"自然神论"。马修·廷得尔（Matthew Tindal）的《基督教与创世同龄》被称为英国理神论的教科书。其基本观点是，神创造了合理的"世界机器"，规定其规律和运动，然后就不再干预自然界的自我运动；除理性之外，别无认识神的途径。英国理神论者的目的是反罗马教会和圣经权威，从而确立理性权威，促进政教分离和宗教宽容思想。"理神论"这一术语最早于 16 世纪由主张基督教神一位论的索西尼派为反对无神论而提出。通常认为"以牛顿为代表的物理学家"和"博物学家"分别属于"理神论"和"自然神学"的阵营，见桂起权，1995，p. 2；2003，p.149。部分学者认为自然神学用于指称一个学术领域，理神论则指神在创世之后不再干预世事这样一种主张，见袁江洋、王克迪，2001，p.96，n.3。按照尼尔·吉利斯俾的说法，牛顿传统与约翰·雷传统同属于英国 17 世纪自然神学，只是一支偏重"宇宙论"，另一支偏重于"地上事物"，见 Gillespie，1987，pp.1—49。

教宣扬的救世主。[1]启蒙运动理性主义给自然神学带来的影响是显而易见的。"在理神论者那里，理性被确立为信仰的基础，上帝之所以是上帝，只是因为他是一个无限的理性。"（赵林，2005：24）

纵观自然神学在西方早期历史上的思想源流，以及自然神学在不同社会语境下呈现出的不同形态，或许可以接受这样一种解释：自然神学并非某一种特定的神学观念，它是一整个谱系，其中包含多种可能性。佩利的"钟表匠"神只是自然神学谱系中一个特定的形式。传统上对"自然神学"的界定是"从既不包含也不预设任何宗教信仰的前提出发，为宗教信仰提供支撑的行动"（Alston，1991：289），或更简单地阐释为"证明或论证神存在的行为"（Plantinga，1980：49）。而詹姆士·巴尔（James Barr）认为，自然神学并非与传统神学对立，也并不是所有的自然神学都致力于"证明"，相反很可能只是"表征"（indicate）、只是记录人们关于神的想法（what people think about God）。（Barr，1993：1—2）麦格理斯也指出，对基督徒来说，关于神的信仰与对自然的沉思是无法割裂的，现在普遍认同的"自然神学"一词"已经被污染，因与众多可能性谱系中的一种特定进路联系起来而受到玷污，这种进路从思想概念上来说与启蒙运动紧密相连，它立足于英国理神论与启蒙运动的'普遍化的有神世界观'（generized theistic worldview），给予人类理性以优越性，使之高于其他官能，凌驾于想象之上"。因此麦格理斯提倡另一种"在整个谱系中占据一个截然不同位置"的自然神学。（McGrath，2006：65）

二、自然神学的重要性

自然神学几乎自诞生之初就备受非议。首先是在宗教改革中受到神学上的彻底否决：路德（Martin Luther）和加尔文（John Calvin）都极力强调理解基督教信仰的重要性，反对以理性和哲学方式来接近神。随后，17、18世纪的哲学家，以休谟（David Hume）和康德（Immanuel Kant）为代表，从认识论的层面对自然神学的论证方式提出质疑、进行否定。19世纪之后，随着自然科学的发展，达尔文进化论给传统自然神学带来沉重的打击，与此同时，哲学家和基督教神学

1　英国19世纪早期佩利神学的变化，参见 Gillespie，1990，pp. 214—229。尼尔·吉利斯俾认为，佩利的神学论证受到工业革命很大的影响。

家们继续猛烈攻击自然神学的根本原则和研究方法。看起来，经过康德和休谟从哲学本体论等层面的论证，自然神学早已失去立足之地，彻底打上"陈旧过时、腐朽荒唐"的烙印。

然而自然神学在历史上的重要性是不容否认的。迈尔认为："就生物学而言，基督教在其发展中最重要的莫过于被称为自然神学的世界观。"他提出一个重要的"格式塔"问题，即自然神学与进化论之间可以互相转换。

> 进化生物学的发展从客观上曾大大得益于自然神学，自然神学所提出的问题涉及造物主的智慧，以及他使各种生物彼此适应和使之与环境适应的高明技巧。这就促进了自然神学家对我们现在所谓的"适应"现象进行观察、研究和阐述。当在解释中将"造物主之手"用"自然选择"来代替时，就可以把关于生物有机体的绝大多数自然神学文献几乎只字不易地转变成进化生物学的文献。（迈尔，1990：120）

即便如迈尔所说，自然神学对后来的科学有很大贡献，史学家对自然神学的认识，大体上也依旧停留于佩利的《自然神学》，就连"自然神学"一词似乎也被归功于佩利。佩利的神学著作之所以一再有人提起，一个很重要的原因是达尔文自称曾读过佩利的《自然神学》并从中受到极大启发。而瑞温指出，佩利的著作很大程度上是转述约翰·雷的著作："佩利几乎没有明确提到过约翰·雷的《造物中展现的神的智慧》，但他一再借用里面的材料而不加标注：事实上，佩利书中几乎将约翰·雷的著作全篇重写了一遍，而且很容易辨识出来。"（Raven，1986：452）尽管佩利的著作有"剽窃"之嫌，但毋庸置疑，我们更容易将约翰·雷视为仅仅是为佩利提供了材料来源的"先驱者"。佩利的"钟表匠"隐喻也几乎成了现在公认的自然神学中经典的神形象。瑞温虽然指出了约翰·雷的著作与佩利著作之间的某种"传承"，但是他并未关注另一个更重要的事实，那就是，维多利亚时期在进化论的光芒下遭到批驳的自然神学，并非佩利神学的简单延续。

撇开对现代生物学的贡献不谈，自然神学更重要的作用存在于社会和生活领域。自然神学是一种世界观，无论从知识论的角度还是从生活信仰的角度来说，都与历史上的原子论世界观、机械论世界观等具有同样的职能。对17世纪英国而言，自然神学是在各种社会、宗教、哲学因素的相互激荡之中应运而生，而不是像人们通常以为的那样从来就理所当然地存在于英国社会内部。随着中世纪经院哲学向近代早期自然哲学的过渡，旧有的自然观和世界图景受到挑战。正如斯蒂芬·考克罗杰所说，到17世纪60年代，自然哲学的统一性已经变得极具争议，三种新的探究模式替代了两种更古老的模式。这两种古老的知识统一论的模式，一是亚里士多德主义的自然哲学观念，二是基督教的普遍创世观念。三种新模式分别为机械论、实验哲学（主要指博物学）与惠更斯、牛顿等人的几何化的自然哲学（基本上是力学）。机械论反对目的论，因此至少在17世纪的大多数人看来是拒斥设计论的；实验哲学则"能极好地与设计论观念相洽，因为博物学的发展或许能引导圣经的解读，而不是后者影响前者"；力学［至少其中实践数学（practical-mathematical）的部分］在传统上与博物学一样被排除在真正的自然哲学之外，但是不同于博物学，它与机械论纲领有密切联系并在某种程度上与其相互加强。力学与机械论的差异则在于，机械论停留在物质论层面，力学则将运动与力视为基本元素，通常避谈物质。（Gaukroger，2006：455—457）机械论与"数学化"运动的兴起，为无神论的滋长提供了养料。与之相对，博物学家意识到彻底的机械论解释背后存在不足，并将自然界中令人赞叹的丰富性与多样性以及各种精妙的结构视为神学目的论的最佳论据。17世纪的自然神学很大程度上是传统神学与机械论哲学之间折冲樽俎的结果，也是生活在旧传统中的学者为新知识体系寻找思想背景和信仰基础而做出的尝试。对当时英国社会而言，自然神学起到的是维持社会秩序和个人内心平衡的作用。

统治西方历史长达2000年的"设计论"似乎并未被达尔文进化论彻底推翻，主张"设计论"的依然大有人在。如今基督教学者也将自然神学作为应对全球化危机、缓解科学与宗教之间张力的重要途径。现代学者要求重新阐述传统神学观念，并提出三种不同形式的整合："自然神学"（natural theology），"关于自然的神学"（theology of nature），以及"系统的综合"。在"关于自然的神学"中，神学的主要来源在科学之外，只是科学的理论可以强烈影响某些教义的重新表述，特别是关于创世和人性的教义。（伊安·巴伯，2004：25）在更广泛的层面上，针对理性时代的信仰危机，有人提出，自然目的论和自然神学的复兴或许能提供有效的解决之道。"自然神学在未来有可能变得越来越重要，其形式或许会不同于传统的形式。在一个世俗化的社会中，自然神学将提供一个桥梁，将日常生活与有关神的语言，以及这些语言所表达的经验沟通起来。在日益增加的宗教对话中，自然神学的作用也将越来越重要。"（McGrath，1999：401—405）

三、建立在博物学基础上的自然神学

与传统自然神学一样，17 世纪英国的自然神学也可以从两个方面来理解，即，神与万物的关系、神与人类的关系。以约翰·雷为代表，他将创世过程与"当下世界"区别开来：一方面，引用圣经材料、古代传说以及中世纪教父神学来论述前者；另一方面，对于世界的日常运行，则主要援引当时博物学的最新进展，以及摩尔、威尔金斯（John Wilkins）、波义耳等人的自然哲学。即便在讨论世界创生与世界毁灭这两个极端时期时，也试图寻求"自然主义"的解释：神使用何种自然因素（例如火或水）来塑造并影响世界的形态和运行？

很显然，博物学家关注的"不是神能做什么，而是神实际做了什么"。在约翰·雷的自然神学著作中，这种进路始终有明显的体现。然而要阐述约翰·雷的自然神学观念十分困难。原因在于，约翰·雷受过良好的古典人文主义教育，与此同时接受了当时自然哲学界最新的思潮，其神学思想融汇亚里士多德"灵魂"说、斯多亚学派的道德神学，以及 17 世纪的微粒哲学、剑桥柏拉图主义的自然观等。

实际上，约翰·雷的自然神学是出于对当时社会状况的回应。作为一种重建社会秩序的行动，约翰·雷的自然神学面临的主要对手，既有与教条化的天主教相适应的经院哲学，也有笛卡儿学派、霍布斯主义以及主张无神论的原子论者。针对经院哲学，他不止一次如是说道："我全心感谢上帝，他让我有生之年看到，在这个世纪之末，那空洞的诡辩术，先前曾篡夺哲学名号，我记得在学校里也曾占据统治地位，如今已经让人不屑一提，取而代之的，是一门紧紧地建立在实验基础上的哲学……"在他看来，这种实验哲学并不违背神学上的追求。

不仅如此，正是这种知识使人成其为人，并有能力获得动物和非理性生物无法企及的德性与幸福："有人谴责实验哲学研究只是单纯的求知欲（inquisitiveness）。他们公然抨击对知识的热望，认为这种求索是神所不悦的，并由此打压哲学家的热情。就好像全能的神会嫉妒人的知识；就好像神在起初造人时不曾清楚地看到人类的理解力所能达到的程度，或者说，如果他不将其限制在狭窄的范围内，就会有损他的荣耀；就好像他不愿意人类运用他在造物时赋予被造物而且提供条件供其施展的理解力。"（Ray，1690）神赋予人类理解力，并在被造物中留下广泛的空间任其施展。人利用自身理解力，通过考察神的造物来获得关于神的知识，就能使神得荣耀。经院学派注重的词语"只是物质的影像"，语词之学"仅包含艺术的形式和范式，具有内在的不完善性"。相比之下，博物学以及对造物的考察，才是更根本的学问。（Ray，1717：169—170）

约翰·雷将他所谓的神圣生活分为两个层面：其一是世俗生活中的修为；其二是纯净安宁的灵性生活。就世俗生活而言，他主张，人类应当听从理性的安排，节制身体的欲望。而灵性生活的层面在他看来更为重要。他如是说道："鉴于灵魂与身体在完美性上有着天壤之别，我们身上更优良的部分，无疑也需要我们以更大的关心，和细致的照料去加以保护。"（Ray，1717：396）然而大多数人却"过于看重身体而忽视灵魂"。对此他提出："我们给身体喂食，灵魂也应当得到滋养。灵魂的养料是知识，尤其是关于这些方面的知识：神的事物，以及关乎永恒宁静与幸福的事物……"（Ray，1717：399）类似地，在《神圣生活规劝》（*Persuasive to a Holy Life*）最后一章中，他表示有必要对"生后的未来幸福"说几句。他称这种状态的幸福为"永生"（Eternal Life），其中包含对神和圣子基督的认识与热爱，以及必然随之而来的欢乐和愉快。"其中存在必然的联系，事情只有可能是如此：从清楚认识最高的善，走向最深厚的热爱，再到最大的欢乐，最完满的状态。"（Ray，1719：111）

人类的幸福最终依赖于关于神的知识，而这种知识的一个重要来源就是对造物的观察与考察。正如他在《造物中展现的神的智慧》中所说："永恒生活不可能是一种无所事事的慵懒状态，也不可能仅仅充斥着没完没了的爱的举动；人的意志以及其他机能，都应调动起来施行适宜的行为，并使其性质渐臻完善。尤其理解力，这种灵魂中的至高能力，是我们与野兽之间的主要区别，并使我们得知善恶与赏罚。我们应当充分发挥理解力来沉思神的作品、体察创造物的结构与组成成分中展示出的神性技艺与智慧，并使那位伟大的建造师得到应有的赞颂与荣耀。"（Ray，1717：170—171）

约翰·雷认为，神圣生活意味着获得关于神的知识，并依照理性的指引去遵从神的法则。"在未来的永恒生活中，我们的一部分工作和任务，就是沉思神的作品，领会创造物中体现出的神性智慧、权力与善，从而使神得荣耀。"因此，在神圣生活中，知识具有举足轻重的地位。约翰·雷在行文中热情洋溢地倡导人们去获取知识。在他看来，大自然是人类知识的来源："我们不应满足于学习书本知识、阅读别人的著作并轻信错误而不是真理；只要有机会，我们就应该亲自审视事物，并在阅读书籍的同时与大自然交谈。让我们致力于促进和增加这种知识，并作出新的发现，不要过于怀疑自己的判断或是诋毁自己的能力，以至于认为我们的勤奋工作不能对前人的发现有所增益，或是校正前人的错误。"人类的知识在与大自然的"对话"中逐渐累积，而知识本身却是永无穷尽的。因为"大自然中的宝藏是无穷的。此间可供探索的，足以让绝大部分人付出最不懈的努力，并且是在最可观的机会下进行最漫长、最专注的研究。"（Ray，1717：172）

这一点构成约翰·雷自然神学的基础，将他的自然神学与博物学紧密联系起来。"自然之光"（The light of nature）足以使人们相信神的存在。相比之下，超自然的证明"并不是在一切时候对一切人来说都是常见的，而且很容易遭受到无神论者的指摘与非议"，而那些"从现象与作用中得出的证据，是人人都可见，也无人能否认或置疑的，因而也最具有说服力"。从博物学中得出的最简单、最常见的证据，不仅能说服"最强硬、最擅长诡辩的反对者"，而且足以令"理解力最弱的人"明白，就连"最底层不通文墨的人"也不会否认造物中体现的神性，因为"每一丛禾草，每一穗谷物"都足以证明这一点。（Ray，1717：5—6）此处所谓"自然之光"，似乎并不单纯指人的理性或是"天赋观念"，而是更接近于一种直觉。在约翰·雷的思想体系中，人与神，以及神的造物，三者经由博物学和自然神学形成整体，并构成一个完整的物理世界与伦理世界。

四、17 世纪自然神学的特点：自然的目的性和对自然的谦恭情感

在《造物中展现的神的智慧》中，约翰·雷对古代原子论者以及近代笛卡儿主义的"有神论的原子论"提出批驳，并列举大量事实来证明机械论不足以解释自然现象：植物的根、茎、叶、花、果实乃至果皮、种子等各部分，不仅在形态上令人赏心悦目，而且都对植物的生长和繁殖起到重要的作用（Ray，1717：100—113）；就动物的繁衍而言，妊娠期哺乳动物体内的营养会自动输送给子宫内的胚胎，而当幼崽出生后，所有的营养又会撤离先前的通道（Ray，1717：115）；鸟类不会计数，在给幼鸟喂食时却不会落下任何一只（Ray，1717：117—118）；一切昆虫都会选择好的时间和地点产卵，以便幼虫孵化后能找到充足的食物（Ray，1717：123—124）；所有生物都有一套完备的自我保护机制（Ray，1717：125—126）；动物的各部分与其天性及生活方式均严格匹配（Ray，1717：139—141）；小到鼴鼠，大至大象，鸟兽虫鱼身体各部分形态构造都适合

于其目的（Ray，1717：141—159）。此外，动物在不同时期和不同处境下会发出不同的叫声，例如母鸡召唤小鸡和警示危险。

众多无法用简单的物质与运动法则来解释的博物学观察，表明自然并非纯粹的机械，单靠法则无法维持自然的稳定运行。动物的本能行为背后必然隐含着特定的目的与用意，尽管目的并不在它们自身之中，而是在于一种更高的作用者。在17世纪已经出现对这种目的论的反驳。其主要论点为，事物的用途并非大自然起初建构事物时特意安排好的，而是人类凭借自身智慧使事物适用于这些用途。在《造物中展现的神的智慧》第2部分中，约翰·雷进一步提到无神论者常用的"遁词"："这些部位的用处，只是对拥有这些部分的事物本身的存在来说必不可少的东西；是事物产生了作用，而不是作用决定事物。""一切部位的形成都先于其作用。"与之相反，约翰·雷认为大自然没有能力去生成任何"比大理石或泉水更富于有机生命成分的东西"，"自然发生既违背普遍的运动定律，也违反事实，这一事实无论对人类和较高等的动物，还是最微小的昆虫以及最卑微的杂草而言，都无一例外"。在他看来，非生命物质不能自发地组合形成生命物质，动植物的自发生成，相当于动植物的创生过程。在物质形成、海水与陆地分离之后，动植物的创生除了借助于一种命令，也就是一种有效促使水与土无需任何种子就能产生各种生物的作用力之外，别无他法。

"创世是全能者的工作，非任何造物所能理解；效仿这种方式来制造事物，必定也超出大自然或自然作用的能力范围。"（Ray，1717：300）更重要的是，神性不仅存在于起初的创世活动中，而且体现在世界的日常运行中。约翰·雷有时用单人称的"她"来指代"自然"，有时用"它"来指称，有时甚至直接将自然等同为"神的智慧"。但是我们至少可以得出一个结论：在观察和研究自然的时候，约翰·雷将自然本身视为神的代表，从而为自然保留了一种神秘感。从哲学层面上来说，他并不认为自然等同于神，因此在自然界中绝不可能出现超自然现象。自然界中一切事物和现象，都必须从物理因果的层面去解释。在此之外，神的"特殊神意"仅限于对灵性世界发挥作用，并在人的灵魂与道德生活层面产生影响。

在19世纪佩利的自然神学中，可以看到明显的"功利主义"的倾向。而在约翰·雷的自然神学中，世界是充满关怀的。神的仁慈表现在宇宙万物之中，从宏大的天体运行、风雨潮汐、地表地貌特征以及四季变换，再到有着各种本能的飞禽走兽、绚烂多姿的花草树木，甚至于那些有毒、有害的荆棘之类，无不是出于神意的安排与部署。天地间一切构造都符合其用处，从中可以看出神对造物的关爱与眷顾。然而，世界是否仅是为了人的利益而造的？人在宇宙间占据怎样的地位？很显然，约翰·雷的自然神学并不同于通常的人类中心伦理思想，而是提出了一种更高的伦理观。

约翰·雷晚年的另一部神学著作《神圣生活规劝》将宗教同人类的实践生活联系起来。尽管一部分学者撰写此类著作的用意可能只是谋求名声与地位，但瑞温认为约翰·雷可以免于这种责难，因为宗教并未给他带来任何世俗的利益，他将幸福与金钱和地位分离开来，并倡导在健康、自足、安宁与勤奋的工作中去寻找宗教的意义。尽管在瑞温看来"雷在这个主题上无甚可说，这部著作的文体并不足以掩饰其内容的乏味"（Raven，1986：299—300），然而这部著作涉及一种实践神学，或者说道德神学。尤为重要的是，博物学作为一种重要元素被引入了其中。

约翰·雷认为，神乐于看到人类知识的进步，人有义务施展神赐予的智慧与理性，达到更高的文明程度。像培根以及其他"生态学上的帝国论者"一样，约翰·雷高度赞誉人类的文明，并认为"这位宽厚而仁慈的造物主"乐意看到人们建立一个超越世俗住所的理性帝国："美丽的城市与城堡、可爱的农舍与村庄、规整的花园与果园，以及各种用作食品、医药或仅供观赏的灌木、香草与果木……诸如此类的一切使一个高度发达的文明地区有截然不同于蛮荒之地的典型特征。"人凭借理性和辛勤去认识并利用外物，从而达到文明程度，这是神所乐于看到的。对于像锡西厄（Scythia）那样的游牧民族而言，"上天赠给他智慧与理性，都不过是白费"（Ray，1717：163—165）。博物学活动以及秩序井然的田园、城市，既是人类文明的成就，也是神意的体现。麦克马洪因此声称，约翰·雷从实践层面上为17、18世纪英国的"经济博物学"提供了辩护。然而另一方面，知识的进步并不是为了"改变世俗世界的面貌"，博物学研究的最终目的并不是获取各种实际的好处，而是为了实现一种"神圣生活"。

约翰·雷认为，人类通过博物学接近并理解神，人类所获得的一切技能都是出于对神的模仿。但是神的智慧与技艺始终高于人，自然造物绝非人工造物所能比拟。此外，神的目的也超出人类理解力范围。人类绝不应当因自己获得的微末知识而自以为能参透甚至改变神的创造与设计（在这里也可以理解为自然）。神的高明还表现在"他所具有的智慧、技艺与力量，在最微小的昆虫身体结构中同样彰明昭著"。因此"如果人类应当思考造物主在一切造物中体现出的荣耀，那么他就应当全盘考察一切事物，而不要以为任何事物不值得他去认识"。（Ray，1717：180）"一切创造物都可提供素材，让我们去仰慕与赞赏物体本身，以及我们的缔造者。"（Ray，1717：177）因此人类不应当为自己掌握的微末技术沾沾自喜，而应归之为神的恩赐，并心存感激。知识的增加，应当使人性变得更为谦卑。

因此，虽然约翰·雷声称知识和文明能增进人类的福祉，但他所称道的好处，更多的是在伦理层面上求得内心的安宁，而不仅是获得物质层面上的舒适与便利。他一方面热切赞扬当时的海外旅行以及对异域风物的认识，指出这些活动给人类文明带来的好处，另一方面又强调，知识的进步并不是为了改善世俗世界的面貌。他督促年轻人投身于这些学问，并称"他们或许会做出一些给世界带来显著益处的发明，这样一项发现将极大地补偿一个人花费的毕生精力以及旅途的劳顿"，但是他依然表示："维持现有的一切就足够了。我也不觉得他们还能做出什么独创性的惊人成就来使他们自己的心灵得到更多的满足，并彰显神的荣耀。因为神的一切作品都是无与伦比的。"（Ray，1717：174）

由此来看，约翰·雷对知识及海外探险的看法确实不同于启蒙时期的功利主义思想。与18世纪鼓吹思想统治物质、人类统治自然王国的"帝国道德论"相反，"约翰·雷认为人类相信整个自然都应为人所用，正是人类绝对自我的'粗俗无知'。这种谦恭情感是由摩尔和维吉尔（Virgil）的田园主义复苏的异端哲学的主体部分"。（沃斯特，2007：75）

五、结语：博物学与自然神学的紧密融合

在自然神学发展史上，自西塞罗和盖伦之后，约翰·雷之前鲜有人在这个主题上做出原创性的贡献。（Glacken，1967：415—442；Raven，1986：452—478）约翰·雷的博物学著作囊括众多丰富的材料（包括一手的，以及同时代最著名的实验哲学家与显微学家们的观察结果），他满怀情感地论述了诸天体的运行方式、风雨潮汐等自然现象、地球形状及山体河流等地貌景观的分布、各处动植物种类的多样性、人类身体与动植物各部分构造的精巧与美观。在他看来，这些都是阐明神的智慧、能力与仁慈的最佳证据，因为人人都可以通过"自然之光"认

识到这些观察事实。他将散见于自然界各处的博物学材料集中汇总起来，凝结成一部全面、综合的自然神学著作，并对后世起到深远的影响。在达尔文的《物种起源》一书出版之前，出现了多种自然神学形式。然而，无论是佩利从具体设计物中推出缔造者的设计论主张，还是赫顿（James Hutton）与普利斯特里（Joseph Priestley）的"整体自然系统"论证[1]、欧文（Richard Owen）的"骨骼原型"与"造物者理念"说等，都能在约翰·雷著作中找到相应的论证。在很大程度上，这些不同的变体也是对约翰·雷工作的延续。

在17、18世纪，自然神学为具有宗教精神的实验哲学家们提供了一条折中之路，使他们能在新范式下从事研究，同时保持心灵上的安宁与虔诚。自然神学实现了"世俗的知识"（即新的实验哲学研究）与"神圣的知识"（即圣经和传统信仰）之间的调和。受经验论影响，约翰·雷认为，认识事物必须经过亲自观察，而在博物学研究中，应当采取自然主义视角。他否认神对世俗世界有直接作用，并试图将一切隐喻知识驱逐出去。与此同时，他受剑桥柏拉图学派影响，接受并认同"有塑造力的自然"之说，为自然界本身超出人理解范围之外的神奇与精妙留下了余地。正因为此，从生态学的角度来说，"约翰·雷的自然神学著作毫无疑问具有无与伦比的重要性"（Egerton，2005：301—313）。依照沃斯特的说法，约翰·雷将摩尔的"有塑造力的自然"引入"生态机器"中，从而为摩尔的泛灵论穿上一件可被人接受的外衣，使"那些较正统的人能在这个生灵世界中看到一种上帝与自然超然关系的替代品"（沃斯特，2007：65）。这对于克服现代人与自然之间的冷漠关系、实现自然的"返魅"具有至关重要的意义。

更重要的是，约翰·雷的自然神学并非孤立的神学理论，而是博物学与自然神学的紧密融合。尽管在他之前或是与他同时代的摩尔、威尔金斯与波义耳等人都曾撰写过自然神学著作，但是由于关注点的不同，这些作者都不曾真正将博物学与自然神学紧密联系起来。约翰·雷所谓的"神圣生活"打破传统上信仰世界与生活世界之间的界限，将神学变成一种简单的道德理性实践，更明确地说，即博物学。从博物学的方面来说，自然神学为其提供了动力和思想来源，使之打破人类中心的局限，朝向更高的伦理境界发展。

---

1 赫顿主张山体的形成与侵蚀过程保持着地球上土壤的肥力，其中显示出神的远见；普利斯特里则从植被提供氧气，使空气适合人呼吸来进行论证。关于这一时期自然神学的多种形式，见Brooke，2002，pp.170—171。

第7章　华莱士的追求

　　与达尔文共享自然选择理论发现者殊荣的博物学家华莱士是整个维多利亚时代的见证者之一，也被认为是当时最具创新性和最富争议的人物之一。华莱士与达尔文共同创立自然选择进化理论，但他们的自然选择理论并不相同，产出环境、适用范围等都不一样，同时，华莱士的进化论思想与其社会政治观点之间有着密切联系。学界在相当长的时间内低估了其间的差异。

一、博物学视角下自然与人类社会中的自相似性

　　在人类思想史上，一种新的认识方法往往会同时出现在不同的地方和不同的专业领域。这种同步现象看起来似乎非常不可思议。其中人们耳熟能详的例子有：当达尔文脑海中的自然选择理论成熟时，远在马来西亚的华莱士也完成了类似的研究成果；牛顿发明微积分理论时，莱布尼茨也几乎同时提出了类似设想。在科学与艺术等不同领域间也出现了许多同步现象。16 世纪荷兰的美术学校为表现内部空间的效果，研究光是如何通过缝隙、门下进入房间的，或者如何通过彩色玻璃让光线发生变化。与此同时，牛顿正在研究棱镜以及光通过小孔的行为。200 年后，英国风景画艺术家特纳（J. M. W. Turner）将光表现一种旋转的能量，而物理学家麦克斯韦（J. C. Maxwell）也提出了光起源于电磁场的旋转运动的波动理论。当印象派画家用多种形式去表现光，甚至将光画成离散的点时，物理学家正在创建光是由被称为量子的能量单位构成的光量子理论。（惠特利，

2016：191）

　　从古希腊到当代科学，生命被描述为一个过程，一个不断演化的过程。近代以来，西方科学革命推崇机械论自然观，以数学化的方式对待自然。自牛顿和笛卡儿以来的几个世纪里，人类形成了将整体不断分割细化的世界图景机械化的世界观，并取得了巨大的成就。然而当源自科学革命的机械论世界观面对人类社会与人性本身时，自然科学与社会科学之间一道巨大的鸿沟便出现了。在西方19世纪的维多利亚时代，进化思想的诞生仿佛为人类打开了另一扇窗，人们不断地试图以"科学"依据建立人类社会指导思想。然而，人们逐渐发现，对人类的文化现象的研究仿佛根本不可能纳入机械论世界观下的牛顿物理学范式之中。

　　博物学正是提供了这样一种古老而新奇的视角，大自然在各个层次上都具有自相似性，自然通过某些原则建立起秩序井然却又不断更新的系统。这些系统中最神奇的现象之一便是自然与人类社会中的自相似性。在化学领域，普利高津（Ilya Prigogine）的研究成果表明：无序可以成为新秩序的源头，不平衡是系统成长的必要条件。他将这样的系统称为"耗散结构"，这些系统并不一定导向崩溃、混乱，它们有些具有天生的自我组织能力，因此也被称为自组织系统。对耗散结构产生的有序自组织现象了如指掌的普利高津教授曾总结道，我们的宇宙遵循一条包含逐次分岔的路径，其他宇宙可能遵循别的路径。值得庆幸的是，我们遵循的这条路径产生了生命、文化和艺术。（普利高津，2015：57）梵·高（Vincent van Gogh）和达·芬奇（Leonardo da Vinci）都不是现代严格意义上的科学家，更不懂什么混沌理论、非平衡热力学理论，但是美本身就是科学与艺术共同追寻的秩序，艺术家的直觉能够让他们感受到这股强大的宇宙力量。梵·高的画作《星空》中描述的仿佛是宇宙中暗流涌动的能量物质间的宏大流变，而达·芬奇的画作《湍流》则形象表现出漩涡中有漩涡，较大的漩涡破缺成小的漩涡，小的漩涡再进一步破缺。这些艺术作品表现的正是普利高津的耗散结构。然而很长一段时间里科学家们忽视了系统的变化与成长过程，他们更感兴趣的往往是哪些因素支持系统的稳定性。例如，对于机器系统，人们习惯把注意力用于研究系统结构的平衡与稳定性之上，工程师们通过引入反馈回路来监控系统的工作状况，这种类型的反馈被称为调节反馈或者负反馈。负反馈对于机械系统的稳定性是有帮助的，然而还有另外一种反馈，被称为正反馈。这种反馈信息并非用于调节，而是要求系统发生改变，在这种反馈回路中，整个系统处于迭代变化之中。例如，芒德勃罗分形便是通过简单组织过程生成的一种复杂图形，即对于一个非线性方程进行数百万次的迭代，当把数百万次的运算结果绘制出来后，就形成了复杂的自相似图形。1975 年芒德勃罗发现了这种最奇异、最瑰丽的几何图形，它被称为"上帝的指纹"。分形方程的启示是，一种新简单性与复杂性的桥梁建立了。以往人们根据牛顿机械论世界观会认为，复杂是对简单的添砖加瓦的过程，在欧几里得空间中，方程描述的是某种图形的轨迹。而在分形中，方程是进化反馈的起点。事实上，直到普利高津将时间维度引入热力学中之后，科学家们才逐渐关注将引起系统变化的正反馈信息。

牛顿物理学 300 年来改变了世界，然而从某种意义上讲却没有为研究生命网络系统提供过多有价值的理论，相反一度束缚了人们的视角。它只是告诉人们，变化是以增量的形式发生。如果想要弄清楚生命及自组织网络如何改变，就要理解进化的含义。以自然选择为机制的进化论公认的最根本的两个基本特征是：遗传变异与生存竞争。然而，这一核心尽管看起来很简单，却容易产生误解。历史与现实中对于进化论是什么、不是什么，经常出现严重的混淆。例如进化论思想经常被误解为含有目的论、用进废退色彩，尤其是存在一种广泛的错误概念，认为进化论是个目标导向的过程，也就是误以为进化论描述的改变是为了导向某种特定的目标。然而如果看看一滴墨水滴入清水中的扩散过程，就会发现连最基本的扩散过程也会产生某种带有新的秩序的混沌涟漪。难道墨水本身的扩散带有某种目的性吗？

从更广义的视角来看，爱因斯坦质能方程揭示，能量世界与物质世界是等价的，然而在行为方面却有着很大的差别。能量充满整个宇宙，传输速度可能比光速还要快很多倍。能量可以以信息的形式在多维空间中穿梭，在不可见的介质和关系中移动。人类社会中的意义与信息有很多与能量相类似，不呈现任何的物理形态。它可能是我们虚构而来的，也可能是更高维度信息的结构形式的投射。在新兴科学领域，信息不再是我们过去所熟知的概念——复制品。物理学家约翰·惠勒（John Archibald Wheeler）认为，信息也是宇宙的基本组成部分。现实世界不是"物"的世界，而是"非物"的信息世界。信息是通过另外一个不可见的要素——"意义"进行组织的。在最新的进化与秩序理论中，信息是动态变化的核心要素。离开信息，生命无法产生任何新的东西。生命通过新秩序的形成而呈现出新的结构。物理学家逐渐关注到，不可逆的总体向无序发展的过程也会带来建设性的有序，耗散结构与自组织现象相辅相成。新一代的学者将这些理论统一到社会学与生物学之中，他们发现，生命有机体乃至社会中的信息维持了整个系统的完整性，信息协调整体各部分保持相对稳定同步，彼此联系，共同抵抗混乱与崩溃。在这个意义上讲，技术的本质就是要降低沟通与运输的成本。科技提高了能量利用的效率，实现了信息处理方面的能量消耗的降低，这样信息就成为比能量和物质更为重要的改造世界的基础。由于意义与价值具有能量特征，因此我们不能按照机械论世界观将整体简化为互不相连的组成部分，这也是博物学及其他古老思想的智慧所在。

科学、宗教或是艺术所宣称的某种神秘而高深的东西，往往都具有共同的属性。例如，最为神秘的宗教理论也不过是建立在信仰某种更高的秩序之上的，现代人所信赖的法律、道德、货币、大的品牌、大的社会组织往往都是建立在某种得到广泛认同的虚构秩序之上。佛家讲，"众生，皆具如来智慧德相"，"一念一众生"。诗人布莱克（William Blake）则写道："一沙一世界，一花一天堂。"只要从新的视角进行观察，就会发现，自然和人类社会都存在大量的自相似性案例。而这些自相似性的案例是牛顿力学世界观无法解释的，同时也是博物学视角下自然的魅力所在。

时至今日进化思想正在逐渐融合新科学的每一个分支，如混沌理论、量子物理、复杂系统等，从而彻底颠覆了牛顿机械论世界观。混沌理论揭示了事物发展过程是某种不断迭代的自反馈过程，科学家们发现生命系统也是如此，进化本身也是混沌现象，正如即使在无机界的混沌之中也会产生有序的自组织现象。自组织复合体的这股神奇的内部动力会产生自己的惯性，形成某种自相似的重现模式。这种由无序产生的建设性有序模式为进化限定了方向，这样的动力将进化的随机性、偶然性导向了某种必然模式，趋同进化就是大自然自相似性的例子。例如，用翅膀飞行这一运动功能就在生物中独立进化出过多次，翼龙、昆虫、蝙蝠、鸟，它们并没有同一个祖先，飞行对它们来说完全是趋同进化的结果。

来自博物学家们的最伟大贡献之一便是进化论的提出，其草创者们发现生命系统一样拥有应对变化的迭代能力。人们起初没有意识到，华莱士与达尔文建立的自然选择理论是与牛顿、笛卡儿机械论还原主义完全不同的理论。在个体活动与整个系统之间，存在着非常复杂而又密切的关系。在生命系统中，自参照能增强系统的活力。人类不是机器，人可以通过自参照训练而获得新的感悟。只要摆脱机械世界观的束缚，自参照就可以成为我们最好的老师。我们就可以在自参照的指导下共同支撑生命，而不是让生命毁灭。信息的重要来源是混沌的自主性，生命系统使用信息来建构物质形式，即便生命系统并没有按我们设想的方式进行组织，它仍是以进化反馈形式不断组织信息的过程，甚至在最复杂的人类大脑中反复发酵后，也会导致某种相同的世界观在不同人的脑海中重复出现。接下来我们将要介绍的便是博物学史上最经典的自相似性案例之一，与达尔文共同提出自然选择理论的博物学家华莱士。

二、维多利亚时代的怪杰

博物学家华莱士（Alfred Russel Wallace，1823—1913）基本上可以算作19世纪的人物，他生活的年代与英国的维多利亚时代（1837—1914）几乎完全重合，因而维多利亚时代的社会背景就是华莱士所处的时代背景。华莱士是当时最具创新性和最富争议的人物之一。与达尔文相比，华莱士没有受过正规教育，在当时的英国阶级社会中没有社会地位，华莱士成为科学界以及相关领域中的传奇人物，也是科学史上的奇闻之一。在他去世后，他的形象又变得相对卑微，这一事实令人心酸，同时更耐人寻味。

华莱士在科学史上的昙花一现使后人对其了解甚少，这一点甚至为文学作品提供了广阔的想象空间。华莱士谜一样的性格，令美国的华莱士研究者夸曼（David Quammen）想到了小说中的人物。他指出，华莱士在人类大脑发育问题上与达尔文分道扬镳，他反对接种天花疫苗，主张土地国有化，以及他对唯灵论的涉猎，这些都被他的毁谤者们当成他怪异无常的证据，把他贬为一个狂人。在传统史学家笔下，华莱士显得愤世嫉俗、善变多疑。假若华莱士不存在的话，还真得找出一个小说家才能创造出这么一个形象来。（夸曼，2009：130）

在19世纪的欧洲，随着比较解剖学的发展和史前人类留下的化石的不断发现，当时的人们对于对人类本身进行"科学"研究产生了极大的兴趣。人类学家们认为，根据人具有动物性这一事实，将生物学概念体系和方法用来研究人是可行的。对人进行科学研究，很大程度上依赖于生物进化论思想在当时的成功与流行。在大英帝国对外扩张盛行的维多利亚时代，进化思想逐渐被人们接受，不仅被人们用来解释社会进步，也随着资本主义的扩张，为欧洲人对其他种族的剥削与统治找到了"科学"的依据。近代欧洲兴起的帝国主义扩张、种族主义、优生学运动、社会达尔文主义浪潮，都有其所谓的"科学"依据。

华莱士虽然是自然选择进化理论的草创者之一，但他的诸多社会评论却对社会达尔文主义形成了强烈的批判，这使他的社会言论为英国主流社会及科学共同体所不容，同时也在很大程度上降低了华莱士的社会评价。华莱士的社会主义倾向在其同时代人眼中已然是公认的事实。华莱士早年开始崇拜欧文的社会主义理想，他的社会评论一贯反抗贫富差距、反对殖民主义、追求社会平等。他将大部分精力都投入到社会事业之中，还亲自参与社会改革。华莱士的研究者费奇曼（Martin Fichman）最近指出，贫困出身的华莱士，以自己独特的生物学思想为基础，在维多利亚时代社会达尔文主义思潮中，构建了独特的社会主义倾向的进化世界观。（Fichman，2004：257）

例如，在殖民扩张过程中，华莱士的同侪达尔文和其他人看到的是两个种族之间关于领土的生物冲突，而华莱士看到的是文化差异，最终成为政治和政治经济问题。在华莱士看来，进化理论的种族主义、优生学以及资本主义的辩解，不仅在生物学意义上是可疑的，并且这些辩解以令人反感的社会前提为基础，华莱士认为，所有辩解都基于阶级划分及经济不平等。这些理论的倡导者们忽视或者不能面对的一个核心事实是，维多利亚女王时代的文化阻挠没有促进真正的进化发展。在华莱士的思维和活动中存在可以确认的一致性，即华莱士生物学思想在人类社会中应用的主旋律。华莱士努力追求将生物学思想和实践进行结合，热衷于在不同学科领域内寻找同一问题的答案。在这个意义上，华莱士保留了同时代的斯宾塞（Herbert Spencer）和高尔顿（Francis Galton）等人联系生物学和文化的目标，但是他的生物学与社会相结合的道路，与同时代大多数人相较却是背道而驰的。

华莱士之所以被认为是维多利亚时代很难以捉摸的人物，原因之一是很难将他划归为任何一个明确的领域。他身上贴着许多标签：博物学家、理论家、社会学家、土地国有化支持者、哲学家、道德学家以及唯心论者。然而，华莱士在涉足的这些领域中都有着他独有的思想体系作为指导。与其说是生物学思想体系，不如说是一种融入其进化思想的世界观。在他人生的不同阶段，表现出对于不同领域的浓厚兴趣。华莱士在他人生的最后几十年里实现了他以生物学为基础的进化世界观与其社会政治思想的融合。当然华莱士也不是唯一追求构建重要的进化世界观的人。在他之前直到今天，无数人努力尝试打造进化世界观的基础。例如华莱士所处时代有影响力的学者中，人们很容易想到钱伯斯和斯宾塞等人。种族主义者、男性沙文主义者和优生学倡导者们，在维多利亚时代大肆鼓吹社会达尔文主义意识形态的进化世界观。

在生物学对人类社会的启示方面，华莱士拒绝与维多利亚时代的社会达尔文主义阵营为伍。在涉及社会问题时，与其时代背景形成鲜明对比的是，华莱士的社会评论带有强烈的对维多利亚时代种族主义和资本主义的批判。华莱士挑战了许多维多利亚时代理所当然并正在构建的价值观，他追求将他的理论见解和成就结合到实际的政治维度中去，并且试图改善他所不能容忍的社会中存在的弊端——维多利亚时代的种族、经济和性别不平等。这也直接导致了他在科学共同体中与同僚们之间紧张而微妙的关系。华莱士同时代的知识分子大都出身富贵阶层或中产阶级，在科学共同体中，华莱士的社会主义主张触犯了英国上层社会的利益，招致了强烈的反对，造成他与同僚之间的关系紧张，在很大程度上也影响了华莱士在科学史中的形象。

华莱士最为人熟知的成就，是与达尔文分享了自然选择理论的殊荣。然而学界长期忽视的现象之一，是华莱士的自然选择理论从一开始就超越了个体的层次而考虑到了生物种群更大的利益。但是由于达尔文的权威和影响力，华莱士自然选择理论中对群体利益的侧重直到后来很久才被研究者所重视。华莱士自然选择理论侧重群体利益的思想，正是其对19世纪社会生物学在人类社会中应用的意识形态予以反驳的科学起点。

华莱士独特的人类起源思想在同时代人中是特别的，甚至是很难被人理解的。一个重要的原因在于，当时的社会达尔文主义阵营接受的是达尔文强调"个体竞争"的进化理论。华莱士作为自然选择理论的另一独立发现者，其进化理论本身就与达尔文的有差别，这一点在当时学界并没有加以细致区分。时人也很少注意华莱士的人类学思想与社会评论表现出来的个性。为了在大众传播和学术信誉方面保护自然选择进化论这一共同"孩子"，某种意义上达尔文也希望掩饰自己与华莱士的差异。但是，他们之间的差异确实存在，不是一点点差异，而是系统上的差异。

三、华莱士与达尔文之间的分歧

华莱士的自然选择理论来源主要来自于野外考察，而达尔文的自然选择理论则主要是基于对家养动物的观察。研究者们很早就关注到，华莱士与达尔文各自的"自然选择"理论之间，有着明显的不同。人口学家尼科尔森（A. J. Nicholson）在 1960 年就指出，华莱士倾向于认为环境确立了绝对的适应值衡量标准，一个物种中的所有成员都要接受检验。凡是不能通过这种标准检验的就要被淘汰，只有在环境发生变化的情况下，才可以发生进化。（Nicholson，1960：491）鲍勒（Peter J. Bowler）同意尼科尔森的观点，在 1976 年的文章中他也认为华莱士的论文忽视个体间的竞争，而强调环境对物种的选择压力。（Bowler，1976：17—19）杜兰特（John Durant）在 1979 年也指出，华莱士的选择单位相对于个体而言更多地发生在群体之间。（Durant，1979：41—45）科特勒（Malcolm Kottler）1985 年也批判华莱士用类似于群选择理论来解释通过自然选择而实现的进一步杂交不育性的进化。（Kottler，1985：384）齐默（C. Zimmer）在《演化》一书中认为，华莱士并未强调同种个体间的竞争。（齐默，2011：58）生物学史学家鲁斯（Michael Ruse）认为达尔文完全反对华莱士关于群体选择和"人类"独特地位的观点。（克罗宁，2001：541）

也有像约翰森（Norman Johnson）这样的学者认为，批判华莱士利用天真的群体选择论述来解释通过自然选择而实现的进一步杂交不育性的进化是武断的。虽然，华莱士经常诉诸物种的利益，但是还并不清楚，他是将杂交不育性视为物种水平还是个体水平的适应。华莱士和达尔文的作品中都充满"对物种有利"的说法，或许和当代生物学家谈到有机体的意愿而不提及它们有意识一样，只是一种捷径。（Johnson，2008：117）然而，无论华莱士自然选择理论的选择单位是什么，很多学者观察到了华莱士对"群体选择"的重视。

1. 两位自然选择理论草创者身世与博物学实践对比

在两人的博物学著作中，华莱士强调个体的群体特征，而达尔文强调并描述了不同个体的细节特征。华莱士清楚地区分了群体与个体，而达尔文则相对模糊。这与他们之间"自然选择"理论之间差异的推论是相符合的。二人虽然同为业余收集者而走上博物学之路，但却存在着诸多不同的背景。（Fagan，2007：

613）例如，他们所接受的教育和出身的不同，决定了他们社会关系之间的差别。经济状况和理论上兴趣的不同也会导致博物学实践中侧重点的不同。在详细探讨这些问题之前，有必要关注一下两人的身世对比。

达尔文的幸运出身广为人知，他的爷爷伊拉斯谟是一个成功的医生，他的父亲也是成功的医生，他的母亲出自著名的陶器商人韦奇伍德家族。达尔文曾被送到爱丁堡大学，继承家族学医的传统，但是他在手术台前感到恶心，不久就放弃了学医的打算。家人觉得他应该在教堂谋得一个正式的职位，为此，他在 1827 年后期进入了剑桥基督学院。在那里他与植物学家亨斯洛（John Stevens Henslow）和地质学家塞治威克（Adam Sedgwick）等一批学者广泛接触。他与亨斯洛建立了密切的关系。他已经读过洪堡（Alexander von Humboldt）的《南美洲个人旅行记》（*Personal Narrative of Travels in South America*），而且憧憬着到热带地区研究博物学。到了 1831 年末，来了一个机会，亨斯洛推荐他登上了英国海军派遣的一艘小船——"贝格尔号"。这艘军舰的任务是去测量南美洲的海洋。这艘船的船长费茨罗伊（Robert Fitzroy，1805—1865）是皇亲国戚，需要找一位绅士做伴，以消除航海期间的枯燥。作为补偿，特地邀请一位博物学家，这样他也可以对到过的地方进行描述。达尔文由此获得了出海进行历时五年的游历的机会。（鲍勒，1999：195）

达尔文在这一时期的任务主要集中于地质学考察，赖尔（Charles Lyell）的《地质学原理》正是他航行中研读的主要著作。他的这次出行得到了广泛的支持，他的父亲还为他支付了一笔可观的费用。达尔文经济上的稳定，社会关系的广泛，以及诸方面的支持，为其博物学考察提供了广泛而自由的空间。船长费茨罗伊也从来不干预达尔文的博物学考察。与华莱士相比，达尔文甚至可以说有着自己的博物学团队的支持。他寄回英国的加拉帕戈斯群岛上的地雀，就是在鸟类学家约翰·古尔德（John Gould，1804—1881）的帮助下进行分类鉴定的，达尔文也因此受到了启发。由于其在陆地上要经常骑马，他偶尔在下马之余才有机会采集标本，另外，他的标本采集工作很多也是依赖于他所雇佣的水手完成的。（Fagan，2007：612）

贝格尔号完成航行，抵达伦敦之后，达尔文开始了忙碌的工作。他最初还是在地质学会阅读各种论文。对于物种概念的转变，多数现代史学家都相信是在他回到英国后发生的，而不是在他航海期间。（鲍勒，1999：204）这一点与华莱士的情况正好相反。

华莱士相对卑微的出身和坎坷的博物学考察经历，在此不再赘述。从某种程度上说，华莱士和达尔文互为镜像，达尔文的祖上来自于工人阶级，靠个人奋斗在上层社会立足，而华莱士来自于有特权的父母，但他们失去了财产，使孩子除了奋斗之外别无出路。总之，华莱士一生经常为自己的经济状况担忧，而达尔文则从来不为此类问题烦恼。

对比二人不同的经济背景，有利于接下来探讨达尔文为什么对生物个体标本的观察更为细致，而华莱士则更关注生物标本属和种层面的界定。达尔文的考察航行之初并未明确考察物种变化的方向，而是更多地以地质学考察为主，这从他对地质学的兴趣大过动物学与植物学以及日记中四倍于动物学的地质学记载就能看出。而且，他总是在马背上观察贝格尔号停靠的沿海地区的地貌与地质环境。他的兴趣首先是地质学，其次才是动物学。当采集到标本时，他会用更多的时间观察标本的细节，却不能有更多的时间去采集它们。

而华莱士在海外博物学考察之前就受钱伯斯、赖尔的影响，已形成了物种变化的观念，并且确立了寻找物种变化的目标。可以说华莱士是第一个为寻找物种起源而进行海外博物学考察的博物学家。由于经济困窘，华莱士要靠采集为生，他不得不终日采集，无暇顾及个体标本的细节。达尔文由于生活富足，习惯于雇佣他人采集标本。华莱士偶尔也会找人帮他，在南美独立采集，在马来群岛雇一两个人。达尔文自己观察得多，至于采集工作他可以交给别人去做。而华莱士采集标本的强度要远远大于达尔文，这反映在两个方面：首先，华莱士的采集工作是全天候作业，有严格的时间限制，而贝格尔号上的生活让达尔文只能做短途沿岸旅行；其次，华莱士有严格的时间表，作息极其规律，达尔文在贝格尔号上的生活则轻松随意得多。

华莱士用网捕甲虫和蝴蝶，较少捕鸟、哺乳动物、爬行动物。如果对比华莱士和达尔文所采集的昆虫标本会发现，华莱士的标本大而艳丽，达尔文的标本则要平凡得多。华莱士的经济状况，决定了他的采集范围——标本要卖出好价钱。他会向他的代理人斯蒂文森（Samuel Stevens）抱怨买家只关注艳丽漂亮的标本。他的收集工作是十分认真详尽的。当然，经济压力也并不完全决定华莱士的收集工作，他关于物种识别、它们之间的亲缘关系，以及不同地域的物种组成之间的关系的理论兴趣，也是他采集生涯的重要导向。

达尔文对显微镜下细节的偏爱和单纯的采集动机，使他没兴趣收集一系列相关标本的副本。在给亨斯洛的信中，他曾经提到对两个标本的细节描述胜于六个标本的采集工作。细致入微的描述非华莱士所能顾及。华莱士关注更多的是经济奖励与更加绚丽的标本，这使他更多地收集特别物种的整个系列的标本（例如天堂鸟系列和艳丽的鳞翅目）。华莱士对种与变种间的区别程度与实质区别的兴趣，也促使他收集更多种多样的标本。华莱士每天要花五到六小时采集标本，还要花大量时间分门别类。与华莱士对鸟与昆虫的兴趣比，达尔文则更喜欢海洋无脊椎动物，他更注重观察描述标本的细节。达尔文对每个物种至多会采集两个标本，而华莱士则大量疯狂采集，以区分出物种与物种间的差别，做出分类学上的定位。生物学史家发甘（Fagan）认为二人这些博物学实践中习惯与方法上的差异，正是华莱士与达尔文对标本采集中个体与种群关注不同的原因。从这样的对比中我们再次看到了经济、社会和科学之间的相互交融。

博物学实践中习惯与方法上的不同，也导致二人在标本物质成果的数量和种类方面的差别。达尔文与同时代的博物学家相比算是收获颇多，他一共向伦敦寄回了五千多件标本。达尔文的标本的特点是单一，而且更具随机性。而在华莱士一方，无论是标本的数量还是种类都多得惊人。在马来群岛的八年间，他收集了超过125000件标本。华莱士标本的特点是种类繁多，且在分类学上都有明显的定位，每一个种和属的标本都有众多的副本作为分类学上的参照。华莱士的博物学采集数量称得上疯狂，从中也可以管窥早期博物学家对于生态系统的掠夺式的破坏。

在写作方面，发甘同样关注到二人使用词语频率的不同。首先，在华莱士马来群岛考察期间的博物学相关文章中，只有一篇没有提及种以上的单位，当然他也偶尔零星提及生物的个体。而达尔文在贝格尔号的博物学日志中则是，三分之一关注生物个体，四分之三提及个体，三分之二提及种或更广的单位。其次，华莱士一以贯之地描述他在物种上的工作，达尔文则不时报道新奇动物个体。虽然很难区分达尔文的个体与群体的差别，但至少可以肯定达尔文与种的层面无关。再次，华莱士写作中充满了"种的计量"，例如"13种鸟""194种昆虫""一个昆虫科中收集了1364个种"，另外像"新物种""漂亮的种""普通的种"这些词频繁出现。而达尔文的写作中则不突出种层面，或者说不关注种的划分。此外，他们在与种和个体相遇的时候，其表现也有所不同。例如，华莱士收养小猩猩，将其称为"类婴儿""婴儿种"，在它死后将它作为标本，称为"年轻猩猩标本"。达尔文则不同，他没有特别注明他遇到的种，也不像华莱士那样对种的特征进行详尽的描述。最后，二人对待各自标本的特征属性的态度也不一样。华莱士会抱怨一个种只有一个标本的情况。他需要一系列的标本来确定一个种，他总是强调种的特征属性。

华莱士在其12年的海外博物学考察期间，大部分时间与鸟、昆虫在一起，他对生物个体已经见怪不怪了。相应地，他对个体与群体以及每个层面的概念的划分是十分清晰的。而达尔文对个体与种间的区分则模糊得多，他经常在分类学意义上快速转换。由此可见，华莱士这样一个终日收集个体，把它们按群体或更大的单元分类的人，是不可能混淆个体与群体概念的。达尔文对每个物种标本只取一两个的方法，使他很容易混淆群体与个体的描述。以少数个体代表群体或物种的做法，使达尔文对不同层次范围间的划分显得模糊。（Fagan，2007：605—625）

在接下来的讨论中，我们会发现华莱士对"群体选择"的重视。杜兰特认为华莱士低估了个体之间生存竞争的存在，而强调群体之间斗争的重要性。（Durant，1979，42）他将这一行为侧重描述为以外部社会达尔文主义取代内部社会达尔文主义。发甘和费奇曼等人都察觉到，以华莱士和达尔文的出身经历以及博物学实践为基础的对比研究路径有着更广泛的意义。放眼整个维多利亚时代的生物学意识形态，达尔文强调个体竞争的理论侧重有着更为深远的启示，而华莱士对种群利益的关注也能延伸到他后来的人类学思想与社会实践之中。

比如，达尔文强调个体选择行为，在人类社会领域这带来了道德问题，而在生物学领域，则产生了令达尔文困惑一生的利他主义难题。按照达尔文强调个体竞争的自然选择理论推断，自然界的生存法则应该是冷酷而无情的，它不容忍弱者，对于受苦者也无动于衷。它欣赏强硬、有精神、健康的生物。就像社会达尔文主义阵营所鼓吹的，人们注定要艰苦奋斗、追逐自己的利益、不顾他人死活。而自然选择也必定会抛弃自我牺牲性行为，自私自利者才应该大行其道。但仔细观察大自然，达尔文发现情况并非如此。他发现有很多不自私的动物，尤其是它们对待同类的方式：发出天敌警报、分享食物、相互理毛以清除寄生虫、领养孤儿、打斗时不会残杀伤害同类、彼此礼貌沟通。尤其是一些社会性昆虫，它们根本没有生育的能力，却甘愿为了同类而默默地奉献自己或者牺牲自己的生命。正如同社会达尔文主义在人类社会领域中遇到的道德尴尬处境一样，生物界的这类行为向注重个体竞争的达尔文抛出了一道"利他主义"的难题。在《物种起源》中他写道："我要集中讨论一个特别的难点。这一难点在我当初看来，似乎是不能克服的，并且对我的全部学说的确是致命的。我所指的就是昆虫社会里的中性即不育的雌虫，因为这些中性个体无论在本能上还是在构造上都与雄虫和可育雌虫大不相同，而且由于它们不育，便不能繁殖它们的种类。"（达尔文，2005：154）

而华莱士注重种群利益的自然选择学说，与其性选择、人类起源及社会主义倾向的进化论观点都有内在逻辑上的传承。由于他强调种群利益的自然选择论，性选择理论变得相当古怪。因为性选择理论是雄性个体的同种雌性偏好所驱使，而导致同种雄性间的竞争。华莱士认为自然选择力量来自物种之间的竞争或者是来自环境的压力，而不注重种内个体间的竞争。但性选择的本质是种内竞争。这样来看，就能为华莱士后来极力想把性选择理论纳入到自然选择理论框架之内的做法找到他侧重种群利益的理论来源。

发甘认为，这种研究进路可以从更广泛的社会背景中得到他们不同的实践成果，这种比较方法也为研究其他博物学家提供了范例，尤其在对华莱士和达尔文后续的成就研究之中，例如对华莱士的人类学理论、唯灵论、社会主义言论，达尔文的种族主义、资产阶级言论的研究中，也能得到很好的应用。这种路径同时也为二人对待分类学理论方法、帝国主义政治和殖民主义的态度提供了广泛的社会和科学因素的研究起点。（Fagan，2007：625）

对于对华莱士"群体选择"论的指责，发甘认为不能随便给华莱士贴上标签。（Fagan，2007：624）同时，今天的某些学者对群体选择的态度也产生了变化。由于受到亲缘选择论和基因选择论的批评，在将近20年的时间里，群体选择论被作为科学中的坏的理论被人们拒斥。1982年，威斯康星大学哲学家索伯（E. Sober）教授出版了《选择的本质》一书，认为群体选择是进化中一种重要的力量。1998年，他又与生物学家威尔逊（D. S. Wilson）合著了《利他：非自私行为的进化论和心理学》一书，进一步阐明了群体选择论的合理性。（李建会，2009：27）

2. 侧重种群利益的自然选择与性选择问题

人们通常的共识是，华莱士和达尔文各自独立提出了以"自然选择"为机制的进化理论，他们之间有着显著的相似之处。比如，他们都是19世纪典型的博物学家，他们在偏远地区进行的广泛研究都在他们身上留下了不可磨灭的印记。华莱士和达尔文各自都受到马尔萨斯（Thomas Malthus）《人口论》（*Principle of Population*）的影响，他们都认识到动物和植物处于"生存竞争"中，他们都将这一点视为形成他们的进化理论的关键。

这些相似之处曾经影响了人们对华莱士和达尔文进化论的重大差异的评价。例如，在性别选择的雌性选择的重要性方面，华莱士与达尔文的观点完全不同。华莱士和达尔文的理论首次出版40年之后，华莱士提出："由于雄性的斗争而产生的性别选择是无可置疑的，但是，与达尔文不同，我认为不存在任何雌性的选择，科学观点的潮流是向着我的观点方向移动的。"当时，华莱士是正确的，科学观点确实是朝着华莱士的观点方向移动的。通过雌性选择实现的性别选择直到20世纪下半叶才成为进化论生物学界高度关注的主题。（克罗宁，2001：167—170）达尔文和华莱士在人工选择和驯化生物与野外进化之间的关联性上也持有不同观点。在《物种起源》中，达尔文在对通过自然选择实现的进化的"长篇论述"的开始部分，论述了生物饲养的类推结论，尤其是鸽子的饲养。相反，华莱士对从饲养动物和植物中所推出的结论在自然界生物中的适用性表示怀疑。（Shermer，2002：116）

在新拉马克学说复活的19世纪80年代，华莱士出版了他的进化思想代表作《达尔文主义》（*Darwinism*），他不但否定所有用进废退式的进化机制，而且试图用自然选择理论屏蔽掉达尔文提出的性选择理论，对此他形容自己"比达尔文还达尔文"。

达尔文版本的性选择可以概括为两个层次：雄性竞争和雌性选择。在达尔文看来，雄性的色彩越漂亮，就越显示出雄性的优越性。而华莱士认为，雌性并不是因为劣等而不具有雄性的色彩，而是自然界本身就有五彩缤纷的倾向，雌性放弃了这种色彩，因为这种色彩不适合于这一物种的行为，是自然选择的结果。孔雀的尾巴就是他们争论的对象之一。从适应性的角度看来：

孔雀的尾巴简直是一出闹剧，炫耀、怪异、夸大、矫饰，显然不具任何实际用途，而且还可能会伤及它那负担过重的主人。更糟的是，动物界中到处充斥着像孔雀尾巴这样的构造，在一种又一种的动物中，尤其是鸟类和昆虫。雌性动物衣着总是非常经济又合理，谨守着达尔文理论的命令，然而雄性动物却明目张胆地违抗规则，公然违抗自然选择，长出华丽色彩、巴洛克式的装饰或是表演精致的歌舞等。（克罗宁，2001：155）

华莱士坚持自然选择原理是生物界的唯一塑因，他一如既往地强调适应性原则，相信雄性个体的所有乖张结构与表现均能还原到自然选择框架内进行解释。达尔文却在物种进化机制方面向多元论敞开了大门。达尔文最初曾经认为隔离是成种事件的主要机制，然而在准备《物种起源》期间，他开始转向了同域成种的解释，随后一直坚持这一理论。在《物种起源》第一版中，达尔文还认为拉马克的用进废退和获得性遗传在进化中并不重要，此后却不断让步，终至在《物种起源》第六版中将其作为导致物种转变的次级原因，仅次于自然选择。在《人类的由来》中达尔文又引入了解释物种性别二态性的性选择理论。而且，达尔文支持人类与动物之间进化的连续性，所以强调动物在性别选择中的审美特征。他甚至认为人和动物有相通的审美能力，这是华莱士所不能接受的。达尔文将人类的审美与动物性选择偏好口味相联系的做法一直受人诟病。达尔文性选择理论的软肋在于不能解释审美偏好的起源，这就给神创论者的人神同性观点留出空间，有人会认为这正是神在创造万物时赋予动物和人美感的证据。（Fichman，2004：267—268）

道金斯（Richard Dawkins）和克罗宁（Helena Cronin）等人同意华莱士对达尔文雌性偏好起源的质疑。道金斯指出："达尔文从没有想过要解释雌性的选择偏好，他仅满意于提出这一理论，以用于解释雄性外表的形成。华莱士及其继承者们却努力寻找雌性本身的演化意义。"（道金斯，2010：246）他还指出，华莱士的继承者们后来认为："雌性孔雀选择雄孔雀不是因为雄孔雀长得漂亮，而是因为其鲜艳的羽毛是内在健康和般配的指标。"（道金斯，2010：245）克罗宁则写道："至于雌性为何总是扮演择偶者？还有，为何要有择偶这回事？达尔文并未提出令人满意的解答。在这方面，他的理论基础简直是个多余的伪论。"（克罗宁，2001：158）达尔文性选择理论这方面的缺陷，以及华莱士等人的反对，导致整个性选择理论一个多世纪以来长期遭受生物学史学家的忽视。

> 在达尔文理论的通史中，性选择鲜少被提及。鲁斯于 1979 年所列出的五本'至当时为止最标准的达尔文理论史相关作品'中，有一本完全没有提到性选择，其他四本对性选择也只是作粗略分析而已，其中两本把性选择范围限定在人类，而且，只有一本的讨论内容超出达尔文时代的辩论范围。至于鲁斯本人，对于这段历史也不过加上几句短评而已。鲍勒于 1984 年出版的著作《进化》（*Evolution*），公认是一本包罗各种思潮及理论而不止于达尔文理论的进化论通史，但也只留给性选择一个段落的篇幅。而另一本由奥尔德罗伊德（D. R. Oldroyd）所写的，讨论达尔文理论历史及一般影响的标准教科书，则完全忽视了性选择。这个主题曾被巴耶马（C. J. Bajema）编入一本论文集中，但却在 1900 年便打住了……与达尔文产业其他部分的滔滔不绝声势相比，性选择依然只像是家庭手工艺品而已。（克罗宁，2001：183）

克罗宁由此认为华莱士的遗产之一就是让性选择消失了一百年，在这一百年里所有被达尔文归为配偶选择的华美以及装饰全部由自然选择来包办了。同时，历史记录确实表明，性选择理论确实很难发展。即使到了 20 世纪 40 年代，还没有证据表明配偶选择可能与促进生存的特征相联系。（克罗宁，2001：210）但仍然存在的问题是，动物雌性的偏好标准是否等同于人类对美的欣赏。虽然感知器官的详细情况可以用于说明动物内部统一的选择模式，但是对人类行为所做的任何此类研究，似乎从一开始就注定会失败。同样，很难理解人们怎么能证明动物也具有审美感——如果这种美感不仅仅是"大的就是好的"（就像剑尾鱼），或者"拒绝陌生人"。换言之，海豚的立体派或者斑马的抽象表现主义会是什么样子呢？另外，即使动物只是从"早期的"审美理论来看显示出审美能力，在有记录的任何情况下，都没有证据证明一对伴侣中的雌性因为交媾时雄性不够美丽而拒绝雄性。（George，1964：212）

乔治（Wilma George）指出，华莱士在其著作《达尔文主义》中对此进行了明确的论证，在他看来，雌性动物具有审美感是一种没有依据的假设。华莱士坚持认为，不可能证明鸟类和昆虫的美感或者对艺术价值的欣赏模式。甚至昆虫看待事物的方式也不可能和人类一样，因为他们的眼睛和大脑结构都是不同的。"在我看来，说昆虫和鸟类本身对颜色的爱好和我们人类所拥有的品位一样，这种说法可能完全不正确，就像有的学者说蜜蜂是伟大的数学家、蜂巢完全是按照蜜蜂优良的数学本性搭建的。"（George，1964：211）

华莱士试图将雄性个体特殊的颜色特征还原为自然选择之下的用途：保护与识别。例如，保护色、警戒色与拟态特征。其他的不同的标记可以帮助物种识别自己。乔治指出：

> 在《达尔文主义》中，他扩展了他的理论。在他已经定义的颜色识别、颜色用于性别以及对父母的识别中，他加入了社会识别和物种识别。"对于群居或者成群迁徙的鸟类来说，飞行中的识别标记非常重要。"（George，1964：208—209）

> 在一个知更鸟聚集的地区，拉克发现，在任何繁殖季节，大约有五分之一的雄性知更鸟找不到伴侣，这种情况可能是性别选择在起作用。但是实际上，观察发现，求偶时被拒绝的雄性知更鸟往往会找到另外一只雌性知更鸟，并且，一个繁殖季节中没有配偶的雄性知更鸟，在下一个繁殖季节会有一个，反之亦然。（George，1964：213）

达尔文关于雄性"装饰"（例如鹿角）的新观点特别成功。但是即使在这一点上，也重新出现了意识形态的内容。他认为鹿角的作用是作为武器，但是可能会做出华莱士式的解释。当代古生物学家斯蒂芬·古尔德（Stephen Jay Gould）提出一种观点，强调雄性求偶竞争的"和平"或更"合作"的方式，而且现代生物学跟古典达尔文主义时期关注动物结构的着眼点相比，更注重以行为为基础。但在华莱士看来"性选择由于具备种内及社会特性，使得它和自然选择区别开来"。而他的同僚们以达尔文为代表，习惯把生物个体（尤其是同物种成员）之间的关系，视为非常重要的选择压力。克罗宁强调谈到性内竞争时，要特别强调性内竞争是比同种竞争还低的层次——雄性间竞相打斗，或放声高歌，或长出最花哨的尾巴。"性间"竞争则指两性之间的生育竞争。（克罗宁，2001：315—316）

这里就产生了一个引申，即华莱士侧重种群利益的自然选择理论，自然更着眼于强调生存并轻视生殖。而达尔文注重物种个体间的争斗而产生的性选择理论，则只关注物种的生育问题。连达尔文自己也承认这种理论还不够严密："性选择运作的方式不如自然选择严密。自然选择能通过掌握各种年龄或多或少算是成功个体的生杀大权，产生它的效用……但是（说到性选择）……比较失意的雄性只不过得不到一只雌性而已，又或者找到迟钝无活力的雌性，因此它们的子女数目也较少，或根本没有子女。"（克罗宁，2001：317）

在求偶等级中处于较低级的群体被消灭是很悲惨的。例如，今年鹿角比较小的鹿，可能明年就长大了，因此，消灭达尔文所说的"不适者"对该物种是没有益处的。在华莱士看来，消灭这种所谓"不适者"是荒唐的。从物种群体利益的角度，华莱士坚信，性别二态等现象，可以还原到自然选择之内得到解释，"我认为，自然选择的威力盖过遗传法则，因为遗传法则是供自然选择使用的"（克罗宁，2001：203）。

华莱士对自然选择理论的坚持和他对群体利益的侧重，致使他强烈反对达尔文将自然选择与性选择相分离的多元论的进化机制。他提出，性选择中的审美偏好起源之谜使其与自然选择相分离，而且鸟类（及昆虫）有审美品位的观点是一种神人同形同性论，他认为这很可能给神创论者反驳自然选择的理由——一切美感来自于神性，从而葬送自然选择理论对神创论的胜利成果。（Fichman，2004：267—268）

3. 侧重种群利益的自然选择与生殖隔离问题

华莱士和达尔文之间的另一个重大分歧涉及杂交不育性是否可以通过自然选择的直接作用而进化，也就是说，杂交不育性本质上是否具有适应性？事实上物种生殖的隔绝性，一直是困扰早期达尔文主义者的一道难题。在华莱士和达尔文的时代，神创论者认为物种是固定的、不变的，它们并非进化而来，而是被上帝分批创造出来。这种观点的核心信念在于：变种和物种具有根本上的差异。物种具有种间不育的特性，而变种却可杂交。早期达尔文主义的批评者吸收了这项被认为存在于物种与变种之间的差异。他们反驳自然选择理论的理由是，自然选择或许能够积累变种，但是，它不能逾越最后一步，使它们成为不同的物种。在自然选择理论备受质疑的年代里，连赫胥黎也提出："除非最终证明，不同变种间的选择性育种能引起不育，否则，自然选择理论的逻辑基础便不算完整。"（克罗宁，2001：238）

达尔文和华莱士一致认为，在分化的初始阶段，端始种之间进化的任何杂交不育性都不是杂交的部分不育性直接选择的结果，而是其他特征分化偶然产生的副产品。达尔文认为，所有杂交不育性和不可杂交性都是副产品。在《物种起源》从1866年印行的第四版开始，他引进了一个新问题：不育是否具有适应性？他的答案是否定的。"对于自然选择理论，这个案例尤其重要，由于杂种不育不可能替它们带来任何好处，因此，这种特性不可能是通过继续保存对后来有利的不育程度，而得来的。"他认为不育与自然选择无关，"不育并非一项特殊天赋，而是附带在其他差异上的"，他还特地指出"并非由自然选择所积累成的"。

相反，华莱士认为在某些情况下，选择能够直接提高已经具有部分不育性的杂交的不育性，即自然选择能够加强交配的隔离机制。"我对于所有与自然选择有关的事项均深感兴趣，"华莱士写信给达尔文道，"但是，虽然我承认有些事情自然选择做不到，但是我不相信不育属于其中之一。"华莱士不相信，自然选择竟然不能解释一项如此有用、广泛、一致的特性的进化过程。同时，华莱士这样做也是对反达尔文主义者企图利用不育现象反驳自然选择理论的回击。并且，华莱士觉得他将自然选择拓展到了一个达尔文未曾涉及的领域。在华莱士的晚年，达尔文去世很长时间以后，华莱士在论述他对自然选择进化论的贡献的同时，将"维持自然选择提高杂交体不育性的能力"列为他对达尔文主义的拓展。（Johnson，2008：114）

总的来看，达尔文和华莱士之后的进化论生物学家没有发现很多证据证明杂交不育性或不可杂交性具有直接适应性。相反，两个端始种之间通过选择的直接作用而发生的不断增强的交配偏向性（交配前的生殖隔离），在现代进化合成理论的形成期间和之后都是进化论研究的热点话题。两个端始种之间通过选择的直接作用而使交配偏向性不断增强的过程通常称为强化。但是，格兰特（Verne Grant）建议使用"华莱士效应"这一术语来描绘由于选择的直接作用而驱使、而非作为其他特征分化的偶然副产品而出现的所有生殖隔离情况。（Johnson，2008：115）

大多数当代生物学家将杂交不育性和不可杂交性视为生殖隔离屏障，因此认为其在物种形成中发挥作用。但是，达尔文和华莱士从不同的角度审视杂交不育性。对达尔文来说，杂交不育性似乎是对他的自然选择进化理论的一个挑战。杂交不育性如何能够适应？如何能够通过达尔文认为对此理论至关重要的微小、连续的步骤而进化？作为饲养者，达尔文对饲养者不喜欢的特征发生变化的频率印象深刻。在《物种起源》中，达尔文多次强调相关反应（他称之为"相关规律"）在进化中的作用，并且特征不能够仅通过自然选择而进化。实际上，相关反应是达尔文不能通过直接自然选择来解释一种特征时而进行的默认解释。达尔文确实是有先见之明的。现代进化遗传学已经表明，相关反应在进化中确实起着重要作用，物种之间杂交不育性的积累大部分是由于其他分化的偶然结果而形成的。

在达尔文对神创论的驳斥中，他强调，变种和物种之间不存在严格的区分界限。达尔文反复提到杂交的部分不育性，以及相互杂交的不育性程度往往存在差异。达尔文认为，物种只是连续分化中的另一步。

另一方面，华莱士对拓展其侧重种群利益的自然选择的范围更有兴趣。19世纪60年代，他已经就杂交不育性具有适应性的可能性与达尔文通信，但是后来许多年都未涉及这一问题。19世纪80年代，当华莱士重新提起这一问题时，进化的事实在科学界已不存在争议，而自然选择的范围和力量仍是有争议的问题。（Johnson，2008：116—117）

华莱士同意达尔文的观点，认为最初的部分杂交不育性会作为偶然的副产品而进化。他提出，部分不育性产生之后，自然选择可以提高相互接近的物种的不育性程度。在他的《达尔文主义》一书中，他论证如下：

> 要考虑的最简单的情况是，占据广泛区域的一个物种的两种形态或变种，不断适应同一地区的有些不同的生活模式。如果这两种形态相互之间可以自由杂交，并且形成的杂交后代之间具有很强的杂交生殖力，那么这种形态进一步分化成两个不同物种的过程就会减慢，或者可能会被完全终止。因为虽然杂交形成的后代对生存环境的适应能力比任何一种纯种都要差，但是由于杂交，这些后代可能会更为强健；这当然会对这两种形态的进一步分化造成对抗影响。（Wallace，1889：174）

对于这种分歧，华莱士的研究者科特勒一针见血地指出了二人分歧的关键：种间不育和利他行为有关。关于杂交不育及杂种不育的来源，群体选择是一项可能的解释。他认识到，在华莱士与达尔文的辩论里，其中一项"中心议题"为："选择过程究竟在哪些层次运作？"达尔文的答案是"生物个体"，而华莱士的答案则是"群体"。另一研究者鲁斯也声称"选择若造成不育效果，将与选择的基本概念相冲突"。"不同物种成员之间的不育，或是产下无法生育的杂种"是一项"或许曾经引诱达尔文诉求群体选择机制"的问题，杂种不育看来"几乎就是在召唤一条群体选择论者的途径"——一项被达尔文拒绝但未被华莱士拒绝的诱惑。约翰森批评虽然科特勒和鲁斯天真地将华莱士视为群体选择论者，但是，华莱士经常诉诸物种的利益，却是学者们的共识，他对生殖隔离的利他性观点再次印证了自然选择理论侧重群体利益所造成的后续影响。（克罗宁，2001：541）

但是神创论者们会认为物种也许是可以变化的，然而种与种之间的界限是不可逾越的，已经在上帝创造物种时划定了，生殖隔离问题正是神创论的有力证据。而华莱士则相信隔离机制受到了自然选择的作用，他的论点同样是不能给神创论者以任何理由插入"上帝之手"抢夺自然选择的领地。（克罗宁，2001：538）

除了与达尔文在性选择与生殖隔离两个问题的争论上能反映出华莱士注重种群利益的侧重以外，华莱士的人类学思想中也处处能找到这种侧重的证据。华莱士和达尔文在人类起源问题上的争论，很早被许多华莱士的研究者所广泛关注。而且，华莱士的人类学思想主张自然选择不适用于人。对于这一问题，不同的研究者有着不同的看法。史密斯（Charles H. Smith）和费奇曼相信，华莱士总是将自然选择视为一种服从于更深奥力量的规律。但是，长期存在的一种观点是，在19世纪60年代中期的某个时间，华莱士在人类智力和道德特征的进化问题上经历了急剧的观点转变，这一转变与他对唯灵论的接受有关。持这一观点的代表有科特勒和斯洛顿（Ross Slotten）。（Johnson，2008：124）然而，所有这一切分歧的起点，正是他们共同分享发现殊荣的自然选择理论本身在选择侧重点上的差异，以及华莱士与同时代人所不同的非种族主义人类起源观。

4. 侧重种群利益的自然选择与人类的起源问题

在《物种起源》即将发表之际，达尔文知道他的理论中蕴含的关于人类的认识会成为最有争议的部分。而这其中的中心问题是人类心智和道德属性的起源。达尔文的《物种起源》只在全书的最后暗示了自然选择理论是关系到人类以及社会的。"人类的起源及其历史也将由此得到大量说明。"（达尔文，2005：556）华莱士曾于此书发表之前询问达尔文是否在近著中讨论人类，达尔文谨慎地说："你问我是否应该讨论人类的问题，但由于此类问题深陷于各种偏见之中，我想我还是应该避开这一主题，尽管我完全赞同对于一个博物学家来说最高级有趣的问题莫过于此。"（Marchant，1916：110）达尔文回避了人类本身这一主题，这样，首次有机会尝试用自然选择理论解释人类起源问题的可能落到了华莱士身上。

斯蒂芬·古尔德认为华莱士是"19世纪少有的非种族主义者"。研究华莱士的学者中雪末尔（Michael Shermer）将华莱士对土著人和下层阶级的态度上升到政治层面，称之为平等主义（Egalitarianism）。（Marchant，1916：127—128）费奇曼指出，这种平等主义不是仅仅类似法国大革命中的口号，而是华莱士人类学的生物学基础。研究者们都不会否认，华莱士从不对土著人吝惜赞誉之词，他对人种间智力能力平等的看法在其著作中是随处可见的。雪末尔用数据表明，在华莱士发表的论文中，有90篇（占12%的比例）可以归为人类学论文。（Shermer，2002：17）也许令人意想不到的是，华莱士一生被引用次数最多的文章不是令华莱士在科学史上扬名的1858年发表的《论变种无限偏离原种的倾向》，而是其1864年所写的有关人类起源的文章。（Shermer，2002：16）

1864年，华莱士向伦敦人类学协会（Anthropological Society of London）提交了一篇名为《人类种族的起源及古人类在自然选择下的演化》（*The Origin of Human Races and the Antiquity of Man Deduced from the Theory of Natural Selection*）的论文。在这次会议之前，19世纪中期人类学领域存在着两种不同的人类起源观，与激进的种族主义者和较为温和的种族主义者相对应——多元发生说和单一起源说。单一起源说与温和种族主义相似，他们认为圣经中所说人类是伊甸园中堕落了的被造物，而白人是堕落程度最小的种族，黄种人甚之，黑人最甚。而多元发生说与激进种族主义者相对应，他们抛弃了圣经中的隐喻，认为不同的人种来源于不同的祖先，根本就是生物学上的不同的物种，各种族之间的差异显著，等级分明。绝大多数华莱士时代的英国人类学家是单一起源说的支持者。（Shermer，2002：218）美国的人类学家中更多的是支持多元发生说的。

支持人类单一起源说的学者这样解释人种间的差异："任何种族都有变异的趋势。气候、食物和习性产生和促成恒定的外部身体独特性。尽管在我们所能观察到的有限时间内，这些独特性是微小的，但在人类存在的漫长年代中却足以产生所有今天我们能够观察到的差异。"斯蒂芬·古尔德在更详尽的研究中也指出，这些单一起源论的学者认为人类种族的变化主要受气候与环境的影响。（Gould，

1996：71—73）

而另一方面，人种多元发生说被更多的证据所支持。在越古老的文明中人类种族的差异越大，这是当时得到了埃及古墓中证据支持的。在那些古老文明的壁画上，闪族人与黑人之间的外貌差异几乎与五千年后无异。移民南美的葡萄牙人与西班牙人在两三个世纪后仍然保持着身体、精神和文化上的主要特征。（Schwarts，1984：273）这种观点似乎反驳了单一起源说学者们关于人种受气候影响而变化的假设。多元发生说的代表就是美国的阿加西斯（Louis Agassiz）和以颅盖测量学证明种族之间巨大差异的专家，如美国的莫顿（Samuel Morton）的《头骨的美国文献》就支持人类起源的多元发生说。（Shermer，2002：219）

而华莱士的文章就是为试图解决这种争论所写，他自信能够通过自然选择理论的引入，调和两种起源论之间的分歧。值得一提的是这篇文章是自然选择理论产生之后应用于人类的第一次尝试。在这篇文章开始时，华莱士推断"人类必定早在十万年前就已出现在地球上"，如果说达尔文的《人类的由来》猜测的人类起源于非洲的说法得到了印证的话，华莱士的这种推测也和当代非洲单一起源论的推测相近。

华莱士接着根据自己的观察与对自然选择理论的应用，提出了对两种观点进行调和的方法。他简要介绍了自然选择理论的主要内容，希望借助"自然选择"理论来达成这一目的，即调和现代人类学家的两种互相冲突的理论。华莱士自称是运用达尔文的自然选择理论来调和冲突，但实际上达尔文和华莱士的自然选择理论之间有着公认的不同之处。华莱士的自然选择理论主要侧重于环境对物种的影响。在对自然选择理论的介绍中他说道：

> 因此，可以确定这些前提：第一，每一物种的特征都或多或少是遗传的；第二，每一种动物的后代在其组织的所有方面都存在着或多或少的差异；第三，这些动物所居住的环境并不是绝对一成不变的。上述命题中任何一条都是不容否认的。接着，考虑到任何一个国家的动物（那些至少还没有灭绝的）在每个连续的时期都必定与周围环境达成了某种和谐，而且我们掌握了所有能让动物的形体和结构发生变化的元素，其与周围环境中任意性质的变化节奏完全一致。这些变化必定是缓慢的，因为环境中的变化也十分缓

慢。但是当我们看到长时期作用的结果时，这些缓慢的变化就会变得极其重要，就像我们在察觉到地球表面在地质时期经历的改变时一样。因此，经过一段漫长的时间后，与环境变化并行的动物形态变化相应地越来越惊人，比较一下生活在现在的动物与我们从各个连续的早期地质地层中挖掘出的动物化石，我们就会感觉到这一点。（Wallace，1864a：clxi）

华莱士解释了自然选择对动物的重要性，他认为动物之间不存在相互协助，每一个体都必须独立应对所有的环境挑战，然而在人类问题上却提出了不同看法。

至于人类，正如我们现在所见的那样，情况完全不一样。人具有社会性并且富有同情心。在最野蛮的部落里，生病的人至少也会得到食物援助，健康状况和体力较弱、低于中等水平的个体不致死亡。缺乏完美的四肢或其他器官也不会产生像动物群体中同样的后果。一些劳动分工出现了。行动最敏捷的捕猎，不太活跃的捕鱼，或者采集果实。食品在某种程度上得到交换或者分配。自然选择的作用因此受到了抑制。病弱的、发育不良的，还有那些四肢不够活跃或者视觉不够敏锐的，都不会像动物一样由于某种缺陷而遭受极端的惩罚。（Wallace，1864a：clxii）

华莱士认为，这些体质方面的特性变得不那么重要的同时，智力与道德的属性对已经进化成熟的人类的影响力将不断地增加。人类不必等到进化出锋利的牙齿和爪子，就能通过制造工具来捕获猎物；他们不必等到消化系统为适应新的食物而付出代价，只要去种植适合自己的植物就可以了；也不必害怕气候的无常，只需做出应对天气变化的不同衣服就能适应。他试图证明，人类进化出了一种不同于生物进化的另外一种文化积累的能力。

　　这些能够为自己制造衣物、武器和工具的人类，有了取代自然界用来改变其他动物外在形式与构造之力量的能力了。当社会化和富于同情心的感觉开始作用，而且理智与道德的能力到了相当发达的程度，人类就开始抑制自然选择对自己身体和结构的影响……人类越繁荣，他们也就越不可能被自然选择的作用力所削减。

　　当这种理智与道德开始获得成就，人类的体质特征也趋于稳定与不变，因为一种新的机制开始起作用，并且代替了先前导致人类智力增长的动力……当那种塑造人类身体的自然之力将它的作用转化为人类的脑力之后，人类的种族在面对严酷的环境、贫瘠的土地与无常的气候时，会以另一种方式做出改变。在那些因素的影响下，一个更为坚强，更有先见之明，而且更加社会化的种族会发展出来。（Wallace，1864a：clxiii—clxiv）

他的以上观点可以简要地总结为两点：首先是人类的体质特征在他的智力特征出现之前就已经进化完成了，这个过程正是在我们经常假定的一个较早的地理时期内完成的；其次，当人类的智力能力主宰了他对环境的适应，他的身体就不再易受自然选择的影响了。华莱士接下来还由以上观点得出了人类起源于同一祖先的结论：

如果以上观点正确的话，如果相对地人类的社会化、道德与理智的能力变得很发达，他的身体结构抑制了自然选择的作用，那么我们在种族的起源上就有了一个相当重要的线索……鉴于人类都拥有道德、理智与社会化的人性基础，而这种能力在人类社会化之后就不能得到自然选择的作用了，所以人类的这些潜质，一定是在人类分化成各个种族之前就已进化形成了的……它们一定在人类的婴儿时期就已存在了。

在想象力方面受到了有力的影响时，人类很可能是远古时期一个单一的种族，那里他们没有语言，很可能居住在热带地区。……当他们的体质特征趋于稳定之后，就成为了一个卓越的种族，从此遍布于世界各地。虽然迁入不同的环境之后，各种族会发生一些细微的变化，如皮肤、眼睛、头发的颜色，但他们是遵循了达尔文的连续性进化的同一古老种族的后代……但在这些细微的差别形成的同时，各种族的智力进展却是一致的，并且达到了能够影响其自身存在的程度，从那时起这种能力就抑止了自然选择的作用。

人类曾经，事实上我深信，曾经是一个种族。自从人类的脑力发达到一定程度以后，他有了语言、道德理智，从那时起，他的身体变化与他在智力上取得的成就相比就可以忽略不计了。（Wallace，1864a：clxiv—clxvii）

最后，华莱士简要总结了他的观点：

以两种独特的方式，人类逃脱了那些不断地在动物界中造成变化的法则的影响。通过超群的智慧，人类得以为自己制作衣服和武器，并通过开垦土地获得恒定可口的食物供应。这使人类不必再像低等动物一样改变自己的身体以适应不断变化的自然环境——长出更暖和的天然覆盖层、获得更为强有力的牙齿和利爪，或者根据周围环境的需要，变得适于捕捉和消化新的食物类型。通过优越的同情心以及道德情感，人类开始适应社会性生存状态。他不再欺凌部落中的弱小和无助者；他与行动不便或者运气欠佳的捕猎者分享自己捕获的猎物，或者用猎物来交换就连病人和残疾人都能制作的武器；他使病弱和受伤的人免于死亡。从而，自然力量给在各方面都无法自助的所有动物带来残酷的毁灭，对于人类却束手无策。（Wallace，1864a：clxviii）

至此华莱士认为他协调了人类学中冲突的观点。他实际上是提出了一种人类具有相同体质基础的单一人类起源观。他反复强调人类的体质特征几乎不受自然选择影响，因为对产生道德与智力成就的人类来说自然选择已经变得不那么重要了。人类和谐地保持着这种身体上变化极其缓慢，但智力上的成就相对进展显著的状态。也就是说，他已将人类的体质与人类的道德与智力能力区分开来。从这些能力具备以后，人类的体质进化与智力成就的发展相比就可以忽略不计了。

关于自然选择不适用于人类的解释，在华莱士的时代以及之后好长一段时间，都有人简单认为这就是华莱士放弃自然选择的证据。甚至有些学者认为，说自然选择不适用于人类就等同于华莱士向神创论的转向。事实上华莱士的这一想法更多地表明了他对人类社会同情心与道德的重视，而道德与同情心的产生对人类种群利益是至关重要的，这种高尚的人性又可能使自然选择在人类社会中受到抑制。这种想法在华莱士的时代不太容易被人理解，但在现当代学者的著作中却很容易见到。例如迈尔指出："自15万年前智人出现以来，人类的脑一直没有发生哪怕是一点点的变化。人类文化的兴起，从原始的狩猎—采集到农业和城市文明，期间并没有伴随着脑量的增加。"（迈尔，2009：253）

在文章的最后，华莱士也不忘发表一番对未来人类社会前景的展望。这篇文章就是华莱士作为以生物学为基础的社会主义者最典型的写照。他在论证完人类种族的共有属性之后，憧憬道：

　　　在简要地讨论了这一宏大的课题之后，我想指出这一课题对人类未来的影响。如果我的结论是正确的，我们将必然会得出这样的结论：更高等的种族——智能更强、道德更高——必然要取代更低等的以及退化的种族。自然选择的力量仍然在人类的精神组织中产生作用，必然会不断驱使人类的高等机能做出调整以更加完美地适应周围的自然环境以及社会状况的危急事件。人的这种外部形体也许将会永远保持不变，除非人们由于健康和很好的调养而不断完善身体的健美，以及通过最高等的智力技能和富有同情心的情感而产生心灵美。人类的心理组织将会不断发展和改善，直到世界上生活的所有人类成为单一同质的种族，其中的任何个体都将如同当今人类社会中最高贵阶层的人士一样受到尊重。每个人在与自己的同类保持良好关系的同时，努力创造自己的幸福。人们将会永远享有最佳的行动自由，由于和谐的道德机能将永远不会允许任何人侵害其他人平等享有的自由权利。限制性的法律将不再需要，因为每个人都将由最完善的法则引导自己的行为，有得到绝对尊重的权利以及对别人感情的绝对理解；强制性的政府将会消亡，因为已经不再需要了（因为每个人都知道如何约束自己），并且将会被一些志愿者组织、为公共利益和目的服务的协会取代。盛怒和动物性的倾向，如果不是对于人类的幸福具有最大的益处，将会得到限制。人类最后将会发现，人类需要做的就是如何发展自己高等本质属性的固有能力，目的是为了把地球转变成为一个美丽的天堂，一个曾经一直萦绕在预言家和诗人梦中的天堂，因为这时的地球已经不是肆无忌惮地爆发盛怒、遍布威胁、充满难于理解的神秘之地。（Wallace，1864a：clxix—clxx）

这一段描述经常被人用来指责华莱士的社会主义倾向，实际上华莱士对人类同情心和道德的关注正是在人类学领域侧重种群利益的验证。对于所谓"乌托邦"式未来的描述，也是从人类共同的福祉角度阐发的理想。华莱士对种群利益的侧重加上其丰富的与土著人之间的互动经验，使其获得了与同时代种族主义及社会达尔文主义阵营截然相反的人类学观点，雪末尔称其为"环境决定论主义"（environmental determinism）。（Shermer，2002：222）

科学史学家斯蒂芬·古尔德称华莱士为"19世纪少有的非种族论者"。华莱士研究了野蛮人的头骨之后，与莫顿学派的结论不同，他认为："最低等的野蛮人的脑，以及就我们所知的史前时期我们这个种族人的脑，与最高类型的人的脑相比，在大小和复杂性方面，一点也不逊色。"（古尔德，2008：27）

他还引证其他人认可他关于"土著居民可以显示出非凡智力和理性行为"的

评价。"艾尔先生发现他们坦诚、直率、信任别人，很容易和他们交朋友。他们很大程度上被误解、中伤，他们所谓的背叛和残忍是由殖民者的残酷和虐待造成的……托马斯·米歇尔爵士……发现那些陪伴他旅程的人的洞察力和判断力优于同一队伍中的白人。"（Wallace，1883：89）

当然华莱士也清楚地认识到欧洲文明正在主宰世界，但这绝不是体质特征造成的。华莱士著作对"文明"的评论，可以被视为一个多层面的计量器，比如在道德方面他认为土著人拥有最受尊敬的地位，但在欧洲的殖民扩张和奴隶制的推广之中，华莱士也意识到土著人所面临的危机。

四、华莱士生物学思想对其社会政治思想的影响

华莱士在面对生物及人类社会问题时对种群利益的侧重，避免了其面对达尔文式的利他主义的难题，和社会达尔文主义道德领域中尴尬的处境。而且，华莱士既是自然选择坚定的维护者，也是反种族主义的活跃分子。与当时所有人对人类起源问题的理解都不相同的是，华莱士有着非种族主义人类起源观。与保守的神创论者不同，华莱士是自然选择理论最坚定的拥护者，而且，他几乎用了大半生的时间思索进化与人类社会之间的问题。在拉马克进化机制盛行的年代，作为对自然选择的发现者，华莱士拥有着揭示人类起源问题的先天优势。鲍勒一针见血地指出，华莱士与他同时代的人不同，他相信现代的原始人在心智上与白人是一样的。正如我们前面所说，这种共有的人性，正是后来人类学、社会学发展的基础。

在华莱士看来，来自进化理论的新拉马克主义、优生学以及资本主义的辩解，不仅在生物学意义上是可疑的，并且这些辩解以令人反感的社会前提为基础。华莱士认为，所有辩解都基于阶级划分及经济不平等。这些理论的倡导者们忽视或者不能面对的一个核心事实是，维多利亚时代的文化是阻挠、而非促进真正的进化发展。对华莱士而言，永恒的人类发展的关键在于一种良性的生物选择的运作。

他相信，社会主义会为这种选择力量提供充分的以及必要的条件："如果我们涤清现有社会组织的污浊，建立一种制度，在这种制度之下所有人都进行其应尽的体力或脑力劳动义务，并且所有工人都平等收获其所有劳动成果，那么人类

种族未来一定会得到人类发展的法则保障，这种法则确保人类本性中优良素质的缓慢但持续的进步。当男人和女人一样可以自由遵循自己的意志，当无所事事以及不道德的或者无用的奢侈、受压抑的劳动及饥饿都不为人知，当所有人都能接受当时的文明程度和知识所允许的最好、最彻底的教育，当舆论标准由最聪明、最佳的人们所设定，并且这种标准得以系统地灌输给年轻人，那么我们会发现，一种选择体系会自发起作用，这种体系会稳步减少较低等的人类，进而持续提高种族的平均水平。"（Wallace，1905：266）

　　虽然华莱士并不是第一个发现人类的文化与生物学属性需要区别对待的人，但是由于自然选择理论本身在当时受到排斥，华莱士试图用以自然选择为基础的进化论来解释人类文化与体质双线发展的趋势，在同时代人中很容易引起困惑甚至排斥。作为自然选择的共同发现者，华莱士在生物学领域外还保持着模糊的形象。尽管"达尔文产业"已卓有成果，但是关于华莱士的研究还是很少，他与社会达尔文主义阵营的关系也很少被探讨。这一空白应当归咎于人们对19世纪生物学、意识形态、社会背景以及达尔文工作特殊性所缺乏的了解。

　　维多利亚时代的社会思潮中，种族主义、社会达尔文主义、优生学运动与进化论思想并行发展。例如社会达尔文主义思潮中，不同的人可以依照他们的各自目的，来改造人类社会中"适者生存"的观点。但是社会达尔文主义派别永远摆脱不了的是其道德领域的尴尬境地。虽然社会达尔文主义者们试图论证要把道德品质置于一个"高尚"的地位，然而什么是"高尚"的进化地位并不明确。社会达尔文主义者们会认为，道德约束导致退化以及不合理的社会结构。如果道德只是在人类个体生存价值方面有价值，那么有利于人类群体利益的"高尚"的用法好像并不合适。强调个体竞争的"适者"一词被视为更为恰当，即使现实是一把双刃剑。另一方面，如果道德不在进化范畴之内，就与社会达尔文主义阵营鼓吹精英至上的计划是背道而驰的。

　　华莱士出身于无产阶层，游历期间多年与不同地方的土著居民生活在一起，他深知土著人在智力方面并不比白人差。对于土著人的道德与文化，华莱士也表现了相当的尊重。他在英格兰和整个大英帝国目睹了可怕的放任资本主义、帝国主义、殖民主义。他成为社会主义者、工人阶级和土著居民的代言人，希望为土著居民、工人阶级、女性争取社会和政治平等，反对接种天花疫苗，主张土地国有化。华莱士的反社会达尔文主义言论挑战了许多维多利亚时代被认作理所当然的价值观，他追求将自己的理论见解和成就结合到实际的政治维度中去，并且试图改善他所不能容忍的社会弊端——维多利亚时代的种族、经济和性别不平等。华莱士以自己独特的侧重种群利益的自然选择理论为基础，在反对维多利亚时代社会达尔文主义思潮中，构建了独特的社会主义倾向的进化世界观。其注重群体利益的自然选择理论的优势在于：在生物学思想内部，避免了达尔文强调个体竞争的利他主义难题；在社会评论方面，相对社会达尔文主义的道德尴尬处境，华莱士注重种群利益的自然选择理论，能更好地为人类社会的道德与平等辩护。然而，某种程度上，这也带来了华莱士人类学思想的独有困境。他就像是维多利亚时代的一面棱镜，折射出广泛的时代背景和文化力量。（Fichman，2004：254）他对于维多利亚时代的感受已化身为不朽的著作供后人阅读，在其 90 年人生所历经的文化变迁中，某些主旋律始终引导着华莱士。而这些旋律的背后，有着逻辑联系紧密的理论框架，至今仍对不同思想领域有所启示。

第8章 格雷与进化论[1]

阿萨·格雷被称为"美国植物学之父"，是19世纪美国少数几位具有国际声望的科学家之一，也是植物地理学的奠基者之一。他为描绘美国的植物地图和植物分类做出了巨大贡献。同时他也是达尔文的学术核心圈中的一员，后者向他请教有关美洲植物分布和植物分类的知识，并在1857年时就向他透露了自己的进化理论。《物种起源》发表后，格雷成为美国首要的进化论宣扬者，不过他并没有完全"皈依"进化论。作为一位虔诚的基督徒和一位诚实的科学家，格雷不得不在进化论、分类学与自然神学之间寻求平衡，糅合出一种有神进化论。格雷的例子代表了当时人们对达尔文进化论的一种反应，它展示了"达尔文革命"历史叙事的不足，有助于完善我们对于当时历史图景的认知。

1858年7月1日晚上，伦敦林奈学会的会议正如常举行。交流最新的科学发现是这种会议的一大功能。在这次聚会上，在植物学家约瑟夫·胡克（Joseph Hooker）和地理学家赖尔的精心安排下，三篇有关进化论的文本先后被宣读：首先是达尔文写于1844年的一篇概要，其次是他于1857年9月5日写给阿萨·格雷（Asa Gray，1810—1888）的信，最后是华莱士寄给达尔文的论文。（Browne，2002：40—42）这样的安排是为了证明达尔文的优先权：很久以前他就构思出了进化论假说，但迟迟未发表，直到1858年他收到华莱士的论文。

1　本章内容发表于《自然辩证法通讯》2016年第4期。

在此之前，他只向胡克、赖尔和格雷几位密友透露过他的理论。

那么阿萨·格雷是何许人也？他如何能进入达尔文的学术核心圈子？他与进化论进入美国有什么样的关系？鉴于国内学界对格雷的研究较少，本章将以这段跨大西洋科学交流史为背景，介绍格雷这位美国19世纪最重要的植物学家的生平，论述他为达尔文进化论进入美国所作的贡献，并以他为例讨论当时的分类学者如何在进化论、分类学与基督教信仰之间寻求平衡。

一、新大陆的杰出植物学家

格雷1810年出生于纽约州中部的一个村镇。他家里先后以开设制革坊和小农场为生，家境尚可，因此他得以接受在当时还算不错的教育：十二三岁时进入离家不远的克林顿语法学校（Clinton Grammar School, Hamilton College），学习拉丁语和希腊语；15岁时升入当地的一所中学，费尔菲尔德文实学校（Fairfield Academy）；一年后又进入其时正欣欣向荣的费尔菲尔德医学院（Fairfield Medical School）学习医学。按照格雷在自传中的记述，正是在费尔菲尔德医学院，化学教授哈德利（Dr. Hadley）激发了他对博物学的兴趣。哈德利是一个由医师改行而来的博物学家——这在当时是很普遍的。当时的医学院因为要开设草药学等课程，间接地提供了博物学教育，大植物学家林奈以及格雷本人都是由医生改行的。此外，当时的学科分化尚未深入，博物学家们常常横跨多个领域，哈德利将自己的研究限于化学、矿物学和植物学，格雷也跟着他进入了这些领域。（Gray，1894，vol.1：1—11）

1827年冬，17岁的格雷接触到由布鲁斯特（David Brewster）主编的《爱丁堡百科全书》（*Edinburgh Encyclopedia*），该书对植物生理学和分类学进行了讨论，并介绍了林奈的人工体系和安托万·劳伦·裕苏（Antoine Laurent de Jussieu）（裕苏三兄弟的侄子）的自然体系，格雷对植物学的兴趣由此激发。不久他买了一本美国当时很流行的植物学教科书，伊顿（Amos Eaton）的《植物学手册》（*Manual of Botany*），第二年春在当学徒行医的同时开始辨认植物、采集植物标本。在哈德利的帮助下，格雷开始与当时美国为数不多的植物学家如阿尔巴尼的贝克（Lewis C. Beck）博士、纽约的托利（John Torrey）博士等通信，向他们请教植物学问题，并向他们寄送植物标本。（Gray，1894，vol. 1：14—16）值得一提的是，正是贝克博士引导格雷注意到菊科的多样变异性，后来菊科成为格雷最喜欢的一个科（Dupree，1988：16）；而托利则成为他一生的导师兼挚友，对他处处提携，并正确地预言格雷"早晚有一天会在科学界闹出些动静"（Gray，1894，vol.1：31）。

1831年1月格雷毕业，拿到了医学博士学位，回到老家行医。不过由于对医学解剖比较敏感，他不久就放弃了医生这个行当。尽管当时社会所能提供的学术工作机会并不太多，但格雷还是有志于进入这个领域。如他的早期信件所显示的那样，那时的他挣扎在困窘的生活中，有时也会怀疑他所挚爱的科学能否让他维持生计，但终究还是保持了乐观的态度，并决心为此作必要的牺牲。（Gray，1894，vol.1：29）

在当时的美国，博物学相对其他科学来说更为发达。一方面，19世纪本就是博物学的黄金时代。欧洲自殖民扩张伊始就开始留意所到之处的自然资源，博物学是他们的重要手段，当时向殖民地派遣植物猎人、物种标本采集者都是相当寻常的事，博物学也逐渐成为一种时尚的消遣。这一趋势在19世纪达到了顶峰。另一方面，美国作为新生的国家更有着统计国土上动植物与矿物资源的迫切需求。在1815—1844年间，无论从学者数量还是发表作品数量来看，博物学都占据了美国科学的半壁江山。（Daniels，1968：20—23）这样的背景加上格雷本身所具有的植物分类天赋，使他笃定了以植物学为生的决心。

之后的几年格雷断断续续地在纽约州和宾夕法尼亚州获得了一些教学或采集植物的机会：1831—1834年在纽约州中部的尤蒂卡（Utica）教中学生化学、地理学、矿物学、植物学；1834年成为托利的助手，但由于托利所在学校不景气，没有持续很长时间；同年12月，格雷在纽约博物学讲堂（Lyceum of Natural History of New York, now the New York Academy of Science）宣读了他对莎草科刺子莞属（*Rhynchospora*）植物的研究，该属物种较少，且大部分在北美发现，由此确立了他植物学家的身份。1835—1836年格雷出版了他的第一本植物学教科书，《植物学手册》（*Manual of Botany*），同时开始与托利合作编写《北美植物志》（*Flora of North America*）。（Gray，1894，vol.1：17—20；Dupree，1988：19—55）这是美国人自己的《北美植物志》。当时对作为曾经的殖民地的北美的植物最有研究的是欧洲人，有关北美的植物志亦多由欧洲人编写（如André Michaux，*Flora Boreali-Americana*，1803），美国植物学家常常需要前往欧洲去比对模式标本。托利和格雷都深切地爱着自己的国家，他们立志推进美国的科学，终结本国学术领域中的"骗子行为"（quackery），编写一部全面的北美植物志就是这一意愿的部分体现。

格雷慢慢有了些名气。1836 年夏，他被国会聘为"美国远征探险队随行植物学家"（Botanist to the U. S. Exploring Expedition，这次远征即后来的威尔克斯远征），此行本将使他能接触到太平洋岛国甚至南极地区的植物（Hung，2013：78），但格雷为密歇根大学的教职放弃了这一职位。1838—1839 年他远赴欧洲，为新成立的密歇根大学采购书籍和仪器——这在当时的美国教育界也是常见之事，毕竟彼时的欧洲在学术、教育上远胜过美国，是后者心目中的"取经圣地"。托利也曾于 1833 年赴欧洲为新成立的纽约大学（New York City University）购买书籍和仪器。（Gray，1894，vol.1：17）格雷在此行中结识了诸多欧洲博物学家，包括达尔文。1841 年 11 月 10 日，格雷被选为美国艺术与科学院（American Academy of Arts and Sciences）成员，之后多次担任该院的通信秘书（1844—1850，1852—1863）及出版委员会主席（1846—1850）与主席（1863—1873）。（Hung，2013：93）1842 年，格雷经前哈佛校长昆西（Josiah Quincy）的引荐成为哈佛大学的博物学教授（Fisher Professorship in Natural History），教授植物学和动物学，并监管哈佛植物园（Harvard Botanical Garden）。至此格雷才有了稳定的收入，生活才稳定下来。六年后他与波士顿的一位大家闺秀简·劳瑞（Jane Loring）结为夫妻，此时格雷已 38 岁，即便在现在也是晚婚的年龄了，这也可算作是他为挚爱的科学所做的必要牺牲吧。两人终生无子。（Dupree，1988：74）

格雷所生活的时代正是美国疆域向西向南扩张的时代，美国政府随之进行的探险塑造了格雷的研究事业。1848 年 6 月，格雷携新婚妻子拜访华盛顿，此行之后他担当起整理 1838 年威尔克斯远征所采集植物标本的重任。美国国会为此支持格雷和妻子赴欧洲访学一年（1850 年夏至 1851 年夏），因为有许多模式标本都在欧洲，格雷需要前去比对标本。随后 1853—1854 年的铁路调查又给格雷送来许多新标本。这次调查的植物报告比较顺利，最后出版了煌煌十二卷，从此"美国西部植物不为人知"成为历史。美国在外扩张也给格雷带来许多机会，比如佩里（Matthew Calbraith Perry）打开日本国门，随行的莫罗（Dr. James Morrow）和威廉姆斯（S. Wells Williams）将采集的标本送给格雷，格雷最终将

其加入佩里的报告中。（Dupree, 1988: 206—209; Hung, 2013: 136—146）

如同林奈向全球各地派出了使徒一样，格雷作为一个室内植物学家（cabinet botanist, 指不亲自去野外采集的植物学家），也为自己培养了许多植物标本采集者，尤其在进入哈佛后，他逐渐从小学院教授变为大都市植物学家（metropolitan botanist）。（Hung, 2013: 667）比如，他对阿巴拉契亚山南部的植物一直很有兴趣，在那里有些老朋友给他寄标本。赖特（Charles Wright）在美国东南部、古巴、中国香港、日本、澳大利亚及其他地区为格雷进行采集，他在日本的下田（Shimoda）和函馆（Hakodate）采集了一些颇能反映日本植物特色的标本，这些标本后来成为格雷一篇重要论文的材料。瑟伯（George Thurber）、芬德勒（Augustus Fendler）、艾维德伯格（Louis Cachand Ervendberg）、伯兰迪尔（Jean Louis Berlandier）还从加勒比地区、墨西哥及更南部向格雷寄送植物标本。他还与圣路易斯的恩格尔曼（George Engelmann）合作探索得克萨斯和新墨西哥的植物。（Dupree, 1988: 158, 210）

美国在19世纪50年代的扩张活动和那些田野采集员的辛勤劳作，使得格雷获得了有关北美东部、西部以及以日本为代表的东亚地区植物的第一手知识，这些材料使他看到了整个北半球的植物区系关系。1856年，格雷在当时美国最有威望的科学杂志《美国科学杂志》（*American Journal of Science*）发表了一篇《美国北部植物统计》（Statistics of the Flora of the Northern United States），这篇文章被格雷的传记作家杜普雷（A. H. Dupree）看作是美国植物学史的里程碑，并且是植物地理学的奠基之作，尽管其中格雷对统计学的应用在很多方面都是粗糙的。（Dupree, 1988: 241—242）

更重要的可能是格雷于1859年发表的一篇文章，《赖特在日本所采集的显花植物的特征，兼对日本植物群与北美及北半球温带其他地区植物群关系的观察》。在这篇文章中，格雷指出了一个他早在19世纪40年代就注意到的现象，即东亚植物群与北美东部而非西部植物群之间存在明显的类似。格雷并非这一现象的首要发现者，林奈的使徒之一哈勒纽斯（Jonas P. Halenius）早在他1750年的博士论文中就论及了这一现象。（Jun, 1999: 421）不过，是格雷使这一问题成为科学界关心的议题，所以这一分布模式有时也被称作是"阿萨·格雷间断分布"（the Asa Gray Disjunct Distribution）。关于这一现象是如何形成的，格雷最初倾向于多次创造说，即是造物主在多地的分别创造，但后来通过与胡克、赖尔的交流以及与阿加西斯的辩论，他开始采用气候变化来解释。他打碎、融合了达尔文、赖尔、英国植物学家边沁（George Bentham）和美国地理学家达纳（Richard H. Dana）的理论，提出一种解释模型：在第三纪时，温带植物到达北极圈，美洲和亚洲的温带植物相连，由此发生了混合。第三纪后（post-tertiary）的冰川期迫使植物南迁。冰川期结束后是温暖的河流期（fluvial epoch，它及下文的阶地期都是由达纳提出的），于是温带植物再次北移，美洲和亚洲的温带植物通过白令海峡再次相连、混合。随后是一直持续到现在的寒冷的阶地期，植物在此期间再次南迁。"由于植物的混合、交换主要发生在北半球高纬度地区，由于等温线在我们的东部偏向北，而在我们的西部海岸偏向南"，西部的物种并未能迁徙参与这两次混合，因此北美东部而非西部的植物与东亚植物更相像。（Gray，1859：377—452，449）那为什么这两地的许多植物是相近种而非相同种呢？对于这一问题，达尔文的物种演变理论是一个可能的解释。这样，格雷关于这一分布模式的知识在当时支持了达尔文的理论，此外这一现象至今仍然是植物地理学、植物系统分类学等学科的研究对象。（Jun，1999）

这些文章以及与欧洲植物学家的交往，使格雷成为美国当时少有的几位有国际声望的科学家之一。他持续不断地在当时的重要科学刊物上发表他的发现，并且还作为《美国科学杂志》的通讯秘书发表学会纪要和科学文献汇编，将欧洲的最新科学成果介绍给美国科学界。此外，格雷还出版过若干植物学教科书。他与托利一道，促进美国植物学界和教育界从林奈性体系转向了自然体系，为美国的植物学教育做出了贡献。美国的下一代植物学家也有许多是他培养的，比如大名鼎鼎的贝西（Charles E. Bessey）。有几种植物以格雷命名，比如1840年卡罗来纳探险中发现的格雷百合（*Lilium grayi*）。（Hung，2013：91）

格雷于1888年去世。这时的美国学术界与他刚进入时的情形已大为不同：借鉴德国模式的研究型大学正在崛起，现代美国大学体系初具规模，从而提供了许多学术工作机会；职业化、专业化大大加深，很难再想象同一教授兼授地理学、化学、博物学等多门学科。更重要的是，在对动植物的研究中出现了明显的生物学转向，即不再以分类学为主，而是转向了实验室研究和生理学研究。博物学似乎成了一个过时的标签，分类学家统治植物学界的日子一去不复返了。

尽管格雷本身很强调植物的构造与生理学——这在他所编写的植物学教科书中有明显的体现——但他的主要工作仍在博物学框架之内。他为美国植物分类和植物学教育所作的贡献，已足以令他在美国植物学史上留下浓墨重彩的一笔。不过，他的职业生涯远未止步于此。生活在博物学黄金时代的格雷，凭借自己的学识参与了当时博物学最激动人心的事件，他职业生涯的巅峰时刻由此到来。

二、与达尔文的交往及将《物种起源》引入美国

如前所述，早在格雷第一次访欧期间，他就已经与达尔文见过面了（1839年），第二次访欧时两人也曾会面（1851年），不过直到1855年才开始互相通信。当时胡克与格雷已有不少信件往来，两人的关系比较亲密，在信中既讨论植物的分布、变种与品种的起源等问题，也聊周边的人和事。1854年春，胡克与格雷在讨论两种相距遥远但十分相像的植物究竟是不同物种还是变种时（当时已发现了许多类似案例），胡克为格雷在信中展现的推理能力与学识所折服，于是将他的一封重要来信转给达尔文阅读。达尔文对格雷表示赞赏，不过当时他正忙于藤壶研究，直到当年9月才重新回到"物种理论"上。11月时，达尔文重新考察世界范围内的植物地理分布问题，他遗憾地发现尚未有学者比较美国与欧洲的植物群，只好从了解美国的植物入手，格雷的《美国北部植物手册》（*Manual of the Botany of the Northern United States*，1848）成为他的主要参考书目。（Porter，1993：9—19）

1855年4月25日，达尔文首先写信给格雷，请教有关美国高山植物的问题。达尔文的谦逊品性在这封信中展露无遗：

> 我希望您仍记得，我曾在邱园被介绍给您。我想求您帮个大忙，我知道我对此无以回报。不过我想这个忙不会给您带来太大的麻烦，然而却会令我受益良多。我不是植物学家，我所问的植物学问题可能在您看来十分可笑——几年来我一直在收集有关"变种"的事实，当我得出任何能在动物中得到验证的一般性结论时，我总试图在植物中进行验证。（"Darwin Project"：Letter 1674，Darwin to Gray，1855.04.25）

达尔文附上了从格雷《手册》中抄录的高山物种清单，请教这些植物的生境和分布范围。最后他还问格雷是否发表过美国和欧洲相似显花植物的清单，以便一位非植物学家可以判断这两个植物群之间的关系。如果没有，"如果我建议您

发表这样一份清单，您是否会认为我非常冒昧？……我向您保证，我知道我这样做多么冒昧，不是植物学家却向您这样的植物学家提出这样一个最无关紧要的建议；但根据我从我们共同好友胡克那里所看到、所听说的关于您的消息，我希望并且认为您会原谅我，并相信我……"（Porter，1993：19—20）

正是这封信促使格雷写作那篇《美国北部植物统计》，该文第一部分发表于1856年9月的《美国科学杂志》，第二部分于1857年发表。达尔文是位大师，他善于博采众长、兼收并蓄。他需要生物在地球上的分布方式作为证据支持他的进化论，所以促使格雷、胡克、德堪多等人去分析数据，去问大问题——这几位植物学家后来被当作是植物地理学的共同奠基者。（Dupree，1988：262—263）

两人的交往是双向渗透的。就格雷而言，他也需要与胡克、达尔文的交流来支持他与阿加西斯的辩论。阿加西斯生于瑞士，后移居美国，任哈佛的动物学教授，创办了哈佛比较动物学博物馆。他是格雷在美国科学界的对手。两人有着完全不同的行事风格：阿加西斯具有杰出的社交天赋，不仅是位极具魅力的公众人物，获得了美国大众及政府的大力支持与资助，而且也是当时美国多个科学圈子的核心人物，包括剑桥科学俱乐部（Cambridge Scientific Club）、星期六俱乐部（the Saturday Club）和科学闲人帮（the Scientific Lazzaroni）[1]；格雷则相对低调很多。（Miller，1970：48—70）两人在一些科学观点上也是针锋相对的，比如阿加西斯偏向于唯心论、浪漫主义，格雷则是理性的、经验主义的——按照杜普雷的说法，"格雷更像个18世纪末的人……而阿加西斯则体现了那股导致18世纪理性主义向19世纪唯心主义转变的革命性力量"（Dupree，1988：232）。阿加西斯认为人种是多起源的，并不拒斥奴隶制甚至为奴隶制辩护，格雷则反对奴隶制——南北战争期间，他坚定地站在北方联军一边，维护国家统一，不但购买战争债券，而且还在给达尔文的信中慨叹自己没有孩子很遗憾，因为"没有儿子可送去战场"（"Darwin Project"：Letter 4234，Gray to Darwin，1863.07.07）。两人对物种分布模式的解释也不同（如前文所述，当时的博物学家们已经注意到全球范围内的物种分布呈现出一种模式，有些十分相似的物种在相距非常遥远的地

---

[1] 星期六俱乐部中有许多大名鼎鼎的人物，如爱默生（Ralph Waldo Emerson）、洛威尔（J. R. Lowell）、达纳、大法官霍姆斯（Oliver W. Holmes）等人。科学闲人帮的成员都是当时美国最优秀的科学家，包括阿加西斯、达纳、地理学家贝奇（Alexander Dallas Bache）、电磁物理学家亨利（Joseph Henry）、吉布斯（Wolcott Gibbs）、数学家皮尔斯（Benjamin Peirce）等。

区出现）。作为基督徒他们都相信创造论，阿加西斯相信灾难论和物种的多次创造论，即一个物种可以在不同地方被多次创造，格雷和胡克则尝试着用气候变化来解释，他们认为只存在一次创造，当下物种的分布模式是由气候变化及随之而来的物种迁徙引起的，达尔文提出的物种演变理论则支持并完善了他们的这一解释。(Porter，1993：23)

两人间关于物种的讨论促使达尔文向格雷透露了他正在思考的理论。在1857 年 9 月 5 日致格雷的一封信中，达尔文详细阐述了他的自然选择理论，以及他新近关于物种趋异 (divergence of species) 的思考，他认为这可以解释后裔不同种系的起源。(Browne，2002：38; Dupree，1988：239) 如前文所述，这封信后来被作为证据在林奈学会宣读。

华莱士和达尔文的联名文章公开后，胡克、赖尔、格雷等人总算可以公开谈论进化论了，不用再藏藏掖掖。格雷成为美国宣传达尔文理论的主要人物，他积极地将达尔文及其理论介绍给美国科学界，并以此来对抗阿加西斯。1859年 4 月，格雷在哈佛大学科学俱乐部的一次聚会上，大致讲述了达尔文与华莱士的理论："部分是为了看看它能在这些人之间激起多大的浪，部分是不怀好意地，为了让阿加西斯坐立不安，这些观点与他钟爱的那些观念如此针锋相对。"(Dupree，1988：259) 不过这一理论在当晚并没有引起很大的反响，这既是因为当时在场的人未意识到达尔文理论的革命性，也是因为之前《自然创造史的遗迹》(*Vestiges of the Natural History of Creation*) 的发表和拉马克的理论为达尔文理论做好了铺垫和缓冲。

《物种起源》出版后，格雷保护达尔文的利益在美国不受盗版商的侵害——当时尚没有一部国际版权保护法。第一版原本达尔文打算送给格雷一份，但他和出版商都忽略了。第一版大卖，所以他寄了一份第二版给格雷，并拜托格雷帮助出版美国版并"为任何利润作任何必要的安排，为了我和出版商"。格雷立马与波士顿的一家印书商蒂克纳与菲尔茨（ Ticknor and Fields ）商议合作出版美国版。不过，由于当时美国只能授予美国公民版权，所以任何出版商都可以盗印。当格雷听说纽约的两家出版商正在印刷时，就写信给他们要求停止，由他在波士顿出版最新的修订版。这两家中的一家哈珀（ Harper ）放弃了，另一家阿普顿（ Appleton ）则已出版，不过愿意付版税。格雷决定接受后者的条件，于是后者成为达尔文在美国的出版商。阿普顿提供两种选择，50 镑一次性买断，或者

5% 的版税，格雷为达尔文选择了后者。到 1860 年 5 月，出版商付给达尔文 22 镑，达尔文将部分回馈给格雷，以感谢他所作的种种安排。（Gray，1894，vol. 2：456—457）

《物种起源》出版后一年内，格雷先后在《美国科学杂志》上发表了两篇书评，并在《大西洋月刊》（*The Atlantic Monthly*）匿名发表了三篇文章，介绍达尔文的学说，播报赫胥黎与牛津教区主教威尔伯福斯（Bishop Samuel Wilberforce）及生物学家欧文的辩论，回应对达尔文理论的质疑，并借此大力抨击阿加西斯的理论。格雷的书评颇受达尔文的好评，后者甚至计划以"联合出版"名义刊行美国版《物种起源》，以格雷的评论开始，书名为《达尔文与格雷的物种起源》，但此事并未成功。（摩尔，2011：64）发表在《大西洋月刊》上的三篇文章措辞谨慎，但整体上对达尔文的进化论无疑是肯定的。达尔文建议出个小册子，后来格雷请《大西洋月刊》的发行方蒂克纳与菲尔茨印了些，名为《自然选择与自然神学并不抵触》（*Natural Selection Not Inconsistent With Natural Theology*），并通过楚伯内公司（Trubner and Company）在伦敦发行。达尔文费心费力推广格雷的小册子，不过格雷的小册子并未说服威尔伯福斯主教，也未说服达尔文接受他的解读（详见下文）。格雷还将数百本小册子有选择地分发给博物学家、神学家、评论家以及多个图书馆。格雷所写的这些文章及之后写的相关文章于 1876 年编成集子《达尔文学说》（*Darwiniana*）出版，并几次重印。

两人的交流不止于此。达尔文还曾向格雷请教关于兰花的问题，包括绶叶草属（*Spiranthes*）和斑叶兰属（*Goodyera*），询问这些花的螺旋形态（spiral arrangement）是否能帮助昆虫导航，进而达到为花传粉的目的。（Browne，2002：177）达尔文关于植物的书，格雷几乎都写了书评介绍给美国科学界。1868 年，格雷携妻子去欧洲度假，顺道去达尔文的党豪思府邸（Down House）拜访了他。除此之外，两人一直以书信方式交往，直到达尔文去世。

三、格雷的有神进化论

进化论史专家鲍勒曾于 20 世纪 80 年代提出了"非达尔文革命"的观点，认为达尔文的《物种起源》仅仅是掀起了进化观念对物种不变观念的革命，并没有使自然选择原理深入人心。（Bowler，2009：179，196—199）不过格雷的例子有些不同。正如杜普雷和鲍勒指出的那样，他接受了达尔文物种可变和自然选择的观点，但并未放弃设计说，并未否定上帝对自然进程的参与，而是提出了自己的有神进化论（theistic evolution）。（Dupree，1988：264—278；Bowler，2009：205—207）

格雷祖上是爱尔兰移民，信奉苏格兰长老会。他幼年时所接受的宗教教育可能只是让他对长老会有了模糊的接受。成年后在托利夫人的影响下，他成为虔诚的公理会信徒。在达尔文1857年9月5日来信之前，格雷是物种恒定说（constancy of species）的坚定支持者。1844年《自然创造史的遗迹》发表后，格雷坚决反对其自发说，于1846年在《北美评论》（*North American Review*）发表了一篇长文，称《遗迹》是"异教咒语"。（Gray，1846：499）他认为无论从理论上还是神学上，物种演变说都最招人反对，而非神创论。这一时期的格雷虽然避免在植物学著作中使用上帝或造物主这样的术语，但他相信自然中存在一种"特殊的设计"（particular plan），物种不仅有"造物主"（Creator），并且还有"管理者"（Governor）；物种是某种超自然在多处的独立创造，一个物种并不能从另一个中生长出来。（Dupree，1988：135—144；Hung，2013：158）直到1857年，格雷仍在他出版的教科书中称物种之间是"有明确边界的"。（Hung，2013：647）

后来在与达尔文讨论同一属物种的地理分布时，格雷对达尔文提出了质疑："我从未看到有什么可信服的理由可以得出结论说，同一属的几个种肯定有共同的或连续的分布区域。说服我，或者给我看看任何相关证据……"（"Darwin Project"：Letter 2120，Gray to Darwin，1857.07.07）于是达尔文写了1857年9月5日那封信，称"物种不过是强定义的变种罢了"。（"Darwin Project"：Letter 2136，Darwin to Gray，1857.09.05）尽管格雷和当时的许多博物学家一样，认识到物种可变理论给分类学带来的威胁，即稳定的物种是分类学的基础，这样分类学家才是科学共同体中受尊敬的一员（Endersby，2008：320—327），失去这个基础，他们就难逃物种贩子（species-mongers）之名了（Hung，2013：646），但达尔文的证据和他多年的经验说服了他。他毕竟是一位诚实的科学家。1859年时他这样写道：

> 我已经倾向于……承认，所谓的紧密关联的物种（closely related species）可能在许多情况下都是某个原种（a pristine stock）的线系后裔，就

像驯养的品种一样；或者换句话说，物种（如果是指原始形式 primordial forms）偶然变异的领土比通常设想的要宽广，当这些派生形式被隔离后可能像其原初形式一样持续地不变地繁衍。（Gray，1859: 443）

《物种起源》出版后，格雷成为美国首要的达尔文进化论宣扬者，不过他并没有完全接受这一理论。格雷在为《物种起源》所写的书评中并不称自己为皈依者，对此他向达尔文和胡克解释说，这既是出于策略考虑，也是事实："我说过你们应当在这里获得公正对待，我做到了……""每天我都能看到我那些评论的分量……如果称自己为皈依者可能就没有这样的效果了……但同时这也是事实……"（Gray，1894，vol. 2：455，457）

对格雷来说，将上帝完全从自然进程中赶出是他的宗教所不允许的。1859年10月，格雷在信中告诉胡克，他对同源物种由变异衍生而来没有任何异议，但他对达尔文"将这一观点推演到极致"感到迷惑——"全世界都成了亲戚"（Gray，1889：103）——他也不太能接受自然过程完全是随机的。"你将如何贯通宗教哲学与你的科学的哲学"，"如果我无法将它们贯通成一致的整体……我会感到不安的"。（Gray，1894，vol. 1：266）

于是格雷对达尔文的理论作了自己的理解，设计出一种有神进化论。首先，他指出进化论并不必然是"无神论的"。他在《美国科学杂志》上发表的书评中指出，达尔文的《物种起源》常常被批评为"无神论的"，但这并没有道理，尤其考虑到当时的其他"更反动的"科学假说都没有受到如此抨击："引力理论和……星云假说假定一种普遍的、终极的物理因，自然中的所有后果（effects）都必定是由这种因导致的。""而达尔文仅仅是采用了一种或一系列特定的、近似的因，并论证说当前的物种多样性是或可能是偶然地由这种因引起。作者并没有说必然会引起。"如果人们可以用达尔文的理论支持一种无神论自然观，那么他们就可以以此种方式利用任何科学理论。既然引力理论和星云假说并没有背上这样的罪名，那么达尔文的理论也就不应当受到这样不公平的待遇了。（Gray，1889：54—55）

在格雷看来，科学仅仅是对"第二因"或"自然因"的追问。（Gray，1889：45）而设计论证或目的论证（argument from design）已经"得出了确定的结论：一位智慧的第一因、自然的预定者是存在且继续起作用的……""有机自然界充满了明显的、不可抗拒的设计迹象，并且作为一个联系的、一致的体系，这一证据表明了整体的设计性"，"接受达尔文的假说并不会扰乱或改变这一信仰的基础"。（Gray，1889：153）因此不必因"盲信物种没有第二因"而拒绝达尔文的理论，尽管也无须将该理论当作是"真的"。（Gray，1889：175）

由此可以看出格雷与达尔文的差异所在。达尔文早已摆脱了自然神学的影响，对他来说上帝即使存在也只是在最抽象的意义上（杨海燕，2014：58—63）；而格雷深受自然神学的影响，他的上帝不仅是一位创造者，位于世界的开端之处，而且还是一位管理者，仍然在自然进程中起着作用。

不过格雷并没有让上帝成为选择者。他承认达尔文的自然选择是起作用的，是这股客观的、机械的、筛选的力使有机体适合其环境。这是格雷与其他创造进化论者（creative evolutionists）的不同之处。（Browne，2002：175）他在"变异"中为上帝找到了位置。他发表在《美国科学杂志》的一篇文章中写道："但变异本身也有起源。从对过去的观察中我们无法预言什么样特定的变异会出现……（它）是同样神秘或无法解释的，只能假定存在某种上帝意志（an ordaining will）。"（Gray，1889：75）他发表在《大西洋月刊》上的另一篇文章中继续写道："由于变异的物理原因是完全未知的、神秘的，我们应建议达尔文先生在他的假说中假定，变异是被引导沿着一定的有益路线的。"（Gray，1889：48）

此外，格雷的上帝还可能在自然进程中发挥着另一种作用：进行特别创造。格雷用人造工具的类比来说明"变异—自然选择"机制与特创论是可以并行不悖的，这一类比充分体现了自然神学对他的影响：

> 看起来以下两种情形是同样可能的：特殊起源在恰当时机一次又一次地出现（比如人类的创造）；或一种形式（form）在恰当时机被转变为另一种，比如一些连续物种仅仅在某些细节处有所不同。用一个通俗的比喻来说明吧。当新情境或新条件要求时，人类会根据自己的智慧改变他的工具或机器。他会对他所拥有的机器作小的改变和改进：比如他给一条旧船装上新帆或新船舵——这对应于变异。……随着时间的流逝旧船会破旧会损毁，最好的品类会被选来做特定用途，并被进一步改进。这样原始船只会发展出平底大驳船（scow）、小艇（skiff）、单桅帆船（sloop）及其他品种的水上工具——正是多样化，以及连续的改进，引起那些不那么适用于特定用途的

中间形式的消失。这些逐渐变得没用，成为灭绝物种：这是自然选择。现在，假如取得了很大进展，比如发明了蒸汽机，尽管这发动机可以被用于旧船上，但更明智、更切实的做法是按照改进的模型做一条新船：这可能对应于特别创造。无论怎样，两者并不必然互相排斥。变异和自然选择可能起了作用，特别创造也可能起了作用。为什么不呢？（Gray，1889: 93—94）

在格雷看来，人就是一个特别创造的例子。不过可能正因为他赋予了人特殊地位，他后来也反对社会达尔文主义，并不认为"物竞天择，适者生存"适用于人类社会。

格雷将变异的发生归功于上帝以及他对特创论的支持，都意味着他在解释自然现象时部分地放弃了自然主义的解释路径。这样的做法对科学而言是很不利的。如此解释将使遗传学的出现成为不可能，并且会大大减小进化论的解释力和适用范围。格雷在这里表现出了某种逻辑上的不一致。他曾说过，仅仅以神圣意志来解释物种分布及其起源"将把整个问题移出归纳科学的领域"。（Dupree，1988：254）然而，他并没有将他的归纳科学进行到底，而是在缺乏物理证据和物理原因时就诉诸上帝。

格雷的有神进化论并没有被很多学者接受（Bowler，2009：207），虽然迄今为止美国仍有些基督徒试图从格雷处寻找支持（Miles，2001：196—201）。不过他的立场的确有助于平息达尔文学说所激起的宗教上的反对，达尔文也想利用格雷的设计论证影响温和的反对派。正如一位后世评论家指出的那样，如果说赫胥黎是达尔文的"斗犬"的话，那么格雷就是达尔文的"和平鸽"。（Miles，2001：196）他试图平息公众对《物种起源》的反对。达尔文曾写信告诉格雷："如果不是有那么四五个人（支持）我早就被击溃了——你就是其中一个。"（"Darwin Project"：Letter 2855，Darwin to Gray，1860.07.03）

一直到最后，格雷都是位有神论者，而达尔文则自称是不可知论者。1868年达尔文在《论家养动植物的变异》（*On the Variation of Animals and Plants under Domestication*）一书的末尾公开否认了格雷的有神进化论，好在两人的友谊并未因此受到太大的伤害。格雷作为一位虔诚的基督徒，不得不在信仰与科学之间做出妥协。他或许代表了西方最后一代在自然神学与现代科学之间摇摆的科学家。

第 二 编

对缤纷大自然的"肤浅"探究

　　博物的范围从家园延伸到远方，地理大发现和帝国扩张都有博物学家的身影。博物的主体从皇家学会主席到平民百姓，有大地主、大人物也有各色小人物。如果说对数理科学和还原论科学的线性推进，男性一直唱主角，那么在面向生活世界的博物学中，女性一直扮演着重要角色，记录下来的只是百分之一、千分之一。自然、大地与女性之间，天然地存在着象征性或隐喻性联系，而以可持续发展的逻辑来考量，以求力、争速、意欲征服和控制为特征的男人理性则可能因为导致世界失衡而招致批评。

第9章 班克斯的帝国博物学

　　班克斯是英国启蒙运动时期最具影响力的博物学家之一，是迄今为止任期最长的英国皇家学会主席。班克斯依托皇家学会等学术机构，成功地将科学尤其是博物学推销给了王室、政府和东印度公司，极大开发了科学的实用性，从而使科学开始真正走进人类生活。在博物学方面，班克斯的主要成就是建立起了一个全球性博物学网络，将动植物研究与大英帝国扩张联系起来。

班克斯（Joseph Banks，1743—1820）是18世纪末19世纪初英国最负盛名、最具影响力的博物学家之一。历史上博物学家可分为多种类型，如"亚当"分类型（林奈、林德利），百科全书型（老普林尼、布丰），采集型（班克斯、洛克），综合科考型（洪堡、华莱士），探险与理论构造型（魏格纳、达尔文），解剖实验型（居维叶、欧文），传道授业型（亚里士多德、道金斯），人文型（G.怀特、梭罗），世界综合型（德日进，E.O.威尔逊）。有些人物是重合的，身兼多种类型。（刘华杰，2010a：66—67）班克斯是其中"采集型"的典型代表。仔细研究班克斯的博物学活动，有助于增进对近代西方科学的理解和对博物学本性的全面认知。

　　1768年，年轻的班克斯组织起由博物学家、画家、仆人组成的学术团队，登上库克（James Cook）船长的"奋进号"（Endeavor），开始了为期三年的全球探险。库克1728年出生于英格兰约克郡，1779年在与土著的冲突中战死于夏威夷岛。他是英国著名的海军军官、航海家、探险家和制图师，皇家学会会员，因航行期间完成了大量科学实验而获得皇家学会的科普利奖章（Copley Medal）。库克于1768—1771年、1772—1775年、1776—1779年三度奉命前往太平洋进行殖民探险，对英国的天文、地理、航海、医学等产生了重要影响，也因此成为民族英雄。另外，库克船队还是首批登陆澳大利亚东岸和夏威夷群岛的欧洲人。在今天的澳大利亚、新西兰和大洋洲其他地区，有不少地方均以库克命名，如库克群岛、库克海峡、库克峰。美国著名史学家克罗斯比（Alfred Crosby）认为，库克太平洋之行所带来的全球生态扩张，堪比"哥伦布大交换"。

奋进号返航后，班克斯的名声和学术地位逐渐建立起来，他还受到了国王召见。1778年，这位对全球物种资源充满激情的博物学家当选为伦敦皇家学会（Royal Society of London，通常译作"英国皇家学会"）主席，并统治这个国际性科学机构长达40多年，迄今无人超越。[1]

班克斯在南太平洋的探险活动奠定了他的学术生涯的根基，也间接改变了英国科学的发展方式。班克斯以推动国家商业发展和帝国扩张为理由，说服英国政府投资科学研究事业，从而把知识与权力、科学组织与国家机构、植物爱好与商业利益紧密地联系起来。

班克斯在学术层面的专长是组织博物学活动、管理科学机构，而不是理论创新。他利用自己丰厚的家产，以及从王室、政府、东印度公司得到的资助，雇佣并组织起庞大的博物学团队，在全球范围内观察、描述、分类、命名、采集或移植新物种。从某种程度看，他更接近于业余爱好者（amateur），或准确地说，是一位植物研究及采集者（botanizer），而不是侧重理论研究的植物学家（botanist）。这种细分的意义在于，它一方面可以向读者表明，班克斯并不是一位专注于理论，并在理论著述方面有重要贡献的植物学家，这与他的前辈约翰·雷和林奈形成了鲜明的对比，但另一方面，这种区分又带有很强烈的辉格史味道，因为在班克斯生活的年代，并没有我们今天意义上的学科划分，也没有"植物学家"这个概念，在植物学采集、描述、移植，与命名、分类、理论研究之间，并无清晰明确的界限。作为享誉欧洲的博物学家，班克斯对当时流行的博物学理论也有自己独特的理解和看法。下面从认知特征和实践形态两方面，来考察班克斯在大英帝国扩张时期所主导的帝国博物学。

1　班克斯于1778年11月当选皇家学会主席，担任该职务直至1820年逝世，共41年，任职时间最长。其次是牛顿，从1703年到1727年，共24年。

一、班克斯帝国博物学的认知特征

从已有文献看，似乎是科学史家大卫·米勒（David Miller）首次用"帝国博物学"（imperial natural history）这个概念来概括班克斯博物学的特征。他在《班克斯爵士：从编史学的立场看》（Sir Joseph Banks: An Historiographical Perspective）一文中指出，班克斯的帝国博物学活动、农业改革实践，以及他管理皇家学会时表现出的政治特性，构成了完整的故事，全面刻画出班克斯的形象。（Miller，1981：290—291）但大卫·米勒并没有对这个概念作出详细的界定。从语境来看，他所强调的帝国博物学，仅仅是指博物学知识对大英帝国扩张的智力支持。

环境史家沃斯特则使用了"帝国"的隐喻含义，表达的是在人类处理与自然的关系时，以人类为中心，主张征服、控制自然的观点。班克斯作为林奈信徒，作为培根精神在皇家学会的坚定执行者，其博物学特征既体现了隐喻意义上的帝国性，又因为与大英帝国活动的互助共生关系，具有殖民掠夺意义上的帝国性。因此，只有将班克斯的职业活动放在这样的语境下，才能更好地了解班克斯的工作模式。

1. 帝国博物学的一般认知特性

沃斯特明确区分了 18 世纪两种非常不同的生态观，并分别以两位伟大的博物学家为代表。一种是阿卡迪亚式（Arcadia）传统，它以塞耳彭的博物学家 G. 怀特为代表，倡导人类过一种简单和谐的生活，要求人与自然界其他有机体和平共处，核心理念是以生命为中心。第二种则是帝国博物学传统，弗朗西斯·培根最为热情地颂扬并鼓吹它的价值，瑞典博物学家林奈是该进路的典型代表。他们的愿望是要通过理性的实践和艰苦的劳作建立人对自然的统治，核心理念是自然为人服务，以人类为中心。（沃斯特，1999：19—20）两条不同的道路，代表了人类面对自然时两种迥异的道德观。

在认知层面，帝国博物学家拥有自己独特的研究方法和活动方式，同时有着与其他博物学家不同的研究目标和知识诉求。通过与怀特式博物学的对比，可以更加清晰地展现班克斯所代表的帝国博物学的认知特征。

首先，两类博物学家的空间视野是不同的。怀特主要关注地方性的（local）、身边的生活世界。与之相比，帝国博物学家的视野则是全球性的（global）、异域的，他们着眼于帝国未来的经济竞争力，热衷于从世界最遥远的角落里，搜集外来珍稀物种，并对其进行命名、分类，以填充、验证或修改自己的理论体系。因此，从研究方式看，帝国博物学家需要更多借助国家力量。采集者被派往世界上未知的地方，以探求和采集新的物种。在这一点上，林奈和班克斯都"战绩卓著"，尤其是在收集异域植物方面，班克斯并不输于林奈，甚至差点儿收购了林奈逝世后遗留下来的标本。

其次，两类博物学家有着不同的知识诉求。怀特把塞尔波恩[1]近郊视为一个复杂的、处在变换中的有机生态整体，认为造物主创造了自然的经济体系，在这个体系中，即使并不和谐一致的生物都可以相互利用。而帝国博物学更注重系统分类和命名，希望能借助对未知世界物种的认识，建立起自然的统一秩序。在他们看来，自然秩序的统一与帝国秩序的统一是对等的。

最后，两类博物学家背后承载或渗透出迥然不同的政治道德观。帝国博物学指导和推动着欧洲近代的殖民化进程，在为殖民扩张服务的同时，实现着自身的体制化。这是一个同构化的过程，就像人要控制自然，一个国家也要建立对边界以外其他国家的统治，帝国博物学能够为此提供知识支持。恰如沃斯特所言，18世纪是鼓励追求世俗利益的世纪，舆论气氛是不知羞耻的功利主义，人类更加关注当下生活，追求现世幸福。而帝国博物学家则生逢其时，展现着人类征服自然的野心，这也成为其博物学活动主要动力，而田园主义的情感往往因为人对大自然统治的热潮而被置于一旁。

由此可见，帝国博物学家在认知层面上更偏好和执着于遥远的新世界，他们像天主教徒一样，致力于将"客观""尊贵"的知识带到蛮荒之地。当然，博物学家最重要的工作是为新发现的物种立"法"。帝国博物学的核心认知活动——采集、制图、分类、命名等，不仅是探求事实的科学研究，更是认知领域的侵略性扩张。博物学家"发现"某种新的动物或植物，用林奈体系或者自以为"正确""客观""普遍"的体系对之加以分类，用严格的科学语言拉丁文为之命名，

---

1 指塞耳彭（Selborne）。缪哲把怀特的 *The Natural History of Selborne* 译为《塞耳彭自然史》，其实准确的译法是某某博物志。现在 Selborne 一般译为塞耳彭。侯文蕙在翻译沃斯特著作中的 Selborne 时，将其译为了塞尔波恩，两者指同一个地方。因本章多次引用沃斯特著作，为统一起见，本章从此处开始采用塞尔波恩的译法。

并加以描述。他们用西方"标准"的制图法加以再现和传播，将活生生、具有地方特色，甚或蕴含当地文化的实物标本，转变成具有"统一"特征的科学观念和专业术语，最终目的是要全面、精确地描述全球博物史。这种信念源自与欧洲扩张相伴而生的地理与自然观，也源自欧洲科学家傲慢的信念，即认为自己有权"客观地"游历并观察世界其他大陆。（范发迪，2011：114）

另外，博物学家建立的这种"纯粹性""无私利性"的知识帝国，往往是为进一步殖民掠夺服务。帝国博物学在这两个方面，都表现出了明显的意识形态特征，并且从深层次看，两者的目标具有一致性和对称性。崇高的科学研究，从本质上是一种暴力的文化征服，是赤裸裸殖民掠夺的帮凶。

与西方国家利用坚船利炮疯狂殖民异域社会相比，认识论层面的帝国博物学没有血腥的暴力，也没有武力的征服。这些帝国博物学家通过知识的扩张，骄傲地为未知自然域送去秩序，并由此宣称着对遥远国家的主权。可以说，这种帝国意识形态为实践层次的帝国活动提供了智力支持和道德合法性论证。

2. 班克斯帝国博物学的认知特性与意识形态

班克斯帝国博物学进路的最明显特征，是重视全球采集和植物的实用性。以班克斯成名的奋进号航行为例。为了这次远航，班克斯准备了一个很大的图书馆，馆中收藏着许多博物学家的出版物，尤其是林奈的著作，由此可以窥见班克斯对林奈理论的钦佩之情。另外，班克斯团队中还有林奈的高徒索兰德（Daniel Solander），林奈尤其喜欢索兰德在植物学方面的天分，曾想把女儿嫁给他，并让他继承自己在乌普萨拉大学的职位，但最终索兰德加入了班克斯团队，背叛了恩师。

采集到新植物时，班克斯与索兰德总是先比对林奈的文本，严格按照林奈体系去命名和分类，由画家帕金森（Sydney Parkinson）负责绘图，并由专人负责制作成标本。在钉制标本的纸张上，标记着班克斯或索兰德赋予植物的新名称，一般还会标明采集时间和采集地点。而对于该植物与当地气候、风俗、土著的关系等一系列地方性特征，则提及较少或根本不会触及。班克斯的航海日志中多次提起过他发现新物种时的情形：

> 1768 年 8 月 26 日（起航第二天），微风习习，风和日丽。海员看到了一群鼠海豚（porpoise），应该是林奈著作中的 *Delphinus phocaena*，因为它

们的鼻子很钝。

1768 年 9 月 5 日，昨天的日志中忘了提及，我们用绳索套住了两只鸟，它们也许是从西班牙飞来的，一直随船前行，距离没超过 5 或 6 里格[1]。今天早上又网住一只，交给我的时候已经奄奄一息了。它们三只是同一个种，林奈没有提及过，我们将其命名为 *Motacilla velifacans*。它们像是海员，冒险登船以环游世界。（Banks & Beaglehole，1962：153；156）

之后，班克斯还组织过多次海外探险活动，收集新的物种。植物标本运到英国后，一般先由班克斯和索兰德为之命名和分类，然后决定将标本储藏或展览到什么地方，或者将植物移植到哪个植物园。据统计，仅在 1787—1806 的 20 年间，班克斯借助远洋航海，就亲自安排和组织过 11 次大型的活株植物移植活动。（Carter，1988：558）

1782 年索兰德逝世后，德吕安德尔（Jonas Dryander，1748—1810）[2] 成为班克斯图书馆及博物馆的管理员。德吕安德尔以林奈分类法为标准，对馆藏物品进行整理，编辑出版了五卷本的《班克斯博物收藏名录》（*Catalogus Bibliothecae Historico-Naturalis Josephi Banks*）。班克斯博物馆具有良好的声誉，总有许多博物学家慕名拜访，因此，这些按照林奈理论进行命名与分类的植物标本无形之中影响了许多博物学家。另外，班克斯的巨大成就，加上航海中的传奇故事，使他一时之间成为启蒙运动思想的典型代表和知识界的民族英雄，他所采用的林奈体系也因此得到了进一步传播。

从表面看，班克斯和索兰德所进行的命名、分类、展览活动只是简单的科学认知活动，与利益无涉，但从后现代殖民主义视角来看，即使去掉这些科学活动背后所隐藏的利益目标，也去掉科学活动为殖民事业和扩张活动所带来的直接效益，仅仅是他们的认知方法，就已经表现出了明显的帝国特征或者殖民倾向，只是这种倾向更多地体现在思想领域。普拉特（Mary Pratt）在其《帝国主义视角》（*Imperial Eyes*）的第一部分创造性地提出一个新的词汇，来概括性地指称帝国博物学的这种认知特点，他恰当地将其称为"反征服性叙述"（anti-conquest

---

1 里格，旧时长度单位，约 3 英里或 4.8 千米。
2 德吕安德尔，瑞典博物学家，在乌普萨拉大学期间师从林奈。1777 年旅行至伦敦，1782 年索兰德逝世后，成为班克斯博物馆和图书馆的管理员。他还曾担任林奈学会副会长。

narrative)，意在展现它与暴力征服不同的帝国过程。普拉特论证道，这种模式与帝国征服、强制转变、殖民地占有以及奴隶制维持等赤裸裸的传统帝国活动方式不同，它强调一种乌托邦式的、单纯无害的愿景，但核心依旧是强调欧洲对全球的权威。普拉特认为，使用"反征服性叙述"这个词汇，主要是想突出博物学的"理性"价值，特别是与早期的帝国活动、欧洲扩张以及王室掠夺相区别。（Pratt，2008：38）

从班克斯与索兰德的博物学认知活动来看，他们主要是采集新物种，然后按照林奈体系，对在全球收集到的植物冠以一个新的、由两个拉丁词组成的名称，并按照繁殖器官特征，将所有植物整齐划一地分为24个纲。这种博物学认知活动不涉及血腥的武力入侵，也不对新世界施加物理暴力，只是追求在认识论层面上，尽可能多地描述世界新事物，建立起新的统一的自然秩序。这样，博物学的支持者们可以高尚地宣称博物学的无害、友好甚至慈善。正如著名诗人派伊（James Pye）对班克斯的颂扬，在他看来，班克斯的植物采集活动采取了一种与人为善的方式，延伸了国王乔治三世的帝国权势。

> 乔治王父母般的权威和大英帝国的律法，
> 超越了亚扣[1]帝国的范围……
> 突然间，一艘乐天的船只抵达了世界的尽头，
> 不是为了财富，也不是为了声名，
> 对科学的执着导演了这次勇敢的探险。（转引自 Tobin，1999：175）

尽管派伊热情洋溢地赞扬着班克斯博物学认知活动的客观无私利性，但敏锐的后殖民主义科学史家依旧坚持认为，班克斯团队的博物学命名与分类活动本身就是一种帝国活动。"18世纪的（植物）分类系统要求在全世界范围内，搜寻每一个物种，并将它从其所处的特殊环境中分离出来，填充到分类系统中的某个位置，并赋予它一个新的欧洲化的学名。林奈生前将8000种植物添加到了他的体系之中，并因此受到了赞扬。"（Pratt，2008：31）林奈博物学骄傲地隔离了植物的时空网络，将某种植物看作与周围气候、环境、动物、其他植物以及人类无关的独立体，正像布尔斯廷（Danie Boorstin）对林奈的描述："自然物体构成了自

---

1 古代埃及的太阳神（Ammon）。

然界这个巨大的集合，林奈作为管理者徜徉其中，贴着标签。他的这项辛苦工作师承先祖——天堂里的亚当。"（转引自 Pratt，2008：32）

班克斯和索兰德作为林奈的门生，继承了林奈的事业，继续将见到的动植物新种纳入到林奈的统一体系中，填充着为这些植物"预留"的位置。单单是奋进号航行的三年间，班克斯就带回了大量的植物标本，涉及110个新的属，1300多个新种。（Adams，1986：126）欧洲人之前基本上不认识这些来自南太平洋地区的植物。班克斯掌管邱园[1]的几十年间，邱园大约引进了7000种新的植物，大部分都经过了班克斯团队的命名、分类与安排。

英国的普通民众或者博物学家，在花园里或者班克斯的博物馆里，观察着这些来自世界遥远地方的植物或者标本。这些植物或标本的注释中通常包含植物采集的大体时间、地点以及新的名称，基本不会详细提到植物原先的生存环境，与周围物种以及人类的生态联系，更不会提到这些植物在生长地的名称，及其名称暗含的意义，或者与该植物相关的神话故事、名人逸事等。似乎只有林奈体系所关注的特征，如雄蕊、雌蕊的数量、位置、比例关系，才能真正反映或者代表这些植物的本质，因为这些特征是客观的和定量的，不因时间、地点或者观察者而发生任何变化。简单地说，林奈、班克斯等博物学家通过命名、分类等认知活动实现了植物特征的"客观化"描述，也因此成功地实现了植物的"去语境化"（decontextualization）。他们选取自己认为最重要的植物性征，来为植物分类和命名，并将这些新物种制成标本带回国内，切断了物种与大自然、历史、社会和符号世界的复杂关系。于是，本来具有浓厚地方性特色的植物，变成了具有一致标签的世界性物种，它们被纳入统一的秩序之中，既有利于博物学家构建知识体系，也为他们进一步交流和移植实用植物提供了便利。

当然，在这个知识建构的过程中，影响是相互的。每个地方都产生了或正在产生关于自然的知识，这些地方性知识可能相互异质，但在与欧洲文化遭遇时，便会发生某种碰撞与融合，在被改造的同时也改造着欧洲传来的知识，双方在这个意义上重构自身和他者，从而变成更具整体性的全球科学的一部分。

---

1 邱园（Kew Garden）的正式名称为皇家植物园（Royal Botanic Gardens，Kew），可以追溯到1759年。那时乔治二世与卡洛琳女王之子的遗孀奥古斯塔派人在所住庄园中建立了一座占地仅3.5公顷的植物园，这便是最初的邱园。班克斯受国王乔治三世委托管理邱园，期间引进了大量物种，建成了世界范围内最具影响力的植物园。到1840年，邱园被移交给国家管理，并逐步对公众开放。

二、帝国博物学的实践形态

从与殖民扩张活动的相互关联来看，帝国博物学关涉的是科学与帝国扩张、知识与权力之间的关系，强调科学和帝国主义之间可能存在的共生关系。即在特定的历史背景和历史事件中，科学进展与帝国扩张这对看起来毫无联系的二元路径之间，形成了一个相互影响、相互促进的反馈机制。科学研究的进展可以促进或者阻碍帝国扩张的速度和范围，反之亦然。如航海学、制图学、地理学、植物学、动物学、医学、天文学等表面看来与帝国活动无关的认知学科，却在有意无意间促进了欧洲的殖民扩张活动，反过来，帝国扩张也为这些科学的发展提供了动力和条件。

如果突破传统科学编史学的局限，运用包容性更广的科学定义，即将科学定义为任何旨在系统地生产有关物质世界知识的活动（哈丁，2002：13），那么博物学就被纳入了科学的范围，在科学—帝国主义的框架下研究博物学与帝国扩张之间的关系就变得顺理成章。近几十年来，科学史家越来越注意到，博物学在近代全球生态格局和政治格局形成过程中发挥着很大的作用。尤其到了 18 世纪，欧洲各国开始向全球扩张，并试图建立殖民地，英国、法国、荷兰、西班牙等欧洲传统帝国，各自成立了专门的殖民机构和贸易公司，相互竞争，在世界范围内抢夺殖民地，掠夺资源。相比数理实验科学，博物学在这一时期与帝国活动的联系更加紧密，因为博物学更贴近人类生活，更具有实用价值，能切实增加国家财富，提高国家影响力，因此，博物学与帝国殖民活动很自然地结合在一起，为对方提供服务的同时，实现了自身的进步。

1. 帝国博物学实践的一般特性及其意义

史学家对殖民地博物学的论述已经成为史学研究的一个重要增长点。或者范围更窄一点，有些史学家只关注植物研究与帝国活动之间的关系，即殖民地植物学（colonial botany）。[1] 从时间上看，这种博物学发展进路最早可以追溯至 15 世纪的大航海时代，那时候西班牙、葡萄牙、荷兰、法国等老牌帝国主义国家开始寻

---

[1] 斯宾格尔（Londa Schiebinger）与斯旺（Claudia Swan）编辑出版的《殖民地植物学》（*Colonial Botany: Science, Commerce, and Politics in the Early Modern World*）共收集了 16 篇文章，介绍了博物学与全球扩张、林奈植物学中的殖民主义、殖民管理与植物学实践等主题。

找新大陆，博物学家也随着远洋船队而悄无声息地展开了工作。他们利用自己的博物学知识寻求在新大陆生存，也同时进行一些猎奇活动，将珍贵的稀有物种带回国内，进贡给资助自己的王室或贵族。有许多史学家从各自的研究对象出发，阐述博物学与帝国活动的互助关系。[1]

后殖民主义和科学实践文化的兴起，让史学家开始关注全球文化的频繁互动和交流，并深入探讨不同地区科学文化相互作用对双方文化形成、转变和衰退的影响。相比纯粹的数理科学，具有明显实践特性的博物学为他们提供了一个可使用的武器，来反对传统的欧洲中心主义。帝国主义国家的博物学实践说明，博物学知识不仅影响了新旧世界的力量对比和政治格局，而且自身在这一过程中也发生了变化。最终，声称具有"世界性""普遍性"的欧洲科学，实质上是殖民扩张背景下多元文化碰撞和调适的结果。

史学家布罗克韦（Lucile Brockway）较早地系统考察过英国殖民地植物学的发展，指出18世纪是植物经济学大发展时期。博物学家在面对新植物时，不仅研究分类学问题，而且思考植物的实用性，看它能否作为食物、布料、染料或者药物，能否给国家经济带来好处。植物园也分享了那个时代的商人气质和国家主义情绪，有意识地承担起科学机构的作用，来服务于政府。如1787年加尔各答植物园建立时，基德（Robert Kyd）曾明确表示："（植物园的建立）并不是为了猎奇、享乐而收集稀有植物，而是为了种植那些对民众和大英帝国有益的植物，并最终实现国家商业和财富的增长。"（Brockway，1979：74—75）

在植物园种植和新植物移植工作的带动下，欧洲人能够成指数地组织起全世界的人力和自然资源。欧洲人充分利用强制性或奴役性劳动的种植园体制，站在支配地位上组织和指导着两个半球之间的各种作物交换。欧洲各国政府之间为了建立自己的植物园垄断，或者打破对手垄断，进行着激烈的竞争。（哈丁，2002：65）这里以班克斯的植物移植和动物引进活动为案例，具体探究这位博物学帝国的领导者是如何利用博物学网络开展工作，并推动大英帝国进行全球性殖民扩张的。

---

1 近一二十年来，史学家 Richard Drayton、Paula Findlen、Richard Grove、Steven Harris、Lisbet Koerner、Roy MacLeod、James McClellan、David Miller、Francois Regourd、Palema Smith、Emma Spary 在研究近代科学尤其是博物学与帝国活动关系方面成果很大，他们有策略地考察了民族国家在形成过程中是如何利用博物学知识争夺土地与资源的。

2. 班克斯与新大陆上的"殖民地博物学"

班克斯的帝国博物学不仅追求知识为"真",而且求"用"。对欧洲的博物学家来说,了解其他地区的博物学,掌握新世界的动植物信息,不仅对欧洲人有利,对新大陆的人也同样意义深远,不管他们是否意识到或者是否同意。班克斯乐观地认为,自己的博物学活动对当地人来说,是一种慷慨的赠予和无私的帮助。在其书信中,明显透露出班克斯这种居高临下的优越感。

不断的战争让班克斯认识到,无论对于大英帝国还是殖民地,仅仅依靠单一作物的经济体系都是不完整、不稳定的。因为不用发动战争,仅仅实行经济封锁就可以让一个岛国陷入绝境。即使是在正常的贸易条件下,要想维持国内经济正常运转,国民生活自给自足,英国也会损失掉大量的黄金和白银。于是班克斯效仿斯隆、林奈、菲利普·米勒(Philip Miller)等人,希望通过植物移植工作,来增加国家财富。"七年战争"的胜利标志着英国第一帝国的形成,也从侧面反映出欧洲列强争夺殖民地的激烈程度。英国、法国、荷兰、葡萄牙、西班牙等老牌帝国为了获得更多的殖民地,掠取更多的原材料并开拓国际市场,争相发展航海事业,争取发现更多的新大陆。欧洲人到达新的地方后,首先想到的是对外宣布占有该地方,并试图在那里生存下去,按照欧洲的社会规则建立"小欧洲"。

要在一个自然环境和社会习俗均异于欧洲的新大陆生存下去,绝不是一件容易的事。殖民者要么尽快熟悉并适应当地并不友好的气候条件,让自己屈尊加入当地的生物链条,即让欧洲人过上土著人的生活,要么这些欧洲人就必须以当地的气候、土壤为基础,利用来自欧洲乃至世界各殖民地的动物、植物、矿物等资源,创造和建立自己的生态系统。在这个生态系统里,殖民者可以利用自己已经习惯的欧洲生存规则来准备饮食和治疗疾病。第二种途径相对难以实现,需要更多的知识支持,但却是欧洲殖民者几乎无一例外的选择,因为他们不能容忍让自己过一种"野蛮"的生活,而且他们对自己的文明和知识有充足的自信。

在那个现代工业刚刚崛起还远未发达的年代,相比其他科学,博物学知识在作物移植、动物饲养、食品加工、衣料准备、建筑用材方面可以提供更多的技术支持。而且这些与殖民者活动息息相关的事情,是他们一踏上新的土地就需要考虑和解决的。从这个意义上可以说,博物学是作为殖民主义的先头部队的一部分进入新地区的,而不是等待后卫部队到达之后才进入,它贯穿于早期殖民地建立的全部过程,因此,这些知识实际上可看作是一种"生产力"。(哈丁,2002:

59—60）博物学家在利用自身知识为探险船队和殖民者筹划解决登陆后的迫切问题时，考虑的绝不是那种博物学知识是否有趣，也不是要达到某种真理或寻找自然规律，而是看能否解决殖民主义的日常难题。班克斯为殖民团队提供的知识咨询，很大程度上就是为帝国扩张活动服务的。因此，从其存在的真正形态来说，这种知识是为开发新大陆自然资源服务的殖民地科学。

班克斯掌管世界博物学网络，这使得他对世界作物的重新分配和移植有了可靠保障。他利用邱园这个国际植物交易中心，借助分布在世界各殖民地的英国植物园和植物采集者，实施经济作物的移植与增产计划。在他的建议下，乔治三世重新启用了圣文森特（Saint Vincent）花园，把它作为中转站，来存放运到邱园的美洲植物和进口自西印度的亚洲植物。班克斯很清楚，殖民地植物园对英国经济非常重要。

班克斯移植的植物中，有一些是观赏性物种。在当时，它们几乎没有实用价值，而只能愉悦人的身心，如一些鸢尾属植物（*Iris*）、天竺葵属植物（*Pelargonium*）、唐菖蒲属植物（*Gladiolus*）、松叶菊属植物（*Mesembryanthemum*）。业余爱好者和家庭园艺师对它们十分感兴趣，由此产生了很大的需求。殖民地植物园看到了这个市场，借此扩大面积，各地植物园逐渐繁荣起来。（Snyder，1994：97—98）其实，对班克斯来说，观赏性植物在精神层面上还有更为重要的意义：彰显大英帝国实力，强化帝国扩张意识。这些来自世界各地的植物，向观赏者展现着大英帝国可延伸到的地方，暗示着大英帝国会像拥有这些植物一样，控制遥远世界的土地。（Snyder，1994：100）在18世纪尤其是下半叶，博物学成就逐渐成为帝国强大与否的衡量标准之一。欧洲许多国家的王室都设立专项基金，雇佣专门的博物学家，从世界各地疯狂搜刮动植物新种，以向国民或其他列强炫耀自己强大的统治力。班克斯深刻了解植物收藏工作对汉诺威王朝的重要性，于是干脆放弃自己所爱好的植物收集工作，专心为邱园收集异域动植物，希望将邱园建设成当时世界上植物存储量最丰富的皇家园林。

但班克斯最感兴趣的还是物种的经济价值，他关注所有能提高人类衣食住行水平的动物或植物。在三次海外航行日志，尤其是在奋进号航海日志中，班克斯多次论及异域民族对当地动植物的使用，并常常因为发现植物潜在的用途而感到惊讶。班克斯抓住每一次机会，来探求生物新种的商业潜力。班克斯一直对寻求染料有莫大的兴趣，因为在那个年代，化学工业并不发达，人工合成染料并未大规模进入生产过程，所有染料都只能从植物、动物或矿物中提取，这就让英国发达的纺织工业受到阻碍，至少部分利润被剥夺。因为当时英国大部分布料的上色要在荷兰完成，然后运回英国，销往国内外。新染料的发现将会使英国纺织工业摆脱荷兰控制，更能省去荷兰中间商费用，创造更大利润。（Snyder，1994：29）

班克斯一登上塔希提岛，就对他们的服饰和装扮发生了兴趣。在详细记载衣服的样式、制作原料和缝制工艺后，班克斯转向了染料工艺："他们主要擅长两种色彩的染制——红色和黄色。黄色最漂亮，我敢说这比欧洲任何一个地方的黄色都要精美；红色鲜艳夺目，但没什么突出的优势。他们有时候也会制作棕色和黑色，但不经常发生，所以我在岛期间没有机会见到他们所用的原料。"（Banks & Beaglehole，1962：356）接着，班克斯依序介绍了塔希提人如何用原料来制作巧妙的颜色：

> （红色）是两种液体的混合物，在混合之前，它们都不表现为红色，也看不出周围的什么因素，或者液体的哪个部分能让红色潜存其中。两种植物分别是桑科的斜叶榕（*Ficus tinctoria*）和仙枝花树（*Cordia sebestena*），塔希提人称它们为 Matte 和 Etou。前者的果实和后者的叶子以下面的方式制作成染料……（Banks & Beaglehole，1962：357）

班克斯注意到，仙枝花树的叶汁最适合与斜叶榕果实混合，得到精美的红色。除此之外，还有几种植物的汁液可以与斜叶榕混合，来产生红色，只是效果略有不同。植物应用方面的这种多样性和丰富性，让班克斯感到深深的折服："植物因其具有的特别本性已经为我们提供了如此有价值的染料。研究植物的人一定猜不出，大多数我们正用作染料来源的叶子，背后还隐藏着什么特性。"（Banks & Beaglehole，1962：359）另外，班克斯在日志中还详细记载了衣物的上色过程。班克斯想着，如果能在殖民地的花园里种植这些能提取染料的植物，必定会大大促进英国染料工业的发展。

斯奈德（Micheal Snyder）将班克斯的这种博物学称之为"商业生物学"，意思是通过对动植物的研究和运作，获得它们的商业、医学或者农学价值。当然，班克斯的这种目的常常是与国家利益和帝国扩张联系在一起。（Snyder，1994：2）他不断向乔治三世强调植物的商业价值，以此说服国王出资建设最好的植物园，并为那些专业收集家支付酬劳，让他们在世界各地寻求对英国有用的植物。

因为作物移植一旦成功，就可能会极大地增加自身价值。班克斯的博物学生涯之中，尤其热衷与殖民政府合作，努力寻找气候适宜的殖民地，然后将重要作物交换种植。

3. 澳大利亚：一个班克斯倾心其中的殖民地

1779 年 4 月 10 日英国下议院议长邦伯里（Charles Bunbury）向国会转交了班克斯的申请报告，报告提到了澳大利亚的人口、气候、土壤、植物、动物、资源，以及生存所需要的基本工具，充分显示出一位博物学家对建立新殖民地的关切点，展现出博物学家的知识对帝国扩张的影响，而正是这件事的最终促成，使得班克斯在澳大利亚成为民族英雄，甚至被称为澳大利亚之父。[1]

> 班克斯爵士申请，国会在方便的情况下，应当考虑将英国的重刑犯运载到地球的遥远一方，以建立殖民地。在那里，他们将无处可逃。殖民地必须有肥沃的土壤，使他们在一年之后，不用或者很少依靠祖国的帮助就能养活自己。考虑到这个地方要非常适宜殖民者入住，班克斯建议选择植物湾（Botany Bay）。它位于印度洋，新荷兰（New Holland）[2]海岸，离英国 7 个月的航程。

> 班克斯爵士认为，当地人基本不会反抗，因为 1770 年他们在此逗留时，只有很少的土著人出没，或许该地区不会超过 50 人，由此可以推断，这个国家人口非常稀少。他见到的土著居民赤身裸体，貌似结实，装备长矛，但十分胆小，在与船员遭遇后很快就撤退远去。班克斯于 1770 年 4 月底到达这个地方，5 月初离开，觉得这个地方的气候有点像法国南部的图卢兹（Toulouse），他还发现在距离极地 10° 以内的地方，南半球要比北半球更冷一些；这个地方的肥沃土壤面积要比贫瘠部分小一些，但足以养活数目众多的人口；这里没有温顺的家养动物，但逗留的十天里也未发现野性十足之品种，班克斯见到了袋鼠的粪便，这种动物体型似中等大小的绵羊，行动十分迅捷，难于捕捉，在其他地方曾遇到过这些动物；这里没有食肉性猛禽，因

---

1 梅登（Joseph Maiden）著作的名称就是《约瑟夫·班克斯爵士：澳大利亚之父》（*Sir Joseph Banks: The Father of Australia*）。

2 因为荷兰船只最早发现这里，因此澳大利亚被命名为"新荷兰"。

此班克斯先生相信，如果我们能将绵羊和牛运到那里，它们必会繁衍旺盛；植物湾还有大量的鱼类，班克斯曾拉网捕得一些黄貂鱼（Sting-ray），是鳐（skate）的一种，体型都很大，每一个重约363磅；该地草长而茂盛，有些可食用的植物，尤其是一种野生小菠菜（spinage）；这个国家水资源非常丰富，有大量的木材和燃料，足够用来建造房屋，而住处是必需的。

在被问及这样的殖民地在建立初期如何才能生存时，班克斯这样回答："移居者必须一开始就配备如下物品——足够一年的饮食和衣物储备；耕种土地和建造房屋所需的各种工具；肉牛、绵羊、食用猪和家禽；各式各样的欧洲玉米种子和豆类种子；园艺植物种子；防御器械以及可能用到的小船、渔网和渔具，除防御器械外，其他都可以从好望角购买；之后他们就能利用自己的劳动养活自己，而不需英国的帮助了。"班克斯建议每次移民数量要大，至少两三百人，他们基本逃不掉，因为这个国家离欧洲人居住的任何一个地方都很遥远。（Banks & Chambers，2008：251—252）

最终，经过详细严谨的规划和不懈的努力，班克斯成功说服了乔治三世和下议院，同意他向澳大利亚转移罪犯以建立殖民地的计划。1784年，议会正式通过法案，授权政府向海外转移重刑犯。班克斯又一次利用自己的博物学知识影响了帝国扩张的议程。

报告的最后更是将班克斯的帝国本性展露无遗。当被问到他是否想过，英国能否从新植物湾的殖民地获得好处时，这位伟大的博物学家自信地答道："如果这些人组成了新的政府，他们的人口必然会增加，并会发现他们需要欧洲的商品。我毫不怀疑，像新荷兰这样一块比整个欧洲还要广袤的土地，一定回报给我们更多有用的物质。"（Banks & Chambers，2008：252）

之后，班克斯与新大陆的管理者以及往返两地的工作人员保持着密切联系与合作[1]，一方面班克斯可以从对方那里得到关于澳大利亚更多的情报和动植物标本、种子，以便寻找有价值的经济作物，逐步实现大英帝国的经济自足，另一方面充分利用自己的博物学知识储备和航海经验，为踏上或即将踏上新殖民

---

[1] 班克斯一直对澳大利亚事务保持着密切关注。他与新南威尔士的首任统治者菲利普（Arthur Philip）关系密切，仅在1787、1788两年间就有通信往来近十次。内容多涉及博物学。另外，班克斯还利用往返两地的船员，为他提供和运输澳大利亚的动植物资源，如著名航海家弗林达斯（Matthew Flinders）。

地的英国人提供生存指导，与他们一起帮助大英帝国开拓新的原料产地和商品销售市场。

在所有殖民地中，班克斯尤为关心澳大利亚的开发，或许是因为当年奋进号在植物湾等地的短暂停留给班克斯留下了太深刻的印象。班克斯一直筹划和安排着在澳大利亚的植物移植实验，以求将尽可能多的有用植物种植在那片广袤的土地上。如 1798 年 10 月 11 日，班克斯从索霍广场府邸写给负责移民事务的内政部官员约翰·金（John King，1759—1830）[1] 的书信中，就提到自己随书信附上的一份简要的说明书，请求约翰·金能够转交给开往新南威尔士的"海豚号"（Porpoise）上的植物照料者。班克斯还随信附上一份为该次南威尔士航行准备的植物名录，并请约翰·金或者其他负责人能代为核查，以防有漏，如若发现，另行再补。（Banks & Chambers，2012：1）

在收到约翰·金的肯定答复后，班克斯于 10 月 16 日又给约翰·金写了封信，更加详细地解释了整个事件的人员安排，从这里我们可以看到植物移植工作与大英政府官员、殖民地官员及殖民者千丝万缕的联系。

> 我很高兴您能批准我给园丁草拟的那份说明书。您把它转送给了总督亨特（John Hunter）[2]，这让我感受到了您的认可和赞扬。不管怎样，它们的第一个用途是听从政府安排或者其他你认为合适的处理方法，将其交到园丁苏特（George Suter）的手中。我的意见是他应该按照约翰·金的指示处理，这样约翰·金可以从政府那里得到标记他们的指令，让他自己获得在航行中对园丁和照料者的全面监督者的地位。
>
> 如你所知，苏特承担了照料者的任务，没有任何费用和酬劳，条件是允许他获得 200 亩地去开发。祈求不要忘记把这个事情跟亨特说明一下。如果苏特将这些植物照料得非常健康，他将会在殖民地得到良好的待遇，这当然是我们都希望的。在我指导的这段时间里，苏特在所有事情上都表现得很冷

---

1 约翰·金，英国人，政府官员，从 1791 年起在内政部工作，1794 年开始掌管移民事务等。后来，金还在财政部和军队工作过。
2 约翰·亨特（1737—1821），英国人，新南威尔士总督。亨特从小跟随父亲在海上航行，从阿伯丁大学毕业后很长时间，一直从事航海事业。1786 年作为"天狼星号"（Sirius）的上校舰长和第二舰长，跟随菲利普前往澳大利亚，在那里带领着远道而来的英国重刑犯，成功开辟了殖民地。1793 年接替菲利普，成为新南威尔士的总督，励精图治，企图改变当地的"原始"状况。

静、很得体、很谨慎。所以我对他的前途很关注，非常希望他能分得一块好地，还有好的重刑犯可以充当助手。

之前寄给您一份植物名单，这里又添加了两种，12号箱的角豆树（Ceratonia siliqua）和2号箱罗克斯伯勒（Roxburgh）寄来的Spring Grass[1]，可记录为动物饲料。重新修订名单时要添加这两种植物的名字。角豆作为最好的动物饲料在欧洲南部远近闻名，而Spring Grass据说确确实实给圣赫勒拿岛带来了利益。（Banks & Chambers，2012：2）

接下来，海豚号已经为远行做好了准备，班克斯为南威尔士选定的植物该登船了，种子该如何保存，幼苗该怎么养护，到达海豚号时种子和幼苗的状况等，都有专人来向班克斯汇报。

从这封信可以窥见班克斯作为大英帝国信赖的植物学家，致力于往大英殖民地移植植物的整个过程。从联络政府官员到寻找植物园丁，从物种选择到如何育植，班克斯都事无巨细亲自操作。而从选择的植物来看，大多是有利于移民者在殖民地生存下来的物种，如小麦、黑麦、红三叶草等，或者是大英帝国急需的物种资源，如亚麻。（Banks & Chambers，2012：3）

对那些来到新世界的移民者来说，刚刚上岸时吃的当地的食物多不如欧洲的可口和高贵，所以能否在殖民地种植欧洲粮食作物，养育供食用的动物，很大程度上决定了移民者能否成功。克罗斯比在其著作中特意强调说，那些来自旧大陆的移民者在大洋彼岸吃的不是麋鹿肉或袋鼠肉，而是牛肉、猪肉和羊肉。移民者无论是在北半球还是南半球的殖民地，最终都恢复了以旧大陆主要作物为主的饮食。（克罗斯比，2001：296）当外来的野草和牲畜站稳了脚跟，土著居民不得不试着种植新的作物，饲养远道而来的动物。这一方面导致了外来生物的急剧扩张，另一方面逐步改变了新大陆原有居民的生活方式。可以说，从自然和人文两个方面都改变着当地的生态。

三、班克斯帝国博物学进路的局限及科学界眼中的班克斯

作为皇家学会主席，国王和海军部大臣的朋友，班克斯处在一个特殊位置

---

1 文献中只有该植物英文名，笔者没有考证出是指哪一种植物。

上，使他能够发挥科学研究对大英帝国所产生的积极作用。另外，班克斯还是东印度公司的科学顾问，在航海问题，以及具有商业价值的植物移植方面，班克斯都有大量的知识储备和经验教训，可以为公司提供有价值的建议。班克斯的付出也得到了丰厚的回报，国王和政府越来越相信和依赖班克斯的科学知识，资助他的研究计划和博物学活动成了经常发生的事。同时，班克斯作为政府和东印度公司的编外人员，也具有了越来越大的话语权，这使他有了更大的权力去编织和控制自己的帝国博物学网络。这解释了邓肯兄弟为什么如此心甘情愿地为班克斯服务，也解释了班克斯为什么能够说服国王，给那些派遣到海外去采集植物的猎人支付薪水，更解释了东印度公司为什么能听从班克斯的建议，资助加尔各答植物园的建设，并在失败一次之后，依然能继续支持太平洋地区的面包树移植工程。

这种合作模式有一个巨大的优点：若即若离非正式的关系具有强大的稳定性，时局的动荡和政府的更迭，很少会影响到班克斯帝国博物学的运作，当然也就不会影响到对这些活动的资助。在18世纪末那个政府更迭频繁的时代，班克斯所保持的这种关系更加显示了它的重要性。

但这种模式的局限性也很明显，班克斯虽然是闻名欧洲的博物学家，是皇家学会的主席，但他只是这种合作模式的智囊团，或者说政策建议者，并无最终的决定权和话语权。行动是否实施、如何实施，人员以及财政资助如何调配与控制，都在他的管辖范围之外，这就一定程度上限制了他的计划的实施。因为政府和东印度公司不是慈善机构，也不是研究部门，他们一定会优先选择能带来丰厚利润的计划，而对纯粹的学术研究或者获益较少的研究不感兴趣。班克斯所给出的建立加尔各答植物园的主要理由是它可用于种植茶叶、西米等有价值的作物，可以给东印度公司、大英帝国及其殖民地带来良好收益，因此他的建议才会被采纳；班克斯所组织的两次面包树移植计划，也是先说服了王室和海军部，让他们相信，这个计划的成功能给西印度群岛的殖民地省下很多粮食，赚取巨额利润。而有些活动，比如收集纯粹观赏性的花卉，或者连观赏性都不具备的草木，则难以打动权力机构，尤其是东印度公司。这种情况下，班克斯只能利用自己的财富和个人关系去实现研究目标。当这些目标与国家、公司利益相冲突时，班克斯的活动往往受到漠视或者限制。

从这种关系可以看出，在18世纪末，科学并没有成为政府活动和民众生活的一部分，科学与政府之间也没有形成正式的联系。像班克斯这样的科学管理者，可以通过与政府官员及王室的私人联系，为他们提供一些科学建议，但从整个社会氛围来讲，科学的实用性还没有得到普遍认可。因此，班克斯所建立起来的科学与政府、王室相互支持、相互合作的关系得不到制度保障：当权力机构需要科学帮助时，他们能够相互利用，共同进步；而当他们不需要科学的支持，或者科学不能给他们直接带来利益时，科学家就会受到冷落，科学活动也得不到资助。

在科学界，班克斯的形象同样充满着争议。班克斯对科学事业的贡献获得了诸多时代同行的高度评价。1821 年爱丁堡哈维学会成立 40 周年庆祝会上，邓肯（Andrew Duncan）追忆并赞扬了班克斯一生的主要工作，并在报告的末尾指出，班克斯将被载入自然哲学史册而永被纪念。（Duncan，1821：20）法国动物学家，比较解剖学和古生物学的奠基者居维叶持有相似的观点。1821 年 4 月 2日，法国科学院召开了一次纪念班克斯的会议，居维叶宣读了对这位外籍名誉院士的颂词："他留下的著作仅有几页的篇幅，而且并不重要。但是，他的名字将闪耀在科学的历史长河……在那个海洋相阻隔的世界里，他开辟了科学探险的道路。地理学和博物学的进步要归功于他富有成效的工作……我们会毫不迟疑地承认，班克斯的这些活动与著作具有同等重要的价值。"（转引自 Tomlinson，1844：59—60）可惜的是，居维叶的预言并没有实现，班克斯死后的一百多年，他的形象和贡献几乎完全消失在了科学的历史长河之中。

令人感到讽刺的是，这位迄今为止在位时间最长的皇家学会主席，邱园事实上的园长，国王的密友，政府科学事务和帝国事务的政策顾问，林奈学会（Linnean Society）[1] 和皇家园艺学会（Royal Horticultural Society）[2] 的重要组织者和参与者，几十年来一直处于英国科学界中心的伟大人物，逝世之后很快就退出了历史舞台。皇家学会内部，新兴的数理科学家为了彰显科学进步，故意忽视乃至贬低班克斯对科学事业所做的贡献。班克斯担任主席期间，数学家霍斯利（Samuel Horsley）就对班克斯式的博物学提出了批评，他曾揶揄说："（班克斯）总是试图用青蛙、跳蚤和蚂蚱来取悦皇家学会的会员。"（O'Brian，1988：209）皇家学会主席的继任者——化学家戴维（Humphry Davy）在论及前任工作时，

---

1 学会建立于 1788 年，名称来自动植物分类系统早期建立者、瑞典博物学家林奈。地点位于伦敦皮卡迪里（Piccadilly）。创立者史密斯是班克斯的朋友、后辈，在班克斯的建议和督促下，购买了林奈生前收藏的标本，以此为基础，创立了该学会。

2 1804 年创办于伦敦，最初名称为伦敦园艺学会（Horticultural Society of London）。1861 年获得皇家许可，改为现在的名字。学会致力于推动园林与园艺的发展。

选择了避重就轻且略带无视的口吻："班克斯只能被看作一位科学资助者，配不上那么多赞誉……作为国王亲近的朋友，他骨子里就有着廷臣之志。在对待皇家学会时又显得那么随意和个人化，常常把自己的家弄得像个宫廷。"（转引自Holmes，2008：400）

传统科学史家也因为他著作贫乏而不愿提起他。科尔兄弟在其科学社会学著作中也提及了这种情况：除做出伟大发现的科学家之外，科学管理者也是科学精英中的重要群体，尽管他们没有依靠杰出的发现而享有精英所具有的声望，但是管理者在科学界占据着重要的影响。遗憾的是，科学史常常把他们忘记了。[1]（科尔，1989：44—46）史学家认为，在这个知识与理性的启蒙世纪，英国科学陷入了低潮。这种看法或许源于计算机之父巴贝奇（Charles Babbage）[2]的著作，1830年，他出版了《对英格兰科学衰落的思考》（*Reflections on the Decline of Science in England*），著作攻击了英国皇家学会和英格兰的大学，呼吁给科学研究者更高的荣誉和更好的待遇，以扭转科学落后的颓势。对巴贝奇以及持同样观点的史学家来说，18世纪的英国科学陷入了"黑暗的低谷"（valley of darkness），就像双峰骆驼的峰谷部分，而17世纪和19世纪初才是耸立的峰顶。（Miller，1989：155）

如果以数理实验科学尤其是数学的成就为评价标准，上述结论无疑是有道理的。但18世纪的英国科学并不局限于此。在那个几乎已被现代科学工作者忘却的博物学领域，英国人取得了举世瞩目的成就，并且一直走向维多利亚时期的辉煌。

---

1 除博物学外，班克斯对当时的诸多自然哲学学科也充满了兴趣，这从他所参与的诸多科学活动就能反映出来。他曾经进行过一些关于温度的实验，处理过当时科学家提交到学会的论文，仅是由他呈和由他确定发表在《哲学汇刊》上的文章至少就有133篇，内容涉及天文学、地理学、地质学、大气学、化学、光学、磁学等。有很多例子可以表明班克斯对科学真理的追求。亨特对班克斯追求真理时表现出的始终如一的热情，表示了由衷敬佩："如果有一个人值得崇拜，那一定是班克斯。他关注着最理性的事业。"（Weld，1848：114）

2 巴贝奇出生在英格兰西南部的托特纳斯，是一位富有的银行家的儿子，后来继承了相当丰厚的遗产，但他把金钱都用于了科学研究。巴贝奇在1812—1813年初次想到用机械来计算数学表，后来，他开始制造计算器、差分机。1812年他参与建立了分析学会，其宗旨是向英国介绍欧洲大陆的数学成就，该学会致力于推动数学在英国的复兴。

第10章 北美大地上的人类与植物（1600—1900）[1]

　　北美是世界上植物种类最为丰富的区域之一，据统计共有18743种。生活在这里的人们，从印第安人到欧洲殖民者，有着不同的理解、认知植物的方式。印第安人并未在人的精神活动与自然的活动之间作出区分，因此对他们来说，植物既是食物、药物，同时也是像人一样有灵魂的生物。欧洲人则很早就将植物对象化了，并在此基础上发展出植物学。在19世纪中期以前，植物学仍然是博物学的分支之一，以描述、鉴定、命名、分类植物为主，在此之后则转向了生物学。不过大众植物学倡导者和植物学爱好者们仍然保持了博物学的取向。相较于以追寻"客观事实"为己任的生物学，以"多识草木之名"为目的的博物学可以激发人对自然造物之美的欣赏，有利于培养人对自然的共情。它与印第安人的自然观一道，都可以成为人类认知自然的另外一种方式。

一、印第安人眼中的植物：食物、药物与神灵

　　1492年哥伦布抵达美洲时，欧洲人纷纷惊呼他发现了一片"新大陆"。但对印第安人来说，这片土地绝非新大陆，他们世世代代在这里已生活了上万年。据估计，在15世纪末，整个美洲大概生活着1400万至4000万印第安人，其中，

---

1 本章部分内容节选自笔者的博士论文：《植物分类体系在美国：自然、知识与生活世界（1740年代—1860年代）》，北京大学，2016。

美国和加拿大地区约有 100 万。总的来说，北美印第安人的生存极度依赖于其周围的自然环境和资源，他们中的大部分仍然是靠山吃山、靠水吃水。生活在北冰洋沿岸的爱斯基摩人和阿留申人、北美西北沿海的印第安人都主要以捕鱼为生；加拿大北部和阿拉斯加内陆地区森林地带的印第安人、美国中西部大平原的印第安人主要以狩猎为生；美国太平洋沿岸加利福尼亚等地的印第安人主要以采集、狩猎和捕鱼为生；只有美国东部、东南部和西南部的印第安人进入了定居农业生产阶段，主要种植玉米、南瓜、豆类等，不过他们并无法从农业生产中获得充足的食物，仍需辅以狩猎和采集。（刘明翰等，1982：5—7；李剑鸣，1994：16—17）

北美印第安人与他们生活于其中的自然环境协同共生，周围的植物是他们的食物、药物、纤维制品、染料及其他生活用品的重要来源，并在其文化、宗教仪式中扮演着重要角色，他们对植物及自然的看法也极其独特。遗憾的是，印第安人并没有书面语，我们只能通过历史上欧洲殖民者及后来的民族植物学者、人类学学者的记述和研究来了解他们与植物的关系及他们的自然观。最先抵达北美大陆的殖民者是西班牙人，法国人、荷兰人紧随其后，英国人最末，但他们后来者居上，在 17 至 18 世纪逐渐取代前三者成为北美最大的殖民霸主。在殖民定居点建立之初，殖民者常因缺乏相关的地方性知识而遭遇生存危机，此时印第安人有关食物、药物及农作物的知识就对他们有着重要的意义，是他们留心了解并学习的对象。（李剑鸣，1994：24—25，37—38，41—42）此外，在欧洲，17 至 18 世纪正是博物学兴起并逐渐兴盛的时代，当时的博物学家们意欲了解世界各地的动、植、矿物。那些来到北美探险的欧洲博物学家们，以及北美当地的博物学家们，也同样关注印第安人如何利用周围的动、植、矿物。他们的记述虽然零散、不成体系，但可使我们略微了解，在印第安人仍然占据北美广袤土地的时代，植物在他们的生存中扮演了怎样的角色。

对北美印第安人来说，植物首先意味着食物。在 16 世纪时，由玛雅、阿兹特克等中南美洲印第安人培育的几种重要作物，如玉米、豆类、南瓜等，都已传播至北美，是当时那些从事农业生产的印第安部族的重要食物来源，如美国东部的易洛魁联盟（the Five Nations）、西南部的普韦布洛族（Pueblo）都曾被目睹种植过这些作物。北美印第安人自己也从当地的野生植物中培育了一些易于栽培的新品种，其中最受后来者欢迎的便是菊芋（*Helianthus tuberosus*，英文名

Jerusalem Artichoke）。这种植物的块茎富含淀粉和菊糖，易繁殖、易保存，如今已在世界范围内广泛种植。此外还有土圞儿（*Apios Apios*），其块茎亦富含淀粉，烹制后味如土豆，既美味又营养。种子亦可食用，可替代豌豆。它是美国东部和南部一些印第安部族的重要食物，根据博物学家拉菲奈斯克（Constantine S. Rafinesque，1783—1840）的记载，直到19世纪上半叶，生活在佐治亚、阿拉巴马的克里克人（Creeks）仍然种植这种作物。美洲黄莲（*Nelumbo lutea*）和金棒花（*Orontium aquaticum*，英文名golden club）这两种水生植物亦因其可食的茎、根而受到印第安人的关注。前者的块茎甜美如甘薯，种子煮熟或烤制后味如栗，嫩叶亦可食用；后者的球茎和种子烹调后也很美味，据当时来到北美探险的博物学家卡尔姆（Peter Kalm）的记载，它也深受一些白人殖民者的欢迎。（Havard，1895：98—102）

还有一些植物因其果实可食用而被栽培。如李属的几种，美洲李（*Prunus Americana*）、加拿大李（*Prunus nigra*）、契卡索李（*Prunus angustifolia*）等，印第安人的辛勤培育使它们成为四十多个园艺种的原始种，其中契卡索李的英文名"Chickasaw plum"，正是源于其栽培者、生活在密西西比州北部和田纳西州部分地区的契卡索人。葡萄也是非常受欢迎的水果，有证据显示普韦布洛人曾栽种峡谷葡萄（*Vitis Arizonica*），尽管它作为栽培水果的价值并不被一些葡萄专家看好。此外，红果桑（red mulberry）、粉色西番莲（*Passiflora incarnata*，英文名maypop）亦曾因其可口的果实受到印第安人的青睐，碧根果、糙皮山核桃（shellbark hickory）等坚果也是部分印第安部族中常见的栽培作物，18世纪的美国博物学家、探险家威廉·巴特拉姆（William Bartram，1739—1824）对此有过记载。（Havard，1895：103—105）

在17至18世纪时，野生植物仍然是印第安人的重要食物来源之一。如前所述，即便是那些从事农业的印第安部族，也常需要采集野生植物来补充食物，更不用提那些以狩猎、采集为生的部族了。他们所寻找的野生植物，或有着富含淀粉的块茎或根，或有着美味可口的果实。譬如天南星科的弗吉尼亚箭叶芋（*Peltandra virginica*），卡尔姆、威廉·巴特拉姆和拉菲奈斯克都提到过，印第安人称这种植物为"Tawho""Tuckah"或者"Tuckaho"，它的球根烘烤后可制作面包，肉穗花序可以与浆果一起烹调，被印第安人认为是美味佳肴，其种子则可以作为胡椒替代品来使用。（Havard，1895：106）以英属北美殖民地的一位植物学家克莱顿（John Clayton，1694—1773）命名的春美草属（*Claytonia*）的几种植物也深受印第安人青睐，如弗吉尼亚春美草（*Claytonia virginica*）、卡罗来纳春美草（*C. caroliniana*）常被称作"仙女土豆"（fairy spud）、"印第安土豆"（Indian potato）或"野土豆"（wild potato），因其球茎是印第安人的重要口粮。该属的另一个种、主要分布在太平洋沿岸的穿叶春美草（*C. perfoliata*），也被称作"印第安人生菜"（Indian lettuce）或"矿工生菜"（miner's lettuce），因其叶子可食，曾是印第安人及加州淘金热时的矿工们的蔬菜之一。而拟樱桃属（*Nuttallia*）中的印第安李（*Nuttallia cerasiformis*），显然也是印第安人常食用的一种水果。

印第安人也会将植物制成饮品。在哥伦布到来时，北美印第安人并不知酒为何物，不过他们很快就从中南美洲的邻居及白人那里学会了如何酿酒，龙舌兰（*Agave americana*）、玉米、牧豆树（*Prosopis juliflorahttp*）的果实等都是他们常用的原料。（Havard，1896）他们也喝茶，比如代茶冬青（*Ilex Cassena* 和 *Ilex vomitoria*），印第安人将这两种植物统称为 Yapon，用它们干燥后的叶子泡茶喝，是他们重要的贸易植物。（Darlington，1849：131）

总的来说，除了洋姜外，北美印第安人并未给后来殖民者们的餐桌带来太深刻的影响。相较之下，他们所使用的一些植物药物反倒影响更大些。除了食物外，药物也是初登北美大陆的殖民者们所急于了解、寻找的植物资源。一方面，殖民者们期望新大陆丰富的植物资源能为治疗他们已有的疾病提供更好的药方；另一方面，他们也担心在新大陆染上新的疾病。按照当时欧洲的医学理论，人体的四种体液（血液、黏液、黄胆汁、黑胆汁）和四种性质（冷、热、干、湿）都处在微妙的平衡中，一旦外界环境有所改变就会破坏这种平衡，带来疾病，而一方水土养一方人，他们去了新大陆后所吃的食物、所处的自然环境都与旧大陆不同，因此有可能会染上新疾。（Robinson，2005：98—99）

不过事实上，欧洲殖民者带给新大陆的病痛远多于他们在此遭遇的新病：天花、麻疹、淋病、斑疹伤寒、肺结核、疟疾等流行病的病菌都随着欧洲人来到新大陆，大量印第安人因为这些陌生的病菌而送命。据估计，在哥伦布来到后的一两个世纪中，美洲印第安人的数量减少了95%，这其中死于病菌的人远多于死于战争。与之相反，新大陆并未给旧大陆送去这样致命的"礼物"。（戴蒙德，2006：211—214）在欧洲人到来之前，印第安人生的病大多只是各种原

因引起的发热和外伤，他们用草药和动物药很好地对付了这些疾病。（Robinson，2005：107）

　　据欧洲殖民者及后来人的记载，对于各种各样的发热，印第安人常常会通过做减法来驱逐病魔。美国南部的印第安人会饮用水刺芹（*Eryngium aquaticum*，英文名 water-eryngo）煎煮的汤药来排汗，一些印第安人用穿叶泽兰（*Eupatorium perfoliatum*）或血根草（*Sanguinaria canadensis*，英文名 blood root）来催吐，用月桂树（*Laurus benzoin*）的浆果泡水饮用以祛热，用卡罗来纳粉根草（*Spigelia marilandica*）来驱虫。至于可帮助通便的植物更多，南部印第安人用的是一种马利筋属植物 *Asclepias decumbens* 和两种鸢尾属植物 *Iris versicolor* 和 *Iris verna*，弗吉尼亚印第安人使用的是某种旋花植物 *Convolvulus panduratus*，其他印第安人则用泡泡果（*Annona triloba*）、盾叶鬼臼（*Podophyllum peltatum*）、沼泽草木（*Dirca palustris*，英文名 leather-wood）等。（Barton，1798：21，22，28，30—33，39—40）此外，野生甘草（*Glycyrrhiza lepidota*，英文名 wild liquorice）的根茎有甜味，印第安人认为它具有滋补、化痰之疗效。

　　对于各种各样的外伤，印第安人也找到了有效的植物药。弗吉尼亚的印第安人利用白鲜（dittany）来治疗蛇伤，他们还认为这种植物可以杀死蛇。许多印第安部族都会用冷杉香胶（fir-balsom）来治疗冻伤，用赤杨木（alder bark）、铁杉（hemlock）和落叶松（larch）这三种树的树皮结合治疗烧伤，用黑升麻（*Actaea racemosa*，英文名 black snake-root）治疗溃疡、瘙痒。檫树（sassafras）和一种菝葜属（*Sarsaparilla*）的植物则被认为是万能药，弗吉尼亚罗诺克（Roanoke）的印第安人就利用檫树治疗各种病。此外，据后来学者统计，蓍草（*Achillea millefolium*）、菖蒲（*Acorus calamus*）、北美山艾树（*Artemisia tridentata*）、北美刺参（*Oplopanax horridus*）、加拿大薄荷（*Mentha canadensis*）、当归属（*Angelica*）植物等也是常被用到的药物。（Robinson，2005；Barton，1798：9；Moerman，1998：12）

　　后来许多印第安草药成为美国医师们的常用药，如美洲商陆（pokeweed）、三叶天南星（*Arisaema triphyllum*，英文名 Indian turnip）、熊果（bearberry）、血根草、卡罗来纳粉根草、某种半边莲（*Lobelia siphilitica*）、美远志（*Polygala senega*，英文名 Seneca snake root）、檫树、愈创树（guaiacum）等。其中愈创树、美远志和半边莲对欧美人尤其重要，用它们煎出的汤汁在很长一段时间都被用来治疗梅毒等性病。（Bigelow，1817：21—22；Barton，1798：35—36）不过，还有许多印第安人使用的草药因未被仔细记载而不为后人所知，比如他们利用"Tythemel"通便，用"Swamp-Plumb-tree"治疗水肿，用一种名为"wapeih"的药土来处理伤口，用"Mullein-Tea"治疗肺痨，用名为"Fagiana"的药草治疗癌症，但这些药物究竟是什么已不可知。（Robinson，2005）正如后来许多美国人感叹的那样，印第安人的许多关于草药的知识都未能保留下来："印第安人的发现和观察随着他们自己一起消逝了：没有分类体系及对植物的描述，没有任何书写语言将信息传递给他人……"（Phleps，1829：13）。

到了美国建国前期，已经采纳了许多印第安草药的白人医生们开始不再认同"印第安医术"，此时的印第安医生在他们眼中成了落后、迷信、不可靠的象征。（Robinson，2005）事实上，欧洲博物学家们从一开始就未全盘接纳印第安人的植物知识，而是有所筛选。17—18世纪的欧洲学者们已逐渐完成了对世界的"祛魅"，对自然界的万事万物开始寻求自然主义的解释，因此印第安人的许多行为被他们斥为迷信和荒诞不经。比如，印第安人的医疗实践中通常伴随着许多仪式和祈祷，但这些欧洲博物学家们并不认为他们有医疗体系和理论，因而并不能理解、欣赏这些仪式和祈祷，也对此不感兴趣。（Robinson，2005：97，102）再如林奈的使徒卡尔姆，他记下了印第安人使用半边莲属植物来治疗性病，并为此获得林奈的称赞，也记下了印第安人的食物禁忌，但并没有记下内在于其中的分类，因此使得那些禁忌看上去不可理解。（Müller-Wille，2005：44）

幸运的是，后来的人类学家们对印第安人的植物知识和自然观进行了更为详细的研究。他们主要将印第安人对植物的认知当作一种文化现象来研究，补充了历史上欧洲博物学家们并不感兴趣的许多维度。虽然北美印第安人分属于许多不同的氏族和部落，并不具有文化上的同一性——譬如，单就语言而言，在1500年左右，美洲地区就存在160至300种语别，彼此互不相通，方言更是多达1000多种。（刘明翰等，1982：5；李剑鸣，1994：18；沃什伯恩，1997：4）不过，根据殖民者的记载和人类学家们的研究，他们在认知植物方面还是有一些共性的。

首先，正如多位人类学家所认识到并感叹的那样，印第安人对其周围环境中的动植物有着非常细致的了解和区分，他们对不同植物区域内特有的树木、灌木丛和草类都有着敏锐的认识。（列维-斯特劳斯，2006：38，41—43）不过他们并未发展出一套系统的分类体系，因为他们没有书写文字，且不将植物看作是客观化对象，因此难以构建一套体系。

其次，万物有灵的观念。19 世纪初期的德裔哲学家、当时担任宾夕法尼亚马歇尔大学校长的弗雷德里克·A. 劳赫（Frederick A. Rauch）曾指出："未开化之人完全沉浸于大自然的活动中，以至于他们根本不区分自然的活动和人的精神活动，而把两者视为浑然一体。而我们，从年轻时就习惯于把灵魂和身体、精神和自然区分开……"在印第安人眼中，动植物像人一样，"有个性和灵魂，有快乐和悲哀，需要和欲望"，他们与自然界的动植物有着深刻的同一心理。（沃什伯恩，1997：19—20）这种观念使他们对自然神灵怀有敬畏，因此不会无止境地索取自然资源，而是只获取足以维持生命的那部分，并认为需要为此获得原谅。譬如，北美的许多印第安人在采集草药时，总会在掘出草根的洞里留下一撮烟叶或是一把刀，作为交换物或是供品，以求得植物神灵的宽宥。在他们看来，猎杀动物或是采集植物都是迫不得已的，他们会对被杀者做祷告，请求获得原谅。（列维-斯特劳斯，2006：40—41）这种自然观与基督教教义下的自然观形成了鲜明的对比。

最后，各种各样的植物在他们眼中并不是同质的，而是各有其所属的方位、时间、氏族等。比如在北美印第安部落中，艾草（蒿属或艾属植物的几个变种）在许多仪式中都起着重要的作用。他们认为这些植物有女性、月亮、黑夜等含义，因此常被用来治疗痛经和难产。而一枝黄花属（*Chrysothamnus*）、古蒂里奇亚属（*Gutierrezia*，向日葵族）的植物则被认为与艾草相对，具有男性、太阳、白天的含义，因此被用来医治男性生殖器官。（列维-斯特劳斯，2006：44—45）前述提到，卡尔姆注意到印第安氏族在食物方面有禁忌而不知其原因，这其实是因为他们不吃被认为属于自己氏族的植物或动物。

虽然北美植物学后来由欧洲传统主导，但印第安人的植物学并未被遗忘。近些年来有越来越多的美国人对草药感兴趣，也仍然有研究人员试图从印第安人常用植物中获得灵感或想要的药物。（Wolff，2010：311）民族植物学学者们则通过回溯历史文献和田野调查对印第安人如何利用植物进行了更全面的统计，并建立了相应的数据库。到 20 世纪末时，已知印第安人使用的草药涉及 2500 多个物种，其中菊科、蔷薇科、伞形科、毛茛科和杜鹃花科的植物尤其多。这其中有将近 1000 多种植物同时还为印第安人提供食物。此外，还有另外 600 多种植物是印第安人的食物来源。（Moerman，1996：9；Moerman，1998）通过对数据库中的数据进行统计分析，学者们试图定位具有药物潜力的物种，比如他们发现，艾属（*Artemisia*）和藁本属（*Ligusticum*）的植物最常被印第安人用于各种仪式中，因此或可从这两个属中寻找到新的精神药物。（Turi and Murch，2013：386—394）印第安人的自然观后来也对白人有所启发。当对自然资源毫无节制的剥夺引起严重的环境、生态问题后，许多白人开始发问，为什么不能像印第安人一样，作为自然的一分子与其他成员和谐相处。难怪有学者说，"认识到人在自然中的地位"，是印第安人给白人的永久性礼物之一。（沃什伯恩，1997：20）

二、欧洲植物学在北美的延续：从博物学到生物学

与印第安人不同，欧洲人很早就开始区分"自然的活动"和"人的精神活动"，因此得以将自然物作为"客观的"——至少在现代之前的很长一段时间内欧洲学者是这么认为的——对象来研究。早在古希腊时期就诞生了动物学和植物学，其代表人物分别是亚里士多德和他的弟子兼密友塞奥弗拉斯特。到了文艺复兴末期，随着古典文献被重新发现，新一代的博物学家们摒弃了中世纪人们关于自然的想象及相关的人文知识，重新聚焦于自然物本身，并力图对它们进行自然主义的解释，博物学由此复兴。就植物学而言，16世纪的德国本草学家们，如福克斯（Leonhart Fuchs，1501—1566）、鲍欣兄弟、布伦菲尔斯（Otto Brunfels）等，仍然关注植物对人的药用价值，但从意大利植物学家切萨皮诺开始，植物学不再是医学的婢女，而是成为一门有着自身存在合法性的学问。到了18世纪30年代，瑞典植物学家林奈提出了双名法和性分类体系，不久之后被欧洲植物学界广泛接受，植物学由此摆脱了混乱与喧嚣，进入了秩序与统一的时代。

在19世纪中期之前，植物学仍然主要是博物学的一个分支，这意味着它主要是对植物的描述、鉴定、命名和分类，这些步骤都各有其规则和术语。描述主要针对的是植物的形态，如根、茎、叶、花、果、种子等。鉴定是在描述、比较的基础上确定当前植物是否是新种，如果是，那么就需要给它起一个名字并将它置于恰当的位置。林奈的双名法即用属名加种加词（以及命名者）来命名植物，他对此作了一系列规定。如属名、种名都必须源于希腊语或拉丁语，并且以拉丁语的形式书写；最好的属名、种名是那些表明了该属一些明显特性的名字；不应

当用那些未对博物学的进步作出贡献的人的名字命名植物；等等。至于分类体系则经历了从性体系到自然体系的变化。林奈于 1735 年发表的性体系主要依据人所选定的植物性状（雄蕊和雌蕊的数目、大小、性状和相对位置）来划分纲和目，虽然简洁实用，但并不能反映植物间的整体相似性及自然关系。当同时代的大部分欧洲植物学家们满足于利用性体系来记录植物时，法国植物学家们仍致力于构建一个与自然相一致的、能反映植物间自然关系的体系。1789 年安托万·劳伦·裕苏体系的发表意味着他们的目标初步达成，植物分类学由此进入了自然体系的时代。

无论使用哪种体系，这都意味着世界各地的植物是同质的，它们都可按其形态被安放到同一个表格中。欧洲人也的确对全球各地的植物都有兴趣，这既是为了植物学本身，同时也有宗教、经济方面因素的驱动：通过研习上帝书写的自然之书来更好地感知上帝，并寻找具有农业价值、药用价值和商业价值的植物。其实相较于印第安人，已进入定居农业阶段的欧洲人并不那么依赖多种多样的野生植物，进入工业革命后更是如此。而进入 19 世纪后，随着化学手段提取、合成药物的兴起，他们也不那么依赖作为药物的植物了。但植物在他们的生活中还有着另外的价值：生活在城镇、远离自然的人们需要栽种适宜的植物来美化居住环境。比如 18 世纪英国的上层绅士们就尤其着迷于追求景观花园，这也构成了当时博物学家们探索异域植物的一大推动力。

欧洲人对新大陆植物的兴趣从殖民之初就开始了。虽然相较于当时的中国、印度等更成熟的社会来说，新大陆这片"处女地"上的自然物产似乎更为开放可得，但距离和大洋仍然使实物和信息的获取充满了困难。欧洲人有时也会亲自前往新大陆进行博物探险，但最主要还是依靠在此落地生根的殖民者们提供资源和信息。满载着博物学信息和标本的信件、包裹随着商贸船只和人员的流动在大西洋两岸来回穿梭，博物学知识的生产和传递也在这个通信圈中得以完成。

就英属北美殖民地而言，17 世纪后半叶已经出现了几本记述当地植物的书，如英国旅行家乔斯林（John Josselyn）的《新英格兰猎奇》（*New England's Rarities*，1672）、传教士巴尼斯特（John Banister）的《弗吉尼亚植物目录》（*Catalogue of Plants Observed in Virginia*，1688，London）。（Darlington，1849：17—18）不过，这些探索活动都是零散的、私人的。进入 18 世纪后，随着政府支持的增加和相关学会的建立，欧洲人对北美植物展开了更大规模、更有组织的探索。这其中，英国皇家学会（Royal Society）扮演了重要角色。

　　大概在18世纪三四十年代，皇家学会成员中出现了一批致力于探索北美植物的人，包括柯林森（Peter Collinson，1694—1768）、艾利斯（John Ellis，1710—1776）、福瑟吉尔（John Fothergill，1712—1780）、菲利普·米勒、凯茨比（Mark Catesby）和莱特森（John Coakley Lettsom）。这些皇家学会成员并不以植物学或博物学为业，他们各有其主业：柯林森是布商兼园艺家，艾利斯是亚麻制品商，福瑟吉尔和莱特森是医生，米勒则是园艺家。除了凯茨比外，其余几位皇家学会成员从未到过新大陆，因此主要依靠殖民地居民的贡献来获取当地的博物学资源和信息。后者中比较突出的有费城的老巴特拉姆（John Bartram，1699—1777）及其子威廉·巴特拉姆、其表弟马歇尔（Humphry Marshall，1722—1801），纽约的科尔登（Cadwallader Colden，1688—1776），弗吉尼亚的克莱顿，弗吉尼亚厄巴纳（Urbanna）的米歇尔（John Mitchell），和南卡罗来纳查尔斯顿的加登（Alexander Garden，1730—1791）。同样地，植物学只是他们的业余爱好：老巴特拉姆及马歇尔是小农场主，威廉·巴特拉姆算是探险者兼植物园管理者，科尔登供职于政治领域，曾任纽约副总督，克莱顿是其所在县（Gloucester County）的法庭书记员，米歇尔和加登都是医生。不过，尽管这些皇家学会成员和殖民地植物学家的职业五花八门，但他们都是各自社会中的中上层阶级，即便老巴特拉姆，其生活也是比较丰裕的。在当时，博物学仍然只是有闲阶层的消遣。

　　跨大西洋植物学通信圈并不止于此，皇家学会成员还在殖民地植物学家与欧洲顶尖植物学家之间架起了一座桥梁，其中尤为突出的是柯林森。他将巴特拉姆父子引荐给了林奈、格罗诺维乌斯（Jan Frederik Gronovius，1686—1762）、蒂伦尼乌斯、斯隆爵士、达利巴尔（Dalibard）等大植物学家。（Bartram，1804：119）当林奈的使徒之一卡尔姆于1748—1751年间游历北美时，也是柯林森为他写了引荐信，使他在抵达费城后受到了富兰克林和老巴特拉姆的热情接待。（Kalm，2008）科尔登亦在柯林森的帮助和鼓励下写信给格罗诺维乌斯（从1743年开始，持续数年）和林奈（1747—1749年共三封）。（Colden，1843）艾利斯也扮演了与柯林森相似的角色，将加登引荐给了格罗诺维乌斯和林奈，加登与林奈的通信尤其多（1755—1773）。（Smith，1821，vol. 1：282）

　　18世纪的通信条件可能是现代人难以忍受的，不但效率低下，而且时常有丢失信件的风险，但大西洋两岸的植物学家们正是通过这样缓慢的通信系统完成了他们的大部分交流。通常，殖民地植物学家们会寄送植物标本、活株、种子及其他博物学标本给欧洲植物学家们，有时也会附上他们对相关植物的描述。对于殖民地植物学家们的贡献，欧洲植物学家们常回报以博物学书籍、采集装备及指导、财物、以他们的名字命名植物的荣誉等，他们有时也会交换园艺植物和植株养护经验。

　　植物学知识的生产和传播也通过这个通信圈子完成，并且表现出明显的趋向。尽管欧洲植物学家们严重依赖于殖民地居民提供信息和标本，但植物学知识的生产大部分是由他们完成的。北美植物学家们有时也会亲自对植物进行描述和命名，并通过柯林森等人发表在欧洲学会期刊上，但大部分时候他们都甘愿或因为不了解植物学的最新模式而不得不充当采集员的角色，由欧洲学者鉴定、命名他们采集的植物标本。如克莱顿最初寄给格罗诺维乌斯的目录手稿采用的是约翰·雷的体系，之后格罗诺维乌斯在林奈的帮助下，按照性体系对其进行了重新编排并出版。（Gronovius，1739：preface; Barton，1812：vi）植物学知识由欧洲向北美的传播也依赖于这个通信圈。柯林森、艾利斯、格罗诺维乌斯甚至林奈本人都会寄送欧洲出版的植物学著作给北美的几位植物学家，尤其是林奈的，供他们在鉴定植物时参考。彼时即将成为植物分类学新范式的林奈人工体系和双名法也正是通过这一渠道来到北美。

　　到了美国建国后，其国内出现了一批本土植物学学者，他们有着强烈的民族意识和国家荣誉感，要求美国的植物由美国人来研究。在当时，博物学占据了美国科学的半壁江山，因为它涉及对动植矿物资源的研究、统计，与国计民生有着千丝万缕的联系，对这个新生的国家非常重要。美国建国后的第一、二代植物学研究者依然集中在费城、波士顿、纽约和南部的查尔斯顿。他们大致可以分为两类。一类是因自己的兴趣进入植物学领域，致力于采集、寻找植物新种的学者，包括费城老巴特拉姆的儿子威廉·巴特拉姆，费城附近的穆伦伯格（Gotthilf Heinrich Ernst Muhlenberg，1753—1815），主要植物学活动在特拉华州和佐治亚州的鲍德温（William Baldwin，1779—1819），南卡罗来纳的埃利奥特（Stephan Elliott，1771—1830），从欧洲来到美国的拉菲奈斯克、纳托尔（Thomas Nuttall，1786—1859），宾夕法尼亚的达灵顿（William Darlington，1782—1863），纽约的托利等人。他们大都写过植物志，是这一时期绘制美国植物地图的主力军。

　　另一类则是医学教授兼植物学家们。在当时，一位医学教授同时也是植物学家是很平常的事，因为医学生需要学习药用植物学，自然而然地就会进入植物学及其他博物学领域。事实上许多杰出的植物学家都是学医出身的，大名鼎鼎的林奈、安托万·劳伦·裕苏都属于此类。美国这一时期的医学教授兼植物学家包括费城宾夕法尼亚学院的本杰明·巴顿（Benjamin S. Barton，1766—1815）及其侄子威廉·巴顿（William P. C. Barton，1786—1856），纽约哥伦比亚学院的米切尔（Samuel L. Mitchill，1764—1831）与霍萨克（David Hosack，1769—1835），波士顿哈佛学院的沃特豪斯（Benjamin Waterhouse，1754—1846）与比奇洛（Jacob Bigelow，1787—1879）。他们都获得了医学博士学位，在当地医学院讲授药用植物学和其他医学学科。他们中有的会编写地区性植物志或者药用植物志，偶尔也会发表新种名称。不过总的来说，他们不同于第一类植物学学者。

　　这一时期植物学依然尚未职业化，所以这些植物学家们仍然都各有主业：威廉·巴特拉姆和纳托尔都可算是探险家、植物园管理者，穆伦伯格是牧师，鲍德温是美国海军的医生，埃利奥特是南部种植园主，托利是化学教授，巴顿叔侄、米切尔、霍萨克、沃特豪斯既是教授又是医生，其中米切尔还热衷于政治。当时的社会很少有专门的植物学职位，哈佛学院、宾夕法尼亚大学、哥伦比亚学院间或会提供博物学教席，不过这些职位往往要兼授化学等学科。植物学的专业化要等到第三代植物学家时期才实现，其主要代表人物格雷大概是美国第一位专职的植物学教授，于1842年开始任教于哈佛，尽管其教席名称仍然是博物学。（Dupree，1988）

　　较之于殖民地时期，这些植物学家们探索的区域大大扩展了。穆伦伯格、达灵顿、比奇洛、纳托尔、威廉·巴顿等人主要关注各自所在的区域的植物或是美国北部的植物，并出版相关植物志；埃利奥特很了解南部尤其是佐治亚州和南卡罗来纳的植物，曾出版《南卡罗来纳与佐治亚植物概要》（*A Sketch of the Botany of South Carolina and Georgia*）（Elliot，1821，1824）；鲍德温也主要生活在南部，对特拉华、佐治亚、东佛罗里达的植物都颇有了解，此外，他还跟随美国政府进行过两次植物学探险。（Darlington，1843：13—14）至于托利和格雷这样有名望的植物学家，则有能力调动全国各地的资源。他们在全国各地为自己培养或雇用了许多标本采集者，同时也常受雇于美国政府，尤其是在19世纪40年代中期以后，对政府资助的探险活动所采集的植物标本进行研究。来自新墨西哥、加州、佛罗里达、得克萨斯甚至日本等地的植物材料源源不断地抵达托利和格雷的手中，使得绘制美国的植物地图成为可能。1838 年时，两人开始合作出版《北美植物志》（*Flora of North America*），这是第一本由美国人自己撰写的北美植物志。此外，对更广阔区域植物的了解，也使得格雷成为植物地理学的奠基人之一，以及 19 世纪美国少数几位有国际声望的科学家之一。

这一时期大西洋两岸植物学界的联系依旧紧密。如史学家格林尼（John C. Greene）所指出的那样，独立之后的美国在科学和文化上仍然与英国及欧洲紧密相连，并且也未因战争敌对或支持关系而表现出明显的反英或亲法倾向。（Greene，1984：7—8）植物学界也一样，这一时期的美国植物学家依然依赖于欧洲同行的知识和他们提供的书籍、仪器，欧洲植物学家们尤其是英国的植物学家们继续寻求美国植物学家们的合作，以探索新大陆的植物。跨大西洋植物学通信圈依然繁荣。除了通信交流外，还有一些欧洲植物学家在政府的资助下前来美国进行植物学探险，如法国植物学家安德烈·米修（André Michaux）及其子弗朗索瓦·米修（François Michaux），德国植物学家舍普夫（Johann D. Schoepf）、珀什（Frederick Pursh）等都曾来美考察植物。而同时期的美国植物学家则因为缺少资助而很少前往欧洲考察，不过当时的医学教授兼博物学家们如本杰明·巴顿、霍萨克等大都有过欧洲留学经历，在学习医学的同时也会进行一些植物学交流。到了 19 世纪 30 年代以后，托利、格雷等人开始有机会出访欧洲，大多是为美国新成立的大学购买书籍、仪器，或者是受政府委托前去比对标本——当时许多北美植物的模式标本都在欧洲。

欧洲最新的植物学进展也通过这样的渠道来到北美。1789 年安托万·劳伦·裕苏发表了他的自然体系，在之后将近三十年的时间里，美国大部分植物学家都仍然忠实于林奈体系，而最早表达对自然体系诉求的是那些医学教授兼植物学家们。虽然他们并没有率先采用裕苏的自然体系，但往往会在植物学著作中标注出每种植物在裕苏体系中的位置，从而开启了林奈体系为主、裕苏体系为辅的时代。他们这样做有着非常实际的动力，即根据植物间的自然关系在美国本土寻找具有相似药性的植物。所谓"自然亲近性或自然关系"（natural affinity or natural relationship）最早是由 16 世纪的欧洲本草学家们提出的，他们在对植物日积月累的观察和描述中，感知到植物间存在相似度大小的区分，而较相似的植物往往具有相同的药性。于是他们称比较相似的植物之间存在着一种"自然亲近性或自然关系"，并据此辨认出若干自然组（natural groups）。（Sachs，1906：5，41）事实上，自然体系有助于寻找具有相似药性的植物，这正是裕苏及瑞士植物学家德堪多等人追求自然体系的原因之一，亦是后来的自然体系支持者们为其辩护的理由之一。这一时期的植物分类学者大都相信，完美的自然体系不但能反映植物外部形态之间的相似性，也可反映其内部特性之间的远近关系。

在这些医学教授兼博物学们的启蒙和推动下，美国年轻一代的植物学家开始进行分类变革，其中拉菲奈斯克、托利和格雷尤为突出。拉菲奈斯克来自欧洲，很早就皈依了法国学派，早在1805年发表植物新种时就开始采用自然体系。1815年重返美国后，他开始在美国植物学界宣传自然体系，但由于他发现了"太多的"新物种，学术名声受到了损害，且他常常以一种屈尊纡贵的态度评价他人的作品，激怒了美国的一些博物学家，因此并不受学界的认可。迈出具有革命性意味一步的是托利，他于1826年12月11日宣读了一篇植物学文献，描述了朗将军探险中植物学家詹姆斯（Edwin P. James）在落基山脉所采集的部分植物，按照德堪多的体系排列。（Torrey，1828）五年后，他安排出版了英国植物学家林德利（John Lindley，1799—1865）的《植物学自然体系导论》（*An Introduction to the Natural System of Botany*），并且附上了按照林德利自然体系排列的美国植物属目录，为美国其他植物学家提供了参考，美国植物学由此进入了自然体系的时代。他的学生格雷更是大力宣扬自然体系，多次在报刊上撰文表示支持。到了1840年以后，除了一些面向初学者和业余爱好者的基础植物学书籍外，美国新出版的植物学书籍都采用了自然体系。

裕苏或德堪多自然体系的出现并不意味着植物分类学的终结。在此后一个多世纪中，一个又一个自然体系被发表，分类依据也逐渐从植物的形态结构转向了DNA分子证据，不过这些进展只是植物学进展中的很小一部分：对植物的命名、分类已不再是植物学的主要组成部分。正如许多学者指出的那样，在19世纪下半叶，植物学发生了巨大的变化，新植物学已不再以分类学为主，相反，结构植物学及植物生理学、遗传学等学科后来者居上。换而言之，大概在19世纪中期时，在对自然物的研究中，博物学开始逐渐让位于生物学，不仅在学者们的研究中如此，而且在对学生的教育中也是如此。一个很好的例子是格雷所写的教科书。他本人虽然是一位分类学大家，最重要的贡献也是在书写《北美植物志》中，但他在植物学教育中非常强调生理学和结构学，强调要首先使学生认识到植物是活的组织体。他于1836年出版的《基础植物学》（*Elements of Botany*）中有280多页讲结构与生理学，分配给植物分类学的只有不到80页；1842年版的《植物学教科书》（*The Botanical Text-Book*）分配给两者的比例大概是2:1；到了19世纪末，系统分类学在格雷基础教科书中的比例更小，1887年的《基础植物学》中有170多页关注结构与生理学，只有15页与分类、鉴定植物有关。（Gray，1836，1842，1887）

在当时那些植物学家们的眼中，植物学的目的并不是为了让学生"多识草木之名"。在他们看来，博物学取向的植物学"除了事物名字外什么信息也不教"，而真正重要的是这门科学的哲学，以及诸如植物生理学这样的"真正的知识"。（Carey，1841：276）对他们来说，长长的植物名称目录毫无意义，因为它们不过是人类指定的、用来进行区分的语词罢了，并不是大部分学生需要知道的，重要的是植物如何进行呼吸、植物彼此间的自然关系这样的"客观事实"。不过，植物学爱好者们及大众植物学倡导者并不认同这样的观点，他们仍然保持了博物学的取向，仍然希望通过多识草木之名来亲近自然。

三、博物学的回响：大众植物学与自然课运动

尽管相较于今天的城市化，18—19世纪的欧美人与自然要接近得多，但这并不意味着人人都会亲近自然。在植物学成为一种流行文化并被大众接受之前，只有少数人会自发地去关注植物，其他大多数人要么忙于生计，要么会用社交、游戏来打发闲暇时光。植物学之所以成为一种流行文化，部分源于当时植物大发现的狂热，部分源于一些植物学爱好者们的塑造。著名的如卢梭，在他的笔下，植物学是肤浅娱乐的替代品，是通向万能上帝的一条途径。而林奈体系的简单性无疑也极大有助于植物学成为一种消遣。（Gianquitto，2007：38；Shteir，1997：29）总之，在18世纪下半叶，以采集、鉴定、分类为主的植物学已在欧洲成为一种文化，吸引了越来越多的人参与。

在美国东部的几个植物学重镇，大概从19世纪10年代开始，植物学也开始成为一种时尚。在18世纪中后期的北美，植物学知识主要通过私人接触传播，或者是通过留学欧洲获得。到了19世纪初，随着学院中博物学讲座的流行，植物学有了更多的受众，而他们对植物学的喜爱反过来又促进了更多相关讲座的

开设，诸如哈佛、哥伦比亚、宾夕法尼亚等学院中都开设有博物学讲座。美国这一时期的讲堂运动（lyceum movement）也对植物学传播发挥了很大作用。该运动始于19世纪20年代，由毕业于耶鲁学院的霍尔布鲁克（Josiah Holbrook）发起，旨在传播知识。到1839年时，美国已有4000～5000座地方讲堂，它们通过辩论、表演、演讲等方式提供成人教育，而植物学讲座是讲堂内容的重要组成部分。（Keeney，1992：11）

各式各样的植物园则为初学者们提供了认识植物的机会。与欧洲国家不同，当时美国并没有政府资助建立的植物学设施，植物园及植物标本室大都是由植物学者或从事植物贸易的商人建立。在费城，除了巴特拉姆的植物园外，还有马歇尔于1773年建立的马歇尔植物园（Marshallton Botanic Garden），威廉·汉密尔顿（William Hamilton，1745—1813）从他祖母那里继承的"林地"（the Woodlands）植物园，以及麦克马洪（Bernard M'Mahon）于1802年开始建立的植物园等。（Greene，1984：48—52）在纽约，有霍萨克凭一己之力创建的埃尔金植物园。在波士顿，有哈佛学院的植物园，该校的博物学教授威廉·佩克（William D. Peck）是其创始人。查尔斯顿的南卡罗来纳医学学会（Medical Society of South Carolina）亦曾于1805年建立了一所植物园，不过由于资金和兴趣都匮乏，到1819年时这所植物园已经消失了。（Greene，1984：111）这些植物园往往扮演着多重角色，它们既是博物学家们交流的地方，也是当地的教学实验地，同时还面向植物学爱好者们开放。为此植物园会为游客和学生准备植物园目录，按林奈性体系或植物名字的首字母顺序列出园内的植物，方便他们对照识别植物。

大众植物学（popular botany）在美国的兴起离不开其倡导者，其中最成功的应该是伊顿和他的学生菲尔普斯夫人（Almira Hart Lincoln Phelps），两人所写的基础植物学书最受欢迎。伊顿是纽约州特洛伊市伦斯勒理工学院（Rensselaer Institute）的创建者之一兼资深教授，在他的影响下，菲尔普斯夫人开始了对科学尤其是植物学的兴趣，曾先后在数所女子中学（female seminary）任教。两人都认为，对初学者来说植物学即意味着多识草木之名，并且都主张在一开始使用比较简单的林奈性体系，以帮助初学者快速找到植物的名字，让他们尝到甜头，吸引他们一步步进入植物王国。（Phelps，1852：3）

在这些倡导者们的努力下，植物学有了越来越多的爱好者，我们现在很难一一列出其名字，不过按照学者的估算，在19世纪前半叶参与植物学的美国人在10万数量级,且具有如下社会学特征:白人、中产、识字且是清教徒。(Keeney,1992:12—13)他们积极地参与采集、鉴定身边的植物,新大陆上有那么多不为人所知的物种,这尤其激发了他们的热情。当时的美国植物学家们大都没有能力雇佣专门的标本采集者,因此十分依赖于爱好者们的贡献。诸如托利和格雷出版的《北美植物志》这样的全国性植物志更是如此,在前言中,两位作者感谢全美各地向他们寄送标本的爱好者,并列出了其中贡献尤为突出的81位爱好者的名字。(Torrey and Gray,1838—1840:x—xiii)

另外还值得一提的是,大众植物学参与者中有许多是女性。如许多学者已证明的那样,在18世纪下半叶的欧洲,植物学开始被看作是一项非常适合年轻女性的活动。卢梭及其英国追随者马塞特(Jane Marcet,1769—1858)、韦克菲尔德(Priscilla Wakefield,1751—1832)、菲顿(Sarah Fitton,约1796—1874)所撰写的大众植物学书籍,都面向的是大批女性读者。(Ruldoph,1973;姜虹,2015a:21—40)这点在北美殖民地也不例外。大概在18世纪中期,植物学就开始被看作是一种适合女性的活动。首先,当时的一种意见认为女性天生具有很强的好奇心,与其让她们飞短流长,不如引导她们探索自然,通过科学来改善女性的品格。著名的童话故事"蓝胡子"就是用来告诫女性不要过度好奇。(Parrish,2006:189)其次,植物尤其是花朵的精致与美丽被认为与女性的外形以及敏感的气质相契合,因为女性常被看作是娇弱可爱的,且天性喜欢关注自然之美和种种微妙之处。因此,观花赏草的植物学作为一种消遣对她们来说是最合适不过了,既可以怡养性情,又可以通过植物学远足增进健康,还可在学习自然之书中理解上帝的智慧。

尽管早在18世纪50年代北美殖民地就有人就倡导女性从事植物学,但在19世纪10年代之前参与植物学的北美女性并不多,几乎屈指可数。直到19世纪10年代末,随着植物学成为一种流行文化,参与植物学的女性才多了起来。1817年,伊顿受马萨诸塞州北安普顿镇(Northampton)政府雇佣,在该镇开设了两个系列讲座,一个关于植物学,另一个在夜间进行,主题为化学、矿物学和地质学。讲座结束后,前州长斯特朗(Caleb Strong)与该镇其他有名望的人士一起发布了一个公告,称赞伊顿讲座的成功,并说:"鉴于他的班级主要由女士构成,鉴于这些学问尚未引起女性的普遍注意,我们冒昧地作出如下声明:基于这一实验,我们觉得有权推荐这些学科(these branches)成为女性教育中非常有用的一部分。"（Eaton，1818：12）这段话显示当时已有不少女性参与植物学，但并未普及。同一年，拉菲奈斯克亦指出："（美国）许多女士开始表现出对有用追求（useful pursuits）的兴趣；她们参加植物学和化学讲座……"（Rafinesque，1817：87）不过仅仅五年后，伊顿就认为已经没有必要再向女性推荐植物学了，因为他相信，"新英格兰和纽约一半以上的植物学家都是女士"。（Eaton，1822：22）

大众植物学的兴盛大约持续了半个多世纪。到了19世纪70年代，大众植物学开始衰落，其原因有很多，如新物种不再那么触手可及、新的娱乐活动兴起等，不过更重要的可能是因为生物学的转向及自然体系的使用。菲尔普斯夫人曾写过一篇名为"大众植物学衰落之原因"的文章，在其中感慨植物学研究"最近不像之前那么流行"，学生们不再对植物学事业有热情，因为呈现它的方式太难了：老师们在一开始就教艰深的植物生理学，给学生看细胞组织切片，而不带领他们出去采集、识别植物，使得学生对于植物学全无兴趣。（Phelps，1873：259—260）这些老师"唯恐落后于时代，纷纷尝试着以所谓的自然体系开始，将简单的林奈体系搁置一边。他们不是从林奈体系所教的花朵开始，而是从构成所谓的自然体系的许多方面中摸索，直到学生们迫不及待地逃离组织之网和黑暗的细胞区域"。（Phelps，1873：285）

对此，菲尔普斯夫人不无感慨，难道科学是唯一的理解自然物的方式吗？"真正的科学人已经厌倦了将这一伟大的主题传递给小脑袋瓜们（little minds），他们改变了用力的方向，现在正寻求将他们自己的研究推进到新的发现及探索领域。在这方面，可能没有哪门科学像植物学一样经历了如此巨变，它似乎正处于不被学识渊博的教授圈之外的人所理解的危险之中，就像19世纪初期那样，转了一圈回到了原点。随着植物结构知识的日益完善，有一种不利于在普通学生中培育植物学的倾向。……我们将鼓励所有人尽己所能学习有用知识的所有分支，无论他们目前处于何种境地。尤其是，我们将从那些不肯妥协的植物学家的严格把控（rigid grasp）中拯救那些花朵，上帝用它们使地球美丽多姿，但那些植物学家却禁止以其他方式研究植物，只允许在那个他视为最严格科学的特别方向上。"（Phelps，1873：239）

显然，在菲尔普斯夫人看来，博物学是另一种认知自然的方式，它并不以追求所谓的"客观事实"为导向，而是强调使参与者在与动植物的接触中获得愉悦的体验，并通过博物学远足来"增进健康，活跃思维，热爱自然，并且更加坚信，上帝用智慧创造了他所有的作品"。（Phelps，1873：294—295）然而在"客观事实"至上的时代，博物学这一感知自然的方式被教育体系放弃，并被打上了过时的标签。不过，这并不意味着它被遗忘，事实上，它很快就又重新回到了人们的视野中。

到了19世纪90年代，美国兴起了自然课运动（the nature study movement），即教育者们试图将名为"自然课"（nature study）的课程引入到中小学教育中去。这场运动有两个阶段。它的起源是一群大学教授及教育者们希望学生在进入大学前具备更好的科学基础，因而最初冠以科学教育之名。1892年，美国全国教育协会（National Education Association，NEA）的专家委员会任命了一个十人委员会（the Committee of Ten），负责召集中学和大学教师，讨论中小学九大主要学科的内容及传授方式。其中博物学小组在芝加哥大学召开讨论会，会后向十人委员会提交了报告。他们认为，中小学甚至幼儿园都非常有必要引入自然课，且不同年龄组的学生应当分别接受博物学教育（中小学）和新生物学（高中）。（NEA，1893：27—35）尽管这里使用了"博物学"这个词汇，但他们对自然课的定位是"科学教育"，因此更重视自然课"科学""知识""实用"的一面。他们为自然课列出的三个目标是：激发儿童对自然的兴趣；训练他们观察、比较、表达，培养认真探索及进行清晰的事实陈述的习惯，培养他们对原创性探索的爱好；通过实际经验获得被分类的知识（classified knowledge），即科学。（NEA，1893：142）

不过，进入20世纪后，芝加哥在这场运动中的中心地位逐渐衰落，康奈尔大学则在贝利（Liberty Hyde Bailey）、安娜·康斯托克（Anna Comstock）等人的领导下成为自然课运动的新中心，这一运动的重心也随之改变。贝利对自然课有着完全不同的界定，他认为研究自然可以有两种目标："为了增加人类知识的总和而发现新的真理，或者使学生对自然持有一种共情（sympathy）的态度以增加生活的乐趣。前一个目标，无论是以技术的还是基础的方式去追求，都是一种科学教学运动，其公开承认的目的是制造探索者和专家。而与第二个目标相对应的是自然课运动，其目的是使每个人都能过一种更丰富的生活，无论他从事哪行哪业。"因此，自然课不是科学教育，恰恰相反，它是"对在低年级中只教授科学的反叛"。它也不是"博物学"或"生物学"的同义词，它首要地是一种教育理念，博物学课程则是实现这一理念的方式。（Bailey，1903：4，7）

　　贝利显然代表了当时人对人与自然之关系的另一种思考。随着城市化的进行和美国边疆的丧失，一些美国人尤其中上层市民理想化了乡村生活和荒野，自然逐渐被看作是针对现代生活的一种精神上的、美学上的解药，而城市却将人与自然隔离开来，城市孩子几乎对自然一无所知。（Armitage，2004：25；Keeney，1992：136）更重要的是，彼时的美国人已开始面对严峻的环境问题和自然资源流失问题："我们整个国家都发现，我们必须保护我们的森林，正开始将我们之前毁林的精力用于造林。"而自然课通过博物学培养的对自然的"共情"是有利于资源保护的，它教育孩子"他欠周围世界某些东西。他保护他曾经毁坏的。他照料他曾经践踏的花朵。鸟儿是他的朋友。他正学着爱它们……他正适应周围的环境；不仅仅是占用，也会回报"。（Scott，1900：123—127）

　　然而，贝利等人的教育方式再一次引发了对自然课是否是科学的讨论以及对自然课太"多愁善感"的批评，最终导致它被"基础科学"取代。（Armitage，2009；Kohlstedt，2005）虽然科学的支持者们再一次胜利了，但这仍然不意味着它成为了人类认知自然的唯一一种方式。事实上，在之后的历史中，每当自然环境出现问题，或者人类自身因自然缺失而出现问题时，我们总能看到对此的反思。回顾历史，发掘以往曾经有的其他认知自然的方式，譬如博物学，譬如印第安人的自然观，则可供我们鉴往知来。

第11章 以伍德为例看维多利亚时期的博物学文化

目前对维多利亚时期博物学的研究主要集中于对这一时期新兴学科中达尔文、赫胥黎等显赫科学家的研究，而本章试图通过伍德，"回到从前"，剖析维多利亚时期普通百姓接触更多的一般性的博物学文化。对伍德这样的"小人物"的分析或许更能展示当时博物学文化的一般特征。作为维多利亚时期畅销博物学书籍的作者，伍德对市场需求和出版形式的把握、界面友好的写作方式、大量利用视觉媒介的传播方式，都反映了维多利亚时代博物学文化的基本特征。

英国维多利亚时期[1]是西方博物学的黄金时代，这期间有一批活跃的博物学明星。不过，换一个角度，研究这一时期非常活跃而如今被人们几乎完全遗忘的博物学文化参与者也是有趣的。对小人物的研究是开展观念史研究的一个新的进路，正如洛夫乔伊（Arthur O. Lovejoy，1873—1962）[2]所指出的那样，观念史研究的一个鲜明特征就是：它特别关心在大量人群的集体思想中的那些特殊单元——观念的明晰性，而不仅仅是少数学识渊博的思想家或杰出的著作家的学说或观点。（诺夫乔伊，2002：17）从反辉格史的角度、博物学编史的角度看，当时的小人物可能起了大作用，我们不能过分以后来的影响力来判定

---

1 在本章中指维多利亚女王（Alexandrina Victoria，1819—1901）在位期间，即1837年至1901年，这一时期，英国在工业革命技术因素的推动下，经济、政治、文化等各个领域都处于前所未有的全盛阶段，也是英国最为强盛的"日不落帝国"时期。

2 美国著名哲学家，开创了观念史研究的先河。有的出版物中将其译为"诺夫乔伊"。

当时的影响力，要尽可能"回到从前"。以今日的眼光看，本文要讨论的伍德是博物学史、科学史上的小人物，但他值得我们重新关注。

一、维多利亚时期的文化示踪剂

毋庸置疑，维多利亚时期的博物学在近代博物学的发展中占有一席之地，该时期博物学的独特性也引起了众多学者的关注。19世纪早期博物学经历了重要的分化，数世纪的单个主题变成了一系列相关却又明显不同的学科，如鸟类学、鱼类学等。（法伯，2015：2—3）这些学科的逐渐分野一方面使博物学的范围有所缩减，另一方面却在某种程度上给公众的参与留下了更多的空间。因此，维多利亚时期是博物学文化走向大众的重要阶段，在这一阶段，大量的公众通过博物学的普及传播而参与到了博物学的学习与实践之中。

西科德（James A. Secord）在《维多利亚时代的轰动》（*Victorian Sensation*，2000）一书中将目光聚焦在文化生活的物质形式——书籍之上，他认为在某一特定时期被大众广泛阅读的科学著作可以被视为理解当时文化的重要媒介——即一种"文化的示踪剂"（cultural tracer）。（杨海燕，2003：20）而维多利亚时期的博物学作品的重要之处正是在于它们作为博物学文化传播的主要媒介，构建了科学与艺术、专家与新兴的受教育阶层、作家及出版商与公众之间的重要桥梁。（Gates，2007：539—549）

目前对维多利亚时期的研究主要着眼于对达尔文、赖尔、赫胥黎等科学家的研究，甚至形成了系列的产业，而对于维多利亚时期博物学文化的重要特征——公众对大自然的丰富性和复杂性产生了极大的兴趣，有越来越多的学者、文化人、贵族和中产阶级甚至平民参与到博物学文化中来——都还鲜有研究。本章的主要研究对象伍德（John George Wood，1827—1889）作为维多利亚时期博物学文化的重要传播者，对于博物学文化的传播普及作出了巨大贡献。因此，可以说伍德正是凭借其众多博物学书籍和大量的演说，成为维多利亚时代博物学文化的重要"示踪剂"。

二、少年伍德的博物学积淀

1. 庭院里的动物学

1827 年 7 月 27 日，伍德出生于伦敦的一个中产阶级家庭。他的父亲约翰·弗里曼·伍德（John Freeman Wood）是一名外科医生，也曾担任过医院的化学讲师一职，他的母亲是一位有德国血统且受过良好教育的妇女。伍德生来体弱，由于幼时患有严重的膜性喉炎，所以 11 岁以前都在家中休养。卧床养病时，伍德靠阅读经典度过。他从 4 岁开始就已经展现出对书籍的极端热爱，出色的记忆力使他能对许多经典作品倒背如流，这些无疑为伍德在文学方面的成功打下了坚实的基础。[1] 由于伍德孱弱的身体状况，伍德的父亲总是鼓励他尽可能多地参与户外活动，并给他提供了简单的器材（比如放大镜片）。他在童年时期几乎是地毯式地探索了周边环境，还曾经同时养了许多"宠物"，其中甚至包括蜥蜴和癞蛤蟆。相比于植物，伍德更喜欢动物，他觉得那些活生生的生命总能给他带来无限的生机与力量。院子里的每一只蝴蝶、每一条蜥蜴甚至偶然出现的蚯蚓，都给伍德以强烈的生命力的震撼。幼年的他被拘在家中养病，但他毫不感到孤单，在不知不觉中就学会了如何与身边这些不为人注意的"小伙伴们"打交道。他还给它们都起了亲切的名字，如叫"普雷特"的猫、叫"阿波罗"的狗等等。伍德性格十分沉静又有耐心，他时常能静静地看着院子里的蝴蝶或毛毛虫整整一下午，也因此对常见的各种猫狗的习性以及蝴蝶、蜥蜴、青蛙的外形都了如指掌。

随着身体的好转，伍德的活动范围渐渐扩大。他无意间踏入了附近的阿什莫林博物馆（Ashmolean Museum）并与馆长成了忘年交。博物馆成为伍德最系统的游乐园，经由馆长的解说，伍德对博物馆里的标本如数家珍。直到伍德真正入学后，他还会定期去博物馆，检阅有了哪些新标本。

2. 与跳蚤的第一次亲密接触

11 岁那年，伍德进入了附近的一所学校（Ashburne Grammar School）就读。这所学校校规严格，然而也给了孩子们充分的户外活动时间。在一次玩板球时，

---

1 伍德的生平如无特别指出，均参见 Wood, Theodore. *The Rev. J. G. Wood*. Cambridge: Cambridge University Press, 1890.

伍德不小心受伤——右腿骨折，导致他不得不在家里的小阁楼里卧床休养，这也带来了一段令人哭笑不得的经历。伍德的日记中写道："在我的记忆里，这间房间至少有七年都没有人入住了，但是每天早晚都有人来开窗换气，整间屋子保持得非常整洁……但是，每天一到晚上关灯的那一刻，跳蚤就像军队一样袭来！屋子里还有一位护士，但是她好像对跳蚤免疫，因此跳蚤大军就把火力集中在我的身上。……这些小虫终其一生都再没有享受过这样的盛宴，所以它们充分利用了这次机会。"（Theodore Wood，1890：10—11）因为这长达数周的亲密接触，跳蚤在伍德的记忆里变得十分的鲜活有力，也成了他写作的《国内的昆虫》（*Insects at Home*，1872）[1]的主角之一。

3. 动物解剖领域的自学与师承

伍德17岁就被牛津大学莫顿学院录取，在繁忙的课业间隙，他仍然坚持着他的博物学学习与实践。他的房间里总是放满了大小不一的笼子，里面装了各种昆虫与其他动物。一度伍德十分沉迷于对灯蛾的研究，为了能够对灯蛾进行从卵到成虫的连续观察，伍德同时养了数百只毛毛虫，每一阶段他都选择一些解剖并制作标本，直至完成完整的标本序列。通过类似的经历，伍德自学习得了基本的动物解剖的知识。

由于毕业时年纪过小（20岁），毕业之后的伍德无法立刻接受神职，因此他边攻读神职，边在牛津大学基督教堂学院的解剖博物馆进修了两年，期间跟从两位名师（Sir Henry 与 Dr. Acland）完整地学习了比较动物学和昆虫解剖学，这些都为他未来的职业道路作了铺垫。

三、伍德的多重身份与博物学文化的传播

作为一名牧师，从1852年被授予神职直到去世，无论是正式的还是非正式的，伍德事实上从未停止过对教区的服务。而作为一名重要的博物学文化参与者、传播者，伍德同时身负着编辑、作家、演说家等多重角色。

---

1 将该书名翻译为《国内的昆虫》是因为后来伍德还写了相对应的《国外的昆虫》（*Insects Abroad*）。

1. 虔诚的基督徒

伍德虽然大学并没有进入神学院学习，但是他从大学伊始就已经决定要从事神职工作。直到 1852 年 6 月正式被授予神职，他都一直在为神职做准备。一经上任，教堂的种种事务就占满了他的全部时间，但是由于低廉的薪水——60 英镑每年——不足以支付所有的生活开支，所以伍德在两年的全职工作后开始考虑辞去牧师职位，转而将写作作为主要的收入来源。

1862 年，伍德全家搬至贝尔韦代雷（Belvedere）。当地教堂的牧师事务十分繁忙且经常出差，实质上伍德就一直代理牧师完成教堂的日常工作，并组建了常设唱诗班，每周周三、周日练习。渐渐地越来越多的信徒会定时来参加礼拜。当然，对教堂仪式的改革不可避免地招来了反对的声音，很多人认为伍德是形式主义，甚至有人通过焚烧伍德的画像来表示愤怒。1867 年，唱诗班的水平达到了巅峰，教堂的奉献节庆也吸引了远近的大量会众，其中也包括当时坎特伯雷教区唱诗班的负责人詹纳（H. L. Jenner）主教。主教非常欣赏伍德的组织能力，也对唱诗班的高超的合唱水平表示惊叹。在他的力荐之下，1868 年，伍德接任了他的工作。

即使是对坎特伯雷教区的唱诗班这样一个比较成熟的组织，伍德还是提出了很多改良的意见与建议。首先，伍德创新性地引入进堂诗歌（processional hymn），邀请主教作词并且反复修改了曲调，使唱诗班在转换地点时能够井井有条地进行；其次，在队列方面，为了解决众人接收指令时间先后不一的问题，伍德将队伍分成五个队列并增设三位副官，这样一来所有人就能同时就近接收指令；最后，伍德在乐器中引入了铜管乐器，烘托行进中的歌声并把握节奏。到 1875 年伍德辞职时，整个唱诗班的规模从 400 名成员增加到了 1200 名成员，合唱的音乐水准也一再被当地的主流音乐报刊所赞赏，因而极大地提升了坎特伯雷教区的外在的崇敬感。

除了日常的传道工作之外，伍德也是葬礼改革协会（Funeral Reform Association）的一员。他积极地推进了该协会的目标——简化葬礼形式。而与大部分成员不同的是，伍德主张火葬。此外，伍德还推崇精简服丧的仪式，他甚至已经设计好自己的葬礼：一切仪式从简，不使用棺材，也不用亲人服丧。

1874 年 7 月，伍德为了赶上周末早晨去邻镇教堂的礼拜仪式帮忙，在连夜赶火车的路上踩空，严重摔伤。令人吃惊的是，伍德忍着右手的剧痛，不仅赶上了火车，还完成了整场布道，在礼拜结束之后才就医。这也直接导致了伍德长年的病痛。直到去世，他的右手甚至都没有恢复到能够单手举起水杯的程度。

2. 多产的博物学作家

伍德进行了界面友好的博物学写作。伍德20岁时就已经获得了文学学士学位。在大学期间，伍德表现出对古典文学的偏爱，尤其欣赏贺拉斯（Quintus Horatius Flaccus）、乔叟（Geoffrey Chaucer）、斯宾塞（Edmund Spenser）等人的作品，在多年后的书信中仍能与儿女分享其中的经典篇目。在文学表达方面，伍德十分推崇古典文学的遣词用句，非常反感当时松散随意的科学造词，尤其反对类似subapterus这样的拉丁希腊混用词。

自写作之初，伍德的目标就非常明确：向广大的一般读者描绘博物学世界。他的语言总是平实朴素而尽可能准确的，且他强烈地谴责那些通过不必要的复杂术语把公众隔离在科学之外的人，认为他们"（使用累赘而神秘的术语）把简单的事物神秘化"。（John George Wood，1855：2—4）尽管伍德对于动物学的专业术语、分类原则都非常熟悉，但他总是避免在行文中使用一些公众难以理解的词句。伍德的大部分书籍描写的主题都是公众能够直接接触、密切观察的生物，这也与他的童年生活密不可分。《海滨的常见事物》（*Common Objects of the Seashore*，1857）就描绘了海边最常见的螃蟹、水母等，这使当时的公众在海边度假时有了新的娱乐项目——识记常见海滨动物。在《马与人》（*Horse and Man*，1879）中，伍德从马的生物形态推出它们并不需要蹄铁、眼罩等多余工具的结论，不久就有读者写信反映，因为听从伍德的建议把蹄铁卸掉，结果被警长喝止了。（Theodore Wood，1890：110）

伍德写作的另一个特点是他的作品总是开头非常的谨慎，而结尾缺少结论。（Theodore Wood，1890：73）这可能是伍德故意为之，因为他在演讲结束时总能重新概述演讲的要点与结论，因此可以推测伍德在写作中省略结尾是因为他希望自己的作品能引导读者去思考、实践，因此结论并不重要，只要读者跟随了书中的指引，就必能领略到其中的要义。除去尽量避免科学术语的使用之外，伍德还大量利用了故事形式来写作，这样可以拉近与读者的距离。其中一个故事后来甚至被福尔摩斯探案集借鉴。《佩特兰掠影》（*Glimpses into Petland*，1863）就是以他小时候的玩伴们为原型，用叙事口吻讲述了狗、乌龟、蜥蜴、蝴蝶等的故事。

作为一个终身履职的牧师，伍德与当时大部分推广科学的神职人员共享着一种自然神学观。但是伍德的特别之处在于，面对广大读者的心理需求，在他的大多数作品中，他都不直接提及上帝的智慧、善和力量，甚至很少引用圣经中的原话，从而淡化了其思想的神学特征。

伍德在写作中有意的神学淡化并不意味着伍德的信仰在书中被削弱或隐藏了。他认为宗教的指引不应冒失地提出来，而是应当以暗示的形式出现。有时杂志编辑会在伍德的稿子里适时地插入一些圣经原文，事后他总是愤怒地提出劝告。虽然他的文字总是力图让人们了解宗教，但是他从不把信仰强加给读者，相反，他希望读者能自己从他的文字里了解他的目的。

事实上，伍德也有很多作品都是以帮助一般民众深入了解圣经为目的的。1863 年伍德写作的《旧约与新约研究》（*Old and New Testament Histories*）后来成为指定的少儿读物，这可能是最早的专为青少年创作的圣经辅助研读手册。而《圣经中的动物》（*Bible Animals*，1869）则不仅仅是介绍圣经里提及的动物，更是阐明这些动物的深层寓意。伍德提出，对圣经的研究不能仅仅从语言学、地理学与人类学等等方面切入，更应该阐明圣经里蕴藏着的动物学深意。

平实的文风、引导性的文字、对神学思想的淡化，这些都使得伍德大受公众欢迎。在《海滨的常见事物》等系列手册出版后，大批人在休闲活动中进行实践。他们开始走向自然、亲近生物，开始以一种更为细致尊敬的眼光打量自然，并发现更多其中的奥秘。

3. 爆红的博物学演讲家

走上博物演讲之路，是伍德始料未及的，因为他在演讲方面甚至称不上擅长。据他的儿子回忆，一开始，哪怕只是小范围布道，伍德都总是很紧张，每次总会花很多时间做准备。即使到了后来，伍德对布道工作已经驾轻就熟，他每次都还会写好便条，防止自己忘记布道要点。1879 年，伍德接受友人皮尔斯的邀请，进行了六场小型的演讲，主题分别是"冬眠""迁徙""不受人欢迎的昆虫"等。在此之后伍德就开始考虑将演讲作为副业经营，一方面是为了赚取家用，另一方面更是希望让更多的民众通过演讲来了解博物学。

从 1879 年直到他去世，伍德作了大量演讲，集中在每年的 9 月到次年的 2 月，平均每年约 90 场演讲。其中 1881—1882 年的那一季，伍德作了超过 120 场

演讲。(Lightman, 2009b: 176)

(1)一"派"成名

伍德作为博物学演讲家的成名得益于他的独家菜谱——老鼠派(rat-pie)！在最初的六场分享中，伍德曾经向观众提及老鼠肉可以入菜，他甚至觉得老鼠肉的美味程度远超野兔肉。这一新奇的观点随即被当地的报纸大肆报道："老鼠派这道菜常常出现在伍德家的餐桌上，渐渐地伍德的朋友们也抛却偏见爱上了这道菜。其中一位朋友在家中独自烹饪老鼠派时，他的奶奶带着两位女士来做客，由于没有别的菜可以招待他们，这位朋友谎称这是某种海鸥做的派，并将此菜作为晚餐的主菜。第二天，不仅这位朋友的奶奶提出了再吃一次'海鸥派'的请求，另外的两位女士也向他仔细地询问了菜谱，希望能够回家自己做'海鸥派'。"(Theodore Wood, 1890: 130—134)这个真实的故事引起了读者的广泛争议，伍德也收到了很多读者来信。有些人希望伍德能将他的烹饪方法与之分享，更多的人则是指责伍德已经堕落到吃害虫的地步。当地的报纸也抓了这一话题，连续几周都围绕老鼠派发表诗歌、讽刺文章和笑话。一时间，参加伍德的博物学演讲成为最时尚的风潮。

(2)吸引眼球的素描

在公共演说领域，伍德有诸多竞争者，比如丁铎尔(John Tyndall)这样负有盛名的职业科学家。与众不同的是，伍德在每场演讲前都会准备符合主题的图画，他也经常在演讲中即兴绘画。伍德非常明白，想要成为成功的演讲家，他必须要迎合同时代大众文化的特点——对视觉化图像的喜爱。为了能够更好地抓住听众的眼球，伍德几经实验，特别设计了一块可拆卸的巨型帆布背板，还从巴黎定制了彩笔。每次的演说中，伍德总能迅速地描绘主题动物，如打架的蚂蚁、喷水的鲸鱼等等。他的演讲题目十分广泛且贴近日常生活：蝴蝶从幼虫到成虫的变化、水下动物的生活、不受人喜欢的蟑螂和老鼠等等。生动的演说配上绚丽的图像，使伍德的演讲广受观众好评。巨大的轰动还让他收到了罗威尔研究院(Lowell Institute)的邀请去美国演讲。

4. 别具一格的编辑

技术的进步对19世纪早期印刷业产生了深远的影响，也影响到文学创作。

一方面，由于使用机器和蒸汽动力来生产纸张，印刷品的费用大幅下降，从而使书籍作品能够逐渐进入中产阶级家庭甚至普通工人家庭；另一方面，纸张和印刷费用的降低也导致文学作品的形式悄然发生改变，各种月刊杂志开始流行起来。月刊销售量大，能确保作者们有稳定的收入来源，因而鼓励了更多有思想的人投身创作。维多利亚时期的作家大多首先把作品发表在月刊上，然后再以书籍的形式出版，这种行销方式不仅满足了一般平民的阅读需求，更保证了书籍的销量。19 世纪 30 年代至 90 年代是英国维多利亚时代彩色印刷、书籍装帧、插图设计以及图书业无限繁荣的时期。（高鹏，2012：16）这一时期英国公众的受教育程度也大幅提升，从 1830 年的不到 30% 骤升至世纪末的 99%。（Vincent，1993：22）层出不穷的展览（如最著名的 1851 年于水晶宫举行的第一届万国博览会）、多样化的博物馆、各类精致的书籍等，都丰富着市民的休闲生活。总之，身处在这样一个多样化且不断进步的时代里，伍德面对的是一个新兴的充满未知的市场环境，他做出专职从事博物学写作的决定是一个巨大的挑战。

由此就不得不提到伍德与劳特利奇（George Routledge，1812—1888）[1] 长达 35 年的合作，这可以说是他成功的关键之一。劳特利奇是第一批发觉并利用了迅速增长的市场的出版商之一。19 世纪 40 年代起，劳特利奇就采取了一系列措施来提高销量，包括将书籍分卷出版，每卷定价低廉（通常是 1 先令或 8 便士[2]），翻印美国的书籍（因为可以省下版权费用），出版系列丛书（其中最著名的是 Railway Library 系列）等。1857 年到 1875 年间，伍德写了 11 卷本"常见事物"（Common Objects）系列中的 7 本，劳特利奇就将这一系列定位为面向大众的博物学口袋书。

伍德自己也编辑校订了一些经典书籍，如 G. 怀特的《塞耳彭博物志》（*Natural History of Selborne*，1853）和沃特顿（Charles Waterton，1782—1865）[3] 的《南美洲漫步》（*Wanderings in South America*，1879）。伍德特别校订了《塞耳彭博物志》，更新并改正了怀特的许多观察，同时删减了一些片段，使之不那么引起争议。（Lipscomb，2007：551—567）此外，伍德凭借其对沃特顿的熟悉，

---

1 英国劳特利奇出版社的创始人。

2 关于币值的换算，在旧英镑 1971 年改币值十进制之前，1 英镑等于 20 先令，而 1 先令又等于 12 便士；1971 年改币值十进制后 1 先令等于 10 便士。

3 著名博物学家、自然资源保护论者。

并经过再次考察写作地，在再版中的书末特别添加了一张解释索引，使英国读者能够明白原书中一些新奇词汇的所指。此外，伍德还撰写了沃特顿的小传记以便读者更加了解作者。伍德还常为自己的书籍编辑提一些建议。尤为特别的是，在《国内的昆虫》一书的印刷上，伍德建议把插图画成黑白素描，从而读者能够根据翔实的文本内容自己来填上颜色。伍德给了读者一种亲身加入插图工作的体验，同时也使读者深刻记住了所绘动物。

事实证明，以系列形式出版的价格低廉的口袋书获得了巨大的成功。伍德的第一本书《海滨的常见事物》，到1860年卖出了77000册（Lightman，2009b：18），而第二本《乡村的常见事物》（*Common Objects of the Country*，1858）暴风式地席卷了公众，据说在一周内卖了100000册（Theodore Wood，1890：61）。作为对比，《物种起源》（*The Origin of Species*，1859）直至19世纪末，共卖出了约56000册（Freeman *et al.*，1977：44—49）。此外，《显微镜下的常见事物》（*Common Objects of the Microscope*，1861）、《圣经中的动物》《自然的教化》（*Nature's Teachings*，1876）等书也大获好评。

四、信仰与创作的交汇

当虔诚的基督徒与务实的博物学作家这两种身份交叠时，伍德对于博物学的看法、对于动物与人之间关系的观点，就显得尤为发人深省。

伍德一生共写了三本《博物学》，分别是大小两本《博物学》（*Natural History*，1851&1859）和《人类博物学》（*Natural History of Man*，1867）。两本《博物学》按分类对从纤毛虫到类人猿的动物都予以详细描述，书中也诚实地呈现了一些尚未有定论的问题（比如灾难对生物而言究竟是毁灭还是保留与前进）。为了引导市民更有趣地进行阅读，该书在编排上特意将专业的分类置于每卷卷末，尽量避免影响其通俗部分。伍德一直以来都对人类学十分感兴趣，他用了约20年收藏了大量原始人（savage races of mankind）的武器、服饰、装饰物等等（通过购买、交换、赠予等方式获得，后来破产卖出）。伍德也许是第一个将人类纳入博物学的写作视野中的作家，《人类博物学》一书就是作为"Natural History"系列的续集和结局而创作的，书中描述了诸多原始人种的生活细节，包括习俗、食物、装饰、斗争等。

《人与兽,现在与未来》(*Man and Beast,Here and Hereafter*,1875)一书伍德前后构思了 15 年之久,他在书中讨论了动物的有死性和不朽性:动物死后在另一世界还能活着吗?人类是否与动物共同拥有这种不朽性呢?伍德主张动物与人类一样,在这个世界都有必死性,而在另一世界都不朽。这一观点遭到了许多评论家的抨击,认为伍德将人类的地位降到与蛆虫同样的位置。伍德的回应是他并不是主张动物与人平等,而是要求人们给予动物比现在更高的地位。在书中,伍德也从翻译学的角度来论证了他的观点,他认为人们普遍的自傲偏见根源于圣经在由希伯来语翻译成英语时掩盖了 nephesh(living soul)一词的部分含义,原文中指的是所有生物在死后灵魂的永生,而译成英语后人们总是把 soul 与人类相联系,因而把动物和人用无形的界限区分开来。

伍德晚期的作品《自然的教化》则是从航海工具、武器、乐器等方面将人类的发明创造与自然中的原型一一类比,从而展现神造物的统一性——神的创造既体现在自然中,又同时呈现于人类的头脑中。

伍德从未以"科学家"的身份自我标榜,他对自己的博物学影响也十分谦虚。伍德最自豪的莫过于他能够发现自己的博物学长处,努力剪除文字的藩篱进行推广而非垄断。他尤为批判一些自称是"博物学家"的科学家,他们把动物学理解成比较解剖学,只关心结构性的细节与数据。在伍德看来,真正的"动物学家"应当努力地探求每一生物的本质,思考为什么它存在于地球上以及它的存在与主的宏大计划的关联。此外,博物学家也未必需要上通天文、下知地理做到面面俱到,田野博物学家应当深入动物的栖息地去观察它们的习性,甚至只要能够对住所周围的某一类生物有深刻体察,都能算是博物学家了。伍德提出,对自然的热爱是成为"博物学家""动物学家"的基石。在伍德的眼中,自然和人类同为上帝的造物,因此他对自然深刻的体察总能引起他对人类的历史与现实的反思。

五、关于伍德影响力的争论

伍德死后不久,关于他在博物学传播方面的影响力的争论就开始了。

对一些人来说,伍德堪称当时最杰出的科普作家之一。《泰晤士报》的讣告中指出,伍德在传播博物学方面比任何同时代的人都更杰出。(Lightman,

2009b：169）一年后，伍德之子西奥多（Theodore Wood）在为他写的传记《牧师伍德：他的生活与工作》（*The Rev. J. G. Wood: His Life and Work*，1890）中声称，伍德是第一个普及博物学并使博物学变得有趣甚至是简单明了的人（Theodore Wood，1890：Preface）。20年后，厄普顿（John Upton）又在《三位伟大的博物学家》（*Three Great Naturalists*，1910）里将达尔文、伍德以及弗兰克·巴克兰（Frank Buckland）并列为同时代最重要的博物学家，他宣称，尽管许多人不把伍德列入最著名的博物学家名单，但是伍德确实比同时代人在推广博物学方面做得更多。（Upton，1910：105）

然而，一篇对伍德传记的匿名书评称，伍德既不是第一个推广博物学的人，也不能被看作博物学领域的一流学者，在其作者看来，比伍德更早的还有G.怀特和沃特顿等人，而第一本系统地推广博物学的书是古斯（Philips Henry Gosse，1810—1888）的《加拿大的博物学家》（*The Canadian Naturalist*，1840）。（Lightman，2009b：170）

就伍德而言，身处维多利亚时代，他的贡献不能仅仅通过其写作博物学作品时间的早晚来评断。伍德所进行的大量写作与演讲的重要之处，在于迎合并进一步激发了当时市民生活的多样性需求。伍德坚信任何拥有一般水平的能力和记忆力的人都能够掌握动物学的概况，他们甚至能够发现一些新知识。"常见事物"系列书籍对伍德而言，就意味着邀请公众参与到科学的发现与创造中来。他坚持认为，读者们并不需要专业的科学设备、实验室，甚至连专业训练都不需要，就能参与到科学中来。伍德关于动物学的理念——动物学的真正目标是研究生物体的生命自然样态（life-nature）而不是去统计、标记动物——深深影响了大批市民，鼓励他们自己去感知并发现动物的习性与美感。

对伍德的博物学传播作出评价，不应只看到他的书籍销量或是他作品的排名先后，更重要的是，伍德作为身处维多利亚时期的博物学文化传播者，他的工作及其影响赋予了整个维多利亚时期的博物学文化一大重要特征——通俗化。首先，在印刷技术发展的前提下，伍德与其出版商的完美合作——系列口袋书和手册以其价格和便携性赢得了公众的欢心；其次，伍德平实而准确的文风、贴近生活的主题内容及对博物学内容的神学思想的淡化，使得公众对于其作品有极高的认可度和理解度；第三，伍德充分利用了公众对于视觉文化的热切需求，不管是在书籍里还是在演讲中都充分地加入了生动的插画，这大大加深了公众对于周遭生物的真切感知和记忆。更重要的是，伍德通过文本与演说将一般民众直接地引入活生生的自然之中，公众不必再受专业学科训练的隔离。从某种程度上说，伍德打开了公众观察自然的一种崭新视角，使他们能够博物式地对周遭世界进行观察、发现，甚至创造新的知识与学说。

伍德通过呈现可视化的图像增强了博物学对大众的吸引力，他在劳特利奇出版社出版的"常见事物"系列口袋书在19世纪五六十年代深深影响了青年一代，这些人之中有很多后来成为著名的博物学家，这足以表现英国公众对活生生的宇宙与户外生活逐渐增长的兴趣。（Mumby，1934：75—78）赫胥黎的学生威尔斯（H.G.Wells）就曾在课堂上承认伍德是童年时代对他影响最大的老师，伍德的博物学著作直接决定了他的职业规划。连达尔文在后期都试图把普通公众作为宣传对象，并试图学习伍德的文风，希望通过避免用太专业的科学术语来使其思想在公众中得到广泛接受，虽然这一努力并没有成功。（Lightman，2009a：5—34）

总而言之，与达尔文等精英科学家形成对照的是，伍德作为"维多利亚时代的轰动人物"（Victorian sensation）（Lightman，2009b：170）之一，不是因为他提出了什么极具争议性的话题，而是因为他从19世纪50年代直至去世都不懈地从事博物学传播事业，他的工作使得维多利亚时期博物学文化的通俗化特征成型。在这一时期，博物学文化走向了大众，并成为一个时代的文化风潮。一方面，公众不仅能够亲身加入自然的探索与发现，更重要的是，他们将这些博物学实践融入了生活；另一方面，博物学文化的普及也直接影响了后世对博物学文化的切身性的探索方式。

第12章 鸟类爱好者与鸟类学的发展

　　鸟类学是公众参与最广泛的学科之一，也是博物学最重要的分支之一。早期鸟类信息的积累不仅得益于著名的学者，也得益于公众的参与。在文艺复兴之后，公众更是积极参与鸟类信息的收集，不仅为鸟类研究者提供了经验数据和支持，也进一步激发了公众对鸟类的热爱。大量的经验数据使鸟类学关注分类和命名等问题，最终促使鸟类学成为独立的科学学科。尽管鸟类学这一学科不断地专业化和职业化，许多爱好者仍然通过个体或者团体的方式参与其中，其中奥杜邦协会便是公众科学的滥觞，实现了科学与公众的合作发展。

　　一般而言，传统数理科学的发展往往与重大的理论突破或著名的学者密切相关。因此，这类科学的科学史和科学哲学研究大多关注主流科学理论的发展，也往往会详细考察诸如牛顿、拉瓦锡、达尔文和爱因斯坦等杰出人物的论文成果。随着科学知识社会学的兴起，布鲁尔和拉图尔（Bruno Latour）等学者扩大了科学史和科学哲学的研究范畴，对科学知识和科学家进行了人类学和社会学的研究，并得出了丰硕的成果。尽管如此，在这些已有研究之外，还有一类科学被学者忽视，就是博物类科学。这类科学的发展往往深受社会、文化因素的影响，尤其是大量爱好者的参与，使其发展具有不同于前文所述科学的特征。

　　鸟类学是博物学的重要分支之一，因而具有博物学的典型特质：只要认真观察，即使是未受过正规科学教育的人，也可以推动该科学的发展。长久以来，尤其是 17 到 19 世纪，许多鸟类爱好者从事观鸟、画鸟、收藏鸟类标本等活动，不仅为鸟类学的发展提供了巨大的驱动力和经验支持，还促进了鸟类相关活动在普通人中的流行。这些鸟类爱好者中的一部分逐渐成为严肃的研究者，关注鸟类的命名和分类问题，促进了鸟类学的理论知识发展。因此，鸟类研究不仅是鸟类学家的专业研究，更是鸟类爱好者尤其是观鸟者的集体成果。如今，鸟类学依然是公众（相对于鸟类学专家而言）参与最广泛的学科之一。许多学者也充分利用鸟类学的"爱好者科学"（amateur-science）特性，鼓励爱好者参与大尺度的鸟类观察，以进行数据收集和调查，从而完成科学家无法单独完成的任务。

　　历史上，大量的鸟类爱好者参与鸟类研究，曾一度使鸟类学的科学性和职业性受到质疑，也使鸟类学史长期游离在科学史学家的视线外。鸟类学家布比耶（Maurice Boubier）的《鸟类学的演变》（*L'Evolution de l'ornithologie*）、施特雷泽曼（Erwin Stresemann）的《鸟类学的发展》（*Die Entwicklung der Ornithologie*）[1] 和迈尔的成果等主要讨论鸟类学的发展过程，以及鸟类学知识的积累和发展。近年来，科学史的编史理论和方法已经发生了深刻变化。1980 年，赫茜（Mary Hesse）提出了科学知识是相对于其本土文化而存在的。（Hesse，1980：42）稍后，布鲁尔提出了他的强纲领（SSK），指出科学知识已经成为合法的社会学研究对象。（Bloor，1991：1—23）受这些理论思潮的影响，原本的科学内史、外史之争消解，科学史研究开始关注社会、经济、文化因素与科学发展的相互关系。（刘兵，2009：22—28）中国和西方的科学史学界都开始关注博物科学的历史，因为博物学史正好体现了科学知识和社会经济因素的分形交织、共同发展。而鸟类学是博物学领域最重要的分支之一，也是最早从博物学中分离出来的科学学科之一（Farber，1997：xi—xiii），因此鸟类学史逐渐得到该领域学者的重视。艾伦（Elsa Guerdrum Allen）、伯彻姆（Peter Bircham）、伯克海德和哈费尔（J. Haffer）等学者分别关注特定地区、时期或国家的鸟类学。法伯（Paul Farber）、巴罗（M. V. Barrow）和尚西戈（Valérie Chansigaud）等学者则考察了鸟类学和当时的社会、经济、文化因素的相互作用。从这些已有研究中不难发现，鸟类爱好者是鸟类研究发展（尤其是 18、19 世纪的鸟类研究）的重要推动力。如今，世界各地爱好者热衷于参加鸟类研究活动（如观鸟和鸟类保护），成为保护鸟

---

1 该书由威廉·科特雷尔（G. William Cottrell）译为英文并添加了注释。英译本书名为 *Ornithology from Aristotle to the Present*（Cambridge, Mass., Harvard University Press, 1975）。

类的重要力量，也在鸟类普查和鸟类迁徙等问题的研究中发挥了难以替代的作用。因此，本章将回顾鸟类学的发展历程，并重点考察鸟类爱好者对鸟类研究发展的重要推动作用。

一、早期的鸟类信息：从记录到知识

早在人类诞生之前，鸟类就已经存在于地球上，并沿着自身的进化道路不断发展。虽然鸟类学并不是一门古老的科学学科，但鸟类与人类的亲密联系源远流长。鸟类不仅出现在人类的世俗生活中（将在下文详细论述），还大量出现在神话传说中（如凤凰和贝努鸟），与人类的精神世界密切相连。

1. 鸟类记录：可食性、狩猎和审美需求

在世俗生活中，鸟类渗透到人类的诸多方面，其中最重要的一个原因就是其可食性。1910 年，英国鸟类学家凡尔纳（William Willoughby Verne）上校在西班牙南部原始人洞穴内发现了公元前 4000～6000 年的装饰性鸟画，画中展示了原始人类与鸟类的狩猎关系，由此可知当时鸟类是食物的来源之一。（Allen，1951：392）这条线索一直存在，并延续到中世纪和文艺复兴之后。1059 年的一份菜单曾提到鹤、鹅、鸪和松鸡等鸟类（Bircham，2007：8），而 1419 年编写的《白皮法典》（*Liber Albus*）则为鸟禽贩卖者制定了鸟类买卖的价格标准（Bircham，2007：19—20）。直到 18 世纪，可食性仍然是许多鸟类被熟知的原因之一。（Farber，1997：1）

第二个重要的原因是狩猎。最初，鸟类狩猎与其可食性密切相关。不过，随着农业的发展，狩猎逐渐演变为一项深受欢迎的娱乐活动。有许多的鸟类爱好者都是优秀的猎人和观察者，他们详细观察并记录了诸如猎鹰和可供狩猎的鸟类（game bird）。例如，小狄奥尼修斯（Dionysius Exiguus）于公元 512 年撰写的《论鸟类》（*Resume of the Ornithiaka*）主要介绍猎鸟的各种方式，其中包含 48 幅鸟画和一些优秀的描述。（Anker，2014：5）弗雷德里克二世（Frederick II）

则十分关注猛禽，受斯科特（Michael Scot）[1] 的影响，他基于大量观察撰写了包括鹰在内的很多鸟类的知识。（Allen，1951：399；Birkhead，2009：1）英国诗人朗兰（William Langland）也十分熟悉驯养鸟和鹰，并在他的诗中多次提及。（Bircham，2007：15）15 世纪晚期还出现了许多关于猎鸟的威尼斯绘画，它们被认为是代表威尼斯博物学发展的重要一步。（Goldner，1980：23—32）

第三个重要的原因则是审美方面的需求。鸟类因其绚丽的羽毛深受喜爱，成为人们尤其是上流人士的身份体现。伊莎贝拉女王曾命令哥伦布为其带回美洲的鸟类，哥伦布则带回了几种活鹦鹉和一些鸟类皮毛。（Allen，1951：427）这些活鸟一般会放入漂亮的鸟笼或鸟舍中，成为主人的装饰和向客人展示的对象。鸟类皮毛则被制成标本放入珍藏馆（cabinet），与其他收藏一起体现主人的财富、品味和高雅。漂亮的鸟类形象会被用作装饰，出现在纹章、盾牌、瓷器、纺织品和壁画中。鸟羽也一度成为妇人热衷的头饰。（Farber，1997：4）这些都为人类接触鸟类提供了机会，并由此留下了文字和图像记录。

2. 鸟类知识：古典时期、中世纪和文艺复兴时期

相较于零散的鸟类信息，这些时期所谓的鸟类知识大多由著名的博物学家撰写。尤其是就早期的鸟类知识而言，古希腊和古罗马是难以忽略的重要时期。当时，人类开始形成独具特色的理性自然观，并促成自然科学的诞生。（吴国盛，2013：61）博物学知识也得到了极大丰富，并形成了比较正式的鸟类知识。其中，比较重要的人物有三位：希波克拉底（Hippocrates）、亚里士多德和老普林尼。他们的作品都提到一些鸟类的知识。希波克拉底最早描述了鸡在孵化的第四天、第十天和第二十天的胚胎形状，考察了鸟类孵化过程中的生理变化：鸡蛋里的红点变化成心脏、血管的形成、胚膜以及翼爪与外壳的相对位置等。（Allen，1951：394）亚里士多德在《动物志》（*History of Animals*）中讨论了鸟类的生境、交配、筑巢、蛋、食物、换羽、声音、飞行、寄生等信息。虽然内容比较简洁，但亚里士多德观察并探索了鸟类的各个领域，同时还提出了一个简单的鸟类分类。这些知识被后来的博物学家视为权威（Birkhead，2009：1），许多鸟类的名

---

1 虽然中世纪没有十分出众的鸟类学著作，但有不少学者对亚里士多德的作品进行翻译和批注，这在很大程度上影响了后来西方世界的科学（包括鸟类学）的发展。斯科特不仅对鸟类知识十分熟悉，也翻译了亚里士多德的作品。

字也沿用至 19 世纪（Bircham，2007：2）。稍后，老普林尼完成了他的鸿篇大作
《博物志》。虽然有学者抱怨他的书籍只是罗列、摘编了大量事实、传说和知识，
甚至还有迷信成分（刘华杰，2012：121），但是他按照鸟爪的不同特征对鸟类进
行了简单的排列，如有大钩爪的鹰，有广平蹼的鹅（Allen，1951：395—396）。
总而言之，尽管这些书籍中包含一些现在看来荒谬、错误的内容，但他们确实记
录了最早的一批鸟类知识，也深深影响了文艺复兴时期的博物学家，而后者为鸟
类学的发展提供了大量信息和材料。

　　古典时期之后，基督教兴起，取代了衰落中的古典文化。具备良好知识素
养的宗教人士成为知识的记录者和传承者。宗教信仰也使他们更关注自然，并
留下了比较丰富的资料。公元 2 世纪的《自然学》（*Physiologus*）将宗教信仰
和自然知识结合起来，包含了鹈鹕、猫头鹰、戴胜、鸽子和鸵鸟等鸟类的记
载。（Anonymous，2009：7—14）在僧侣的手稿中也可以找到一些鸟类记载：
圣高隆（St. Columba）熟悉鹤类的迁徙，还为一只鹤疗伤；圣卡斯伯特（St.
Cuthbert）被认为是英国首位鸟类保护主义者，因为他在公元 676 年建立了一
个自然保护区和圣所。（Bircham，2007：4—6）到中世纪晚期，大阿尔伯特
（Albertus Magnus）在翻译亚里士多德的《动物志》时，也根据自身的观察对鸟
类知识进行了扩充。（Allen，1951：400; Birkhead，2009：1）托马斯（Thomas of
Cantimpré）则倡导直接观察，在《论物性》（*Opus de Natura Rerum*）中记载了蝙
蝠等 114 种鸟类，这个数量在当时还是比较惊人的。（Aiken，1947：205—225）
康布拉恩西斯（Giraldus Cambrensis）在旅行中观察记录了鸟类的许多特征，诸
如迁徙 [1] 和性别的同种二形等现象。（Bircham，2007：10—12）乔叟则以诗的方
式提及 37 种鸟类，并试图以食物为基础对它们进行系统的分类。（Bombardier，
1944：120—125）整体来看，在博物学（包括鸟类学）的发展过程中，宗教人士
一直是重要的推动力量，他们所信仰的自然神学也在一段时间里促进了博物学的
繁荣。

　　随着文艺复兴的到来，西方进行了一次学术复兴。他们继承希腊科学的遗
产，完成了诸多宏大的百科全书式著作。例如，格斯纳、贝隆和阿德罗范迪等博
物学家受亚里士多德和老普林尼的影响，收集、整理了现有的博物学知识，完成

1　当时的学者还没有认识到鸟类的迁徙行为。

了包含鸟类在内的博物学著作。格斯纳的《动物志》（*Historiae Animalium*）包含仔细的观察，其中第 3 卷的鸟类部分包含 217 幅不同的木刻插图，文本中也描述了鸟类的外部形态特征、解剖描述、分类以及生活习性等信息。（Allen，1951：403）贝隆的《鸟类博物志》（*Histoire de la Nature des oyseaux*）罗列了大约 200 种鸟类，采用了一种不同于字母排序的排列方式。（Allen，1951：411）阿德罗范迪在 1599、1600 和 1603 年分别出版了三卷《鸟类学》（*Ornithologiae*），包含了当时所知的全部鸟类知识，如鸟类的解剖特征、博物学、文化意义以及食用和医用功能。（Birkhead，2009：2）

因此，在各类人群的共同努力下，文艺复兴时期已经积累了相当丰富的鸟类信息，为后来的鸟类研究提供了经验基础。随着西方的学术复兴，欧洲建立了以亚里士多德—阿奎那思想体系为基础的学术传统。（吴国盛，2013：170）同时，欧洲的社会、经济和文化环境也发生了重大变革。这为更多的鸟类爱好者参与鸟类研究活动提供了机遇，促进了鸟类知识的快速积累，也使鸟类研究变得专业化。

二、爱好者参与促进鸟类研究：绘画、记录和标本

1. 爱好者参与鸟类研究的机遇：自然神学和海外探索

文艺复兴时期，欧洲发生了许多重大变革：1463 年君士坦丁堡的衰落使知识渊博的学者分散到欧洲各地；造纸和印刷技术的应用使廉价地印刷大量书籍成为可能；大学获得了初步发展；科学团体和俱乐部也稳步增加。同时，工农业的发展进一步改善了人类的生活水平，尤其是中产阶级的崛起，使更多人可以接受教育，也有精力从事科学活动，进而促进知识的增长（包括博物学）。不过，对博物学（鸟类学）而言，还有两个不可忽略的语境（context）：自然神学和海外探险的兴起。

文艺复兴时期的宗教改革对科学尤其是博物学的影响十分深远。研究科学与宗教的专家弗斯特（M. B. Foster）认为，宗教改革强调基督教的上帝创世论，正是它成功融入了科学才导致了近代自然科学的诞生。（Foster，1934：446—468）而受上帝创世论的影响，人类开始相信通过两本书可以了解上帝的存在、特性和意图，其中一本是圣经，另一本则是近期才被确认的"自然之书"。（夏平，

2004：77）这本"自然之书"对所有人开放（皮克斯通，2008：43），因为任何人都可以思考并观察自然之物。这为公众参与自然世界（包括鸟类）的研究提供了神学上的合法性，而人们也热衷于探索自然世界。同时，一些学者更是试图从自然的规律中推导出上帝的设计（巴伯，2004：25），或通过研究自然秩序来理解上帝的本质与目的（孙永艳等，2011：214）。于是，对自然的关注等同于对圣经的体验，这种自然神学传统为研究自然世界（包括鸟类）提供神学上的合法性。

　　另一方面，地理大发现之后，海外殖民和探险将新奇的世界呈现在欧洲人面前。许多人前往未知世界寻找从未见过的、异常丰富的动植物（包括鸟类）。这些参与航行的人往往和收藏家、珍藏馆（博物馆）、政府、学会机构、商贸公司或贵族富豪保持紧密的合作，并互相支持。（马吉，2013：IX—XIII）这一时期，带领船队进行远洋探索的人很多，其中和鸟类相关的有库克船长、德·布甘维尔（Louis de Bougainville）、勒瓦扬（François Levaillant）、塞洛（Friedrich Wilhelm Sellow）、埃伦贝格（Christian Gottfried Ehrenberg）、马克西米利安亲王（Alexander Philip Maximilian Prince of Wied-Neuwied）、博丹（Nicolas Baudin）、迪维尔（J. Dumont d'Urville）、富兰克林（John Franklin）以及费茨罗伊等等。这些航海探险队一般都拥有专属的画家和博物学家。他们沿途记录、描绘新发现的动植物（包括鸟类），也把它们制作成标本带回欧洲，赠给王室、贵族或富豪以换取他们对海外科学探险的支持。当航行结束时，这些探险家、博物学家和画家往往会成为公众眼中的英雄，他们的成果在很大程度上影响了18和19世纪公众对博物学（鸟类）的认知。（马吉，2013：XI）除了这些跟随探险队前往海外进行探险或收集的博物学家，还有一些人也为鸟类知识的积累做出了贡献。他们是单独前往殖民地的旅行者如斯温森（William Swainson），殖民地官员如瑞华德（Carl Reinwardt），传教士如谭卫道（Jean Pierre Armand David），贸易商人如利德比特（Leadbeater）家族和韦罗（Verreaux）家族等等。在整个海外探索时期，虽然他们都试图把活的动植物带回欧洲，但这是一件十分困难的事情。（范发迪，2011：29—32）对于鸟类而言尤其如此，不仅因为它们难以捕捉，还因为它们难以长时间在船上生存。因此，绘画、标本、观察记录成为鸟类信息的主要来源。

　　于是，无论是自然神学为探索自然提供的合法性和动力，还是海外探险为探索自然提供的广阔空间和强烈好奇心，都使各种人热衷于收集自然物。大量的鸟类信息如源源不断的流水涌入欧洲，为"严肃"的鸟类研究提供了丰富而扎实的经验基础。

2. 爱好者参与鸟类研究的方式一：鸟类绘画

比起标本的难以保存和文字的难以表述，绘画是最直观的，也最便于理解。同时，由于鸟类的色彩大多十分绚丽，姿态也很优美，因而鸟类绘画成为博物爱好者以及画家青睐的对象。这些大量涌现的鸟类绘画不仅成为鸟类研究的重要材料，还向读者展示并传播了鸟类知识，在提升阅读乐趣的同时帮助读者鉴别、辨认鸟类。

鸟类绘画的历史十分悠久，可与鸟类知识直接相关的绘画主要集中在文艺复兴之后。除前文提及的百科全书式著作外，15世纪初的《舍伯恩弥撒书》（*The Sherborne Missal*）中也有48幅命名的鸟类插图，其中某些鸟类（如鹳）甚至超越了四百年后的绘画水平。（Bircham，2007：16）这些早期的鸟类绘画主要以插图的形式出现在各种书籍中，以便更形象地阐释文本。这些绘制者通常不是"严肃的"鸟类研究者，但他们大多热爱观察鸟类，并以此为基础完成精准的绘画，从而为鸟类研究者提供准确的信息和生动的示例。例如，布朗（Thomas Browne）是一位优秀的鸟类观察者和素描绘画者。他非常关注鹰一类的猛禽（Gurney，1921：205），并为约翰·雷的《鸟类学》提供了一些插图（Grindle，2005：18），而后者是鸟类研究的重要开启者。鲁德贝克（Olof Rudbeck）的绘画使林奈开始熟悉一些鸟类（Lönnberg，1931：302—307），而爱德华兹（George Edwards）的绘画则为林奈的命名工作提供了支持（Allen，1951：490）。最终，林奈将双名法运用到鸟类命名中，并基于前人的工作将鸟类分为78个属。他创造的双名法使鸟类命名更清晰和简单，强化了秩序并有助于分类探险带回来的新物种（Lucas，1908：52—57），因而在年轻的博物学家中深受欢迎（Birkhead，2009：3）。稍后，马蒂内（François-Nicolas Martinet）则为布里松（Mathurin-Jacques Brisson）和布丰的著作分别绘制了插图。布里松的《鸟类学》（*Ornithology*）共6卷4000页，包含261幅插图。在该书中，他按照喙和爪的不同将鸟类划分为26个目，并在26个目下描述了115个属，包括了1500个鸟类物种和变种，是雷和林奈的3倍。（Farber，1997：12）布丰的《鸟类博物志》则包含1239种鸟类和1008幅版画，是启蒙运动时期最受欢迎的作品之一，激发了许多人对鸟类学的热情。与布里松不同，他更关注鸟类的生境、行为等信息，并没有提出明确的分类方式。这是因为他认为自然中存在一种普遍秩序，但只有建立在对每个物种详细的博物学研究之上，才能描绘这幅自然秩序的总体图画。（Farber，2000：14—15；20）

鸟类绘画除了直接为鸟类研究者提供插图和数据外，更重要的是对公众的影响。公众不仅热衷于绘制鸟类，也是鸟类绘画的重要读者，并推动了鸟类绘画的发展。这些鸟类绘画不仅成为储存、展示鸟类知识的重要场所，还是传播鸟类知识的重要方式。例如，哈里奥特（Thomas Hariot）、J.怀特（John White）、威廉·巴特拉姆、埃利斯（William Ellis）、雷珀（George Raper）、霍奇森（Brian Houghton Hodgson）等许多画家或博物学家都为博物学或鸟类相关的书籍绘制鸟类插图。随着人们对鸟类的兴趣不断增加，对绘画审美的需求不断增强，加之绘画技巧和印刷技术的改进，艺术家和博物学家开始尝试绘制出更加漂亮、生动和逼真的鸟画。尤其是在铜版雕刻、石版雕刻逐渐取代木刻之后，印刷出来的鸟画变得更加精确清晰。于是，鸟类绘画的数量迅速增加，插图也逐渐独立出来，发展成为专门的鸟类画册。到18、19世纪，更是涌现出一大批豪华、生动的鸟类艺术书籍，掀起了公众对鸟类（绘画）的热爱。在这些鸟类绘画中，凯茨比开创了一种独特的绘画方式，他将每种鸟类都与其生境中的特色草木一起绘制，以便展示鸟类的栖息地和摄食习惯等。（Allen，1951：474）稍后，威尔逊（Alexander Wilson）延续这种方式完成了《美洲鸟类学》（*American Ornithology*），共绘制了262种合计320只美洲鸟类。到19世纪20年代，奥杜邦（John James Audubon）继承并发展了这种绘画方式，开始出版其伟大作品《美国鸟类》（*The Birds of America*）。奥杜邦的鸟类绘画比照鸟类的真实大小绘制，提供了完整的鸟类信息，其高超的绘画技巧使这些鸟类绘画成为公众喜爱和收藏的对象。除此之外，阿博特（John Abbot）、约翰·古尔德、特明克（Coenraad Jacob Temminck）和利尔（Edward Lear）也完成了华丽的鸟类绘画，和奥杜邦的作品一起丰富了世界各地的鸟类图像记录，并掀起了鸟类绘画的高潮。随后，传统的手工填色逐渐向彩色印刷过渡，鸟类画册得以更快、更廉价也更准确地出版。（Green，2012：254—271）书籍的出版变得容易，不仅有利于鸟类知识的展示、交流和传播，也使此类著作开始拥有大批普通读者，使更多人热衷于丰富鸟类知识并以此为乐。

3. 爱好者参与鸟类研究的方式二：鸟类观察记录

比起相对昂贵的鸟类绘画，文字记录更容易完成，也更容易大批量印刷，从而为更多人所用。当时已经有不少博物学家或鸟类学家专注于鸟类观察，从而完成了许多鸟类专著。例如，英国鸟类学家特纳（William Turner）的《特纳论鸟类》（*Turner on Birds*）包含很多实地观察信息（如季节性变色、鸟类行为和生态），可能是英国甚至世界上第一本鸟类专著。（Bircham，2007：24—39）除亲自前往野外观察，许多鸟类研究者还和前往世界各地的观鸟者保持密切联系或通信，以获得大量的鸟类描述。例如，布丰曾写信给他的合作者贝克森修士（Gabriel Leopold Bexon）："先生，请尝试完全从鸟类本身来进行描述，这对精确度至关重要。"（Farber，1997：21）莱瑟姆（John Latham）在其著作中也充分利用了库克船长三次航行带回来的鸟类材料，以及 J. 怀特的记录本。（Farber，1997：71）彭南特（Thomas Pennant）的《北极动物学》（*Arctic Zoology*）第 2 卷关注鸟类，其中的材料大部分来自几位前往北极的探险者，以及在哈德逊湾（Hudson Bay）生活和工作的人。（Allen，1951：492）更有甚者，布丰设置了"皇家珍藏馆通讯员"（Correspondant du Cabinet du Roi）的荣誉称号，以鼓励爱好者和采集者带回更多鸟类材料（包括记录）。（Farber，1997：71）

除直接为鸟类研究者提供材料外，鸟类爱好者还可以通过其他方式呈现其观察记录。例如，G. 怀特单独出版了《塞耳彭博物志》，从而开启了一种人文形式的鸟类博物学研究，对鸟类进行了大量、持续的本土观察。（刘华杰，2012：135—139）该书不仅提供了丰富的鸟类知识，还因贴近自然而受到热烈欢迎。此外，英国的比威克（Thomas Bewick）也完成了《英国鸟类志》（*A History of British Birds*，1797—1804），法国的德·拉佩鲁兹（Philippe Picot de Lapeyrouse）完成了《上加龙省哺乳动物和鸟类观察志纲要》（*Tables Méthodiques des Mammifères et des Oiseaux Observés dans le Departement de la Haute-Garonne*，1799），德国的贝希斯坦（Johann Matthaeus Bechstein）则完成了《德国公共博物志——以三个邦国的情况为依据》（*Gemeinnützige Naturgeschichte Deutschlands nach allen drey Reichen*，1789—1795）等书。在这些欧洲本土鸟类观察记录之外，还有大量的重要观察记录来自海外探险活动中的博物学家。例如，在《非洲鸟类博物志》（*Histoire Naturelle des Oiseaux d'Afrique*，1796—1808）中，勒瓦扬记录了他在南非之旅（1781—1784）中观察到的鸟类行为和生境。奥杜邦出版了五卷《鸟类学纪事》(*Ornithological Biography*)，共计3500页，其中包含大量鸟类的生境、习性和行为的描述，以及美国各地的人文风景介绍。谭卫道则在中国开展探险旅行并记录了许多中国鸟类，回到法国后他和乌斯塔莱（E. M. Oustalet）合作出版了《中国鸟类》(*Les Oiseaux de la Chine*) 一书。

此外，当时的欧洲人十分向往外面的世界，热衷于前往世界各地探险，并记录沿途的所见所闻。这些旅行记录数量众多，是公众热爱的阅读对象。其中不乏一些包含鸟类的观察记录，可以为鸟类研究提供翔实的信息，如布西尔（William Burchell）的《南非内陆旅行记》(*Travels in the Interior of Southern Africa*)，德·阿萨拉（Félix de Azara）的《巴拉圭和拉普拉塔河的博物学笔记》(*Apuntamientos para la Historia Natural de las Paxaros del Paraguary y Rio de la Plata*，1802—1805)，莫利纳（Giovanni Ignazio Molina）的《智利博物学评论》(*Saggio Sulla Storia Naturale del Chili*，1782)，等等。随后诞生了一些关注鸟类的自然文学，如巴勒斯（John Burroughs）的《醒来的森林》(*Wake-Robin*) 和爱德华·格雷（Edward Grey）的《鸟的天空》(*The Charm of Birds*)。这些文字优美的书籍吸引了一大批读者，它们不仅强调走进自然，关注鸟类的行为、生境和习性等信息，推动了观鸟活动的开展，也激发了人类对鸟类的爱护之情，促进了鸟类保护运动的开展。

4. 爱好者参与鸟类研究的方式三：鸟类标本收藏

相较于鸟类绘画和观察记录，鸟类标本离公众的视线较远，但也离不开标本采集者和收藏者的努力。随着海外探索的开展、标本剥制技术的改进、酒精保存功能的发现以及含砷肥皂的发明，标本保存变得容易。许多前往殖民地的人热衷于采集、制备、出售或收藏标本，收藏家和研究机构则与他们保持密切联系，从而获得外来鸟类的标本。例如，英国、法国、荷兰等国政府都曾让海军军官充当探险博物学家，在重要的探险活动中进行知识性采集（当然包括鸟类标本）。而利德比特和韦罗两个以标本贸易为生的家族也设法收集了大量标本，然后出售给研究机构和收藏者。

这些源源不断涌入欧洲的鸟类标本极大地丰富了已知鸟类类型，成为研究者的重要依据，并影响了鸟类研究的核心问题：分类和命名。例如，斯隆爵士的收藏使林奈印象深刻，也为其研究提供了新的信息。（Bircham，2007：98）

瑞欧莫（René-Antoine Ferchault de Réaumur）的博物珍藏馆和法国的皇家珍藏馆（Cabinet du Roi）也拥有丰富的鸟类收藏，为布丰和布里松等鸟类研究者提供了丰富的研究材料。（Farber，1997：8—26）英国著名鸟类学家莱瑟姆利用自己的博物馆和他人的收藏完成了三部鸟类学著作，分别是三卷《鸟类纲要》（*A General Synopsis of Birds*）、两卷《鸟类学索引》（*Index Ornithologicus*）以及《鸟类综合志》（*A General History of Birds*）。波拿巴（Charles Lucien Bonaparte）就曾前往北美考察，也察看了很多著名的鸟类收藏，完成了《欧洲和北美地区的鸟类比较名录》（*A Geographical and Comparative List of the Birds of Europe and North America*）。此外，他还试图编写《鸟类属总览》（*Conspectus Generum Avium*）以分类当时已知的所有鸟类——约 7000 多种。（Farber，1997：116—118）除了上述几位学者之外，还有许多博物学家和鸟类学家参考各个私人、公共收藏完成了重要的鸟类分类作品，如格梅林（Johann Friedrich Gmelin）、维埃约（Louis Pierre Vieillot）、伊利格（Johann Carl Wilhelm Illiger）、法贝尔（Frederick Faber）、滕斯托尔（Marmaduke Tunstall）、亚雷尔（William Yarrell）、帕拉斯（Peter Simon Pallas）等等。当然，最重要的还是各个国家、学会和大学等机构的博物馆。他们要么通过官方的探险活动进行航海收集，要么向其他收藏家、采集者或商人购买标本。更有甚者，法国政府还为法国国家自然博物馆提供年度预算，用于野外采集者的培训和装备。（Farber，1997：149）在这些拥有大量收藏的博物馆中，开始出现专门的职位以方便学者来进行"严肃"的研究，从而科学地摆放标本或撰写科学的描述和名录。麦吉利夫雷（William Macgillivray）正是第一位以博物学为职业的学者，也是研究鸟类的专家。（马吉，2013：200）

在更世俗的层面上，收藏标本的猎鸟活动渐渐发展出娱乐功能，成为一种体面的绅士活动，为许多人创造了亲近鸟类的最初机会。1486 年，女性鸟类学家巴恩斯（Barnes）在《圣奥尔本斯之书》（*Book of St Albans*）中详细介绍了猎鸟的技术细节，并区分了几种猛禽的象征意义，如鹰代表着征服者。（Bircham，2007：21）莫顿（Thomas Morton）也热衷于猎鸟和田野运动，并在《乐土新英格兰》（*New English Canaan*）中提到鹰和可供人们狩猎的鸟类。（Morton，2000：62—69）除此之外，还有许多鸟类学家如查普曼（Frank Chapman）、布鲁斯特（William Brewster）和科里（Charles B. Cory）一生都热衷于猎鸟，并认为这项活动激发了他们最初对鸟类的兴趣。（Barrow，2000：30—33）这些前往世界各地的猎鸟爱好者也是鸟类学家的收藏网络成员之一，从世界各地源源不断地将鸟类标本送回欧洲。同时，圈养鸟类尤其是鸣禽也在18和19世纪迅速流行起来，从而提供了对这些鸟类的精确观察。其中，贝希斯坦和巴林顿（Daines Barrington）都完成了重要的作品，包含了大量鸟鸣和迁徙的观察，只是因为这些内容不在当时的鸟类学范围内而被忽视。（Birkhead，2008：281—305）

除了标本之外，在大航海时期的向外探索过程中，每一次出行也会带回一些活鸟。这些鸟类要么被用来完善花园的"自然"休闲景观，要么被装在鸟笼（舍）里展示。除了活鸟的装饰作用之外，鸟类图案也深受欢迎。鸟类是纹章徽章上的象征符号，孔雀、鸽子、猫头鹰、公鸡以及神话鸟类凤凰都被用来表示地位、关系或品质。（Farber，1997：1）瓷器、纺织品、壁纸和陶瓷雕像也一直热衷于自然主义的鸟类绘画。鸟羽更是受到广泛欢迎，成为当时最引人注目的时尚打扮。这种时尚所带来的鸟类羽毛贸易导致了大规模的鸟类屠杀，这和猎鸟活动一起被认为是鸟类灭绝的主要原因之一，遭到了大量爱鸟者的强烈反对。（Barrow，2000：110）

由此可知，文艺复兴之后，广大爱好者的参与使鸟类知识迅速增长，尤其是鸟类标本也迅速增加。这使鸟类研究者相信，他们即将发现全世界的所有鸟类，可以撰写完整的世界鸟类目录，并对其进行命名和分类。这一期待又使他们和公众更加积极于记录、描绘和整理鸟类信息。于是，

> 1820到1850年间，博物学明显变得越来越专业化……虽然还没有可以贴上"鸟类学"标签的专业研究机构存在，但是已经可以理所当然地提到这门科学学科。那么，我们将如何描述它的特征呢？作为一门科学学科的鸟类学诞生于1820到1850年间，它以公认专家组成的国际化团体为特征，他们研究一系列富有成果的问题，使用公认的严谨方法，并拥有共同的目标。这门学科建立在大量的经验基础之上，拥有了它自己可用的交流方式。（Farber，1997：100）

三、作为公众科学的鸟类学

在鸟类学这门学科诞生尤其是达尔文出版《物种起源》之后，鸟类学甚至整个博物学都发生了重大变革。鸟类学逐渐发展出分类和命名之外的新问题，博物学则慢慢退出了科学学科的队伍，渐渐被现代科学家遗忘。尽管如此，鸟类学和其他学科仍有巨大不同：其职业化并不彻底。（Ainley，1980：161—177）尤其是当鸟类迁徙、鸟类生态学和鸟类保护等主题成为鸟类研究的重要关注点，鸟类研究就更离不开广大爱好者的参与。因此，鸟类研究的一部分被纳入"公众科学"（Citizen Science）[1]的范畴，鼓励爱好者参与大尺度的调查从而推动该学科的发展。而鸟类爱好者参与研究的方式也变得更加多样，不仅可以单独参与鸟类研究，更可以通过团体活动参与大规模的研究，从而使其成果为鸟类学家所用，进而推动鸟类研究的发展。

1. 鸟类学的学科发展

达尔文的《物种起源》从多个方面影响了鸟类学：共同祖先学说开启了数世纪的鸟类系统学；他和华莱士的进化论想法共同说明了鸟类的地理分布；他还提供了自然选择的概念来说明鸟类生活中的各种特征；最后达尔文的性别选择非常精彩地回答了雌雄鸟类在外形和行为上的不一致。（Birkhead，2009：5）受达尔文影响，赫胥黎在1868年制作了首个鸟类系谱树（genealogical tree）。从此，形态特征不再被视为主要的分类依据，鸟类具有的不同或相似外观也不再代表真正的分类关系。到20世纪，随着世界上大部分鸟类被确认，鸟类学家如哈特尔特（Hartert），施特雷泽曼，伦斯（Rensch），米勒（Alden Miller）和迈尔开始提倡新系统分类学。（Mayr，1984：251）同时，一些分类学家开始运用分支分类学（cladistics），试图采用计算机以最多的"特征"构建等级系统。（皮克斯通，2008：67）这些鸟类分类体系不断改进，并纳入新的分类标准如细胞遗传学和分子进化理论，从而逐渐形成了现今的分类体系：34个目，约9800余种鸟类。（郑

---

1 "公众科学"是"由大量只经过很少或几乎没有经过具体科学训练的志愿者，参与到诸如观察、测量或计算等与科学研究相关活动的一种项目（program）"。（Schnoor，2007：5923）这类科学活动的开展、科学数据的收集和整理需要耗费大量的时间和精力，如果没有普通公众的参与，仅仅依靠科学家的力量是难以实现的。（Bonney，2014：1436—1437）

光美，2012：149）

随着研究领域的丰富多样化，原本关注分类和命名的鸟类学逐步扩充，纳入了更多的研究内容。例如，19世纪末开始出现详细的鸟类行为的研究者，如摩根（Lloyd Morgan）、廷贝亨（Niko Tinbergen）。同时，鸟类环志被引入到鸟类迁徙的研究中，鸟类迁徙研究也成为鸟类学的重点关注问题之一。到20世纪早期，罗文（William Rowan）以实验为基础考察了光周期与鸟类的迁移和繁殖。（Bircham，2007：301）施特雷泽曼则认识到鸟类非常适合不同学科的交叉研究，因而在传统的鸟类研究中添加了新主题，如生理学、功能形态学、生态学和行为学。（Birkhead，2009：5）于是，在一大批优秀的鸟类学家如阿尔弗雷德·牛顿（Alfred Newton）、门兹比尔（Menzbier）、迈尔、赖克（David Lack）、格林内尔（Joseph Grinnell）、朱利安·赫胥黎（Julian Huxley）和廷贝亨等人的努力下，现代鸟类学开始形成。随后，统计分析开始运用到鸟类学研究中，普通生物学的应用理论也引入到鸟类学研究中。同时，鸟类学领域也开启分子水平的研究，这不仅为禽类的系统发生研究提供了新的机遇，还为行为、生态和形态的比较分析提供了依据。（Haffer，2008：76—87）如今，现代鸟类学研究已经纳入了大量其他领域的方法，变成了一门复杂的综合性学科。正如郑光美的《鸟类学》（2012）指出，这门学科的研究内容已经包括鸟类的躯体结构与功能，鸟类的起源、进化与分类，鸟类的生态生物学以及鸟类学的工作方法等内容。

在此期间，鸟类学也形成了自己的学术体系：学术会议[1]、团体[2]和期刊等。1884年，第一届国际鸟类学大会在维也纳举办，主要探讨鸟类的迁徙问题，到第三届就涉及鸟类学研究的各个领域。（Bock，2004：880—912）自1950年之后，该会议已经固定每隔4年召开一次，聚集各国鸟类学家商讨鸟类学的重要议题。而世界鸟类学家联合会（International Ornithologists' Union）则从2006年开始制定全世界鸟类的名录（IOU World Bird List），其中包含了许多国际上有关

1　虽然鸟类学家很早就开始参与科学或博物学会议，但是直到1884年才开始出现专门的国际鸟类学大会（International Ornithological Congress）。

2　其中包括德国鸟类学家协会（Society of German Ornithologists）、英国鸟类学家协会（British Ornithologists' Union）、纳托尔鸟类学俱乐部（Nuttall Ornithological Club）、库珀鸟类学俱乐部（Cooper Ornithological Club）、美国奥杜邦协会（National Audubon Society）、美国鸟类学家协会（American Ornithologists' Union）、澳大利亚皇家鸟类学家协会（Royal Australasian Ornithologists' Union）、荷兰鸟类学家协会（Netherlands Ornithologists' Union）等等。

分类的最新观点，并定期更新。同时，越来越多的大学和研究机构开始为鸟类学家提供职位，也提供鸟类学的研究生教育和学位，进一步推动鸟类学的发展（Barrow，2000：184—191）。

2. 爱好者参与鸟类研究：个人与团体

一般而言，关注鸟类的普通人比科学家有更多的时间参与鸟类观测。他们中的一些人延续了18、19世纪的传统，完成了优秀的鸟类观察和绘画，并以此为基础发表了学术研究。例如，"观鸟喇嘛"扎西桑俄将画鸟、保护鸟类视为其修行的重要方式，是他的必修功课。他对珍稀鸟类藏鹀进行了长达六年的观察，记录了它们的筑巢、繁殖和迁徙等过程，并在多方的共同努力下将藏鹀的分布地划入了保护区。（扎西桑俄，2013：28—35）以扎实的观察为基础，扎西桑俄不仅出版了《藏鹀观察记录》，还发表了学术论文《藏鹀的自然历史、威胁和保护》，为学术界提供了宝贵的资料。除传统的参与方式，关注鸟类的公众还可以充分利用网络、视频等现代科技，共享鸟类信息或宣传鸟类保护思想。例如，中国的观鸟爱好者可以将观测到的鸟类数据上传到中国观鸟记录中心，再由中国鸟类学会汇总、编撰《中国观鸟年报》。李雪艳等人曾利用这些数据分析中国鸟类的分布动态，从而为鸟类保护提供依据。（李雪艳等，2012：2956—2963）著名导演雅克·贝汉（Jacques Perrin）的纪录片《迁徙的鸟》一问世便引起了巨大轰动。它不仅提供了多种鸟类长途迁徙的影像记录，还展现了迁徙途中的种种困难，引起观众对鸟类的共情。尤其是影片对猎杀场景的戏剧性展示，不仅指责了人类的贪欲，还试图唤醒观众对鸟类的爱护之情，号召更多人加入鸟类保护活动中。弗兰科尔（David Frankel）的《观鸟大年》则以喜剧的方式展现三位观鸟者的生活，从而引导观者对观鸟、鸟类和自然进行思考。

当然，影响更深远的是各个鸟类协会组织的大规模调查和保护运动。在世界鸟类学家联合会的官方网站上可以发现，目前和鸟类紧密相关的重要协会已经超过60个。[1] 其中既有鸟类学家组成的专业学术团体，也有英国皇家保护鸟类协会（The Royal Society for the Protection of Birds）等专注鸟类保护、关注公众层面发展的民间团体。它们致力于培养鸟类爱好者，推动鸟类保护运动和鸟类普查活动

---

1 见IOU官方网站 http://www.internationalornithology.org/links.html，2015-05-23.

的开展。其中，最为成功的协会之一是美国奥杜邦协会，它主要关注公众和人道主义层面的鸟类保护。早在19世纪，它就组织并发起了奥杜邦运动（Audubon Movement），使"奥杜邦"成为鸟类保护的代名词。如今，它不仅通过立法、教育、宣传等方式保护鸟类的栖息地，还管理了许多保护区，为野生动物（鸟类）提供避难所。1900年，奥杜邦协会发起了一项名为"圣诞鸟类普查"（Christmas Bird Count）的年度活动，鼓励志愿者通过自己的观察、记录为科学家提供鸟类的相关数据。许多鸟类学家都利用这些数据完成了优秀的研究（Dunn，2005：338），这个项目也成为公众科学项目的滥觞。该协会还拥有自己的出版物《奥杜邦杂志》（*Audubon Magazine*），为非专业人士提供发表研究成果的平台。此外，美国奥杜邦协会还和美国康奈尔大学合作创办了鸟类实验室（Cornell Lab of Ornithology）。该实验室以"增加鸟类的知识以及对鸟类的理解和欣赏"为使命，致力于鸟类研究和保护。它的"鸟巢网络项目"（The Birdhouse Network）号召不同年龄段和不同背景的人参与到有价值的鸟类研究中。参与者可以通过观察身边的鸟类情况来收集和监测数据，并进行科学研究。科学家也可以由此得到丰富的研究材料，并在此基础上发表高水平的科研论文。（Bonney，2009：977—984；梅特卡夫，2012：231）此外，"这些项目也为科学家提供平台来参与宣传活动，使他们受益的同时也使当地社区受益"。（梅特卡夫，2012：231）最终，该项目促进了职业鸟类学家与业余鸟类爱好者之间的交流合作，使两者的鸟类研究成果融为一体。（Stephen，1985：9）

不过，从上文可以发现，无论是早期还是现在，无论是个人还是团体，观鸟都是爱好者参与鸟类研究活动最重要的方式，绘画、观察记录甚至一部分标本的收集都是观鸟活动所附带的成果。那么，现今的鸟类爱好者是如何与鸟类学家进行交流、互动的？鸟类学家又如何利用爱好者所提供的数据？在鸟类学家的指导下，爱好者如何更好地获得知识并收集数据？为回答这些问题，笔者接下来对上文提及的"鸟巢网络项目"进行详细的说明以展示具体的细节。

3. 案例研究：奥杜邦协会的"鸟巢网络项目"

一般而言，成功的活动可以实现鸟类爱好者和鸟类学家的"双赢"。观鸟者不仅可以在这些活动中丰富鸟类知识，还可以增加对科学的认识和对自然美的感受。同时，他们提供的材料和信息又可以为鸟类学、鸟类生态学和保护生物学提供丰富的大尺度数据。而在康奈尔鸟类实验室组织的众多公众科学项目中，"鸟巢网络项目"正是以此为目标。自该项目成立以来已有5000多名来自北美的参与者加入该项研究工作中，并提供了丰富的数据，而基于这些数据的科学发现则通过该项目的网站以及康奈尔鸟类实验室的刊物《鸟界》（*Living Bird*）与参与者、非参与者和科学界分享。《鸟界》是专门针对鸟巢网络项目参与者发行的半年刊，是很受欢迎的杂志和学术性期刊。（梅特卡夫，2012：225）

该项目面向所有年龄和教育背景的爱好者，但以受过良好教育的中年人士和学生为主。项目组织方通过报纸杂志上的文章、电子邮寄名单、新闻发布会、直接邮寄宣传品和互联网等不同媒体进行志愿者招募。同时，该项目每年还会给每位参与者发放共计15美元的补贴，以奖励参与者对该项目的付出。当志愿者确定参与项目后，工作人员会向他们的电子邮箱发送一个"欢迎包"，其中包括宣传广告、项目说明和工作人员联系方式等信息。工作人员也会要求参与者去项目网站（www.birds.cornell.edu/birdhouse）下载研究工具包，其中包含十分丰富的信息：参与该项目的要求说明、4份科研协议的详细介绍、25种筑巢鸟的记录和关于监测鸟箱的实用信息等。阅读这些材料是参与者所必需的培训项目之一，工作人员也会鼓励参与者通过电话、邮件等方式与其进行交流，以解决参与项目时所遭遇的困难和问题。除此之外，项目方还会组织面对面培训，给受训者提供有关的工具、教学资料，让他们进行实地的工作。在完成所有准备工作后，"项目方会帮助参与者在某个地点（通常是家中）建立鸟巢箱，并根据研究指南进行定期观测，然后将获得的数据通过网络输入项目的数据库。工作人员则每天在网上收集数据、更新信息、处理信件。康奈尔大学鸟类实验室的专家则分析所获取的数据，并回答参与者提出的各种问题"。（科学普及研究所，2005：259）这些丰富的数据包括鸟巢的位置、鸟的种类、第一次下蛋日期、窝卵数、雏鸟数、未孵化的蛋的数量以及其他繁殖变量等等。此外，由于鸟类是对环境最敏感的生物之一，项目方还努力让参与者了解鸟类的繁殖、生存的总体生态环境，让他们了解人类对自然环境造成什么样的影响等。在项目实施过程中，也经常要让参与者思考一些问题，如：鸟类是怎样生息、繁衍的？鸟类生活的环境是怎样的？它们的天敌是怎样的？它们对于环境会有什么样的益处？环境对它们会有什么样的影响？在寻找这些答案的过程中，帮助提高公众的环境保护意识，并反思人与自然的关系。

　　鸟类研究的发展经历了漫长的过程。在古典时期和中世纪，尽管已有一些学者撰写包含鸟类的著作，但更多的是来自公众的鸟类记录。它们要么因其可食性等原因被记录下来，要么出自拥有一定学识的宗教人士之手。在文艺复兴之后，自然神学的兴起和全球探险的开展为公众参与鸟类研究提供了合法性和机遇。许多鸟类爱好者、收藏家、探险者和采集者热衷于收集鸟类知识，并以绘画、观察记录和标本的形式促进鸟类研究的发展。最终，大量的经验信息使学者专注于命名和分类等问题，并促使鸟类学这门学科诞生。尽管如此，公众始终是鸟类研究的重要参与者。无论是协会组织的项目，还是个人的主动参与，都为鸟类研究和保护提供了有力的支持和巨大的帮助。

　　事实上，大部分科学尤其是博物类科学的发展都离不开公众的贡献，如今的大科学时代更是倡导公众理解科学和参与科学。以史为鉴，不仅可以为当下公众参与鸟类研究提供历史依据和合法性，甚至可以激励公众参与到更多的科学研究中，促进科学发展和学科建设。就鸟类研究而言，中国鸟类学家可以借鉴他国经验，加强与公众的交流合作，从而不仅能获得更多数据，并保证数据的准确性和科学性，还可以指导公众参与鸟类环志、鸟类保护等科学活动。在这些活动中，公众也可以通过鸟类理解自然、尊重自然并敬畏自然。在环境问题十分严峻的当下，这种鸟类文化的发展可以提供不同于数理科学的视野，有可能为人与自然的和谐相处提供新的思路和有效路径。

第13章　以埃莉斯为例的澳大利亚博物学探究

澳大利亚近代的科学、博物学有多种多样的参与者，既包括班克斯、穆勒这样的大人物，也包括在植物艺术领域成就非凡的博物学爱好者埃莉斯·罗恩这样的人物。埃莉斯与博物学相关的实践活动主要包括植物标本采集、植物绘画、旅行和写作。在传统的科学编史观念下这些内容都不严格属于科学，即使算也是不重要的，但是，埃莉斯的博物学实践、博物学生活方式值得今天的博物学爱好者借鉴，对于我们恢复博物学有启发意义。

一、家庭影响及丈夫的鼓励

埃莉斯·罗恩（Marian Ellis Ryan Rowan，1848—1922）是19世纪澳大利亚著名的女性博物学家。她继承了西方博物学中爱好者的传统，热衷于观察大自然，描绘自然中多姿多彩的动植物，在公众领域产生了一定的影响。研究埃莉斯的博物学实践对于今天我们恢复博物学具有启发。

埃莉斯出生于澳大利亚，父母都是英国移民，家族中有浓厚的博物学和绘画艺术方面的背景，尤其是外祖父和父亲。埃莉斯对博物学的爱好很可能来自于家庭的影响。

埃莉斯的外祖父约翰·考顿（John Cotton）来自英格兰，对鸟类特别有研究，是伦敦动物学会（Zoological Society of London）的会员。他还十分热爱绘画，在移民澳大利亚前曾出版过《大不列颠鸣禽》(*The Song Birds of Great Britain*)等著作，其中有他亲笔绘画的插图。1843年，他带着妻子、九个孩子和两个女仆举家迁往澳大利亚，移民的原因很可能是因为英国本土的职业竞争激烈，土地资源短缺，而澳大利亚既能满足他庞大家庭的物质需求，也有利于他研究博物学。他于澳大利亚大陆南海岸的菲利普港区(Port Phillip District，即今维多利亚州，1850年前原属新南威尔士殖民区)购置了地产，最初开垦土地十分辛苦。在博物学方面，他本打算创作一本关于菲利普港区鸟类的书，可惜另一个博物学家约翰·古尔德先于他出版了关于澳大利亚鸟类的七卷本著作。约翰·考顿在埃莉斯出生一年后就去世了。他的笔记本被埃莉斯继承，很可能成为年幼的埃莉斯临摹的底本。

埃莉斯的父亲查尔斯·瑞安(Charles Ryan)出生于爱尔兰，21岁时移民澳大利亚。他对农耕颇有研究，在菲利普港区考顿家附近的地方购买了一处地产，将自己的农耕理论付诸实践。1847年，29岁的查尔斯·瑞安与约翰·考顿18岁的长女玛丽安(Marian)结婚。次年，长女埃莉斯出生。埃莉斯一岁时，瑞安一家搬往一个6万英亩[1]的牛羊牧场，距离城市80千米。到19世纪60年代时，瑞安一家已经十分富有，在当时急速发展的首都墨尔本周边地区建立了良好的社会关系。(Morton-Evans，2008：17—20)

埃莉斯小时候在乡村生活，6岁时，她被送到"玛菲小姐学校"(Miss Murphy's School)上学，12岁时，她又被送到"索珀小姐寄宿学校"(Miss Soper's Boarding School)学习一年。(Olsen，2013：141)在这两所学校中，埃莉斯接受了典型的针对中产阶级少女的"装饰性的教育"。这种教育主要是为少女将来的婚姻做准备，与针对男孩的职业化教育不同。其学习的内容包括伦理道德、礼仪和元音的正确发音、语言、圣经、缝纫和刺绣、蕾丝制作、绘画、音乐和跳舞，以及其他在客厅展示的才艺，得体的举止和礼仪是其中的重要部分。(Morton-Evans，2008：29)

埃莉斯在21岁时曾经去英格兰旅行，探望她的一些亲戚。殖民地的男孩、女孩在成年时前往英格兰旅行，就如同英国人前往欧洲旅行一样，类似于某种"文化朝圣"。在伦敦，埃莉斯很有可能接受过一些绘画培训。

1　约合2.42万公顷，2.42×10^8 平方米。

1873 年，25 岁的埃莉斯与弗雷德里克·罗恩（Frederic Charles Rowan，1844—1892）结婚。弗雷德里克来自爱尔兰，曾任英国陆军军官，在新西兰服役，在与毛利人的战争中受伤，退役后被任命为新西兰武装力量的副督察。婚后不久，埃莉斯随丈夫一起从墨尔本启程去往新西兰。在新西兰，他们住在一个木结构的大房子里，房屋周围的景色十分优美，还有一些毛利仆人。埃莉斯第一次成为女主人，但她对烹饪等家务事完全不感兴趣。由于丈夫工作繁忙，陪伴她的时间比较有限，再加上这里的社交活动很少，所以她有大量的时间自由支配。这些时间大部分被埃莉斯用来练习植物绘画。丈夫弗雷德里克一方面鼓励她，另一方面也是十分严肃的批评家。（Morton-Evans，2008：64—65）埃莉斯在文集的前言中写道："我的丈夫鼓励我采集并且绘画澳大利亚的野花，我的绘画作品的产生得益于他。我一开始着手于这项事业是为了取悦于他，但是很快地，采集与绘画成为我无穷无尽的乐趣的来源。"（Rowan，1898：vii—viii）另外，植物绘画可能带来的金钱收益也具有一定驱动力。弗雷德里克在新西兰的工作收入不高，埃莉斯很有可能希望通过出版作品、赢得奖牌补贴家用支出。这在当时也是十分常见的。

1875 年 7 月，埃莉斯唯一的儿子诞生，埃莉斯从墨尔本带去了一位女士帮忙看孩子，这样她依然有大量不被打扰的时间进行植物绘画。

儿子两岁时，埃莉斯和丈夫举家迁回墨尔本。在新西兰的几年里，埃莉斯的植物绘画技能有很大提升。

二、植物标本采集

1872 年，埃莉斯的父亲查尔斯·瑞安在墨尔本西北方马其顿山（Mount Macedon）山顶购置了 26 英亩[1]的一块土地，打算设计成欧式花园的风格。查尔斯请了穆勒（Ferdinand von Mueller，1825—1896）男爵作为顾问。埃莉斯很可能在那时结识了穆勒，并且从此为他采集植物标本。

穆勒是第一位定居于澳大利亚、受过职业训练的植物学家。他出生于德国，在德国基尔大学（Kiel university）获得制药学博士学位，1847 年前往南澳大利亚。（Moyal，1993：147）穆勒对于当时植物学的所有分支都很感兴趣，在南澳

1　约合 10.5 公顷，1.05×10^5 平方米。

大利亚，他先是受雇于阿德莱德的一位制药商，与此同时在周围的乡村搜寻植物标本。1852年，他的一篇植物学论文被伦敦的林奈学会发表，内容是对澳大利亚植物新种特征的描述。邱园主管威廉·胡克（William Hooker）十分欣赏这篇论文，次年推荐穆勒成为维多利亚州的首席官方植物学家。（Moyal，1993：147—148）穆勒本人进行过大量的野外考察、采集活动。他一生发表了超过800篇论文、多部澳大利亚植物学专著，建立起自己的植物学帝国，为殖民地植物学在国际上确立了声誉。由于这些贡献，他获得了诸多荣誉，包括一个德国的"男爵"封号，以及一个英国的三等勋章（CMG）和一个二等勋章（KCMG）。1888年，伦敦的皇家学会为表彰他的植物学研究授予他皇家奖章。（Moyal，1993：153）

穆勒很早就产生了编写澳大利亚植物志的想法，在1853年给威廉·胡克的信中，穆勒写道："我能够向你保证，促使我从事这样一项如此高强度且充满挑战性的任务的动力，并非是利己的动机（egoism）或者对于自己能力的过高估计，而仅是我强烈的想要促进我们最爱的科学的愿望。"（L53.02.03，转引自Maroske，2014：73）

为了编写整个澳大利亚的植物志，穆勒在全国各地的报纸上发布广告，邀请人们为他采集植物标本。在1853年至1896年期间，共有1394人参与其中。（George，2009；转引自Maroske，2014：77）

《澳大利亚植物志》（*Flora Australiensis*）分7卷在1863至1878年间出版，历时15年。这是胡克组织编写的多部殖民地植物志之一。胡克本来打算让穆勒前往伦敦编写这部著作，但是穆勒没有去成。1858年，胡克将这项工作交给了边沁，由穆勒提供协助。穆勒对于不能亲自书写澳大利亚植物志感到十分不满。胡克则在信中强调了在英国进行这项工作的重要性：对于澳大利亚植物的系统研究需要考虑早期植物学研究者班克斯、索兰德、布朗（Brown）和康宁汉姆（Cunningham）的藏品和描述，所有这些资料都存放在大英博物馆或者邱园。而穆勒则强调他熟悉这些活植物，拥有关于它们的丰富的知识，以及在植物的采集和描述中他所起到的重要作用——他理应承担起这本著作的主要工作。基于殖民地政府的财政支持，穆勒试图寻求一个折中的方案——与边沁成为共同作者，然而这也被边沁拒绝了。（Moyal，1993：150）最终封面上，作者署名为"乔治·边沁，由维多利亚墨尔本官方植物学家费迪南德·穆勒医学博士协助完成"[1]。

采集者对于编写植物志工作的贡献包括两方面，其一是发现新物种，其二是提供了植物地理分布的信息。在澳大利亚植物志中，不仅需要罗列出疆域范围内的所有植物物种，还需要给出每种植物的地理分布，这是 19 世纪标准的植物志中所需要包含的信息。对于使用植物志鉴定植物的读者来说，这些信息有助于判定在特定地域可能出现的植物物种。

在 1878 年《澳大利亚植物志》最后一卷出版之后，穆勒打算编写附录进行补充，所以他继续扩充采集者人数。但由于他一直忙于其他工作，附录的编写并没有完成。（Maroske，2014：79）采集者的贡献不局限于《澳大利亚植物志》，他们采集的大量标本也为穆勒的分类学工作和确定变种的范围提供了基础。

采集者也能获得很多收获。这包括：其一，采集者可以知道自己生活环境中植物的名字。穆勒会给提供标本的采集者回信，按照提供的标本编号告知对方鉴定结果。在当时，普通人很难找到适当的资料获知身边植物的信息。即便像《澳大利植物志》这样的书籍于 1878 年出版后，其昂贵的价格也不是普通人负担得起的，并且还需要一定的专业知识才能使用。能够获得穆勒这样的专业植物学家的鉴定，了解周围植物的名字，对于一些人来说，是很有诱惑力的。其二，如果发现新物种，穆勒会在出版物中提名采集者，一般是在他发表论文的杂志《澳大利亚植物学》（*Fragmenta Phytographiae Australiae*）上。其三，穆勒会使用一些采集者的姓氏来为植物命名。在植物学中，这是一种极高的荣誉。其四，穆勒有时会支付报酬给采集者，但更常见的是赠予他们小礼物表达感谢。穆勒曾经资助一些男性采集者到野外工作一段时间，专门为他采集。在一些情况下，穆勒付费、购买采集者手中的标本，或者为他们邮寄、托运产生的费用买单。小礼物则包括：植物学书籍，花卉、蔬菜或者树木的种子，附有亲笔签名的他本人的照片，还有他的信件本身（因为是来自大名鼎鼎的穆勒！）。其五，通过参与植物学获得个人成长。穆勒在传单中也暗示了通过植物学获得个人成长的可能："这一类的研究将来能够为教育提供资源，对受过良好训练且聪颖的心智来说是纯粹的休闲和健康的愉悦，妙不可言的是，到处都触手可及。"穆勒也欣慰于自己对年轻一代的影响，他在 1896 年 2 月 2 日给一位女士的信中写道："我向你保证，

---

1 英文原文是 "George Bentham, F.R.S., assisted by Ferdinand Mueller, M. D., F.R.S. & L.S., Government Botanist, Melbourne, Victoria"。

想到我能够对一些年轻人施以影响，使他们进行更高层次的思考，我总是有被提升的感觉。并且，每当想到在我去世很久之后，他们还将怀着友谊之情回忆起我，我总是感觉十分欣慰。"（Maroske，2014：86—88）

由于采集者的情况各有不同，参与的时间、程度也各不相同，采集活动对于他们的意义是十分个人化的。但无疑，穆勒的采集者网络使很多人更加关注周围的植物，到野外享受与自然接触的乐趣，为他们进一步发展植物学兴趣提供了机会。

埃莉斯为穆勒提供的标本有两种形式，其一为风干的植物标本，其二为她绘制的植物画。维多利亚国立植物标本馆的电子数据库（MELISR）中收录了埃莉斯采集的36份植物标本，时间地点包括：1880年在新南威尔士，1886年和1888年在维多利亚的海德曼斯（Hindmarsh）湖附近，1887年在昆士兰，1891年在约克半岛（Cape York）、库克镇（Cooktown）、杰维斯岛（Jervis Island）和萨默塞特（Somerset），1892年在星期四岛（Thursday Island），1889年在西澳大利亚的佩斯（Perth）。考虑到标本馆中不少植物标本可能被运到海外进行交换，埃莉斯采集的标本数量很可能不止36份。（Maroske & Vaughan，2014：131）

除了亲自采集植物标本，埃莉斯有时也依赖当地人帮她采集野花，这显示出野外采集工作的灵活多样性。例如，在昆士兰时，埃莉斯让一个土著女性帮她爬树采集树上的花朵，在对方的要求下，用衣服、帽子和靴子作为交换。

> 一束漂亮的红色槲寄生生长在靠近房屋的一棵大树上，我很想得到它。我试图用诱惑性的腔调（"给你很多烟草"）鼓动一个土著人爬树帮我摘取，但她只是笑着摇摇头。然后她突然灵光一现，提出了一个羞怯的要求，想要我穿的所有衣服，特别是帽子和靴子！他们经常是对一只靴子就表现出很大的满足，并且在西澳大利亚的北部，土著人只要光着身子戴上一顶旧毡帽就觉得自己已经穿戴完备了。（Rowan，1898：110）

还有一次，杰维斯岛的土著首领吩咐小孩子帮埃莉斯采集植物，但结果却是"大约二十个人满载而归，都拿着一捆捆同种的花，一个缠绕到另一个之中，叶子还被小心地剥去了"。（Rowan，1898：150）

相对于其他女性采集者，埃莉斯的采集活动具有如下特点。首先，埃莉斯的采集范围十分广泛，包括新南威尔士、维多利亚、昆士兰、西澳大利亚多个州，这与她的旅行经历有关。大多数女性都只在居住地附近采集，像埃莉斯这样游历广泛的旅行者实属罕见。其次，埃莉斯持续采集的时间很长，至少有12年。而穆勒的大部分女性采集者的采集持续时间在一两年之内，之后她们大多又回到了传统的妻子和母亲的工作之中。再者，埃莉斯不仅采集植物标本，同时还是植物画家。穆勒的女性采集者中，至少有20位是植物画家，占9%，除了埃莉斯之外，比较著名的还有玛丽安娜·诺斯（Marianne North）、斯科特姐妹（Scott sisters）和露伊莎·安妮·梅瑞狄斯（Louisa Anne Meredith）。（Olsen，2013）梅瑞狄斯主动给穆勒的标本馆贡献了作为标本附件的很多原创速写和水彩画。穆勒也为包括埃莉斯在内的画家的植物绘画进行鉴定。查斯莉（Charsley）在1867年出版的插图作品中写入对穆勒的献辞，并送给穆勒出版的副本。（Maroske，2014：14）穆勒本人从不绘画植物。除了"多汁的真菌"，他并不要求采集者为他绘画植物。因为这些真菌干燥后会与新鲜时的形状完全不同，并且经常失去对于鉴别十分重要的特征。穆勒并没有在招募画家—采集者时特别限制于某一性别，但是他的确利用了时代文化对女性绘画植物的接受这一事实。在一篇基于西澳大利亚的植物画家玛格利特·福雷斯特（Margaret Forrest）的标本和图例的研究文献中，穆勒评论道："我希望澳大利亚其他地区的女士也能够将她们的绘画天赋用于这样原创且真正实用的目的。"（Kalchbrenner 1883：638，转引自Maroske，2014：14）最后，埃莉斯是采集者中少有的"职业女性"。埃莉斯在刚开始为穆勒采集时，在经济上先后依赖父亲及丈夫，然而随着她的绘画事业得到越来越多的认可，她通过绘画得到更多收入，尤其在丈夫去世后，可以推测她在经济上完全依靠自己的绘画事业。相比于同时代的女性，这是不多见的。19世纪，女性最常见的职业是"女儿""妻子"和"母亲"，大多依赖于一个亲属男性的收入为生。根据马罗斯克的研究，只有8位女性（占4%）在加入穆勒的采集网络时靠自己的收入生活，其中只有两位可算作职业的植物学家，其一是艾米丽·迪特里希（Amalia Dietrich），被汉堡的哥德弗罗伊（Godefroy）博物馆聘请为博物学采集者；另一位是费罗拉·坎贝尔（Flora Campbell），她于1888年被农业部聘用。（Maroske，2014：81—82）另外，斯科特姐妹则受雇于出版商，成为职业的植物画师。

埃莉斯的采集活动除了为植物学家积累原始资料，对于植物科学也具有一定的贡献。同时，采集活动对她个人的博物学生涯也具有重要意义。在穆勒于

1896 年去世前，埃莉斯的植物画几乎都是由他来鉴定，并标注物种的拉丁名，这赋予了她的植物画一定的科学价值。并且，穆勒给埃莉斯带来了通向很多可能性的机会，对她去何处旅行提供建议，并为她提供介绍信。（Olsen，2013：142）穆勒去世后，埃莉斯没有找到固定的植物学家来帮助她鉴定她绘画的植物。她曾经求助于老朋友、昆士兰的植物学家弗雷德里克·贝利（Frederick Manson Bailey）帮她鉴定植物。贝利十分欣赏埃莉斯的植物画，将她的 16 幅植物画作为彩色插图选入他的著作《昆士兰植物综合编目》（*Comprehensive Catalogue of Queensland Plants*，1913）。贝利还将两种埃莉斯发现的新物种以她来命名，其一是"罗恩夫人的鹤顶兰"（Mrs Rowan's Phaius），其二是"罗恩猪笼草"（*Nepenthes rowanaie*）。后来发现，前者已经被穆勒命名为"南极光鹤顶兰"（*Phaius australis*）。到了 1982 年，包括贝利所命名的 10 个种在内的多种猪笼草植物，被缩减成为一个单一的种"奇异猪笼草"（*Nepenthes mirabilis*），从而埃莉斯也失去了第二个命名。（Morton-Evans，2008：236）

三、植物绘画

埃莉斯一生绘画了超过 3000 幅作品，大部分都是以植物为主题的，所以，她常被称为"花卉画家"（flower painter）或"植物画家"（botanical illustrator）。需要指出的是，埃莉斯也画过一些风景画，以及很多以鸟类、真菌、蝴蝶为主题的作品。另外，她还为一些出版物绘制插图。

埃莉斯在植物绘画领域取得了巨大的成就，她的作品兼具科学性与艺术性。埃莉斯作品的价值不能单纯以科学抑或美术的标准来衡量，她的植物绘画作品增进了公众对于澳大利亚野花的欣赏，启发了他们对自然世界的关注、对博物学的兴趣。

1. 绘画特点

埃莉斯的植物画有这样几个特点。

第一，使用的颜料以水彩和水粉为主。在绘画技巧上结合了传统的水彩画法和独特的水粉画法。（McKay，1990：58）埃莉斯的笔触十分大胆，她朴素并且丰饶的画风与声称自学绘画相符。出于绘画中自然主义的考虑，几个世纪以来，水彩都是植物绘画的最佳选择。一个原因是水彩比油画干得快，并且水彩填色的速度也相对较快，可以在几分钟内搞定一幅速写，另外一个原因是，油画需要巨大的画布，使用水彩则可以在纸张上作画，画好之后夹在书中或者卷起来，十分方便储藏。但是水彩画有一个缺点：长时间暴露在光照下会被损坏。所以需要存放在抽屉中，只能间歇性地展出，这也影响到埃莉斯后来被承认为艺术家的问题。（Morton-Evans，2008：64）

第二，埃莉斯的绘画方式通常是将植物标本采集回来，在室内进行绘画。在《在昆士兰和新西兰的植物猎手》（*A Flower-Hunter in Queensland & New Zealand*）中，埃莉斯多次记述自己不知疲倦地将采集回来的植物标本画完，甚至深夜点灯作画。在室内作画并没有影响植物的"新鲜"（freshness），因为埃莉斯的绘画速度极快，还不需要用铅笔打草稿。埃莉斯自述："我总是迅速完成我的画作。如果不是这样我很难画出那么多作品。大多数花朵被我带到住处并且迅速地画完。在一幅画作完成之前，我从来不中途停止。有时我会一整夜都在绘画。"（转引自McKay，1990：58）[1]

埃莉斯的侄女迈伊·凯西（Maie Casey）如此描述埃莉斯绘画时的场景：

> 我曾经看到过埃莉斯姑姑以极快的速度绘画。她为了用画笔捕捉野花的形态，锻炼出了快速绘画的能力，那些未驯化的植物十分细小，几乎一摘下来就开始枯萎。她的画架位于小屋的楼上，在一个天窗下面。她坐在画架旁边，身旁还有一个小箱子，上面放着水彩颜料调色板和插在罐子里的一支支画笔。她将画笔在玻璃瓶中极脏的水中沾了一下，然而神奇的是，当她的画笔触碰到画纸时，上面出现了如同水晶般明亮而清澈的颜色。她并没有因为我的注视而被打扰，已然忘记我的存在，继续以高度集中的注意力快速地绘画。（Casey，1962：106）

第三，埃莉斯的主要目标是创作艺术作品，她没有把自己的画作定位成植物科学画。植物科学画上通常要表示出植物全株，包括根、茎、叶、花、果实和种子等，与此同时，还要把植物分类学上的主要特征精确地表示出来，如叶片上的附着物、星状毛或各种腺体、雄蕊、雌蕊等等。（田智新，1999：472）埃莉斯的植物绘画属于"装饰品"，缺乏植物科学画所规定的一些必要细节，因而对于

---

1 原始出处：'Rare Flowers on Canvas'，Ellis Rowan Cuttings Book, p, 5.

今天的植物学家不具有太大的参考意义。埃莉斯就她在昆士兰的系列画作写道："这一系列画作期望能为普通公众展示这些花朵如何在它们的环境中生长——尽管它们在植物学上都是准确的，但是你无法在一张图画上既包括一束花的图像，同时以科学形式的部分图解来展示它，那将是另一种研究方式。"（转引自McKay，1990：58）[1]

为了追求"如画的"（picturesque）效果，埃莉斯对于绘画的植物也有所选择，她总是挑选那些色彩鲜明、精致的花朵来绘画。（McKay，1990：58）

穆勒与埃莉斯相识之初，看到埃莉斯在绘画上的天赋，曾提供机会让埃莉斯去德国接受植物科学画的系统学习，未来可以成为职业的植物画师，为专业的植物学著作绘制插图。但是埃莉斯拒绝了这一建议，原因可能是埃莉斯在兴趣上更倾向于艺术、审美，而非严格的科学，没有兴趣系统地学习植物学。并且埃莉斯接受了在英格兰时得到的建议，直接从自然中学习，发展自己的风格。成为职业植物画师需要服从于植物学家的需要，无法在艺术上更自由地发挥。（Morton-Evans，2008：51）

第四，埃莉斯的绘画风格发生过一些改变。在早期的作品中，埃莉斯总是将植物刻意地组合摆放。到了1891年之后，埃莉斯逐渐形成了"成熟的风格"，植物通常以一种非正式的风格出现在其自然生长地，并且以精致的渐变颜色代替单色的背景。后来一直保持这种画风，变化不大。（McKay，1990：59）

第五，埃莉斯的植物绘画大部分都十分准确，至少能够被识别出来。她的作品显示出她关于植物形态、结构的知识，很可能与穆勒的通信使她知晓需要展现哪些细节能够满足植物学家的鉴定要求。（McKay，1990：60）穆勒为埃莉斯绘画的准确性作了担保：

> 很多年前，博学的穆勒男爵非常愉快地在罗恩夫人（当时的瑞安小姐）的一些植物绘画中看到她将美丽的色彩、艺术性的组合与植物学的准确性结合起来……自从那时起这位画家不断地旅行并且提高绘画技艺……它们［指埃莉斯的画作］的准确性被这位专门研究澳大利亚植物学的一流专家所担保，并且由于这位植物学家的植物学描述，它们的价值被提升。（Olsen，2013：148—149）

1　原始出处：Letter, Ellis Rowan to the Premier, 6 December 1911.

除了植物画，埃莉斯绘制的其他种类的博物画也兼具了准确性和艺术性。

这些画作（包括 2175 只蝴蝶和蛾子的作品集）的一个惊人的特征是，甚至对于一个专家来说，它们看起来都是如此的真实，甚至比平均质量的照片更加真实。它们罕见地将艺术和科学结合起来。（转引自 Morton-Evans，2008：4）

2. 旅行绘画与"全国野花系列"

埃莉斯很有可能受到玛丽安娜·诺斯创作"全球野花系列"（world collection）的启发，决定创作一个"全国野花系列"（national collection）。（Hazzard，1984：55）这套画作后来被澳大利亚国家图书馆购买、收藏。

玛丽安娜·诺斯年长埃莉斯十八岁，是英国旅行画家，擅长植物画和风景画。从历史材料中看，她们两人曾经有一些接触，埃莉斯很可能将诺斯视为榜样。诺斯出身富有的英国上层阶级，从很小的时候就对植物感兴趣。她未曾结婚，一直和父亲生活，直到她四十岁时父亲去世。自此诺斯开始了近十五年的博物旅行生涯。她自费前往十几个国家，大部分是英帝国的殖民地，采集、绘画沿途的野花。（Losano，1997：425—426）诺斯与邱园主管约瑟夫·胡克关系良好，胡克建议她尽可能多地画世界各地的植物，并且将植物所生长的背景绘入画中。这一计划被诺斯十分严肃地对待，共绘画了 800 多幅作品。晚年，她出资让邱园为她建造一座画廊来永久展出她的作品。

诺斯于 1880 至 1881 年间到访澳大利亚，当时她正在进行一次寻找野花的全球之旅，包括巴西、印度、锡兰（斯里兰卡）、砂拉越（今属马来西亚）、牙买加和北美大陆。1880 年初，诺斯与达尔文会面，达尔文建议诺斯去澳大利亚绘画那里非比寻常的野花。（Olsen，2013：152）此时埃莉斯由于 1880 年墨尔本国际博览会的获奖赢得了很多声望，诺斯可能很想见见这位从事植物绘画的澳大利亚女性，因为埃莉斯的绘画和她的有些相似之处。（Hazzard，1984：54）诺斯在她的自传中提到了埃莉斯：

罗恩夫人，这位我多次听说过的植物画家，派她的年轻银行经理朋友到船上接我到她暂住的小屋中。在那里她为我准备了一个房间，并且立即将大量最美丽的花朵介绍给我——那些花朵是我从未看到过，甚至之前做梦都没想到过的……（North，1894：148—149）

这是诺斯在西澳大利亚的奥尔巴尼时写下的。当时埃莉斯可能是陪同丈夫弗雷德里克在西澳大利亚出差，弗雷德里克正致力于电报公司的事业，同时拓展电力业务。埃莉斯在一次访谈中说：

> 我成为她忠诚的崇拜者，并且她成为我的雄心的建筑师……那晚，与她的对话结束后，我回到自己的房间休息，我决心去做她做过的那些事业。我将要到世界各处旅行，寻找美丽并且稀少的野花，到那些无法进入的国家，以及那些可以想象会十分难以到达的地方。"（Rowan，1905：714；转引自 Olsen，2013：145）

3. 获奖、个人展览与政府购买

埃莉斯最初在公众领域获得关注是通过参加在澳大利亚举办的博览会。在1879至1893的14年间，埃莉斯多次提交绘画作品参加各地举办的博览会，赢得了来自公众和评委的肯定。她总计获得29枚奖牌，包括10枚金牌、15枚银牌和4枚铜牌。博览会吸引社会各界的人士参加，使得埃莉斯的作品能够被更多人知晓。可以说，参加博览会为埃莉斯的植物绘画提供了一个展示的舞台，使她获得了相当程度的知名度和影响力。

埃莉斯首次获奖是在墨尔本举办的"维多利亚殖民区博览会"（Victorian Intercolonial Exhibition，1872—1873）上。这次博览会共有1682件展品，分布在"美术""制造商""科学发明与新发现"和"原材料"四个主展区，展示了维多利亚殖民区当时取得的发展成就。埃莉斯分两个画框展出了题为"维多利亚野花"（Victorian Wild Flowers）的八幅油画作品，署名"埃莉斯·瑞安小姐"（Miss Ellis Ryan）。其中一个画框"组花"（Group of Flowers）获得了一枚铜牌。[1]这场博览会使埃莉斯崭露头角，展现出绘画上的潜力。

在1879年的悉尼国际博览会上，埃莉斯获得"一等特别优秀奖"和一枚银牌，[2]开始引起公众的注意。这次国际博览会是南半球首次举办世界博览会（World's Fair），内容以农业为主。（Darian-Smith et al.，2008：15.1—15.16n11）

在1880年的墨尔本国际博览会上，埃莉斯获得金牌，并且引起争议。这次

---

1 油画组评选出了一等奖一名、二等奖一名、三等奖三名，埃莉斯在三等奖获奖者中排名末位。

2 在这类展览中，一、二、三等奖都有获奖证书，但通常只有一等奖有奖牌，美术、瓷器、三角钢琴和复杂机械等项目的一等奖颁发金牌，其他项目的一等奖和美术的二等奖颁发银牌。

博览会邀请了全世界 37 个国家和全澳大利亚 6 个殖民区参加，展品共有 32000 件。评委会将金牌授予埃莉斯这一决定惹怒了新成立的"维多利亚美术学院"（Victorian Academy of Arts）的一些骨干成员，如路易斯·比弗洛（Louis Buvelot）、尤金·冯·杰勒德（Eugene von Guerard）和朱利安·阿什顿（Julian Ashton）等，他们向评委会施压，要求评委更改他们的决议。他们认为，将金牌授予自学成才的女性植物绘画爱好者，而多名学院派知名画家的作品却位居其下，这是非常不合理的，需要尽快纠正这个失误。结果是，展览方申明维多利亚美术学院的作品是与同一题材的外国作品相比较而没能获奖的，埃莉斯的金牌得以保留，凯瑟琳·帕维斯（Catherine Purves）小姐和路易斯·比弗洛都升级为金奖，并且在水彩画组授予朱利安·阿什顿三等奖。（Morton-Evans，2008：75—76）

随后几年，在艺术领域中发生了一些变化，一些画家希望将绘画塑造为一项严肃的事业。1886 年，汤姆·罗伯茨（Tom Roberts）、阿瑟·斯特里顿（Arthur Streeton）、查尔斯·康德（Charles Conder）等人离开充斥着业余爱好者的维多利亚美术学院，而后成立一个他们认为更加专业的组织"澳大利亚画家协会"（Australian Artist's Association）。汤姆·罗伯茨等人将自己视为职业画家，正在艺术领域掀起国家性的先锋运动。两年之后，两个组织合并为"维多利亚画家协会"（Victorian Artists Society）。（Jordan，2005：190—191）此时，维多利亚画家协会试图把外来的欧洲印象派和外光主义同本土的殖民地艺术融合在一起，但澳大利亚民族艺术还没有清晰的轮廓。（Darian-Smith *et al.*，2008：15.1—15.16）

1888 年，埃莉斯在墨尔本举办的百周年国际博览会上获得一枚金牌和一枚银牌，并再次引起争议。博览会耗资巨大，在六个月之内吸引了两百万人来参观。处于繁盛期的殖民地展示了农业、自然和矿业产品，制造业、科学、艺术方面的展品也令人目不暇接。15 位在国际上享有盛誉的鉴赏家被邀请当评委，他们十分欣赏埃莉斯提交的画作，授予她的"24 幅水彩画""菊花""昆士兰花卉"和"17 幅花卉画"整个博览会油画和水彩画组"一等奖"（First Order of Merit）。（Centennial International Exhibition，Melbourne，1888–1889，1890：518—1047）官方报告中有如下的记录：

> 维多利亚和新西兰这两个殖民区展出了大量有趣的绘画作品。新南威尔士、南澳大利亚、昆士兰、塔斯马尼亚这另外四个殖民地送来了当地画家

的少量画作。然而，如果将罗恩夫人的植物绘画排除在外，则没有任何展出的作品值得被赋予特别的评论。……她对于澳大利亚和新西兰野花精湛的描绘，赢得了广泛的赞赏，并且使她毫无疑问地获得最高荣誉。（Centennial International Exhibition，Melbourne，1888—1889，1890：675）

埃莉斯"精湛的描述"与公众形成了共鸣，评委相应地授予她最高的荣誉。在埃莉斯的作品中，公众开始发现他们国家精神的有形符号。（Morton-Evans，2008：101）

相比之下，一些男性职业画家却位居埃莉斯之下。汤姆·罗伯茨的三幅油画赢得了一枚银牌。弗雷德里克·麦卡宾（Frederick McCubbin）的《午憩》（*The Mid-day Rest*）赢得了一枚铜牌。这样的结果再次引起了一些人的不满，他们认为植物画不是"真正的艺术"（real art）。（Des Cowley，2002：15）维多利亚画家协会的捍卫者尤金·冯·杰勒德、汤姆·罗伯茨、阿瑟·斯特里顿、路易斯·比弗洛和朱利安·阿什顿等人策划起草了一封抗议信发给评委，声称评奖的结果对于他们以及到访的外国画家是一种侮辱，认为花卉画评的奖不应该高于风景画和人物画，除非画家是优秀的外国画家。（Darian-Smith *et al.*，2008：15.1—15.16）对此，评委拒绝更改他们的决定，并且认为"协会"对埃莉斯的中伤实在没有男子气概。（Morton-Evans，2008：101—102）

艺术史家乔丹（C. Jordan）认为在对埃莉斯个人的攻击之后，隐藏着一种代际的变迁。在原先澳大利亚殖民地的以阶级为基础的等级体系中，绘画爱好者被邀请与职业画家一起参加展览。此时，这种秩序正在被打破，转变成一种现代的、职业的，并且是新型的具有国家意识的精英主义的"澳大利亚艺术"。其中，第一步就是清除爱好者。汤姆·罗伯茨等人自认为是艺术领域中的国家先锋队，应当由他们扛起艺术领域的重担，来与英国及欧洲的画派进行竞争，显然他们不允许女性植物画家举起代表澳大利亚国家艺术的大旗。（Jordan，2005：190）

对于埃莉斯来讲，这些事情似乎对她没有什么影响。她完全置身事外，继续她的旅行和绘画。

除了以上介绍的几次获奖经历之外，埃莉斯还在1887年阿德莱德的五十周年国际博览会上获得金牌，在1893年美国芝加哥举办的哥伦布纪念博览会（World's Columbian Exposition）上获得金牌。

在这之后，埃莉斯不再参加比赛，而是在澳大利亚本国、英国和美国举办过多次个人画展，这使她拥有更多观众，产生更大的影响力，也可通过卖画获得收入。1914 年，埃莉斯为第一次世界大战进行义卖，以每幅画 25 英镑的价格筹集到 6000 英镑的资金。

埃莉斯的很多作品被收藏在公共机构内，使得她成套作品的价值得以集中展现。1907 年，南澳大利亚政府花费 1000 英镑购买了埃莉斯的 100 幅画。在这之前，埃莉斯在南澳大利亚首府阿德莱德的北街（North Terrace）的社会艺术室（Society Art Rooms）里展出了 150 幅画作。

1911 年，63 岁的埃莉斯前往昆士兰，除了绘画野花，另一个目的就是促使昆士兰政府购买她的昆士兰系列画作。为此，她多方联系政府官员，极力说服其购买。埃莉斯的一些支持者也在媒体上制造舆论给政府施压。最终，昆士兰政府花费 1050 英镑购买了埃莉斯的 100 幅画作，埃莉斯又附赠了 25 幅，总计 125 幅作品。购买之后又引发了另一个问题，即埃莉斯的画作是属于"艺术品"，从而应该被昆士兰州立美术馆收藏，还是属于"植物学标本"，从而应该被博物馆收藏？（McKay，1990：33—34）这一争论反映了一些职业画家对于埃莉斯作品的艺术性的质疑。埃莉斯始终与职业画家保持距离，相比之下，她倒是和植物学家关系较密切。最终，埃莉斯的 125 幅画作被安置于博物馆中。一方面由于美术馆空间实在有限，甚至连已有藏品都无处展览；另一方面，也是参考了美术馆的荣誉馆长戈弗雷·瑞弗斯（Godfrey Rivers）的意见，他将埃莉斯的画作视为植物标本，认为它们十分不适宜被挂在本已十分拥挤的墙上。这一决定引起了公众的反对，甚至有人写信给当地报纸称"真正的美术作品"不应该被放置于"发霉的"博物馆中。（McKay，1990：35）

然而，以上这两项购买只是埃莉斯作品的一小部分。经过一生的绘画创作，除却已经卖掉的画作，埃莉斯还剩下 1000 多幅作品，包括 652 幅澳大利亚主题的、300 幅新几内亚岛的和 93 幅西印度群岛的。由于数量巨大，需要一个巨大的空间永久地保存它们。埃莉斯认为澳大利联邦政府是这些画作的适宜买主。然而，联邦政府购买整套画作的过程一波三折，直到埃莉斯去世后才正式购买。

1919 年，澳大利亚众议院议长约翰逊（William Elliot Johnson）最早提出收购埃莉斯的全部作品，他认为要是这些作品在美国展览和售出，将成为澳大利亚的"国难"（national calamity），但为了不拖累国家财政，他建议由"充满公益精神的公民"来购买并捐赠给国会图书馆（Commonwealth Parliamentary Library，今澳大利亚国家图书馆）。

1920 年 3 月，与埃莉斯构想完整保存画作的初衷相反，她在悉尼举办个人画展时，每件画作都出售。埃莉斯在悉尼的砖厂山（Brickfield Hill）新宫殿商业中心（New Palace Emporium）的"安东尼·霍登的画廊"（Anthony Hordern's Gallery）共展出了 1000 幅画作，是当时澳大利亚曾举办过的最大规模的个人画展。这次画展共卖出了 2000 英镑，创造了当时女性画家中的最高纪录，使得埃莉斯不用再为今后的经济拮据而担心。（Morton-Evans，2008：271）但是埃莉斯依然愿意以 6000 英镑外加一个新几内亚椰子种植园卖出所有画作。

在埃莉斯个人画展开幕时，新南威尔士总督沃尔特·戴维森（Walter Edward Davidson）爵士公开要求联邦政府购买整套画作。（Fullerton，2002：17）与此同时，越来越多有影响力的支持者加入"购买埃莉斯·罗恩作品系列"运动，声势浩大到政府被迫成立一个委员会来考察这一提议。委员会主席是当时的新南威尔士国家美术馆（National Gallery of New South Wales）馆长曼恩（G. V. F. Mann）、杰出的肖像画家约翰·朗斯塔夫（John Longstaff）、悉尼大学植物学教授劳森（A. A. Lawson）、画家威尔·阿什顿（Will Ashton）。这四个人于 1921 年 5 月底聚在一起商议，7 月份寄给埃莉斯一封信，表示政府准备购买她的系列画作。然而直到 10 月 3 日这一事项才被再次考虑。埃莉斯于 1922 年 10 月 4 日去世，她在世时没有看到自己画作的归宿。

不久，新政府内阁成立，原来支持埃莉斯的首相比利·休斯（Billy Hughes）不再任职，取而代之的是斯坦利·布鲁斯（Stanley Bruce）和厄尔·佩吉（Earle Page），后两者不支持购买埃莉斯的作品系列。新政府成立了另一个委员会来考察这一事项，几个月后，报告说整套作品的市场价值难以评估，要是政府仍然想买，5000 镑（A$ 295,000）的出价比较合适，并且如果埃莉斯的遗嘱执行人即其妹妹布兰奇·瑞安（Blanche Ryan）不愿意接受这个价格，那么这个购买计划就将被完全废弃。委员会的三名成员中，只有两人支持这个意见，第三个人威廉·布鲁克斯（William Brooks）认为应该支付全部的 10000 镑，并且向联邦议会提交了他自己的报告。（Morton-Evans，2008：277—278）

在埃莉斯去世后，很多人感觉可以自由地表达自己反对政府购买画作的意见。对于埃莉斯画作的价值，人们持有不同的态度。联邦政府财政部长厄尔·佩吉表达了极端的反对意见，他认为购买埃莉斯的画作系列是浪费公众的金钱，甚至认为一套关于澳大利亚野花的照片集更有价值。当朱利安·阿仕顿被问到意见时，他简短地说："联邦政府购买任何一个画家的 900 幅画作都将是一个重大的错误，就算那个画家是委拉斯开兹（Diego Velázquez）[1]，负责这一事项的人最终也会感到非常遗憾！"他大概还没有原谅埃莉斯在 1888 年赢得了金牌。（Morton-Evans，2008：278）议会成员也分成了两派，决议又被推延，直到埃莉斯去世将近 11 个月后，才进行了最终的投票。政府决定出价 5000 英镑，一口价，交由埃莉斯的遗嘱执行人布兰奇·瑞安来决定。她同意了这笔交易，收下钱，交出了画作。于是埃莉斯的 952 幅水彩画被交到公众手中，储存在墨尔本一个政府办公室布满灰尘的架子上，等待着人们决定如何处置利用它们。接下来的一年，首都迁到堪培拉，画作最终被收藏在国家图书馆中，全部消失于公众的视线，并且被大多数人所遗忘。（Morton-Evans，2008：278—279）

直到 50 年后，埃莉斯的作品才得到展出。1982 年，堪培拉的澳大利亚国家图书馆只展出了她的 20 幅作品。1988 年，阿德莱德植物园（Adelaide Botanic Gardens）公开展出了 49 幅水彩画。1990 年，昆士兰博物馆展出了收藏的 125 幅画作。2002 年，970 幅画作中的 100 幅国家图书馆展出，之后在全国各地进行巡展，包括：南澳大利亚州州立图书馆（State Library of South Australia）、塔斯马尼亚州朗赛斯顿的维多利亚女王博物馆和美术馆（Queen Victoria Museum and Art Gallery）、维多利亚州的卡斯尔梅恩美术馆（Castlemaine Art Gallery）和莫宁顿半岛美术馆（Mornington Peninsula Callery），以及西澳大利亚的杰拉尔顿美术馆（Geraldton Regional Art Gallery）。（Morton-Evans，2008：279）

4. 出版物插图

除了单幅的画作，埃莉斯还与艾丽丝·劳恩斯伯里（Alice Lounsberry）合著了三本植物手册，艾丽丝撰写文字描述，埃莉斯绘画插图。在 1899 年出版的《野花指南》（*A Guide to the Wildflowers*）中，埃莉斯绘制了 64 幅彩色插图和 100 幅黑白插图；1900 年出版的《树木指南》（*A Guide to the Trees*）中，埃莉斯绘制了 64 幅彩色插图和 161 幅黑白插图；1901 年出版的《南方的野花和树木》

---

1 西班牙著名画家。

（*Southern Wild Flowers and Trees*）中，包括埃莉斯绘制的 16 幅彩色插图和 161 幅黑白插图。

《野花指南》是一本为普通公众辨识植物而写作的植物手册。第一章为一些基础知识。第二章介绍了五种常见的植物科（family）。接下来几章按照植物生长的环境来分类介绍野花，包括水生、泥地（mud）、潮湿的土壤（moist soil）、岩石土壤、浅色的土壤、沙质土壤、干燥土壤、荒芜的土壤。为了查找方便，在最后还附有按照花朵颜色分类的检索表。另外，还有英文俗名、拉丁名和技术性词语的检索表。这本书的文字通俗易懂、富有情趣。介绍每种植物时，首先给出俗名，并附有拉丁语名称，接下来列举出基本信息，包括：科（family）、颜色、香味、地区分布、开花时间。然后描述了植物的花朵、叶子、根的大致形态，以及雄蕊和雌蕊的数量与位置。不仅如此，艾丽丝还为每种野花撰写了长短不一的个性化的描述，例如与之相关的历史和文化背景，警告读者某种植物具有毒性，过量繁殖的危害等。

在插图方面，埃莉斯绘制的黑白插图使用墨线图的形式，有时还附有花朵的剖面图，雄蕊和雌蕊、根部或果实的图片。彩图部分依然是埃莉斯一贯的风格。在绘制插图时，埃莉斯得到了巴尔的摩港市（Baltimore）著名的植物学家比德（Beadle）的协助。（Lounsberry & Rowan，1899：viii）

在前言中，艾丽丝对埃莉斯的植物插画做出了精彩的评论："除了精确之外，罗恩夫人具有一种独特的才能，她能够将植物的气氛（atmosphere）传递到纸面上，从而当我们观看插图时，几乎能够感觉到它们的质地，并且感受到它们生长于其中的盐沼地的气息，或者松树林的阴冷而辛辣的气味。"（Lounsberry & Rowan，1899：viii）

《树木指南》的编排也类似于《野花指南》，按照生长的土壤类型来分类。笔者没有找到《南方的野花和树木》，不做过多说明。

埃莉斯的绘画通过博览会、个人画展、插图出版，在公众领域产生了巨大的影响。如同埃莉斯自己所言，她绘画植物的目的主要是为了创作艺术品。尽管她的绘画作品对于科学没有太大贡献，但是她拥有更广泛的观众，她的作品能够增进人们对于各地野花的认识，使人们注意到自然世界的美丽多彩。另外，埃莉斯与艾丽丝合作出版的三本关于美国植物的普及性手册也为"大众植物学"做了一定的贡献。

四、博物旅行

1. 旅行经历

埃莉斯一生进行了多次旅行，几乎游遍澳大利亚，还去过欧洲的多个国家、美国、印度、新几内亚等地。埃莉斯的旅行大多结合了植物绘画和标本采集，称为"博物旅行"十分恰当。可以说，植物绘画与标本采集为她的旅行提供了目标与动力。以下简要介绍埃莉斯的旅行经历。

自1877年埃莉斯一家从新西兰搬回墨尔本后，埃莉斯经常随丈夫在澳大利亚国内各处出差，采集植物标本，绘画野花。

1883年，埃莉斯和妹妹布兰奇到英格兰探望另一个妹妹艾达（Ada），途经印度、锡兰和欧洲各国。埃莉斯"边走边画"，还沿途参加各种比赛，获得了多块奖牌。

1887年8月埃莉斯第一次去昆士兰，1891年和1892年，又去了两次昆士兰，每次行程大约6个月的时间。1892年，埃莉斯回到墨尔本不久，丈夫去世，之后埃莉斯一直守寡。

1889年9月至11月，埃莉斯和玛格利特·福雷斯特一起在西澳大利亚绘画旅行，在卡那封（Carnarvon）西部的布兰萨站（Boolantha Station）和杰拉尔顿（Geraldton）绘画春天盛开的花朵。这趟旅行中，埃莉斯绘画了白翅银桦（*Grevillea leucopteris*）、沙滩鬣刺（beach spinifex，*Spinifex longifolius*）和坚果灌木（nutbush，*Stylobasium spatulatum*）等多种植物。在冠军海湾（Champion Bay），她发现了一束美丽的丁香木槿（lilac hibiscus，*Alyogyne huegelii*）。11月，埃莉斯和玛格利特·福雷斯特在佩斯（Perth）的火车站阅览室展览绘画作品，据说是西澳大利亚第一次美术展览。（Morton-Evans，2008：64）

1897年，埃莉斯前往纽约，旅居美国8年，结识女性植物学家艾丽丝·劳恩斯伯里。她们一起在美国旅行，考察植物，合著了三本植物手册。

1906年，埃莉斯再次到西澳大利亚的偏远地带旅行，从佩斯深入内陆去往卡尔古利（Kalgoorlie）、拉弗顿（Laverton）和贡加里（Goongarrie），目的在于寻找一些精致的野花。埃莉斯住在贡加里的旅馆时，每天早上到附近的沙漠中采集植物标本，回来后在旅馆中绘画。她这样描述周边的景色："贡加里附近的乡村是色彩的花园。在这里蓬松的红色花朵、蓝色花朵、紫色花朵中，每种颜色可能的渐变色都存在于其中。灌木拥有如同纯白色法兰绒般的叶子，一串串像棉絮般的浆果，浆果像是一只白色的眼睛。对于一个画家来说，这里真是天堂。"（转引自 Morton-Evans，2008：229）[1]

在贡加里，埃莉斯收养了一只兔耳袋狸（bilby），取名为"比尔·柏利"（Bill Baillie），并且写作了一本儿童读物——《比尔·柏利：他的生活和探险》（*Bill Baillie: His Life and Adventures*，1908）。这本书中还收入了埃莉斯绘制的八幅西澳大利亚水彩风景画作为插图。（Morton-Evans，2008：230；Fullerton，2002：23—24）

回到卡尔古利后，埃莉斯在"澳大利亚土著协会"（Australian Natives' Association）的大厅里举办了画展，展览了20幅金矿区域的风景画和130幅沙漠地区野花作品。她绘制的袋鼠爪[2]（kangaroo paws）、兰花、山龙眼属植物[3]（*banksias*）获得观众的好评。（Fullerton，2002：11）

自1911年，埃莉斯开始了第二个系列的昆士兰之旅。接下来的1912年、1913年，她又去过两次昆士兰。

1916年5月，在两次世界大战之间，68岁的埃莉斯前往巴布亚新几内亚（Papua New Guinea）。她在那里绘画天堂鸟和当地野花，旅行共持续七个月。在采访中，她说那里的野花非常美丽，而自己是"第一个画下那些野花的人——是第一个见到它们的白种人，因此，更不用说这些花肯定没有在任何植物学的意义上被分类鉴定"。其中，埃莉斯绘画了一种特别的花——尸香魔芋（Titan Arum），它是世界上最大的花，可高达1.8米，发出尸臭味吸引蝇虫授粉。（Fullerton，2002：13）

1917年4月，埃莉斯再次前往新几内亚岛，目的在于绘画所有已知的47种天堂鸟。埃莉斯的独特之处在于，她不打算像一般画家那样画死鸟，而是想要画活着的鸟。对澳大利亚鸟类颇有研究的约翰·古尔德也仅仅满足于绘画死去鸟类的标本。一开始，帮她寻找天堂鸟的土著人没有理解她的意思，而是按照一贯的方式带来六只死鸟。经过沟通之后，土著猎手带着笼子将天堂鸟活捉后送给埃莉

---

1 原始出处：Rowan, E.（1908）. Bill Baillie: His Life and Adventures. Melbourne: Whitcombe and Tombs.

2 石蒜科植物。

3 *Banksia* 是澳大利亚的代表性植物，仅在澳大利亚大陆自然生长。其品种有近80个，颜色有黄、橙、红、粉、褐、灰、白色等很多种。为纪念植物学家班克斯而命名。

斯。绘画活鸟并不容易，埃莉斯费了好大力气，想了各种办法才将它们画下来："在我绘画一些体型大的［天堂鸟］时，我将它们用胳膊夹住，其中一些十分凶猛，很难夹住……对于另外一些鸟，当我画它们的身体时，用手绢或者餐巾将它们的头蒙住，使它们稍微安静一些……"（转引自 Fullerton，2002：14）[1]

实际上，埃莉斯只捉到 25 种天堂鸟。她在博物馆中绘画了另外 22 种天堂鸟的填充标本，从而完成了绘画所有 47 种天堂鸟的任务。（Fullerton，2002：13）

在 16 世纪，天堂鸟的标本最先出现于欧洲时，通常都没有腿，人们据此认为这些鸟不能在陆地上行走，一定是来自于天堂，从而得到这个名字。然而那些标本没有腿的原因是被捕猎者切掉了。由于人类多年以来无节制地捕杀，天堂鸟的一些种类面临灭绝的危险。英格兰曾在四年内进口了 15.5 万张鸟皮，作为人们的收藏品。天堂鸟的羽毛成为欧洲和美洲所有时尚女性帽子上的必备装饰物。而新几内亚岛的土著本身就有将羽毛用作头饰的传统，并不认为大量杀戮这些鸟类用于出口贸易有什么不对的地方。1917 年，当埃莉斯着手记录下这些美丽的鸟时，最初的保护行动开始出现，英格兰通过了禁止进口天堂鸟羽毛的法案，美国也紧随其后。到 1922 年，新几内亚岛停止出口天堂鸟，从而在那个时代防止了天堂鸟的灭绝。（Morton-Evans，2008：260）

2. 昆士兰丛林探险

埃莉斯于 1898 年出版文集《在昆士兰和新西兰的植物猎手》。前半部分主要是根据她去昆士兰旅行时给丈夫写的信件编辑而成，由一篇篇游记式的散文组成；后半部分是根据 1893 年返回新西兰后写给妹妹的信件编辑而成。新西兰的部分篇章在收入文集出版之前，曾在悉尼的《城镇和乡村杂志》（*Town and Country Journal*）上配图发表过。文集中记录了她旅行途中的奇闻轶事，自然景色的壮美，踏入丛林时的奇妙感受，与当地人、土著的交往，十分引人入胜。

埃莉斯在前言部分中写道："对于澳大利亚植物的热爱——它们非常独特，令人着迷——以及完成我的植物绘画全集的愿望，将我带到了其他的殖民地，昆士兰，以及澳大利亚大陆的一些最遥远的地区。寻找时的兴奋感，找到稀有、甚至未被命名的新种，充分补偿了路途中的困难、疲劳和艰辛。这一追求使我了

1　原始出处：Argus. Melbourne, 9 November 1918, "Painting Rare Birds".

解到殖民地生活的很多奇妙的场景，它使我进入丛林深处，到达遥远的岛屿、狂野的山地，还使我接触到土著种族，经常是在尤为奇特的情景下。"（Rowan，1898：vii）

当时的昆士兰还是蛮荒之地，一个女性独自前往，很多人并不看好。幸运的是，埃莉斯得到了丈夫的支持。在昆士兰旅行的主要困难在于交通不便。埃莉斯1887年8月第一次去昆士兰时，从布里斯班乘船到马凯，短暂停留后，从马凯出发，沿着海岸向北行进了650千米，几乎全部坐马车或者骑马，到达约翰斯通河河口。旅途中需要忍受晕船的痛苦、马车的颠簸，还有一些小旅馆糟糕的环境。由于社交广泛，埃莉斯到达的很多目的地都有朋友接待，往往受到热情的款待。并且，埃莉斯十分擅长在旅途中结交朋友，安排计划外的行程。

不同于穆勒，埃莉斯不仅关注自然中的动植物，也对当地的土著十分感兴趣，是个业余人类学家。随着观察的深入，她意识到这些不同的土著群体之间也存在着文化差异，并热衷于对各地土著的文化进行比较。（Rowan，1898：200）埃莉斯尤其对宗教仪式非常感兴趣。在汉布尔顿甘蔗种植园（Hambledon Sugar Plantation）附近，埃莉斯参观了土著的狂欢会。埃莉斯和同伴由两个土著男孩当向导，经过一段艰辛的马背夜路才到达土著的聚集地，见到了盛大的舞蹈场面。土著们之前没有见过白人女性，所以对埃莉斯也十分好奇。埃莉斯在文中对土著的舞蹈进行了细致的描述："身体布满涂鸦的土著男人，挥舞着长矛，踩着鬼鬼祟祟的步伐，谨慎地在黑暗中四处观望，寻找一些想象中的敌人。突然一个小规模的战争爆发。独自坐在另一边的土著人，用他们的回旋镖不停敲打，然后一起拍手，男人们则做出躲藏的姿势，发出单调的咕哝声，疯狂地有节奏地跺地，前后摇动着身体。然后，一边发出被激怒的喊叫声，一边在篝火边进进出出。速度越来越快，大喊着：'噢！噢！'每一步都发出撞击地面的声音，直到终于精疲力尽、汗流浃背，他们突然全部隐入周围灌木丛的黑暗中。"（Rowan，1898：44）

在萨默塞特（Somerset），埃莉斯经常观看土著的舞蹈："有时我们观看土著人的歌舞会，这与我之前看到的不太一样。他们戴上代表不同种的鸟类或鳄鱼的面具。昨天他们是鹈鹕，他们在舞蹈中模仿这些鸟类的各种动作，那几乎可算是优雅，然而总体上却有些可笑——火光摇曳在他们用羽毛装饰的巨大鸟嘴上，在腰部穿戴着椰子树的白色嫩叶撕成的碎片。那些不跳舞的人，一边敲着鼓点，一边唱歌。"（Rowan，1898：139）

埃莉注意到依靠采集、狩猎生存，游荡于食物充足处的土著人拥有很多卓越的技能，擅长追踪、辨识、传递信息，听觉、视觉发达："澳大利亚土著是现存的最敏锐的追踪者，甚至在马背上飞驰时也能进行追踪，而一个白人男子即便步行也什么都发现不了。他们能够在一百个不同蹄印中跟踪某一个动物的蹄印。他们的视觉和听觉都十分卓越，能够非常迅速地听到和传递消息，没有什么能逃过他们。"（Rowan，1898：84）

埃莉斯对于土著文化的关注表现了她作为博物学家的广泛兴趣，这也是她博物旅行观察记录的一部分。

埃莉斯不是像林奈、达尔文、华莱士那样的科学家，她对科学没有特别重要的贡献，但是她作为博物学爱好者的生活方式、她的博物学实践，对于我们恢复博物学十分具有启发性。建立在博物学传统之上的新博物学分为两个部分：职业的和业余的。"前者主要由科学家来做，后者由普通百姓来实践。两者的标准、要求和目标是不同的。前者的良好发展有可能改变未来科学的形象和功能，后者的顺利发展有可能提高公民的生活质量，改善人与自然的关系。"（刘华杰，2014a：50）埃莉斯作为一个博物学爱好者，她的博物学实践方式可以为一般公众提供参考。植物绘画、博物旅行都是现代人可以尝试的。绘画的过程需要仔细观察，对于认识植物、欣赏植物也有所帮助，可以使人们更加注意到自然世界的美。而博物旅行，同样是一种很好的亲近自然、了解自然的方式，可以使旅行更加丰富、有意义。

第14章　女性的博物学参与

　　女性是博物学的重要参与者，她们在植物学分支中的表现尤为突出。女性与植物学有着久远的历史渊源，她们与植物的形象也常常联系在一起。由于传统上女性受限的科学教育、性别意识形态、新方法的简单易行和植物学本身的特点等原因，女性活跃在植物学文化中。她们参与植物学的主要方式包括：成为植物学家的助手，采集整理标本，传播和普及，绘画，与植物学家通信，科学研究等。除此之外，她们也通过收藏自然物，旅行探险，绘制昆虫、鸟类博物画等各种方式参与到博物学的各个分支，成为博物学文化兴盛的重要力量。

　　在职业化还很弱的18世纪（尤其是前半个世纪），博物学领域几乎没有博物学家和博物学爱好者的区分，直到1753年英国国家博物馆建立，以此为生的专职"博物学家"才首次诞生。（Allen，1993：337—338）收藏自然物（动植物标本、贝壳、化石、矿物等）成了一种时尚，甚至到了疯狂的地步。博物学史研究专家艾伦（David Elliston Allen）列举了人们对贝壳、海草、蕨类等自然物的追捧，他的《维多利亚时代蕨类狂热》（*Victorian Fern Craze*，1969）专门讲述了19世纪人们疯狂收集蕨类植物的故事。（Allen，1976：394—407）虽然这类收藏爱好并非出于多么崇高的科学目的，更多的是源自贵族阶级的猎奇、炫耀等心理，但无形中却极大地促进了博物学的发展。各种华丽的插图版博物学出版物，也和收藏一样让博物学得以流行。（Allen，1976：26—31）除此之外，园艺和园艺学的商品化也与植物学的盛行相得益彰，越来越多的异域植物、园艺品种成为贵族花园里的宠儿，精通植物学的园艺师也变得抢手，园艺师协会之类的组织甚至出版植物名录，将市场上和花园里的植物名称标准化。而且在这种追捧中，工人阶级和底层民众也积极参与其中。（Fissell & Cooter，2003：153—155）无论在英国还是法国，女性都是博物学的积极参与者，她们涉足博物学的各个分支。女性参与最广泛的是植物学，其次是昆虫学。她们采集标本，收藏自然物，参加博物学沙龙，撰写普及读物，创办期刊，绘制博物画，等等。然而，女性在博物学上的影响一直被低估了，主要原因在于她们留下来的作品远少于男性，而她们在家庭教育传统中对博物学的传播又常常被忽视。（Drouin & Bensaude-Vincent，1996：417）本章将从女性的教育谈起，然后分别从她们参与的方式和涉足领域展示女性在博物学中扮演的角色，时间主要集中在博物学鼎盛时期——18、19世纪，重点分析女性参与最多的植物学。

一、女性教育与性别意识形态

18、19世纪女性接受教育的方式和程度与当时的性别意识形态密切相关，而且她们的观念在很大程度上和大环境也是一致的，虽然有很多进步的想法，但自身却摆脱不了传统的束缚。那时候女性的教育主要来自家庭，如家庭教师的指导，而她们的科学教育通常得益于家里的男性成员，如父亲或丈夫，只有皇宫贵族阶层的女性才会花钱聘请专家。（Phillips，1990：137）这个时期的大部分女性都是在围着家庭转，在家从父、婚后从夫，她们的社交活动也主要建立在彼此互访的基础上，对大多数女性而言教育更像是"没用的装饰"。（Smith-Rosenberg，1975：9；Peterson，1984：706）促使女性接受教育的一个重要动机就是为了让她们更加符合婚恋的标准，在婚姻市场更有竞争力，从而让父母和女儿都因此改变其社会地位（Miller，1972：306），总之女性受教育并不是为了她们的独立和职业。到了19世纪，家庭的私有化（privatization）和科学的职业化（professionalization）让家庭生活和科学活动的场所产生分化，前者属于炉灶和住宅的私人领域，后者属于工业和大学这样的公共领域。[1]女性参与科学有两种方式：一是像男性一样在大学里接受教育，取得资格，但这条路在那个时期根

---

[1] 这个时期也被称为"两分领域"（separate spheres）的黄金时期，被公认是私人领域（private space）和公共领域（public space）分离的典型时期。（Vickery，1993）

本行不通；二是继续在家里作为丈夫或兄弟的科学助手，这也是19世纪女性参与科学常有的模式。（Schiebinger，1991：245—246）女性被排斥在学术圈之外也是公认的事实，即使在被认为最适合女性参与的植物学领域里，她们成为植物学协会会员的人数也非常少。女性要加入伦敦植物学协会（Botanical Society of London）[1]除了年龄和自身在植物学上的造诣，家庭联系成了最重要的入会因素：男性家庭成员或亲戚中有人具备良好的科学素养或浓厚的兴趣（虽然不一定非得是植物学），或者他们中有人与某个科学协会有紧密的联系等。（Allen，1980：243—245）而历史更为悠久的林奈学会，一直到20世纪初才开始准许女性加入。

有人将女人的职责归结于三个方面：为家人和朋友创造舒适的家庭氛围、相夫、教子，这是18世纪末、19世纪初期普遍认可的观念，即便是当时最激进的女权主义者沃斯通克拉夫特（Mary Wollstonecraft，1759—1797）也不反对这样的观念。（Benjamin，1991：40）除了传统的家庭角色，社会对女性的形象也有共同期待：温柔贤淑、端庄得体、知书达理等。女战士或女政客让人反感，人们甚至认为这违背女人天性，而且比起外在的吸引力，内在特质显得更为重要。（More，1809：14—15）

在17世纪末，哲学家洛克的《教育漫谈》（*Some Thoughts Concerning Education*，1693）问世。到了18世纪，各种关于教育的著作涌现出来，其中不乏大量专门讨论女性教育的作品，如伊拉斯谟·达尔文的《寄宿学校的女性教育计划》（*A Plan for the Conduct of Female Education in Boarding Schools*，1797）和莫尔（Hannah More，1745—1833）的《现代女性教育系统的批判》（*Strictures on the Modern System of Female Education*，1799），以及18世纪女权主义的代表沃斯通克拉夫特的《女儿教育漫谈》（*Thoughts on the Education of Daughters*，1787）和《女性读者》（*The Female Reader*，1789）等，所以莫尔说在她之前已经有不少作家在这个话题上发表了他们的见解。（More，1809：41）社会已经意识到女性教育中存在的问题，班尼特（Rev John Bennett）在《女性教育批判》（*Strictures on Female Education*，1787）中用了一章的篇幅批判了各国女性遭受

---

1 这个协会成立于1836年，这是最初的名字，后更名为不列颠群岛植物学协会（Botanical Society of the British Isles），2013后更改为现在的名字：英国和爱尔兰植物学协会（Botanical Society of Britain and Ireland）。

到的不平等对待和教育的缺失，并解释了这种现象的缘由。莫尔也批判了当时的教育体系对女性的不公平，认为社会没有给予她们足够的教育机会，却常常抱怨她们多么不如男性。(More, 1809: vii)

二、植物、植物学与女性

植物学被社会公认为最适合女性学习的博物学分支，社会的这种认知并非凭空产生，而是有着复杂的历史渊源。本节就深入探讨植物学与女性是如何联系在一起的，女性又是如何参与到植物学中的，她们又面临什么样的困难等问题。

1. 花神之寓：自然、植物学与女性

女性自古以来似乎就与大自然联系在一起，无论是生理、心理还是社会角色似乎都比男性更接近自然。(Ortner, 1972: 28)在中世纪和近代早期欧洲的拉丁语系和罗马语系中，"自然"总是一个阴性名词。她的力量让各种自然规律得以实现，各种神灵和仙女们也居住其中。不管是有机论把自然当作养育的母亲，还是机械论把自然当作野性、失控的女人（带来风暴、干旱和其他灾害），自然都是以女性的形象存在。(Merchant, 1980: xxiii, 2)研究自然现象的各门科学，曾经也常常以女神的形象出现，"真理""科学""自然哲学""数学""天文学""植物学""化学""农学""光学"等都对应着一个女神，在科学建制和职业化之前，科学著作的扉页画或插图里出现女性图像是再正常不过的事。(Schiebinger, 1991: 132—133, 145)然而，这些"科学"的从业者们——科学家却往往是以男性为主导，这些"女神"们调和着男性科学家与女性自然之间探索和被探索的关系，也暗示着人类性别意识形态中男性的主动和支配与女性的被动和顺从关系。就本文所关心的植物和植物学而言，它们在性别隐喻中与女性的关联更加不言而喻。

植物学里最重要的词汇之一"flora"（植物志，植物区系，某一特定地区、生境或地质年代的植物），源自古罗马花神佛洛拉（Flora）。在植物学诞生之前，佛洛拉只是掌管开花植物的女神，美丽丰盈，妩媚动人，头发和长裙总是装扮着鲜花。希黛儿从图像学、科学史和性别文化等角度追溯了佛洛拉的渊源和寓意，指出她在艺术、神话和植物学作品中作为"花神"和"名妓"的两种形象。

（Shteir，2006，2007a）花神的美丽形象也寓意植物学是美丽的，可以成为女性的优雅追求。（Fara，2003）因此，在18、19世纪植物学盛行时，人们常常借用花神之名来为植物学代言。最具代表性的是伊拉斯谟·达尔文，他把佛洛拉当作植物学的缪斯，她诱惑了林奈，让他去探索她的植物王国，发现植物的秘密，讲述植物的性故事。（Darwin，2004：3）在他的长诗《植物园》（*The Botanic Garden*，1799）的两卷扉页插图中，充满诱惑的花神形象实际上也有着她作为"名妓"的性暗示，这与林奈系统强调植物的性也不无关系。另一位代表人物是18世纪活跃在植物学里的夏洛特·史密斯（Charlotte Smith，1749—1806），她在诗歌"Flora"中塑造了一位圣洁高贵的花神：佛洛拉从天而降，装扮着初春的大地，唤醒休眠的冬芽；她的座驾由橡木、山毛榉、白蜡树等木材打造而成，装饰着洁白无瑕的鲜花，座位铺着软软的苔藓，她自己也用各种花草装扮。她坐着木车漫游在她的王国，从鲜花到树木，再到喜阴植物如苔藓和蕨类，然后到溪边和海边的植物。众多仙女陪伴在她的左右，按她的旨意，各司其职，掌管关于植物的各种职能。（Smith，1807：84—99）

同时，到了18世纪，"flora"从神话和寓言的女神变成了科学写作里的一大类别，即现在的用法——植物志，罗列和描述特定地理区域内的本土植物，给出可以鉴定它们的植物学特征，以文字描述为主，有的带有植株或植物器官的插图。（Shteir，2006：14）事实上，早在1648年，保利（Simon Pauli，1603—1680）在发表《丹麦植物志》（*Flora Danica*）时就首次用了Flora在现代植物学中的用法作为书的标题。（Pulteney，1790：169）林奈学会的创始人史密斯在《英国植物志》（*The English Flora*，1824）首卷序言里归纳了18世纪以来英国植物志的编撰历史，自从世纪之初flora作为"植物志"使用后，这个术语在林奈学派的植物学家圈里非常流行，林奈本人的《拉普兰植物志》（*Flora Lapponica*，1737）就是典型的代表。到19世纪初期史密斯编写这套植物志时，这个词已经被植物学界广泛使用，各类植物志也如雨后春笋般涌现出来，地方性的植物志也不计其数，其中最具代表性的是柯蒂斯（William Curtis）的《伦敦植物志》（*Flora Londinensis*，1777—1798）。（Smith，1824：xviii）

希黛儿利用"flora"的多重含义，提出了"佛洛拉的女儿"（Flora's daughter）这个说法，用来指代活跃在植物学领域的女性。她们参与各种与植物学相关的活动，如阅读植物学书，参加植物学讲座，与博物学家们通信，采集本地的蕨类、苔藓和海洋植物，绘制植物画，建立标本馆以供进一步学习，用显微镜观察植物等等。（Shteir，1996：3—4）这种提法也暗指了植物学在18、19世纪深受女性的欢迎，精辟地概括了当时植物学文化中的性别色彩。事实上，Flora 也常常在18、19世纪的植物学文学中作为女主角的名字出现，她精通植物学，扮演导师的角色。（Shteir，1996：1—2）

抛开"植物志"与"花神"的渊源，植物学研究的对象——生长在大自然中形形色色的植物，也常常与女性联系在一起，文学作品里充斥着女性和植物的相互比拟。小巧精致的铃兰是最常见的野花，代表着纯洁而谦逊，深受老百姓欢迎。而天堂鸟（*Strelitzia reginae*）和王莲（*Victoria regia*）是与女王们联系在一起的两种植物，天堂鸟是班克斯为了纪念夏洛特王后（Sophia Charlotte，1744—1818）而用其名字命名的，王莲是林德利为了表示对维多利亚女王的尊敬而用其名字命名的。[1] 王莲在引入英国时轰动一时，当时的《柯蒂斯植物学杂志》（*Curtis's Botanical Magazine*）1847年1月刊全部用来展示这种植物。这两种植物都有着特殊的寓意，它们的独特、美丽和高贵与女王们的气质相符，而且两位女性都是植物学爱好者，对植物学在英国王室贵族阶级的流行有着引领作用。夏洛特王后请植物学家指导过自己和女儿们学习植物学，跟18世纪著名的植物画家鲍尔（Franz Bauer，1758—1840）学习植物绘画，她还与乔治三世一起为邱园的建设和发展提供了最大的支持，曾被植物学家称为"第一位女植物学家"。维多利亚女王也是爱花之人，和她的孩子们都学习了植物学。（Abbot，1798：iv；George & Martin，2011；Shteir，1996：36，204；Desmond，1987：88—89）从这两种植物和两位王室女性对植物的热爱也可以窥见18、19世纪植物学在英国的流行程度。与之形成强烈对比的是典型的非洲植物大花犀角（*Stapelia Grandiflora*），虽然花形也很美，形态独特，但它代表的却是非洲和非洲女人未开化的野性之美，她们性欲过度，是神秘而危险的女巫（Mollendorf，2013：258），它的英文名字"长蛆的犀角"（the maggot-bearing stapelia）也让人充满厌恶，与前两种代表着高贵和文明的植物截然相反。在意识形态里，植物的宁静、美丽、纯洁和脆弱等形象也很符合女性气质，黑格尔就认为男人和女人的差

---

1 夏洛特是梅克伦堡—斯特雷利茨（Mecklenburg-Strelitz）公国的公主，乔治三世非常欣赏夏洛特一流的艺术品位和鉴赏能力，就用她家乡的名字来称呼鹤望兰，1773年班克斯将天堂鸟所在的鹤望兰属正式定名为 *Strelitzia*。王莲现在的拉丁文名字为 *Victoria Amazonia*。

别就像动物和植物的差别。（George，2007：26—29）18 世纪的卢梭、哲学家约翰·米勒（John Millar，1735—1801）、沃斯通克拉夫特等众多名人的作品将女人比作美丽的栽培花卉，揭示了社会对她们的培养只是没用的装饰，就好像培育出来的花卉新品种，徒有华丽的外表，却不能像自然生长的植物那样自我繁衍、适于生存。（George，2005b；George，2007：24）19 世纪中叶一本《花美人儿的故事》（*The Flowers Personified*，1849）将郁金香、百合、睡莲、紫罗兰等几十种植物拟人化，把她们塑造成各具风格的女子，通过优雅的绘画和有趣的故事将女性和花完美地合二为一。同时，不可忽略的是，这种把女性和植物联系在一起的观念也是对女性的一种贬斥，可以从中看出她们在社会中的边缘地位。因为植物学和花卉园艺就好像没用的装饰，让那些无所事事、衣食无忧的妇女去追求，当其他领域把她们拒之门外时，让她们从花花草草中得到自我满足。（托马斯，2009：247—248）

2. 适合女性的植物学？

18 世纪后期到 19 世纪早期，化学和植物学被认为是最适合女性学习的科学。（King，2003：55—56）化学被看作很适合女性的学问，不需要身强力壮，既可以提高心智，又可以学以致用，尤其是在居家生活时，这门学科很管用。（Edgeworth，1799：61）当时的人们把色彩、味道、溶解、蒸发、烹饪等现象和过程都归到化学里，例如雪融成水。他们觉得化学特别亲切，和日常生活联系在一起，非常容易学。（Edgeworth，1798：489—497）而人们对植物的热情在 16 世纪的本草学传统下已经显现出来，虽然那时候主要的动力来源于植物的实用性，但也包括探寻植物本身的乐趣。16 世纪的本草学家福克斯就如此说道：

> 我无须长篇赘述植物知识带来的乐趣和愉悦，这是无人不知无人不晓的事实。试想一下，戴着丰富多彩的花草编织成的花环，漫步在树林、高山和草甸，用我们敏锐的双眼去凝视这些美丽的植物，生活里没有什么比这更加美妙而快乐了。如果还能知道一点植物的用处和功效，这种快乐就会多很多，因为这样的话不管是欣赏植物还是学习知识，都会充满乐趣。（转引自 Meyer，*et al.*，1999：47）

而到了 18、19 世纪，植物学无论是作为优雅的娱乐活动还是学术研究，都已经非常流行，它既可以愉悦心情，又可以锻炼身体，能很快让人感到快乐和对自然的热爱。（Bennett，1793：87—88）除此之外，植物学在现实生活中的实用性以及宗教意义——通过研究植物、理解自然从而理解上帝智慧，让植物学在大众的流行延续到了 19 世纪。（Bingley & Frost，1847：8）总体来说，植物学是轻松愉快又适合女性的，18 世纪末默里（Lady Charlotte Murray，1754—1809）和 19 世纪二三十年代美国教育家和作家菲尔普斯夫人的话表达了当时社会对植物学的看法：

> 天文观测仪器的昂贵和化学繁重的实验劳作只能让少数人从事天文学和矿物学的研究。而研究动物同样面临很多障碍，即使做很小的调查都费劲，所以很难在大众中流行。但植物学则不同，这门学科让我们识别和区分不同的植物，几乎每个有好奇心的人都可以参与进来，花园和田野可以不断提供学习的资源，也非常容易实现，让这项活动令人乐此不疲，而且还可以呼吸新鲜空气、锻炼身体，有助于健康。（Murray，1808：vi）[1]

> 植物学似乎特别适合女性学习，它调查的对象漂亮而精致。户外的学习活动有益于身心健康。而且，植物学不需要长久坐在图书馆，其目标是要去广阔天地间搜寻，到蜿蜒的小溪边、美丽的山野和茂密的森林中去。（Phelps，1829：12）

菲尔普斯夫人的第二本植物学入门教材第一章也专门讲了一些学习植物学的好处：简单易学、让人愉悦、锻炼身体、熟知周围的植物、漫步乡间也能学习、体验植物分类的秩序之美、热爱和崇敬上帝智慧等等。（Phelps，1837：9—12）一些女性杂志也推波助澜，19 世纪上半叶的几种女性杂志都非常强烈地将植物学推荐为适合女性的休闲娱乐方式，认为对于女性来说植物学优于其他科学。（Shteir，2004）这种观点也常见于美国的一些杂志，如 1829 年美国《教育期刊》（*American Journal of Education*）的一篇文章中说道：

> 女校特别适合引进植物学课程，这门学问与女性的品位、情感和能力都

---

1 本段中的化学是指与矿物学联系在一起的化学实验，与上文所指的日常生活的化学不是一个概念。另外，这本书首版是 1799 年出版的，此处引用的是第 3 版，所以是 1808 年。

非常相配，事实也证明我们大部分的植物学家[1]都是女性。男孩子比较难以对它产生兴趣，他们更粗心，也很难细心地去整理标本，他们更喜欢粗暴和喧闹的运动。相反，女孩子容易快乐地去观察花朵的细微特征，压制和保存标本，用铅笔或水彩描绘植物的美丽。因此，很容易就能唤起她们在这方面的热情。（转引自 Rudolph，1973）

这类观点一直延续到 19 世纪后期，英国很多女校也常常把植物学设为一门必修课程，以培养女生们的科学思维习惯。（Rudolph，1973）

因此，从各方面讲植物学都比其他学科看起来更适合女性，任何一个有点文化和耐心的人都可以参与采集和识别植物等活动，在本质上它似乎就具有女性气质，为女性提供了一种解放自己的方式，使其在精神和智识上有了更多的追求。（Allen，1980：249）女性对于植物学的热情已经超越了简单的休闲娱乐，而是触及植物学的科学部分，这样的参与甚至让男性植物学家们感到了强大的性别压力，他们觉得自己的领域受到了挑战。（Rousseau，2003：792—793）现代学者甚至直接把植物学称之为"女性科学"（female science）、"女性植物学"（female botany）或"女性气质的植物学／追求"（feminine botany/pursuit）等。（Alic，1986：110；George，2007：5；Rousseau，2003：792；Koerner，1993；George，2005a）

林奈植物学让大批女性对植物学产生兴趣，他也希望女性学习他的植物学，然而他自己却是一个极其厌恶女人的人。虽然他偶尔与一些女性有植物学通信，但从来没有跟有学识的女性保持长久联系，甚至和女赞助人也没有过多交往。他也不愿意让自己的女儿们接受教育（虽然有个女儿在婚前曾协助过他的研究），禁止她们上学，只训练他的儿子，期望其成为自己的继承人，因为在他看来女性拥有知识和社会赋予她们的职责是矛盾的。（Koerner，1995：239—245）林奈植物学在传入英国之初其实也在一定程度上成为女性参与植物学的障碍，因为他将植物的性器官和传粉繁殖拟人化地描述成人类的性生活。在传统的性别观念下，这种毫不隐讳的性语言对女性和儿童显然都是不合适的，早在 1737 年（林奈提出性系统后的两年）的时候就有人批判它是"如此放荡的方法"，不适合青少年。（Linné，1957：25）这就是性分类系统在传播时常常受到诟病的原因，也因为如此，很多女性写的和写给女性的植物学读物都对林奈植物学进行了"纯化"

---

1 这里的植物学家是一个广义的概念，泛指所有的植物学爱好者和参与者。

处理，韦克菲尔德就是一个典型的例子。但无论如何，林奈的植物分类方法简单易行，成为 18 世纪后半叶大批女性热衷植物学的重要原因。

如果按照"植物学家"的默认标准，比如在大学或植物园供职、成为植物协会或其他学术机构成员、出版自己的著作或发表学术论文等，能被当成植物学家的女性寥寥无几。她们中的大多数只是把植物学作为休闲娱乐活动，或者优雅的爱好，只能被归为林奈所说的植物学爱好者（botanophile）[1]或者更业余的门外汉（dilettanti）。（Sigrist & Widmer，2011：355—356）然而，这并不妨碍从科学文化和传播的视角去看待植物学的流行。相比女性因性别偏见被边缘化，在小酒馆里对植物津津乐道的工人和手艺人却因阶级被边缘化（Secord，1994），他们都用业余的方式在参与植物学，作为非精英在为这门学科贡献力量，比如通过采集标本为植物学添砖加瓦，通过写作、艺术创作、出版、教育等促进它的传播等。

在艺术领域，女性被边缘化的程度虽然不及她们在科学领域里被边缘化的程度，但是就充满创意和技艺精湛的高端艺术形式来说，她们好像远不如男性，她们更适合画一些微型画、静物写生、水粉画等对艺术功底要求较低、需要更多的耐心和细心的艺术形式，而博物画就是被看作适合女性的一类艺术。（Tomasi，2008：160）从事博物画的画家或绘图员们大部分都处于默默无闻的状态，女画家们的默默无闻更为明显。从《柯蒂斯植物学杂志》创办到 19 世纪末，至少有 20 多位女画家为杂志画过植物画，她们中有相当一部分人甚至都没有署全名，只有一个姓氏，再加上"小姐/夫人"的称呼，更不要说那些完全没署名的女性默默无闻的贡献。到了 17 世纪后半叶，人工填色已经非常普遍，这项工作经常是由女性来完成，有的印刷厂还聘请女性专门从事填色工作（Tomasi，1997：liv），而且这种传统一直持续到 19 世纪彩色印刷普遍运用之前。

18、19 世纪女性与植物学的紧密联系一方面在意识形态上为女性打开了一扇门，鼓励她们学习科学，让她们自己内心也认可参与植物学这件事，另一方面也让她们有了更多的学习机会，虽然并非正式的学校教育。她们的参与也进一步强化了植物学与女性的联系，更广泛地传播了这门科学，吸引了更多的女性参与进来。但是这并不意味着女性有更多的机会深入科学内部。相反，植物学的这种

---

1 更常用的说法是 botanizer，用来代表业余植物学家（amateur botanist），如肯尼（Elizabeth B. Keeney）的书《植物学爱好者：19 世纪美国的业余科学家》（*The Botanizers: Amateur Scientists in Nineteenth-Century America*，1992）就直接将其作为标题。

性别化在一定程度上也阻碍了她们像男性那样平等地参与科学，在一定程度上将她们置于边缘化的科学外围，甚至有学者认为这让她们的地位变得更加糟糕。（Shteir，1996：168；Fara，2004：209）。

三、女性参与植物学的主要方式

虽然18、19世纪的女性依然被排除在专业协会、研究机构、植物园等组织之外，难以像男性那样正式成为这些组织的成员，但她们却通过其他非正式的方式参与其中：作为植物学家家庭成员的助手，与植物学家通信，采集植物标本，绘制植物画或参与其他植物艺术，写作植物学普及作品，管理花园，教育青少年，以及科学研究等。

如前文所述，女性不能接受正式的科学教育，因此她们与植物学的结缘通常因为家庭的影响，家庭内部的"师徒关系"是她们学习植物学的主要途径，成为父亲、丈夫、兄长或其他男性亲属植物学家的帮手也是她们的主要参与方式之一，希黛儿将她们戏称为"林奈的女儿"。（Shteir，1996：50）"林奈的女儿"一语双关，一方面林奈是18世纪最具影响力的植物学家，用他代表那个时代的植物学家再合适不过，另一方面林奈自己的女儿也是通过这种方式学习了植物学，并成为他的助手，这种模式也代表了其他植物学家的女儿参与植物学的普遍模式。而且不仅在英国，在欧洲其他国家和美国也是这样。林奈的大女儿在结婚前是他的得力助手，他也鼓励她观察植物，帮自己整理标本，她在19岁时甚至还自己发表了一篇关于植物观察的小文章。美国第一位女性植物学家科尔登（Jane Colden，1724—1765）、林奈的女性通信者布莱克本（Anna Blackburne，1726—1793）也同样是因为父亲的原因学习林奈植物学，观察和采集植物。（Shteir，1996：51—54；Gronim，2007）罗伯茨（Mary Roberts，1788—1864）的外公是著名的贵格会植物学家，而且她的父亲和兄长都参与过威瑟灵（William Withering）的植物学著作编写。（Shteir，1996：98）著名的植物画家索尔比（James Sowerby，1757—1822）家族有两位女性都是因为父辈和兄长们而学习了植物绘画，林德利的两个女儿也帮他的植物学著作绘画。（Shteir，1996：179）

写作是女性参与植物学最有影响力的形式，植物学作品也是所有博物学出版物中女性创作比例最大的，在19世纪这一数值为8%，而鸟类只有2%。

（Jackson-Houlston，2006：87）她们大多采用文学化的方式，用具有亲和力的书信、对话体的体裁，有时也用诗歌和小说，在普及植物学知识时也融入道德、宗教观念，非常适合家庭亲子教育。女作家们在写作时，传达了植物学适合女性教育的思想，她们的读者定位也主要以女性和青少年为主，韦克菲尔德就是最典型的代表。与韦克菲尔德《植物学入门》（*An Introduction to Botany*，1796）同样受欢迎的是菲顿的《植物学对话》（*Conversations on Botany*，1817），该书刊印了9版，采用母子亲切对话的形式，传授林奈植物学。其他喜欢用书信、对话体裁写植物学的女作家还有博福特（Harriet Beaufort，1778—1865）、罗伯茨、马塞特、夏洛特·史密斯等人。诗歌也是女性植物学写作喜欢用的文体，伊拉斯谟·达尔文的长诗《植物园》为女性树立了一个典范——用优美的诗句描述植物，再配上专业的脚注。（George，2014）在他之后夏洛特·史密斯也写了赞美花神的诗歌，在诗歌里介绍了大量植物知识。直接受达尔文诗歌影响的还有阿拉贝拉·劳登（Frances Arabella Rowden，约1780—1840），她用诗歌写了一本植物学入门读物，主要的参考来源就是达尔文的《植物园》。韦克菲尔德的追随者霍尔（Sarah Hoare，约1767—1855）也写了诗歌赞美学习植物学的乐趣。进入19世纪，写作方式有所转变，典型的如简·劳登（Jane Loudon，1807—1858）开始采用对话和书信的形式，后面转向更正式的教科书写作，还有雅克松（Maria Jacson，1755—1829）在用对话写作了一本植物学作品后，改用第三人称的教科书风格写《植物学讲义》（*Botanical Lectures*，1804）。女作家们大量的植物学写作对植物学的传播及其流行有着重要影响，这也是最能证明她们在植物学文化中存在感的方式。

植物艺术也是女性参与植物学的流行方式。和其他植物学活动一样，植物绘画被当作是简单易行、愉悦身心的休闲活动，可以培养青少年的艺术兴趣，让他们幼小的心灵感知造物者的智慧，等他们长大一点的时候就可以充满热情地到自然中去绘画。（Anonymous，1756：3）女性也具备观察自然和描绘自然的天赋，她们可以在植物绘画领域提高审美，赢得男性的肯定。（Brown，1799：1—8）植物艺术兼顾了科学和艺术，培养艺术修养的同时也满足了绘画者的植物学兴趣。她们大多作为男性家庭成员的植物学助手，绘制植物学出版物里的插图。18、19世纪有为女性开设的植物画培训课，由知名的艺术家传授植物绘画技能，连女权主义的代表沃斯通克拉夫特也跟索尔比学过画植物画。（Blunt& William，1967：190）18世纪最杰出的植物画家埃雷特（Georg Dionysius Ehret，1708—

1770）也是最好的美术老师，他为大批英国贵族女孩培训植物绘画技能，同时也教她们一些植物学知识，著名的植物艺术家德兰尼（Mary Delany，1700—1788）也曾经跟他学习过绘画。（Calmann，1977：81—84）一些优秀的女画家也像埃雷特一样去培训其他年轻女孩学习植物画，如米恩（Margaret Meen，活跃于1775—1820）、劳伦斯（Mary Lawrance，活跃于1794—1830）和威瑟斯（Augusta Innes Withers，约1793—19世纪60年代）等。劳伦斯的课程学费为半几尼[1]，并且还要外加一几尼入场费，这个价格在当时并不便宜，也只有家境不错的女孩子会花这样的钱。（Slatter，1998b）18、19世纪，植物绘画指导手册一类的书也层出不穷，索尔比、菲奇（Walter Hood Fitch，1817—1892）等著名画家，以及劳伦斯都出版过浅显易懂的绘画手册，有的指导手册还直接专门针对女性读者。除了植物绘画，女性还会有其他艺术形式的创作，典型的如加思韦特（Anna Maria Garthwaite，1690—1763）擅长设计自然风格的服装，将植物真实巧妙地展示在服饰上。德兰尼则自创了"剪纸马赛克"（paper mosaiks）的艺术作品——在自制黑色的背景板上，用各种颜色的彩纸剪成植物的花瓣、叶子、枝条、花蕊、萼片等各个部分，然后进行粘贴，并尽可能在形状、姿态和颜色上接近真实的植物，制作精致，栩栩如生，每种植物都有拉丁学名，多数作品还会有俗名和创作的时间地点。凯瑟琳·格雷（Katherine Charteris Grey，1773—1843）的押花艺术也别具一格，她用植物材料粘贴出生动的人物、动物和风景。（Kelley，2012：111—116；Kelley，2014）19世纪还流行蜡花，维多利亚女王就非常喜欢，艺术家皮奇（Emma Peachey）为她的婚礼制作了一万支白玫瑰蜡花。蜡花将植物学、艺术、休闲娱乐等融合在一起，也是植物学商品化的方式之一。皮奇就是典型的代表，她制作蜡花并出售，培训其他女性并出版了蜡花制作手册、售卖蜡花原材料，她的作品还在1851年的大展会上进行展出。（Shteir，2007b）这些新颖的植物艺术形式既是植物绘画的延伸，又体现出女性的自主创新，不只是被动地跟随传统的绘画潮流。

　　作为植物学家的女性非常少，她们也面临着更多的困难。与其他主流科学一样，女植物学家难以得到同行的认可，无法加入学会组织，没有自己的研究圈子。为了顺利发表自己的研究成果，她们甚至使用看起来男性化的假名。伊比森（Agnes Ibbetson，1757—1823）和莎拉·阿博特（Sarah Abbot）是两个典型

---

1 几尼（Guinea）是旧时英国金币，价值大概是一英镑，后来随着金价上涨，几尼的市值也上涨，这种货币在1813年后停止发行。通常的换算是1几尼为21先令。

的例子。伊比森中年丧偶无子，从18世纪90年代开始全身心投入植物学中，是19世纪早期杰出的植物学家。她追求严谨的植物生理学研究，包括种子的知识、植物营养、根的结构、植物生理过程等，这在林奈植物分类学的时代有着开创性意义。皇家学会（1869）的论文目录里列出了她发表的52篇学术论文，集中在1809—1822年间。她注重解剖和显微观察，解剖过各个阶段的植物体和各种植物器官，观察细致入微。伊比森没受过正规教育，全靠自学成才，面临诸多困难：孤独无缘，与同行难以建立联系，刚开始发表论文时甚至掩饰性别，学术成就与学术地位完全不匹配，甚至无法加入林奈学会，更别说皇家学会这样的学术组织。（Shteir，1996：124，128，134）莎拉·阿博特与植物学家丈夫查尔斯·阿博特（Charlotte Abbot，1761—1815）一起研究植物学，她陪他远足采集植物和蝴蝶标本，照料栽种着大量本土植物的花园，帮他整理六卷本的标本，将新发现的植物寄给林奈学会会长史密斯。1798年，在夫妻两人的共同努力下，英国第一本县级植物志《贝德福德郡植物志》（*Flora Bedfordiensis*）问世。查尔斯高度赞赏莎拉的植物学知识，曾经祈求史密斯在恰当的时候对她给予肯定和荣誉，但史密斯最终拒绝了他的恳求。（Slatter，1998a）查尔斯在这本书的序言里极力肯定了这位得力的合作者（fair associate）[1]，感谢她全力支持自己的事业，无论是她杰出的工作还是真挚的情感，都让他为有这样一位妻子而骄傲。（Abbot，1798：vii）但另一方面，查尔斯似乎又不得不对学院派的性别政治保持高度警惕，他很希望这本书能给女性提供参考和指导，又希望自己在林奈学会这样的学术组织中得到认可和威望，害怕自己对女性读者的关注会削弱这本书的学术认同感，因为林奈学会一直将自己定义为专业的学术组织，创立后的一个多世纪里都没有接纳过女性会员，直到1904年才开始允许女性入会。因此，他最终并没有给出莎拉的名字，并且恳请林奈学会能够体谅这本书的初衷，因为作者希望可以兼顾到广大没有接受专业训练的读者（主要指女性），如此小心翼翼地表明立场，以期能够兼顾两边。（Shteir，1996：55，236；Abbot，1798：viii）他对女性在植物学上的认可和他最终的折中态度也可以折射出当时植物学文化中女性杰出的贡献和影响，以及她们在被认可度上的不平等。

除了这些参与植物学的方式，还有一些女性和著名的植物学家们通信，林

---

1 在这里"fair"是表示毫无性别歧视地对女性的称呼。经常会使用"fair sex"表示以性别平等的立场指代女性，查尔斯用这个词也是表示对妻子的尊重。

奈、胡克父子（the Hookers，即威廉·胡克与约瑟夫·胡克）和史密斯等人都和女性植物学爱好者们通信。史密斯和伊比森保持通信，老胡克经常和殖民地官员的妻子们保持植物学通信。最典型的植物学通信要数卢梭与波特兰公爵夫人（Margaret Cavendish Bentinck，The Duchess of Portland，1715—1785）的通信，以及他和德莱赛尔夫人的通信，即著名的《植物学通信》。除了写作和通信之外，女性还通过翻译走进植物学，她们在翻译欧洲大陆的植物学作品时，充分展现出她们的植物学素养、民族认同感、语言能力等，如上文中提及的马塞特除了自己写作，还翻译了一本法语的植物学读物。（Martin，2011）偶尔植物学家也会用女性的名字去命名植物，对她们在植物学上的成就表示肯定，如蒙森女士（Lady Anne Monson，约1714—1776）和本草绘图员布莱克威尔（Elizabeth Blackwell，1707—1758）的名字都被林奈用来命名过植物。最容易被忽视的、人数更多的群体是广大的女性读者，因为她们的存在，植物学普及读物才有了更大的市场。除了那些写给女性的作品，大多数写给儿童的书其实也是给母亲们看的。除了传统的出版物，还有作者或出版社挖空心思、别出心裁地出版一些参与性很强的出版物，如植物卡片游戏，还有在图书里利用真正的压制标本作为插图，或者在图书中存放适合标本的纸夹，或者给读者留下足够的空白让其可以方便作植物观察笔记、贴标本、绘制植物等。（Secord，2010）例如梅弗（William Mavor，1758—1837）的《淑女绅士们的植物学口袋书》（*Lady's and Gentleman's Botanical Pocket Book*，1800），书中每种植物名字下方都留了空白给读者贴标本或画植物。又如加德纳（William Gardiner，1770—1853）的《20堂英国苔藓植物课》（*Twenty Lessons on British Mosses*，1849）用了25个苔藓真标本作为示意图。威廉·哈维（William Harvey，1811—1866）的《英国藻类手册》（*A Manual of British Algea*，1841）中提供了对折的空白纸，而且纸质适合存放标本，读者可以很方便地将采到的标本放在里面。作为读者和消费者，女性支撑起了植物学的大众化市场，也真正体现了植物学的流行；作为母亲和教育者，她们直接向下一代传播植物学知识。而在地域上，女性的植物学参与并不局限于房前屋后的自家庭院或附近乡间田园，她们中也有一些人跟随海外探险队，去遥远的异国他乡采集标本、绘制植物，并和国内的植物学家们保持良好的联系。当我们走出传统科学进步史观的桎梏，从大众文化去看植物学中的女性参与者，就会发现一个蔚为壮观的景象。

四、收藏、探险、昆虫学与其他

1. 博物学收藏家

收藏各种自然物在18、19世纪成为贵族文化的一种时尚,猎奇、炫耀、求知等目的混杂的收藏活动间接地促进了当时博物馆的发展和博物学的兴盛。18世纪最具代表性的女性博物学家和收藏家莫过于波特兰公爵夫人,在她去世后光是拍卖其藏品就用了38天。(Allen,1976:25)波特兰公爵夫人的藏品广涉各类自然物,除了收藏,她还雇佣画家为她绘制博物画,如18世纪最著名的植物画家埃雷特就与她关系密切,为她画了150多种英国植物,而勒温(William Lewin,1747—1795)则为她绘制英国的鸟类。她也雇佣或赞助博物学家替她搜集、整理标本,如莱特福特(John Lightfoot,1735—1788)帮她管理图书馆和采集标本,索兰德成为她的标本管理员,普尔特尼(Richard Pulteney,1730—1801)替她整理和命名贝壳标本,耶茨(Thomas Yeats,?—1782)帮她整理昆虫等。(Calmann,1977:81—84;Allen,1976:25;Gascoigne,1994:81)卢梭就把自己称作公爵夫人谦卑的学习者,心甘情愿为她采集标本,称赞她在博物学上的造诣,与她保持了十年的植物学通信。(姜虹,2016)

另一位值得一提的收藏家和博物学家赞助人是布莱克本。布莱克本的父亲是园艺学家,母亲在她14岁时就去世了,她在父亲及其博物学家朋友们的影响和鼓励下学习博物学,对植物、鸟类和昆虫都感兴趣。她以博物学收藏闻名,她的自然博物馆里有来自世界各地的植物、鸟类、昆虫、鱼类和矿物等标本。她经常与国内外的博物学家通信,并与他们交换各种标本。她也是林奈的通信者之一,给林奈寄过鸟类和昆虫标本,林奈对她赞赏有加。(Shteir,2004;Shteir,1996:53—54)

采集和收藏是女性参与博物学最常见的方式,但达到波特兰公爵夫人和布莱克本这样的规模的人还是非常少见的,尤其是前者。与参与博物学的大多数女性不同的是,她们的财富和家庭地位允许她们拥有更多的资源,包括收藏品和辅助她们的博物学家们,让她们即便不能像男性那样利用机构(如皇家植物园和切尔西药用植物园)的资源实现博物学上的抱负,也可以让自己的私人博物馆名噪一时。

2. 探险途中的女性

18、19世纪的欧洲博物学（尤其是其中的植物学分支）与海外殖民探险紧密联系在一起。然而，受限于当时的社会性别意识形态，深闺淑女们通常仅限于在本地的花园、树林、乡间这些小范围的地方参与博物学，很少女性像男性那样跟着航海船队到海外去探索自然世界。能踏上探险队伍的女性通常都与她们特殊的身份有关——殖民官员的妻子（也有少数是女儿）。她们跟随丈夫，在海外殖民地探索当地的大自然或者是风土人情。她们采集标本寄给本国的博物学家，描绘物种，与博物学家通信，建植物园和标本馆等，使自己成为帝国博物学的一部分。邱园主管老胡克就热衷于与热爱博物学的殖民官员妻子们通信，鼓励她们采集标本、绘制植物画等。（Shteir，1996：191—193）这里将以两位颇有影响力的女性为代表去探究殖民扩张大背景下的博物学探索：博物画家梅里安（Maria Sibylla Merian，1647—1717）的南美昆虫探险和植物学家格雷厄姆（Maria Graham，1785—1842）在印度、智利和巴西等地的植物探索。

梅里安在博物绘画和海外探险史上都有不小的名气。她从小就喜欢昆虫，还经常自己养毛毛虫，观察它们的习性和生活史，而她的绘画技能则得益于画家兼艺术商的继父。1685年，38岁的她选择离婚，把博物学和绘画当成事业，并通过与博物学家通信和交换标本等方式建立了自己的博物学圈子，为她日后的作品打下了成功的基础。（Kinukawa，2011）1699年，梅里安52岁，她参加了南美洲的热带探险活动，堪称女性探险史上的壮举，回来后完成了她的成名作《苏里南昆虫变态图谱》（*Dissertatio de generatione et metamorphosibus insectorum Surinamensium*，1705），这也成为她人生里浓墨重彩的一笔。无论是1699年的《毛毛虫的华丽蜕变及其奇特的寄主植物》（*Der Raupen wunderbare Verwandelung und sonderbare Blumennahrung*）还是这本成名作，梅里安作品的最大特色就是将昆虫（主要是蛾类和蝶类）的生活史（卵、幼虫、蛹和成虫）和其赖以生存的植物一起完整地呈现在同一画作中。梅里安也比较关注当时欧洲没有的一些热带植物（尤其是可食用的），如她的《苏里南昆虫变态图谱》开篇就是两幅菠萝和停留在上面的几种昆虫，因为在那个时代菠萝在欧洲也算是稀罕物，梅里安自己也认为它是"最高贵的水果"，从这个角度上讲梅里安绘制的苏里南动植物确实迎合了当时欧洲人猎奇的心态，也与当时欧洲殖民扩张的植物资源掠夺目的相一致。（Blumenthal，2006）但另一方面，为了突出主体，梅里安常常把昆虫画得较大，画面中的物体比例明显失调，如毛毛虫差不多有木薯那么长，一只蛾子有半串葡萄那么大，等等。除了比例上的错误，还有一些学者指出她的一些生态学错误，如把行军蚁和切叶蚁弄混淆，错误地认为巨蟹蛛要结网等，但这样的指摘对于 17、18 世纪的作品来说似乎过于苛刻。（Etheridge，2011）

　　与其他贵族女性作为殖民官员的妻子远赴世界各地不同，离婚后的梅里安带着女儿去探险，不能不说是一件非常了不起的事情。在女性足不出户的时代，她所展示出来的独立和勇敢令人称叹。梅里安是幸运的，从小能够接受绘画技能的训练，离婚后加入绝对性别平等的拉巴第教派（Labadists），这对她的事业追求来说，不能不说是一个很大的促进和动力。（O'Malley & Meyers，2008）

　　与梅里安不同的是，格雷厄姆是跟从殖民官员家人去海外探险的典型女性代表。格雷厄姆的父亲是海军军官，这让她从小便有机会跟着父亲到世界各地旅游。格雷厄姆学习过法语、拉丁文、意大利语、英语文学、历史、地理、植物学、音乐和绘画等各个学科（Mitchell，2004），为她日后到各地旅游探索自然和风土人情打下了良好的基础。在和家人去印度的旅途中，她结识了后来成为她丈夫的托马斯·格雷厄姆（Thomas Graham），并随他开启了第一次巴西和智利的南美之旅，这也为托马斯死后她的第二、三次南美之旅打下基础。作为来自欧洲的白色人种，加上与殖民军队的密切联系，这样的优越身份让格雷厄姆没有因为她的女性身份在异域国度遇到什么阻碍。她也很擅长交际，结交了巴西皇后等当地显贵的人物，更为她在当地的行动扫清了障碍。（Medeiros，2012）在南美的旅途中，她和老胡克保持着植物通信，为邱园采集和绘制南美植物，老胡克也尽力为她提供一些需要的材料和工具，并对她毫无性别偏见，认为她的贡献与男性采集者的同等重要。（Hagglund，2011）

　　格雷厄姆早期在印度旅行时，就很注重林奈植物学的命名法和分类方法，但同时她也很重视本土的植物学知识，喜欢结交当地人，向他们请教植物的名字和用途，所以她记录的植物知识绝对不是帝国主义背景下单一的欧洲模式，这也成为她之后记录植物的一个特色，与对本土知识不屑一顾的男性博物学家们形成鲜明对比。（Hagglund，2011）她还敢于挑战男性博物学家的权威，质疑他们的错误。她在作品中引用当时最著名的博物学家洪堡的作品，以示自己知识的渊博以及她的足迹也到过大博物学家曾经走过的地方。（Medeiros，2012）通过这些方式，格雷厄姆为自己在博物学领域里争取了更多的话语权，证明了她无论是在知识还是在探险实践上都是名副其实的博物学家。

除了这两位，还有不少女性也产生了重要的影响，如玛丽安娜·诺斯奔赴北美洲、大洋洲、非洲等地绘制博物画，后来还在邱园建立了她专属的画展厅。比起在花园、溪边、小树林里优雅地了解大自然的女性来说，走出去的女性比例非常小，但她们这个群体却更展现出女性打破社会性别意识形态桎梏的智慧和勇气，这在女性参与博物学的大图景中不能不说是铿锵有力的一笔。

3. 昆虫学与其他

在18、19世纪，昆虫学和地理学（尤其是体现在旅游文学中）的普及作品都深受女性欢迎。

> 事实上，女士不大可能成为真正的鸟类学家，虽然她们对口吐泡沫的昆虫并无顾忌。我也不相信贵格会教友们有可能，因为他们尽管吃牛肉但并不杀牛……植物学才是最适合女士和其他文雅之人学习的，地质学则适合穿着粗糙笨重鞋子的勇敢绅士们，因为他们才不屑做在软木上钉上甲虫那样的事……对我而言，我已经尝试过所有这些，但我最喜欢的是需要借助火药和猎枪才能研究的鸟类和四足动物……（转引自George，2010）

这段话出自英国博物学家麦吉利夫雷，也基本符合当时社会对女士参与博物学的普遍看法。

在广受好评的电影《少年斯派维的奇异旅行 》（*The Young and Prodigious T. S. Spivet*，2013）里，男主角斯派维的母亲成天钻研昆虫。而更早的一部电影《天使与昆虫》（*Angels and Insects*，1996）里家庭教师因为昆虫与男主角结缘，一起出版了一本蚂蚁的书后，再一起奔赴亚马逊原始森林开启他们的自然探索之旅。这样的虚构故事在18、19世纪博物学的鼎盛时期常常真实存在，因为在植物学成为女性最广泛参与的学科前，昆虫学就已经深受女性欢迎（Allen，1976：24），典型的代表如上文中的梅里安，还有她同时代的格兰维尔夫人（Mrs Eleanor Glanville，约1654—1709）。还有博物学家博福特公爵夫人（Mary Somerset，Duchess of Beaufort，1630—1715），虽然更热爱植物学和园艺学，但她与波特兰公爵夫人一样，收藏了大量昆虫，在她曾经的图书馆里至今还有一本鳞翅目昆虫图册，她也是其绘画者阿尔宾（Eleazer Albin，活跃于1690—约

1742）的主要赞助人。（Allen，1976：24）

为女性和青少年写的昆虫学普及读物是昆虫流行的一个例子。18 世纪著名的贵格会儿童作家韦克菲尔德一生写了 17 本书，其中 16 本是写给青少年的普及读物，而且多部作品都再版 10 多次。她的书信体《昆虫的博物学和分类入门》（*An Introduction to the Natural History and Classification of Insects in a Serious of Familiar Letters*，1816）向青少年介绍昆虫学。这本书是在她 1796 年的畅销书《植物学入门》之后继续用其中虚拟的两姐妹作为通信者，用书信的方式介绍昆虫知识。韦克菲尔德向她的读者宣称"这是博物学里最有意思的分支，昆虫是最丰富多彩的，它们的颜色和样子都有着无穷无尽的变化，这点是植物和其他自然界的东西都无法比的"。（Wakefield，1816：6）比这本书更早的还有法国的畅销书作家巴赞（Gilles Auguste Bazin，1681—1754）的昆虫学作品，他喜欢写成对话的形式，面向女性读者，一本是他将昆虫学家瑞欧莫的《昆虫博物学纪事》（*Mémoires pour servir à l'histoire des insectes*，1734—1742）改写成的对话体普及读物，另一本是《蜜蜂的博物学》（*Histoire naturelle des abeilles*，1744）。（Olivier，2005）到了 19 世纪，最著名的女性昆虫学家莫过于奥默罗德（Eleanor Anne Ormerod，1828—1901），她原本只是把昆虫学、植物绘画等博物学相关的学习当作爱好，但后来却成为被专业学会和同行们认可的经济昆虫学家（Clark，1992&2004），比其他女性在这个领域走得更远。但总的来说，比起植物学，昆虫学并非公认适合女性学习，因为标本制作要杀死虫子总还是显得有些残忍。（George，2010：note 1）

与旅游紧密联系在一起的地理学也成为女性追捧的对象之一。韦克菲尔德印刷版次最多的两本书《少年旅行家》（*The Juvenile Travellers*，1801）和《大英帝国的家庭旅行》（*A Family Tour Through the British Empire*，1804），都是通过旅行故事来向青少年和女性讲解地理知识，分别印刷了 18 次和 15 次，足以想见地理知识和旅游见闻在当时有多受欢迎。而在这两本书之前的 1765 年，就有专门写给女性的地理学《年轻女士的地理学》（*The Young Lady's Geography*）。相比起收藏、昆虫学和植物学，地理学更需要在旅行中去学习和实践，而对于养在深闺的女性来说，旅行并非易事，这样浅显易懂的阅读自然就成了首选，但这也导致在强调亲自动手和观察的博物学传统中，地理学显得参与性更弱一些，自然比不上博物学的其他领域中女性的参与那么显著。

第 三 编

无法还原为科学家的迷离身份

　　科学与现代性为伍，相互支持，相互论证。在"好的归科学"的习惯性思维下，适应、生态、共生、土地伦理、国家公园、防止滥用杀虫剂等思想，好像都是科学家的原创，并最终纳入了科学常规研究。但是，不用说G.怀特、卢梭、歌德无法被整理成标准的科学家，梭罗、缪尔、利奥波德和卡森做的也不是常规科研，他们的思想和实践最核心的部分恰好不能还原为某种科学。他们首先是博物学家，博物的视野和情怀决定了其有特色的世界观和人生观。

第15章 梭罗的博物学

梭罗是美国著名思想家，他的著作涉及政治、经济、文学、哲学和自然等诸多主题，因此获得了多方面的声誉。比如，因为提出"公民的不服从权利"而影响了甘地、曼德拉、马丁·路德·金等民权运动领袖，梭罗被公认为政治学家。他的最主要的一些作品都以人对自然的沉思为主题，充满了对自然景物的细腻描写，因此，梭罗常被定位为一位自然文学作家。在20世纪环境运动兴起之后，梭罗关于自然的思想获得了丰富的生态学寓意，成了非人类中心环境伦理学的象征，梭罗又被誉为美国环境主义的第一位圣徒。但是在所有这些名声中，梭罗作为博物学家的身份应该是最基本的，这不但是因为他把观察自然当作贯穿一生的基本活动，有着丰富的博物学著述，还因为他的自然思想是他的经济、政治、文学见解的重要出发点。所以，考察和梳理梭罗的博物学思想对于理解梭罗思想的各个方面都具有关键的作用。另外，和同时代专业的博物学家如阿加西斯和格雷等相比，梭罗的博物学更具有关注自然的动态变化和相互关系等鲜明特色。因此，研究梭罗的博物学思想有助于理解历史上博物学形态的多样性，对于今天重新提倡博物学以及促进公众的生态意识都有积极的意义。

一、梭罗的生平和著述

梭罗（Henry David Thoreau，1817—1862）1817年7月12日出生于美国

马萨诸塞州康科德（Concord）镇。梭罗的母亲从小就培养孩子们对自然的热爱，常常在阳光明媚的下午带孩子们远足、野炊，聆听鸟儿的歌唱。（Harding，1982：19）上小学之后，梭罗接触了博物学的课程，更加陶醉于自然之中，经常缺课在树林中穿梭，探索家乡周边的湖泊和河流。他11岁或12岁时写了《四季》（Seasons）一文，描述一年四季天气和动植物的变化，已经颇具"博物"情怀，是现存的梭罗最早的作品。（Harding，1982：27）

梭罗于1833年入读哈佛学院，学习了希腊语、拉丁语、博物学、数学（包括几何学、三角学、地形学、微积分、力学、光学、电磁学等）、自然哲学（包括天文学）、历史、神学和精神哲学等课程。那时哈佛所在地坎布里奇（Cambridge）还是一个偏僻的乡下，梭罗除了去教室和图书馆之外，还常常溜进坎布里奇的田野，或在查尔斯河畔闲逛，观察这一带的野生动植物。（Harding，1982：38）有同学后来回忆，说他的目光似乎总是停留在路边、地上，在搜寻自然的奥秘。（Melzter and Harding，1962：27）

1837年从哈佛毕业后回到康科德，梭罗有两年时间在他和哥哥合办的私立学校担任博物学教师，经常带领学生去野外观察植物和鸟类。梭罗此后几乎每天都步行外出，足迹遍及周边的乡村、田野、湖泊、河流，尤其是瓦尔登湖林区的每一个角落。

梭罗从1837年起和爱默生交往，并且于1841—1843年在爱默生家居住，深受其超验主义思想的影响。这构成了梭罗的博物学和自然思想的哲学基础，也成为他的博物学的重要特色。在爱默生影响下，梭罗从1837年10月22日开始写日记，直至去世的前一年。他在日记中记下他所见所闻的各种自然现象：何时花开，何时鸟叫。日记是他写作的素材库，也是后人研究他的博物学的宝库。

1839年8月梭罗和哥哥约翰一起游览新罕布什尔州的白山，沿途考察康科德河和梅里马克河的水生生物和沿岸的动植物。在约翰于1842年去世之后，梭罗把这段经历写成《在康科德河和梅里马克河上一周》（A Week on the Concord and Merrimack Rivers），充满了对自然、历史、社会习俗和制度的评论。

1842年应爱默生之邀，梭罗为《日晷》（The Dial）杂志写作了《马萨诸塞州博物志》（Natural History of Massachusetts）一文，对当时州立法会组织的涉及马萨诸塞昆虫、开花植物、鱼类、爬行动物、鸟类以及四足动物的四部博物学考察报告做了评述。这一时期，梭罗还写作了《去往瓦诸塞山的散步》（A Walk to Wachusett，1842）、《冬日的散步》（A Winter Walk，1843）这两篇"游记体"（excursions）散文，对沿途的村庄、田野、庄稼和其他景物作了细致的描述和评论。这些博物学作品充满了超验主义的象征意蕴。

梭罗一生最著名的经历是 1845 年至 1847 年在瓦尔登湖畔的小木屋里度过的两年两个月零两天。这是他进行的简朴生活实验。他自己种菜，有时去附近的村子勘测土地，用大部分时间来观察自然，阅读和写作，并详细记录自己的观察、活动和思想，后来写成了《瓦尔登湖》（Walden，1854）一书，对自然各个细节有着微妙的记录，被誉为美国历史上最伟大的自然文学作品。

1846 年 9 月，还在瓦尔登湖畔居住期间，梭罗偕友人第一次游览了缅因州的森林，并攀登了缅因州最高的卡塔丁山（Mt. Ktaadn）。梭罗于 1853 年和 1857又重游缅因森林，作植物学的考察。在缅因，梭罗见到了真正的荒野，深为原始林区雄浑荒芜的气势所震撼，有人认为它标志着梭罗对荒野的兴趣的觉醒。（McGregor，1997：71—72）这三次游记后来合成为《缅因森林》（The Maine Woods）一书。

1849—1857 年梭罗四次游览位于马萨诸塞湾的科德角，写作了《科德角》（Cape Cod）一书（1864 年出版）。他以游记体（travelogue）记叙了周边小镇的地貌和动植物，描写了面对浩瀚汹涌而无情的大海时人类的渺小无助，思考人在自然中的位置。

从 19 世纪 50 年代开始，梭罗的思想和研究重点明显地从家庭经济、民权政治、文学批评和历史编纂学等诸多领域转移到了自然研究上。截止到去世前，梭罗写作了《散步》（Walking，写于 1851）、《秋色》（Autumnal Tints，写于 1858—1859）、《野苹果》（Wild Apples，写于 1859—1860）、《越橘》（Huckleberries，写于 1860—1861）、《野果》（Wild Fruits，写于 1860—1861）、《森林树木的更替》（The Succession of Forest Trees，写于 1860）、《种子的扩散》（The Dispersion of Seeds，写于 1860—1861）等后期博物学作品。（Hoag，1995：150）梭罗对自然的研究也更趋近科学的态度和方法，主要体现于大量的博物学笔记，以及去世之前发表的《森林树木的更替》（1860 年发表）和去世后发表的《种子的扩散》[1993 年始收于《对一粒种子的信念》（Faith in a Seed）] 这两篇论文。两文对林学和生态学作出了重要贡献，为梭罗赢得了"生态学之前的生态学家"的称誉。

二、梭罗的博物学家身份

从以上介绍可以看到，梭罗一生都在从事对自然的观察和记录，尤其是对家乡康科德的动植物了如指掌。他在《瓦尔登湖》中曾经诗意地描述自己的户外工作：

> 很多年来，我委任我自己为暴风雪与暴风雨的督察员，我忠心称职；又兼测量员，虽不测量公路，却测量森林小径和捷径，并保它们畅通；我还测量了一年四季都能通行的岩石桥梁，自有大众的足踵走来，证实它们的便利。（梭罗，1997：15）
>
> 其实不管什么天气，都没有致命地阻挠过我的步行，或者说，我的出门，因为我常常在最深的积雪之中，步行八英里或十英里，专为了践约。我和一株山毛榉，或一株黄杨，或松林中的一个旧相识，是定了约会时间的。（梭罗，1997：249）

他观察自然的勤勉程度，可以说远超一般的博物学爱好者。据他自己回忆，为了解植物何时开花、长叶子，他会一天走20～30英里的路，会不管早晚和远近，去跟踪一棵植物，一连几年都如此。（1856年12月4日的日记）

根据著名的梭罗研究专家哈丁（Walter Harding）的描写，梭罗的野外博物学考察是这样的：他每天下午装束整齐，去户外徒步旅行。他腋下夹着他父亲的旧乐谱本子，用来压花朵；手里拿着弯木制作的拐杖，一面削平，刻着英尺和英寸的刻度，用来快速丈量尺寸；头上戴着7号的帽子，里面分层，可以放植物标本，且保持湿度；他的衣服选择草木环境的颜色，以便接近动物。（Harding，1982：288）

梭罗的博物学兴趣非常广泛，尤其对植物、鱼类、鸟类有精心的研究。他曾向康科德的农人请教捕捉蜜蜂和黄蜂的技巧，并在日记中详细描述了如何观察鸟类。他采集、干燥、标记和分类植物标本，在十年里找到了康科德所在的米德尔塞克斯（Middlesex）县境内已知的1200种植物中的800种。（Harding，1982：291）

在梭罗19世纪50年代后期的日记里，着重细节的记录越来越丰富。比如，1860年6月30日，梭罗记载道：

下午 2:15，房子北边的气温零上 83°（华氏，下同），同日下午，沸泉（Boiling Spring）的水温 45°；我们井里泵出的水温 49°；布里斯特泉（Brister's Spring）49°；瓦尔登湖（底部，水深 4 英尺）71°；河水，离岸边一杆（rod，等于 5.03 米）远处，77°。我看到沸泉在 1846 年 3 月 6 日的温度也是 45°，而我猜测它在一年里变化很少。

如果你把手伸进沙里，无论是白天还是晚上，你会发现在沙面下 3 英寸深处（今天）一直是最热的，而这差不多就是龟掩藏它的卵的深度。这里温度一直保持最高，而且白天和夜里变化最少。（Thoreau，1906，v13：379—381）

1847 年 3 月 6 日，一支温度表插入瓦尔登湖心，得 32 度，或冰点，湖岸附近，得 33 度；同日，在弗灵特湖心，得 32 度半；离岸 12 杆的浅水处，在一英尺厚的冰下面，得 36 度。（梭罗，1997：279—280）

在 1860 年 11 月 10 日的日记里，还绘有一张树木年轮的生长图表。

在康科德，无论是爱默生的文化圈子，还是普通乡人，大家公认梭罗是一位优秀的博物学家（naturalist 或 natural historian）。许多人满怀赞赏，描述过梭罗的博物学家形象。比如霍桑（Nathaniel Hawthorne，1804—1864）在 1842 年这样描写梭罗：

梭罗先生是一位热情而细致的自然观察者——一位真正的观察者——我猜想这是一种几乎和具有创造性的诗人一样罕见的品格。作为对他的爱的回报，自然收养他为她自己的特殊的孩子，向他展示自己很少允许他人目睹的秘密。他熟知动物、鱼类、禽类和爬行类，有着许多奇奇怪怪的冒险故事，以及和那些低等生物兄弟的友好往来可讲述。同样，花花草草，不管是花园种植的还是野生的，都是他相熟的朋友。他和白云也有亲密的关系，能预知暴风雨的前兆。（转引自 Harding，1982：138）

1862 年梭罗去世，爱默生在悼词里描述了他的户外观察：

与他一同散步是一件愉快的事，也是一种特权。他像一只狐狸或是鸟一样地彻底知道这地方，也像它们一样，有他自己的小路，可以自由通过。他

可以看出雪中或是地上的每一道足迹，知道哪一种生物在他之前走过这条路。（爱默生，1986：200）

同时代人丹尼尔·里克森（Daniel Ricketson）这样评价他（1863）：

> 他是一位优秀的博物学家，尤其是在关于植物和鸟类的知识方面。事实上，没有什么逃得过他的注意或兴趣。他的确是一位最完美的对自然的工作以及人类的行为的观察者和记录者。

1873年，梭罗的好友、诗人钱宁（William Ellery Channing，1818—1901）写了第一部梭罗的传记，题为《梭罗：诗人—博物学家》（*Thoreau: the Poet-Naturalist*），其中记叙了许多次他们一起散步、交谈的情形。他说诗人总是寻找风景，而博物学家却关注自然的细节和具体之物。梭罗说过："我出门，是要看我的陷阱捕捉到了什么东西——它是为捕捉事实而设的。"当他看到一种新的植物，他会努力去查找它的学名，他说："直到我找到须芒草（*Andropogon scoparius*）的名字，我才感到轻松。"（Channing，1873：47）钱宁评价说：尽管他不是一位通常意义上的科学家——因为正如他自己总是认为的那样，他的才能在文学方面，但他的确是一位博物学家，虽然不是狭义上的博物学家。（Channing，1902：67）

三、梭罗的博物学知识背景与交流

和一般的自然文学作者不同，梭罗不仅仅是自然的热爱者，他还广泛阅读博物学家的著作，试图用"博物学家"的语言去理解自然。他曾说："人们学习科学之书只是为了学会博物学家们的语言——以便能够和他们交流。"（Thoreau，1906，v11：42）有学者搜集罗列了梭罗阅读的书目，计1478本（篇）。（Robert Sattelmeyer，1988）据我们的统计，其中大致有230多本（篇）属于博物学的领域，还不包括探险体裁书籍。在历史上，探险旅游曾经和博物学考察有着密切的联系，许多著名的博物学家都著有游记类的博物学著作，如林奈的《拉普兰游记》（*Lachesis lapponica*）、洪堡的系列南美游记、达尔文的《一位博物学家的环球航行》（*A Naturalist's Voyage Round the World*）等。梭罗一生对旅行文学（travel literature）有浓厚的兴趣，据说阅读的相关书籍达 200 本之多。（Sattelmeyer，1988：48）

梭罗阅读其作品的博物学家既包括古典的亚里士多德、塞奥弗拉斯特和老普林尼，也包括近代的 G.怀特、林奈和布丰，还有同时代的洪堡、赖尔、阿加西斯、格雷以及达尔文。另一些有名的博物学作者如威廉·斯梅利、纳托尔、奥杜邦、林德利、比奇洛、约翰·劳登（John C. Loudon）、比威克和弗朗索瓦·米修等，也是梭罗的阅读对象。

梭罗在哈佛上博物学课时使用过纳托尔的《系统与生理植物学导论》（*An Introduction to Systematic and Physiological Botany*）和斯梅利的《博物学哲学》（*The Philosophy of Natural History*）。后者是哈佛课程中主要的博物学教材，遵从自然神学的传统，规劝学生："让他们学习自然的作品吧，并在沉思自然之中所有美丽、好奇和奇妙的事物时，发现他的造物主存在和属性的证据。"（Sattelmeyer，1988：10）

梭罗对林奈很是推崇，读过他的《拉普兰植物志》《植物学哲学》以及一些传记。他日记中戏谑地提到林奈报复敌人的方法是以其名字命名有毒害的动植物。（Thoreau，1906，v3：120—121）梭罗在 1852 年 2 月 17 日的日记中写道："如果你想读植物学的书，就去找这门科学的父辈们。马上读林奈的书，以他为起点，愿走多远就多远。"（Thoreau，1906，v9：308）

梭罗对鸟类学家奥杜邦情有独钟。在《马萨诸塞州博物志》一开篇，梭罗写道："博物学书籍构成了最愉快的冬季阅读。当白雪覆盖大地的时候，我带着一阵欣喜，读到奥杜邦描写的玉兰，佛罗里达的群岛，以及那里的温暖的海风；篱笆树，木棉树，以及禾雀的迁徙；拉布拉多半岛冬季的消散，密苏里河各支流的冰雪融化。我的健康得以增进，要归功于这些对生机勃勃的自然的回忆。"（Thoreau，1906，v5：103）梭罗读过奥杜邦的《美国鸟类》（1831—1849，五卷本），还有《北美鸟类概要》（*A Synopsis of the Birds of North America*，1839）和《北美胎生四足动物》（*The Viviparous Quadrupeds of North America*，1851，第 1卷）。据说有一次梭罗外出访友，在花园里看到一只不知名的麻雀，他赶紧去当地的图书馆查阅了奥杜邦《美国鸟类》。（Harding，1982：367）

梭罗熟读怀特的《塞耳彭博物志》，在日记中多处引述。实际上梭罗的博物学和怀特有许多共同之处，都是对一个当地区域的动植物和生态的考察，都对自然生命的精巧网络描述备至，都表达了对人与自然关系的关注。由于这种关联，环境史家沃斯特把梭罗视为怀特思想在19世纪的继承者。（沃斯特，1999：81）梭罗和怀特的相似性也早为同时代的人所觉察，爱默生在为梭罗的《马萨诸塞州博物志》加的按语里戏称梭罗是怀特的继任者。霍桑也认为梭罗应该写一本和怀特相似的博物学书籍，以使自己的思想为普通大众所知。（Hildebidle，1983：27）

梭罗阅读过比奇洛的《美国药用植物学》（*American Medical Botany*，1817—1820）、《技术原本》（*Elements of Technology*，1829）和《波士顿及其周边地区植物志》（*Florula Bostoniensis, a Collection of Plants of Boston and Its Vicinity*，1824）。梭罗在1856年的日记中回忆说后者是他20年前开始使用的第一本植物学书籍，用来查找植物的通名以及分布地点。（Thoreau，1906，v15：156）他在1851年的日记里大量引用了比奇洛的《美国药用植物学》，说明苹果、人参的药性，美洲毒芹（*Cicuta maculata*）的毒性。

梭罗也经常引用英国植物学家劳登的《英国的树木与灌木》（*Arboretum et Fruticetum Britannicum*，8卷本，1844年第二版）、《农业百科全书》（*An Encyclopedia of Agriculture*）和《植物百科全书》（*Encyclopedia of Plants*，1855）。例如在《野苹果》一文中，梭罗考察苹果树的历史时说，他从劳登那里了解到，"古代威尔士的吟游诗人会因诗歌出众而得到苹果枝束（apple-spray）的奖赏"，"在苏格兰高地，拉蒙特（Lamont）家族以苹果树为族徽"。（Thoreau，1906，v5：291—292）

梭罗对法国植物学家米修的引述也很多，尤其在《秋色》篇以及后期研究森林树木的更替时，参考了米修的《北美森林志》（*The North American Sylva*）。如在《种子的扩散》中提到米修的观察："只要这些树（油松）大量生长枝条，松球就一个一个地散布在树枝上，而且在成熟后的第一个秋天就会释放出种子；但是在孤零零的主干上，松球就三五成群，甚至数量更多地集结在一起，而且连续几年保持封闭状态。"（Thoreau，1993：26）

除了知识上的学习和借鉴外，梭罗的整体思想也受不少博物学家的影响。比如，梭罗读过赖尔的《地质学原理》（*Principles of Geology*），接受其均变论的思想，这一信念有助于他去寻找森林树木更替的自然原因：

> 大自然以这种漫不经心的方式，最终肯定会给你创造出一片森林，尽

管这仿佛是她考虑的最后一件事情。通过一些看起来微弱的、暗地进行的步骤——一种地质学的步调——她跨越了最大的距离，完成了她最伟大的成果。认为森林是"自发产生"的，这是一个庸俗的偏见，但是科学知道，森林这件事情上并不存在一种突然的新创造，而只有一种根据现有的规律而来的平稳进步，森林来自于种子——即是现在仍然运作的原因所产生的结果，尽管我们可能并没有意识到它们在起作用。（Thoreau，1993：36）

梭罗很早就读过达尔文的《一位博物学家的环球航行》，在1851年6月11日的长篇日记中大段摘抄了达尔文的南美见闻和博物学记载，并加以评述。（Thoreau，1906，v2：240—248）1860年元旦第一次听闻达尔文的《物种起源》，几天之后他从康科德图书馆借到了这本书，做了大量笔记。他从自己的观察尤其是对植物种子的研究出发，很早就反对当时在美国生物学界流行的关于生命起源的"自然发生说"（spontaneous generation）。当以阿加西斯为代表的神创论开始反对达尔文的进化论时，梭罗以其对康科德地区动植物地理分布的研究为论据，成了达尔文的支持者。关于达尔文对梭罗的影响，可以认为由于梭罗自己的思想成型已久，他是在达尔文那里找到了自己业已接受的观点，如梭罗自己在1860年1月5日的日记中解释的："一个人只接受他已经准备接受的东西，无论是身体的，智力的，还是道德方面的。……我们只能听到并理解我们已经半知半解的东西……一个现象或事实若非以任何方式与他所观察到的其他东西相联系，那他就不会观察到它。"（Thoreau，1906，v19：77）

除了通过阅读了解其他博物学家的工作外，梭罗也和同时代的一些博物学家有着亲身的交往，和波士顿地区的博物学者网络发生了关联。这也是界定梭罗的博物学家身份的一个重要标志。

梭罗在哈佛读书的时候就和精于昆虫学的博物学教授哈里斯（Thaddeus William Harris）关系密切，毕业后经常向他请教昆虫学的问题，保持了终生友谊。在1852年1月19日的日记里，记载了到坎布里奇见哈里斯的情形："哈里斯博士说我12月在林肯镇找到的虫茧属于天蚕蛾（*Attacus cecropia*），是帝王蛾里最大的一种。"（Thoreau，1906，v6：73）

1845年瑞士博物学家阿加西斯从欧洲来美国讲学，1847年被聘为哈佛大学教授，后来建立了哈佛大学比较动物学博物馆。阿加西斯重视田野实践，常带学生进行野外考察。梭罗1847年3月在爱默生家里和阿加西斯有过会面。同年4月，他还在瓦尔登湖居住期间，开始帮阿加西斯收集标本。梭罗通过阿加西斯的助手卡伯特（James Elliot Cabot），给阿加西斯输送了很多标本，其中有一些鱼类被阿加西斯鉴定为新物种。梭罗还送去了一只活的幼年狐狸，被阿加西斯养在后花园里。（Thoreau，1906，v6：125—132；Harding，1982：195）

1850年梭罗当选为波士顿博物学会的通讯会员，没有具体义务，但是有学会图书馆的借书权。这对于阅读广博的梭罗是一个极大的便利。梭罗去波士顿的时候经常造访博物学会，借阅博物学方面的书籍，有时就物种鉴定问题请教其执事。例如1858年11月，他采集到一些小鱼标本，找来学会的博物学家斯多勒父子（D. H. Storer 和 H. R. Storer）等人鉴别，证明是一种鲷科新种。1858年，梭罗给学会赠送了太阳鱼（pomotis）、狗鱼（esox）和青蛙活体标本。1860年，又赠送《米德塞克斯农业学会会刊》一本，其中收录了他的论文《森林树木的更替》。在梭罗1862年去世之后，他的母亲和妹妹把他收藏的1000多件压制的植物标本，收集的新英格兰的鸟蛋和鸟巢，以及一些印第安人弓箭等古董，捐献给了学会。波士顿博物学会在1862年5月21日的会议上宣读了悼念梭罗的长篇启事，并刊登在学会的会议记录上。（Harding，1982：269）

由于梭罗在博物学方面的名声，1859年，他获选为母校哈佛大学博物学委员会的客座委员，职责是参与评估大学年度课程。

四、梭罗的博物学成就

梭罗虽然不是职业博物学家，但是从博物学的角度看，他的自然观察成果还是成就显著的。我们大致列举如下三个方面。

第一，梭罗对康科德所代表的美国新英格兰地区植物、鸟类、鱼类和爬行动物的记录和研究。

在植物学方面，梭罗大约19岁接触比奇洛的《波士顿及其周边地区植物志》，1850年开始"用更多的方法关注植物，找出某种植物的名字，并记住它"。（见1856年12月4日的日记，Thoreau，1906，v15：157）1852年5—6月份的日记里第一次使用植物拉丁名（*Prunus depressa* Pursh, *Cerasus pumila* MX.）。（Eaton，1974：30）1851年11月24日，梭罗在康科德发现一种稀有蕨类植物掌羽海金沙（Climbing Fern，*Lygodium palmatum*）。这是新英格兰地区唯一的一种爬藤蕨类，梭罗记载了它的位置，但是一度失传，直到 1978 年，才由植物学家安吉罗（Ray Angelo）考证寻获。（Angelo，1979）大约 1850 年，梭罗开始了自己的植物标本收藏，到去世的时候止，他的标本数达到了千件之多。除了送给波士顿博物学会的大部分（约 700 物种、20 变种）之外，还有小部分（94 物种、2 变种）送给了好友、康科德业余博物学家霍尔（Edward Hoar），后来归赠于新英格兰植物学俱乐部。这些标本大部分由梭罗按照格雷的《植物学手册》（第五版）（*Manual of Botany*，5th Edition）标注学名、采集地和时间。梭罗的大部分标本最终收藏于哈佛大学格雷植物馆。（Eaton，1974：31—32）

有学者认为梭罗对新英格兰植物学的最大贡献是对植物区域性的研究。1858 年 7 月，梭罗登新罕布什尔州的华盛顿山，按山的海拔高度分六个区域，详细标注植物分布。6 月对莫纳诺克山（Mt. Monadnock）作了类似标注，1860 年重游此山又补充了详细的植物标注。这个成果直到 20 世纪才被后来的工作取代。（Angelo，1985：16—17；沃斯特，1999：99）

梭罗博物学的一个意想不到的结果是激发了 100 多年来后人研究康科德的动植物的持久兴趣，其中显著者如伊顿（Richard Jefferson Eaton），著有《康科德植物志》（*A Flora of Concord*，1974），以及安吉罗，著有《康科德维管植物志》（*Vascular Flora of Concord*，2012）。安吉罗为了便于当代学者了解梭罗的植物学工作，还为梭罗的日记编辑了一个完整的植物名录——《梭罗日记植物学索引》（*Botanical Index to the Journal of Henry David Thoreau*，1976），作为佩里格林·史密斯图书公司（Peregrine Smith Books）版的《梭罗日记》的第 15 卷印行。在美国，没有任何其他区域的植物得到了康科德地区那么细致、持久的研究，这形成了博物学史上一个很奇特的现象，是和梭罗的影响分不开的。

梭罗对鸟类有很多观察、记载和研究，博物学收藏中包括大量新英格兰地区的鸟蛋和鸟巢。他的鸟类记录由鸟类专家、梭罗全集编者之一艾伦（Francis Ellen）单独编辑成书《梭罗新英格兰鸟类笔记》（*Notes on New England Birds by Henry D. Thoreau*，1910）。编者指出，梭罗虽然算不上专业的鸟类学家，辨认和命名方面都有欠缺，但是他的观察和描写是非常细致和优美的。"对许多读者来说，得知梭罗对博物学的这一个分支了解如此之多，得知他对这么多种的鸟类说了那么多值得说的事情，这可能是一件令人惊奇的事情。"（Thoreau，1910：

Preface）

第二，梭罗对"森林树木的演替"和"种子的扩散"的研究。

在梭罗那个时代，一个困扰康科德农民的问题是，为什么森林树木的生长会有"轮替"的现象？换言之，当一片松树林被砍倒之后，接下来生长的会变成一片橡树林，反之亦然。梭罗走遍了康科德林区，对当地森林树木的生长非常熟悉。经过长期的思考，他于1860年9月20日对米德塞克斯农业学会宣读了论文《森林树木的更替》，对此问题提出了一个令人信服的解答。梭罗的答案是：植物的生长不是"自然发生"即从无生命物质中奇迹般出现的，而是由种子的传播而来。种子传播的媒介一般有风、水和动物，轻的种子如松籽和枫树籽可经风和水传播，较重的种子如橡实和坚果则由动物传播。在松树—橡树交替生长的例子中，传播的媒介主要是松鼠和鸟儿。如果松树林的附近存在橡树林的话，风或鸟儿会把松籽带进橡树林里，松鼠会把橡实埋在松树林里，而松树苗在树荫遮蔽的条件下更难以成活，这样就实现了森林树木的更替。

梭罗的这篇论文被认为是其作品中最具有科学风格的一篇。他一开篇就提出要讨论一个"纯科学主题"（purely scientific subject），并且界定了要研究的现象，然后给出了假设，接下来提出论据进行论证。他的证据主要是自己的观察，比如引用了自己在1857年对松鼠埋藏山胡桃的观察[1]（Thoreau，1906，v5：190—191）这篇文章以增删版发表在很多杂志上，是梭罗短篇作品中流传最广的一篇，也被认为是梭罗对科学的主要贡献，因为它有力地揭示了各种生命形态互相依赖和共生进化的生态学规律，在林业学和生态学中具有很高的地位。

在梭罗去世前的两年，他开始着手一项更综合的研究计划——种子的传播。这是他对森林树木更替机制的扩充和深化。尽管直到去世，这项研究也未完成，但是，从梭罗遗留下的几百页"果实与种子笔记"中，美国学者迪恩（Bradley Dean）整理出了《种子的扩散》一文，连同其他几篇遗稿，编成《对一粒种子的信念》（1993）一书，为研究梭罗的晚期科学和生态工作提供了重要资料。（Berger，1996：381—382）梭罗认为种子的传播是森林更替背后的生态学原理。他虽然时常引用先前博物学家的观点来佐证，但主要通过经验观察来揭示不同植物的种子与不同的动物媒介的对应关系，详尽地考察了各种自然力——风吹、

---

1 见1857年9月24日的日记，梭罗说"这就是森林被种植的方式"。（Thoreau，1906，v16：40）

水流、鸟飞、动物的储藏，甚至人类的旅行，是如何把植物的种子传播到周围，以及远方地区的。为了证明柳树种子与流水的关系，他还做过柳树籽的发芽实验。（Thoreau，1993：62）

梭罗对森林树木更替以及种子的传播的研究除了对生态学的贡献，还支持了达尔文的进化论。达尔文论述物种的地理分布时，提到自己理论的弱点之一就是迄今为止对物种如何传播我们还是无知的。梭罗的《种子的扩散》正好讨论了种子传播的诸种方式，对于在美国引发激烈争论的进化论，构成了有力的佐证。可惜，达尔文对梭罗的工作并不知晓。（Berger，1996：385）

第三，梭罗对物候学的贡献。

梭罗非常关注自然界植物和动物的生长和活动与季节的周期性变化之间的关系，即物候学。读过梭罗日记的利奥波德曾称梭罗为美国的"物候学之父"。（Leopold and Jones，1947：83）虽然这个说法有点溢美，因为在梭罗之前美国已有不少博物学家如威廉·巴特拉姆、皮尔士（Charles Peirce）以及杰斐逊（Thomas Jefferson）做过物候学记录，在梭罗的时代，还有史密森学会组织的全国范围内的物候学记录网络，但是物候学仍然是梭罗博物学的一个显著特色。（Stoller，1956：174—181）

梭罗的系统的物候学记录始于1852年，从这一年开始，日记里有了很多草木开花、鸟兽活动与时令季节温度变化关系的记载。例如在1852年4月28日，梭罗列举了十几种植物的开花日期，并且和前一年进行了比较。（Thoreau，1906，v9：474—475）在5月14日，又添加了数种植物，而且还记录了几十种鸟类的迁徙时间以及两栖动物的活动时间。同年的晚春，梭罗绘制了一个表格，把多种植物按照1852年开花时间的早晚排列，然后每年把新的花期不断加入，一直持续到1858年的春天。（Stoller，1956：174）梭罗总共记录了600多种开花植物的开花日期。

梭罗的物候学记载在当代气候变化研究中发挥了意想不到的作用。2003年开始，波士顿大学保护生物学教授普里马克（Richard B. Primack）领导的研究团队从植物开花时间以及鸟类迁徙时间的变化入手，寻找气候变暖的证据。（Pennisi，2008：24—25）在一篇论文中，他们分析了康科德地区在过去157年时间里鸟类到达的时间，其中利用了梭罗1851—1854年的记录。其他年份的数据得自另外几位鸟类学家的记录，如布鲁斯特等。（Ellwood *et al.*：2010）虽然梭罗提供的年份并不多，但是普里马克把研究的起因归功于从梭罗那里得到的灵感，并且于2014年出版了一部通俗类的著作《瓦尔登湖变暖：气候变化来到了梭罗的树林》(*Walden Warming: Climate Change Comes to Thoreau's Woods*)，讲述了对梭罗的物候学资料的使用，以及对瓦尔登湖生态和气候变迁的关系的研究。(Primack，2014：5) 这本书本身也不失为一部关于物候学和气候变化以及环境教育的博物学著作。

五、梭罗博物学的特点

在19世纪中叶之后，西方科学开始了向专业化、职业化的转变。以物理学为代表的数理科学取得巨大成功，实验、分析、还原和定量的方法已经牢固树立，并在其他科学部门内也渐渐流行。自然科学不但从自然哲学中分离，形成了天文学、物理学、化学、地学和生物学等大的学科，而且学科之内又进一步细分专业。博物学也依据研究的对象，在植物学、动物学和矿物学等传统门类的基础上，细分为一些专门领域，在林木、灌木、苔藓植物、鱼类、鸟类、爬行动物、四足动物方面，都有自己的专家。与此同时，科学也开始职业化，以至于科学史家和科学哲学家休厄尔（William Whewell）在1833年仿照artist创造了scientist一词来特称这群以科学为业的人。博物学家以前经常由牧师、医生等兼任，现在大学也开始设立专门的博物学讲席，有职业的博物学家，如哈佛大学的阿加西斯和格雷。与这种越来越专业、越来越追求普遍知识的博物学相比，梭罗的博物学具有几个显著的特点。

第一，突出地域性。

梭罗博物学的一个重要特点是其地方性。梭罗一生除了几个月的时间生活在纽约，还有短暂的时间去过加拿大和明尼苏达旅行，几乎主要生活在他的家乡康科德。他热爱他的家乡，因其为美国革命的首义之地而感到自豪。1837年，梭罗在哈佛毕业纪念册上写道："1817年7月12日，我出生在安静的康科德村，一个充满革命记忆的地方。我将永远为我的出生地而自豪——但愿她永远不会因她的儿子而蒙羞。康科德啊，我若忘记你，情愿我的右手忘记技巧！[1]你的名字

---

1 此句模仿《旧约·诗篇》137：5："耶路撒冷啊，我若忘记你，情愿我的右手忘记技巧！"

将成为我在异乡的通行证。无论我流浪到世界的哪个角落，我都会视自己来自康科德的北桥[1]为幸运。"（Thoreau，1976：114）

梭罗不光以康科德的革命传统为骄傲，他更钟情于康科德的河流、田野，熟悉它的沼泽、山丘，洞察它的草木、鸟兽以及昆虫和鱼类。康科德不仅是他生活的世界，写作的主题，也形成了他的一个写作特色。比如梭罗每次出游康科德和邻近地区，常常是当天必须返回家乡，因此发展出了梭罗著名的"游记体"或"漫步体"（walking）自然文学和博物学作品。正如爱默生所说的："梭罗以全部的爱情将他的天才贡献给他故乡的田野与山水，因而使一切识字的美国人和海外的人都熟知它们，并对它们感兴趣。"（爱默生，1986：198）

梭罗曾经表达过立足于康科德对他的博物学研究的重要性。他1857年11月20日的日记中说："如果人们在某个地方富足而强壮的话，那一定是在他的故土。我在这里待了40年，学会了这些田地的语言，因而能够更好地表达我自己。如果我旅行到草原，我一定对它们理解较少，而且我过去的生活对于描写它们只会起到坏的作用。如果我去到加利福尼亚的话，对我而言，这里的野草要比那里的大树代表更多的生命。"（Thoreau，1906，v16：191）

康科德的乡人们把梭罗视为博物学的权威，发现新奇的动植物和印第安遗迹，都会来请教他。爱默生曾建议镇里应该雇用梭罗为博物学家，就像镇里的律师和医生一样。1860年时为康科德学区主任的阿尔卡特（Bronson Alcott）建议梭罗为学校编写一本集康科德地理、历史和古迹为一体的教科书。《新英格兰农场主》的主编布朗（Simon Brown）也建议梭罗写一本《康科德博物志》。（Harding，1982：442—443）

实际上，编写一部综合的康科德博物志一直是梭罗的心愿。他后期对康科德森林树木、种子传播，以及对野果的研究，就是这个庞大的计划的一部分。正如钱宁在《梭罗：诗人—博物学家》中所透露的：

> 他梦想着为康科德所占据的这样一个空间制订一个日历——按次序记载户外的活动，绘制一年的足够丰富的全景图，由每天的图像构成，包括寒暑。他带着测量河流的尺规，且不时地使用它。他记载泉水和池塘的温度；记录异常的天空；记录植物的开花、花期和结果；记录落叶的时间、候鸟的

---

1 1775年4月19日美国独立战争第一次战役于康科德的北桥打响。

来去；记录动物的习性，以及季节的变换。（Channing，1902：67）

可惜，梭罗的生命太短暂，还没来得及完成这一切，就永远安息在康科德的土地上了。

第二，强调自然的变化和变迁。

关注自然的动态变化、历时变迁是梭罗博物学的另一个重要特点。梭罗感兴趣的不是静态的自然，那种着重对动植物进行分类和命名的研究，逐渐发展成了动植物的生理学。他更关注自然的变化、生长、循环，以及长时期的变迁，从森林树木的生长，到秋天树叶颜色的变化，以及果实的成熟。

前文所述的梭罗对森林的研究清晰地体现了梭罗的这一特点。正如保护生物学家纳班（Gary Paul Nabhan）在《对一粒种子的信念》的序中所评价的：

> 令人惊奇的是，梭罗不仅仅是为站立在眼前的森林照些快照，而是对促成其再生的那些过程进行了探索。相较于同时代的植物学家，梭罗更加超越了仅仅给树命名——这是森林的"名词"——而是追踪其"动词"：鸟类、啮齿类和昆虫是如何传授花粉或扩散种子的，所有其他的中介因素是如何形成森林的结构的。（Thoreau，1993：xvi）

与静态的自然相比，梭罗更欣赏活的、充满生机的自然。梭罗对瓦尔登湖的描写体现了这一点："一条鱼跳跃起来，一个虫子掉落到湖上，都这样用圆涡，用美丽的线条来表达，仿佛那是泉源中的经常的喷涌，它的生命的轻柔的搏动，它的胸腔的呼吸起伏。那是欢乐的震抖，还是痛苦的战栗，都无从分辨。"（梭罗，1997：177）梭罗接受进化论的原因之一就是："发育理论（进化论）暗示着自然中存在一种更大的活力，因为它更灵活，更变通，相当于一种持续进行的新的创造。"（Thoreau，1906，v20：147）

梭罗受超验主义和浪漫主义思想的影响，相信人和自然有着交感，季节的变化对应着人的精神成长，所以在《瓦尔登湖》中，季节的循环是全书的一个主线。体现在博物学上，就是梭罗对物候学的兴趣。他对动植物生长与季节的关系有着天然的敏感性，除了小学时写过作文《四季》，他还在大学的博物学课上针对英国博物学家霍威特（William Howitt）的《季节之书，或自然的日历》（*The Book of the Seasons, or The Calendar of Nature*）写过长篇读书报告。他在 1851 年 6 月的日记里表示要写一本"季节之书，每一页都要按照它自己的季节和户外活动，或它自己的无论何处的场所来写"。梭罗在世的时候没有完成这一工作，但是他的好朋友和追随者布莱克（H. G. O. Blake）以另外一种方式实现了这一设想：布莱克按照一年四季的时序，选编了梭罗日记中的内容（大部分是博物学），编成四册，即《马萨诸塞的早春》（1881）、《夏天》（1884）、《秋天》（1892）和《冬天》（1888），成了梭罗日记最早的节选本。这四册日记让人生动地领略到梭罗描述的动态的、变化的、生长的自然。

梭罗还用历史的眼光来看康科德乃至整个新英格兰的森林覆盖的变化。他阅读乔治·爱默生（George Emerson）的《关于马萨诸塞州森林中自然生长的树木与灌木的报告》（*A Report on the Trees and Shrubs Growing Naturally in the Forests of Massachusetts*），对人类的过度砍伐造成的原始森林减少表示担忧。他对康科德殖民定居之前的地貌感兴趣，这跟他关注印第安人的历史有关。他从树木年轮推算康科德"史前"的森林状况。他在 1860 年 10 月 17 日记道："我数了几年前在桂谷（Laurel Glen）被锯倒的一棵大白松的年轮，大约有 130 多圈。这可能真的至少是第二茬生长的树木，而且很可能第二茬生长的在镇子里都已经全部消失了。我们可以假定，这里任何 130 年生的森林树木至少属于第二茬生长的。"（Thoreau，1906，v20：141—142）他研究树木更替的时候，带有很强的实用目的，就是希望康科德的农民能够遵循自然自己的"种植"之道，让大地重新覆盖上森林。他说："我们是一个年轻的民族，我们还不会从经验中去发觉砍掉森林的后果。我认为，有一天，这些森林还要被种植起来，大自然也将会按照某种趋向恢复到原来的状态。"（转引自沃斯特，1999：90）

第三，揭示自然的关系性和整体性。

在近代科学的分析和还原方法流行之前，传统博物学对自然的观察和描述原本就是整体的、宏观的。由于受自然神学的影响，博物学家们以揭示自然的精巧构造、结构和功能的完美匹配，以及自然整体的经济性和合目的性，来作为造物主的智慧和神佑的证明。例如，约翰·雷在《造物中展现的神的智慧》（1691）中描述了物种的丰富性和自然的和谐，以及动物本能活动在整体上的合目的性，以证明上帝的设计。林奈最先在生态学意义上使用"自然的经济体系"（The Oeconomy of Nature）这个词，用来指上帝安排的一个动植物体系，其中每一物种都通过帮助别的物种而获得自己的生存和发展。上帝的造物和谐和均衡，每一个动物植物在生命的网络中充任一个特定的功能，就像一架机器的零件配合组装在一起实现机器的运转一样。到了梭罗的时代，博物学的这种使命仍然流行，如巴尔福（John Balfour）在其《植物神学》（*Phyto-Theology*，1851）中所说的："真正的博物学研究者不把注意力仅限于造物的孤立的部分；他研究其所有部分的和谐，因而对上帝作品的统一性，对存在于造物整体之中的精美调节，获得综合的观点。"（Balfour，1851：13）

梭罗并不是传统意义上的基督徒，但是他是一位超验主义者。超验主义相信自然的各个部分密切关联，相信人与自然之间存在交感，相信世界的整体性和统一性。正如爱默生所说的："一片树叶、一滴水、一块水晶、一个瞬时，都同整体相联，都分有整体的完美。每一个颗粒都是一个小宇宙，都忠实地表现了世界的相似性。"（Emerson，1983：29—30）这一点体现在梭罗的博物学中，是其强烈的生态学倾向。

如前所述，梭罗对森林树木的研究揭示了自然界生命相互关联、互为助力的一个立体的网络。梭罗还描述过自然界各种生物在食物链上的依存关系。他在1852年4月23日的日记中写道：

> 当地球的转轴足够倾斜的时候，植物就萌发了，就是说，它追随太阳。昆虫和小型动物（以及许多大型动物）追随植物。鱼类，刚孵化的小鱼，这季节大概也活动了。爬虫从树上出来了。水牛终于开始寻觅新的牧草。水虫出现在水面上。如此等等。接下来，大鱼和鱼鹰等追随小鱼；捕蝇鸟追随昆虫和爬虫。（以谷物为食的鸟类，由于可以靠去年的干种子的供应，某种程度上不受季节的限制，可以安然过冬，或在早春就出现，这样它们就为这个季节的几种靠捕食的鸟儿提供了食物。）印第安人追随野牛；鳟鱼、吸盘鱼等追随水虫；爬行动物追随植物、昆虫和爬虫；捕食鸟追随捕蝇鸟；等等。人追随所有这一切，而一切都追随太阳。对于动物，生活最大的必需品是食物，其次是居所，即合适的气候，第三，也许是免于敌害的安全感。（Thoreau，1906，v9：459）

第四，凸显人与自然的"温柔"关系。

梭罗的博物学尽管对自然有着精确的描述，但他从来不是只记录一些冷冰冰的"科学事实"，而是我们所"看到"（perceived）的自然。在超验主义看来，自然事实对应着精神事实，精神世界和自然世界是不可分的，人类调整好自己的精神状态，就可以和这个精神世界沟通。人和自然的亲近乃是人类的必需，因为人接近自然，就是接近"那生命的不竭之源泉"。（梭罗，1997：126）自然象征着自由和野性，知识之树是苍白的，生命之树才是常青的。有人总结说，梭罗后期的自然作品有两个共同的假设：自然有着高出我们短视的眼睛所能看到的东西；保护新世界以及我们最好的"自我"，有赖于学会比以往更自然地生活和观看。前者涉及"感知"（perception），后者涉及"关系"（relation）。（Hoag，1995：153）

从认识论方面来说，梭罗认为科学所追求的客观方法是错误的："我认为科学家（man of science）犯了这样一个错误，而众人也跟着他错误地认为：你应该冷静地把你的注意力给予某种独立于你的事物所激发出来的现象，而不是与你发生关系的现象。而重要的事实正是在于它对我的影响。他认为除了他给彩虹下的定义外，我无权看到任何其他的东西。但是我并不关心我对真相的视觉是清醒的思想，还是梦中的记忆，是在光亮中看到的，还是在黑暗中所见。是视觉的对象，是真相本身，才是我的关注。能把彩虹等解释掉的哲学家其实根本没有看到彩虹。对于这样一些对象，我认为让我关心的并非其本身（科学家与此打交道）；兴趣点在于我与它们（即这些对象）之间的某个地方。"（Thoreau，1906，v16：164—165）即自然之于人类的意义。

在梭罗看来，关于自然的知识并不是枯燥的、"精确"的分类目录，而是观察者带着欣赏和热爱，因而"看到"的自然。他评论说："人为系统非常恰当地被植物学家们称为植物学的字典、自然方法以及语法。但是，在这门文学中，我们除了语法和字典，难道就没有别的东西了吗？难道没有以花儿的语言写成的著作吗？"梭罗说他曾请教博学的博物学家如何找到对某些具体的花的通俗叙述或"传记"，"因为我相信每一种花在过去都应该有许多热爱者，以及忠实的描述者"。但他被告知相关的书他已经全部读过了，没有人熟悉这些花，它们只是像书一样被编目。（Thoreau，1906，v9：281）对梭罗来说，自然不能被抽象成一些名词，去除了爱和欣赏这样的情感的知识是没有什么价值的。

人和自然的关系还包含着伦理的方面。梭罗在 1858 年 1 月 23 日的日记里说：

要保证健康，一个人同大自然的关系必须接近一种人际关系，他必须意识到她身上的友善。当人类的友谊衰竭了或死亡了，她必须能够给他填补空缺。我不能设想任何生活是名副其实的生活，除非人们同大自然有某种温柔的关系。这种关系使得冬天温暖，在沙漠或荒野之中给人做伴。如果自然不能够同我们共鸣，对我们说话，最富饶和繁荣的地方也是贫瘠和沉闷的。（Thoreau，1906，v10：252）

梭罗反对以科学研究的名义杀死其他生物，在19世纪40年代他和哥哥约翰有时还以枪射鸟，来辨认鸟类，但到了50年代，梭罗写道，"为了宁静而成功的生活，我们必须和宇宙合而为一"，因此，"故意和无必要地对任何生物施加哪怕最小的伤害，在某种程度上都是自杀"。（McGregor，1997：113）"我宁愿不吃鸟肉或鸡蛋，也不愿再也看不到老鹰在天空中翱翔。"

爱默生在谈到梭罗与自然的亲密关系时说：

他与动物接近，使人想起汤麦斯·福勒关于养蜂家柏特勒的记录："不是他告诉蜜蜂许多话，就是蜜蜂告诉他许多话。"蛇盘在他腿上；鱼游到他手中，他把它们从水里拿出来；他抓住山投鼠的尾巴，把它从洞里拉出来；他保护狐狸不被猎人伤害。（爱默生，1986：200）

综上所述，我们可以看到，梭罗是一位很特别的博物学家，他和历史上许多文人身份的自然爱好者一样，诗意地描述和礼赞自然，但他还是一位精确的、勤勉的观察者和记录者，在博物学上作出了许多发现。更重要的是，他从自己超验主义的哲学和宗教立场出发，强调自然对人的精神和审美价值，主张人与自然要有一种个人性的关系。

这些思想对于我们这个时代具有特殊的教益。

第16章 缪尔的博物学与环境思想

　　约翰·缪尔是美国著名的博物学家，环境运动的重要领袖之一。他长期从事与植物学、地理学和地质学有关的博物学研究工作，在约塞米蒂发现过新的植物品种，在阿拉斯加发现了"缪尔冰川"，其冰川理论很好地解释了内华达山区的峡谷成因。他亲力亲为的博物学考察、整体性的观察眼光，以及夹杂其间的自然神秘主义，是其独特环境思想形成的关键。

　　2005年发行的加州25美分纪念币上，有一位精神矍铄的老人，伴着加州神鹫（*Gymnogyps californianus*），守望着内华达山脉。他就是约翰·缪尔（John Muir，1838—1914），被后人称作"山间的吟游诗人""约塞米蒂的圣人""群山的教父""荒野之王""西部的梭罗"等等。（Limbaugh，1992：170—177）在美国有以他的名字命名的小路、山峰、树林、保护地。他的环境思想深深影响了美国的环境保护运动，他对自然的热情感染着一批批人走向荒野的圣殿。

　　19世纪末到20世纪初是美国环境运动的一个初步发展期。在这个阶段社会上只有少部分人开始有了环保意识，这些先驱们开始建立以环保为目的的各类组织，通过和政府的协商，推动美国各州制定相关的环保法律，在一些地方建立各种类型的自然保护区，尤其是森林保留地和国家公园。（Hays，1969）而缪尔正是这一时期活跃在环保第一线的一个重要的人物，他为美国生态保护系统的建立做出了显著的贡献，在一定程度上牵制了当时由拜金主义掀起的对自然资源的贪婪攫取之风。（Dasmann，1976）一方面他自身参与政治斡旋，推进美国森林保留地和国家公园的建立，竭力保护一些优美的自然环境，尤其是内华达山脉地区的约塞米蒂（Yosemite）峡谷，不被工业和农业的发展所侵吞，另一方面他通过著书立说，宣传自然本身非物用的价值，影响了一批同样热爱自然的人，建立了塞拉俱乐部（Sierra Club）。他的著作非常畅销，拥有广泛的读者，使其环境思想得以被很多人知晓并接受，而他亲自组织建立的塞拉俱乐部，一直为美国的环境保护工作而努力，直至今日。尽管缪尔已经过世了百余年，然而其环境思想并没有过时，其中很多内容和如今刚刚开始流行的"深生态主义"不谋而合。对缪尔环境思想的解读，以及对其环境思想成因的剖析，仍然具有很积极的意义。

一、缪尔的环境思想

1. 保护维持论

当时人们对环境的态度分为两种。大多数人并不认为对环境需要保护，开垦荒地和砍伐树木的速度仅仅受到生产力的制约，而工业革命带来的一系列成果使得人们开发攫取各种环境资源的能力大大加强。这种态度就是以经济增长为首要目的，对环境进行最大程度的利用。

与之相对的，有少部分人持有另一种态度，认为我们需要通过各种手段和措施，人为地对环境加以保护。而在这一小部分人组成的美国环保阵营中，又可以分为两派：一派是缪尔倡导下的"保护维持论者"（preservationist），另一派是在平肖（Gifford Pinchot）倡导下的"保护管理论者"（conservationist）。

平肖认为对环境的保护最终是为了服务于人类社会的发展，而为了使环境可以更好地为经济发展服务，需要对之合理规划使用，从而实现可持续发展。因此他提倡通过恰当的管理，对环境资源进行"聪明的利用"。他反对竭泽而渔的行为，同样提倡要建立和维护森林保留地，他的理由是"难以让一般人都理解这个国家自然资源的宝贵之处"，所以要通过一定的手段来保护这些资源，而"假如没有廉价砍伐，那么就会严重制约国家经济的发展"。（Pinchot，1901）由此可见，保护管理论者的出发点是从人的角度来考虑，站在人类中心主义的立场，从长久的利用和更有效率的利用来考虑对环境加以保护。

与之相对应的，作为保护维持论者的代表之一，缪尔则坚持自然本身的价值。他认为："假定世界上的一切都是为人服务是不具有说服力的"，"自然创造了各种各样的动物是为了使其中的任何一者都充满欢乐，而不仅仅是为了某一者的欢乐。哪怕是这些伟大创造物中一个微乎其微的部分，人为什么要将自己的价值置于其上呢？"（Muir，1916：107—108）缪尔认为自然本身具有价值，其价值不需要通过对人的有用性来体现。这个想法倒置了传统的价值观，人不再处于金字塔的顶端，从价值的层面上讲自然界的一切存在物都具有各自独有的重要性。

保护维持论是缪尔环境思想的最为重要的一个方面。从万物都具有自身的价值这个前提出发，人就不再能理所当然地把一切据为己有。人在破坏环境、虐杀动植物的时候，也就不再能够是一种心安理得的状态。当人的价值不再处于中心地位和作为最高判断标准，那么对环境的保护，也就不是出于长远的经济发展考虑，而是出于对环境本身价值的尊重。因此，最好的保护环境的方法，就是完全不加以人为干涉。缪尔甚至极端地认为，在本不该有人迹大量出没的地方，有过多的人出现就构成了对环境的破坏。当他谈到冰河湖中的一个时曾说道："1872年秋天我第一次发现这个美丽的湖……还从来没有人来过这里，它就像壮丽的旷野中隐藏着的金子。"他只把这个美丽的地方介绍给了几个朋友，"因为害怕这里会像约塞米蒂峡谷一样被人践踏和'改造'"。（Muir，1894：132—133）在他看来，这些地方只适合于偶然地有人经过，若是有人频繁出没，无异于打扰了原来动植物的生活，是对其价值的一种破坏。

2. 整体论

在缪尔所处的年代，生态系统的概念并没有完全提出，环境是一个有机整体的假说的出现更是遥遥无期。在缪尔的著作中，虽然并没有明确地提到生态系统一词，但是很多地方都表现出他经常把某一处的环境看作一个生态系统。更为超前的是，他把这种生态系统的观念拓展到了整个自然环境，认为所有的存在物都是一个完美整体中不可分割的部分。

在他的著作《山间夏日》（*My First Summer in Sierra*）中有这样的一段描述：

> 这一切多么的不可思议，除非它们出自上帝之手，他所感兴趣的一切也令我们兴奋。当我们要从这之中摘取任何一个部分的时候，都会发现所有的东西紧紧相联为一个整体。其中任何一个都可以假想成我们的心脏一样，一定要在每个细胞中跃动。我甚至觉得植物们和动物们就是和我同行的登山

者，我要和他们交谈沟通。（Muir，1911：157—158）

缪尔很显然将一切的自然物包括自己在内，看作是整体的一个个部分，而这些部分是紧密相联的，之间可以互相沟通。在对自然环境的描述中，他始终贯彻着这样的想法，即使在看风景的时候他也认为不能割裂成部分来看。"严格说来，对于艺术家而言内华达的高山很少有能够独立成画的，整个连绵的山脉构成了一个巨幅的画卷，不能割裂成部分来看。"（Muir，1894：55—56）而且这样的整体构成了完美的和谐，每一部分都恰如其分地得到表达，所有细节的编排都显示出一种平衡之美，荒野的面貌就如同一张放大了的人脸一样，隐藏在岩石和积雪之中，却闪现着精神之美和神圣之思。（Muir，1911：254—255）

缪尔在不断的旅行中，游走于山间树下，直觉到了万物之间的和谐统一，暗喻了一种整体论的思想。他对于植物、动物、岩石、冰川等等的观察，并不是仅仅从单个个体出发，而是首先置于一个整体的环境中考虑，并且赋予其鲜活的生命色彩。这样的思想和当代"深生态主义"的思想不谋而合，然而在20世纪80年代之前，缪尔这方面的思想一直没有被人们重视和挖掘。（Devall，1982：65—66）

缪尔环境思想中的整体论并不仅仅停留在一个和谐不可分割的整体这一基本想法之上，他进一步认为这个整体中每个部分都在不断地变换更替，并且这种更替是周而复始的，向着更美好的方向进行的。他说，虽然有些人经常提及自然资源不进行利用，就是一种极大的浪费，但事实上我们可以看到，自然的运作下没有任何一丁点资源是浪费的，总是在反复的利用之中，从一种美好走向更加的美好。在整个的生生灭灭中，是一种永恒，一时间的消融褪色，会在下一个时刻以更加美丽的姿态出现。（Muir，1911：241—243）

由此可见，缪尔环境思想的另一个重要的方面就是整体论思想：把自然看作一个有机整体，每个部分都只有在这个整体中才体现得最美好，每个部分都不可或缺地紧密联系在一起，并且这个整体在不断地运动更新，朝着更美好的方向发展。

3. 自然神学和泛神论的交织

缪尔环境思想的一个显著特点是富于神秘主义的色彩，在他对自然的赞颂中总是包含着对伟大神灵的歌颂，但是他思想中的神的形象一直都是模糊不清的。

缪尔认为大自然中的万事万物都巧妙地安排在一起，每一个微小的部分都有精心的设计。他经常写到像这样的句子："无数的昆虫开始舞蹈，鹿儿离开林间空地和山脊进入茂密的丛林，各种花朵在露水蒸干后伸展着花瓣，每一条脉搏都在兴奋地搏动，每一个细胞都在欢呼雀跃，连山石都仿佛有生命的颤动。这是上帝为无论大小的每个事物都精心地考虑了。"（Muir，1894：196—197）"我们不曾想象到粗糙的荒野却是那样的精美，充满了美好的事物，仿佛在一个宏伟的半圆形帐篷中举行着一场充满了美景、音乐和芬芳的演出，其中所有设施和表演都如此有趣，让人不会有一刻生厌。上帝总是竭尽其所能，像一个充满了狂热激情的工人。"（Muir，1911：59—60）在很多地方，缪尔总是惊叹于自然界的和谐美好，而当他为这些令其兴奋激动的环境寻找理性的原因时，便诉诸上帝的精心安排。这种自然神学的思想和当时一大批博物学家是一致的。

但是缪尔并没有清晰的神学指向，他一生的著作中没有关于神学的专门论述，也很少体现出对神学问题的思考。他提到上帝的时候，都是在对美好自然的感慨之中。除了自然神学的倾向外，他还有一种泛神论的倾向，认为在每一朵花、每一片叶、每一块岩石之中都包含着神，神无处不在。甚至极端地将"自然""美丽"和"上帝"这三个词等同起来。"松树在我的周围环绕着，伸向高高的天空，就像盛开的星状花瓣，它们中充满了神灵。上帝在它们之中，它们就是上帝……噢，这无穷丰富和多彩的美丽。美丽就是上帝。我们用来说上帝的话，哪句不能用来形容美丽呢？"（Wolfe，1945：267）对于缪尔来说，自然的美丽彻底征服了他的心灵，成为他心中最高的价值取向，因此他常常用神来指称自然和美丽。在他的辞典里有很多的同义词，美丽常常被用作替代上帝的词，无论是在林线以上的山峰，还是在低处的树林里，还是在沙漠之中，对于缪尔来说一切都是美丽，一切都是上帝。（Worster，2008：208）

总之，缪尔环境思想中神的出现并没有一个清晰的定位，有时候他作为一切美好自然事物的设计者、一个超越的存在而出现，有时候他又委身于自然之中，一切美好的事物仿佛就是他本身。自然神学和泛神论的思想交织在缪尔的环境思想之中，然而这两者都指向了他对自然的热爱。对于缪尔来说，神学问题并不是他所关心和考虑的重点，神的出场只是为了表达他对自然之美的赞扬。

二、缪尔环境思想的成因分析

缪尔的环境思想的基础在于，走出了人类中心主义的束缚，评判价值的标准不再是对人的有用性，而是自然物本身。据此，他将整个环境看作了一个有机结合的整体，每个部分紧密相联，不可或缺，其运行过程中充满了和谐和美，没有多余和浪费。他的整个环境思想的形而上学基础是一种关于自然的神秘主义，其中混杂了自然神学和泛神论。

缪尔环境思想的形成在当时看来并不是一件很理所当然的事情。从社会角度来看，19—20世纪正是美国西部开荒和工业大发展的阶段，谋求经济利益的最大化是当时的主流。而从宗教上来看，人们普遍信仰基督教，圣经中讲上帝创世造人，其他的物种都是为了人的更好生活而存在的。缪尔对自然环境本身的价值极其推崇，其原因用他书中的话来说就是："在我们的血脉中与生俱来地继承了自然的荒蛮，因此对自然的热爱是非常自然的事情。"（Muir，1913：3—4）但是我们很有理由怀疑这只是他在成年之后回头赋予自己的想法。因为在同样的书中他也写到，自己小时候曾经把一只猫从楼上扔下，企图验证猫有九条命的说法，以及宣称孩童具有杀戮的天性。（Muir，1913：21—23）他曾一再表示社会的教育要改变孩子们喜好杀戮的天性，让他们懂得亲近自然。（Worster，2008：369）由此可以看到，缪尔环境思想的形成，以及他对自然的热爱，并不是所谓与生俱来的，而是受到后天很多因素的影响形成的。

影响缪尔环境思想形成的因素是多方面的，就其基础来看，主要是当时刚刚兴起的民主平等观念。在现代民主崛起的文化背景下，平等的观念开始普及，而这和缪尔对自然的热爱是不可分割的。

缪尔出生在平等主义观念恰好席卷了欧洲大陆的时候，从小就深受其影响，对自然的热爱是他将这种观念的一个推广。（Worster，2005：11）从人人平等走向了物物平等，缪尔比大多数人在价值平等的观念上走得更远一点。平等主义的观念，为缪尔环境思想走向保护维持论铺好了地基。

缪尔环境思想形成的更为深刻的背景则是其形而上学层面的思考和理解，这些受到来自家庭和社会两方面的影响。

缪尔的父亲是一个极端坚持自己对圣经的解读的人，最初他们全家从英国移民到美国，就是因为他父亲为了追求宗教上的彻底自由，摆脱旧有的形式，寻求自己的见解。（Worster，2008：35—41）缪尔虽然没有继承父亲的思想，但是从小受其影响，在对神的理解上也坚持自己的自由想法。这就使得他有可能在神学方面具有自己独到的理解，并且这种理解很可能只是模糊的印象。当他一再使用"上帝"这个词的时候，很自由地赋予了他自己想要的意思。这是造成他环境思想中充满了神秘主义，却又将自然神学和泛神论混杂不清，没有清晰的神学指向的一个重要因素。

　　而关于其环境思想中自然神秘主义的处处渗透，更为重要的影响因素是当时社会上的思潮。流行的浪漫主义思潮认为，自然对于人在肉体和精神上都有特殊的意义，而超验主义出现后，以爱默生为首，开始论述自然中的灵性。

　　有人将爱默生、梭罗和缪尔列为超验主义的三剑客，认为他们都以同样的目光看待自然，是自然的诗人（Worster，2008：108），但他们之间的关系并非这么简单划一。爱默生认为包括灵魂和自然的世界是精神性的普遍存在，即上帝的流溢，是对最高普遍存在的反映。他区别了人的精神性自我和除此之外的其他东西，提出人要认识上帝，需要最大限度地向精神世界开放精神性的自我。而在此之间自然起着重要的中介作用，自然提供物质基础是最低级的作用，它更高的意义则是精神方面的。（苏贤贵，2002：60）对世界和人的这种理解就蕴含了人和自然之间具有精神上的共鸣，整个自然是统一的，自然和人也是统一的，因为其精神都受自于一个最高的普遍存在。梭罗潜心阅读了爱默生的著作，追随其想法前行，写就了著名作品《瓦尔登湖》，强调了人和自然的亲近是人的必须，强调了自然精神方面的意义，在审美和道德方面的重要。然而相较于爱默生，梭罗的自然更为实在，不仅是精神上服务于人的手段，其本身具有了自己存在的目的和理由。（苏贤贵，2002：63）

　　缪尔几乎是在同一时期接触到爱默生和梭罗的作品的。早在 1871 年，由其女性好友卡尔（Jeanne Carr）撮合，他同爱默生一起游历了约塞米蒂峡谷，而在此前和此后他通过卡尔读了很多爱默生的书，超验主义的许多理论使得缪尔本来模糊的思想变得清晰。（Worster，2008：209—211）而他接触到梭罗的作品是由于另一位女性好友沃尔森（Abba Woolson），通过她缪尔阅读了梭罗的《瓦尔登湖》《缅因森林》和《远足》（*Excursions*）等作品。（Worster，2008：221—222）浪漫主义的思潮和超验主义的观点恰好同缪尔对自然的热情相合，受其影响，缪尔环境思想中的自然神秘主义走得更远。然而不同于爱默生，也不同于梭罗的是，缪尔更加强调了自然的价值和人与自然间从心灵到身体的统一。他不会像爱默生那样，觉得荒野是一个"庄严却难以忍受的妻子"（Nash，1982：126），也不会像梭罗那样，虽然对平静的湖泊和草地亲爱有加，却在攀登上卡塔丁山（Mt. Ktaadn）时对真正的荒野感到恐惧和厌恶（苏贤贵，2002：59），他眼中的自然是更为具体而实在的，他眼中的荒野是真正和人的灵魂一样，分享了上帝的崇高和美丽。

然而面临这些诸多的因素的人不计其数，形成自己独特的环境思想，引领了美国环境运动的人却寥寥无几。因为这些因素都只是为缪尔环境思想的形成准备好了一个温床，在这个温床里要生长出其独特的环境思想，还需要一个种子，这个种子就是他一生投入其中的博物学。缪尔在博物学的研究中，真正地把自身和自然联系了起来，身体力行地去感受和理解自然，其环境思想才得以在上面所提到的种种条件之下，成熟开花。

三、缪尔的博物学

1. 缪尔博物学兴趣的产生

缪尔并没有出生在一个有博物学熏陶的环境中，他的家人都从事着与博物学完全无关的工作，而他出生的城市邓巴（Dunbar）是一个商业和手工业比较繁荣的小城市。也许是英国一直有观鸟的潮流，他在回忆童年的时候写道："那时候我们为自己所拥有的鸟巢数量而感到自豪，谁第一个发现某个鸟巢就宣布归自己所有。"他们一群孩子会在一起攀比自己占有的鸟巢的多少，和谁认识的鸟多等等。（Muir，1913：36—37）但这并不意味着缪尔的心中种下了博物学的种子，他对博物学产生兴趣的萌芽要在他读大学的时候。

大学里的一天，他的同学格瑞斯华尔德（Milton Griswold）问他是否知道宿舍门口的那棵树是什么。缪尔看着那枝条上的花，说有点像豌豆花。格瑞斯华尔德告诉他没错，这棵洋槐就是豌豆科的，于是紧接着讲豌豆和洋槐的相似之处，进而讲植物的分类，以及那些大自然赋予的类别等等。缪尔一下子对植物学产生了浓厚的兴趣，格瑞斯华尔德于是推荐了伍德（Alphonso Wood）的书《植物学教程》（*Class Book of Botany*），借由这本书缪尔进入了植物学的世界。（Muir，1913：223—225）此后，他又结识了大学老师的夫人卡尔，一个植物学热爱者，她从小就喜欢收集植物标本，后来经常和缪尔一起探讨植物学和神学相关的话题，在缪尔以后的日子里一直鼓励他走进大自然去探索和感受，对缪尔投身自然进行博物学的考察有很重要的影响。（Worster，2008：78—80）

尽管缪尔在植物学上没有太多建树，但植物学是他进行博物学考察的一个重要动机，大学里培养的对植物学的兴趣真正引领缪尔走进了博物学的世界。

2. 缪尔的博物学研究

缪尔没有以博物学家自称过，后人对其的评价也集中在大自然的热爱者和保护者之上，然而缪尔首先是一个博物学家。也许他在博物学上所做的工作并没有他在宣传环境保护方面来得显著，但他在这方面的工作不应当受到忽视。作为一个一生把自己放之于山林的人，一个时时刻刻都敏锐地观察自然的人，正是其所进行的博物学考察和思索，使其环境思想能够诞生。

1867 年缪尔进行了一次真正的长途旅行，从肯塔基州的路易斯维尔出发，经过田纳西州、佛罗里达州，来到墨西哥海岸，然后前往古巴，最后回到美国。在这一次旅行中，缪尔主要是沿途观察一些植物和采集植物标本，他在途中几次将采集的标本邮寄回家，在自己的笔记本上画了许多见到的植物，记录了一些观察体验。（Muir，1916）

此后他来到了内华达山脉的约塞米蒂峡谷，在这里他前后呆了将近十年，对该地区的动植物和地理风貌进行了详细的考察，真正开始了他的博物学研究工作。例如他曾在圣华金（San Joaquin）一处划出边长为 1 码（约 0.9144 米）的正方形地块，在其中数到包括 16 个种的 7260 个头状花序，数以千计的圆状花序，以及大量的苔藓。（Worster，2008：151）

缪尔从事的博物学工作其重要性并不完全在于取得了一些可以载入史册的成就，当然，他在植物学、地理学和地质学方面也都有所建树。

（1）植物学

植物学是缪尔最初的热爱，他对植物的细心观察贯穿其一生，但如果仅仅从可以为人称道的成就上来看，他在植物学上的工作并没有在地理学和地质学上来得显著。缪尔和许多同时代的博物学家一样，一直进行着采集标本的工作，在这过程中也有过重要的发现。

在约塞米蒂逗留期间，缪尔多次作为向导，带领一些来此考察的科学家深入峡谷，合作研究这里的动植物以及地质环境。其中哈佛大学的植物学教授格雷曾请求缪尔帮助搜集约塞米蒂地区的植物，希望可以对这个地区的植物有更清楚的了解。格雷被誉为19世纪美国最重要的植物学家，他植物分类方面的造诣在当时就享有很高的国际声誉。1842年，格雷获得哈佛大学的教职，其编写的《植物手册》（*Manual of Botany*）是当时的标准教科书。格雷是达尔文进化论的忠实拥护者，为进化论在美国的传播做了至关重要的工作。（Hunter，1988）

在缪尔帮助格雷采集约塞米蒂峡谷地区植物标本期间，他的工作一直受到格雷的称赞。1872—1873年间，缪尔在霍夫曼山（Hoffmann）的西侧以及莱尔山（Lyell）和里特山（Ritter）之间发现了一种稀有的多年生草本植物，是当时还没有发现的老鼠尾属中一个种，格雷将之命名为缪尔老鼠尾（*Ivesia muirii*）。（Muir，1924：379—380）

除此之外，缪尔长年对内华达山区的森林树木进行详细的考察，在他的《加利福尼亚的山》（*The Mountains of California*）一书中的第8章，详细地阐述了这个地区森林的一些主要树种的特点，对其外表特征、生长习性等都作了生动的描述。（Muir，1894，第8章）

（2）地理学

缪尔在地理学上的热情没有像他在植物学和地质学上那么高，他喜欢将自己置身于荒野，寻找自然的神秘礼物，但并不是热衷探索新大陆的行为。他在地理学上的发现，具有一定的偶然性。

1879年、1880年和1890年，缪尔三次前往阿拉斯加旅行，观察那里的冰川，做一些地质学方面的考察。在1879年的那次考察中，他和杨（S. Hall Young）一行以教会的名义前往阿拉斯加探险，由于冰川的裂开和融化，他们发现了一处原本不存在的海湾，长达20英里，后来其被称之为冰川湾（Glacier Bay）。当时阿拉斯加的地图上并没有这些地方的标注，这里的路只有一些当地的土著人知晓。在冰川湾的入口处有一个小岛，被他们命名为快乐岛（Pleasant Island），由此入湾，缪尔一行来到了一片未知的神秘地域。（Young，1915：96—102）他们沿着西岸不断地发现新的小冰川，诸如后来被命名为瑞德冰川（Reid Clacier）、卡罗尔冰川（Carroll Clacier）的等等。行到冰川湾尽头的地方，他们停靠在一片未曾与世人谋面的陆地边上，缪尔等人上岸对该地区的地形地貌以及动植物进行了详细的考察。（Muir，1915：153—155）由于缪尔的发现，这里后来被命名为"缪尔冰川"（Muir Glacier）。

据后来人们考证，第一个到达缪尔冰川的除了当地土著人以外，并不是缪尔。在他发现该冰川的两年之前，美国海军上尉伍德（Charles Erskine Scott Wood）曾到过这里，并攀登了后来被叫作晴好山（Fairweather）的山峰，但是直到1882年，他才写了一些模糊不清的记录，没有太大的科考价值。而缪尔是第一个对该地区的风貌给出详细的描绘，并对其冰川运动给出合理解释的人。（Worster，2008：262）

（3）地质学

单从可见成果上来说，在缪尔的博物学工作中，地质学方面是最为集中也最为显著的。与此相关的两部著作分别是《加利福尼亚的山》和《山脉研究》（Studies in the Sierra），以及他发表的第一篇关于地质学的文章《约塞米蒂的冰川》（Yosemite Glaciers）。

早在1870年的时候，缪尔有一次作为向导带领勒孔特（Joseph LeConte）教授和他的学生们游览约塞米蒂峡谷，前往特纳亚湖（Tenaya）、泰伦恩牧场（Tuolumne）和摩诺湖（Mono）。在旅途中他从勒孔特教授那学到了有关冰川学的理论，知道了阿加西斯所说的地球的冰川期。（Worster，2008：192）得知这一理论之后，他立刻意识到了在内华达山区仍然有活动的冰川，于是打算"在一些冰川上打上木桩，来检验他的想法是否正确"。（Muir，1924：230—231）在1871年的10月，缪尔发现了在内华达山区仍然存在着活动的冰川。（Muir，1924：266—268）他立刻把这个消息告诉了勒孔特教授，勒孔特在其学生中宣传了缪尔的发现，声称缪尔正在从事这一项非常重要的研究，很可能取得比别人都要好的成果。（Muir，1924：339—341）1871年12月，缪尔发表了一篇正式的文章《约塞米蒂的冰川》，讲述内华达山区约塞米蒂峡谷的冰川。文章提出约塞米蒂峡谷的成因是冰川侵蚀，长年的冰川作用刻画了该地区独特的地貌。（Muir，1871）

缪尔这篇文章的发表立刻招致了当时学术权威们的攻击。著名的地质学家惠特尼（Josiah Whitney）嘲笑缪尔的理论是一个牧羊人的胡说八道，他们不相信冰川能够有如此强大的作用，可以侵蚀出像约塞米蒂这样的一个峡谷来，认为只有灾难性的塌陷才可能完成这一工作。金（Clarence King）在他的著作《系统的地质学》（*Systematic Geology*，1878）中也表示缪尔的胡说不能够蒙蔽那些真正去当地仔细考察的学者，奉劝缪尔这种业余爱好者不要继续把热情浪费在他荒谬的研究上。尼兰德（Samuel Kneeland）教授含蓄地表示无法理解缪尔的想法。就连一开始鼓励缪尔进行与冰川有关研究的勒孔特教授，在25年之后也回到追随惠特尼的灾变理论上。（Worster，2008：194—195）

作为一个当时科学共同体之外的人员，缪尔的理论在很长一段时间内并没有为人们采用，直到20世纪初，美国地质测量局的马特斯（Francois Matthes）在仔细勘查之后指出缪尔得出的结论"比他同时代的任何专家都更加正确"（Matthes，1950）。当然缪尔也犯了些错误，比如他没有意识到内华达山区的峡谷不是在一个冰川期中形成的，而是多个冰川期反复作用的结果。这一点直到苏格兰的冰河学家盖基（James Geikie）关于多个冰川期的理论出现，才开始被人们意识到。

3. 缪尔博物学的特点

缪尔所进行的博物学研究，在其研究方法、研究对象以及阐述方式上，都有自身的特点。作为他环境思想产生的直接诱因，其博物学的特点与他的环境思想之间有着千丝万缕的关系。

（1）亲身体验，直觉自然

和同时代的许多学院派的博物学家不同，缪尔最大的特点就是一定要亲自到自然中去。像格雷这样的博物学家，很多的工作都是在研究由助手们从各地采集来的大量标本，真正亲身去自然中考察的经历并不是很多。从早期的博物学家林奈开始，就一直有这样的研究传统。博物学家们为了自己的研究工作，每年都要雇用大量的人力去各地采集标本。这种研究方式的好处是可以在一个人有限的时间和精力下，接触到更多的动植物。其弊端就是这种采集工作，在一定程度上对环境构成了破坏，并且这样的博物学研究方式，并不能直接地建立起人与自然之间的亲近之情。

缪尔虽然也采集各种标本，但是他更多的时候是自己亲自到自然中去观察山川草木、虫鱼鸟兽。"一大早，我在腰间揣着笔记本和面包，满怀希望地出发……我几乎忘了这一天是怎么结束的，借助手中的地图，我只走了十到十二英里……一路不停地观察、画图和做笔记。"（Muir，1911：215—216）类似这样的情况在缪尔的生活中经常出现，有时候相比于同伴，他甚至更愿意和动植物打交道。缪尔不喜欢山间的小旅馆，更倾向于野营，他常常在"一个隐蔽的松树丛中搭建小床，像松鼠窝一样暖和而通风，充满了芬芳，还能听到松针的沙沙作响"，认为这是最好的栖身之所。（Muir，1894：67）正是由于他常年在自然之中亲身感受和体验，才建立起和自然之间的亲密关系，人和自然物之间的关系不再是前者高高在上，而是互相平等。

（2）整体全面的观察

缪尔对事物的观察极少割裂开来看，总是将之作为一个整体，认为整个自然是一个和谐一致的整体。即使是观察一朵小花，一块岩石，他也会将之置于整个的背景之下。因此他的博物学观察对象往往并不是某一种植物或动物，而是一幅整个的画卷。

在他的《加利福尼亚的山》一书中，有对一场雷雨的记录，对森林中的风暴的描绘，对河水泛滥的书写，等等。缪尔在这些篇章之中，不仅对一个场景中的各个事物进行了细致的观察，更是将每一个事物都置于整个的场景中来描绘。（Muir，1894，第10—12章）

缪尔在选择观察对象上的这种与众不同的方式，一方面使得其博物学中有很多新的内容，不仅仅局限在动植物的研究和地质的考察，各种风景也成了他博物学研究的对象，另一方面使他不同于大多数的博物学家，并不对某一个特定类别的事物有所偏好，而贬低其他的事物。缪尔博物学观察的这种与众不同令其环境思想中整体论的特点非常明显，他在保护环境的时候也总是将一整个地区中大大小小的动植物，乃至岩石尘土，都作为关注的对象。

（3）文学性的语言

和同时代的梭罗一样，缪尔的博物学作品充满了文学性的语言，具有很好的可读性。他的著作常常使用各种比喻和拟人，以非常生动和优美的词句来讲述其观察和研究的成果。比如，他在解释一个冰川湖的形成时说："一个湖泊形成的时候，就像是婴儿第一次睁开眼睛，只是在岩石和冰块包围中的一个不规则的月牙，较低的一边是冰川打磨光滑的岩石，较高的一边是崎岖的冰川口……白天的阳光和夜晚的星光是装点它的花瓣，风和雪是它唯一的访客。"（Muir，1894：118—119）而在描述一种名为乌鸫（Water-Ouzel）的鸟类飞行的姿态时写道："乌鸫是唯一敢于跃入洪流中的鸟儿，没有一种鸟儿比它和水的关系更为亲密，连野鸭、勇敢的信天翁和暴风雨中的海燕也不能和它相比……它近乎顽固地溯着急流直上直下，在瀑布落下的地方它也一头扎下，和四溅的水花一起落下，上升的时候同样无所畏惧，悠然自得。"（Muir，1894：320—321）

这种优美的文学性的语言，使得缪尔的作品深受广大读者的欢迎，也使其环境思想的普及有了牢固的大众基础。他的一本博物学日记式的作品《山间夏日》一度成为当时最畅销的书之一。

（4）神性的光辉

在缪尔的博物学中，始终闪现着神性的光辉。这里神并没有以一种清晰的形象出现，时而是万物和谐的设计者，时而又隐藏在每一个小小的事物之中。这种关于自然的神秘主义，使得他在博物学考察的过程中，始终没有把自己作为一个主宰者，而是一个好奇的游客。

既然所有的观察物都出自神圣之笔，或者有神灵寄于其中，于是在他的描绘下，一切自然物都具有最高的价值，都是最为美好的事物。无论是狂风暴雨、河水泛滥，还是食肉动物的捕食、花草的相生相克，都是同样的自然、美丽和神圣的。

缪尔模糊的关于神的概念，使得他的博物学工作始终为自然界的一切事物笼上神性，自然万物的价值和人的价值，在神性光辉的关怀下得到了平等的对待，而和谐共处的整体作为美好和神性的象征成为最高的价值。他博物学的这个特点，建立在其形而上学的背景上，和他的环境思想中有关自然神秘主义的部分一致。

缪尔作为美国早期最为重要的环境思想家和环境运动领导人之一，其独特的环境思想一反传统的人类中心主义的理念，他在泛神论和自然神学模糊交织之下，强调了自然万物本身的价值，认为人和万物价值平等，倡导人们在荒野中寻求最真实的美丽。在此之上，他引领了美国环境保护运动中最为激进的保护维持论一派，其所思所为对当代的环境保护运动仍然起着很积极的作用。缪尔环境思想的形成，依托于当时民主平等观念的兴起和美国浪漫主义思潮的盛行，受到他父亲关于宗教的独特见解的影响，然而对其具有决定性作用的乃是他毕生从事的博物学工作。他的研究涉及植物学、地理学和地质学等众多方面，取得了一些为社会公认的成就。更重要的是，他的博物学研究具有与众不同的特点，尤为强调亲身在自然中的体验和对自然进行整体的观察，这些工作直接导致了他独特的环境思想的形成。缪尔的博物学作品语言如诗，描绘生动，为其赢得了大量的读者，对他的环境思想的传播和在此基础上所倡导的环境运动，做好了充分的准备。

第17章　利奥波德的博物学

　　利奥波德是生态环境保护运动和环境思想史上的重要人物，他被赋予了诸多头衔，但最适合描述其身份的莫过于博物学家。利奥波德在植物学、鸟类学、动物学和物候学等方面进行了持久且丰富的研究，这些研究成果最终被他整合在一起构成了对自然的全面了解。利奥波德的多重身份之间有着内在的一致性，他在生态学和环境伦理学领域所取得的成就主要得益于他作为博物学家的身份。他注重通过博物学重塑人与自然之间的关系，培养人们的生态意识和土地伦理观念，这一方式对于当今建构生态文明具有重要的借鉴意义。

　　奥尔多·利奥波德（Aldo Leopold，1887—1948）是美国生态保护史上里程碑式的人物，他为美国开创了野生动物管理（最初为猎物管理）这一研究领域，也促使美国的荒野保护运动进入了新纪元，而在其身后出版的《沙乡的沉思》[1]（*A Sand County Almanac and Sketches Here and There*）更是被誉为西方环保主义的"绿色圣经"，对现代环境伦理学的发展产生了深远的影响。利奥波德一生涉猎的范围和领域很广，先后出版了几部著作和近500篇文章，这些作品反映了20世纪上半叶整个自然资源保护、政策和管理领域最为先进的思想

---

1 本章主要参考侯文蕙的译本《沙乡的沉思》（新世界出版社，2010年）。国内的其他中译本有《原荒纪事》（邱明江译，科学出版社，1996年）、《沙郡年记》（吴美真译，上海三联书店，1999年）、《沙郡年记》（孙健等译，当代世界出版社，2005年）、《沙郡年记》（岑月译，上海三联书店，2011年）、《沙乡的沉思》（彭俊译，四川文艺出版社，2013年）、《荒野的呼唤》（徐志晶译，黑龙江教育出版社，2013年）、《沙郡年记》（王铁铭译，广西师范大学出版社，2014年）等等。

和最具创新性的实践。利奥波德留给后人的思想遗产涉及林学、野生动物管理、保护生物学（conservation biology）、可持续农业（sustainable agriculture）、恢复生态学（restoration ecology）、私人土地管理（private land management）、环境史、文学、教育、美学和伦理学，因此被赋予了很多头衔，如生态学家、科学家、哲学家、作家、教育家等，还被誉为20世纪最具影响力的环保主义思想家以及"野生动物管理之父"。但这些头衔还不足以完整反映他的精彩人生，因为其中遗漏了一个非常关键的视角——博物学。

近年来，随着博物学的复兴，国内外学者开始关注利奥波德与博物学之间的关系，陆续提及利奥波德作为博物学家的身份。洛佩兹（Barry Lopez，1945—　　）[1]在一篇题为《博物学家》（The Naturalist）的文章中，专门讨论了利奥波德在博物学发展史上的贡献，认为在他之后产生了新一代的博物学家，他们吸收了利奥波德的政治意识以及人与其他生物休戚与共的情感。（Lopez，2001）伯里（R. Bruce Bury）指出利奥波德最终发展成为一名伟大的思想家，并得以完成《沙乡的沉思》这本不朽的著作，正是得益于他作为博物学家和观察者的身份。（Bury，2006）在安德森（John G. T. Anderson）撰写的博物学史《彰显奥义：博物学史》（Deep Things Out of Darkness: A History of Natural History）一书中，利奥波德被明确纳入博物学家的行列。该书第十五章的标题为"从缪尔和亚历山大[2]到利奥波德和卡森"（From Muir and Alexander to Leopold and Carson）（Anderson，2013：226），可见这四个人均是博物学家。国内学者刘华杰曾明确指出，没有哪一头衔比博物学家更适合于描述利奥波德等人的身份（刘华杰，2014b：2），利奥波德的经典著作《沙乡的沉思》也堪称博物学作品的典范（刘华杰，2012：30）。

博物学家的首要特征是关注自然，这在利奥波德的人生经历中得到了很好的体现。利奥波德出生于艾奥瓦州伯灵顿市，外祖父酷爱园艺，父母喜欢户外活动，无论是家中种类繁多的花草树木，还是密西西比河沿岸的悬崖和低地，都引

---

1 美国作家、散文家和小说家。他的作品因体现人道主义和环境关怀而著名，代表作有《狼与人》（Wolves and Men，1978）和《北极梦》（Arctic Dreams，1986），前者曾被美国国家图书奖提名，后者获得了1986年的美国国家图书奖（非虚构类）。

2 安妮·蒙塔古·亚历山大（Annie Montague Alexander，1867—1950），美国慈善家和古生物化石收藏家。她创办了加利福尼亚大学古生物博物馆（UCMP）和脊椎动物博物馆（MVZ），向它们捐赠了收藏品，还资助了20世纪初前往美国西部的一系列古生物学考察。

导他与大自然结下了深厚的情谊，也由此奠定了他一生的主旋律。利奥波德幼年时期便养成了观察花鸟的习惯，他在伯灵顿市、新泽西州的劳伦斯维尔预备学校以及耶鲁的谢菲尔德科学院读书期间，始终保持着对鸟类学和博物学的浓厚兴趣。（Flader，1994：8）户外徒步旅行是他求学期间必不可少的活动，他总能在短时间内了解周围环境并绘制以动植物为标识的地图，而且乐于和同学分享他的新收获，因此经常被同学们称为"博物学家"。早年的打猎经历以及对植物和鸟类的兴趣使他倾向于选择一种在户外工作的职业。1909 年从耶鲁大学林学院毕业后，他前往西南地区的国家森林担任林务官，在他钟爱的大自然中展开了频繁的野外探险和调查活动，成长为"一位担任林务官的博物学家和猎人"（Meine，2010：83），并逐渐开始关注猎物保护和土壤侵蚀等问题。利奥波德非常重视田野调查，在辗转工作中，他的足迹遍布西南部的各个州，获取了大量的原始资料和数据，为接下来的深入思考奠定了坚实的基础。1933 年，他的著作《猎物管理》（*Game Management*）问世，同年 7 月他被威斯康星大学聘请为农业管理系的教授，主讲猎物管理（1938 年更名为野生动物管理）课程，这本书成为猎物管理专业的奠基之作。1935 年 1 月，他与马歇尔（Robert Marshall，1901—1939）[1] 共同创建了"荒野协会"（Wilderness Society），为保护荒野做出了重大贡献。同年，他购买了威斯康星河畔的一个废弃农场，"去世之前的闲暇时间里，他都在那里过着一种怀特或梭罗式的生活——一位乡村博物学家，住在远离技术文明的地方，寻求增强他对地球的依附，并探索地球的演变历程"（Worster，1992：285）。1948 年，他在沙乡小木屋附近的农场参与灭火时突发心脏病离世。

一、新博物学的典型代表

19 世纪维多利亚时期，博物学随帝国主义的扩张进入全盛期，并被绅士阶层视为一种体面的活动。近代科学革命以后，随着数理科学和还原论科学的兴起，注重在宏观层面对自然万物进行观察、描述、分类和寻找关联的博物学逐渐式微。此外，由于博物学涵盖的范围已经相当广阔，单靠个人资助和业余爱好者根本无力完成相关研究，于是出现了专门化的趋势，博物学家被职业生物学家和

---

1 美国著名博物学家、林务官、作家和荒野活动家，"荒野协会"的第一任主席。

地质学家所取代。(赫胥黎,2015:1)尽管博物学的领土一点点被数理科学和还原论科学所侵占,博物学课程也一步步被排挤出教育系统,但值得庆幸的是,博物学并未就此走向消亡,"在19世纪和20世纪广义的博物精神仍然在延续,从而构成了新博物学的基本营养"(刘华杰,2014a:174),博物学文化依旧受到中产阶级的欢迎。

所谓的新博物学与传统博物学有着血脉上的关联,但又不完全等同于传统博物学。一方面,强调"新"是为了区别于数理科学,因为传统博物学领域有相当一部分已经被数理科学化了,丧失了对自然事物的亲历亲知。数理科学持机械自然观,将自然视为无生命的、可拆卸的改造对象。而新博物学则持生态自然观,将自然视为紧密联系、相互依存的生命有机体,反对粗暴地对待自然,主张关怀和尊重自然。新博物学对待数理科学的态度是辩证的,它否定数理科学的机械自然观及其基本范式,但并不拒绝数理科学的某些结论,甚至在一定意义上,不拒绝科学方法,也不拒绝实验方法。(田松,2011b)另一方面,"新"的意义在于与时俱进,吸收传统博物学中依然具有时代生命力的精华,摒弃其中的糟粕。传统博物学并不是铁板一块,它有好的方面也有坏的方面,例如"博物学曾在欧洲帝国扩张中占有重要位置"(Farber,2000:24),因此必须采取批判性的态度。新博物学的基本理念一开始就比较明确,但其范畴至今仍处于建构的过程之中。

在建构新博物学的早期阶段,利奥波德是做出重要贡献的人物之一。作为博物精神的传承者,他在丰富的个人经历中切身体会到博物学的不可替代性,身处数理科学和还原论科学备受追捧的时代,他"时常哀叹传统博物学研究的缺失"(Fleischner,2005)。1938年4月28日,他在密苏里大学发表演讲,题为"博物学——被人遗忘的科学"(Natural History,the Forgotten Science),批判现代科学注重实验研究而轻视田野调查,注重还原论而轻视整体论的观念。缺乏博物学的教育体系令他深感担忧,他探讨了博物学被排挤出教育体系的原因及这一现象导致的恶果,并呼吁人们重新关注这门古老的学问,尽快改革单调死板的教学方法。(Leopold,1993:57—64)

博物学关注的问题一般是大尺度的、综合性的,但近代科学的发展却越来越细化,各学科之间的分工也越来越明确,这种趋势明显与博物精神背道而驰。为了给博物传统的复兴营造良好的环境,利奥波德积极致力于推动学科整合,在他看来,"学科间的和平共处、相互尊重和合作不仅有利于我们的精神健康,而且有益于博物学的未来"（Arnold，2003）。利奥波德作为新博物学的典型代表，不仅为我们提供了更完整的世界观——生态世界观，而且构建了一种新型的伦理观——土地伦理。

利奥波德既重视个人体验和观察的整体性，也非常重视写作，是典型的人文派博物学家。他"以文学而非逻辑论证的形式成功地说服越来越多的读者：人应当尊重大自然、应当克制自己的欲望，工业开发的步子应当慢下来"（刘华杰，2015a）。他将毕生在自然之中的体悟诉诸笔端，通过《沙乡的沉思》向世人娓娓道来。该书作为利奥波德的作品之一，不仅汇集了大量的博物学知识，还展示了其内心对那些不受人类干扰的、充满野性的事物的赞赏和珍视。

二、利奥波德的博物学实践与思想

利奥波德成长于美国历史上的进步主义时期（Progressive Era，约1900—1920），但科技进步和经济发展带来的生活便利从未取代自然之美在他心中的地位，正如他在《沙乡的沉思》的序言中所讲，"对我们这些少数人来说，能有机会看到大雁要比看电视更为重要"。利奥波德对自然怀有源源不断的热情，对植物、动物及自然之中的其他事物充满孜孜不倦的好奇心。他一生大部分时间都在探索大自然的秘密，他的"自然研究不仅仅局限于鸟类，他还对林学和气象学有充分的了解，对所有的植物有着强烈的兴趣，还拥有地理学和地质学的基本知识"（Meine，2010：37）。他不仅能够同时在多个领域展开深入的研究，而且博物学家特有的整体性视角，使得他又善于将这些知识串联起来形成对整个世界的综合认知。下文主要从植物学、鸟类学、动物学、物候学四个方面介绍他所做的研究，了解他对相关问题的思考。

1. 阅读"自然之书"——植物

利奥波德幼年时期，全家人与外祖父母一起生活，在酷爱园艺的外祖父的悉心管理下，庭院里的植物丰富而繁茂。利奥波德被外祖父的热情深深感染，对植物的先天兴趣也得到充分的呵护和滋养。如果说家庭环境只是激发了他对植物最初的兴趣，那么他于1905年接触到的格雷的《美国北部植物手册》（*Manual of the Botany of the Northern United States*）则真正为他打开了通往广阔的植物世界的大门。从那以后，他越来越热衷于观察、采集和记录植物。

利奥波德的父亲卡尔（Carl A. Leopold）经营着一家办公桌制造公司，这个行业依赖于木材的稳定供应，然而当时美国中西部的森林已遭到过度砍伐，木材供应岌岌可危。卡尔对此深有体会，并对普遍存在的浪费森林资源的做法感到担忧。利奥波德受到父亲的感染，并在阅读相关书籍的过程中对林学产生了强烈的兴趣。于是，他决定前往当时国内唯一一所培养林务官的大学——耶鲁大学就读，并立志成为一名优秀的林务官。初入耶鲁大学时，他不仅修习了林学、德语、法语、矿物学以及自然地理学等基础课程，还用许多与林学和户外活动相关的书籍充实自己的课余时间，如罗斯福（Theodore Roosevelt）的《一位美国猎人的户外消遣》（*Outdoor Pastimes of an American Hunter*），格林（Samuel Green）的《美国林学原理》（*Principles of American Forestry*），罗斯（Filibert Roth）的《林学第一书》（*First Book of Forestry*），以及达尔文的《腐殖土与蚯蚓》（*Vegetable Mould and Earthworms*），等等。后来，随着专业方向的明确，他投入大量的时间和兴趣学习森林学（silviculture）、树木学（dendrology）以及森林植物学（forest botany）等相关课程，这些知识将在他以后的职业生涯中发挥重要作用。

1909—1924年，利奥波德在美国西南部工作期间，时常利用工作之余外出旅行，对当地的植被状况进行全面考察。每到一个地方，他总会留心当地的植物区系，观察植物的具体形态，并记录植物的整体分布状况。他不以经济利益作为衡量标准，而是认可植物的内在价值，欣赏植物呈现的自然之美，了解植物的生长状况。他能够根据残留的植物推测出该地原本的植被面貌，并对植物的生长状况给出自然主义的解释。在长期的观察过程中，他还发现了动物区系和植物区系之间微妙的共生关系，它们并不像表面上那般和谐相处，而是通过连续不断的斗争才得以共存。他强调观察植物不一定要到偏远地区，身边和脚下的植物同样值得研究。他曾说，"在周末，我的植物生活标准是在边远地区；在工作日期间，我则尽最大的努力去依靠大学的农场、大学校园和邻近郊区的植物区系"（利奥波德，2010：47—48）。

利奥波德还注意到西南地区普遍存在的问题——土壤侵蚀，并就火、植被演替和土壤侵蚀之间的关系进行了长期的观察、探索和系统性的研究。他不仅从该区域的护林员那里了解相关情况，还向一些老前辈询问当地植被覆盖的变迁史，经过反复调查和思考，逐渐发现了各种环境要素的内在关联。1924 年，他将多年来研究西南地区环境变迁的成果进行了汇总和整理，并以"亚利桑那州西南部的草、灌木、木材和火"（Grass，Brush，Timber，and Fire in Southwest Arizona）为题发表在《林业学报》（Journal of Forestry）上。该文以亚利桑那州南部山麓丘陵地区的灌木入侵现象为例，剖析火、植被分布与土壤侵蚀之间的作用机制。他直接向林业局的传统观念发出挑战，并将自己的理论概括为："在这里的移民到来之前，闪电和印第安人制造的火使得灌木一直保持稀疏状态，也导致杜松（juniper）和其他林地物种被大批杀死，从而为草覆盖土壤提供优势。尽管草原上会发生周期性的火灾，但是这些草却抑制了土壤侵蚀。后来，移民抵达这里并带来了大量家畜，这些区域从未经受过放牧，因而放牧导致了严重的破坏，草地被清除，普遍发生火灾的可能性也被自动抑制，于是灌木物种在根部竞争中占据优势，且没有火灾的威胁，很快就占领了整个区域。"（Leopold，1924）虽然他的分析并不完善，但他已经能够综合考虑当地的气候、地质、地形、土壤、植物、动物、人以及历史等因素，对环境问题的内在原因进行深入剖析。他是"最早意识到火在维持区域生态系统健康方面的作用的林务官之一"（Flader，2012），他对于火、植被与土壤侵蚀之间内在关联的阐释，纠正了林业局一直以来在防止火灾方面错误的指导思想——加强放牧可以抑制那些容易引发火灾的灌木丛的生长。

利奥波德很早就意识到了外来物种入侵的问题，他兼具敏锐的目光和广阔的视角，对植物的关注可以在个体与整体之间自由转换，因而总能看到别人所看不到的东西。1941 年，他在犹他州和俄勒冈州进行调查时注意到外来物种入侵现象，并为此专门写了一篇散文——《雀麦的替换》（Cheat Takes Over）进行阐述，该文后来被收入《沙乡的沉思》。他首先对美洲大陆的外来物种入侵状况进行了追溯，然后以雀麦这一外来物种为例详细探究了具体的入侵过程，指出植被变化除了对当地的景观造成影响外，还会给当地的动物群落带来困扰。此外，缺乏有效抑制的外来物种会导致本土物种生存状况的恶性循环，给当地的整个生态系统带来难以扼制的负面影响。然而，令他更加担忧的是，类似于这样的外来物种入侵现象还很少被人察觉。

在威斯康星大学任教后，利奥波德将植物学与教育结合在一起。他参与建立威斯康星大学植物园（University of Wisconsin Arboretum），并以此为基地引导学生了解威斯康星州植物区系的历史面貌，启发他们重新审视自己对土地的看法，建立人与自然之间的和谐共生关系。1934 年 6 月 17 日，威斯康星大学植物园正式成立，利奥波德发表了题为"植物园与大学"（The Arboretum and the University）的演讲。他指出植物园是为全体教职工和学生服务的，是一个向人们展示过去、现在以及未来的土地面貌的场所。因而，植物园的重要使命不是收集外来树种，而是恢复威斯康星州的本土物种。（Meine，2010：328）植物园致力于恢复的也不只是单个物种，而是整个植物区系。他说，"我们的想法是，为了大学的教育所需，重建一个原始的威斯康星州的样本（a sample of original Wisconsin）——当我们的祖先于 19 世纪 40 年代来到戴恩县时所看到的景象"。重建这样一个样本，有助于人们了解从 1840 年到 1930 年间威斯康星州的植物区系的确切变化过程，其意义在于"因为我们才刚开始意识到，在我们对土壤及其植物区系和动物区系进行有意且必要的改变的同时，我们也无意间导致了不必要的改变，这些改变会暗中破坏我们的文明所赖以生存的土地的未来承载力……植物园的功能是作为一个基准，一个出发点，通过漫长而艰苦的努力，在文明人（civilized men）与文明景观（civilized landscape）之间建立起永久且互利的关系"。（Leopold，1934）随后，在不到一年的时间内，威斯康星大学植物园的工作就全面展开了。

2. 认识大自然的精灵——鸟类

利奥波德幼年时期就对鸟类产生了浓厚的兴趣，13 岁时获得了父母赠送的查普曼的《北美东部鸟类手册》（*Handbook of Birds of Eastern North America*）的抄本，此书"奠定了利奥波德长达一生对鸟类兴趣的基础"（Meine，2010：17）。他从 15 岁开始对鸟类进行系统的观察记录，尤为关注鸟类的迁徙现象。16 岁时，他已经能够识别 261 个鸟类物种。他认为自己不仅仅是观鸟者，更是一位业余的鸟类学家（Meine，2010：27），因而对自身有着严格的专业要求。他对鸟类的早期研究对他的自然观察和写作都产生了显著影响。一方面，长期对鸟类的仔细观察训练了他敏锐的洞察力，使得他能够捕捉到许多稍纵即逝的细节；另一方面，为了详细记录观察到的鸟类，他不断提升自己的描述能力。

利奥波德是一个喜欢独处的人，在外求学期间，他把大量的课余时间用于徒步旅行。他非常关注当地的鸟类物种，不断扩充自己的鸟类识别范围。在寄给家人的信件中，他有时简短地列举看到的新物种，有时则用很长的篇幅仔细描述他喜爱的某一种鸣禽。其中有些是完整的鸟类学描述，包括某一物种的外表、行为、栖息地以及迁徙方式等。1919 年，他已经积累了大量的内容丰富、描述细致的日记，于是开始着手整理并发表。他最早发表的文章包括《格兰德河[1]流域的鸭子的相对丰富性》（Relative Abundance of Ducks in the Rio Grande Valley）、《新墨西哥地区绿头鸭迁徙的性别差异》（Differential Sex Migration of Mallards in New Mexico）、《关于格兰德河流域的鸽子的猎人札记》（A Hunter's Notes on Doves in the Rio Grande Valley）等，其中大部分发表于库珀[2]鸟类学会[3]的公报——《神鹰》（The Condor）[4]，这是当时的主流鸟类学期刊之一。文章中就某些问题进行了初步的探索，内容不乏专业性。他的著作《猎物管理》中包含了他长期以来所积累的关于猎鸟（game birds）的大量知识。1937 年又发表了《奇瓦瓦的厚嘴鹦鹉》（The Thick-Billed Parrot in Chihuahua），而《沙乡的沉思》一书中与鸟类有关的内容也占据了诸多篇幅。

利奥波德将鸟类誉为大自然的精灵，他曾说"松鸡是北方树林的精灵，冠蓝鸦是山核桃林的精灵，在泥炭沼泽的则是灰嗓鸦，在刺柏林山脚下的是蓝头松鸡"（利奥波德，2010：135—136）。这些精灵给他留下了深刻的印象，并吸引他不断探索鸟类世界的奥秘。他对野外旅行有一种深深的爱恋，选取的地点通常是那些人迹罕至的荒野地区，打猎是必不可少的，但更为重要的是观察到的自然景象，以及对区域物种的考察。1922 年，他和弟弟卡尔（Carl S. Leopold）到当时西南部最荒凉的流域之一——科罗拉多河三角洲（the Delta Colorado）进行了一次划船旅行，他在笔记中详细记录了旅行中的所见所感，其中包括他对当地鸟类物种的观察、记录和描述。那些优美的文字不仅呈现出了动物区系的动态图景，还展现了不同物种的独特姿态。利奥波德不是一个单向度的观察者，他反对

---

1 格兰德河（Rio Grande），北美洲南部河流，源出落基山，初向东，继向南流，最后沿美国、墨西哥国界作东南流向，注入墨西哥湾。

2 库珀（James Graham Cooper，1830—1902），美国外科医生和博物学家。

3 库珀鸟类学会（Cooper Ornithological Society），前身为库珀鸟类学俱乐部，于 1893 年在加利福尼亚成立，出版刊物包括鸟类学期刊《神鹰》和专题丛刊《鸟类生物学研究》（前身是《太平洋海岸鸟类志》）。协会的宗旨是对鸟类进行科学研究，传播鸟类学知识，鼓励和传播对鸟类研究的兴趣，以及保护鸟类和野生动物。

4 此刊历史悠久，创立于 1899 年，至今已有一百多年的历史。此刊为季刊，每年 2、5、8、11 月出版，由库珀鸟类学会编辑，刊载的文章水平高、学术性强。

将观察对象从其生存环境中分离出来，带回实验室进行细致的解剖，从而探求所谓的"客观的"结论。他注重的是在自然状态下对物种的全面考察，认为仅仅通过某一物种的外貌特征对其进行分类远远算不上是了解它。

利奥波德对鸟类的迁徙现象进行了长期的观察和研究，他采用的方法主要是野外观察和环志。通过野外观察，他获得了与鸟类的种类数量、迁徙时间和迁徙路线等有关的大量基础资料。例如，他基于两年的观察数据，即 1917—1918 年间每周一次的打猎中，他在同一地点所猎取的绿头鸭中公鸭和母鸭的比例，从而发现格兰德河流域的绿头鸭的迁徙行为存在性别差异，即母鸭先抵达那里，随后才是公鸭。至于为什么会存在这样的差异，他表示尚未获得答案。但他对于解决这一问题的突破口提出了一些设想，这对后人的研究有着重要的指导意义。1938 年 2 月 4 日，全家人第一次给鸟儿戴环志，自此这项活动成为每年冬天的常规活动。通过对比首次环志时和环志鸟类回收时所记录的信息，他了解到鸟类的迁徙路线、迁徙停歇地、迁徙范围、迁徙速度以及鸟类的寿命等信息。

鸟类的生存离不开栖息地，而且由于生活习性的差异，鸟类在栖息地选择上也存在一定的差异性。生态学家很早就意识到，鸟类对栖息地的选择以植被类型为基础，植被结构逐渐成为鸟类栖息地选择分析的一项重要研究内容。利奥波德在这方面也有所研究，结果证实某些鸟类的分布与一定的植被结构特征具有明显的相关性。随着工业文明的迅速发展，人类活动的范围和强度也越来越大，大片的森林、草地、沼泽湿地被开发利用。鸟类赖以生存的栖息地面积日益缩小，栖息地逐渐岛屿化、碎片化，这直接导致了鸟类数量持续下降，某些甚至已经灭绝或濒临灭绝。为了保护某些濒危物种，利奥波德着手制订相应的管理计划，并积极推动建立专门的保护区。早在 1924 年，利奥波德就与他的朋友共同完成了一份报告，概述了促进鹌鹑繁殖的详细步骤，这是他最早尝试为特定的野生动物规划管理方案。（Meine，2010：224）1930 年，他开始与埃林顿（Paul L. Errington）合作，进一步推进关于鹌鹑的研究工作。1934 年，利奥波德接收了第一位研究生施密特（Franklin Schmidt，1901—1935）[1]，并指导他专门研究草原松鸡，因为这个物种在威斯康星州以及其他地区的命运因栖息地的不断缩减而遭到了严重威胁。不幸的是，次年 8 月施密特在一场火灾中丧生。

1　美国博物学家，利奥波德的学生，被誉为"野生动物管理"领域的第一位实践者。

3. 保护美国文化的野生根基——野生动物

利奥波德非常关注野生动物的存在状况，这不仅是他作为猎人的本能，更是基于他对野生动物的重要价值的深刻认识。他曾说"原始人的文化常常是以野生动物为基础的"，并指出"在文明的民族中，文化的基础已几经迁移，但无论怎样其文化却依然保留着部分野生的根基"。早期拓荒者与野生动物的斗争催生了"拓荒者的价值观"，野生动物的存在不仅提醒着人们美国独特的民族起源和发展的价值，还时刻强调着一个事实——人类的生存依赖于土地的馈赠。此外，原始的狩猎方式还培养了所谓的"猎人道德"，这"是在所有经验中都存在的，在集体中发挥着伦理约束力的价值"。（利奥波德，2010：175—176）

利奥波德的野生动物保护意识源自他对猎物的关注，而这归根结底是受其父亲卡尔的影响。卡尔一直对户外活动和打猎保持着强烈的兴趣，经过长期的积累掌握了大量与动植物有关的知识，能够敏锐地察觉自然中潜在的变化。（Meine，2010：19）19世纪末20世纪初，美国西部地区的猎物数量骤减，当时尚未设立相关的管理制度，猎人依然可以随意打猎。但卡尔率先意识到了问题的严重性，他自觉调整了多年以来的打猎方式和习惯，还积极推动并参与猎物保护的立法活动。利奥波德幼年时期常随父亲外出打猎，十二三岁就已熟知父亲的打猎技巧，他所继承到的不只是对户外活动和打猎的热情，还有父亲富有远见的思想和主动承担责任的精神。幼年的利奥波德或许只是懵懂地吸收了父亲的观念，但在他后来的求学和工作过程中，随着户外经历越来越丰富，逐渐对这一问题进行独立的思考，他的思想也在克服重重障碍后趋于成熟。

1938年秋，利奥波德在其信笺纸上署名"野生动物管理教授"，而在此之前他一直自称"猎物管理教授"，从"猎物管理"到"野生动物管理"不仅仅是他对自己身份认知的变化，更暗示着他的思想实现了重大突破。以对待食肉动物的态度作为线索，利奥波德在野生动物保护方面的思想主要经历了三个阶段。

第一阶段：1909—1924年，猎物保护的积极推动者。毕业于耶鲁大学林学院的利奥波德，深受平肖的功利主义保护观念的影响，强调对自然的明智利用。他与当时的主流观念保持一致，基于经济利益和几个世纪以来的文化教导，理所应当地对野生动物进行分类，只有那些对人类来说有用的、可以带来经济利益的动物才被他纳入保护范围，而食肉动物则被他称为"害虫"（vermin）、"恶棍"（varmint）和"林中的偷盗者"（skulking marauders of the forest）。尽管他并不是灭绝食肉动物的最为激进的拥护者，但作为指定的宣传员，他还是不遗余力地呼吁完全根除食肉动物。1924 年底，事情开始出现转机，他从朋友寄来的关于凯巴布高原的猎物调查报告中了解到，灭绝食肉动物和禁止打猎导致当地猎物的数量激增，过量的猎物不仅对当地植被造成了严重破坏，还因食物匮乏而大批死亡，这一典型的错误案例促使利奥波德重新检视他的猎物管理思想。

第二阶段：1925—1935 年，逐渐转变对食肉动物的看法。1925 年底，利奥波德在俄克拉荷马州的威奇托国家森林（Wichita National Forest）进行的猎物调查促使他尝试改变自身对食肉动物的看法。此后，他开始呼吁关注特定区域的特定食肉动物。1929 年，他对食肉动物在自然系统中的作用有了更加深入的认识，虽然仍未完全理解食肉动物的生态价值，但他明确反对将食肉动物定性为单纯的好或坏。1933 年 5 月，他的《猎物管理》一书出版，书中呈现的管理理念依然具有明显的功利主义倾向，表明他的思想仍处于过渡状态。1935 年，在为期三个月的德国之行后，他对食肉动物的看法完成了最后的转变。他在德国亲眼看见了没有食肉动物且被高度控制的森林里过量的鹿导致严重的森林破坏，他终于明白了食肉动物在整个生态系统中的重要作用，即"食肉动物会通过营养级联（trophic cascades）对森林与山区的植物共同体产生影响，狼和其他食肉动物的灭绝，导致有蹄类动物激剧繁殖，并最终导致植物遭到严重破坏"（Ripple & Beschta，2005）。

第三阶段：1935 年之后，扩展野生动物管理的范围。当利奥波德在欧洲进行考察的时候，美国的野生动物保护领域发生了重大变革，"野生动物"（wildlife）一词被广泛接受并最终取代了"猎物"一词。（Meine，2010：362）同年年底，利奥波德应邀为美国野生动物协会（American Wildlife Institute）正在筹备的首届大会提供建议，他在回信中对野生动物保护运动进行了回顾，详细论述了他关于猎物管理的各种问题的想法，还就猎物保护的发展方向给出了清晰的陈述。他毫不犹豫地接受了令大多数同行感到不舒服的用词变化——用"野生动物"取代"猎物"，并积极推动野生动物保护政策扩展到包含"非猎物、稀有或者濒危物种的利益"。1936—1941 年，他先后发表题为"野生动物保护的方法和目标"（Means and Ends in Wildlife Conservation）、"美国文化中的野生动物"（Wildlife in American Culture）、"野生动物在博雅教育中的作用"（The Role of Wildlife in a Liberal Education）的演讲，推动野生动物管理理念与实践的发展，强调野生动物在塑造价值观和发展教育事业等方面的重要价值。利奥波德自1934年开始招收的研究生们在他的指导下，在野生动物行为学、生理学、内分泌学、营养学、种群生态学、保护区管理（refuge management）以及濒危物种等方面践行新的研究线路，经过多年的积累和发展，野生动物管理这门学科的范围被大大扩展。

利奥波德的职业生涯跨越了美国的保护运动和资源管理运动的前半个世纪，他的思想不可避免地受到了当时主流观念的影响，但他最终超越了那个时代，提出了颇有远见的观点，并致力于转变公众的思想。他于1944年专门回顾了自己在野生动物保护方面的思想转变历程，并在4月1日写下了一篇文章——《像山那样思考》（Thinking Like a Mountain），从中可以发现，"与鹿和狼有关的创伤是促使他的思想发生转变的主要因素"。（Flader，1994：xiii）他追溯了自己在西南地区工作期间的一次难忘的经历。事情发生在1909年秋季的某一天，他和同事射杀了一只母狼，并看到一团"强烈的绿色火焰"从它的眼中消失。从他当时写给母亲的书信来看，他对这一事件似乎无动于衷，而且有大量证据表明他对狼的态度发生转变是在之后的几十年中缓慢进行的，但是该事件已经在他的脑海里留下了深深的烙印，以至于35年后他还能回忆起许多细节。这一烙印随着时间的推进逐渐显现，加上多年的实地调查、全面了解和反复思考，他终于知道了狼的眼睛里所隐含的"那种新的而且只有它和那座山才了解的东西"，明白了以狼为代表的人类所谓的有害或无用的物种在整个生态系统中扮演的不可替代的角色。他深知自己曾在新墨西哥州的灭狼运动中发挥过重要作用，并为此深感愧疚，在其学生霍赫鲍姆（Hans Albert Hochbaum）的建议下，他打算借此向公众阐述自己的思想发展历程，希望公众参照他一生的错与对而获得启发，并最终实现思想上的转变。

20世纪30年代初，利奥波德在进行猎物调查的过程中，感到美国猎物保护的兴趣日益高涨，但十分缺乏坚实的科学基础来支撑猎物保护和猎物管理工作，为此他开始着手准备一本猎物管理方面的教科书。在此之前，他已经陆陆续续把猎物调查所累积的大量资料整理成了一些书和文章。在这些成果的基础上，他着手编写《猎物管理》一书，该书问世后得到了诸多同行的认可和称赞。《猎物管理》是美国保护事业发展过程中的重要里程碑（Jahn，1986：xxii），它不仅是新兴的科学领域——野生动物管理的奠基石，还是唯一一本为构建野生动物生态学和野生动物管理的科学和艺术提供有关思想史、理念史和方法史的深刻见解的书。（Jahn，1986：xxix）这本书的写作目的主要有三个：为那些实践猎物管理或把它当作一种职业来学习的人提供一本参考书；为富有思想的运动爱好者和自然爱好者解释他在野外所看到的某些东西的重要意义；向博物学家、生物学家、农业专家和林务官说明他们的学科与猎物管理之间的关联，以及他们的实践如何能够适用于土地。（Leopold，1986：xxxiii）对利奥波德而言，这是一种尝试，是一种从土地上收获猎物的艺术。

利奥波德还开展了广泛的野生动物调查，从而为改善野生动物的繁殖、生存和管理提供新知识。当时，美国没有任何猎物管理的相关方法，动物生态学也只是一门新兴学科，猎物研究缺乏扎实的科学基础，关于猎物及其栖息地方面的知识非常贫乏。在利奥波德的不懈努力下，美国的野生动物调查、野生动物管理以及野生动物生态学都取得了长足发展。他一生所做的大大小小的野生动物调查不计其数，但总体上他的调查范围与其思想发展一样，经历了从猎物向野生动物的扩展。利奥波德早期的调查对象主要是具有经济价值的猎物，调查成果汇总在《猎物与鱼类手册》（*Game and Fish Handbook*）中。1928—1931 年，他在美国狩猎器械生产研究所的资助下，到美国中北部各州进行了大范围的猎物考察，并完成了《中北部各州的猎物调查报告》（*Report on a Game Survey of the North Central States*）。1932 年，利奥波德的朋友鲍德温（S. Prentiss Baldwin，1868—1938）[1] 鼓励他"把猎物研究的范围扩展到包含所有的野生动物，因为在不考虑所有其他野生动物的情况下，根本不可能在研究和控制猎物保护方面有很好的理解"（Baldwin，1932）。利奥波德接纳了朋友的建议，随着他在猎物调查方面有了更加深刻的认识，他越来越关注非猎物的野生动物，逐渐将猎物调查扩展为野生动物调查。

利奥波德是公认的野生动物保护者，他在野生动物管理方面的思想至今依然具有指导意义。与此同时，他也是一位技艺精湛的猎人，留下了大量的打猎笔记和散文，其中部分内容于 1953 年经卢纳·利奥波德（Luna Bergere Leopold，

1　美国著名鸟类学家、博物学家和法学家。他建立了鲍德温鸟类研究实验室，并协助成立了克利夫兰自然博物馆（Cleveland Museum of Nature History）。他是家养鹪鹩的专家，鸟类环志的先驱，出版了许多鸟类学专著。

1915—2006）[1] 等人整理后以文集形式出版——《环河：利奥波德的日记汇编》
（ *Round River: From the Journals of Aldo Leopold* ）。然而，这本书并未获得如《沙
乡的沉思》那样的热烈反响，原因并不在于其文笔上的逊色与否，而在于这本文
集更加突出利奥波德作为猎人的形象，这恰恰是反对打猎的环保主义者所不能接
受的，也令《沙乡的沉思》的读者们感到很困扰。热衷于打猎的人同时也热衷于
保护动物，这似乎是一个无法调和的悖论。事实上，对于利奥波德来说，这两种
角色并不冲突，而是有着内在的一致性。一方面，打猎对于他来说并不是一项单
纯的娱乐活动，而是人与自然打交道的一种传统的、直接的方式；另一方面，他
的野生动物保护的宗旨并不在于保护每一个个体，而是种群整体的动态平衡。以
上两点使得猎人与野生动物保护者的双重身份很好地融合在一起。

利奥波德对打猎的界定有狭义与广义之分，对猎人这一角色也有自己的看
法。狭义上的打猎是我们通常所理解的，即猎取野生动物。这似乎总让人想到血
腥和嗜杀，但利奥波德认为"打猎从来就不是简简单单的杀或不杀的问题，它是
一项复杂的活动，从中可以看到人类或贪婪或娱乐或交流的心态。打猎可以衡量
一个人的仁慈或残暴"（ Meine，2010：40 ）。于是，打猎不再只是一项充斥着杀
戮的活动，同时也是展现一个人的道德品质的间接方式。在打猎方式上，他有自
己的原则，相对于使用现代化的狩猎工具，他更喜欢原始的打猎方式，外出打
猎时坚持使用弓箭。与此同时，他不断地思考猎人的角色以及打猎在现代社会
所处的位置。他非常注重冒险精神，而打猎就象征着一种冒险，他把"冒险家"
（ sportsman ）这一头衔当作一个猎人所能获得的最高荣誉。冒险精神曾在塑造美
国人的文化和思想方面发挥了关键作用，为了维持美国文化和思想的活力，有必
要保留产生这一精神的活动——打猎。

广义上的打猎则包括所有从自然中猎取东西的活动，无论是实实在在的动
物、植物、昆虫、岩石，还是稍纵即逝的鸟鸣、花开、风吹、草动，都可以算作
猎取的对象。打猎的迷人之处在于对声音、踪迹、羽毛、窝巢、栖息地、摩擦、
殴打、挖掘、觅食、战斗或捕食的寻找，整体来说是森林猎人所谓的"阅读记

---

1 利奥波德的儿子，曾广泛接受工程学、气象学、地质学和水文学方面的培训，获得了这些领域的专业知
识，并将这些知识结合起来为河流地貌学（研究周围环境如何塑造并影响河流）奠定了科学基础。他一
生发表了约200种文章和书籍，其中许多在今天的教学和田野工作中仍被广泛使用。他的成就是公认的，
获得了许多著名奖项和荣誉，包括国家科学奖章、美国地质学会授予的彭罗斯奖章，被选入美国国家科
学院，还曾当选美国艺术与科学学院的院士，等等。

号"（reading sign）的技能，这种技能很少从书本中学到，而且通常看起来与我们在书本上学到的东西恰恰相反。所有猎人的共性是他们意识到总有一些东西可以猎取，这个世界上充满了各种努力自我隐藏的生物、过程和事件，每一片土地都是一个猎场，对猎人的最终检验就是他是否热衷于在空地上狩猎。（Leopold，1993：128）总之，利奥波德所关注的是在打猎的过程中与自然的交流互动。

理解利奥波德的野生动物保护思想，必须把握的要点是，他坚持保护的对象并不是每一个个体，而是作为生态整体的重要组成部分的物种，他提出的野生动物保护的原则是保证生态整体的稳定性。他"所关注的是物种，特别是把物种与生态过程整合为一个整体的地球生态系统"。（纳什，2005：86）1948 年，他确立了一个约束和检验人类所有的与自然有关的思想行为的判断标准，即"当一个事物有助于保护生物共同体的和谐、稳定和美丽的时候，它就是正确的，当它走向反面时，就是错误的"（利奥波德，2010：222）。这也正是他的野生动物保护所遵从的原则。所谓的生物共同体实际上就是指整个生态系统，它包括土壤、水、植物和动物在内。生态整体内部的各个物种和各类物质之间有着密切复杂、不可分割的联系，人类也处于这一复杂的联系之中，保证物种的多样性有助于维持整体的稳定性。因此，利奥波德在打猎对象上也有所取舍，稀有物种和濒危物种必须进行优先保护，那些数量丰富的物种则基本不会因为打猎而受到影响，至于那些过度繁殖以至于对其他物种和整个生态环境产生威胁的物种则有必要采用打猎的方式予以控制。

迈内（Curt Meine）曾指出，利奥波德之所以能够取得那么多非凡的成就，不仅仅在于他出众的智力、对生态科学的诉求、观察天赋、国家意识以及他的活力和好奇心，还有两个更为关键的因素，即他是一位猎人，也是一位尽职尽责的土地管家。作为猎人，他在户外活动中获得了大量的基础知识，了解到野生动物的生存状况和活动范围，并且敏锐地感知到存在的问题。作为土地管家，他必须维持土地整体的健康状态，保证物种的丰富性，既不随意将某种生物从生态金字塔中抹掉，也不能容忍短视的经济利益追求者放纵某种生物的数量肆意膨胀。总之，他作为猎人的良心与他作为野生动物保护者的良心之间并无断层，而是连续的统一体。（Meine，2010：476）此外，值得注意的是，美国的第一批环保主义者有相当一部分都同时具有猎人的身份，利奥波德并非个例。

4. 探究自然之中隐含的秩序——物候

利奥波德在对大自然的各种事物和现象进行观察的过程中，逐渐觉察到了一些有趣的规律，并致力于探索和发现这些规律。他一直对土地的内部运转机制非常好奇，于是以物候现象作为切入点进行深入的研究，他认为"生物是土地的动脉。物候学通过记录生物对太阳的反应，也许最后就能揭开终极奥秘——土地的内部运转机制"。（Leopold & Jones，1947）

"物候学"（phenology）一词来源于希腊语 phaino，意味着显露或出现，表明它主要关心的是自然事件在其年度循环中首次发生的日期。国内著名物候学家竺可桢给出的定义是："物候学是研究自然界的植物（包括农作物）、动物和环境条件（气候、水文、土壤条件）的周期变化之间相互关系的科学"（竺可桢、宛敏渭，1963：1）。利奥波德于 1935 年春天开始在沙乡小木屋进行物候观察和记录。在随后 12 年的几乎每个周末，利奥波德一家人致力于恢复农场的生态系统，这片土地在全家人的悉心呵护下逐渐恢复它以前的面貌：镶嵌着花朵的森林、草原和沼泽，以及随处可见的鸟儿。1938 年初春，利奥波德发现了美洲丘鹬（American woodcock），这一事件标志着他最早的物候研究的开端。除了以沙乡农场作为物候观察基地外，利奥波德还充分利用威斯康星大学校园、植物园、农场以及麦迪逊的周边地区从事物候观察、记录和研究。虽然利奥波德在物候学方面的工作起步较晚，但成果颇丰。

1947 年，利奥波德与琼斯（Sara Elizabeth Jones）合作发表了《1935—1945年威斯康星州索克县和戴恩县的物候记录》（A Phenological Record for Sauk and Dane Counties, Wisconsin, 1935–1945），该文包含 40 种鸟类在春天的到来时间，目的是"收集有关本地野生植物、鸟类以及哺乳动物的综合性物候记录，而且至少有个别条目与其他用于景观美化的动物、水域、农作物和植物相关"（Leopold & Jones，1947）。随后，利奥波德计划发表另一姊妹篇，内容是鸟鸣物候现象（bird song phenology），直至他去世的前一天（1948 年 4 月 20 日）他还在为这一研究积累数据，但他的突然死亡导致研究工作戛然而止。早在 1944 年，他就对鸟鸣观察记录进行了初步总结，标题为《威斯康星州南部的鸟鸣物候现象》（Bird Song Phenology in Southern Wisconsin）。1951 年，关于鸟鸣季节的研究成果率先由齐默曼（J. H. Zimmerman）整理并发表。（Zimmerman，1951）1961年，艾农（Alfred E. Eynon）对这些观察记录做了进一步整理，并以《鸟类在黎明和傍晚的啼鸣与时间和光线强度的关系》（Avian Daybreak and Evening Song in Relation to Time and Light Intensity）为题发表。该文报道了 1944 至 1947 年间在威斯康星州南部所做的记录，并据此衡量每日鸟鸣开始和结束时的时间和光线强度的变化，这项研究涵盖了 20 种北美鸟类。（Leopold & Eynon，1961）利奥波德对物候学的关注还影响了他的自然随笔的写作方式，长期的物候观察、记录以及研究成果被他融入《沙乡的沉思》一书中，这些优美的篇章至今仍引导着人们去观察周围的世界，激励着一代又一代的自然爱好者去记录有趣的物候现象。

　　1937 年春，在朋友法瑟特（Norman Fassett）[1] 的鼓励下，利奥波德对野花的兴趣大增，自此开始记录植物物候现象，尤为关注野生植物的开花日期。基于研究所需，他构建了一套自己的分类方法，根据生长地点和特性将野生植物分为木本花卉（woods flowers）、草原与沙洲植物（prairie and sand plants）、野草、引起花粉症的野草（hayfever weeds）、沼泽植物以及野果。（Leopold & Jones，1947）他观察植物的周期很长，通过对多年积累的数据进行对比，他还发现植物物候出现了异常现象："今年，我发现这些指南花初次开花的时间是七月二十四日，比平时迟了一个星期。最近六年，它们初次开花的平均时间是七月十五日。"（利奥波德，2010：46）为什么会出现推迟现象？他没有给出直接说明，但从其他的相关研究中可以发现他对这方面的问题也有所探究。在《1935—1945 年威斯康星州索克县和戴恩县的物候记录》一文中，他分别考察了寒冷、霜冻、降雪、干旱、温度和洪水对野生植物开花时间和发育周期的影响。（Leopold & Jones，1947）

　　利奥波德综合运用实验研究和定量研究，从而说明环境因素如何影响动物行为。他利用温度和光线强度的不同梯度，并结合物候表去衡量动物物候现象。1941 年 5 月，他第一次注意到清晨鸟鸣的顺序，并逐渐开始详细记录鸟鸣现象。在长期的记录过程中，他发现鸟鸣现象存在一定的规律性。首先，区域内各种鸟类的啼鸣存在一定的次序。其次，鸟类的啼鸣与时间和光线强度有关。他于 1944—1948 年在威斯康星州麦迪逊市的西部郊区和距离索克郡费尔菲尔德小镇西北部 34 千米处的一个废弃农场进行观察，并用光度计测量光线强度，积累了

---

[1] 著名的植物分类学家、博物学家，坚定的环保主义者，著有《水生植物手册》（A Manual of Aquatic Plants，1940）一书。他与利奥波德同一时期在威斯康星大学工作，在植物学系任教，利奥波德对植物的兴趣深受他的影响。

许多光度测定数据，据此分析了清晨和傍晚的鸟鸣与光线强度之间的关系。他尤为感兴趣的是月光对拂晓时分啼鸣的影响。在他之前，还没有人专门收集数据以展示满月对白昼活动的（diurnal）物种产生的影响。然而，他在这一问题上的研究因当时光度计的功能过于粗糙，不足以测量月光而受到限制。利奥波德猜想满月对美洲知更鸟（American robins）、灰猫鹊（gray catbirds）以及原野春雀（field sparrows）都有影响，但并不确定。后来，艾农基于利奥波德的数据，侦测到春季期间满月光对知更鸟的啼鸣产生的确切影响。第三，气候、季节、筑巢行为、疲劳等因素也会对鸟类的啼鸣产生影响。早在1912年，莱特（Horace W. Wright）就提出了疲劳理论[1]，但利奥波德是第一个在那些晨昏之际活动的鸟类（crepuscular bird）身上检验这一理论的人。（Leopold & Eynon，1961）遗憾的是，检验结果并不具有决定性，他依然不确定疲劳或者其他"内在因素"是否对鸟类的啼鸣产生影响。

利奥波德不仅热衷于物候学研究，还强调物候学的实际应用，在他看来物候学是一种功能多样的工具。他对物候学的多重应用主要表现在以下四个方面。其一，物候学是一种可靠的科学管理工具。为了研究鸟类啼鸣的现象，他绘制了大量的鸟鸣图表，并将它们整合在一起进行比较。他对植物也做了同样的研究，记录了包括木本花卉、草原与沙洲植物、野草、沼泽植物和野果在内的大量植物的平均开花周期。此外，还有动物的物候记录，以及气象数据如首次解冻、首次霜冻和首次结冰。其二，物候学是一种有效的教学工具。他将物候学研究融入自己的野生动物生态学课程的教学工作中，培养学生进行物候观测的习惯。一方面，学生可以在物候观测的过程中深入了解动植物，为日后的工作打下坚实的基础；另一方面，学生收集的物候数据为进一步的物候研究积累了宝贵的资料。其三，物候学是一种新颖的文学工具。他在《沙乡的沉思》中融入了大量的物候知识，这些是他长期进行物候记录的结晶，从而将这种新的文学工具发挥得淋漓尽致。其四，物候学是发展土地伦理的有力工具。利奥波德的土地伦理重新定义了人与自然之间的关系，将人类放在与自然界的其他成员平等的位置上，赋予土地共同体中所有的生物以公民权。一方面，他把物候学当作一个台阶，通过它消除错置的人类优先权，使得人类成为与植物和动物比邻而居的平等成员；另一方面，他

---

1 假设白昼活动的鸟类傍晚停止啼鸣时的光线强度高于早晨开始啼鸣时的光线强度。

认为物候学可以改变人类看待世界的方式。物候观察要求人们走到户外,关注自己周围的世界,并通过定期观察和记录物候现象与自然反复打交道,从而培养出对植物和动物的感情,并察觉日益增长的环境问题。

事实上,利奥波德关注的问题和领域相当丰富,除了以上所论述的四个方面之外,他对地方性知识的重视、他和印第安人的关系以及他的宗教思想等,都是非常有趣且有待研究的话题。

三、多重身份的内在一致性

利奥波德拥有的多重身份主要表现在以下三个方面:首先,他是当之无愧的博物学家,延续并拓展了博物精神,终身热衷于博物学实践;其次,他是著名的生态学家,基于对自然万物之间关系的生态性理解,呼吁并践行保护生态环境的使命;最后,他提出的"土地伦理"将伦理边界进一步向前推进,对后世的环境运动产生了深远的影响,因而被奉为"现代环境伦理学之父"。利奥波德同时在这三个领域获得了赫赫声名,在某种程度上可以归结为现代分科所导致的必然现象,但从根本上来说,它表明博物学、生态学与环境伦理学三者之间有着难以割裂的内部关联。他所获得的诸多头衔,既不相互排斥也不相互重叠,而是全面了解其丰富人生的重要坐标。

1. 博物学与生态学之间的天然联系

生态学(ecology)是认识和揭示自然现象和规律的一门科学,主要研究生物与环境、生物与生物之间的相互关系。生态学与博物学之间有着天然的联系。首先,生态学是典型的建立在博物学基础之上的学科(Fleischner,2005),受益于博物学的直接观察和细致描述。该领域的第一本教科书——埃尔顿(Charles Sutherland Elton,1900—1991)[1]的《动物生态学》(*Animal Ecology*),开篇就明确说"生态学是一门非常古老的学科的新名字。它仅仅意味着科学的博物学"

---

[1] 英国动物生态学家。1922年毕业于牛津大学动物学系,曾于1921年以朱利安·赫胥黎的助教的身份赴挪威参加斯匹次卑尔根岛的考察工作,之后又于1923、1924年参加了北极和瑞典拉普兰的考察活动。1925年,他被加拿大哈德逊湾公司聘为生物学顾问,之后利用该公司约200年的毛皮收购记录研究了这些动物的数量变动。他于1932年在牛津大学建立了动物种群研究所,该所后来成为国际性的动物数量和生态学的研究和情报中心。

（Elton，2001：1）。其次，生态学领域的许多理论突破来自那些在博物学领域技艺娴熟的思想者。（Dayton & Sala，2001）自然选择理论的两个构想者——达尔文和华莱士都是不折不扣的博物学家。诸多案例表明，没有博物学领域多年积累的精确的观察数据作为基础，理论见解将错误百出，甚至是不可想象的。第三，博物学实践经常引发对野生世界的强烈情感。诺斯（Reed F. Noss）曾说博物学家通常在大自然面前体验到了惊奇、敬畏、深深的尊敬以及谦逊……缺乏对地球的爱，生态学家就只能算是技术人员。（Noss，1998）代顿（P. K. Dayton）和萨拉（E. Sala）注意到博物学总能激发感情，而这反过来又激发了生态学中的创造性思想。（Dayton & Sala，2001）而利奥波德本人就非常强调谦逊、尊敬尤其是热爱土地的重要性。

利奥波德于1920年4月发表了一篇题为《先知们的林学》（The Forestry of the Prophets）的文章，他将圣经研究与博物学进行了有趣的结合，并且第一次使用"生态学"一词。他当时正热衷于研读圣经，并欣喜地发现旧约中包含着丰富的博物学信息，而先知们也都是具有丰富的林学知识的博物学家。在他看来这不仅是一部宗教经典，而且与他阅读的那些探险家们的日记一样，提供了关于人与其环境之间的关系演变的真实教训。（Meine，2010：183）

利奥波德不仅通过长期的博物学研究产生了生态意识，他还从新兴的生态学领域吸收了有益的思想成分。1931年夏，他应邀参加生物学领域的国际性大会，并结识了他一生中最重要的朋友之一——埃尔顿。时年31岁的埃尔顿是牛津大学的动物学教授，早在26岁就完成了《动物生态学》一书，该书提出了许多新的概念，如小生境、营养层、食物链以及食物网等，他的动物生态学理论也为生态学领域奠定了基础。二人都热衷于博物学，并且相信那些与动物群落打交道的人，例如博物学家和渔夫能够为生态学家提供有价值的信息。他们都认为田野调查和观察方法对于记录和说明物种之间的相互作用是必不可少的，他们依据观察数据所获得的深刻见解也是相似的。利奥波德与埃尔顿等著名生态学家长期交往后，在其著作中吸收了食物链、能量流、小生境及生命金字塔这类新词汇，如20世纪40年代他在一篇文章中用"环河"（round river）来标识大自然中物质和能量的流动特征，《沙乡的沉思》一书中也有许多篇幅与地形、土壤、水、植物、动物以及生态系统的其他组分之间复杂的相互作用有关。利奥波德晚年所做的物候学研究与生态学之间有着密切联系。物候学实际上是生态学方法，是生态学重

要的辅助学科。（施奈勒，1965：240）

1937 年，利奥波德在论及"如何教育野生动物保护者"这一话题时，对"静态的"博物学和"动态的"生态学进行了区分。（Meine，2010：370）在他看来，一个仅仅知道物种的名称及其栖息地的环保主义者，类似于一个拥有广泛的交际圈但却不具备商业知识的政治家或经济学家，"二者都缺乏对生存斗争的内部景象（inside picture）的了解。生态学是关于动物与植物的政治学和经济学。公众环保主义者需要了解野生动物生态学，因为这不仅使他能够对健全的政策进行评论，而且也使他能够从与土地的接触中获得最大的乐趣"。（Leopold，1937）可见，"静态的"博物学和"动态的"生态学对于一名合格的环保主义者来说都是必不可少的。

2. 生态学是土地伦理的科学基础

利奥波德在环境伦理学领域所获得的声誉主要归功于他在《沙乡的沉思》中对"土地伦理"所做的简明扼要的阐述，与之相关的这篇精彩的文章堪称"'精华'中的精华"（Callicott，1987）。土地伦理的基本概念是共同体，传统伦理对共同体的界定局限于人的范围，而"土地伦理则将共同体的界限扩大到包括土壤、水、植物和动物，或者把它们概括起来：土地"。利奥波德是第一位把人类放在生态共同体之内而不是之外的人，他说"土地伦理是要把人类在共同体中以征服者的面目出现的角色，变成这个共同体中的平等的一员和公民。它暗含着对每个成员的尊敬，也包括对这个共同体本身的尊敬"。（利奥波德，2010：203—204）

利奥波德提出土地伦理的目的是要建立一种正确的人与土地之间的关系，而这种关系的建立则以人对土地概念的正确理解为前提。他自身对待土地的观点就经历了从功利主义向生态思想的转变。早期的利奥波德主要接受了平肖的功利主义的资源管理思想，土地对他而言只是人们从中获取资源的仓库。随着他在工作过程中发现大量的土地因为这种管理理念而变得千疮百孔，以及生态科学的兴起给他带来了一种新的视野，他逐渐意识到土地并不是一个僵化的集合体，而是一个活生生的有机体，它的各个组成部分之间有着密切的联系。利奥波德希望人们能够"像山一样思考"，能够站在生态的角度，从人与自然的关系以及保持土地健康的立场来思考，并且培养一种"生态良心"。

土地是生态学和土地伦理的结合点，正如利奥波德在写于1948年的序言中所说，"土地是一个共同体的观念，是生态学的基本概念，但是，土地应该被热爱和被尊敬，却是一种伦理观念的延伸。土地产生了文化结果，这是长期以来众所周知的事实，但却总是被人所忘却"。20世纪早期，生态学进一步扩展了共同体的观念，从而为扩大伦理行为的范围提供了基础。正如纳什（Roderick Frazier Nash）所说："生态学使利奥波德懂得了在同一环境中的一切生物的相互依赖性，这使他曾一直搜集的点点滴滴有关人蹂躏自然界的后果的证据有了内涵。对生态学的熟识，也显示了一种基于伦理学的新方法论的必要性；这一新的方法论会使人们认识到，他们的环境是自己所属的共同体，而非他们所拥有的一件商品。一种生态学意识将产生一种真正的对一切生命形式的尊重。"（纳什，2012：176）利奥波德还对伦理学和生态学之间的关系进行了明确阐释："这种迄今还仅仅是由哲学家们所研究的伦理关系的扩展，实际上是一个生态演变中的过程。它的演变顺序，既可以用生态学的术语来描述，同时也可用哲学词汇来描述。一种伦理，从生态学的角度来看，是对生存竞争中行动自由的限制；从哲学观点来看，则是对社会的和反社会的行为的鉴别。这是一个事物的两种定义。"（利奥波德，2010：201—202）由此可见，利奥波德所提出的意义深远的"土地伦理"有着深厚的科学知识基础。

生态学的思想成果为利奥波德的土地伦理提供了坚实的基础，反过来，利奥波德的土地伦理也推动了生态学的深入发展。美国著名环境史学家沃斯特曾对利奥波德的文章"土地伦理"给出这样的评价："比起任何一篇别的作品来，这篇文章更标志着生态学时代的到来；事实上，它也将被看作是一种新环境理论的独特而极简明的表达。它同时带来了一种对待自然的科学方式，一种高水平的生态学上的老练和一种生物中心论的、与占主导地位的对待土地利用的经济学态度相对立的公有伦理。"（沃斯特，2007：334）利奥波德的土地伦理呼吁人们对生态进行重新认识，对我们赖以生存的自然环境有一种伦理上的责任感。

3. 博物学是土地伦理的情感根源

博物学与环境伦理学之间有着密切的联系。洛佩兹曾说，"博物学家的基本任务最终是一项伦理任务，即，将他们从对世界的密切观察中所获得的深刻见解用于重建人与自然的友好关系，重新扩展道德领域的边界"（Lopez，2001）。利奥波德在践行博物学家的这项基本任务方面为我们树立了一个典范，他凭借自己广博的学识提出了毫不妥协的结论。他是一位毕生致力于博物学研究的思想家，这是他能够提出土地伦理的重要前提和条件。

　　生态学为土地伦理的提出奠定了坚实的科学基础，而生态学又是典型的建立在博物学基础之上的学科，因此从根本上来说，利奥波德的土地伦理思想得益于他的博物学研究，他正是"通过博物学顿悟了万物相通、同构的奥秘，以及伦理学突破的关键"（刘华杰，2014a：121）。早在 1905 年，利奥波德就在日记中写下了这样一句话："我感兴趣的事情有两件，人与人之间的相互关系，以及人与土地之间的关系。"（Meine，2010：51）前者是传统伦理学关注的核心问题，后者则是利奥波德在余生中一直致力于探索的问题。那时他只有 18 岁，他并不了解生态学这个术语或学科，有的只是对大自然深深的爱恋，以及在自然之中体悟到的人与万物之间的密切关联，于是在内心的指引下突破了那种僵硬无情的处理人与土地之间关系的旧模式，将土地纳入自己道德关照的对象之中。随着他作为业余猎人和博物学家的奇幻旅程的不断丰富，这一最初的伦理意识逐渐发展并最终成熟。

　　在西南部山区的经历，使利奥波德察觉到自然远比人们想象的要复杂得多，自然是一个庞大的有机体，所有生物之间都有着密不可分的联系。在他看来，没有野生动植物的乡村是贫瘠的、病态的，是一个精神的真空。正是在这一时期，他的心中播下了保护荒野以及后来提出的"土地伦理"的种子。（程虹，2001：204）利奥波德在威斯康星河畔的沙乡农场度过的岁月，是他深化对荒野价值的认识，以及构思和形成土地伦理的关键时期。正如弗莱德（Susan Flader）[1] 在《奥尔多·利奥波德的沙乡》（Aldo Leopold's Sand County）一文中所说："居住在木屋的那些岁月是一种人对土地逐渐产生感情，并形成一种乡土感的经历。那个最初是打猎营地的木屋，不久便成了一个'躲避现代化社会的周末避难所'……他们发现的鸟巢越多，种的花草树木越多，对各种山雀了解得越多——总之，他们对那片土地越熟悉——他们就有更多的参与感、更深的思索以及更大的惊

1　美国密苏里大学历史系退休教授，利奥波德基金会主席，密苏里州立公园协会主席，美国环境史研究的开拓者和权威学者之一。主要著作有《像山那样思考：奥尔多·利奥波德和对鹿、狼及森林的生态观的演变》（Thinking Like a Mountain: Aldo Leopold and the Evolution of an Ecological Attitude Towards Deer, Wolves, and Forests）、《大湖地区的森林：一部环境史与社会史》（The Great Lakes Forest: An Environmental and Social History）、《探索密苏里的遗产：国家公园与历史遗迹》（Exploring Missouri's Legacy: State Parks and Historic Sites）。

叹……《沙乡的沉思》就是这种经历的意义及价值的有力证实。"（Flader，1987：184）

走向土地伦理的关键在于改变人们对土地的看法，而促成这一改变的最佳方式则是博物学。利奥波德曾指出，"猎物管理的真正意义在于改变人们对土地的看法"（Leopold，1986：420），他在教学过程中从不直接向学生灌输自己通过长期的思考才形成的思想，而是开设了许多野外调查的课程，引导学生去亲近土地、了解土地，见识其他生命的美好与可贵，体验土地对于包括人在内的所有生命而言所具有的重要价值和孕育之情，进而对土地生发出由衷的热爱和尊敬。这种启发式的教学方式不仅直观、有趣，而且在学生心中留下的深刻印象更具有后续的发展潜力。利奥波德晚年对物候学的浓厚兴趣也与其土地伦理思想密切相关。他认为物候学"是一门非常个人化的科学……任何把土地视为一个整体的人，都有可能对它产生兴趣"（Leopold &Jones，1947）。通过准确记录各种自然事件，他增强了自身与土地之间的联系，且在此过程中获益匪浅。从《环河》一书中可以看到博物学对于形成土地伦理思想的重要性，"这些日记是他在加利福尼亚州、新墨西哥州、加拿大和威斯康星州进行的多次野外旅行期间在露营地记录的打猎、钓鱼以及探险经历，表明了利奥波德不朽的散文中蕴含的土地伦理思想的来源"（Leopold，Luna B.，1953：viii）。

践行土地伦理的重要保障是道德情感，是人类基于对自然的热爱而主动承担伦理责任，而博物学恰好可以培养人们对万物的热爱和敬畏之情，激发人的生态道德觉悟。现代人的通病是远离自然，对自然缺乏必要的认识，在这种情况下，自然很难被纳入热爱和关怀的对象。利奥波德曾说："我不能想象，在没有对土地的热爱、尊敬和赞美，以及高度认识它的价值的情况下，能有一种关于土地的伦理关系。"（利奥波德，2010：221）可见，承担起保护环境的伦理责任需要以情感为基础，而且这种情感不能是外部施加的，也不能只是简单的怜悯，它必须是在个人的亲身经历中产生的，并且建立在个人对自然万物的生态学感知的基础之上。就这一方面来说，当今占支配地位的数理实验科学并无帮助，因为它主要怀着控制与支配自然的动机，力图用数学化和还原论的方式剖析万事万物。自20世纪以来日益严重的生态危机，已经明确宣告了这种单纯征服型、力量型的科学存在的局限性。克服数理实验科学的局限性、修复人与自然之间关系的方法有多种，而博物学是其中最重要也最有活力的一种。博物学的首要特点是观察自然、聆听自然，怀着虔诚与敬畏的态度对待自然，力求用温和的方式从活生生的自然界获取实实在在且具有生命力的知识，而不是在高度人工化的实验室用粗暴的方式从自然切片中获取僵化的、抽象的知识。博物学知识首先不是功利的，而是要领悟自然、沟通自然，这是人类对待外部世界最原始的动机。（吴国盛，2007）其次，博物学是一门需要情感渗透的学问，博物学家对待自己的研究对象不是冷冰冰的、无情的，而是满怀热情，他们对事物本身有一种超越物种界限的热爱，力图用平等的眼光去观察和了解自己的研究对象。这种不以人类为中心，不在其他物种面前持有"优越感"的态度，与近代科学所培养的那种人对自然的"傲慢感"截然不同。

利奥波德是一名注重探究自然的真实面貌的科学家，但他同时具有博物情怀，从而展现出了一种不同于我们通常所认为的科学家的形象。他所关注的不只是事实本身，而是经由事实所获得的价值导向，他长期以来都在深入思考"事实和价值"之间的关系，以及这种关系对于"如何生存"来说意味着什么。他在这一方面的思想对于我们弥合事实和价值之间的关系有着重要的启发。作为精通大自然和人文景观的思想家，他坚持认为，强制性的法律或经济性的动机对于保护自然环境来说是远远不够的，我们还需要更具约束力和更为根本的东西，这就是人类对于自然的伦理责任。

总之，利奥波德首先是一名博物学家，他从博物学实践中获得的不只是愉悦，同时还有智慧。正是他所进行的大量的博物学考察和思索，使他在生态科学产生概念性的框架之前就已经在进行生态性的思考，并且在接触到这门新学科——生态学之后，能够很好地吸收和运用其基本理念。通过长期置身于自然之中，他与身边的植物、动物进行了深入的沟通与交流，体悟到自然之整体性和玄妙。他将自己的情感渗透到这一过程中，最终建立了超越人类界限的道德情感，主动承担起对土地的伦理责任。

四、总　结

作为一名博物学家，利奥波德一生大部分时间都在与自然打交道，他对植物、动物以及物候现象都颇为着迷，并饶有兴味地认识、研究和思考在自然之中观察到的现象和遇到的问题。虽然他对很多方面都进行了专门研究，但他又不同于一般的分科专家，他坚持非还原论的工作方式，重视个人体验和观察的整体性，力求洞悉生态系统的横向联系，并善于将自然放入进化的长河中进行理解。与同时代的博物学家相比，利奥波德考虑的问题更为宽泛一些，而且更加有人文情怀。他的博物学实践更像是一种日常生活，而不是作为某种职业的科学探究。

强调利奥波德作为博物学家的身份，并不会颠覆他为人熟知的作为生态学家和"现代环境伦理学之父"的形象。恰恰相反，了解他在博物学方面的工作，有助于理解他在生态学和环境伦理学方面的独特贡献，从而对他有更全面的认知。利奥波德注重通过博物学的方式培养人们的生态思想和土地伦理的观念。一方面，他将博物学成果以生态科学的方式呈现出来，引导人们重新思考自身所处的位置；另一方面，他以优美的文字引导读者跟随他的脚步去探索自然万物的奥秘，在获得乐趣的同时学会换一种方式看待自然，并将自然纳入道德关怀的范围。这种方式对于当今的环保事业来说有重要的借鉴意义。

在环境问题日益严峻和环境保护备受关注的情况下，重提博物学在培养生态意识和伦理关怀方面的作用无疑具有重要价值。我们正致力于建设的生态文明，不仅需要经济、技术、政策等方面的配合，更需要情感意识层面的转变，博物学在这一方面有不可替代的作用。博物学通过轻松愉悦的方式，促进人与自然之间的交流，增加人对自然的感受力。在崇尚科技进步和经济发展的今天，人与自然的关系已然到了非常紧张的时刻，用博物学所强调的生态自然观和非人类中心主义，替代数理科学所强调的机械自然观和人类中心主义，是一条切实可行的道路。倡导新博物学，践行博物生活，从"多识鸟兽草木之名"开始，不仅有助于改善人与自然之间的关系，更有助于提升人类的道德素养。

最后，值得进一步反思的现象是，长期以来国内学界一再强调利奥波德作为科学家的身份，却很少甚至几乎不关注他在博物学领域所做的工作。这在某种程度上可以归结为田松所说的"好的归科学"这一思路在作祟，似乎伟大的人物及其思想总要贴上科学的标签才能获得认可和尊重，至于其他的标签则被视为可有可无的甚至是有损于其光辉形象的附属物。我们从小就被灌输着这种思路，并视其为理所当然，但是近年来国内已有部分学者对其进行质疑和批判。国内在唯科学主义的道路上已经走得太远了，必须借助其他文化的力量扭转这一局面。对以利奥波德为代表的人物进行重新定位和解读，有助于阐明"好"的事物并非科学的专利，并进而强调促进多元文化共同发展的重要性。

第18章　卡森的博物人生

　　蕾切尔·卡森著名的《寂静的春天》长期遮蔽了她的"博物学生存"、博物学作品和博物学思想。卡森是人文传统的海洋博物学家，具有"戏浪拾贝"的博物情怀。卡森的"海洋三部曲"《海风之下》《环绕我们的海洋》和《海的边缘》对海洋的描绘突出反映了她的人文博物学视角，对海洋和自然整体的理解高度体现了她的生态意识。

　　"尽可能去看吧，我想。蕾切尔·卡森说过，我们大部分的人终其一生都'不看'（unseeing）。我有时候也会这样，但有时候又看到很多东西。我想小孩子比较容易看到东西吧，我们不急着赶到任何地方去，也不像你们大人总是有长长的工作清单要完成。"（林奇，2016：174）这段话来自吉姆·林奇（Jim Lynch，1961—　）向蕾切尔·卡森（Rachel Louise Carson，1907—1964，"卡森"又译"卡逊"）致敬的海洋小说《满潮》（*The Highest Tide: A Novel*，2005）第21章。这里的"不看"一词来自《寂静的春天》第十五章："我们中间的许多人生活在世界上，却对这个世界视而不见（unseeing），察觉不到它的美丽、它的奇妙和正生存在我们周围的各种生物的奇怪的、有时是令人震惊的强大能力。"（卡逊，1997：218）

　　作者林奇谈到，能与海滩对话的主人公迈尔斯和卡森一样，"内心深处是充满热情的拾贝者（beachcomber）"（Matthiessen，2007：39）。事实上，林奇触及了我们往往不太熟悉的那个"戏浪拾贝"的海洋博物学家卡森，并让那个卡森与《寂静的春天》的作者卡森之间形成了微妙的联系。

卡森在 20 世纪环境运动史上是里程碑式的先驱人物，有着丰富的生态思想和环境伦理思想。其经典著作《寂静的春天》对以 DDT 为代表的化学杀虫剂及其背后若干行业的利益集团构成了相当大的冲击，对当代环境思想和公众生态意识的形成、生态学等学科的研究和相关产业政策的调整都产生了巨大而广泛的影响，也为她树立了环保斗士的形象。

然而，海洋才是卡森的关注焦点和最大标志（McCay，1993：ix），卡森的名望始于海洋，而不是杀虫剂："在引导美国人去思考面对浩瀚无边的海洋环境方面，没有人比她做得更多。"（沃斯特，1999：403）阿尔·戈尔（Al Gore）在《寂静的春天》前言里也说："顺便提及一下，卡逊已经靠以前的两本畅销书得到了经济上的自立和公众的信誉，它们是《我们周围的海》（即《环绕我们的海洋》）和《海的边缘》。"（卡逊，1997：11）卡森朋友画的肖像漫画明确地表现了她在当时的公众形象："一个阿玛宗女战士屹立在惊涛骇浪的大海之边，一只手拿着鱼叉，另一只手拿着扭动的章鱼。"（Souder，2012：6）

这一切，需要从她的生平经历说起。

一、从文学到生物学

1907 年，卡森生于宾夕法尼亚州西部的阿勒格尼县斯普林代尔自治市镇，毗邻有"烟城"之称的著名钢铁工业城市匹兹堡。

在少年时期，卡森最喜欢的杂志是针对 5～18 岁未成年人的月刊《圣尼古拉》（*St. Nicholas: An Illustrated Magazine for Young Folks*）。1899 年 11 月开办的读者俱乐部"圣尼古拉联盟"（St. Nicholas League）旨在鼓励年轻的读者"亲近大自然的内心、认同各种生命形式"，其口号是"为学习而生活，为生活而学习"，自称代表了"明智的爱国主义"和"对受压迫者的保护，无论是人还是鸟兽"，尤其强调"善待动物"以及"只有书本学习是不够的，与树林、田野直接结下的友谊和有益健康的游戏对于身心正常成长都很有必要"。该联盟每月为少儿读者举办诗歌、散文、图画、摄影、编制谜题和解答谜底的主题竞赛，凡是参赛者都是盟员。卡森经常向"圣尼古拉联盟"投稿。1922 年 3 月号的《圣尼古拉》刊登了第 268 期散文题"我最喜爱的娱乐活动"。"荣誉盟员"卡森的征文发表于当年的 7 月号，讲述的是她带着饭盒、水壶、笔记本和照相机，非常时髦地领着狗到宾夕法尼亚的山里去观鸟。林地里面铺着芬芳的松针，只有树叶和流水的声音才会干扰这庄严的寂静。他们循着鸟鸣发现了普通黄喉地莺（Maryland yellowthroat，*Geothlypis trichas*）、山齿鹑（bob-white，*Colinus virginianus*）、拟黄鹂（oriole，*Icterus*）、杜鹃（cuckoo，*Cuculidae*）、蜂鸟（hummingbird，*Trochilidae*）、橙顶灶莺（oven bird，*Seiurus aurocapilla*）的鸟巢甚至鸟蛋，伴随着棕林鸫（wood thrush，*Hylocichla mustelina*）和黄昏雀（vesper sparrow，*Pooecetes gramineus*）的鸣声愉快地回家。文章展现了卡森相当丰富的鸟类知识。

　　1925 年 9 月，卡森进入匹兹堡的宾夕法尼亚州女子学院（Pennsylvania College for Women，下文简称为"宾州女院"），主修英语或英语写作专业。当时，她的许多习作和活动都反映出她对自然的热爱。在第一篇作文《我是谁，我为何来到宾州女院》中，卡森自称喜欢户外活动、运动和阅读，头顶着星星在热烘烘的篝火旁是她最开心的时候，而且她还说："我爱大自然的一切美好的事物，野生动物是我的朋友。最妙的莫过于自己兴奋地发现，有只毛茸茸的小动物蹑手蹑脚地离你越来越近，眼神惊奇而无畏。"（Lear，2009：32）在一篇论自然文学作家达拉斯·夏普（Dallas Lore Sharp，1870—1929）的作文里，她说他的故事有"海上微风的清新气息和山中水塘的清澈之美"，并认为"艺术不是观察生活、记录生活的，艺术是热爱生活、创造生活的"。（Lytle，2007：31）事实上，夏普主张"把精力集中在自己的身边、自己的居处；人应当把地球看作家园，把自己看作地球母亲所生养的众多生命之一"，他认为"好的自然文学，正像任何好的文学一样，是用来体验而不是书写的。其不朽之处可以在任何地方开始，但绝不在墨水瓶里"。（刘蓓，2013：155）在大二的作文课上，卡森按照日本俳句的格式写了一首英语诗《盐肤木》（Sumac，*Rhus*），描写光秃秃的树枝上硕果累累的景象。还有一次，学院要求学生去听音乐会或艺术鉴赏方面的讲座，卡森却偷偷到卡内基自然博物馆去看鸟类展览。（Lear，2009：33）

　　卡森在大三时对比较解剖学产生了浓厚的兴趣且喜欢上了解剖实验，甚至改读在当时很少有女性去选择的科学专业，主修生物学。她曾在一天晚上对她的同学说："我总是想要写作，但是我想象不出那么多东西。生物学给我提供了可写的东西。对我来说，树林里或水中的动物在它们生活的地方是充满生气的。我希望凭借我的作品，努力让其他人也觉得它们富有生气。"（McCay，1993：6；Souder，2012：35）改变专业以后，她的学习内容包括组织学、遗传学、解剖学和野外植物考察等。任课教师在课堂中格外注重增进学生对生命之网的感受和理解，还带学生外出开展博物学考察，卡森应该在此时接受了基本的进化论和生态学思想。

1929年夏天，由于生物学老师的推荐，卡森和同学得以在海洋生物学实验室（Marine Biological Laboratory）当六周的"初级研究员"。该实验室位于马萨诸塞州的伍兹霍尔（Woods Hole），即梭罗的《科德角》和亨利·贝斯顿（Henry Beston，1888—1968）的《遥远的房屋》曾描写过的科德角（Cape Cod，又译"鳕鱼角"）的最西南端。那里研究环境优越，每天有采集船提供最新的海洋数据和新鲜的生物标本，而卡森在宾州女院接触的主要是经过防腐处理的标本。卡森的研究内容是在宾州女院的准备工作基础上，通过解剖来比较龟、蜥蜴、蛇、鳄鱼等爬行动物的大脑和脑神经。尽管卡森很早就在业余阅读和课程学习中对大海有较多间接接触，但是伍兹霍尔是她通过科学文献、亲身观察和个人体验真正理解海洋的起点。在那里，卡森首次看到海洋。多年后，她回忆说："伍兹霍尔是有着漩涡和急流的美妙之处，涌入其中的潮水让我百看不厌。风暴过后，我喜欢看浪花打碎在诺布斯卡灯塔上。作为年轻的生物学家，我也是在伍兹霍尔第一次发现了关于大海的丰富的科研文献。不过说实话，我对海洋的第一印象是知觉的和感性的，而理性上的反应是之后的事情。"（Lear，1998：148—149）

1929年秋天，卡森进入约翰·霍普金斯大学学习动物学。她曾多次更改自己的研究对象，在导师的建议下最终改为钳鱼（channel catfish, *Ictalurus punctatus*）。钳鱼是美国东部和北部的常见水产，捕捉量很大，是卡森容易获取的研究对象。1932年，她的毕业论文《鲇形目钳鱼种在胚胎期和早期幼体时期的前肾发育》通过答辩。毕业后的两三年里，卡森边兼职边准备深造，在约翰·霍普金斯大学等地研究美洲鳗鲡（American eel, *Anguilla rostrata*）和变形虫（amoeba），美洲鳗鲡的洄游行为和变形虫的永生状态激发了她关于个体与整体、死亡与不朽的"一连串奇思怪想"。（Souder，2012：49—50）

二、从生物学到生态学

卡森不但在生物学或动物学领域接受了七年的正规高等教育，而且从1935年至1952年，长期在美国联邦政府的"鱼类及野生动物管理局"及其前身机构任职。在此期间，她因工作之需，借工作之便，广泛接触了当时海洋生物学研究的前沿成果，在长期外出科研考察过程中积累了大量写作素材和手稿，撰写和发表了一些有关海洋生态的文章，并主编了资源保护方面的小册子。

1935 年上半年，卡森参加联邦文官考试，获得了初级寄生虫学家、初级野生生物学家和初级水生生物学家的资格。1935 年 10 月，她找到了渔业局（Bureau of Fisheries）食用鱼科学研究处处长埃尔默·希金斯（Elmer Higgins，1892—1977），但后者只能为她提供一份兼职工作——编写宣传教育性质的系列公共广播节目稿《水下传奇》（*Romance Under the Waters*）。该节目讲述大西洋海岸鱼类，被渔业局的工作人员戏称为"鱼的七分钟故事"，每篇七分钟，每周播出一篇，共 52 篇。卡森恰好同时擅长海洋生物学和写作，写了八个月，结果大获成功。她把这份工作视为科学家和作家这两种职业在自己身上的首次结合，是人生的转折点。（Lear，1998：149）

为了把广播节目稿编成一本介绍海洋生物的宣传小册子《水的世界》（*The World of Waters*，1935），希金斯让卡森为小册子写一篇导言。1936 年 4 月写成的初稿相当抒情、很文学化，不适合由政府来使用，所以卡森将它修改后，于1937 年 6 月投给专供精英读者阅读的、久负盛名的高级文艺杂志《大西洋月刊》（*The Atlantic Monthly*），最终以"海面之下"（Undersea）为名发表该文。《海面之下》不是仅仅教读者转换视角去辨认水下居民的纯科普作品，更是有两大鲜明主题：生物长久以来彼此依赖的生态关系，物质在一切生物中的永恒循环。（Lear，1998：3；Lear，2009：86）卡森在篇末总结道：

> 按照大海无情的法则，所有的一切最终重新分解为组成它们的物质。单个的元素消失不见，只不过一次又一次以不同化身重新出现，本质上是物质永恒（material immortality）。那些元素有时候疏远得令人难以置信，亲合力却使之产生了古代海洋里晃动的一点早期的原生质，而亲合力依旧在做不可思议的伟大工作。若以宇宙为背景，某个植物或动物出场的一生就不是一出独角剧，而只是一幕幕"无穷变化"之剧里短暂的幕间休息。（Brooks，1989：29）

1936 年 7 月，卡森凭借前一年的考试成绩，成为在渔业局全职专业岗位受聘的第二位女性，担任科学研究处初级水生生物学家。其工作是在现场实验室协助开展研究，并整理、编制和撰写各类文档，需要奔波于实验室、现场工作站、博物馆和图书馆之间。1940年，渔业局等机构被合并为"鱼类及野生动物管理局"（Fish and Wildlife Service，缩写为"FWS"）。卡森长期负责编写备忘录、通讯稿、报告和出版物等，最终晋升为FWS信息处编辑办公室生物学家兼主编。卡森新的工作内容是主管FWS的全部出版物（涉及策划、写稿、审查、编辑、印刷等出版业务），管理FWS的图书馆，起草发言稿，准备国会证词等。其后，卡森申请从1951年7月开始以无薪方式离职一年，并在1952年停薪留职期的最后一天离开政府，专门从事写作。

卡森经常受到经济条件的困扰，需要依靠大量发表文章来补充自己的收入。1936—1939年，卡森有十几篇文章发表在《巴尔的摩太阳报》（*The Baltimore Sun*）的《周日版》等处，内容涉及西鲱、鲭鱼、金枪鱼、鳗鱼、鲸鱼、鲱鱼、鳕鱼、石首鱼、牡蛎、蝉、海螺、海星、钻纹龟、紫翅椋鸟等多种生物。这些文章与她自己的本职工作密切相关，而且包含了一些初步的生态思想。例如第一篇《西鲱的时候快到了》发表之时正是河水解冻、人们食用西鲱（shad, *Alosa*）的时候，而切萨皮克湾的西鲱在前两年的历史产量非常糟糕。卡森认为，西鲱数量大幅衰退"或许是破坏性的捕鱼方式、工业污水和生活污水对水体的污染以及水力发电和航运的发展所造成的恶果"，并引用渔业局的资料作为证据来说明这三个原因：

过度捕捞——"自然物产丰饶的这类证据促使殖民地居民把一个天真的想法传给了子孙后代：水中的资源是取之不竭的。他们开始热火朝天地在家门口获取收成。印第安人原始的篱笆鱼梁为白人的栏网提供了灵感，其他大规模捕鱼的设备也引进来了。……下湾（lower bay）与河口的渔网迷阵［现在］夺去了许多鱼的生命，实际上已经没有西鲱溯游而上进入远处的淡水河了。"

污染——"每天排放进马里兰州各条淡水河的1.25亿加仑［生活］污水，以及马里兰州企业水量可观的工业废水，大部分都由波托马克河（Potomac）及其支流吸纳了。近十年来，渔业局鱼类养殖处呼吁人们注意这个事实：在华盛顿和马里兰州布赖恩岬（Bryan's Point）之间的严重污染的波托马克河河水里，西鲱不再产卵了。"

栖息地遭破坏——"如果说大破坏始于萨斯奎汉纳河（Susquehanna）上的克拉克渡口大坝（Clark's Ferry dam），那么科诺温戈大坝（Conowingo dam）的建成则将大破坏推向了极致。这个钢筋水泥的庞然大物标志着所有洄游鱼类的旅途终点。由于这般巨型结构的建造费用是天价，因此马里兰州每年总共向大坝的运营方领取 4000 美元，作为鱼道的补偿。"

最终，卡森强调人工育种养殖绝不是根治过度捕捞问题的万能药（cure-all）。她给出的解决方案是加强监管、延长休渔期、限制某些渔业设备和建立产卵保护区："如果要切萨皮克湾区的这个宠儿抵挡住破坏的力量，必须强制实施兼顾鱼类和渔民利益的法规。"

在讨论"微妙的平衡"（delicate balance）如何被人类活动"粗暴地扰乱"（rudely disturbed）的同时，卡森这样描述西鲱的成长过程：

> 精巧的肌体一点点成形了。一眨不眨的眼睛从禁闭的屏障［指鱼卵］后面向外凝视。条条纤细的血管导向颤动的深红色心囊。背部的 V 形脊状突起暗示肌肉在发育。大约一周以内，易碎的监狱里的居住者就变得十分活跃，争取要释放自己。
>
> 他逃入了世界，他真的是一条鱼了，但并不是一条长成的鱼。……嘴对于享受生命和自由来说是最重要的辅助器官，嘴对于追求幸福的意义就更不必说了。他有嘴，却没有从嘴通往消化道的管路。鳍是鱼类的标志，他只有两片鳍，而且这些鳍并没有充分发育。他的心脏长得不完全，而心脏位于喉咙里，这或许表明他的心灵天生就胆怯。

卡森的工作虽然主要属于资源保护，她却对尚在萌芽状态的生态学思想异常敏锐。1938 年 2 月 14—17 日，第三届"北美野生动物和自然资源会议"（North American Wildlife [and Natural Resources] Conference，NAWC）在巴尔的摩召开。利奥波德出席并发言，他当时的措辞比较激烈："在未知事物前面拉动帷幕的特权总是带来祭司的权柄。作为鹬鸟和土拨鼠前途的占卜者，我们蒙蔽我们的会众，蒙蔽手法就像那些向教派和犹太教会众提出律法以供讨论的人一样。两者都大量使用拉丁语来增强舞台效果，这是个有趣的巧合。"（Meine，2010：572）针对该会议，卡森不仅在《巴尔的摩太阳报》上发表了新闻报道《全国户外运动爱好者和资源保护者的巴尔的摩新圣地》，还在 1938 年 3 月 20—25 日首届国家野生动物恢复周（National Wildlife Restoration Week）的第一天（周日）刊发文章《为了野生动物的战斗在向前推进》，关注了野生动物栖息地和自然资源保护的问题。她认为，保护工作除了要让野生动物的种群数量恢复到正常水平以外，还要让野生动物所处的整体生态环境恢复到健康状态，人应与野生动物共享荒野和大地。渔猎爱好者也会认为需要更好地保存利用野生动物资源："然而除了单纯使野生动物恢复起来，这一周号召的保护工作还有更深的意义。三个世纪以来，我们一直忙于扰乱自然的平衡，排干沼泽、砍伐林木、犁去铺满大草原的植被。……然后在不到四年前的一天，吹过西部大草原的风扬起无依无靠的土壤——因为草消失了——裹挟着吹向东去。人们抬头看见堪萨斯州野外的尘土使宾夕法尼亚州遮天蔽日，纽约州的农场主收到了内布拉斯加州赠送的土壤。……恢复周意味着制止尘暴蔓延，或许是再次用大草原的坚强草根及时地捆住滚滚沙土；恢复周意味着重新在山坡植树造林，这样融化的雪就能够留在快要渴死的大地当中；恢复周意味着把数万平方公里土地归还给水鸟和麝鼠们，大自然希望这些地方永远是沼泽。"（Lear，1998：18—19）

《西鲱的时候快到了》的描写独具特色，其中的博物学风格也不是孤例。第二次世界大战期间，美国政府把大多数肉类运往海外供士兵食用，需要用通俗易懂的方式向家庭主妇推广相对鲜为人知的海产品和淡水鱼作为富含蛋白质的战时新鲜食物来源，同时为一些经常食用的鱼类缓解过度捕捞的压力。为此，FWS在原有的《资源保护公告》（Conservation Bulletin）内专门策划了《来自海洋的食品》（Food from the Sea）系列出版物。四期全都出自卡森之手，介绍了许多种鱼类和贝类的营养价值、购买渠道和烹饪方法，以及它们自己的生活故事。该系列具有奇特的张力：资助方政府的目的是介绍水产的食用价值，读者关注的是如何用便宜的鱼虾代替紧缺的牛肉，而编写者卡森明显更注重宣传博物学知识和生态意识，煞费苦心地尽量扩大这种内容的篇幅。以第37号《南大西洋和墨西哥湾沿岸的鱼类和贝类》对多须石首鱼（black drum，*Pogonias cromis*）的介绍为例，全文共九段。卡森首先在前两段非常简略地介绍了其产地、体重等渔业信息，并得出结论："这些是很好的食用鱼，由于鱼肉有些精瘦，所以假如多点肥肉，将有助于烤制或烘制。"同样简短的第九段是关于捕捞的。而从第三段到第八段，她都在花费大量笔墨来介绍多须石首鱼本身的特点，例如：

　　实际上多须石首鱼除了可食用以外，也是一种格外有趣的鱼类。在所属的庞大的石首鱼科的各种鱼里，它们大概是最好的音乐家。人们总是以为鱼类通常是沉默的动物，人们惊讶地了解到，有许多鱼发出的声音响得竟然在水面上非常远的距离外都能听见。以石首鱼为例，特殊的带状肌肉在绷紧的气囊上振动产生了音效。如今人们相信，多须石首鱼是帕斯卡古拉湾（Pascagoula Bay）地区古老的印第安传说的主角。根据这些故事，人们可以在夏夜明显地听到从水里发出的神秘音乐，并把它描述成悦耳、哀伤而低沉的声音，认为它有超自然的来源。现在，渔民对这些声音非常熟悉了，知道这表明有一大群石首鱼出现了。

这两种存在一定矛盾的目标也融合在了 FWS 的《资源保护在行动》（Conservation in Action）系列丛书中。该丛书旨在向公众介绍国家野生动物保护区，由卡森具体负责全套丛书的主编工作。她独自撰写了 12 本分册中的第 1、2、4、5 分册，与他人共同撰写了第 8 分册。

第 5 分册比较特殊，并不是对某个特定保护区的专门介绍，而是对全国野生动物保护状况的整体概述。第 5 分册的引言不但包含生态学观点，而且愤怒之情溢于言表：

> 人类开发西半球自然资源的历史相对较短。这段历史虽然短，却包含了许多关于轻率浪费和惊人破坏的时期。动物要么整个物种被消灭，要么幸存者减少到了未必能使物种残存下来的程度。木材的乱砍滥伐掠夺了森林，过度放牧毁坏了草原。这些以及其他的做法使我们被水土流失、洪水、农地损毁和野生动物栖息地丧失等严重灾祸所困扰。
>
> 国家的所有人民都与资源保护有直接的利害关系。对一些人来说，如商业捕鱼者和捕兽者，利害关系是经济上的。对其他一些人来说，成功的资源保护意味着维护了他们喜爱的娱乐消遣——打猎、钓鱼、研究和观察野生动物，或者是自然摄影。对另外一些人来说，凝视生命世界各种形式的色彩、运动和美使他们产生了像音乐或绘画一样高级的审美之乐。但是对所有人来说，保护野生动物及其栖息地还意味着对地球基础资源的保护，这些资源是人类和动物生存所必需的。野生动物、水、森林、草原都是人类基本环境的组成部分——除非同时保护其他所有部分，否则不可能保护和有效利用其中某一部分。

第4分册的封面图案是马特马斯基特保护区（Mattamuskeet National Wildlife Refuge）上空的加拿大雁（Canada geese，*Branta canadensis*）。第4分册有两个段落描写了加拿大雁在日出时飞过头顶的景象，以及卡森的个人感受：

> 尽管小天鹅（whistling swan，*Cygnus columbianus*）很壮观，但是在仲冬游览马特马斯基特的人很可能对雁印象最深。一整天的大部分时间，它们翅膀的图案装饰了你头上的天。它们野性的音乐夹杂在保护区内的其他各种声音里，时而渐强，变成激昂的大高潮，时而渐远，又变成律动的暗流。

> 大约在日出时，你沿着一条河渠的堤岸走出去。雁喋喋不休的叫声告诉你，湖上聚集着一大群鸟，大概在河渠的那一端之外。每隔一段时间，这种声音就响亮起来，仿佛一阵兴奋的活力突然传遍了整个鸟群。每一次声音增强的时候，都有一小部分鸟脱离大群，飞向它们中意的某处觅食点。当你静静地站在河渠边的灌木丛中时，雁贴近你的头顶飞过，你甚至能听到它们的翅膀划过天空，能看到它们的羽毛被晨晖染成黄褐色。

这一幕给卡森留下了深刻的印象，以至于她在1963年领取史怀泽奖时的演说中还回忆了当时的场景：

> 日出时我站在北卡罗来纳州的沼泽中，注视着一群又一群加拿大雁从湖边休憩的地方起飞，低低地飞过我的头顶。在那橙色的晨晖中，它们的羽毛就像褐色的天鹅绒。（Brooks，1989：315—316）

三、从生态学到海洋博物学

卡森有五部最主要的著作，包括《海风之下》（*Under the Sea-Wind*，1941/1952）、《环绕我们的海洋》（*The Sea Around Us*，1951/1961）、《海的边缘》（*The Edge of the Sea*，1955）、《寂静的春天》（*Silent Spring*，1962），还有身后出版的《感悟奇迹》（*The Sense of Wonder*，1965）。其中前三部通常被统称为"海洋三部曲"，最后一部也记录了卡森对海岸和自然的感悟，它们都以海洋为主要题材。

从历史成就来说，"海洋三部曲"全方位描述从海岸到海底的海洋环境和海洋生命，堪称美国20世纪自然文学的经典之作，是博物学传统在海洋研究领域发展演进的重要一环，也曾盘踞美国非小说类畅销书榜，影响巨大。《环绕我们的海洋》更是获得美国博物学作品顶尖奖项约翰·巴勒斯奖（John Burroughs Medal），在当时的美国几乎家喻户晓，在全美乃至英语世界掀起了一轮相当持久的博物学热潮。

通俗历史作家房龙（Hendrik Willem van Loon，1882—1944）和西蒙与舒斯特（Simon & Schuster）出版公司曾建议卡森把文章《海面之下》扩充成一本书——这就是她日后的第一部著作《海风之下》。《海风之下》共分为三卷、15章，每一卷着重描写的海洋景象都不同：第一卷"海的边缘"讨论海岸边，第二卷"鸥鸟飞处"讨论大陆架以外的外海，第三卷"溯本归源"讨论深海。《海风之下》的副书名"博物学家对海洋生命的描绘"（A Naturalist's Picture of Ocean Life）表明，正像利奥波德提出"像山那样思考"，《海风之下》的最大特点就是"像鲭鱼那样思考"。（Sideris & Moore，2008：79—93）全书的三卷分别从三种生物的视角出发环顾海洋世界的不同角落。第一卷通过主角剪嘴鸥（skimmer）"灵巧"（Rynchops）间接描述候鸟的长途迁徙，而人们通常只能在海滩看到它们生命的短暂断面。（Lear，1998：57）第二卷是鲭鱼（mackerel）"史康波"（Scomber）生命史的传记。第三卷是鳗鱼（eel）"安桂腊"（Anguilla）听从大海的召唤，从池塘、溪水、河流到海湾和深海的长途旅程。

为了更好地把海洋生物引介给读者，卡森用俗称作为正式称呼，而用学名或外观特征作为个性化的昵称，或使用土著爱斯基摩人对某些当地物种的地方性称呼来代替令人心生畏惧的惯用名。视角的转换不仅体现在另起名字或改换叙述方式，更体现在真正从其他活生生的生物角度看待和思索世界。三卷的观察点随主角各自的旅程不断移动，观察对象也包含途中的各种生物，在淡化物理空间之后以不同生物的眼界来建构叙事的框架。她从鲛鳒的视角描述说，从水底下看到的绒鸭（eider）是"椭圆形镶银边的黑影——银边是它们的羽毛和水膜之间的气泡"。（卡森，1994：221—222）为了把自己"间接地投射到海洋生命中"，她甚至希望读者抛弃某些观念尺度或思考方式，例如："如果你是水鸟或鱼，那么用时钟和日历度量时间并无意义，光暗交替和潮涨潮退却有意义：区分进食的时间和禁食的时间，区分容易被天敌发现的时间和相对安全的时间。"（Gartner，

1983：35）卡森还从人和鲭鱼的视角分别把捕鲭船拖着两条撒网小艇用曳网捕鲭鱼的过程描述一遍，形成鲜明的对照。鲭鱼眼中的世界是这样：

> 队伍外缘的鲭感觉到什么沉重的东西在移动，好像有大海怪就在它们左近。它们觉出这东西经过时带动的海波；有的鲭还看到上方有长椭圆形的银色东西在移动，旁边还有两个小的，一在前、一在后，看起来有点像一头母鲸，身边跟着两头仔鲸。……可是不安的感觉像传电，在鱼间传递。边缘的鱼一碰到网便弹跳起来，转身逃开，冲入队伍中，慌乱的情绪于是散播开来。（卡森，1994：177—178）

卡森从海洋生物的视角出发描述海中世界，讲述各种海洋生物的日常生活故事，使用"昵称＋生物名"的搭配。这些想法可能受到了卡森喜欢的博物学小说——英国博物学家亨利·威廉森（Henry William Williamson，1895—1977）的《水獭塔卡》（*Tarka the Otter*，1927）和《鲑鱼撒拉》（*Salar the Salmon*，1935）等作品的启发。例如，降河洄游的鳗鱼与溯河洄游的鲑鱼正好具有相反的生活史，《海风之下》的开头与《鲑鱼撒拉》类似（Souder，2012：91—92），从中可以明显看到卡森的模仿痕迹。又如，"撒拉"恰恰是大西洋鲑（Atlantic salmon，*Salmo salar*）学名的种加词，与《海风之下》中不少"角色"的命名方式相同。

卡森想"进入水獭的生活，用水獭的眼睛来看，追随和描绘水獭日常生活中令人感动的戏剧场面"。（Brooks，1989：6）她觉得大部分关于海洋的书"是从人类观察者的角度写成的"（Lear，1998：55），她设想《海风之下》应当有所不同，避免人类视角的偏见，"采用亨利·威廉森《鲑鱼撒拉》一书的方式"来叙述："鱼和其他生物必须是中心角色，它们的世界必须被描绘成它们所观所感的那样……不能让任何的人类形象进入，除非是从鱼类的视角所看到的捕食者和毁灭者。"（Lear，2009：90）于是，就连她写的渔民都是试图猜测鲭鱼眼中世界的渔民，作为捕食者的人类成为食物链的某种正常环节。博物学是在有限的好奇心关照下的产物（刘华杰，2014a：41），卡森描写的渔民心理活动或许就是她自己的心路历程，持久而无害的好奇心或"惊奇感"（a sense of wonder）是她关注海洋和开展博物学考察的重要驱动力，也是她试图通过《海风之下》传递给读者的东西。

《海风之下》还着力用戏剧化的情节来表现海洋生态环境的循环网络。在卡森笔下，书中随处可见"螳螂捕蝉，黄雀在后"的三元故事，偶尔还会穿插一些"渔翁得利"的三元故事，以及一些更加复杂的四元故事。总之在海洋里，到处是浩浩荡荡、忙忙碌碌的生命之流："一伙大眼虾（big-eyed shrimp）在日落前进港，后面跟着一批幼青鳕（pollock），再后面，更尾随了一大群鲱鸥（herring gull）。"（卡森，1994：131）《海风之下》还设置了非常精彩的长篇剧本，书中最复杂的故事是：玉筋鱼（sand eel / launce）打算捕食桡足类（copepod），不幸碰上了天敌牙鳕（银鳕，whiting / silver hake），两者在追赶过程中搁浅于海岸，被黑头笑鸥（black-header laughing gull）和灰翼鲱鸥（gray-mantled herring gull）捡了便宜；被鱼尸吸引来的乌贼（squid）在饱食后也受困浅滩，最终成为鸥鸟（gull）、鱼鸦（fish crow）、螃蟹（crab）、沙蚤（sand flea / beach flea）的食物。"到晚上，风和潮联手，扫净了海滩。"（卡森，1994：134—135）

卡森花费大量笔墨写了众多生物之间的竞争和斗争，结果却是白茫茫一片真干净，最终剩下的是不朽的海洋。她对生命之网的表现并不是她的目的，而是通向深层次思考的出发点。"每一页都浸透着海岸的气息、浩渺海水的动感、波涛的声响，而遍及这一切之上的就是海洋，海洋是主宰一切海洋生物的力量。"（Lear，1998：56；Lear，2009：90）第一版序也说明了《海风之下》的主角是作为整体的海洋本身，而不是某一种海洋生物，因为"海洋执掌着每一个生物的生死大权，从最小的生物到最大的生物"。卡森还在这里阐述了写作目的：

> 写《海风之下》是为了根据我过去十年来逐渐形成的印象，生动逼真地把海洋和海洋生物呈现给读者。

> 写这本书也是因为我深信海洋中的生命是值得了解的。站在海的边缘：感受潮汐的涨与落；感觉一阵薄雾在一大片盐沼上移动；观看水鸟追逐着陆地旁成排的波浪来回飞行，这样的飞行已持续了数不清的千万年；看着年老的鳗鱼和年幼的西鲱游向海洋——这样做就是为了认识这些生物，它们几乎与陆地上的任何生命一样恒久。早在有人类站在海滩惊奇地放眼瞭望之前，这些生物就已经存在了。当人类的王国兴起复又衰落，它们仍然存在，年复一年，经历一个个世纪与地质期。

所以全书的主题是海洋本身，且侧重海洋对万物的主宰。在同一阵海风的吹拂下，来来往往的生物尽管忙忙碌碌地讲述着各自的生活故事，却在生命循环中从属于永恒的海洋。像人类一样的每一种生物都会由于眼界的狭小而认为自己有能力成为世界的主角，最终却永远不可能夺去海洋的主角地位。只要海洋依然无比强大，一切物种都会融入其中，丝毫无损于生命过程和时间之流。只要海风继续吹拂，生物也将继续忙碌地生活下去，融入这时间之流。

《环绕我们的海洋》共分为三卷、14章。第一卷"海洋母亲"介绍不同时代、时刻、季节、深度和位置的海洋，篇幅占全书一半以上。第二卷"不息的海洋"介绍海浪、洋流、潮汐这三种流动状态的海洋。第三卷"人类与人类周围的海洋"从海洋对人类的影响、海洋中的自然资源和人类对海洋的认识这三方面讲述了海洋与人类的关系史。

这本书针对"任何惊奇地面朝大海的人"（Sterling，1970：115）。卡森真正关注的不是"纯科学或理论科学"或"实验室和图书馆里的说明"，而是"情感和智识的欣赏"；她希望从科学当中"跳出来享受自然世界的美和神奇"，不希望自己的书看起来像是一本"海洋学导论"的教科书。（Lytle，2007：78）

该书最初的书名是"回归大海"（Return to the Sea），这反映了她写书的初衷：

> 我深刻地认识到人类对于海洋的依赖性，人类有时直接地依赖海洋，有时以大多数人未意识到的数千种方式间接地依赖海洋。我相信，当陆地遭到破坏时，人类将更加依赖海洋，人海关系和这一信念实际上是该书的主题。由此，书名暂定为"回归大海"。（Brooks，1989：110）

根据她的设想，该书的两大内容是"富有想象力地探寻地球上海洋的生命史中为人类感兴趣的、对人类有意义的事情；以及借助最新获得的科学知识回答由此提出的问题"。她还说："我希望这本书能够传递我的某些信念，即海洋在地球演变的历史进程中起到支配作用——我们的世界在形式上和本质上如何由海洋塑造和调整——世间的一切生命如何打上海洋源头的烙印。……侵入陆地的生命[指人类]已经将陆地掠夺一空，不得不后退到越来越依赖大海的地步。"（Lear，2009：162—163）事实上，这些想法隐含着言外之意："回归大海"不是万能药，如果人类不保护海洋，那么海洋将重蹈陆地的覆辙。（Sideris & Moore，2008：128）但这个言外之意并没有在1951年版中得到充分展开，而是表达在1961年版序中，其中谈到了在海洋中倾倒核废料的问题。

总体而言,《环绕我们的海洋》证明了海洋对人类的支配作用和人类破坏活动的有限性,从而强调了人类对大海的无比依赖,并反复暗示海洋是人类聆听启示和寻返本质的美好家园。这正是《环绕我们的海洋》原本的题目"回归大海"的含义,风、雨、陆地和生物源自大海又最终回归大海的例子也告诉了我们这一点。由此,卡森陈述了人类为何"回归大海"和如何"回归大海",精辟地解说了全书主旨:

> 不过,人类虽然重回生命之母海洋的怀抱,却只能依顺海洋,而无法像他们在暂居(tenancy)地球(earth)时开垦、掠夺大陆一般,掌控或改变海洋。在人类所建的乡镇都市里,他们常忘了地球的真正本质,也忽略了在地球漫长的历史中,人类的存在时间不过仅如一瞬。只有在海上长途旅行的过程里,日复一日看着随浪潮起伏的模糊地平线,在夜间望着星辰移动,体会到地球的自转,或独自在水天一色的世界里,感受着地球在太空中的孤寂,才能真正清楚体认到地球的本质和悠悠历史。然后,人类才明白他们所居住的世界其实是水世界,是由覆盖地表的海洋所主宰的行星,而大陆不过是陆地一时入侵了环绕全球的海洋表面,这些都是他们在陆地上从未有过的体悟。(卡森,2010:12)

1952年1月,《环绕我们的海洋》获得1951年度美国国家图书奖的非虚构类奖。卡森在颁奖仪式上发表了感言:

> 一部科学作品竟然非常热销的现象,许多人是惊讶地评论过的。"科学"归属于孑然独立的领域,与日常生活相分离——但这个想法就是我想要挑战的。我们生活在科学的时代,而我们却假定科学知识只是少数人的特权,他们像祭司一般在实验室里与世隔绝。这是不正确的。科学的素材就是生活本身的素材。科学是现实生活的一部分,它回答我们生活经验中所有"是什么、怎么样和为什么"的问题。如果不理解人类所处的环境和塑造其生理和心理的力量,就不可能理解人类。(Lear,1998:91—92;Lear,2009:218—219)

1952年4月,《环绕我们的海洋》获得约翰·巴勒斯奖,而这几乎是美国博物学作品的最高奖项。她的获奖演说稿是这样的:

我自己确信，自然世界在今天比历史上任何一天都更需要报告者和解释者（reporter and interpreter）。人类在自己创造的人工世界里走得太远了。人企图在钢筋水泥的城市里把自己隔绝于现实的陆地和水域以及萌生的种子之外。人陶醉于拥有自主权势的感觉，看来人也正在毁灭自己和世界的实验道路上越走越远。

这种情况当然没有单一的补救办法，我也不是在提供万能药。但人们似乎有理由相信，我也确实相信：对于环绕我们的宇宙，要是我们能够更明确地关注它的奇迹和现实，毁灭我们这个种族的癖好就会减少。惊奇和谦恭（wonder and humility）是有益的情感，并且与毁灭欲是不相容的。

……但是［今晚］我想要简单地谈一谈非博物学家以及我们对他们的态度——他们是公众里的大多数，不属于约翰·巴勒斯联合会（John Burroughs Association）或各个奥杜邦学会（Audubon Societies），而且真的没有多少自然科学知识。我确信，我们太过轻率地假定这些人对这个世界是冷漠的，而我们却知道这个世界充满了奇迹。如果他们是冷漠的，那只是因为我们没有真正带领他们进入这个世界，或许这在某种程度上是我们的过错。

……我感到，我们博物学家往往只为彼此写作。我们以为自己不得不说出来的东西只会吸引其他博物学家。我们似乎往往把自己视为一个濒死传统的最后代表人物，为不断减少的读者写作。

……在文学奖项里，约翰·巴勒斯奖是唯一表彰自然文学领域成就的奖。这样的奖项关注那些鲜为人知而我们却每天置身其中的奇迹，很可能会成为努力走向一种更好的文明的推动力。（Lear，1998：94—97；Lear，2009：205，221）

卡森在这里认为，博物学作品应唤起公众对世界的惊奇，而不是仅仅面向少数博物学家。但是，博物学之所以要向公众广为传播，博物学家之所以要在人类正试图"毁灭自己和世界"的时候当好大自然的"报告者和解释者"，是因为博物学思想具有双重意义：曾经的意义是使博物学家个人在自然世界里逃避人工世界和"当代现实世界"；现在的意义是使公众把注意力从令人身心俱疲的身边琐事转移到更遥远、更宏大的永恒循环（"更巨大的现实"），从而更安心地面对"当代现实世界"，同时避免"毁灭自己和世界"。

四、"戏浪拾贝"的博物情怀

《海的边缘》是"海洋三部曲"的最后一本，其正文共有六章。第1章"边缘世界"以卡森的回忆"来呈显海之滨成为绝顶美丽和魅惑之地的想法和情感"。（卡森，1998：vi）第2章"海岸生物模式"介绍了"塑造和决定海岸生命的力量：大浪、洋流、潮汐、波涛"。（卡森，1998：vi）第3章"岩岸风貌"、第4章"在沙之缘"和第5章"珊瑚海岸"分别讲述三种海岸生物模式及各自的代表性生物，其中：岩石坚固且可攀附，沙滩柔顺多变，珊瑚礁则是温暖洋流中的坚硬表面。（卡森，1998：15—16）第6章"永恒的海岸"是全书的小结。

在创作缘起方面，这本书离不开博物学家蒂尔（Edwin Way Teale，1899—1980）的鼓励。在整体构思方面，卡森希望《海的边缘》具有"环境视角"，而不希望脱离生活环境孤立地介绍不同生物，囿于虾归虾、蟹归蟹的生物分类法，使得读者阅读之后不知道去什么地方根据什么特征来辨认这些生物。在写作内容方面，《海的边缘》是她唯一一本以第一人称为主的、特别依赖私人野外笔记的著作。其中的海岸印象很大程度上来自她自己的博物学考察，例如她对布斯贝港镇"海岬"（Ocean Point）等海岸的印象反映在第1章开篇关于"小巧可爱的洞窟"的描写中，第3章则有一大段包含细节描写的内容基于绍斯波特镇小屋附近的潮间带。（Brooks，1989：203）书中还有一些很有个人色彩的语句——"我当我步入［海岸］其中"（卡森，1998：4），"我最爱一条前往岩岸的路径"（卡森，1998：49），不一而足。在具有"惊奇感"的卡森看来，考察海岸的门槛很低，几乎每个人都能到达离自己最近的海岸，并尝试亲身体验其中的奥秘，从而获得博物学的亲知（personal knowing / acquaintance）。连出版社的广告也强调，这本书使读者不需要依赖着潜水服的科学家。（Hagood，2013：72）

卡森用《海的边缘》引导读者体验海岸生命的神奇和美，理解海陆间的生命演化史，同时感悟生命世界的意义和暗示。

海岸不仅仅是陆地与海洋的分界，更是人类这种陆生动物与海洋世界的过渡地带，是思考人类与海洋的关系的理想场所。显然，海洋远远比人类古老。与广袤而永恒的海洋相比，人类是渺小而短暂的匆匆过客。尽管人类已经在某些方面侵犯了永恒的海洋，但这种侵犯是对人类自身的侵犯，根本无法撼动海洋。整个第6章"永恒的海岸"是卡森要求一位论派牧师在自己的追悼会上朗读的篇章。

这个结尾非常短，却集中体现了全书主旨：

> ……难以驾驭的海水，雾凉而湿的气息，人在这个世界里，是坐立不安的不速之客（an uneasy trespasser）。……
>
> 在我的思绪中，虽然这些海岸的性质，以及栖息其上的生物，都截然不同，但却因海洋一视同仁的抚触而合而为一。因为我在这属于我的刹那所感受到的不同，只不过是这一刻的不同，并且由我们在时间之流中的位置，及海洋长久的韵律决定。……因此，在我的心灵之眼中，这些海岸的形体以万花筒般变化多端的花样交互混杂合并，没有终结，没有绝对固定的现实——而陆地也就像海洋一样，变成了流体。
>
> 在所有的海岸中，过去和未来回响其间；它们属于时间之流，抹消一切，却又容纳了所有的过去。它们是海洋的永恒韵律——潮汐、拍岸的巨浪、不断近逼的如注潮水——塑造、改变、主宰。它们是生命之流，如洋流一般冷酷无情地流泻，由过去到遥远的未来。随着海岸结构在时间之流中改变，生命的模式也有了变化，永不止息，永远不再年年如一。每当海洋塑造了新的海岸，一波波的生物就涌向前去，寻觅立足地，建立栖处。因此，我们才能视生命为如海洋本体那般可触知的实质力量，强大而意志坚决的力量，就像涌起的浪潮一般，永远不会粉碎或转向。
>
> 凝思丰富的海岸生命，教我们不安地感受到某种我们并不理解的宇宙真理（universal truth）。……这么微小的生物有什么意义？这些问题经常浮现在我们的脑海，令我们困惑不已。而在寻觅解答之际，我们也接近了生命本身的最高奥秘。（卡森，1998：275—276）

可见，高于陆地的海洋本身其实象征着某种无所不能、超越万物的永恒存在或时间之流。这种时间之流抹去个体的痕迹，指示着世界从古到今并将持续下去的变化模式：生与死的网络为有生命的贻贝带来了某种永恒的平衡，无生命的沙滩能在无限的运动中达成一种变动不居的永恒，珊瑚海岸也在重复永恒的韵律，甚至整个世界都是生命本体在过去、现在和未来的永恒流动。人类对海洋的所见所知只是漂到海岸的沧海一粟罢了，但是这沧海一粟已经容纳了感知永恒的可能性。这种永恒循环的伟大力量是生命之流的稳固河床，也是对一切变化的最终保证。由此，卡森通过《海的边缘》向读者发问：与微小的海岸生命相比，人类究竟"有什么意义"？与海洋相比，人类的陆地生活又多么远离"宇宙真理"？与其他生物相比，人类能否调整自身以适应时间之流？

从博物学史看，《海的边缘》或许属于以爱默生的诗、梭罗的《科德角》和贝斯顿的《遥远的房屋》为代表的"拾贝者"（beachcomber）传统。拾贝者从都市生活逃亡，是关注地方生态、拒绝开拓文明的遁世者。（Weaver，2015：10，12）例如，澳大利亚博物学家班菲尔德（Edmund James "Ted" Banfield，1852—1923）的成名作《拾贝者自白》（*The Confessions of a Beachcomber*，1908）就描绘了他辞去记者一职后长年居住的昆士兰州食火鸡海岸区邓克岛（Dunk Island），并在扉页上引用了梭罗的《瓦尔登湖》："如果一个人跟不上他的伴侣们，那也许是因为他听的是另一种鼓声。让他踏着他所听到的音乐节拍而走路，不管那拍子如何，或者在多远的地方。"（梭罗，2011：265）但是对于卡森来说，拾贝者最有特色的行为不仅是在附近的海岸漫步，而且是从"小"贝壳窥见"大"海洋，在这个意义上她与更古老的拾贝者发生了联系。在约翰·弥尔顿（John Milton，1608—1674）的《复乐园》（*Paradise Regained*，1671）第四卷中，耶稣这般讥讽古希腊的学者："虽然读破书万卷，而自己却浅薄，／粗野，朦胧，只是搜集玩具而已；／牛溲马勃，兼收并蓄；／好像小孩子在海滩上采集石子。"（弥尔顿，1981：97）牛顿的名言也反映了这种小与大的对峙："我不知道这个世界会怎么看我，但是对我自己而言，我看起来只是像个在海岸边玩耍的小孩，不时地找到一粒非常光滑的鹅卵石或一枚格外漂亮的贝壳并为之欢欣愉悦，而我面前却是那片完全未经探索的真理的大洋。"（Turnor，1806：173n2）

如上文所述，我们完全可以把卡森界定为人文传统的海洋博物学家。

首先，她掌握海洋相关领域的博物学知识和技能，对鱼类、其他水生生物和水鸟等非常了解。她对自己的定位是"海洋生物学家，但实际从事的工作是写作而不是生物学"，"碰巧对海洋及其生命有浓厚的兴趣"。（Lear，2009：154）从大学期间的专业学习和公职相关的社会关系，到海洋实验室和海洋考察船的研究经历，再到博物学作品的阅读和写作过程，都使她逐步积累了大量海洋博物学知识和野外经验。

其次，她热心参与博物学实践，而且把探索海洋作为生活的重要组成部分。卡森不但经常近距离接触海洋，而且把专职工作与业余爱好、职业生涯与日常生活很好地结合在一起。她说："我觉得我很难将副业和职业分开，因为我最喜欢做的事都有助于我写作——鸟类学、漫步海滩、探索潮汐！"（Lear，2009：178）在卡森登上封面的那期《星期六文艺评论》（*The Saturday Review of Literature*）中，编辑为她写的小传称"博物学的乐趣"很早就成了她的"习惯"，以至于她进了大学才想到那是一种科学。（K. S.，1951：13）

再次，她由此产生对大自然整体的博物学情怀，并诉诸人文博物学作品。卡森饱含"对与大海有关的一切东西的绝对迷恋"（Lear，2009：8），格外强调在探索自然奇迹的过程中产生的"惊奇感"。环境史学家沃斯特认为卡森关于海洋的生态学作品突出表现了"阿卡迪亚"的田园主义情感："她早期的关于海洋和潮汐带的著作，很多都来自她在缅因州海滨住所的岸边漫游，直接因袭了约翰·巴勒斯和吉尔伯特·怀特传统的自然随笔。"（沃斯特，1999：43，79）

最后，其言论或作品中蕴含的思想符合博物学的价值观。卡森曾在1962年自称是"对生态学（或者说生物与其环境的关系）领域特别感兴趣的生物学家"。（Lear，1998：195）她为《寂静的春天》起草的护封是这样介绍自己的："在她的全部工作中，最基本的兴趣都是生命同环境的关系。她的早期作品写的是海洋的生命与海岸的生命。而在此书中，她关心的问题是人类如何得寸进尺地使环境对于生命而言不再适宜。"（Lear，2009：398）卡森还获得了许多博物学团体颁发的奖项，在圈内与许多博物学家结成良好的关系，这表明她的博物学活动和博物学理念得到相当大范围的认可。

总之，卡森的文学、生物学、生态学背景都最终融合于海洋博物学，特别是情感意义上的博物学思想。这可以非常明确地从她在《海的边缘》之后写成的一篇短文中看出。

1956年，卡森为全美英语教师联合会（National Council of Teachers of English）的高校阅读课程教学参考书《好读物》（*Good Reading*，1956）提供了一份生物科学领域的参考书目，并写了一篇文章《生物科学》（Biological Sciences）。在她列出的参考书目中，某些书"超出了'纯'生物学的界限"，还有些书"可以归类到博物学（natural history）或'文学'"。（Lear，2009：538n34）她这样推荐并不令人奇怪，她在文章中对生物科学的理解明显是从博物学（自然史）、生态学的观点出发的。她认为，生物学的研究范围是极其宽广的，包含"地球及其一切生命的历史"，"这门学科是十分多面的，有丰富的美感和魅力，见识广博的读者都不会忽视其中充满的意义，而有些方面的研究是狭窄局限的，只不过是这门学科的一个小侧面，例如对动植物作分类，或者从解剖学和生理学上描述动植物"，"离开了所生活的世界就不可能研究或理解人或其他任何生物"。（Lear，1998：165）接下来，她用整整一段话强调了博物情怀的重要性：

> 生物学涉及有生命的造物和有生命的地球。感知颜色、形状和运动的乐趣，意识到惊人的生命多样性，享受自然之美，这些属于人类作为生物的天性。若有可能，我们应当首先通过大自然，在田野、森林和海岸上自觉地了解生物学；我们应当在此之后才通过放大的方法和证明的方法在实验室里探索自然。一些最有天赋、最有想象力的生物学家首先是以感觉印象和情感反应为媒介与自己的对象打交道的。最值得注意的生物学作品虽然是针对知识分子的，却根植于对人类所属的生命之流的情感反应。赫德森（William Henry Hudson）和梭罗等伟大的博物学家（naturalist）的作品最容易被收入现在市面上某些优秀的文选，也有理由算作生物学领域的读物。（Lear，1998：165—166）

她谈到，生物学的下一个重要发展阶段就是生态学，生态学研究的是"生物与环境的关系"：

> 对生态关系的意识是——或者说应当是——现代资源保护项目的基础，因为只有同时保存一个物种所需的那种陆地或水域，保存该物种的尝试才是有用的。生态关系极其微妙地交织在一起，扰动了群落组织的一根线，就改变了一切——这变化有可能是我们基本察觉不到的，也有可能激烈得使毁灭随之而来。（Lear，1998：166—167）

并且，"人类自身是自然的一部分，服从于操控其他一切生命的同一种宇宙力量"，人类应当"与这种力量和谐共存，而不是与之对抗"。（Lear，1998：167）这或许是"戏浪拾贝"的卡森带给我们的最重要的启示。

第 四 编

重绘生活世界图景

　　在研究不充分的情况下，为整个西方上千年的博物学绘制一幅清晰的图像，是相当困难的。各个时代中，从粗犷的岩画到奥杜邦、梅里安、古尔德的精细手绘，博物学的确一直与图像结伴而行，图像与大自然本身一样缤纷多样，为认知、审美和生活提供有效的帮助。在现代性的大潮中，已经式微的博物学通向何方？它与生态文明有何关系？我们也只能在若干趋向的基础上粗线条地、猜测性地加以描绘。

第 19 章　摹写大自然

　　博物学有着强烈的视觉特性，博物绘画是这种特性的最大体现，融科学性和艺术性于一体。在彩色印刷技术普遍应用前，昂贵而华丽的博物手绘甚为流行，其价值甚至远远超出了自然知识本身，成为艺术收藏品和博物学商品化的一部分。植物绘本的出版量最多，动物绘本相对较少，其中的鸟类绘画成就较为显著。博物绘画常以写生作为卖点，但出于节约成本、提高效率等原因，完全复制或部分借用前人画作也是稀松平常的事。不同的工艺和技术、读者定位、精确性和艺术性的权衡、创作团队的分工与合作等都是影响早期博物绘画的重要因素。

博物学是关于一切有生命事物及其环境的故事和描述，具有强烈的视觉特性。（Potts，1990）博物绘画繁荣是博物学文化兴盛的一部分，18、19 世纪博物学的黄金时期也是博物绘画的黄金时期。从数量和流行程度看，植物绘画最多也最受欢迎，动物绘画相对较少，鸟类绘画则翻开了动物绘画的华丽篇章。在博物学的黄金时期，博物绘画最初兴盛于荷兰，17、18 世纪之交荷兰率先开始殖民扩张，异域物种的描绘也跟着发展起来，梅里安的《苏里南昆虫变态图谱》就是典型的代表。到了 18 世纪早期，德国活跃起来，英国则是后起之秀，从 18 世纪 30 年代起成为博物绘画出产大国。在法国，从 18 世纪末期到 19 世纪 30 年代，不论是植物绘画还是鸟类绘画都很辉煌。美国虽然有奥杜邦辉煌的《美国鸟类》（*The Birds of America*，1827—1838）（最初的版本在伦敦出版），但这方面的影响力还比较小。（Buchanan，1979：8—9）本章将分别简述动物绘画和植物绘画的特性和发展，以及影响图像的工艺、材料、定位、艺术性和精确性权衡等因素，时期也主要集中在18、19世纪，少量涉及更早的时期。

一、两类博物画简述

1. 动物绘画

科学性的动物绘画从传统的艺术性动物绘画中衍生出来，也被看成是静物画或肖像画的衍生物，一方面作为装饰，另一方面与上层阶级的狩猎活动联系在一起。动物绘画的主要受众是科学家和富裕的农场主，尤其是后者，他们对动物有着科学兴趣，同时又喜欢饲养动物，是"艺术"（fine art）和"动物"（fine animal）的双重拥有者。（Potts，1990）在博物学的黄金时期，各类动物出现在画家的笔下，开始是本土物种，之后随着殖民扩张转移到异域物种。比起植物，动物的习性、生境、形态等各方面更复杂多样，其绘画也面临更多挑战，各类动物受关注的程度也大不一样，跟探索自然的科学性相比，人们对探索对象的审美要求对绘画的影响更大。毋庸置疑，漂亮的蝴蝶和鸟类更加受到青睐，外表凶险的蛇类则不受欢迎。

鸟类绘画是18、19世纪图像出版里受欢迎的题材，艺术家试图用黄金或油画颜料去捕捉绚丽的羽毛，这些华丽的鸟类绘本更多的是为了迎合公众对奢侈的博物学出版物的喜爱。在殖民时代，这样奢华的异国鸟类绘本本身就是财富、欲望和征服的象征。插图虽永远代替不了模式标本，但不可否认的是它们对鸟类的记录和研究以及鸟类知识的传播都有重要意义。（法伯，2015：105—106，124；Partridge，1996）黄金通常用来作底色或突出点缀，这种做法在法国的鸟类绘本中最先使用也最常见，奥杜邦也用到了，如他在1825年画的雄火鸡。（Partridge，1996）最为夸张的是法国奥德贝尔（Jean Baptiste Audebert，1759—1800）和维埃约的《金光闪闪的鸟儿》（*Oiseaux Dorés ou à Reflets Métalliques*，1802），除了按通常的方法使用黄金做颜料，有12本连文字都是用黄金印刷的，甚至还有个特别版，整本都是用黄金在牛皮纸上做出来的，可谓奢华之极。（Buchanan，1979：104—106）最有影响力的是奥杜邦和约翰·古尔德的作品，它们都是多卷对开本，非常豪华，商业气息浓厚。因此，有人评价奥杜邦"不是博物学家"，而是"灵巧的画家和聪明的观察者"，因为职业博物学家不会想出版这么豪华的绘本。而古尔德更像是一个商业领袖，组织采集者、石板工人、印刷工人以及技艺高超的画家们，出版了他的鸟类绘本。（法伯，2015：125—127）

比起植物绘画，动物绘画面临的困难和挑战更多，也更容易犯错。古尔德和他的团队在他混乱拥挤的房子里工作，鸟的尸体盒子源源不断地送来，房子各个角落都堆满了鸟的尸体、皮毛、画稿和雕版等各种东西，工作环境只能用"恶劣"来形容，奥杜邦的工作室也大同小异。（Buchanan，1979：131）奥杜邦的鸟类绘画以精确闻名于世，然而他依然免不了犯错，有一小部分手绘后来被认定为不存在的种，如他1812年在滨州画的"居维叶的戴菊"，他原意应该是画红冠戴菊（*Regulus calendula*）的雄鸟，但却在它的红色顶冠处多画了一圈黑线条，而且此画上淡黄色的翅膀和尾巴更像是金冠戴菊（*R. satrapa*）的特征。（Partridge，1996）

鱼类绘画比鸟类绘画更困难，因此优秀的鱼类绘画非常少，女性博物学家兼画家莎拉·李（Sarah Lee，1791—1856）的《大不列颠淡水鱼》（*The Fresh Water Fishes of Great Britain*，1828—1837）是典型的代表作。这部作品基本都是按照活鱼临摹，并用金银材料给鱼鳞填色，让画作闪烁着逼真的金属光泽。鱼类的特性让绘画很困难，莎拉·李也坦言："鲑鱼的颜色特别鲜艳，但是却转瞬即逝，因为一旦离开水后只要两分钟颜色就变了。"（Orr，2014）其他动物，如爬行类、大型动物和两栖类的画作就更少了，很大的原因在于它们本身就不像鸟和植物那样受人们喜爱，加上操作上也更困难，作品就更少，即便有也很难有太多关注。奥杜邦的《北美动物》（*The Viviparous Quadrupeds of North America*，1845）就远不如他的《美国鸟类》有影响力。昆虫标本的采集和保存相对容易，在昆虫绘画中蝴蝶和蛾类因为丰富多彩的色彩比其他昆虫更受欢迎，梅里安的作品是典型代表。之后还出现了不少优秀的昆虫绘本也多以这两类为主，如维尔克斯（Benjamin Wilkes，？—约1749）的《十二幅英国蝴蝶新设计》（*Twelve New Designs of British Butterflies*，1742）和《英国蛾类和蝴蝶》（*The English Moths and Butterflies*，1749）、哈里斯（Moses Harris，1730—约1788）的《英国鳞翅目昆虫》（*The English Lepidoptera*，1775）等都是优秀的昆虫绘本。

2. 植物绘画

约翰·雷曾经说过，"没有插图的植物志就像没有地图的地理学"（转引自

Saunders，2009：7）。图像对于植物学的重要性超过了其他任何一门现代科学，也很少有其他科学插图能像植物绘画那样因为其美学吸引力而受到广泛青睐。（Secord，2002）18、19世纪也是植物绘画的黄金时期，欧洲各国出现了大名鼎鼎的植物艺术家，海外殖民扩张的远航轮船上通常也跟着植物画家，各类植物绘本和彩色插图期刊层出不穷，还有植物绘画指导手册及专门的培训班等，植物绘画的繁荣程度远胜于动物绘画。对于这些方面下文都会有所提及，植物绘画的重要性、吸引力这里也不再赘述，本节将重点以豌豆（*Pisum sativum* L.）为例来阐明植物绘画如何从本草学强调植物的有用性转变到植物分类学强调繁殖器官的结构。本草学常常把植物可食用或药用的根或地下茎，甚至树皮这类东西画出来，而对于植物分类来说，地下部分是最不被重视的，很少会出现在插图中，更不要说树皮。从本草学到分类学的植物绘画的另一个变化是，繁殖器官很少在本草学中被突显出来，而分类学最重视的恰恰就是这部分。

在早期的本草学绘图里，几乎把所有植物的根茎都画出来，也不管根有没有实用价值。如16世纪的本草学家福克斯的《新本草学》[1]（*De Historia Stirpium Commentarii Insignes*，1542）和吉拉德的《本草学，或植物大全》（*Herbal, or Generall Historie of Plantes*，1597）中，都把豌豆的根部画了出来，尽管它既没有食用价值也没有药用价值（见图19-1）。到了布莱克

图19-1 豌豆，福克斯《新本草学》第627页插图，来源：PL

---

1 这个翻译按照英文版书名 *New Herbal* 得之。

威尔的《奇草图鉴》（*A Curious Herbal*，1737—1739），则是选择性地只把有实用价值的地下根茎画出来，豌豆的根部并没有什么用途，所以没有画出来（见图 19-2）。但她也偶尔会把前人很少画的树皮之类的部位单独画出来——如果树皮有实用价值的话，如 391 号植物肉桂（*Cinnamomum cassia*）（见图 19-3）、206 号植物温氏辛果（*Winteranus aromatica*）和 354 号锡兰肉桂（*Cinnamomum verum*）的树皮都是可以药用的，所以她单独画了这几种植物的树皮。而植物的花部在本草学里很少会单独画出分解图，福克斯和布莱克威尔的豌豆花都画得并不起眼，更没有放大的细节。与之形成强烈对比的是《奇草图鉴》后来的德国增改版《布莱克威尔本草学》（*Herbarium Blackwellianum*，1747—1773）（见图 19-4），在她原画的基础上，增加了花枝，还有花部的分解图。不难推测其中的原因：增改版的作者特鲁（Christoph Jacob Trew，1695—1769）是医生和解剖学家，与当时欧洲的多位植物学家都有联系，非常了解植物分类学的发展，他还

图 19-2　豌豆，《奇草图鉴》83 号插图，来源：Hunt

图 19-3　肉桂，《奇草图鉴》391 号插图，来源：PL

与林奈共用过18世纪最著名的植物画家埃雷特，请他为自己的作品绘制过植物插图。他本人非常重视插图，而且对插图的科学性和艺术性要求很高，扩充布莱克威尔的这部作品只不过是他的大手笔之一。（Nickelsen，2006a：39—40）这个增改版从18世纪40年代末开始出版，83号插图豌豆发表于1850年初（Tjaden，1972：152），当时林奈的分类学说基本确立下来。需要说明的是，本草学传统与分类学并没有确定的时间先后顺序，如林奈的前辈图内福尔的《植物学基础》（*Institutiones rei Herbariae*，1700）比《奇草图鉴》早了近40年，其豌豆插图更近于分类学的风格（见图19-5）。到了林奈时代，分类学最重要的标准就是植物的花部（尤其是雌雄蕊），强调花部细节、绘制其分解图成为植物绘画的一种范式，林奈自己的《克利福特园》（*Hortus Cliffortianus*，1737）是这种范式的里程碑作品，其中包括35种他在《植物种志》（*Species Plantarum*，1753）里描述的模式种。（Linné，1957：44—47）这种范式在19世纪70年代巴永（Henri Ernest

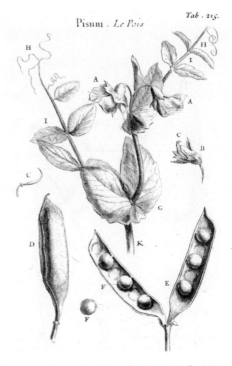

图19-4 豌豆，《布莱克威尔本草学》83号插图，来源：Hunt

图19-5 豌豆，图内福尔《植物学基础》中的插图，来源：PL

Baillon，1827—1895）的插图（见图 19-6）中也依然清晰可辨，甚至直到现代，尽管植物分类学经历了各种范式转变，对花部的重视也依然是植物绘画的指导思想之一。因此，植物绘画最大的范式转变源于本草学到分类学的转变，而在不同的分类学方法下却不见得有多大差异。

　　从本草学到分类学的这种转变也体现在植物学普及读物里。卢梭曾感叹植物学最大的不幸就是从它诞生之初就被当作医药的一部分，致使人们只关心植物的药性，而忽略了植物知识本身。（Rousseau，2000：93）卢梭本人崇尚非功利性的植物学追求，强调纯粹的学习乐趣，所以他在《植物学通信》里很少关心植物的实用价值，而是强调植物知识。在他去世后，这本通信集被译者、植物学家、出版商、画家增加更多的诠释，插图也是其中一个方面。英文版译者马丁（Thomas Martyn，1735—1825）是林奈植物学的信徒，在他的指导下，豌豆插图只有花和荚果，尤其是花的分解图（见图 19-7）。而雷杜德（Pierre-Joseph Redouté，1759—1840）为其绘制的插图则有两幅（见图 19-8），两幅图合并在

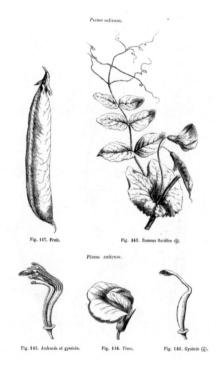

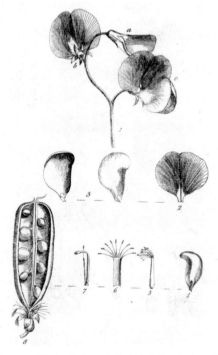

图 19-6　豌豆，巴永《植物志》中的插图，来源：PL

图 19-7　豌豆，马丁—卢梭《植物学通信》后续出版的植物图册里的插图，来源：Hunt

图19-8 豌豆，雷杜德绘制的卢梭《植物学通信》中的插图，来源：PL

一起来看，先是豌豆的植株，再是花和荚果的分解图。两个版本的插图都遵从原作者的意思，对豌豆蝶形花奇特的造型进行了强调，而最大的差别在于对雌雄蕊的处理上：马丁版的插图对雌雄蕊画得很细致，林奈分类系统里第17纲（两体雄蕊纲）一枚雄蕊和其他9枚雄分离的特征一目了然，后者则不然。原因很简单：马丁在翻译过程中努力把卢梭打造成一个林奈的信徒，他指导下的插图自然而然也会更强调林奈分类学中雌雄蕊数目和位置的重要性。

二、传承与发展

不管是动物绘画还是植物绘画的作者都常常把按照实物绘制或写生作为自己的卖点，但在实际操作中却很难做到，尤其是动物。根据采集的标本、博物学家的描述、旅行途中的草图等参照进行绘画更为常见，但即便有这些参照，画家们依然会常常采用另一个更为方便省时的方法——站在前人的肩膀上，复制、借鉴、改进前人的作品。在此以布莱克威尔出版于1737—1739年的《奇草图鉴》

作为例子来探讨博物绘画中的传承和发展。

虽然布莱克威尔声称这部本草学书籍里的插图都是写生画出来的（这也确实是这部作品的一大亮点），但事实上这部作品中有 30 来种植物是参照标本和其他植物插图绘制的。然而，与 18 世纪大部分绘图员、本草学家或植物学家不同的是，布莱克威尔夫妇有着非常强烈的版权意识。不管是参照了别人收藏的标本，还是仿照了他人的绘画作品，他们都作了说明。如 393—396 号等七八种植物参考尼科尔斯（Robert Nicholls，活跃于 1713—1750）的标本，350、351、353—347 号等十来种植物是斯隆爵士提供的标本，还有少量来自其他人的标本，从对尼科尔斯和斯隆爵士的致谢中也可以看得出来她对这些提供帮助的人心存尊敬和感激之情。布莱克威尔大概有 15 幅插图完全或部分借用了德拉肯斯坦（Hendrik Adriaan van Rheede tot Drakenstein，1636—1691）[1]《马拉巴尔[2]花园》（*Hortus Malabaricus*，1678—1693）的插图，她也在文字描述里作了明确说明。《奇草图鉴》插图也经常被抄袭，她的丈夫也因此控告过他人侵犯版权，并获得赔偿。（Henrey，1975：233 note 2）事实上，这种抄袭现象在 18 世纪的植物绘画中非常常见，当然抄袭并不是说一成不变照搬过来，更多的情况是绘图员根据自己的需要参考前人的作品，借用部分或全部的插图内容，或增加一些细节，但不论他们在多大程度上"搬运"了插图，这种"复制"也不是现代意义上的拷贝。（Nickelsen，2006b：203—205）在手绘和人工填色的时代，即便完全照搬，也很难画出同样的插图来，那个时代的植物绘画的影响因素很多，远非"复制"这么简单。我们可以从布莱克威尔前后的植物绘画一窥 18 世纪的这种"复制"传统。

如 388 号植物枣（*Jujuba indica*，现在学名为 *Ziziphus jujuba*）的插图（见图 19-9）基本就是复制了《马拉巴尔花园》第 4 卷 41 号插图（见图 19-10）。将原图顺时针旋转 90 度，然后作左右镜像翻转，剪裁掉最下方的两片树叶和枝条（见图 19-11），就可以看出两幅插图几乎如出一辙。两幅插图的区别主要来自两者的页面影响，《马拉巴尔花园》中的插图采用的是跨页形式，呈现给读者的是枝条横向走势，布莱克威尔虽然将插图翻转了一下，但《奇草图鉴》的单独页面决定了她不能把枝条的走向画得那么倾斜，只能减小横向的空间以适应页面。另

1　供职于荷兰东印度公司的殖民官员和博物学家，为了应对当地的一些疾病，他雇用了 25 个人创作了这部作品，描述了 740 种本地植物。

2　马拉巴尔，荷兰属殖民地，位于印度南部。

图 19-10　枣,《马拉巴尔花园》第 4 卷 41 号插图,
来源: PL

图 19-9　枣,《奇草图鉴》388 号插图,来源: PL

图 19-11　对图 19-10 作旋转、镜像和剪裁后得到
的图像

外,花和果的小图也做了调整,放在了页面上方空白较大的地方,改变了小图与主体的分布格局。而 389 号植物印防己(*Anamirta cocculus*)的插图也采用了同样的处理手法,借鉴了原图的一部分(见图 19-12、图 19-13)。还有的插图变动稍大,如 391 号肉桂(*Cinnamomum cassia*)对原图作左右镜像翻转后顺时针旋转了约 50 度,省去了下半部分的枝叶果,又增加了树皮的插图(见图 19-3、图 19-14、图 19-15),因为这种植物的树皮可作药物和香料。

　　本草插图的这种借鉴和继承到了布莱克威尔之后还在继续。二十余年后的《奇草图鉴》德国增改版《布莱克威尔本草学》中,前面 500 幅插图完全按照布莱克威尔的插图顺序和内容,只是增加了一些细节图。到了 18、19 世纪之交,

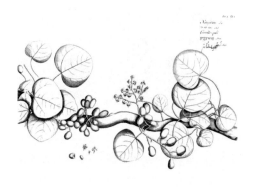

图 19-12　印防己,《马拉巴尔花园》第 7 卷 1 号插图,来源: PL

图 19-14　肉桂,《马拉巴尔花园》第 1 卷 57 号插图,来源: PL

图 19-13　印防己,《奇草图鉴》389 号插图,来源: PL

图 19-15　对图 19-14 作镜像、旋转和剪裁后得到的图像

佐恩（Johannes Zorn，1739—1799）的《本草学》插图也借用了该书不少插图，如印防己和菝葜（*Smilax glauca*），除了作镜像翻转，佐恩几乎原封不动地借用了《布莱克威尔本草学》中的插图（见图19-16、图19-17）。从画法和最后的效果上看，佐恩的插图把植物各个部位都放大了，显得有些夸张、不协调，页面也比较拥挤，线条粗糙，视觉美感远不如布莱克威尔的两个版本。但就内容而言，差别非常小，只有插图上方花部细节和花枝的微小差别：比前面两个版本的插图少了一朵单独的小花，向下和斜下的两个枝条上各少了一朵花。果实的细节图与《布莱克威尔本草学》一致，只是布局和位置发生了一点变化，但这些细微的差别不仔细观察，几乎觉察不到。（见图19-13、图19-16、图19-17）

本草插图的这种传承和发展在中国古代也经常发生，这种现象也同样出现在其他动植物绘画中。这种方式与文本的传承和发展具有内在的一致性，展示出后人对前人成果的重视，也让后人可以比较高效地制作插图。另外，在这个过程中，难以避免偶尔的以讹传讹，但更多的是后人纠正前人的一些错误，或者根据

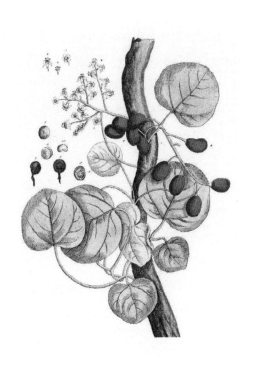
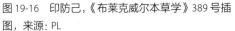
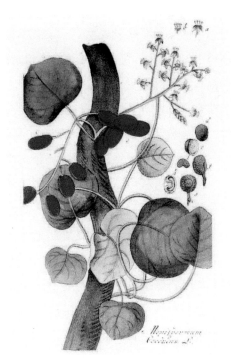

图 19-16 印防己，《布莱克威尔本草学》389 号插图，来源：PL

图 19-17 印防己，佐恩《本草学》第 6 卷 593 号插图，来源：PL

自己的观察、经验等进行补充和完善。与现代技术下的盗版和抄袭相比，这样的借鉴和传承有更多积极的意义。

三、插图的影响因素

1. 分工与协作

由于印刷工艺的限制，早期的博物绘画从画家起笔作画到与读者见面经历了非常复杂的过程。就大多数的作品而言，都会涉及作者（通常也是博物学家，少数是画家本人）、画家、雕版工、印刷工、填色工等多人的分工协作。例如福克斯的《新本草学》，这本书在植物绘画史上具有里程碑式的意义，书中的插图创作模式也一直延续到现代彩色印刷技术普遍使用前。福克斯的手下有两位艺术家和一位雕版工，一位艺术家参照自然生长的植物（也有少量的插图是参考前人的作品）绘制最初的底稿，另一位艺术家再将底稿画到木版上，雕版工将木版上的画刻到木版上，最后交给出版商印刷。（Meyer, *et al.*, 1999: 116）这样的团队合作在18世纪柯蒂斯那里最为显著，他的《伦敦植物志》和《柯蒂斯植物学杂志》的绘图团队就先后有三位艺术家——基尔伯恩（William Kilburn, 1745—1818）、索尔比、爱德华兹（Sydenham Edwards, 1768—1819）以及多名雕版工和专人监督的填色团队。（Desmond, 1987: 14）当然这也意味着插图制作的成本非常高，柯蒂斯也因为《伦敦植物志》而破产。当然也有特例，如布莱克威尔，身兼数职，自己绘图、雕版、填色，这种选择一方面体现了她全面的技能，另一方面也是迫于经济状况的无奈选择。

在整个过程中，通常是书的作者起着领头的作用，他们负责选择创作团队、指导他们按照自己的要求去创作、付给他们酬劳，有时候他们还不得不根据需要去训练绘图员。需要说明的是，起主导作用的作者通常是博物学家，而普及读物的作家对插图并没有这样的作用，如韦克菲尔德和卢梭，他们两人都是用书信的方式写了畅销的普及读物，和作品的插图并没有什么关系。卢梭的《植物学通信》本是私人信件，在他去世后才出版，1805年出版商安排了法国最著名的植物画家雷杜德绘制了插图，雷杜德被誉为植物绘画领域里的拉斐尔，他的加盟让这本书大放异彩。这本书的英文翻译版则遵循了常用的模式：由译者、植物学家马丁安排画家绘制插图，出版了一本插图小册子。普及作家韦克菲尔德的《植物学入门》（*An Introduction to Botany*，1796）在英国就印了11版，插图都是由出版社安排的，到了第7版的时候，出版社还请人对内容和图片都做了大修改，她本人并不知情，出版社也没有对插图署名，很容易让读者甚至学者误认为是作者自己画的。

博物画家是决定绘画艺术品质的源头因素，在读者心目中的地位仅次于作者。在18、19世纪博物绘画的黄金时代，欧洲涌现了一批大名鼎鼎的博物画家。然而，在实际绘画过程中，画家多处于被动的地位，而且他们被认可的程度和获得的回报与付出也不成比例。大部分绘画都是没有署名的，留下名字的画家远不是大多数人，因为署名问题引发的不愉快也偶有发生。如古尔德的《喜马拉雅山百年鸟类集》（*A Century of Birds from the Himalaya Mountains*，1831—1832）就没有给他的妻子[1]和画家利尔署名，在古尔德死后利尔依然耿耿于怀地说："他（古尔德）早期的鸟类绘画全靠他杰出的妻子和我，如果不是我俩的帮助，他什么也做不成。"（转引自Buchanan，1979）与画家相比，更加默默无闻的是雕版工和填色工。雕版工根据画家的底稿，在不同的印版（木版最多，其次是铜版）上进行雕刻，再将雕版交给印刷厂出版。在19世纪中叶彩印技术发展起来前，刚印刷出来的插图基本上都是黑白的，彩色的部分都靠人工填色，这也是最耗时耗财的一个环节。填色的颜料通常是水彩，填色工作也比较机械。在18世纪早期的时候，家庭式作坊是人工填色的主要工作模式，艺术家负责绘画，他的妻儿进行填色工作，也是通过这种家庭式参与，相关的一些知识和技术得以传承。（Jackson，2011a）很多时候为了节约成本和时间，出版商会采用流水线作业：每个填色工人只负责一种颜色或插图中某个部位的颜色，上一个人填好颜色再传到下一个，不同颜色的先后顺序通常由领头的填色人员（通常也是监督者）决定，要求比较精细的部分由经验丰富的人负责，比较随意的部分（如背景里的草）由经验较少的人负责。（Jackson，2011b）庞大的工作团队和参差不齐的技艺水平常常导致最后的成品与画家的原稿有些差距，同一版次的各册图书的插图质量也有差异，不同版次之间的差异就更大了。（Desmond，1987：14—16）流水线作业在填色质量的控制上非常困难，博物学家和艺术家们也很明白这点，返工的事情经常发生，错误的填色会被洗掉，再经过高温压平，重新填色。而有特殊版本

---

[1] 古尔德最初是一名标本剥制师，后来成为出版家。他雇用了一批技艺娴熟的画家，其中就包括他的妻子伊丽莎白（Elizabeth Gould）。

（如给王室的版本）的需求时，艺术家也不会信任填色工，而是亲自上阵。如奥杜邦的《美国鸟类》，总共有差不多十万张彩色插图，由哈维尔（Robert Havell，1793—1878）带领着 50 多人的团队参与刻印和填色等工作，所有的插图都经过仔细检查，发现错误就拿去返工。奥杜邦自己订了一本送给美国国会，因为特别重视，他画完原稿后监督哈维尔亲自填色。（Jackson，2011a）在此可以直观地对比一下福克斯、布莱克威尔的本草与后来的豌豆插图。福克斯的书因为出版年代在 16 世纪中叶，由于当时的颜料和工艺的限制，填色比较粗糙，颜料溢出严重（见图 19-1）。布莱克威尔的《奇草图鉴》全由她一个人填色，她总是尽可能地减少颜色的多样性，也不注重细节，她的豌豆插图基本上只有绿色（见图 19-2）。相比之下，《希腊植物志》（*Flora Graeca*，v7，1830）（见图 19-18）和雷杜德的豌豆插图（见图 19-8）填色要仔细得多，注重阴影和细节，色彩更加丰富、准确和生动，而且颜料不像前两者那样溢出严重。

图 19-18　豌豆，《希腊植物志》中的插图，来源：PL

早期的博物学绘本大多都不会给插图的创作者署名，很少有作者能像福克斯那样，在作品中专门对插图的三位主要贡献者表达敬意和感激之情，在《新本草学》最后一页，专门画了他们三位的肖像。（Meyer，*et al.*，1999：116）在博物绘画领域里还有大批女画家，她们比起男画家更加默默无闻，如《柯蒂斯植物学杂志》创办到 19 世纪末，至少有 20 多位女画家[1]为杂志画过植物画，她们中有相当一部分人甚至都没有署全名，只有一个姓氏，再加上"小姐／夫人"的称呼，更不要说那些完全没署名的女性默默无闻的贡献。到了 17 世纪后半叶，人工填色已经非常普遍，这项工作经常

1　笔者统计，未发表。

是由女性来完成，有的印刷厂还聘请女性专门从事填色工作（Tomasi，1997：liv），而且这种传统一直持续到19世纪彩色印刷普遍使用之前。完成这些"机械"的填色工作的，不管是出版社请的工人，还是画家的妻儿们，他们的名字几乎从未在作品里出现过。只有少数作者会注明这些人的名字或简单地表达感谢之情，如奥杜邦就把雕刻工和艺术家哈维尔当成自己的朋友，感谢他为《美国鸟类》所做的一切。（Buchanan，1979）绘图、雕版、印刷、填色等各个环节对最后呈现的插图都有非常重要的影响，只是通常只有第一步才被后人所重视，评价博物绘画时常常把焦点集中在画家的水平上，显然这种评价是欠妥的。

2. 工艺与技术的影响

不同的工艺、工具、技艺水平和材料对博物画都有着重要影响，纸张、毛笔、颜料、刻印方式（蚀刻、雕刻、凹版、凸版）、印版材料（木、铜、石、钢）、填色人员的熟练程度和艺术修养以及参照模版（有时候是艺术家自己的彩色原画，有时是领头的填色人员做的示范）等因素都影响着最后的绘画效果。（Tomasi，1997：liv；Jackson，2011b）木刻和铜版刻印是最常用的方式，前者的历史更为悠久，而且一直到19世纪还在广泛使用，只是早期和后来的木刻差异比较大。如福克斯《新本草学》就是典型的早期木刻插图代表，采用的凸版雕刻，线条相对粗糙，而且图文分开印刷（见图19-1）；而19世纪70年代巴永的《植物志》（*Histoire des Plants*，v2，1869—1870）采用的木刻技术已经是凹版雕刻（见图19-6），不仅可以显示更多的细节，图文也可以刻印在同一页上，大大降低印刷成本，这也是19世纪盛行的方式。相比之下，铜版雕刻也有悠久的历史，但因为铜版雕刻更为复杂，加上印刷时图文必须分别刻印，以及磨损太快等原因，导致每幅铜版插图的成本是木刻插图的七倍多（Kusukawa，2012：52—54），所以铜版虽然一直在使用，却始终没有成为主流。到了19世纪20年代和30年代早期，铜版逐渐被钢版取代，但到了40年代钢版也衰落了，金属刻印高昂的成本和复杂的工艺使它注定无法在出版业长期占有一席之地。（Wakeman，1973：31—35）雷杜德为卢梭《植物学通信》绘制的插图（见图19-6）就是典型的铜版雕刻，混合使用了点刻（stipple engraving）和单版印刷技术（single-plate printing）。他的很多大型图谱都是采用铜版雕刻（McMullen，1979：21），成为植物绘画里永恒的经典之作。

需要说明的是，在彩色印刷发展起来之前，不管用哪种工艺和技术，博物绘画的制作过程都很复杂。因此，早期一部精湛的图书往往要耗费相当长的时间：奥杜邦的《美国鸟类》四卷本前后花了 11 年（1827—1838），《布莱克威尔本草学》六卷本前后花了 26 年（1747—1773），《伦敦植物志》六卷本花了 21 年（1777—1798），《希腊植物志》十卷本花了 24 年（1806—1840）。为了节约时间，参照前人的植物绘画也是很平常的事情，有的是部分借鉴过来，有的甚至全部照搬。

3. 精确性和艺术性的权衡

当人们关注那些精美的彩色博物绘画时，可能第一反应是为它们的艺术美感而惊叹，然后才去考虑科学精确性的问题。事实上，就拿植物绘画来说，从本草时代开始，其精确性就很受重视，不管人们多么希望植物绘画在艺术上得到认可，但精确性却是这类绘画一直不变的要求。早在 16 世纪，福克斯就曾强调不可以为了增加插图的艺术效果而扭曲植物本来的样子，也要监督绘图员不能凭自己的喜好或想象去绘图，要尽最大的努力保证插图"绝对准确"（转引自 Meyer, *et al.*, 1999：115）。柯蒂斯在《伦敦植物志》里也强调"绝不能贪图速度而牺牲绘画的精确性"，为了追求完美，这本书里有的插图不得不重新刻印一两次（Curtis, 1777：preface），奥杜邦的《美国鸟类》亦是如此。

精确性促使作者们热衷于让自己的绘图员们参照自然生长的植物进行绘画，并以此作为卖点，如福克斯的《新本草学》、柯蒂斯的《伦敦植物志》、布莱克威尔的《奇草图鉴》等。布莱克威尔甚至为了在切尔西药用植物园画画，直接在植物园对面租房住下。约翰·劳登的《英国乔灌木》（*Arboretum et Fruticetum Britannicum; or, The Trees and Shrubs of Britain*, 1838）共有 8 卷，后 4 卷全是插图，前 4 卷虽然是以文字为主，但也有大量插图，这套书的插图总数超过了 2500 幅。这套书的插图都是黑白木刻，但基本都是参照自然生长的植物直接绘制的。劳登雇用了 7 位绘图员，每天早出晚归深入大自然，有时候甚至带着他们长途跋涉去画植物。（Taylor, 1951：34）

精确性还要求画家具备一定的博物学知识。博物学家们通常会向自己的绘图员传授一些植物学知识，优秀的绘图员自身也会有强烈的意识去掌握一些必备知识。19 世纪著名的植物画家菲奇在 1869 年发表的植物绘画指南中强调：植物绘画的核心就是精确，不管是描绘还是填色。精确不仅来自于仔细的观察，也来自于必备的植物学知识。即使最基本的植物学知识也能帮助绘图员避免一些低级错误，如弄错雌雄蕊的数目、画错子房的位置等。（Blunt，1967，268—269）

4. 定位与功能

对非常重视插图的博学家（如福克斯、柯蒂斯、特鲁、奥杜邦、古尔德等人）而言，能够出版精美豪华又具有科学价值的大部头博物学绘本是他们的一大抱负。彩色绘本比黑白绘本价格高很多，如阿尔宾的《英国鸣鸟博物学》（*A Natural History of English Song-Birds*，1759）第三版，黑白版售价 2 先令 6 便士，而彩图版售价 7 先令 6 便士，是前者的三倍。（Jackson，2011b）人工填色的博物画成本取决于：图像大小、背景是否填色、主题的复杂程度（决定颜色种类的多少）、是否需要特殊颜料（如树胶、金属漆等）等因素。（Jackson，2011a）然而即使到了彩色印刷已经开始使用后，人工填色的博物绘本依然占有一定市场，因为购买者会觉得自己拿到了原始的水彩绘本，而非机器重复印刷的，这种状况一直持续到 20 世纪初。（Jackson，2011a）在出版业还不发达的 18 世纪，即便一本小说的价格也足够在小饭馆吃上 5 顿饭（Allen，1993：335），更何况是这样的大部头，远非普通老百姓所能承担。因为成本太高、出版的周期太长以及风险太大等原因，这类书通常是采用读者提前订阅并付费的方式出版，大多是非富即贵的人因为爱好而购买收藏，或者是圈内人士真正需要这样的书作为参考。通常情况下，这类书也会在正文前罗列一份订阅者的名单，其目的之一也是为了借名单上的权威人士或社会名流增加此书的公信力。即便这样，这种豪华图书的出版也常常是亏本的买卖，如《希腊植物志》，截止到 1840 年，10 卷本的整套书完成出版，每套的出版成本高达 620 英镑，而订阅价才 239 英镑，完全是亏本的买卖，基本是靠发起者的遗产来补贴。（Stearn，1976：295）像这样豪华奢侈的书在 18、19 世纪并不罕见，柯蒂斯的《伦敦植物志》也是对开本的大部头著作，分期发行，每期只有 6 幅插图，价格却高达 5 几尼（Nichols，2006：16），作者也因为高额的出版成本负债累累。还有罗伯特·桑顿出版的《林奈性系统新图解》（*A New Illustration of the Sexual System of Carolus Linnaeus*），因为昂贵的出版成本，这本书第一部分在 1799 年出版后就难以为继，虽然通过发行彩票等方式筹款，但是到 1807 年差不多完成时他也因此破产，最后死于贫困。

甚至连班克斯这样的大人物也因为出版的高成本问题而不得不中断了他的鸿篇巨制。（Ford，2003：572；Mollendorf，2013：81—83）布莱克威尔比较幸运，《奇草图鉴》给她带来了 684 英镑 1 先令 3 便士的收入，除去偿还出版商的债款，还能拿到 406 英镑 4 先令 2 便士。在当时这是一笔可观的收入，试想切尔西药用植物园的园林主管菲利普·米勒[1]的年薪才 50 英镑。（Fara，2003b：48）豪华的鸟类绘本也很盛行，尤其是在法国。从 18 世纪后期到拿破仑统治结束这段时间里，法国政府支助境外鸟类和热带鸟类的豪华图册（Partridge，1996），法国甚至经历了鸟类学图像的黄金时代，出现了不少华丽的鸟类绘本（法伯，2015：104—105）。奥杜邦和古尔德的作品则是另外两个最典型的例子了。

相比这种昂贵的小众图书，另一些作者则倾向于文本重于插图的平民图书，在 19 世纪二三十年还兴起了"平民阅读运动"（cheap literature movement）。这个运动旨在呼吁降低出版物的价格，惠及经济状况比较差的工人阶级，让更多人能够买得起书刊，其标志性事件是 1827 年"有用知识传播协会"（Society for the Diffusion of Useful Knowledge）的成立和 1832 年《钱伯斯杂志》（*Chambers's Journal*）、《便士杂志》（*Penny Magazine*）两种期刊的发行。（Brantlinger，1998：96）著名的印刷工和雕刻师利扎斯（William Home Lizars，1788—1859）和他的妹夫合作出版的《博物学家的图书馆》（*The Naturalist's Library*，1833）也是"平民阅读运动"的模范产品，这部插图版的多卷本只需要 6 先令。（法伯，2015：152—153）这本书的出版依赖于技术的革新和出版者在激烈的出版竞争中所展示出来的智慧（如免去支付作者的版权费等），迎合了公众的喜好（生动的插图，浅显的文本，既有漂亮的异域物种又有本土受欢迎或有用的物种等）和消费水平，充分展示了维多利亚时期科学、技术和工业化的相互影响。（Sheets-Pyenson，1981）韦克菲尔德的目标也是要出版一本"价格适中"的植物学读物，而不是像之前那些书一样昂贵。（Wakefield，1796：v—vi，4）这本书的主要参考来源——《大不列颠本土植物大全》（*A Botanical Arrangement of All the Vegetables Naturally Growing in Great Britain*，1776）的作者威瑟灵认为"差的插图往往信息不足或错误，而好的插图价格太贵，并不适合大众读者使用"。（Withering，1776：iv）因此，韦克菲尔德的《植物学入门》重点就不在插图上，

---

1 米勒早年从事花卉行业，后得到斯隆爵士等人的赏识。尽管生意做得很好，但他最终放弃了花卉生意，成为切尔西药用植物园的园艺师，为植物园效力 48 年。

由出版社安排绘图员参考前人的一些作品，依葫芦画瓢绘制了一些插图，基本上是在同一页面上画了很多小图。《植物学入门》里的插图所体现的解释功能也常常是植物学家在学术专著中所追求的。

　　就色彩而言，彩色的绘画未必就比黑白的好，要看绘画的目的是什么。对于园艺师或业余的植物学来说彩色更重要一些，但对于分析植物的形态来说黑白线描简单清楚，细节分明，实用性更强。（Saunders，2009：15）植物学家们关于用黑白还是彩色插图的争论也一直不断（Secord，2002），正如一位德国植物学家所言，黑白插图已经可以清楚明了地展示植物的结构，昂贵的人工填色和咖啡桌植物画册通常都没必要，而且这类华而不实的图册显然不是纯粹出于植物学本身的目的（转引自Nickelsen，2006b：176—177）。林奈本人也很反对昂贵的彩图，因为普通学生买不起，他也很反对通过绘画去确定植物的属，因为同属不同种的植物很难在同一幅图中将其共同特征画出来。然而另一方面，林奈又很重视插图，认为插图可以展示语言描述难以说清楚的植物的具体特征，他之所以很喜欢图内福尔的著作就是因为其插图画得不错，埃雷特为林奈画的植物画不仅在他的书中被反复使用，也被欧洲的各种植物学出版物参考和复制。（Müller-Wille & Reeds，2007：568；Charmantier，2011：392）《植物学入门》的24纲分类图的原图就是埃雷特的大作，这幅图成为植物学中的经典之作，被广泛复制和模仿。

附：插图来源缩写

　　Hunt：Hunt Institute for Botanical Documentation, Carnegie Mellon University, Pittsburgh, PA, USA. 美国卡耐基麦隆大学亨特植物学文献研究所

　　PL：http://www.plantillustrations.org（截至本书出版时可访问）

第20章　中西博物绘画之比较

　　中西绘画存在着较大的差异，尤其是在描绘自然物的博物绘画方面。中西博物绘画分别展现了各自文明不同的艺术风貌和独到的自然观察力。本章分别通过中国古代三个阶层（文人官员阶层、皇权统治阶层以及市民百姓阶层）在植物、鸟类和虫类绘画方面的表现，比照西方类似博物绘画作品，尝试明确中西两种文明中艺术表现的差异。这其中既有绘画创作技法的差异，也有两者审美习惯和创作目的上的不同，但这种差异并不是一成不变的，尤其是18世纪随着西学东渐浪潮传入清廷，统治阶层中流行的博物绘画悄然受到西方绘画的影响，中国传统的博物绘画也开始受到西方博物学的影响，从而产生出一种不同于从前的博物谱录绘画作品。本章以清宫《鸟谱》的制作来探索这种文化交融中产生的新型博物绘画。

博物学是人类认知大自然并对其进行识别、分类和描述的综合性探索。
人类社会在长期的发展过程中积累了极其丰富的博物学知识，这些知识有许多是以文字的形式保留在各个民族和地区的文献史料中，但也有更多的博物学知识是以图像的形式散见于各种文献、绘画乃至工艺作品当中。长久以来这些图像大多只被视作艺术史的研究材料，而它们的博物学属性很少受到人们的关注。博物学与图像天生有着密不可分的关系，正如达·芬奇所说："我们的一切知识都源于知觉"（芬奇，1979：6），人类在探知自然世界的过程中，对于林林总总的自然物的第一印象就是它们的外观、质地、大小等视觉感知，这些最初的感知会通过各个民族的特有语言或文字保存记录，但在社会生产分工的精细化过程中，它们也以图像的形式被记录保存下来。这种图像记录最早可以追溯到旧石器时代的洞窟岩画，它们有许多都是早期先民对周围环境中动植物的描绘，比如狩猎场景中出现的兽群和动物。

人类采用图像记录自然世界，使得世界各地相继出现了博物学性质的绘画艺术，这类绘画或多或少对自然世界中的动植物、矿物等进行模仿，通过人工技巧来展示图像化的自然世界。由于绘画目的、功用不同，以及各个民族文化背景的差异，这类绘画差异很大，比如按功用分就有本草类图绘、科学绘图、艺术装饰绘画等；按绘画风格划分就有西方的静物画、中国的花鸟画等。这些多种多样、对自然世界作图像化记录的绘画，我们统称为"博物绘画"（Natural History Drawings）。"博物绘画"在西方世界最主要的表现形式是辅助鉴定物种的"生物科学绘图"（Biological Scientific Illustration），这种具有科学性功用的博物学绘画形式最早只出现在西方国家，世界其他地区和民族并没有这种严格意义上的科学绘图，但他们拥有各自特有的博物学性质绘画，因此在这篇文章中我们扩大了"博物绘画"的范围，使其可以包含所有描绘自然界事物的绘画类型。在这个统一概念的基础上，我们就可以将人类文明中更多的博物类绘画纳入考察范围，通过这种独特的视角发现不同文化中博物绘画的异同，了解不同文明中博物学的特征和发展轨迹。在下文中我们将东西方绘画置于博物绘画的情境中，通过对各自图像创作特点的分析来解读两种文明中以图像为表现形式的博物学在发展过程中的不同进路和地区特征。

在西方世界，从普通家庭客厅中镶嵌的荷兰静物花卉画，到大开本的动植物学著作中具有物种鉴定功能的科学绘图，博物绘画以多种形式广泛地存在着。不过随着博物学这门学科在西方各国的蓬勃发展，博物绘画更多是以科学绘图的形式出现在专业的博物学著作之中，这类绘画并不是以展示图像的艺术美为主要目的，更多的时候它更像是一种图像化的科学数据，用以形象化地描述自然世界的物种形态。利用博物绘画服务于物种的鉴定，这也是基于西方人对绘画的一种理解："绘画适合于描绘物体的形态美和揭示自然现象的规律……绘画是研究自然和表述科学知识最有效的手段。"（芬奇，1979：7—14）基于此，随着西方世界全球性地理探索时代的到来，越来越多的生物标本需要通过科学绘图的形式描绘记录，这种博物绘画成为物种分类鉴定的关键信息。在欧洲资本主义全球扩张的时代，欧洲的博物绘画创作长久不衰，它在17至19世纪进入了快速发展的黄金时期，以至于在各殖民地和中国广东都出现了为西方人绘制博物绘画的画家群体。借助于不断发展的印刷工艺，艺术家们精美准确的博物绘画作品可以得到大量的复制而在社会中广泛传播。这个时期涌现出了许多专业的绘图大师——他们或者本身就是博物学家，或者与博物学家合作。他们学习当时先进的动植物学知识，并在科学绘图过程中将这些知识准确地表现出来，最终呈现在观者面前的就是准确客观的生物外形结构和内部解剖构造。在许多图像上还附有画面中动植物相对于实物的比例尺、产地和经鉴定的学名。这样的科学绘图方式使得西方博物绘画逐渐标准化。在西方博物学发展的成熟阶段乃至19世纪博物学逐渐走向专业分化的过程中，这种标准的科学绘图成为博物学知识的重要组成部分，当时许多博物学家的研究成果就是以发行大开本精装的博物绘画来展示的，其中最为知名的代表就是美国鸟类博物学家奥杜邦比照实物大小绘制的《美国鸟类》，以及英国植物学家柯蒂斯于1787年创办，至今仍在发行的《柯蒂斯植物学杂志》。

对中国绘画来说，在传统绘画的范畴内并没有出现过像西方科学绘图一样的博物绘画作品，中国的博物绘画在传统画科中主要集中于花鸟画科内。这里的花鸟画在广义上囊括了对动物和植物等一切有生命的自然事物的描绘。对于矿物，中国绘画中很少独立表现，不过在山水画科中，中国画家会通过各种不同的皴法来表现各种岩石种类和质感，在本文中暂不涉及这方面的讨论。中国花鸟画发展于唐代，成熟于两宋，在这个过程中花鸟画比较讲究对自然事物的客观写实，这一时期大量的绘画和画史文献中都可以发现中国画家对自然事物客观形状准确性的孜孜追求。随着绘画由一门工匠技艺被文人士大夫升华为提升自身人格修养的一种有效方法，北宋中期以后，越来越多的文人参与到花鸟画的创作活动中，至元代，花鸟画的发展方向开始由文人士大夫阶层所控制，他们讲究绘画中的笔墨情趣和书法性的技法展示，不再将主要精力放在绘画形似写实的层面，这就导致了中国花鸟画逐渐不再以图像画面的展示为主，更多的是表现文人阶层的审美意趣。花鸟画的写实性追求在中国的上流文化阶层逐渐衰落，以自然写实为特征的博物绘画在这种绘画理念的转变过程中受到了冲击，但这并不意味着元代之后中国花鸟画中的博物绘画有所减少，事实上这以后中国的博物绘画分为了三条支流：一条支流继续保留在处于绘画主导地位的文人群体绘画中，文人们所绘的这类题材绘画虽然数量有限，但是他们在创作过程中结合了自然写实性和文人的笔墨趣味，很具有特色；[1]另一条支流则继承了宋代开创的院画写实风格，仍然存留在历代的宫廷绘画中，这类绘画因为需要满足统治者的审美趣味和政治象征的特殊要求，所以图像绘制较为精准细致，具有很高的博物学价值；还有一条支流则流向了民间绘画之中，这一部分的博物绘画主要是为了满足大众的日常装饰和其他的实际需要，所以绘画种类繁多、绘制水平参差不齐，这类绘画以前很少被人们重视，但它蕴藏着丰富的博物学价值，也更能体现出大众对博物学的认知水平。在下文中我们将采用博物学的分类方式——分别以植物、鸟类和草虫绘画为具体案例——对中国博物绘画中的这三条支流与西方博物绘画进行比较分析，一来说明两者之间存在的差异以及造成这种差异的内在原因；二来探讨一下17世纪以来东西方文化交流过程中，西方博物学及绘画技术对中国博物绘画的影响。

一、文人气质的植物绘画：蒋廷锡《塞外花卉图卷》的中西比较

中国历史上留存下了大量的博物绘画作品，长久以来由于受到传统艺术理论的影响，人们并没有认识到这批财产的宝贵性。随着科学史领域越来越多地涉猎图像学研究，这批以往只在艺术体系内讨论的图像材料逐渐显现出它们的科学价值，这对于补充中国古代博物学研究领域的空白大有裨益。

现藏北京故宫博物院、清代蒋廷锡所绘的《塞外花卉图卷》是一幅极具博物学色彩的清宫绘画，该画著录于《石渠宝笈续编》，书中命名此画为《塞外花卉图卷》，画芯长 523.95 厘米，宽 39.33 厘米。（见图 20-1）画面从右至左依次描绘了 66 种植物，最左端有跋曰："塞外花卉六十六种，乙酉七月南沙门下士蒋廷锡写。"[2]它在数米长卷上描绘了塞外野生花卉 66 种，这在中国花鸟画史上并不常见。国内学术界一直未对其深入研究，《清乾隆朝塞北题材院画初探》一文对该画卷

1　此处采用"文人群体绘画"而未采用传统艺术史上"文人画"的概念，主要想通过绘画者的群类来进行中国博物绘画类型的划分。因为"文人画"的概念争议较大，传统意义上它特指由文人阶层所绘的不追求形似，意境疏远、自然，流露个人内心感受的特定画作，他们所绘的一些写实画作不在定义范围之内，而大多数博物绘画正是这类写实画作。近年来有许多学者也在质疑这种"文人画"的定义。在此本文为了避免定义模糊，采用画家群体的划分方式。相关文献可参见毕嘉珍，Visual Evidence Is Evidence: Rehabilitating the Object, Bridges to Heaven, p.72；谢柏轲，现身于宋代的"文人画"——对我们所知与未知之思考，《千年遗珍国际学术研讨会论文集》，上海博物馆编，2006 年，第 186—203 页。

2　由该跋文可知画卷完成于康熙四十四年七月，即 1705 年 8 月 19 日至 9 月 17 日之间。

图 20-1 清代蒋廷锡《塞外花卉图卷》

进行了简要介绍，文中指出了《塞外花卉图卷》绘画题材的特殊性以及它是对传统花鸟画的继承和发展，但并没有过多就绘画本身进行分析。（杨伯达，1993：84—92）之后还有学者在对蒋廷锡绘画特点进行评论时提到此画，但他认为《塞外花卉图卷》仅仅是对所绘对象的一种图像记录，缺乏中国传统花鸟画写生的内涵。（查律，2008：107—112）此外，近来学者在对承德避暑山庄野生花卉种类进行介绍时也对该幅画卷的创作过程进行了简要说明。（陈东等，2010：24）

　　蒋廷锡的《塞外花卉图卷》是一幅充满了传统文人风格的博物绘画，作为高级文官的蒋廷锡在此幅画卷中采用的绘画技法被称为"没骨法"，即不用墨线勾勒植物的轮廓而直接用色彩点染。这种画法相传为北宋徐崇嗣发明，但是在后世早已失传，直至清初常州画家恽寿平参照各家技法之长而创造出了现在所见的这种画法。该画法最大的特点是既可以忠实于物象的描绘，又可以使画面具有文人画气质的意趣神韵，它是对"宋人写生有气骨而无风姿，元人写生饶风姿而乏气骨"博采众长的继承和发展，就如恽寿平所说："则惟当精求没骨，酌论古今，参之造化以增损益"。这种有别于传统双钩填色和意笔点染的画法在清初很快就在江浙文人中流行了起来，引领一时之风气。蒋廷锡早年与恽寿平门下马元驭等画家往来颇多，画艺深受其影响，在此幅《塞外花卉图卷》中很好地体现了恽氏没骨法的特点。首先，画面中呈现的 66 种花卉，作者并没有简单地将其一一罗列，而是从右至左将其分成多少不等的十几个组合，每个组合中植物适当地穿插在一起，错落分布，顾盼生姿。从整体上远观，绘画呈现出一种有韵律的波浪线式构图，这样的构图使整个画面充满了生命的律动感。其次，在对植物个体的造型方面，蒋廷锡仍采用了传统折枝花卉绘画的造型特色，画面中枝丫横斜，多为曲线式构图，植物虽为折取的部分，但通过弯曲柔韧的茎杆线条表现出了生命的张力，整体上使得画面欣欣向荣，这样的构图很容易表现出花卉的生机和神韵。上述这种折枝花卉曲线式的构图尤其适用于在有限画卷区域内对长枝条植物的位

置处理，已经成为传统中国花鸟画的一种很具特色的位置经营方式，它与西方植物科学绘图中的植物位置处理差异很大，下面我们就通过对比中西方绘图中对这一问题的处理方法来分析两者间的差异。

在西方博物绘画中出现了称之为"植物科学绘图"（Botanical Scientific Illustration）的艺术，它的最大功能是帮助植物学家和公众辨识野外植物，在欧洲理性主义科学精神的引导下，这类绘画极具写实性。当此类绘画遇到类似于中国绘画那种植株体过长而画面较小，难以满足枝条伸展的情况时，西方画家的处理方式一般是将植物从根或茎杆处截断，将较长的植株体截成较短的两部分呈现在画面中；或者将枝条折成几段，在不截断的情况下以"N"字形的样式描绘出来。西方植物科学绘图的这种绘画处理方式实际上来源于植物采集的实践活动，植物学家经常要及时将采集到的植物标本固定到随身携带的植物标本夹中进行植株形体固定，由于标本夹大小有限而植物形态大小不一，经常在标本制作过程中需要将植株体很长的植物截成几段或折成"N"字形才能完全压到标本夹中。这种形态的标本经过运输到达画家手上时，他们也只能按照标本现实的样子进行如实描绘，久而久之这种绘制植物科学图像的方式就成为一种习惯，即便在野外描绘真实生长的植物时，如果有画纸大小的限制，多数情况下画家还是会将其绘成截成两段或"N"字形的样式。而中国传统的花鸟画在处理这类问题时，是将过长植株体进行适度的弯曲以解决画面较小的限制，比如《塞外花卉图卷》中对毛脉柳兰的描绘就是这样处理的。（见图20-2）中国画的

图20-2　《塞外花卉图卷》中的毛脉柳兰

图 20-3　宋代文同《墨竹图》

这种处理方式，一个原因是绘画传统上偏好以曲线来表达植物的神韵，即便是枝干笔直很少弯曲的植物，有时也会将其处理为曲线形构图，比如宋代文同的《墨竹图》（见图 20-3）；另一个原因是，中国画的创作在大多数时候是画家默写描绘的结果，在这种创作方式下画家并不过多地参照现实的植物标本来描摹，而是靠着画家对植物的记忆和理解重新进行加工创作，所以说中国花鸟画中描绘的植物更多的是画家内心主观情境中再造的人化植物，这种植物图像呈现出了更多人化的东西，比如中国绘画中

常常提及的气韵生动，而西方科学绘图则更关注画家对真实植物形态的客观准确反映。出现这种中西方植物绘画差异的一个重要原因还在于所绘制植物图像功能的差异性，正如前文所说，西方植物科学绘图的主要功能是方便人们对植物的鉴别，而中国花鸟画中的植物绘画主要的功能是用于艺术的欣赏和画家对植物拟人情境化的表达（在中国，许多植物均被赋予了丰富的寓意）。即便是在那些中国本草书籍中用于植物鉴别的草药图绘，中国人的处理方式也与西方不太一样："巴多明神父当时就已经发出抱怨，他指出：'中国本草志中的图像与它们所代表的植物毫不相符'……这种状况是因为中国人从来不寻求在纸上严格地移画他们

眼睛所看到的真情，而是设法表示其主要部位，这就更符合他们的基础理论。"（谢和耐等，2011：555—556）

　　除了在处理较长植株时，中西方绘画的处理方式有所不同，在处理较小植物时，两者间同样存在着一些差异。西方科学绘图为了图像更加凸显植物的特征，一般会将植物枝条描绘得特别直，以使错综交叠的叶子和枝干表现得更加清晰，这样的好处是不言而喻的，但是整个画面会因为过多地服务于实用而稍显机械和呆板，比如图20-4中所绘的金丝桃属植物。该图描绘了贯叶连翘（*Hypericum perforatum*，图左）和斑点金丝桃（*Hypericum maculatum*，图右）两种植物，绘图者很清楚地刻画出该植物的特征，植物的枝条近乎笔直和对称，其实这种情形在自然世界中是很少见的，绘图者想通过这种人为的布置使这些植物的特征最大程度地显示出来（我们很容易看到植物叶对生、叶无柄、花腋生和顶生形成聚伞花序的特点）。而且这两种金丝桃属植物在画面中近乎平行地分布，这样的布置有利于版面利用和比对两者之间的差别，但是从艺术角度来看，画面则显得很僵硬，缺乏植物的生机感。在《塞外花卉图卷》中也有一处金丝桃属植物的描绘（见图20-5），该植物被鉴别为赶山鞭（*Hypericum attenuatum*），它与图

A. PRIKBLADET PERIKON, HYPERICUM PERFORATUM.
B. FIREKANTET PERIKON, HYPERICUM MACULATUM.

图20-4　西方科学绘图中的贯叶连翘（左）与斑点金丝桃（右）

图 20-5　《塞外花卉图卷》中的赶山鞭

20-4 中的两种植物同为亲缘关系很近的金丝桃属植物，所以它们在植株形体上特别相近，但赶山鞭在蒋廷锡的笔下表现出来的特点与图 20-4 所绘还是具有一些差别的。作者同样抓住了该植物鲜明的特点，但在处理枝干与叶片布置时刻意避开机械的笔直和对称分布，而是将植株描绘为很自然的状态，枝丫稍稍弯曲穿插，呈现小的弧度，很好地与周围搭配的植物形成位置上的呼应。这种画法显得植物生动自然、充满生机，而所缺少的就是像图 20-4 那样对细节刻画的精确性。所以我们当初在鉴定该植物具体种时，只能通过区域分布和植物特点的结合，将其种锁定为赶山鞭。通过这两幅金丝桃属植物绘画的比较，我们发现两幅绘画在描绘植物的过程中都融入了绘图者的主观因素，图 20-4 的绘图者对植物形态的主观改造是为了更客观地展现植物的特点，而《塞外花卉图卷》中蒋廷锡是为了展示赶山鞭的绰约姿态和生机而主观地将其描绘得具有自然之感。不过，中国古代植物绘画从一开始就不是以简单的博物学鉴定为目的的，它蕴含着丰富的美学趣味和人文因素。

　　深究中国花鸟画中植物绘画与西方植物科学绘图产生这些差异的根本原因，我们可以借鉴胡宇齐在论述宋画博物学特点与西方博物学绘图差异时的原因分析，即中国的植物绘画是一种是提升个人修养的外在方式，他更偏重于"人学"，而西方的植物科学绘图是对客观自然的一种理性的认知和分类，它更偏重于"物学"。（胡宇齐，2015）中国的植物绘画通过仔细地观察描述植物的形态特征来完成人与自然世界的互动，从而提升人对自然的认知理解能力，在此过程中中国的植物绘画不是单纯地将植物作为描绘对象，绘画的过程中更多地融入了绘画者对植物客体的主观感悟，从而使绘制的植物绘图摆脱了西方绘图的刻板而多了几分气韵生动。将原本属于自然中的生机成功地融入画面中，这一直都是中国花鸟画追求的最高境界之一。

二、民众趣味的草虫画与欧洲昆虫绘画之比较

草虫画是中国花鸟画科中主要描绘昆虫和其他小型低等动物的一类绘画题材。早期花鸟画中描绘草虫只是为了对画面进行点缀装饰，用以丰富并提升画面的生机感。现在可见的较早的一幅花鸟画作品是出土于北京海淀区八里庄地区唐代王公淑夫妇合葬墓的《牡丹芦雁图》壁画（见图20-6），在这幅壁画中部有一大丛盛开的牡丹花，在牡丹花的右上方描绘有两只飞舞的蝴蝶，由特征和地域可以判断这两只蝴蝶为柑橘凤蝶（*Papilio xuthus*）；画面左上部分残缺，按照这幅画的对称格局，残缺处应该也绘有飞舞的草虫。画面左右点缀了灵动飞舞的草虫，顿时增添了画面的生机。到了宋代，草虫画逐渐完善成为一个专门的绘画门类，在北宋官修的藏画著作《宣和画谱》中就将草虫画同蔬果草药置于同一卷详加介绍，其中善于描绘草虫的画家就有数十位。草虫画在宋代十分兴盛，尤其是生活在江南地区的画家特别喜欢描绘这类题材（张弘星，1994：170—171），我们从流传至今的宋人册页中可见一斑，比如《晴春蝶戏图》（见图20-7）、《写生

图 20-6　唐代《牡丹芦雁图》壁画

图 20-7 南宋李安忠《晴春蝶戏图》

蛱蝶图》《青枫巨蝶图》[1]等均以自然写实的生动造型，准确描绘出昆虫的外形结构。

草虫画在宋代的流行与当时江南徐熙野逸派的花鸟画画风有着莫大的关系。徐熙是南唐画家，他喜欢在大自然中观察禽鸟鱼虫的真情实状，善于描绘江汀野渚、苗圃菜畦间的动植物，这就使得他的绘画有一种自然的野趣。《宣和画谱》中称他"能传写物态，蔚有生意。至于芽者、甲者、华者、实者，与夫濠梁嗫嗫之态，连昌森束之状，曲尽真宰转钩之妙，而四时之行，盖有不言而传者"（俞剑华，2007：365—366）。徐熙的画风不同于当时占主导地位以描绘宫苑内珍禽异兽、奇花异草见长的黄筌派院体绘画，黄筌派的画作刻画细致、富丽堂皇而深得宋初皇室的喜爱，相比之下，徐熙派的画风充满了自然清新的野逸之感，而生长在荒野中的各类草虫恰能表达出这种画面意境。南宋时期花鸟画流行小型册页和团扇等具有实用功能的小幅画作，这种尺幅有限的画面很适合表现体型小巧的草虫，加之草虫又是日常生活最容易见到的小动物，所以草虫画在南宋时期尤其流行。

在这种流行的风气中逐渐形成了一个以草虫画著称的地区画派"毗陵草虫画"。毗陵地处江苏省常州市，正是徐熙所在的南唐故地，此地从五代起就有众多画家创作草虫画，在经历了数百年的积淀之后，毗陵地区已经形成了初具规模的草虫画绘制行业。在宋、元乃至明初，这里拥有众多的草虫画绘制高手（林健，2013：110—117），这些画家继承了南宋院体画的风格，以精工写实的风格创作了大量的草虫画。尤其在元代，这种画作演变为一种独特的室内装饰画：通常每幅画卷为狭长的画轴，两幅为一组，适合悬挂在中国传统的抬梁式民居客厅里，这种悬挂方式至今还可以在日本的一些寺庙古建中见到。毗陵画作装饰韵味

1《青枫巨蝶图》中的巨蝶并非蝴蝶而是天蚕蛾科的樗蚕（*Samia cynthia*），画名应该更正为《青枫巨蛾图》。

极强，所画植物一般都会采用矿物质颜料绘制，色彩十分鲜明。整幅画作是中轴对称式构图，画面正中偏下绘制一丛左右均衡的花草组合，在画面左右角上还会各绘制一小株植物，这样整个画面就形成一个稳定的三角式构图（见图20-8），有时候在画面上部还会伸出一枝花枝，仿佛华盖一样遮蔽在中部的花丛上方。这种对称式构图方式可以追溯到唐代的墓室壁画之中，例如上文提到的《牡丹芦雁图》壁画就采用了左右对称的三角式构图，画家们将早已流传的一种民间实用性绘画构图方式重新加以利用，运用到室内装饰画的设计中，由此也可以看出民众对这种构图方式的接受和喜爱。除此之外，毗陵草虫画也有其他类型的构图，比如元代谢楚芳在至治元年（1321）所绘的《乾坤生意图》就采用了长卷式绘画形式，这种构图方式多见于文人绘画中，主要用于文人雅集时的把玩观摩，不同于民众装饰用的长轴画卷。《乾坤生意图》的画面按照植物群落分为五个部分，集锦式地展现在长卷之中。（见图20-9）

图20-8　元代佚名《草虫图》

图 20-9　元代谢楚芳《乾坤生意图》

　　上述的这类毗陵草虫画，点睛之笔就是所绘的草虫，画家匠心独运地将各式各样的昆虫、蜘蛛、蜥蜴点缀在花丛周围，画面中有上下翻飞的蝴蝶，有隐藏叶底的纺织娘，还有向后回顾的蜥蜴。草虫的加入使得看上去略显僵直对称的画面顿时充满了生机和活力。在长卷式构图的《乾坤生意图》中，草虫点缀的场景更为精彩，整幅长卷五个部分通过上下翻飞的蜻蜓、蝴蝶有机地衔接在一起，使整个画面形成一个完整连贯的生态图卷。每个部分中都有着充满生机和争斗的场景：第一部分一只大团扇春蜓正在追击一只食蚜蝇，在它们的下方则是一直躲在车前草叶片下的蟾蜍窥伺着运送菜粉蝶的蚁群，似乎要在半路劫下这个猎物；第二个场景里有一只斑腿蝗伏在草丛中，另一只同类正振动着花翅向它飞来；第三个场景中一只长尾的蜥蜴（或是石龙子）正在窥伺牛皮菜叶背面缓缓爬行的蜗牛；第四个场景可以说是整幅画面中的高潮部分，也是最惊心动魄的场面，两只雌性螳螂分别在捕杀绿色的鸣蝉，一只螳螂已经将猎物捕获，另一只则慌忙追捕逃脱的、奄奄一息的另一只蝉，另外在柳树枝的最上端，一只小型的壁虎正在观望着这凶残激烈的一幕；第五个场景里一只胡蜂正在牵牛花缠绕的竹枝上建巢，另一只正朝着蜂巢方向运来修补的材料；第六个场景里雄性纺织娘躲在鸡冠花的深处振翅鸣叫，一只雌性同类似乎被鸣声吸引正在朝它飞去；第七个场景接近画面结尾，为了平复画面中部紧张激烈的捕杀场景，所以描绘了给人以赏心悦目舒适感的景象：一只麝凤蝶正在黄蜀葵的花丛中采集花蜜，另两种柑橘凤蝶和菜粉蝶则在嬉戏，还有一只大型食蚜蝇似乎也被美丽的花朵吸引而来。整个长卷七个场景就像一连串充满动感的动画镜头，将自然界中动物的各种活动记录下来，画面由初始的窥伺再到激烈捕杀，最后回归平和安详的采蜜活动，使得画作犹如一场带有前奏、高潮和结尾的交响曲，有波涛起伏也有舒缓平静。

　　通过上述的介绍，我们可以看出毗陵草虫画最为鲜明的特色就是写实主义

与装饰韵味并重，画家有意识地将人们在现实生活中可以见到的草虫活动搬到了画卷之上，鲜艳的色彩和均衡的构图增加了画面的装饰性。画面通俗易懂而又美丽悦目，这些特点正是民众阶层所喜爱的绘画风格。《乾坤生意图》似乎也将这种民众阶层的草虫画风格带到了文人阶层的绘画鉴赏中。在元代毗陵地区大量出现这类绘画，正能说明整个市民阶层的崛起和他们的审美需求的增加。正因为这些画作多被当作实用的装饰画用来美化厅堂，大量作品并没有妥善地保存流传至今；也因为这类画作多出自民间画工之手，在由文人们统治的传统艺术领域很难给予它们应有的历史地位，文献中也不会对其进行记载，因此在中国长久以来既没有毗陵草虫画真迹遗存，也没有文献中只言片语的记载，导致我们对历史上这一类充满博物学情趣的绘画没有任何了解。现在所讨论的这些毗陵草虫画几乎都藏在日本、英国等地的几个收藏机构，多是因为日本寺院早先从中国带回并妥善保管，才使我们今日还能见到这些在元代时属于民众阶层的博物绘画。

毗陵草虫画是一种属于民众阶层的博物绘画，因为这类绘画主要是为居住在城市的富裕居民绘制。当时的文人阶层开始流行更重视个人情感表达的文人写意画，其中以君子画最为典型。民众阶层限于文化水平，并不能达到文人儒士们的那种超前的艺术审美水平，所以他们更容易接受这种传承自南宋院体风格的绘画作品，作品中生机勃勃的草虫世界可以给他们带来欣赏乐趣和对美好生活的向往。民众的需求造就了毗陵草虫画的市场兴盛，这些画作中的草虫也被用于当时逐渐流行的元代青花瓷中。现存的元代青花瓷中有许多类似于毗陵草虫画的草虫图像，这说明毗陵草虫画家似乎也活跃于景德镇，为这种新的技术（制瓷）提供纹饰图案。（Whitfield，1993：61—71）从平面的绘画到立体的瓷器工艺，草虫画的流行满足了当时民众的审美趣味和博物学需求。

我们通过现存的数幅作品可以发现另一个共同的规律，即画面中描绘了异常丰富而准确的物种。经笔者统计，已经见到的毗陵草虫画中的蝴蝶就有：柑橘凤蝶、麝凤蝶、玉带凤蝶、丝带凤蝶（雄）、菜粉蝶、小红蛱蝶、疑似孔雀眼蛱蝶、某灰蝶等数种。而且许多昆虫的造型都是难得一见的孤例，在后世草虫画作中并没有再发现。比如《乾坤生意图》中正面朝向画面飞行的斑腿蝗、展翅飞行的纺织娘以及正在捕杀蝉的螳螂后世常见到的螳螂捕蝉场景都是螳螂伺机而动，正要捕捉蝉的情景。

元代毗陵草虫画到了明代就逐渐开始式微，但这并不意味着民间流行的草虫图像就减少了。经过数代民间画家的经营，草虫画和其他花鸟画一样，逐渐地标准化、图案化。民间画工一般都会有绘制草虫画的口诀或是样稿，自清代《芥子园画传》等画谱的出版，这种绘制草虫画的方法和造型样式就已经向大众公开。画谱在普及草虫画技法的同时，也加速了这种绘画图案化的趋势，其中最值得一提的就是蝴蝶绘画的图案化。两宋时期，蝴蝶在绘画中的表现还是比较写实的，无论是蝴蝶的翅脉还是翅上斑纹都能够按照蝴蝶现实的外形进行描绘。由于民众对这种醒目且美丽的昆虫的喜爱，后来的绘画中不断加入人为美化改造的痕迹，最大的变化就是蝴蝶的翅膀变得更加斑斓多彩，有时候画家并没有仔细观察具体的条纹分布样式，而是将其图案化地描绘在蝴蝶前后翅上并用鲜艳醒目的颜色加以突出，这种绘制技法在鸦片战争以后广州地区销往欧洲的外销画中最为典型（辛，2014）。另外，画家为了表现出蝴蝶飞动过程中的轻盈姿态，可以将蝴蝶翅膀描绘得很具有弹性。在清代的蝴蝶绘画中经常可以发现蝴蝶翅膀弯曲成很夸张的弧形。（见图20-10）

在草虫画图案化的同时，许多草虫画还产生了一定的象征意义，画面中出现了许多固定的搭配样式。比如螽斯和瓜类植物搭配在一起象征子孙绵绵不绝（古人认为螽斯多子，一次可产子九十九个，而瓜类藤蔓绵绵不绝，果实累累而多子）；蝴蝶、猫和牡丹搭配一起成为"耄耋富贵"，象征长寿；蝈蝈（即优雅蝈螽）停在鸡冠花上部成为"冠上加官"，象征官运亨通。这类具有象征寓意的图案化草虫画到了清代中期十分流行，除了绘画形式外，还出现在了瓷器、木雕、服饰、家具等各种生活用具和工艺品当中，这也从一个侧面说明了民众阶层对博物绘画的要求并不是科学地识别其中的物种，而是更看重它的实用性装饰功能和吉祥寓意。

以上仅是草虫画发展的一个方向，并不能说明草虫画写实风格在民间的发

图 20-10 清代外销通草画《蝴蝶草虫图》

展已经衰弱。事实上正好相反，在草虫画图案化、民俗化的同时，仍有一部分民间画家在坚持自然写实的博物学特色。对民间画家来说，除了植物之外，昆虫是他们最容易观察的描绘对象，在缺少临摹画稿或者画家根本就不需要这样的画稿的情况下，还是有一部分画家直接师法自然，按照各种草虫的外形进行写生创作。这类写实主义的草虫画存世量其实很可观，但是并没有得到应有的重视，笔者在检阅图像文献时就发现了两位优秀的草虫画画家，一位是明末清初松江华亭画家童垲（？ —1690），另一位是清代中期的女画家马荃。这两位画家的草虫画作品无论是题材广度还是绘制技法都体现了对宋元时期写实风格草虫画的继承和发展。比如童垲的存世画作中有许多传统中国画中难得一见的草虫题材，在民国二十九年文明书局影印的《童西爽花鸟草虫册》中，就描绘有雀纹天蛾、长喙天蛾、水黾、盲蛛、瓢虫、蝼蛄、龙虱、象甲、大蚊、蝎子等草虫，此外还有几种可以鉴别到属的蜘蛛。这些草虫在传统的中国文化中并没有寓意象征，很多也不是本草书中记载的药物，画家童垲采用工笔勾描的写实技法将这些草虫描绘在同一个画册中，完全是一种类似于西方博物绘画那样的对自然世界仔细观察、描绘的记录方式。而女画家马荃继承了其父马元驭（1669—1722）的家学，尤精于草虫画绘制，在其现存的草虫画作品中有大量蝴蝶的形象。她描绘的蝴蝶无论是停歇在植物上的静态，还是在空中展翅飞行的动态，都很重视对蝴蝶形态特征的捕捉，减少了人工化的形态处理模式。在蝴蝶翅膀花纹处理方面，马荃也能够仔细描绘出蝶翅上显著的眼斑、色块等，虽然蝶翅花纹不是十分准确地呈现，但也没有出现同时期画家几何化、装饰化的处理方式。正如她所说："蛱蝶本草虫中之最多情者，有色有光有态有韵，绰约便娟依依不舍，余于此研思甚久，略有所会……"[1]由此看来，马荃是在对蝴蝶进行过实际的观察之后，通过思考探究才领悟到了画蝴蝶的技巧，这种画法也是中国画家习惯的一种创作方式，很不同于西方对物写生的创作方法。

西方的博物绘画中也有类似中国草虫画的画作题材，这种题材更多时候被称之为昆虫绘画，它具有两大传统，一是静物画中描绘昆虫的艺术传统，二是博物学书籍中描绘昆虫形态的科学传统。

16世纪末至17世纪初的几十年里，欧洲的静物画中开始出现昆虫的图像。（Neri，2011：75）在装饰艺术中出现这种潮流与当时人们对自然物品的收藏有很大关系。在当时，昆虫标本，尤其是那些从域外带回欧洲的标本，对当时的人来说是稀有的收藏品，许多昆虫标本就这样出现在了精英阶层的收藏柜中。静物画作为一种展示这些自然收藏品的二维图像方式，自然就将当时风靡的昆虫标本收藏列为展示的素材，许多昆虫以精巧的外形和鲜艳的色彩出现在了静物画中。（见图20-11）与中国草虫画不同的是，早期欧洲静物画中的昆虫均是以静态的姿势出现在画作之中的，这主要是因为欧洲画家是对照静态的昆虫标本描绘的图像。再者，这些画家描绘昆虫主要是为了展示自然世界，展示自己对自然物品再创作的技艺，对昆虫的动静状态并不是很关注。而在中国草虫画中，画家最关注的恰恰是草虫的生机动态，草虫出现在画面中完全是为了通过其鲜活的形象增加画面的动感，展示自然世界的勃勃生机，尤其在文人画家看来，草虫宁可外形塑造得不准确也不能缺少了这灵动的动态生机，所以中国草虫画中鲜少出现类似于西方静物画那种收藏品式的昆虫标本造型，展现在画面中更多的是草虫活生生的瞬间动态，给人一种呼之欲出的感觉。

1　见于2015年上海嘉禾春季拍卖《禾风》中国书画夜场拍卖的马荃《蛱蝶扇叶册》跋文中。

西方静物画中出现的昆虫也具有一些文化象征的意义，但这种象征很不同于中国草虫画中充满民俗喜庆趣味的文化象征。在西方，静物画中，有些昆虫具有宗教含义，比如蝴蝶和蛾子象征基督的诞生、死亡和复活，这可能与鳞翅目昆虫完全变态的生活史有一定的关系；有些则用来象征衰老和死亡，比如画面中出现大量苍蝇围绕在动物尸体或萎蔫的植物附近。苍蝇这类具有消极色彩的物象几乎不会出现在

图 20-11　丹麦 17 世纪早期安布罗修斯·博斯查尔特《壁架上的瓶花》

中国画中，中国画在后来的发展过程中是回避此类题材的，更多出现的还是具有高尚人格象征意义的昆虫，比如蝉，或是具有美好寓意的昆虫，比如螽斯。

　　西方昆虫绘画的另一传统是博物学书籍中的昆虫插图，这一传统也是昆虫图像流传最广的一种形式。昆虫插图大多数都是人们观察昆虫之后所描绘的一手图像材料，早期的西方人观察的昆虫以收集而来的昆虫标本居多，所以这类插图描绘的大多都是这些标本的外观造型和自然色彩。绘制这些昆虫标本的目的并不是用于艺术欣赏，而是为人们学习昆虫知识提供参考，正是基于这种科学鉴别的目的，画家在绘制标本时都很讲求客观准确，最突出的设计风格就是舍弃一切艺术渲染的背景，将仔细描绘的昆虫图像置于一种空白的背景之中，这样就使得昆虫图像成为整个画面的唯一关注焦点，增强了它的辨识度。（见图 20-12）在昆虫造型处理方面一般采用标准的标本外形俯视图，这样可以最大限度展示昆虫的身体构造。有时还会依据同一标本的不同视角绘出昆虫各个侧面和腹面的图示，

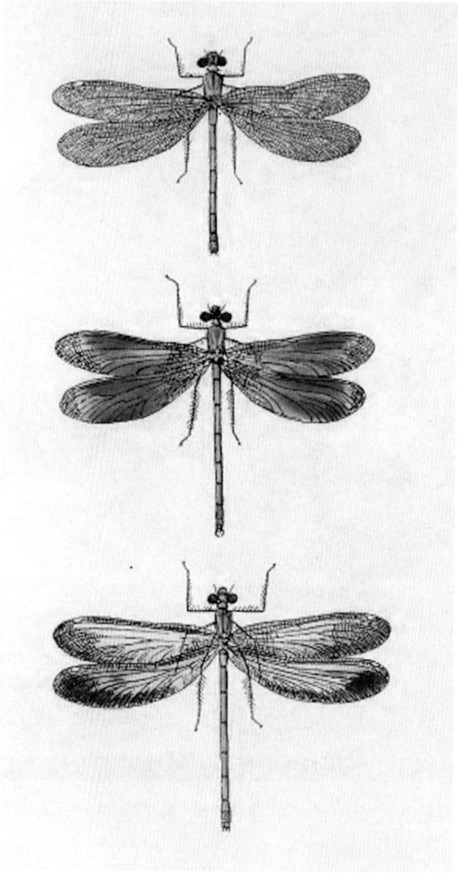

图 20-12 1845 年出版的《英国蜻蜓》中的蟌类插图

这样就可在一张图中展示昆虫全部的身体构造，克服时空限制而产生的观察障碍。再后来，昆虫学家为了对同类昆虫进行鉴定对照，会把许多相似种的昆虫像矩阵一样排列描绘出来。

类似上述这样的科学表现手法，在中国草虫画中并没有出现过，可以说中国草虫画是缺乏这种创作动机和形式的。但由于中国草虫画擅长表现草虫的动态，所以在画面中经常会展示一些昆虫的生理行为，这在无意中对昆虫的生活史进行了仔细的记录，是早期仅仅依靠昆虫标本绘图的西方画家不能做到的科学记录，比如中国草虫画中经常可以观察到蝴蝶采蜜、胡蜂营巢的情景，这在元代的《乾坤生意图》中表现得最为集中。难能可贵的是许多昆虫交配的场景也被中国画家准确地记录了下来，比如清代赵筿的一套展示不同蝴蝶姿态的册页里有一幅表现了豆粉蝶交配的场景，画中雌雄豆粉蝶两两相背、翅膀相叠、尾部相交在一株午时花上进行交配，这与现代博物学中的豆粉蝶交配行为描述完全一致。像这样难得一见的昆虫生理行为，如果画家不是长期进行野外观察，是很难发现的。画家恰到好处地采用中国画表现草虫动态的技法，记录下这一难得的瞬间。

由以上中西绘画处理昆虫这一素材的不同方式可知，两者的出发点本身就存在着很大的差别。中国草虫画更侧重于美学趣味和对草虫动态神韵的捕捉，采用的是一种主观化的创作表现手法，正如邹一桂所说："丛花密叶之际，着一二飞虫，不惟空处不空，亦觉分外生动。"（邹一桂，2009：134）中国画以这种表现大自然生趣的方式来定义草虫画，这类艺术作品最大的特点就是"活"，欣赏草虫画给人一种呼之欲出、极致生动的自然趣味。西方昆虫画则更侧重于昆虫自然物本质的展示，在早期静物画中，它象征财富，是对自然世界的真实展示，在博物学书籍中它则是对客观自然知识的科学描述。西方的昆虫画在后来的发展过程中越来越偏向于辅助昆虫的科学分类，画面给人一种冷静、严肃的科学感，通过画面展示给人们的不是昆虫的生趣之美，而是自然世界的理性秩序。

三、中西文化交融下的宫廷鸟类绘画：清宫《鸟谱》

中国古代的博物绘图还有一种历史悠久的绘画方式，就是始于五代、盛于两宋的院体花鸟画。之所以称其为院体画，是因为它们创作于官方设立的、服务于宫廷的画院。这种绘画采用工笔设色的方式来描绘皇宫内苑的奇花异草和珍禽异兽，其写实性使其很适合描绘自然界的动植物，从而使画面具有很强烈的博物学色彩和富贵吉祥的气息。北宋的徽宗赵佶命令当时的宣和画院创作过一套搜集各种祥瑞象征的《宣和睿览册》，据史料记载这套画册"……乃取其优异者，凡十五种，写之丹青……增加不已，至累千册。各命辅臣题跋其后，实亦冠绝古今之美也"（邓春，2012：217—220）。由此可知当时汇总编修的这套图册搜集了上万幅的祥瑞之物，可惜如今这套充满博物学色彩的画册早已不存。不过现在我们仍能通过传世的《瑞鹤图》《五色鹦鹉图》以及《祥龙石图》这三幅《宣和睿览册》幸存至今的作品一窥其貌。此后的朝代都延续了这种宫廷院体风格的绘画形式，从传世的绘画中可以看出这种类型博物绘画的发展状况，它们大致上继承了宋代时期的院体绘画风格。但是到了清代，这种盛行于宫廷的院体绘画有了新的发展，最鲜明的特色就是西方重视透视的绘画技巧融入到了院体绘画之中，从而形成写实性更强的博物绘画门类。

清王朝定鼎之后不断征召具有技艺的来华传教士入宫服务，西方文化也源源不断地输入清宫，这种情形在康乾时代达到了高潮。只是由于两位皇帝的兴趣爱好不同，使得这种外来文化的输入由康熙时代以自然科学为主，转变为乾隆时代以艺术为主。而清宫院体绘画的新变化就是在这一时期逐渐发生的，清宫在院体画创作过程中表现出对西方文化的主动吸收与学习，但在此过程中，中国传统文化并没有丢失，正如范发迪在《清代在华的博物学家：科学、帝国与文化遭遇》一书中所提出的"文化遭遇"（Culture Encounter），两种文化在相遇过程中出现了调适、融合，并产生出新的形式。（范发迪，2011：4）在康乾时代，这种中西文化的遭遇过程催生了一系列极具博物学特色的绘画新形式，其中以乾隆年间完成的清宫《鸟谱》最具代表性。以下我们将通过清宫《鸟谱》图像和谱文的创作来展现这种中西文化的交融和互补。

1. 清宫《鸟谱》中图像绘制的"中西合璧"

艺术家和观赏者一般在视觉文化的某些传统之内从事创作和欣赏，但他们也可以跨越界限，发明新的形式与表达方法。正如范发迪指出，18世纪中期到19世纪，欧洲人在华收集的博物学绘画就属于这种绘画形式。这个时期欧洲人基于博物学研究的需要，指导中国本土画家严格按照科学绘图的标准绘制动植物图像，中国画家在吸收了西方写实主义元素的基础上，以特有的中国画画风成功地创作了一批博物学图像，之后这批图像成为那个时代欧洲人进行物种鉴定的权威性视觉知识。（范发迪，2011：53—71）只不过，这场中西艺术遭遇的过程中，中国人是被动接受西方标准。而在此之前的18世纪前期，宫廷画师创作的清宫《鸟谱》则显示出中国人对这种文化遭遇的主动适应和融合。清宫的统治者主动借助西方写实的绘画技法，以中式的风格，为自己疆域内的鸟类进行了一次图像数据汇总。

清宫《鸟谱》全称为《余省张为邦摹蒋廷锡鸟谱》，共有12册，361幅鸟类图像，它的创作充分地借鉴了西方绘画技法。这一时期，欧洲的绘画技法传入清宫，由于其具有很强的写实性，受到统治者的青睐，而其影响也逐渐从最初的人物肖像扩展到花鸟画。最终，以郎世宁为代表的宫廷画家将西方的透视、明暗阴影方法移入宫廷的院体画之中，使之成为一种具有写实倾向的中西折中画风。（苏立文，1998：64）清宫《鸟谱》就是在这种中西绘画技法相融合的过程中产生的，它的绘制者余省、张为邦显然受到过西洋画师的培训（张西平，2009：178），可以熟练地采用西方绘画技法来塑造鸟类的形象。清宫《鸟谱》的鸟类图像较多地表现出色彩层层堆积，以展示鸟类外形的立体效果，这是西方油画最典型的绘制技巧。中国工笔画以细腻的线条来表现禽鸟翎毛造型的技法反而在多数图像中很难觉察到。不过中国画细致刻画动植物细部结构的绘画技法在画面中充分展示了出来，比如传统中国画为了表现禽鸟的羽毛质地，一般会采用"批毛法"将禽鸟周身的毛发一根根分批刻画出来，通过这种技法可以表现出鸟类体羽的绒质感。清宫《鸟谱》在鸟类外形绘制时采用油画的技法表现鸟类形体的真实感，在此基础上采用中国绘画技法刻画鸟类周身的绒质感，两种绘画技法完美地融合，创造出了一批不同于当时中西方鸟类绘画的新形式。（见图20-13）

图20-13　清宫《鸟谱》中的"洋鸭"页

清宫《鸟谱》除了在绘制技法上"中西合璧"外，禽鸟的姿态也部分地受到了当时西方博物志书籍中鸟类插图的影响，尤其是一些单独出现的大中型鸟类。这类绘图中鸟类造型单一，常常表现为一种鸟类标本式的造型，以这种客观冷静的姿态展示鸟类体型的质感和细节。（赖毓芝，2011：29）不过在更多中小型鸟类的姿态设计中，画家还是较多地采用了中国传统的禽鸟造型。中国传统的鸟类绘画注重写生，这里的写生是指描绘出动植物的生机、生气，写生要求画家重点展示鸟雀的神情姿态，因此中国传统绘画中有许多展现鸟类生动姿态的典型范式。比如明代周履靖编辑的《春谷嘤翔》就详细刻画了30多种不同的鸟类姿态，其中有许多都是富有动感的姿态，比如理羽势、斗坠势等。中国人通过鸟类造型多变的姿态来捕捉鸟类的机灵和灵敏的神韵，而不是仅仅注重鸟类的种类和外观色彩，这一点不同于欧洲早期只注重采用标本式写实的鸟类绘图来进行科学鉴定。清宫《鸟谱》中展示的这些鸟类造型，比起同时期欧洲人设计的鸟雀栖息在树桩上、站立在石头平台上的造型来说更加具有美学情趣。

在这个中西方艺术遭遇的时空中，以皇帝的意志为中心，宫廷画师们在原有的工细院画技法基础上吸收了西方绘画写实拟真的优点，从而成就了这一部在中国历史上举世无双的新型鸟类博物学图谱。它与同时期的欧洲鸟类博物学绘图相比，优势也是很明显的，除了绘制技法具有西方绘画的写实性外，更重要的是它还继承了中国花鸟画讲究气韵生动的写生传统，这并非同时期西方鸟类学绘图所能比拟的。比如清宫《鸟谱》中许多图像都是一对鸟雀栖息在植物上的造型，这其实秉承了中国画传统的美学观念：静态的禽鸟栖息在花木之上，使得整个图像的意境融入了静穆甚至静止的氛围当中——禽鸟的生动，常常被定格在恒定而静止的一瞬。花木禽鸟的静穆姿态，蕴含和蓄积着造化郁勃的生机。（江宏、邵琦，2008：1）在这些鸟类与植物组成的图景中，画家强调了鸟与鸟之间的神态交流、鸟与植物之间的搭配布局，各个被描绘的对象共同展示出生命的韵律。同时期的欧洲鸟类博物学绘图中也有类似的搭配，不过画者只有意突出鸟类的外貌特征，鸟雀之间并没有交流，只是生硬地被安置在一个树枝上；植物也只是为鸟类提供落脚点，就像博物馆里放置鸟类标本的树枝，作者并不会刻意处理树枝在画面中的位置和姿态。

这里提到西方鸟类博物绘画的不足，并不是为了凸显出清宫《鸟谱》绘画的优势，只是为了说明在两种不同文化语境中艺术表达的差异。西方鸟类博物绘画源于静物画，静物画主要是对静止物体的客观写实的描绘。西方绘画在文艺复兴时期就继承了古希腊时期的艺术模仿自然学说，画家需要依靠自己真实的感官和理性思维去客观地反映现实的自然图景，所以画家需要忠于写生对象，以焦点透视的方法对物象进行客观的摹绘。由于鸟类生性灵敏好动，不易仔细观察，对于以描绘静物见长的欧洲画家来说，活动状态的鸟是很难采用静物写生的方法仔细描绘的。画家们更擅长描绘静止不动的"鸟模特"，因而就需要被猎杀、制成标本的鸟类尸体作为他们的描绘对象。当时，种类繁多的鸟类标本从世界各地汇集到欧洲，供人们进行分类研究，但这些标本早期的保存方法还不成熟，经常要面临被虫蛀、腐朽的厄运，因此画家对这些鸟类标本进行写生保存就显得很有必要。正是基于上述原因，西方鸟类博物绘图在早期都呈现出真实的标本式形象。这个时期的鸟类博物画还没有考虑到对鸟类神情的捕捉，只是采用科学写实的绘画技巧展示出鸟类的外观构造或内部构造。直到19世纪，西方世界才打破这种标本式鸟类图像的常规绘制方法，奥杜邦、古尔德等人的鸟类博物绘画作品中开始出现新的变化，他们不仅通过敏锐的观察力捕捉到鸟类在飞行中的动态，而且还加入了鸟类生存环境中的植物、鸟巢、天敌等要素。这些要素虽然是人为加入的，但都是鸟类生存环境的真实再现，为进一步了解这些鸟类提供了宝贵的信息。在清宫《鸟谱》中也出现了许多鸟类栖息地的场景描绘，不过只局限于生活在沼泽湿地的鸟类，鸟类与栖息植物的搭配场景中出现的植物多数都是中国绘画中经常出现的花木，绘者有意添加的这些植物很少能显示出鸟类的生境信息，这样的搭配主要是服务于传统的审美需求和文化象征。

2. 清宫《鸟谱》中谱文的新变化

清宫《鸟谱》的谱文虽然并不属于图像部分，但是在中国传统绘画中，它类似于画面中的题跋，而题跋本身就是画面不可或缺的一部分，有助于传达画面中的隐藏信息。清宫《鸟谱》中每一幅鸟类图像都配有谱文，谱文中包含了相应鸟类的丰富信息，对谱文的考察对于我们进一步认识清宫《鸟谱》很有必要。实际上清宫《鸟谱》的谱文与中国传统文献中鸟类知识的介绍很不一样。

在清宫《鸟谱》产生之前，中国传统的鸟类博物学知识多出现在类书和本草类古籍之中，这类书籍会对鸟类知识进行总结，多数是引用之前书籍中的记载。这些记载对鸟类外貌特征描述很少，但会论及生活中流传的一些鸟类行为。

例如《本草纲目》中对野鸭的介绍如下：

> 凫《食疗》。释名：野鸭，《诗疏》；野鹜，同上；鸭，音施；沉凫。时珍曰："凫从几（音舒），短羽高飞貌，凫义取此。《尔雅》云：鸭，沉凫也。凫性好没故也。俗称晨凫，云凫常以晨飞，亦通。"集解：时珍曰："凫，东南江海湖泊中皆有之。数百为群，晨夜蔽天，而飞声如风雨，所至稻粱一空。陆玑《诗疏》云：状似鸭而小，杂青白色，背上有文，短喙长尾，卑脚红掌，水鸟之谨愿者，肥而耐寒。或云食用绿头者为上，尾尖者次之。海中一种冠凫，头上有冠，乃石首鱼所化也。并宜冬月取之。"（李时珍，1982：2571）

以上这些就是中国古籍中对鸟类的典型记载方法，忽视形态描述而重文本考据，事实上19世纪在华工作的俄国植物学家贝勒（E. V. Bretschneider）就指出这类著作对生物描述的细节贫乏而不能令人满意（范发迪，2011：162）。但是在清宫《鸟谱》的谱文中，出现了一种有别于之前鸟类介绍的新方式，谱文中以大量的文字详细描述鸟类的外貌特征，这在以往的中国古籍中是找不到的。

例如清宫《鸟谱》中对野鸭的介绍如下：

> 野鸭，一名凫，一名寇鸟，一名水鸭，一名野鹜，一名少卿。野鸭雄者，黑睛赤黑晕，赭黄睑，黑嘴，苍顶赭土纹，目上白毛一道杂苍点，眼后苍绿杂毛一片，皆环至颌下如钩，两颊土黄毛带细黑点，目下界以黑毛一道。黑颌有白点，青赤项黑纹如波，胸前浅苍赭色有苍圆点，背、膊深

苍赭色，左右各有赤黑尖毛数根，翅根短毛分赭、绿、黑、白四节，苍黑翮，苍黄尾，青白腹，近尾处有青灰波纹。赤黄足掌。《汉书·杨雄传》注云：凫，水鸟，即今之野鸭。《禽经》：凫鹜之杂。注云：凫鹜，鸭属，色不纯正，故曰杂也。《尔雅疏》陆玑云：凫，大小如鸭，青色，卑脚，短喙，水鸟之谨愿者也。《本草纲目》云：凫，野鹜。凫从几，短羽高飞貌。《方言注》云：今江东呼为寇鸟。寇者，盛多也。常以二三月间基于水滨，其多无数，其飞高入云表。《粤志》云：野鸭，重阳以后、立春以前最可食，益人。一名水鸭。《采兰杂志》云：凫，一名少卿。[1]

以上这段文字中，首先辑录了野鸭（经鉴定为花脸鸭 Anas formosa）的各种别名，然后从眼部开始描述，依次是鸟喙、头部、颈部、胸部、背部、翅膀、尾部、腹部和足。在对野鸭各个部位进行描述时比较关注各部位的纹饰和颜色，较少描述各部位的形状。在外貌特征描述之后则引用了之前各种古籍中对野鸭的介绍，多是对其名字的解释和行为的描述。清宫《鸟谱》的其他谱文也是大致按照上述的方式进行鸟类介绍，文字多少不等，共同特点均是对鸟类外貌形态的描述着墨比较多。这样的文字描述与传统古籍中对鸟类的描述方式很不一样，此前古籍中从来不会对鸟类外貌形态进行如此细致的描述，究其原因是由于作者本人很少到现实环境中观察记录鸟类的外貌特征，多是通过查阅前人著作并辑录古人的知识，这一点很像是古罗马时代老普林尼编写《博物志》时的风格。即便是作者新加入的知识也并非是外貌描述的知识，而是耳闻的二手材料，比如某地流传的某一鸟类的习性或传说。但是清宫《鸟谱》的谱文却更像物种的科学描述，清宫《鸟谱》源于蒋廷锡《鸟谱》，事实上这种新形式的谱文也是源自后者，而在康雍时期余省所绘的《百花鸟图》中，每种鸟类所配的文字还只是传统的诗歌，并没有鸟类外貌形态的任何具体描述，这说明在康雍时期就出现了这种鸟类描述方式的变化。

而在欧洲，从 17 世纪开始，对鸟类的外貌特征进行详细描述就是博物学的显著特点了，如 1678 年《威路比鸟类志》中对普通野鸭（即绿头鸭 Anas platyrhynchos）的描述：

---

[1]　此处野鸭是指雄性花脸鸭。

普通野鸭重量一般在36～40盎司之间；从喙的最前端到尾端所测身长为23英寸；翅展可达35英寸……它的腿部被羽毛覆盖至膝关节处。普通野鸭的头部和颈部上端具有美丽的闪绿色，紧接着脖子上有一圈白色颈环，但这圈颈环并不是完整的一圈，它在脖子后边并未接合；从白色颈环处的喉部一直到胸部都是栗褐色；胸部与腹部间是灰白色，其上布满了暗色的斑纹，像许多小的水滴；尾巴下部的羽毛呈黑色；脖颈上部的背部呈红色，密布斑点；两翅之间背的中部为红色，更低处（腰部）为黑色；至臀尾处颜色更深，并具有闪紫色。双翅下端较长的羽毛（次级飞羽）具有横向的褐色条纹，这些羽毛很具有展示性，它们的白色看起来像是混有蓝色调……（Ray，1678：372）

《威路比鸟类志》详细描述了绿头鸭的身体长度和外貌特征，也将侧重点放在了鸟类羽毛颜色和纹饰的描述上。这部鸟类学著作被称为17世纪中期最全面和最优秀的鸟类学作品，自出版以后的近一百年里一直都是欧洲最先进的鸟类学代表。（Farber，1997：5—6）由此可知它对之后欧洲鸟类学影响的深远。除了书中初级的分类系统可供后来的鸟类学著作借鉴外，此书中对鸟类的形态描述成为一直沿用的物种描述模式。这种写作方式不同于文艺复兴之后欧洲出现的那种充满文学性、宗教性和象征性传统的博物志写作，而是以一种更加准确、客观的文笔描述现实中鸟类的外貌特征。到了博物学大发展的18世纪，大量出版的鸟类学著作延续了这种科学的物种描述方式，有时作者需要通过用大段文字描述某个鸟类标本的外部特征来定义物种或变种，因此科学的物种外观描述在这个时期显得尤为重要。与清宫《鸟谱》创作时间差不多同一时期的另一部鸟类学著作，是1760年布里松在法国出版的《鸟类学》。这部书中每一种鸟类的文字描述都采用相同的格式："首先描述鸟类的大小和比例，再是鸟类各部位的颜色，从头开始到尾巴结束。"（Farber，1997：7—12）

　　通过以上中西文本的对比可见，清宫《鸟谱》的谱文很显然是受到了欧洲鸟类学书籍写作方式的影响。那么这种影响具体是通过什么途径促成的呢？这需要我们再一次关注明清之际西学东渐过程中西方自然科学知识在中国的传播。中西文化交流在明末清初达到了高潮阶段，它的标志就是1692年康熙帝颁布"容教敕令"。（黄见德，2014：138）尤其是在康熙朝前期，由于皇帝对欧洲自然科学的爱好，大量具有自然科学背景的耶稣会传教士进入宫廷，他们在服务于清廷的同时，也将欧洲最新的自然科学成果传播到清宫，这其中也包括博物学的知识，从传教士们陆续带到中国的书籍就可以看出来。蒂埃里神父（Fr Thierry）曾对在华传教士遗留的 5930 部书籍进行编目统计，其中博物学类书籍有 148 部，这类书籍必然有许多在康乾时代就已经传入中国。（Verhaeren，1949：XXVI）赖毓芝已经考证出有部分此类博物学书籍可能在清宫流传。（赖毓芝，2011：24—28）正是由于自然科学知识在清宫的传播，清宫《鸟谱》的谱文才受到了欧洲博物学书籍中鸟类形态描述方式的影响。清宫《鸟谱》中记录的 361 幅鸟类图像，除去《凤》和《鸾》两幅，无一例外在谱文中均对图中鸟类进行了形态特征上的描述，在《额摩鸟》的谱文中更是摘译了法国皇家科学院院士克劳德·佩罗（Claude Perrault）在 17 世纪出版的解剖报告集《动物博物学备忘录》（*Memoires pour server a l'histoire naturelle des animaux*）中对鹤驼的科学描述。（赖毓芝，2011：11—18）不过这种描述方式被改换为了中国式的语言风格，谱文中经常会出现"某睛某晕""某嘴"等简短明了的器官颜色描述。另外谱文中有时也保留了中国传统的外形类比描述，比如"形状类鹰""身似鹌鹑而瘦长"等语。清宫《鸟谱》谱文既借鉴了欧洲的写作方式，也最大程度保留了中国传统博物学的特色，比如对鸟类名称的训诂考据、辑录历代典籍的记载。虽然遍观谱文，没有一篇的描述是比较完备的（比如谱文中没有涉及鸟类外形大小的描述），但是与其他传统文献相比，这种方式更加注重对鸟类自然形态的描述，是中西文化交流中产生的一种新的鸟类知识介绍形式。

18 世纪的清宫《鸟谱》无论从科学上还是艺术上均达到了当时的高水平，代表着中国封建时代鸟类博物绘画的高峰。此后清宫的博物学绘画就开始减少，宫廷里对鸟类博物学绘画的认知越来越倾向于册页式的小品形式。乾隆时期，由于大量建造宫殿和园林建筑，需要大量书画来装饰室内空间，这类绘画通常会有一组多幅，张贴在房间墙壁或室内隔断上，时间久了可以更换新的。换下来的优秀作品，皇帝会命令造办处将其装帧成册封存。当时不仅清宫如意馆的画师大量创作这类绘画，就连皇帝身边的文臣，比如邹一桂、钱维城等，也时常进献此类作品，因此时至今日，故宫藏有大量这类作品。这类作品中有大量的鸟类绘画题材，与清宫《鸟谱》相比，绘画的风格更趋于装饰性，在对鸟类外形和设色的处理上会进行更加大胆的艺术化，不再严格遵照原貌写生。鸟类装饰画一组多张，充满了博物学的色彩，它们不再具有"以纪职方之产"的功能，而是以装饰画的形式点缀着帝王的宫殿。

清宫《鸟谱》的完成时间正值第一次西学东渐归于失败的最后时期，早期传入中国的西方科学技术在清廷的禁教行动中逐渐衰落消失。随着第一次中西文化交流的失败，清宫里新兴的博物学绘画也开始走向衰退，而清宫《鸟谱》在当时黯淡无光的中西文化交流天穹下，好似最后一笔耀眼的亮色。

四、总　　结

本章从植物、鸟类和草虫三个层面分别讨论了中国古代博物绘画的一些特点，在论述中依据每一种绘画题材自身的特征分别将其对应于中国古代三个社会阶层，这样即可以以小见大地展示出中国古代博物绘画在整个社会中发展的大致面貌。在这种展示过程中，我们将其与西方历史上发展完善的博物绘画进行对比分析，不难看出两种不同的文明在同一类博物绘画题材中的处理方法有着很大的差别。中国古代的博物绘画很好地继承和发展了5世纪时南朝谢赫提出的"六法论"绘画理论，尤为突出地展现了其中的"应物象形"和"随类赋彩"这些博物绘画的写实性要求，在此基础上，中国博物绘画作为传统花鸟画科中的一个分支，也很好地体现了传统画论对其"气韵生动"的内在要求，将花鸟"写生"，即追求勃勃生机的生命质感，完美地融入准确塑造形态的绘画技巧之中。

西方绘画从文艺复兴起开始讲求写实主义，其中达·芬奇更是将艺术和科学完美结合的第一人。在这种美学理论的指导下，西方绘画一直在描绘客观真实的方向上孜孜不倦地探索着。随着博物学的勃兴，对于大量自然世界物品的记录正好需要采用这种真实再现的二维展示手法来进行信息记录和分类。18—19世纪里西方创作了大量的博物绘画，这其中既有展示自然物和人工制造物结合景象的静物画，也有大量用于科学鉴定的科学绘图。它们共同的特征就是采用人为主观绘制技巧尽可能地反映自然世界的真实客观构成。在这一点上中西博物绘画出现了很大的差异，这也是本章通过三个不同层面的案例进行阐述的主要内容。通过这样的对比，我们可以清晰地认识到两种文明在历史发展过程中看待自然世界的不同视角，尤其是中国的这种视角，在18世纪西方世界文明输入清代宫廷之后产生了一定程度的交融汇合，导致中国博物绘画发展中产生了一些新的现象。这些现象不单单是中西知识与绘画技法的相互融合，其中还隐藏着深刻的时代背景。两种文明的碰撞在 18 世纪的这套博物学鸟谱中清晰地展现了出来，但是获得的成果却因为当时制度的原因并没有得到广泛的传播。中国人主动吸收西方文明的这种活动仅仅昙花一现，等到再次出现相似的文明碰撞时，我们已经处于被动接受的劣势。这其中的变化值得我们进一步探讨。

第21章　中西碰撞中的谭卫道

　　无论是在法国，还是在中国，法国博物学家谭卫道都可算作19世纪博物学史以及生物学史上的一位重要人物。在第二次鸦片战争后，他前后三次到中国内地探索，采集了大量的动植物标本与活体。谭卫道是最早到中国内地考察动植物物种的欧洲人之一，也是最早研究中国物种地理分布的人之一，在博物学实作方面做出了有力的贡献。他是最早发现并科学描述大熊猫、金丝猴、麋鹿、珙桐等物种的西方人，这些物种轰动了整个欧洲社会。研究谭卫道的博物学实作，可以得到一些有价值的思考。

　　谭卫道（Jean Pierre Armand David，1826—1900，或译作谭微道、戴维、大卫），法国博物学家，天主教遣使会会士。根据现有文献记载，谭卫道是第一个系统探索中国内地的西方博物学家。（Whittle，1970：15；张孟闻，1987）同时，在众多来华的博物学家中，谭卫道也可称得上是最出色的人之一。在中国内陆刚刚向西方人开放的19世纪60年代，谭卫道在作为传教士传播福音的同时，不忘从事科学研究。他到内地进行过三次考察，采集了大量的动植物标本和活体。举世闻名的大熊猫、金丝猴、麋鹿、珙桐等，就是由谭卫道首次科学描述和科学命名并介绍给西方世界的。这些物种每一次介绍给国际社会，都引起了巨大的轰动，激发了西方人赴中国内地探索的冲动。博物学遂成为这一时期中西文化交流中的一个热点。

一、谭卫道的成长经历及性格特点

1826 年 9 月 7 日，谭卫道于出生于法国巴斯克（Basque）地区埃斯佩莱特（Espelette）的一个上层家庭。父亲多米尼克（Fructueux Dominique Génie David）是一名医生、镇长兼法官。母亲名叫罗莎莉（Rosalie Halsouet）。谭卫道有两个哥哥、一个妹妹。大哥约瑟夫（Joseph）继承了父亲的职业，成为一名医生和律师。二哥路易（Louis）去了邻镇阿斯帕朗（Hasparren）做了一名药剂师，并最终成为该镇的镇长。妹妹里昂（Leone）则一直居住在埃斯佩莱特，从未离开过这个小镇。在所有家庭成员中，谭卫道是唯一离开过法国到海外旅行的人。

在谭卫道成长的过程中，舅舅阿勒苏埃（Armand Halsouet）对谭卫道影响很大。他是一位律师，也是谭卫道的教父。谭卫道的名 "Armand" 就是他起的。（Scott，2004：45）谭卫道对这个舅舅也很喜欢，用他舅舅的名字命名一种鹪鹩（*Spelaeornis haloueti*）。（David and Fox，1949：XVII）谭卫道后来在中国旅行时，与家人之间的通信成为他最主要的精神寄托。而在这些联络人之间，舅舅阿勒苏埃是与谭卫道通信联系最密切的。

父亲多米尼克则是另一个对谭卫道产生重要的影响的人。多米尼克不仅社会地位优越——埃斯佩莱特的镇长、法官，更是一位博物学者，对大自然充满了浓厚的兴趣。他常常亲自辅导幼年谭卫道的学习，向谭卫道传授了大量的医学、科学与博物学知识。在父亲的教导和熏陶下，幼年的谭卫道打下了扎实的自然科学功底，而且还能到森林和山区长途跋涉地探险一连数个钟头。据谭卫道在日记中记载，谭卫道后来在中国旅行考察期间，数次罹患疾病和遭遇危险，正是从父亲那里学来的关于鼠疫、斑疹伤寒、天花、麻风病、狂犬病、霍乱、痢疾和疟疾等医疗知识帮了大忙，数次拯救了谭卫道的性命。

在父亲多米尼克的影响下，幼年的谭卫道对自然界的一切着了迷。其他小朋友在做游戏，而他却在追蝴蝶、挖甲壳虫，或者是爬到附近的山上，收集野花和石头。（David and Fox，1949：XVII）12 岁时，谭卫道享用了人生的第一次圣餐。他的父母将其送到离家 4 千米的拉赫邵赫（Laressore）的小修院。在这里，谭卫道作为寄宿学生学习和生活了 6 年。谭卫道之所以被送到这里，是因为这所学校在当地有较好的学术声誉。谭卫道在校期间学习勤奋，除了神学成绩优异，在自然科学与博物学方面也表露天赋。业余时间，谭卫道回家看望父母，或者是到学校附近的山上观察动植物。(Scott, 2004: 45) 拉赫邵赫修道院所在地区风光秀丽，森林茂密，物种丰富，是旅游与休闲的圣地。常常到野外享受大自然的壮丽的谭卫道，不理解为什么他的同学们都喜欢沉浸在枯燥的文本之中。

谭卫道虽然年龄不大，但却喜欢上了教会生活，因为在这里，他能感受到内心的宁静和祥和。他每天都做祷告，并将这个习惯一直坚持了下去。谭卫道后来在中国旅行时，不管是在长江中的船上，还是在内蒙古戈壁荒漠上的帐篷里，他每天都会做早晚两次祈祷，只是在仪式上有所简化。(David and Fox, 1949: XVII) 当谭卫道快要毕业离开拉赫邵赫时，他决定做一名职业传教士。谭卫道的这个决定得到了家人的鼓励和支持。随后，谭卫道在中国传教十余年，期间到内地进行了三次博物学考察，行程近 7000 英里（11265 千米），取得了重要的博物学成果。谭卫道也成为中国近代博物学史上的一个重要人物。

童年的家庭环境、博物学爱好和经历，促使他养成了冷静、谦虚与低调的性格。

首先，谭卫道最大的性格特征，就是他的沉着冷静。这种冷静，帮助他在种种危险中逢凶化吉，存活下来。

谭卫道在中国取得了丰富的博物学成果。但是，这样的成果是在险象环生、曲折离奇的探索经历中取得的。当时，中国内地刚刚向西方人开放。谭卫道大多时候孤身一人，或仅携带一两个助手在偏远荒芜地区探索。所经之处，有盗贼出没、暴动叛乱，还有因中国人对传教士的仇视而发生的屠杀神职人员的大规模教案。谭卫道之所以能在种种危险中存活下来，除了靠运气之外，他沉着冷静的性格是必不可少的条件。1864 年，谭卫道在热河考察。有一次，谭卫道遭遇了一批马贼，这些人装备精良，凶残野蛮，嗜血成性。他们人数众多，将谭卫道的四匹骡子和装满诱惑的箱子层层围住。一个孤独的外国人，在一片蛮荒之地，很容易成为一只待宰的羔羊：这些凶狠的马贼将会撕破谭卫道的喉咙，弃尸荒野。谭卫道用他自己的风格，在日记中轻描淡写地记述这次遭遇：

在热河，我遇到了八个骑在马背上的盗贼。他们中的部分人还装配有先进的欧式武器。但是，这些豪侠们很快就发现，我并没打算让他们欺负的意思，也不打算遵照习俗，将我的喉咙献给他们割。他们遂意识到，如果贸然交火，最先受伤的也许是他们。最终，这群马贼就静静地撤去了。(David and Fox, 1949)

　　单从这段文字，还难以感受谭卫道当时面对的是怎样的凶险。毕竟，与持着相机、手机、GPS、笔记本电脑、万能医药包同时裹着冲锋衣的现代旅行者不同，谭卫道唯一的武器就是一把枪，用来应对一切危险。没有这把枪，谭卫道早就葬身在中华大地的某个角落里了。有一位乔治神父（Bishop George）指出，当时的土匪强盗残暴彪悍，嗜血成瘾，割喉是他们最大的爱好。谭卫道当时若是显出半分紧张或胆怯，就一定会发生一场殊死搏斗，而谭卫道在众多敌人面前也不会讨得多少便宜。因此，根本不会像日记中轻描淡写的那样"马贼""静静地撤去"。（George，1996：9）乔治神父本身有过海外艰苦地区传教经历，对谭卫道的经历能够最大程度地感同身受。作为一位 19 世纪来华的传教士、生物采集者，不仅要有渊博的科学、神学和医学知识，还要练就一身功夫，并且时刻准备着献出自己的性命，这是我们这个时代的旅行者们难以体会的。

　　这个例子只是谭卫道在华经历的无数故事中的一个，谭卫道孤身深入中国内地探索时曾数次深陷险境。他靠着冷静和机智躲过一劫又一劫，但他在日记中从来不刻意描绘自己遭遇的困难。因此，读者必须要根据一些貌似不起眼的字眼来猜测究竟发生了什么。而且无论遇到多么险恶的事情，他在日记中都是以一种极其平淡的文笔记下来，或者干脆印在心中，从不向外张扬。联想到他发现大熊猫、麋鹿、金丝猴、珙桐等物种的情节，谭卫道在中国的博物学历险，本身就是一部扣人心弦的、生动有趣的文学作品。

　　其次，谭卫道也是一个低调的人。

　　尽管谭卫道经历丰富并取得了重要的博物学成果，但他为人处事很低调。谭卫道只在日记中轻描淡写地将自己的遭遇记录下来，或者根本就埋藏在心中。他很少跟人分享自己的经历。甚至正是由于谭卫道过于低调，他本人的名气，远不如他发现的大熊猫、麋鹿、金丝猴和珙桐等物种。世人对大熊猫的喜爱经久不衰，但对首次对大熊猫进行科学命名、并使之走向世界的谭卫道，知道者寥寥无几。虽然谭卫道在中国做出了众多的博物学发现，甚至连他的姓名都很中国化，中国人对他的了解却并不多。其实不仅是中国，西方熟悉谭卫道的人也称不上"很多"。

　　在纪念达尔文 200 周年诞辰之时（2009 年），英国有位学者索克斯（David Sox）无意中发现，与达尔文同一时期的法国来华传教士谭卫道，独立于达尔文提出了类似的物种进化思想。而且在谭卫道这里，科学与宗教是完美地结合在一起的。（Sox，2009：1）索克斯进一步查阅到，澳大利亚的斯科特（Bernard Scott）神父于2004年发表了一篇关于谭卫道的文章。斯科特本打算围绕谭卫道写一部著作，但一场疾病迫使他放弃了这一计划。索克斯向斯科特咨询谭卫道，后者回复道："索克斯，你是我的朋友中第一个认真对待谭卫道的人。"（Sox，2009：4）索克斯曾在伦敦自然博物馆做义工，他发现这里的工作人员几乎没有听说过谭卫道。（Sox，2009：1）

索克斯不是法国人，而是英国学者。法国人对谭卫道的了解，要多一些，但也没有达到应有的地步。诚然，巴黎自然博物馆的人员确实对谭卫道知道得多一些——毕竟谭卫道当年寄送给巴黎自然博物馆的标本、出版的博物学图书等还在那里摆着——但其他的大多数法国人，就总体而言，对谭卫道还是比较陌生。一个典型的证据是，法国红衣主教埃切加赖（Roger Cardinal Etchegaray）是谭卫道在埃斯佩莱特的邻镇老乡，但他发现，在他的小镇上，不仅是普通人几乎没人知道谭卫道，就连镇上的天主教会对谭卫道也是很不熟悉。（Sox，2009：4）要知道，这个教会与谭卫道同属法国遣使会麾下！

谭卫道的第三个特点，就是谦虚。这一点在谭卫道的晚年尤为突出。

晚年的谭卫道，尽管名声已经很大，但却还是保持着一贯的谦虚。谭卫道回到法国后，由于发现了许多知名物种而变得名声大噪，但谭卫道从来不倨傲，而是变得更加谦虚，对荣誉一向不放在心上。由于谭卫道在博物学方面所做的突出贡献，法兰西地理学会、学者联盟等学会，要向他授予奖励，但他百般推拒。后来这些学会干脆联合起来，共同授给了谭卫道一枚金质奖牌。另外，1896年，法国政府两次要授予谭卫道荣誉军团十字勋章，都被他果断回绝了。有趣的是，到了第三次，官方不再过问谭卫道本人的意见，而是直接将这枚奖章硬塞给了他。（David and Fox，1949）谭卫道去世后，人们在整理他的遗物时发现，法国政府授予谭卫道的荣誉"红腰带"，完好无缺地保存在抽屉里。谭卫道甚至从来没有戴过它。（Scott，2004：103；George，1996：18）更不可思议的是，谭卫道甚至把低调谦虚带进了坟墓里。他的墓志铭是："如果您想长寿，请不要打扰我（SI VOUS VOULEZ VIVRE LONGTEMPS NE ME FATIGUEZ PAS TROP SOUVENT）。"（Daranatz，1929：49）

二、前往中国的历史机遇

20 岁时，谭卫道去了巴约纳（Bayonne）大修院学习。1848 年，他加入天主教遣使会；1851 年，成为遣使会的正式成员。谭卫道早就希望到国外传教，恰逢意大利里维埃拉（Riviera）的萨沃纳（Savona）学院紧缺一名自然科学老师，于是他就到那里，向高年级学生传授自然科学。谭卫道本来的目的是在这里"待上几天"，以帮助解决萨沃纳学院的一些困难。结果一待就是十年，甚至让他有点措手不及："迫于需要，我的神学课程还没结束，上司就把我派去意大利了。"（Vincentians，1936：484）

在意大利期间，他经常去野外考察，并把收集的动植物标本当作插图展示给学生们看。由于他自然科学知识渊博，为人果断、谦虚甚至有点腼腆，因而被认为是一个善于开导学生的良师。而受他影响，他的一个学生达尔伯特（Luigi d'Albertis）曾到美拉尼西亚去探险，另一个学生马赫给·多利亚（Marquis Doria）则创建了一个自然博物馆。（Vincentians，1936：490）

尽管在这里过得惬意，有一个愿望一直萦绕在他脑海里——去遥远的东方传教。早在 1852 年 11 月 2 日，刚到萨沃纳学院不久，他就写信给他的上司道："我一直渴望能够有机会去拯救远东的异教徒。正是这种愿望，促使我成为一名神父，并加入了遣使会。我已经 27 岁了，希望能尽快有机会去远东、蒙古等地，以了解当地的语言、文化、地理气候。"（David and Fox，1949：XV—XXXII）

恰逢《中法北京条约》于 1860 年签订，法国政府打算扩大其在华的影响力，推出了一系列计划，其中之一便是要求天主教会去北京创办学校，以培养本土神职人员，并成立专门针对年轻教士的小修院。耶稣会主要负责上海，遣使会则负责北京。（Vincentians，1936：491）

1861 年，谭卫道前往巴黎进修，并成为一名正式神父。得知教会需要派传教士去中国开展工作，他欣然接受这一任务，并开始为去中国旅行做准备。他相信，做了这么多年的教学工作，他一定能胜任这个使命。（Vincentians，1936：490）他首先拜访了孟振生（Joseph-Martial Mouly）。孟振生建议谭卫道去拜访儒莲（Stanislas Julien）——一个著名的汉学家，法兰西科学院院士。儒莲向谭卫道介绍了关于中国的自然地理知识，给谭卫道留下了深刻的印象。儒莲发现谭卫道知识渊博，视野开阔，觉得有必要去充分"挖掘"一下他的潜力，以便为更多的法国学者服务，于是向谭卫道介绍了一些学者。这些人都是皇家科学院的院士，他们希望谭卫道到中国后能为他们搜集一些材料。谭卫道欣然答应。不过，他也明白，他是以一个传教士的身份去中国的，传教才是他的第一要务。(David and Fox，1949：XV—XXXII)

此时的中国，正处在"三千年未有之变局"之风口。对西方人来说，中国内地刚刚向世界开放不过二十年，大部分地区还是未经勘探的处女地。

中国有数千年的历史，融汇众多的民族。由于历史、地理及文化的复杂背景，每个民族都有自己独特的语言。即便是同一个民族，在不同的地区也有着不同的方言——尽管这些方言所用的书面文字相同，但发音却差别很大，甚至完全无法通过语音交流。尽管清政府强力推广官话（Mandarin），但不是每个人都能听懂，特别是在南方，存在着大量的方言以及听不懂官话的人。不过，对于谭卫道将要面临的其他困难来说，这已经是最不困难的了。

而之所以有如此众多的方言，一个重要原因在于民族问题的复杂性。汉族占据主体，"大杂居、小聚居"的局面，使得当时各个少数民族，甚至偏远地区的汉族，几乎都有自己的政权，而且在很大程度上不受中央控制。尤其是在各地区的边界上，或者在民族冲突严重的地区，土匪流寇横行。离北京越是遥远，土匪活动越猖獗——"山高皇帝远"。即便对于一个土生土长的中国人来说，长途跋涉的旅行也会是一件危险的事情。

从1840年到1862年，中国经历了两次鸦片战争的炮火。腐败的清政府元气大伤，在西洋人的坚船利炮面前毫无招架之力，在平定内部动乱时也力不从心。清政府先后签订了《南京条约》《天津条约》《北京条约》等不平等条约，开放口岸，割地赔款。特别是《天津条约》，使得西方人开始有机会进入中国内部，不再仅停留于少数沿海港口。而国内的太平天国起义、土匪割据等，一时之间也风起云涌。清政府对传教士持敌对态度，各地区、各民族、各社会阶层的人们也几乎是一致排外。不过，由于当时的中国内部社会矛盾复杂，且过于分裂，无法形成一股强有力的力量去抵抗西方人的到来。(Scott，2004：52)这对于谭卫道来说是一个非常关键的历史机遇。

这里值得注意的是教会和法国政府之间的密切关系。在奔赴中国的传教士里，相当多都是受官方支持的，谭卫道也一样。法国政府和巴黎自然博物馆将支付他的全部费用，并且提供各种各样的服务，包括但不限于医疗、法律、交通以及其他传教士的帮助等。（Scott，2004：57）关于天主教会是否应被视为法国 19 世纪的殖民工具，一直都有一些争论。如果站在民族主义的立场，那么教会显然是西方列强对华殖民的强力武器。但若换一个视角来看，许多传教士的事迹却也是可歌可泣的。不管怎样，在当时的大多数中国人眼中，传教士的的确确是法国政府的帮凶。（Scott，2004：57）

三、在中国内地的三次博物学考察

尽管谭卫道在奔赴中国的路上遇到不少的麻烦，但相对于前辈们，已经好很多了。1862 年 7 月 5 日，谭卫道到达北京。他来到北堂（Peitang，今天的北京西什库教堂），打算在教会的学校里建立一个自然博物馆。不过这所学校位于南堂（Nantang，今天的北京宣武门天主堂），于是他便转去那里。

1. 在北京和内蒙古的发现

到北京后，谭卫道在教会学校里教授自然科学，业余时间学汉语。他也常到北京周边的草原、西边及北边山区采集物种，收集标本，为他的自然博物馆添砖加瓦。

在北京郊区的南海子皇家猎苑内，谭卫道意外地发现了一种鹿。这种鹿特供皇家打猎之用，受到严格保护，偷窃、捕杀是要判杀头的，谭卫道一度只能远远观望，连皮毛也摸不到。后来，他贿赂了一个满族士兵，便得到了一些毛皮和骨头。他发现，它的头像马，角像鹿，颈像骆驼，叫起来像驴，走起路来又像骡子，中国人俗称"四不像"，后来西方人称其为"大卫神父鹿"（Pierre David's deer）。1866 年，在法国驻北京公使的帮助下，谭卫道利用外交手段"忽悠"了一个清朝官员，得以将活的麋鹿运到欧洲。（David and Fox，1949：XV—XXXII）这就是今天的麋鹿（*Elaphurus davidianus*）。欧洲社会对麋鹿产生了强烈兴趣。到 1869 年，英国贝德福德郡的乌邦寺（Woburn Abbey）仅有两头麋鹿，这一对也算是欧洲所有麋鹿的祖先了。到现在，全世界已经有数千头麋鹿了。

谭卫道将在北京采集的物种寄回巴黎。这些在中国人眼中看似平凡的生物，在欧洲人眼里却分外醒目。巴黎的学者们也意识到了谭卫道具有的出色才能，希望他能做进一步的考察。谭卫道本人也觉得这一带的生物多样性不是很丰富，应当深入内地探索一番。于是，在动物学家、巴黎自然博物馆馆长爱德华（Henri Milne-Edwards）的正式委托下，谭卫道前往内蒙古考察自然地理环境，采集物种。

不过，想到要离开北京，他仍有疑虑，因为他一直觉得教会工作才是第一位的。经过激烈的思想斗争，他克服了心理障碍："我的上司认为，考虑到宗教的间接价值，在工作之余，用一点点业余时间去为政府机构做点物种采集之类的科学研究工作也是可以的。"（David and Fox，1949：XV—XXXII）只是，这可不是一点点时间，谭卫道的后半生几乎都花在这方面的研究上了。

1866年3月12日，谭卫道到内蒙古几字形黄河区域考察。这一路途经张家口、萨拉齐、渭水、乌拉山、呼和浩特、包头等地。期间，他得到了一个喇嘛的帮助。这个喇嘛一路上给谭卫道做向导。他原是佛教徒，后来受洗入了天主教。后来谭卫道每谈到这一点，都显得很兴奋。

谭卫道对这一地区的土壤、动物、植被、宗教信仰以及生活习惯等进行了详细考察。他常常在毫无参考文献的情况下，创造性地用各种名字为野生物种命名。他还打算去甘肃、青海探索。他认为，相对于贫瘠的蒙古高原，那里的物种可能会更丰富。不过，由于种种原因，他未能进一步前进。（David and Fox，1949：143）

这次行程共收集了约176只家禽、59只哺乳动物、1500个植物标本和680个昆虫标本。这里没有高山，没有森林，打破了他之前在北京时对这一地区的美好想象。

2. 探索中部和藏东地区

1867年，谭卫道调养身体，把精力放在了北京的自然博物馆方面。但他一直期待能够去内地考察。于是在1868—1870年间，他以四川雅安为核心，考察物种丰富的中部、西南和藏东（现四川）地区。雅安拥有非常丰富的温带植物多样性，后来被列为国际生物多样性保育组织的重点地区。（David，1875：507）

1868年5月26日，谭卫道从北京出发。抵达天津后，他会见了驻天津的欧洲公使。他说："当一个人离开家乡时，不管他来自哪个国家，他们都互相视为同胞，是为欧洲同胞。"（David and Fox，1949：145）随后途经烟台，抵达上海黄浦。上海之大，令他震惊。6月24日，谭卫道来到江西九江，遇到河水泛滥，难以航行，他便用四个月来探索这一地区。在这一地区，他共向巴黎自然博物馆寄送了 10 种哺乳动物、30 种鸟类、27 种鱼和爬行动物、634 种昆虫及 194 种植物。

9 月，谭卫道因故回了天津一趟。10 月，他再次回到九江，这时有六名传教士加入了他的队伍。他们沿长江而行，打算前往四川。这些人逆水行舟，水流湍急，几次都差点触礁。此外，有些当地人把他当作洋间谍，诅咒他，甚至在他的茶里面投毒。最终，谭卫道于 12 月 17 日抵达重庆。当时中国的大部分人都对传教士抱有敌意，重庆的主教便要求谭卫道出门必须坐轿。1869 年 2 月 28 日，他抵达四川雅安地区的宝兴县（当时叫作穆坪，英文 Moupin，距成都约 250 千米）。

在宝兴，谭卫道雇佣别人替他寻找植物，并花重金让猎人绘制动物出没地图。于是，他在这里"发现"了许多著名的物种，有大熊猫、仰鼻金丝猴、珙桐等。

1869 年 3 月 23 日，有猎人给谭卫道带来了一只小白熊，并以高昂的价格把这只熊卖给了他。熊本来是活的，但为了携带方便就打死了它。它全身是白色的，除了深黑色的四肢、耳朵和眼睛。谭卫道相信这一定是一个新种。数天后，他见到一只成年白熊，发现这种动物的体色不随着年龄的变化而变化，而且生活在海拔 3000 米、人烟稀少的地方。他还发现，这种熊夜间较为活跃，喜欢吃竹子和动物，而且在很久之前，这种熊曾经在喜马拉雅山地带大量繁殖，后来灭绝了。中国人称它为"山的孩子"，因为它的叫声像小孩子。（David and Fox，1949：283）

谭卫道将大熊猫的标本寄往欧洲。于是，大熊猫这个神奇的新物种就这样被西方人"发现"了。宝兴为纪念谭卫道发现了大熊猫，给他立了雕像，并且在沿河的栏杆两旁雕刻了许多的动植物物种，这些雕刻所在地正是谭卫道发现这些物种的地方。（Basset，2009）

谭卫道还在这里发现了一种著名的猴子。1869 年 5 月 4 日，谭卫道的猎手们捕到六只长尾巴猴，谭卫道看到猴身上金灿灿的皮毛，仰天的、没有鼻梁的鼻孔，遂取名"仰鼻金丝猴"（*Rhinopithecus roxellana*）。他在绘画、瓷器中经常见到这种猴子，既美丽又奇特，之前认为它只活在传说中。谭卫道认为，金丝猴和大熊猫一样，都是中国特有的物种，而且它们都拥有高贵优雅的气质，便赞美它们是"中国艺术中的神，是令人推崇的理想的产物"。

在植物界有"活化石"之称的珙桐（*Davidia involucrata*），也是由谭卫道在宝兴发现的。他在宝兴的山上发现，这种树的花小而色淡，花朵被包裹在两个大大的、白绿色的苞叶里面，苞叶又相互折叠在一起。远远望去，如同一棵树上挂满了数以百计的迎风飞舞的手帕，又犹如群鸽栖息，故被中国人称为"鸽子树"。在之后的近一个多世纪里，全世界广泛引种，大量栽植，使其成为世界十大观赏植物之一。现北京的清华大学也已经成功引植。

除熊猫、仰鼻金丝猴和珙桐外，喜欢鸟类的谭卫道还在宝兴发现了一些漂亮的鸟类。有一种白天鹅以谭卫道的名字命名：*Cygnus davidi*。它的嘴呈红色，腿和脚为橙红色。还有一种猫头鹰 *Strix davidi*，也是以他的名字命名。

统计下来，谭卫道共获得了 676 种植物、441 种鸟类和 145 种哺乳动物标本，在哺乳动物、鸟类、昆虫和植物等方面都取得了质和量的突出成就。

11 月，谭卫道发现了中国娃娃鱼。它是两栖动物，体型巨大，体长可达 1.8 米，能活 50 年，令他惊奇。他还猜测道，中国人把娃娃鱼用来入药，但很少食用，可能是因为这种鱼又白又臭。[1]

1869 年 11 月 22 日，谭卫道结束了这次旅行，离开宝兴，计划返回北京。途经烟台时，听说天津发生了暴动，许多传教士被杀，房屋被烧，而且这些人都是谭卫道的朋友。他感到震惊，难以理解这些屠杀，也不明白一向勤劳朴实的中国人为何会做出这些"残暴"的行为。他在健康方面也出现了问题，于是想尽快回国修养。后来谭卫道回到巴黎，数次向总统梯也尔（Adolphe Thiers）提议，法国政府应当加强对传教士的保护。

当谭卫道抵达马赛时，普法战争正在爆发，道路封锁，他便前往当年在意大利工作过的萨沃纳学院，尤其要看一看他当年储藏标本用的沃德箱[2]，看将来在北京能否用得上。虽然战争令他伤心，但他在学院里见到了一些意气相投的学者，这倒使他感到欣慰。这些学者都有收藏标本的习惯。在学院的博物馆里，谭卫道阅读了最新的杂志，获悉了生物学的前沿动向，尤其关注了达尔文的进化论。

---

1 据资料显示，娃娃鱼生活时体色变异较大，一般以棕褐色为主，其变异颜色有暗黑、红棕、褐色、浅褐、黄土、灰褐和浅棕等色，并没有白色。

2 沃德箱是由英国医生沃德（Nathaniel Bagshaw Ward，1791—1868）发明的用于长途运输植物的箱子，是一个光滑、密闭的玻璃容器，可以透光，但不透气。沃德箱可以让植物在不浇水的情况下茁壮成长，而且还能隔绝那些对植物有害的烟雾。事实证明这种箱子极其重要，可以为运输中的植物提供受保护的环境。

战争结束后，谭卫道回到巴黎，第一件事就是参观自然博物馆。1871 年春天，植物园的教授埃米尔·布兰查德（Emile Blanchard）为谭卫道的旅行见闻写了一篇文章，发表在《两个世界》（*Revue des Deux Mondes*）杂志上。同年夏天，谭卫道把部分藏品拿到博物馆展览，得到很高的评价。第二年，他当选为法兰西科学院的院士。

1872 年 3 月，谭卫道返回上海。令他惊讶的是，他在中国竟然也很有知名度了。他写信给他的舅舅道："自从我回到上海，这里的报纸都在谈论我，我都成了名人了。这让我感到有点烦。尽管这样，我也不能阻止他们。也许这事也有好的一面，只是我不喜欢这样罢了。"（David and Fox，1949：XV—XXXII）图 21-1为谭卫道在中国内地的三次考察路线图。

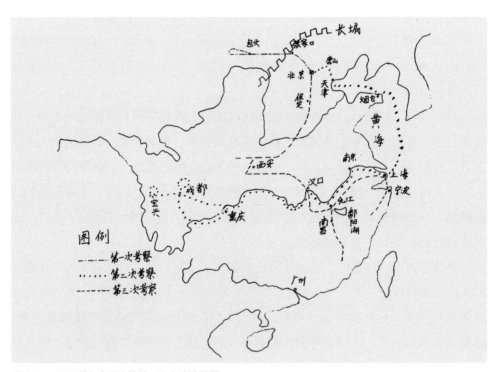

图 21-1　谭卫道在中国内地的三次考察路线图

3. 考察秦岭、江西与福建

谭卫道从法国回到上海后，对宁波、绍兴等地做了短暂的考察，然后经江西返回北京。在北京，他发现自然博物馆的一些藏品不见了，而且此时的新主教对博物学几乎是一窍不通，对谭卫道的经济支持也没那么大方了。

1872 年 10 月，谭卫道从北京启程，正式开启了在中国内地的第三次考察。这次出发他带了两个小基督徒作助手，这两个小家伙的任务是打猎。他们经过保定到达山西，沿黄河南下，抵达西安，考察秦岭。秦岭是温带气候与亚热带气候的分界线，是一个天然屏障，这一带的野生动植物物种相当丰富。1873 年 1 月，谭卫道来到了太白山。这是秦岭的顶峰，海拔约 3700 米。他在这一带停留了四个月，收集了大量的动物和植物标本，并且分析了当地的地质结构、鸟类迁徙、种群分布等。

他本想去甘肃看看，但发现那里一直处在动乱中，于是便沿汉水南下。但是，他做出了一个错误的决定——带着他的数箱珍贵标本，乘船去汉口。结果，船超载，又遇急流，就触了礁。谭卫道奋不顾身跳入江中，拼死挽救标本，可惜还是损失巨大。后来据统计，谭卫道的植物标本中，有一半毁于各种灾难。借助于一艘装载木头的船，谭卫道得以脱身，到达汉口。然后他顺江而下，再次抵达九江。

5 月，他沿陆路南下，经过南昌，到达抚州。由于天气炎热，他的健康状况开始恶化。他和他的助手都感染了痢疾，并发烧，他只好躺在床上度过了夏天。在这段时间，他对之前采集的标本进行了整理分类。（Scott，2004：100）

9 月，谭卫道体力有所恢复，便去了武夷山，收获了不少新物种。11 月，病情加重，用他自己的话说就是，全身剩下的力气只够用来做一次礼拜了。经过一段时间调养，他的身体刚有了稍许恢复，紧接着又感染了肺炎，发高烧，全身止不住地打战。他的助手也病倒了。谭卫道觉得是时候回法国了，就把标本塞进了四个竹制大箱子。不过，此时谭卫道对中国还有很多留恋，说道："我已经习惯了这一切。要我离开这个地方、这份工作，离开这些朋友们去开始新的生活，倒真舍不得。"（David and Fox，1949：XV—XXXII）对这次旅行的成果感到很失望，则是他还不想离开中国的另一个原因。而且之前他还打算在中国旅行结束后去日本、菲律宾、美洲考察。不过，他也意识到，继续留在中国对他的健康没什么好处，他已不再适应这里的气候。1874 年 4 月，他从上海乘船回法国。

总计下来，这次旅行的收获有 2 个大箱子、3 个小盒子，以及 9 个不同大小的袋子。单哺乳动物，就有约 35～40 个物种，其中有相当多的都是新物种。在鸟类、爬行动物和昆虫方面，也有一定的收获。

四、谭卫道的博物学成就及其对西方识华的影响

1. 谭卫道的博物学成就

谭卫道在中国的三次旅行，共计有近 7000 英里（11265 千米）的里程。他成果丰富，收获的动植物标本不仅数量创造西方人在华采集历史新高，质量也颇属上乘。谭卫道回到法国时，带回了大量动植物标本与活体，部分珍品还赠给了天主教神学院。经巴黎自然博物馆估算，谭卫道在中国共采集到约 2919 种植物，9569 种昆虫、蜘蛛与甲壳类动物，1332 种鸟类，以及 595 种哺乳动物。[1] 这些物种遍布北京、内蒙古、秦岭、藏东地区，其中有相当多的新种。这表明了他是研究中国生物地理学分布的最早的人之一。不过，他认为尽管从中国带来了数以千计的、在欧洲没有分布的物种，但这些还只是一小部分，在中国还有更多的物种尚未被发现。

回国后的谭卫道在安享晚年之余，对收集来的中国标本进行了分类、描述、展览和整理出版。在物种的命名和发表方面，除了少部分由谭卫道亲自发表外，大部分都经爱德华、弗朗谢（Adrien Franchet）以及巴黎自然博物馆的专家研究发表。我国狩猎、豢养数千年的麋鹿（四不像），只因 1866 年他在南海子皇家猎苑弄到模式标本送往巴黎，而被西方人叫作"David 鹿"，我国著名的鸽子树——珙桐亦被称为"David 树"，且这两种生物的学名前者以谭名为种名，后者以谭名为属名。（罗桂环，2005：234）

在鸟类方面，谭卫道本人对鸟类情有独钟，在华采集时，他有将近一半的时间都花费在鸟类采集方面。回国后，他也是第一时间对采集到的鸟类做了大量的整理和研究。1877 年，谭卫道与巴黎自然博物馆的鸟类学家乌斯塔莱合作研究，将自己所收集的鸟类标本整理分类。研究成果经马森出版社出版成书，书名为《中国鸟类》（*Les Oiseaux de la Chine*）。全书共两卷，配有插图 124 张，插图由巴黎自然博物馆的阿努尔（M. Arnoul）绘制。这本书是当时研究中国鸟类的经典著作，记载了谭卫道亲眼目睹的 772 种鸟类，其中的 58 种在当时是新种。在这七百多种鸟类中，有 470 种鸟类的标本收藏在巴黎自然博物馆。据说，谭卫道共在我国收集到 65 个鸟类新种。

---

1 数据来自 http://www.rhododendron.fr/articles/article19d.pdf，截至本书出版时可访问。

此外，谭卫道基于自己的研究，同时参考郇和（Robert Swinhoe）对海南岛、台湾岛和中国东部的鸟类观察，以及俄国探险家普热瓦利斯基（Nicolai Przewalski）对中国西部的考察，估算出中国共约有 807 种鸟类，其中甘肃、青海、宝兴等地的鸟类就占据了整个中国鸟类数量的四分之一。当然，他也认为，如果到中国西南地区作进一步的探索，这个数字还会增加。他还指出，欧洲和中国有 185 种鸟类相同，但有不少家禽和食虫鸟类两地却很不相同。从美洲迁移到中国的一些种，在西欧也已有发现。在中国的候鸟中，有相当数量来自大洋洲、马来西亚以及印度。（David and Fox，1949：XXVII）

由于谭卫道在中国涉足很广，搜集丰富，因而对中国的动物分布地理有较深的认识。他的旅行日记及有关作品中反映出，他对中国野生动物中的灵长类、啮齿类、反刍类、爬行类、两栖类的种类和分布都有一定的研究。他在我国收集的兽类中有 63 个种在当时被定为新种。他对我国豢养动物的种类也做过不少记述。

在哺乳动物方面，巴黎自然博物馆的动物学家爱德华及其儿子阿尔方斯（Alphonse Edwards）都对谭卫道的工作表示欣赏，并同他合作研究。他们开展了一项复杂的研究，将成果出版成书《对哺乳动物的博物学研究——包括对动物分类的相关评论》（*Recherches pour servir à l'histoire naturelle des mammifères comprenant des considérations sur la classification de ces animaux*），由马森出版社（G. Masson）于 1868—1874 年间出版。这本书第一卷通篇都是在谈论哺乳动物，而且其中多数都是新种，是由谭卫道最早发现并带回巴黎的。（David and Fox，1949：XXVIII）

此外，谭卫道还研究了许多爬行动物、软体动物、鱼类以及昆虫。他大约为100 种昆虫起了名字，有些用他自己的名字，有些用学生的名字。

在植物方面，据谭卫道自己估计，他在中国采集的植物标本近 3000 种。但由于个人疏忽和意外灾害，如在汉水翻船，1870 年他寄送的一批标本由于英法之间争夺殖民地的战争未曾送达等，实际送到巴黎的只有不到 2000 种。巴黎自然博物馆的植物学家弗朗谢进行研究时，只检得 1577 种，其中有 250 个新种和11 个新属。尽管如此，就当时而言，他送回的标本在数量上也是最多的。如果考虑其所覆盖的广泛地域特征，其重要价值就越发明显。还应指出的是，谭卫道所采的标本，由于他本人有一定的植物学基础，能作合理的取舍，因而质量较好。

　　谭卫道送回法国的植物标本经植物学家弗朗谢进行了整理，最终编写成《谭卫道植物志》（*Plantae Davidianae*）。这套书分两卷，由马森出版社出版，谭卫道为书作序。书中有两张彩页硬纸插图，上面画的是谭卫道发现的代表性植物——珙桐。第一卷于1884年出版，收入了谭卫道在北京、河北和内蒙古等地所采集的植物，总共有1175种，其中新种有84个。1888年出版了第二卷，记载的是穆坪的植物，计402种，有163个新种。1883年，俄国彼得堡植物园收到巴黎自然博物馆赠送的一批由谭卫道采集的植物标本，这批标本经马克西姆维奇（Carl Johann Maximovich）整理，共含642种，有一些新种。（罗桂环，2005：234—235）

　　在弗朗谢鉴定完毕后，谭卫道开始同法国博物学家赖神甫（Jean Marie Delavay）、法尔热（Paul Guillaume Farges）和苏利耶（André Soulié）等人合作研究。他发现，有些植物，如杜鹃花、菊花、百合、梨、藤、报春花、悬钩子、金银花、葡萄等，都起源于中国西部山地。而之前这些植物被认为原产于其他地方。

　　谭卫道在中国的采集对西方产生了深远的影响，他因此获得很高的荣誉，并入选法兰西科学院院士。此外，谭卫道积极同世界各地的学者交流，其学识和品行令这些人感到佩服。许多人都希望能见到谭卫道，甚至当时的俄国王子都成了他的熟客。谭卫道送给这个王子一个漂亮的西藏花蝴蝶。作为回报，王子给了谭卫道一个大大的十字形珐琅。谭卫道后来把这个珐琅送给了埃斯佩莱特的教堂——当年他就在这个小教堂里受洗，并享受了第一次圣餐。据说，由于谭卫道太有名了，以至于有人寄信给他的时候，收信人地址这一栏上竟然只写"巴黎，谭卫道"。（David and Fox，1949：XXVI）

　　在科学研究外，谭卫道还呕心沥血地去培养年轻的传教士。同时，他也更多地将自己的精力放在了教育青年学子上面，而很少再外出冒险了。除了1881年曾前往突尼斯的沙漠、1883年前往伊斯坦布尔，谭卫道再没有离开过法国。在谭卫道人生的最后26年里，他都住在巴黎母亲的房子里。晚年谭卫道在学生心目中的形象是：

　　　　一位英俊潇洒的老者，迈着紧凑步伐。长长的白发，脸嵌在其中，高高的额头下面嵌着一双深邃的眼睛。目光谦和，举止优雅，脸上永远都是微笑。他还善于讲故事，每每讲到他在旅行中见到的那些鸟儿的时候，就神采

飞扬。谭卫道的谦和博学赢得了每一位朋友的尊重。（Boutan，1993：309）

在谭卫道最后一次回到家乡埃斯佩莱特时，他以一个成熟的巴斯克"老男孩"形象，挑逗一群大大小小的孩子和老人：

> 谭卫道当众训练一只蜘蛛，大得像拳头那样。他轻轻拍一下这只蜘蛛，它便撒起腿来，在房间里作自由奔跑状。然后他呼唤它，它就乖乖回到他身边。朋友们看到这一幕，都叹为观止。他抚摸它，让它在房间里跑，然后喝止它回来，它就乖乖地回来了，引得众人唏嘘。（George，1996：15）

1900年11月10日，谭卫道于巴黎去世。尽管他在中年时遭遇过近乎致命的疾病，但依然活了74岁。他是家庭中最长寿的一个。人们纷纷来纪念这位谦虚、简朴、充满爱心的老师、博物学家、天主教遣使会会士。

2. 谭卫道的科学思想

谭卫道不仅在博物学实作方面做出了重要贡献，也有着自己的科学思想。不过谭卫道并没有专门论述，他的科学思想散见于他的一些日记和专著中。

首先，谭卫道表达了自己对物种进化的看法。1870年，谭卫道在欧洲发现，达尔文的进化思想已经开始流行。他承认达尔文的进化论是个很大的进步，但是他否定物种变化，认为物种中存在着简单多样性。（David and Fox，1949：176）他怀疑道："不同的生物分布在不同地区，但这些生物之间都多多少少有些联系，或者多少有点类似。生物的这种地区分布特征对于维持自然的秩序和结构，起到了重要的作用。遗憾的是，目前还没有理论能够解释这一点。"（David and Fox，1949：XXIV）他又进一步阐释道："可不可以这样认为呢？上帝创造一切生物。经过了缓慢的变化，它们逐渐分化为不同的属、种。在它们起源的地方，它们繁衍出多种多样的后代。"他观察了一个动物吞掉另一个动物的过程，感慨道："为什么上帝创造的生命总要死于暴力呢？而赎罪又来得这么慢。"（David and Fox，1949：XXIV）

进一步，谭卫道表达了对科学与信仰的思考。谭卫道具有虔诚的宗教信仰，并且这种信仰深深地影响了他的一生。他早年在意大利教学时，就经常将学生们的注意力引导到上帝那里，以揭示造物主的神奇、上帝的恩泽如何遍及全世界。他说："绝大多数人，甚至是那些受过教育的人，仅仅满足于自己青少年时代所学的肤浅科学知识。许多人在不知道自己很无知的情况下，度过了一生。"（David and Fox，1949：XVIII）

在谭卫道看来，学习科学知识这个行为本身就是爱上帝的表现。科学就是要致力于研究上帝的创作品。科学工作是值得尊敬的，其目的也是神圣的。科学工作将有助于揭开上帝铺在事物外表的面纱，而隐藏在面纱后面的就是真理。而追求真理就是热爱上帝。科学家的工作也将能够扩展整个人类的精神文明。纵观谭卫道的一生，他始终把科学研究和传教工作融为一体。他的第三本日记，几乎就是一部自然科学专著。他解释道：

> 若我的读者们没学过博物学，他们会发现，我几乎不谈论人类、文化、服装、房屋、艺术、工业、商业、农业等。我将注意力放在了那些看似最平常的动植物方面，而且更关注大自然，关注山川的形状高度、岩石性质、土壤组成等等。原因如下：
>
> 1. 大自然由许许多多的事件（facts）构成。只要这个事件是真实的，不论它是多么的小，对帮助我们去理解当前的这个世界都是有益的。
>
> 2. 我们所看到的那些已经写的或将要写的著作，不需要特别专业的知识就能写出来，而且其重要性较之科学而言也是第二位的。
>
> 3. 最重要的一点：生命以不同形式表现出来，这对于理解自然界的历史是非常有用和重要的。
>
> 4. 陆地和海洋中分布着大量的动植物，研究这些生物的地理分布，有利于理解地质变迁史。
>
> 5. 研究动物地理分布可知，英国和法国之前是连接在一起的，直到不久前才分开。而仅考察蜘蛛的分布规律就能发现，在远古时期，意大利和非洲大陆连在一起。以华莱士为例，通过研究哺乳动物、鸟类和昆虫的分布，可以得知马来西亚的三大岛屿曾经是亚欧大陆的一部分。而苏拉威西岛，尽管现在远离加里曼丹岛，在过去却是连在一起的。
>
> 6. 研究植物的地理分布可发现，亚速尔群岛、葡萄牙及英国，在以前也是连在一起的。
>
> 7. 自然界的每一个物种与地球的历史具有怎样的关系？这尤其值得研

究，因为这可能会解决许多重要的问题。因此，那些看似毫不起眼的小生命，那些最微不足道的细节，都是不可或缺的。一个句点、逗号、小线段，它们自身看起来无足轻重，但是在与整体相联系的时候，它们就意义重大了，甚至能从根本上改变自身的重要性。

这些还只是部分原因。实际的原因比这还会多。（David and Fox, 1949: XXI）

为获取物种标本去残害生命，谭卫道对此感到遗憾。对过去数个世纪中的由人类造成的大规模的动植物灭绝，他也感到痛心。他祷告道：

上帝创造万物，万物与人类共生。而人类迄今为止，尚不能及时有效地建立起一整套物种保护机制，以拯救大量的濒危物种。这真是令人伤心！上帝创造这些物种，不仅仅是为了让地球更好看，更是要维护自然界的生态平衡。对于大自然，每个物种都是有用的，是不可或缺的。可是，自私和物欲撞瞎了我们的双眼，我们对这个美丽的星球毫不关心。马路的一边是马和猪，另一边是小麦和土豆，这些经济作物取代了数十万的天然物种。而这些天然物种是造物主赋予我们的，是要与我们一起生活的。它们有自己的生存权，而我们竟然为了一己私利，要残暴地将它们灭绝。（David and Fox, 1949：XXII）

作为首批来到中国腹地探索考察的西方人，谭卫道克服困难，满怀热情地投入到对大自然的探索中。正是他那虔诚的宗教信仰为他提供了源源动力。他深信造物主创造出其他物种不是用来喂养人类的，其他物种也有自己的生存权，人类有义务去熟悉身边的物种，也有责任保护生态平衡。

另外，谭卫道对中国传统文化也表达了自己的观点。在谭卫道刚到中国时，他严厉批评了中国人的不良作风。像吸大烟、溺婴、亵渎妇女、官员腐败、僧人迷信堕落，以及当时四处流窜、横行乡里的土匪强盗，都令谭卫道感到痛心。即便是在注意到那些对西方文明也产生过积极影响的建筑、雕刻、绘画、诗歌，以及儒、道、佛之后，他也没有改变过这种态度。不过，随着对中国认识的加深，谭卫道的对华态度也逐渐改变——他开始同情中国人。在他的第三次旅行日记里，可发现许多对中国人和中华文化的赞美之词：

　　　　中国人比我们更有耐心，他们看起来总是泰然自若。我甚至有时很羡慕那两个北京小伙子（指谭卫道的随从）。他们是如此的平静，安详，从没发过牢骚，甚至连一个不满的手势也没打过。是他们天性如此，还是后天的教化？抑或是东方宿命论世世代代熏陶的结果，而他们并没有意识到这一点？他们像哲学家一样，安静地吃饭，安静地休息，安静地享受这一切，谁也不打扰谁……中华文明令人羡慕。除了偶尔的土匪流寇外，这片大地宁静，祥和，深沉。人们勤劳，朴素，文雅。这里人人守礼。（David and Fox，1949：XXIII）

尤其值得注意的是，谭卫道强烈反对西方世界对中国的同化。他意识到，中国既不希望，也不需要被西方人同化。中国拥有自己的元素，这是她自己的财富，她已经稳定地度过了四五千年，没有发生任何大的改变。谭卫道更是旗帜鲜明地反对将革命引入中国。（Vincentians，1874：542）

至于传教工作，在他写给舅舅的一封信中，可以看出他对天主教在中国传播状况的看法：

　　　　总而言之，不要指望中国会成为一个天主教国家。因为照目前的速度来看，得花上四五万年的时间，才能把全部中国人改造成基督徒。（David and Fox，1949：XVI）

3. 谭卫道的工作对西方识华的影响

作为一位法国天主教遣使会会士，来华传教士中最为出色的博物学家以及来华生物收集史上最著名的人物之一，谭卫道在中国取得了卓越的博物学成果。他本人也是法国人在华活跃采集物种的一大证据。

谭卫道取得的博物学成果，大大增加了西方人对中国物种及其分布的认识，极大地激发了西方人对中国物种的兴趣。西方人因而进一步认识到，中国腹地的高山峡谷中蕴藏着丰富的物种宝藏。在谭卫道之后，其他法国传教士继续了他未完成的工作。此后西方人到川西地区进行的生物学收集、考察特别频繁，收集的标本也极为丰富，对中西方生物学的发展产生了巨大而深远的影响。（罗桂环，2005：236）

谭卫道回国后，将其从中国带回的许多漂亮动物迁徙到巴黎生活，直接增加了西方人对中国动物的了解。像巴黎动物园的绿尾虹雉、藏马鸡、白天鹅和林鸮等，都是谭卫道带回的。在谭卫道把中国金丝猴带回欧洲之前，西方一直认为中国瓷器上绘制的金丝猴是艺术家想象的一种动物，因为它的样子是那样奇怪，全身长毛，鼻孔朝天。谭卫道向他们证明了金丝猴是一种实际存在的动物。单单由此就能够看出，谭卫道的工作增加了西方学者关于中国物种的知识。他在中国中西部的兽类收集，加上郇和在东南沿海的兽类收集，经爱德华等法国和英国专家的描述发表，构成了当时西方人认识中国兽类的基础。（罗桂环，2005：235）

在植物方面，谭卫道总共引入约80种植物到巴黎植物园栽培，其中包括大叶铁线莲、葡萄属的秋葡萄等数种野葡萄，以及蛇葡萄属的掌叶蛇葡萄等数种，还有从承德和鄂尔多斯等地区引入的文冠果、野杏、野桃、蒙古扁桃（*Prunus mongolica*）、梨、黄刺玫、黑弹树（*Celtis davidiana*）、苜蓿、显子草等。他发现的一些漂亮的植物，如珙桐、柳叶栒子（*Cotoneaster salicifolius*）、美容杜鹃、大白杜鹃、芒刺杜鹃、川百合、宝兴百合，后来由 E. H. 威尔逊（Ernest H. Wilson）等人引到欧美栽培。如今在美国等地很常见的观赏植物，如山桃、黄蔷薇、川百合、落新妇、大叶醉鱼草以及一些种类的杜鹃、蔷薇、乌头、龙胆、木兰、冷杉和栎等，都是由谭卫道首先采到模式标本的。（罗桂环，2005：236）当时植物园的期刊几乎天天都在报道这些来自异国他乡的新植物，但能远赴重洋在海外扎根的毕竟是少数，谭卫道在中国采集的植物标本和活体，有一多半都毁在路途中了。有一些虽然没死在路上，但却死在了巴黎的花园里。还有一些虽然勉强活了下来，却无法适应新家，因无法繁殖而绝育。不过，这一切都使人们更加相信，中国一定还有更多尚未发现的新物种。

谭卫道的工作，带动了一大批西方人来华采集物种。首先，在动物学方面，比谭卫道晚数年来华的韩伯禄（Pierre Heude，1836—1902）也是一个在华采集过大量动物标本的传教士。韩伯禄于1868年来华，1869—1884年间，在长江下游的松江、苏州、常州、镇江、南京，长江中游的洞庭湖和鄱阳湖，汉水流域的汉中，及淮河流域的安徽西部的霍山等地收集过许多鱼类、爬行类（主要是龟类）及介壳类标本。此外，他也收集了不少哺乳类、鸟类和蛇类等类型的动物标本。比较大型的动物有收集自江西山区的貉、野猪、梅花鹿等许多兽类，收集自浙江的斑玲（青羊）、鬣羚（山羊），以及收集自山西宁乡（中阳）吕梁山区的梅花鹿和中国西北的鹅喉羚。（罗桂环，2005：237）在软体动物研究方面，韩伯禄发表过《南京地区河产贝类志》(*Conchyllioogiie Fluviatale de la Provincee de Nanking*)。

不过，与谭卫道相比，韩伯禄的科学态度就不够严肃、缜密了。韩伯禄的主要兴趣在有蹄类动物、熊以及贝壳类软体动物方面。他对兽类的研究不够严谨，像斑羚（青羊）这种动物，在谭卫道从穆坪带回标本后，爱德华已经作过命名，而韩伯禄未经仔细考察，就根据自己得到的标本重新命名。另外，他在梅花鹿、野猪、鬣羚和黑熊的研究方面也存在这类情况。他命名动物非常轻率，只根据某些次要的特点就敢命名新种。例如，他对江西鄱阳湖边产的梅花鹿就命名了10种，对我国产的野猪也区分成多个种，实际上它们都只有一种。他的研究在当时的人们看来就不够严肃。（罗桂环，2005：237）20世纪初，E. H. 威尔逊曾经指出，韩伯禄未对物种命名予以足够的重视，发表的描述也不够详细，外界对徐家汇博物馆（韩伯禄创立的博物馆，藏有韩伯禄本人以及其他人捐赠的标本）保存的模式标本知之甚少，因而未能有效加以利用，结果只是在浪费动物生命，并在中国兽类名称方面给后来的动物分类学家带来很大的困难。（Wilson，1913：149）

韩伯禄的另一大贡献，就是他在上海徐家汇建立了这个自然博物馆"上海徐家汇博物院"，储藏和展览他自己收集和其他传教士赠予的标本，同时还收藏了一些关于中国的动植物文献，是中国第一批现代博物馆。这个博物馆在他死后称作韩伯禄博物馆，并入法国教会创办的震旦大学。谭卫道和郇和都曾经到访过这个博物馆。韩伯禄博物馆对后来的来华采集者有过重要的帮助，并一度成为博物学的一个重要基地。（罗桂环，2005：238）

除韩伯禄之外，还有一些法国传教士在中国西南地区也采集到大量的珍贵动物标本。1890年，亨利·奥尔良（Henri d'Orléans）曾到云南西北一带考察，他听说那一带澜沧江畔有金丝猴，但是这些猴子非常灵敏，他未能收集到标本。奥尔良给苏利耶留下枪支弹药，让他继续完成这一任务。当时正在云南北部的传教士比埃特（M. Biet）也非常积极地参与此事。他伙同其他一些人，在云南西北澜沧江左岸的江坡及其南部的一些地方，为巴黎自然博物馆弄到7只珍贵的滇金丝猴。比埃特还曾在川西打箭炉等地收集过刺猬、白眉雀鹛等动物标本。其后到打箭炉传教的德让（R. P. Dejean）则训练本地人给他收集蝴蝶和蛾子等鳞翅目昆虫标本。在此后的三十多年间，他送回了许多动物标本到巴黎博物馆。除昆虫标本

外，经他送回的还有兽类标本水鹿等。（罗桂环，2005：238）

进入20世纪后，上海徐家汇韩伯禄博物馆是法国人在华研究中国动植物的一个重要机构，它的负责人柏永年（F. Courtois）也是一位爱好博物学的传教士。与韩伯禄专注于兽类和贝类不同，他似乎更喜欢鸟类。1918年，他曾在江苏一带采集植物标本和鸟类标本。1920年出版的《江苏植物采集》对他采的植物进行了种类鉴别和定名描述，共记载植物1055种。他还整理有《徐家汇博物馆的鸟类》等作品，见于该博物馆编的《中华帝国博物纪要》。徐家汇公学的松梁材（A. Savio）则致力于江苏甲虫的采集研究。他共采得标本2000多种，据说有10多个新种。这些标本主要采自江苏，也有少量来自其他省份。他对一些农业害虫及其天敌也做过一些探讨。震旦大学的郑璧尔（R. P. Kel）也是一个对昆虫采集和研究感兴趣的传教士。另一个法国人盖约特（C. Gayot）则常在上海周围打鸟，收集各种鸟类标本。韩伯禄博物馆藏的兽类等动物标本后由索尔比（A. C. Sowerby）做过研究，并发表在《中国的科学和美术杂志》等刊物中。（罗桂环，2005：239）

在当时，还有一个法国传教士黎桑（号志华，E. Licent）也值得一提。此人长期在天津传教，还于1914年建立天津北疆博物院（Musee Hoangho Paiho），自任院长。他对古生物和中国古人类学有着广泛兴趣。19世纪20年代，黎桑曾长期在黄河流域考察，并收集标本资料。1922—1923年间，法国地质学家德日进（P. Teilhard de Charlin）和他在河套地区进行野外考察时，在宁夏灵武县水洞沟、内蒙古乌审旗大沟湾和陕西榆林的油房头发现了三处旧石器遗址。在对前两处进行挖掘后，发现了"河套人"的门齿。当然，他的兴趣并不局限于此，他一直异常勤奋地收集黄河流域的有关地学、生物学和人类学文物标本。黎桑曾将来自我国西北内蒙古鄂尔多斯一带的文物及古人类学、古生物学和生物标本送到法国巴黎自然博物馆和欧洲其他博物馆。他送回的古人类学标本主要由布莱（M. Boule）和布律（A. Bmil）研究整理。他自己也写过鸿篇巨制的关于黄河流域的调查报告。他对山西的植物有较多的研究。在他的博物馆里还有一些雇员做研究工作，其中，福维尔（P. Fauvel）研究环虫，田勒戈（J. Delacour）论述鸟类，亚科夫莱夫（B. P. Jacovlev）研究兽类，水益史（P. G. Seys）编制热河鸟志，帕夫洛夫（P. A. Pavloff）记述爬行类动物。但是，帕夫洛夫的研究比较片面、武断，谬误很多。（罗桂环，2005：239）

在谭卫道之后，法国来华采集植物标本的人中做得最出色的是传教士赖神甫。（罗桂环，2005：217—218）他同时也是西方在华植物采集史上声名显赫的人物。赖神甫于 1867 年来华，先在广东惠州和海南传教，并利用业余时间给英国领事官汉斯（H. F. Hance）采集过一些植物标本，其中包括海棠果等。1881年，他回法国度假时，通过教友谭卫道的介绍，认识了法国植物学家弗朗谢。弗朗谢希望他能帮巴黎自然博物馆采集植物标本，赖神甫答应将尽一切可能在华多收集植物标本。

赖神甫度假后很快返回中国，遵照教会的指令前往云南的西北部建立新的传教点，沿途在湖北和四川沿江等地方给巴黎自然博物馆收集植物标本。1882 年6 月，他到达云南府。在那里待了约一个月后，他继续往西，到大理洱海东北的一个地方，开始他的传教。在此后的十年间，赖神甫不断雇当地的百姓在洱海周围的大理、邓川、浪穹（再源）、宾川、丽江、鹤庆、剑川一带约 14000 平方千米的地方收集植物标本。1892 年，赖神甫感染上疫病（可能是疟疾），回法国疗养。身体复原后，又很快来华，于 1893 年底到达滇东。由于身体再次生病，他不得不在一个叫作龙街的地方休息了半年。在那里，这位传教士也没忘记叫当地人帮他采集植物标本。期间他共获得约 1200 种植物。由于多雨潮湿，标本容易腐烂，后来留存下来的只有 750 种左右。1895 年，他终于到达昆明，但最终还是没能回到大理。（罗桂环，2005）

由赖神甫所组织的植物采集，主要是在大理和丽江之间，以及大理的西北部。这里地处我国西南横断山脉一带，被认为是许多第三纪动植物区系的"避难所"和东亚喜温植物的发源地，是我国植物种类最丰富的地方之一。因此，他在这里的雇人采集轻而易举就获得了巨大成功。他采得的植物标本的数量和种类只有很少几个西方人能与之相比。在 1883—1896 年的 13 年间，巴黎自然博物馆共收到他送回的植物标本 20 万份，约含 4000 个种，其中有 1500 个新种。由于赖神甫送回的标本实在太多，巴黎自然博物馆的植物学家根本无法对它们进行及时的整理研究，有许多堆了数十年无人问津。1885 年，弗朗谢曾对收到的首批标本进行研究整理，以《云南的植物》（*Plantes du Yunan*）为名发表，文中逐条列出了这批植物的名称。1886 年，当更多的标本不断从云南送来的时候，他开始以《云南植物》（*Plantae Yunnanenses*）为题，继续系统地对赖神甫新收集的植物进行研究整理。可惜只整理到漆树科，这项研究就因工作量太大而搁置。1889 年，弗朗谢又以《赖神甫植物志》（*Plantae Delavaynae*）为名，试图对赖神甫的标本重新整理、编排，并附上一些新属及新种的图版。但到 1893 年，他整理到虎耳草属的时候，还是觉得力不从心，这项工作又停止了。后来弗朗谢只是经常在各种期刊上发表一些新种。因此，赖神甫所采的标本一直未能及时整理。（罗桂环，2005）

　　除植物标本外，赖神甫还送回了数百种云南植物种子。通过这些种子，巴黎自然博物馆的植物园等单位培育出许多云南植物种苗，在法国各地栽培。其中，当时栽培在该博物馆露天园（I'Ecole de Botanique）的有 243 种，温室（Serres）中有 108 种。其中包括异色溲疏（*Deutzia discolor*）、睫毛萼杜鹃（*Rhododen ciliicalyx*）、露珠杜鹃（*Rhododendron irroratum*）、腋花杜鹃（*Rhododendron Racemosum*）、小报春（*Primula forbesii*）、海仙报春（*Primula poissonii*）、牛矢果（*Osmanthus delavayi*）等等。（罗桂环，2005）

　　此外，在川西活动的苏利耶，也是一个非常具有献身精神的传教士。他从 1886 年起，利用传教的机会，在打箭炉一带及贡嘎山等地采集植物标本送回法国，其中包含不少新种。他颧骨较高，长相类似东方人，有一次曾化装成本地的商人试图进入西藏，但未能成功，最终到了滇西北澜沧江西岸的茨中。苏利耶还在那里收集过灰头斑翅鹛等鸟类标本和其他一些动物标本。后来回到川西，他不断以行医的名义在打箭炉周围旅行采集，先后送回了 7000 多份标本到巴黎自然博物馆。他也曾送回少量的观赏植物到法国栽培，有一种醉鱼草（*Ruddleia variabilis*）非常受园林界的欢迎。（罗桂环，2005：219）

　　除苏利耶外，另一个法国传教士法尔热也是当时在四川等地收集植物标本的著名人物。1892—1903 年的十余年间，他在四川与陕西毗邻的城口一带的大巴山区采集到近 4000 号植物标本。他活动的这块地方也是通常所说的秦巴山区，乔木和灌木的种类特别丰富，有不少特种。所以他的采集中含有大量的新种，其中一些颇富观赏价值。后来，E. H. 威尔逊从这里引种了许多法尔热首先见到和采得标本的植物。（罗桂环，2005：219）

　　19 世纪下半叶，在中国其他地方还有不少的法国传教士经常往巴黎自然博物馆送植物标本。1886 年，邦（H. F. Bon）在香港送回 450 号干标本。在稍后的 1890 年，在北京活动的普罗沃斯（A. Provost）送给巴黎自然博物馆 245 种采自北京周边和内蒙古的植物。同一年，博迪尼尔（E. Bodinier）等将在北京及周边地区采得的 930 种植物标本送回巴黎。1892 年，博迪尼尔离开华北去贵州，途经香港时给巴黎自然博物馆送去 1500 号植物标本。他采的标本含十多个新种。后来，他在贵州待了将近十年时间，也在那里采过不少植物标本送回法国。1899 年来华，最终落脚在四川西部巴塘的传教士蒙贝格（J. T. Monbeig），在后来的 15 年中在那一地区做了不少植物学收集，先后给巴黎自然博物馆送回四批植物模式标本。（罗桂环，2005：220）1894 年来华的马伯禄（J. P. Cavalerie）也到贵州传教，他也非常用心地在华采集植物标本和所见到的各种类型的动物标本。他尤其喜好收集苔藓和蕨类等孢子植物标本送回法国。（罗桂环，2005：217）此外，法尔热从四川东部带回了 2000 个植物标本，其中大部分由苏利耶在康定周边采得。（David and Fox，1949：XXIX）

继法国之后，其他国家的博物学家也纷纷将目光投向中国。譬如美国向中国派遣了大批博物学家，包括洛克（Joseph F. Rock）、福雷斯特（George Forrest）、E. H. 威尔逊等。（David and Fox，1949：XXXI）他们造访了中华大地，采集了大量的植物标本、活体。而且此时移植植物的技术已大为改进，所以他们能够将大量的种子、茎、根运出中国。

总之，谭卫道在华的博物学工作，使西方人对我国西南地区生物种类的繁多和新奇留下了深刻的印象。（罗桂环，2005：231）

第22章 作为环境运动的日本自然教育

　　自20世纪80年代以来，自然教育在日本兴起。日本自然教育既是其第二次世界大战后（以下简称"战后"）环境运动的延续，也是对后工业社会中出现的诸多社会问题的一种回应。自然教育的实施仰赖于各类型的自然学校。自然学校的专业性和多样性保证了其活力，官民合作则是自然学校得以大规模出现的重要原因。在中国，自然教育的开展有助于生态文明建设。

20世纪下半叶开始，人类社会伴随着工业化进程而来的环境问题日益突出。以欧美等发达国家为中心，出现了多种多样的环境运动，并逐步扩散到全世界。在这一过程中，不同国家的环境运动受本国文化传统、社会背景等各方面因素影响而呈现出各自独特的面貌。战后日本的环境运动出现了不同于欧美的发展路径和特征，其历史经验对于有着类似文化背景的中国具有特殊的参考意义。

　　战后日本从"毒岛"到环境治理先进国的转变，被视为不亚于战后经济奇迹的"环境奇迹"，但其环境治理和环境运动绝非一帆风顺，而是经历了高潮和低谷，并逐步发展出适合自身的环境运动模式。自20世纪80年代以来日益流行的自然教育（学校）运动乃是日本环境运动中最令人瞩目的进展之一，各种类型的自然学校在此期间摸索出了适合本土的教育方式。

　　本章首先勾勒战后日本环境运动的历史背景，并在此基础上讨论自然学校的兴起，分析其发展背后的社会原因。

一、战后环境危机和环境运动

1945 年 8 月 15 日，日本天皇发布了投降宣言。同年 10 月，盟军最高司令部长官麦克阿瑟（Douglas MacArthur）发表声明，推动日本政府和社会的民主化、自由化改革，涉及妇女、劳工、教育、经济等各方面。1951 年 9 月 8 日，日本政府签署《旧金山和约》，在法理上结束了战争状态，翌年 4 月 28 日该条约正式生效，标志着日本国恢复了国家主权。（王新生，2013：1—58）

日本战后的环境危机以及由此引发的环境运动和其自身经济模式、社会发展密切相关，和欧美国家的工业化进程引发的环境危机和环境运动有一致性，也自有其特殊性。大致可以将战后日本社会发展划分为三个阶段：战后经济恢复与高速增长期（1945—1973）、石油危机到泡沫经济期（1973—1991）、漂流期（1991—　）。（Funabashi，1992：5—9）在不同的历史阶段，环境问题的表现方式和环境运动的主题、形态都有不同的特点。贯穿战后环境史的主线是经济发展和环境保护之间的矛盾，各种社会主体、社会力量的相互博弈影响着政府的环境政策、企业的开发模式、公众的生态意识。在整个战后历史中，始终存在着主要的结构性力量，限制了环境运动特别是自然保护运动的壮大。直到晚近，自然学校运动的出现标志着日本环境运动进入了新的阶段。在下文中，笔者首先考察限制日本环境运动壮大的主要结构性因素，接着从历时的角度介绍战后日本环境史的主要事件。

学者凯瑟琳（Catherine Knight）在一篇名为"日本战后自然保护运动"的论文中指出，相对于欧美发达国家，日本的自然保护运动对社会的影响不那么显著，未能完全成长起来。自然保护运动薄弱的根源主要在于社会历史因素、政治因素两方面。社会历史因素有四个：自然保护舆论的出现较为晚近；公众生态意识相对低下；以人而非环境为受害者的公民环境运动；公民参与的社会障碍。与欧美相比，日本自然保护区或国家公园之类更多强调经济价值如旅游、振兴地方经济，自然环境本身未构成独立的价值维度。政治因素有四个：政府的发展主义方针；环境厅的弱势；环境影响评估实施不力；非政府组织难以制度化。（Catherine，2010：350—363）凯瑟琳的分析确实点出了日本自然保护运动乃至环境运动的某些特质，其缺点是未能考察这些因素在不同的历史时期是如何变动的。下面试图从该角度对此加以论述。

伴随着战后经济高速增长，日本的环境问题日趋严重，到20世纪六七十年代达到最高峰，土壤、空气和水的污染令日本列岛成为"毒岛"。严重的环境污染引发了污染源当地居民针对大企业的抗议运动，兴起了以本地居民为主体的反公害运动。这其中最为著名的是当时的四大公害诉讼：新泻水俣病事件（汞中毒）、三重县四日市哮喘病（亚硫酸大气污染）、富山县痛痛病（镉中毒）、熊本县水俣病。市民团体和企业之间的斗争对地方政治同样产生了巨大的冲击，部分主张环境优先的地方候选人如美浓部良吉以"还东京蓝天"的竞选口号而成功上台，环境问题成为政治议题中的重要部分。（王新生，2013：212—216）在这一背景下，1967年，《公害对策基本法》公布并实施。值得一提的是，该法案比美国《环境政策法案》还早两年。1970年召开临时国会讨论公害议题，后称为"公害国会"。1971年7月1日，环境厅成立。

在高速增长时期，政府、企业、公众三方的力量并不均衡，政府和企业力量较为庞大，公众力量更多通过抗议运动表现出来，尚未形成制度化的非政府组织。此外，这个阶段的主题是环境污染治理，自然保护本身似乎并未受到广泛的关注。

1973年的石油危机终结了日本经济的高速增长，面对不利的经济形势，经济增长的要求成为政府任务的核心，环境保护让位于产业发展，这一状况一直持续到泡沫经济时期。而20世纪70年代以来的环境改善缓解了污染问题的严重性，使得以反公害为核心诉求的环境运动陷入了停滞。另外还有一个背景不得不提，那就是伴随着产业升级和产业转移，大量重污染企业开始从日本国内转移到海外，这也在相当程度上缓解了日本国内的舆论压力。

伴随着泡沫经济的破灭，日本的赶超型现代化之路似乎也走到了尽头，进入了一个新的历史三峡期。尽管许多人将平成以来的年月称为"失落的十年"或"失落的二十年"，这显然难以概括整个日本社会在后泡沫经济时代的社会变迁。已经完成工业化进程的日本在这个时期的探索可以视为在一个全球化时代、后工业化时代重新寻求自身的国家定位和发展方向的过程，只不过这个调整期似乎显得略微漫长了一些。

正是在这一时期，许多日本有识之士开始探索适合日本社会的环境NGO组织，自然学校运动正是在这一基础上开展起来。而伴随着环境问题在全球受到重视，原先限制日本环境运动的结构也有所松动。第一，经济发展和环境保护的矛盾有所缓和，不像快速工业化时期那么尖锐。第二，公众的环保意识日益增强，整体的舆论氛围日益趋向自然保护和可持续发展。第三，环保行政力量的壮大。1993年，日本制定了取代《公害对策基本法》的《环境基本法》，作为人权一部分的环境权得到了法律的承认。1995年制定了第一次生物多样性国家战略，此后分别于2002年、2007年修改。2008年公布了《生物多样性基本法》。第四，由于整个社会氛围对NGO态度的改善和政府相关法令的推出，环境NGO蓬勃发展，使得非政府组织成为环境运动最重要的推动者。

二、从环境运动到自然教育

正如前文所言，自然教育运动的兴起和20世纪八九十年代以来日本社会的整体变动密切相关。自然学校则是推行自然教育的主要组织形式。日本的自然学校发起者们、学者们对何谓自然学校以及自然教育存在着不同的意见。对于自然学校的界定不仅影响着对于自然教育的理解，同时也是后续探讨的基础。西村仁志的研究较完整地总结了数家看法，笔者在其基础上略为补充。

自然学校的发起者们根据自身的经验和理解提供了不少的看法。"国际自然大学校"的创建者佐藤初雄和樱井义维英认为"自然学校应当拥有充分的自然场地，提供住宿设施，具有常驻的指导者并提供参与项目"。（西村仁志，2006：32）丰田白川乡自然学校校长稻本正主张"自然学校是基于自然体验的发现教育、激发儿童和少年的内在力量的教育、培养健全人格和生存能力的教育"。Whole Earth自然学校创始人广濑敏通则提出"自然语"的概念，即与自然对话的能力和意识，自然学校的使命是让人们重新学会和自然对话。此外，学者们也有从理论角度加以讨论的。日本环境教育论坛理事长冈岛成行认为"自然学校是以自然为舞台的教育机构"。东京农工大学降旗信一指出，"自然学校乃是20世纪80年代后半期基于自然保护教育和野外教育实践而兴起的专业组织"。（西村仁志，2006：32—33）

如果上述的定义更多的是个人基于理论或自身经验的见解，那么在《2010年自然学校全国调查报告书》中给出的定义则可以视为自然学校运动参与者之间的一种共识。其中提到，自然学校涉及三个层面："从理念和意义层面看，通过活动加深'人与自然''人与人''人与社会'的联系，致力于创造自然与人类共生的可持续社会；从活动层面看，在专业人员的指导下安全实施自然体验活动、地域生活文化相关活动以及其他教育活动；从组织形态看，有责任者、指导者、联络场所、活动项目、活动场所、参加者。"（广濑敏通，2013：6）综上所述，自然学校作为一种新兴的民间组织，旨在通过提供自然体验活动而提升参与者的生态意识，加深人与自然的联系。

以1980年为节点，广濑敏通区分了前自然学校时代、自然学校时代，并将自然学校运动分为了四个阶段。1987年以前的阶段是探索和独立起步期；1987年清里会议[1]的召开标志着网络形成期的开始；1996年第一次"自然学校宣言"的发布标志着运动进入了社会认知期；2000年以来则是社会企业期。（广濑敏通，2013：5—6）

如果将自然教育运动置于战后乃至近代日本环境运动的视野下，可以发现自然教育是在多重背景下生发而成，其中最重要的两大源流就是户外教育和自然保护运动。日本的户外教育最早可以追溯到明治后期，其形式主要有作为学校课外教育一部分的修学旅行、登山、远足活动。1905年作为日本博物学同志会支会的山岳会成立，极大地推动了登山运动的普及。在自然学校出现之前，户外运动和自然观察是公众接触大自然的主要方式。自然观察活动的组织者主要是民间的自然保护组织。其中较为著名的全国性组织主要有日本野鸟协会、日本自然保护协会、世界自然保护基金会日本支部。其中日本自然保护协会是日本最早的自然保护团体，该组织源于1949年的反对尾濑建坝行动，1951年正式成立。该协会所主持的自然观察指导员培训项目对后来的自然教育运动有一定影响。

三、日本自然教育的现状

1. 自然学校

为了了解自然学校的运营现状，广濑敏通等人在日本环境教育论坛的支持下进行了多次全国性调查，其中以2002年和2010年的调查最为突出。基于这两次调查的报告，我们可以描绘出日本自然学校的整体图景和变动。

1　1987年，来自日本国内自然保护、野外活动和青少年教育等领域的93名从业者在山梨县清里举行了会议，探讨自然体验型环境教育。清里会议标志着自然学校运动的开始，该会议的参与者，如广濑敏通等人，后来成为自然学校运动的中坚力量。

从数量上看，自然学校的扩张相当惊人。从 1996 年第一次"自然学校宣言"的 76 家增长到 2002 年的 1441 家（环境省自然环境局，2003：31），而 2010 年的最新数字则是 3696 家。从自然学校在各地的分布看，各地的发展情况不一。从 2002 年到 2010 年，东北地区的秋田县的自然学校数量从 29 家下降到 22 家，关东地区的群马县则从 27 家增长到 179 家，东京都则从 33 家上升到 131 家。增长最为惊人的是冲绳县，从 18 家变为 369 家。与全国增长水平相当的是新泻县，从 73 家变为 178 家。2002 年时自然学校数量排名前三位的县（相当于中国的省级行政区）为北海道（84 家）、新泻县（73 家）、兵库县（67 家）；2010 年时的排名则是冲绳县（369 家）、长野县（184 家）、群马县（179 家）。（环境省自然环境局，2003：27—28；广濑敏通，2013：27）由上可知，日本各地的自然学校的发展呈现出截然不同的态势，差异极大。

自然学校的组织形态是多种多样的，根据不同的标准可以有不同的分类。自然学校调查中的分类是依据法人形态的不同将自然学校分为中央与地方政府、独立行政法人和特殊法人、一般和公益社团法人、NPO 法人、公司、任意团体和个人经营等类型。（广濑敏通，2013：8—9）有的则根据运营方式和主体的不同将自然学校分为民间型、政府型、大学型、合作型、连锁型（西村仁志，2006，33—35）。如果从和政府的关系看，基本上可以分为政府、民间两大类。结合自然学校调查和西村仁志的研究，笔者将依次说明自然学校的具体组织形态的特点。

政府类自然学校主要包括中央与地方政府、独立行政法人和特殊法人这两类法人形态。从比例上看，2002 年时政府型自然学校的比例是 53%，2010 年时则降为 23.7%。由此可见，政府型自然学校正在逐步让位于民间部门。这一类型的主要代表有文部省负责的国立青少年之家、环境省负责的自然公园、地方政府负责的少年自然之家等。

民间类自然学校是整个自然学校运动中最有活力和创新性的部分，其组织形态远比政府类的多样化。2002 年时，NPO 法人、企业和任意团体的比例分别是 3%、5%、12%，而 2010 年时这一比例分别是 24.5%、9.1%、23.1%。造成这一巨大变化的原因主要是政府政策的影响，尤其是 1998 年实施的 NPO 法和 2003 年实施的"指定管理者制度"。NPO 法降低了建立民间组织的门槛，使得民间组织的数量迅速增加，许多自然学校因此采取了 NPO 法人的组织形态。"指定管理者制度"的实施使得大量政府运营的机构和设施委托给民间组织运营，这也是政府类自然学校比例下降的最重要原因。

民间类自然学校中组织发育最为成熟的要数企业型法人，代表性的有 Whole Earth 自然学校、国际自然大学校等。有的则依托于企业、学校。例如，有些自然学校是作为旅行社、酒店的一个部门而存在，京都的游戏地球（京都国际青旅）是其中代表。另外，一些大型企业出于履行企业社会责任而开设自然学校，较著名的有丰田白乡自然学校（丰田汽车）、柏崎·梦之森公园环境学校（东京电力股份公司）等。金泽大学利用学校所有的林地开设了金泽大学角间里山自然学校，九州大学则创立了环境创造舍。合作型自然学校主要是接受政府或企业的相关设施和土地加以运营。代表性例子主要有静冈县富士宫市委托日本环境教育论坛经营的田贯湖自然塾、三重县宫川村委托当地民间组织运营的大杉谷自然学校。为了促进自然学校之间的联系，石川县将该县所有的自然学校统一冠名为石川自然学校。还有一类自然学校主要以志愿者的方式组织，其代表是京都市的京都自然教室。（西村仁志，2006，33—35）

自然学校活动的开展和其设施与环境有着密切的联系。那么这些自然学校都拥有什么设施，展开何种主题的活动？2002 年调查显示，2100 家调查对象中有 81% 拥有针对活动的设施。在拥有设施的回答中，一半以上拥有会议室、住宿、厕所等室内设施。室外设施主要有露营营地（44%）、山林（41%）、田地（27%）、湖泊河流（16%）等。由此可见，相当部分的自然学校拥有适合于开展自然体验活动的场地和设施。2010 年的调查则根据自然学校的类型分别统计其提供的设施，故无法和 2002 年直接比较。2010 年调查表明，政府类自然学校拥有设施的比例是 69.8%，作为民间类自然学校的 NPO 法人和任意团体的拥有率则是 43.3%、35.9%。从活动主题看，2002 年时最为突出的是青少年培养、第一产业（农林渔牧）体验、环境教育，其比例分别是 20%、15%、15%。2010 年调查采取的是多主题式选项，从结果可以看出环境教育和青少年培养依然占据主流，与此同时地区振兴、里山保护等主题也十分流行。

2. 自然学校的运作

描述了自然学校的整体状况后，下面主要依据 2010 年日本全国自然学校调查结果，从经营、专业人才培训、项目、参加者等方面刻画自然学校实际的生存状态和运作情况。

从年收入额而言，民间类自然学校中近七成低于 500 万日元（约 30 万人民币），政府类则是约五成。年收入规模和自然学校的组织形态有着密切关系。例如，任意团体型和个人经营型的自然学校中年收入额低于 500 万日元的比例分别达到 84.2% 和 79%；而在公司型自然学校中年收入额超过 3000 万日元的比例高达 24.1%。从具体的收入来源看，政府类自然学校的收入主要来自中央和地方的公共预算，其比例达到 68.1%；民间类自然学校的收入则主要来自项目参加费、会员费等。以任意团体型自然学校为例，补助金、项目参加费、会员费分别占到其年收入的 27.4%、28%、20.5%，而在公司型和个人经营型中，项目参加费的比例更是高达 56.5% 和 57.3%。由此可知，项目参加费是民间类自然学校最大的收入来源，项目运营的好坏直接关系到其生存发展。

自然学校的运营当然以专职工作人员为核心，同时少不了兼职人员以及志愿者的支持。在公司型、公益社团法人型自然学校中，专职工作人员超过 6 名的比例分别达到了 38%、40.4%。有相当一部分自然学校开始注意自身的人才培养，超过 26.8% 的公司型自然学校有人才培养制度，在全体自然学校中该比例也达到了 13.8%。在志愿者方面，公益社团法人、任意团体等类型的自然学校中超过 50% 的机构引入过志愿者，即使在公司型、个人经营型自然学校中该比例也超过了 30%。专业人才的培养除了依赖于自然学校自身外，资格考试以及研究生院课程也是重要途径。日本自然保护协会、日本环境教育论坛、自然体验活动推进协议会（CONE）等机构提供专门的资格认定，而筑波大学研究生院体育研究科、信州大学教育学部、北海道大学地球环境科学研究院则提供了专门针对自然学校指导者的课程。

从项目的具体内容看，无论政府还是民间类自然学校，均以户外自然体验活动为主。政府类自然学校更偏向于定向越野等体育类运动，这类活动适合于多人参加，组织难度和风险相对较低。民间类学校则致力于提供有特色的自然体验活动如独木舟等等。此外，有超过 50% 的政府和民间类自然学校提供植物观察、昆虫观察等自然观察活动。有超过 30% 的民间类自然学校提供第一产业体验活动，包括割稻、打柴、捕鱼等农林渔牧业活动。从参加者的类型看，相比于 2006 年的调查，全家出动的类型增加了 9.3%。而期待在未来增加的参加者类型中，最突出的则是高中生成人组、企业及一般团体组。这无疑反映了未来自然学校的发展趋势。

3. 自然学校运动中的官民合作

在上文中，笔者对于自然学校运动得以发展的外部环境变化略有探讨，那么，具体而言，在日本自然学校的发展过程中，政府、自然学校的发起者又是如何沟通和合作？

1987 年的清里会议为自然学校的发起者和参与者们提供了交流的平台，许多发起者开始摸索如何建立真正的日本型自然教育。在连续举办五届之后，清里会议也开始转变为业界收集信息、提供交流平台和人才培训的民间组织，这就是日本环境教育论坛的前身。而日本环境教育论坛于 1996 年组织的"自然学校宣言"会议吸引了中央省厅（相当于部委）、政治家、地方自治体、一般市民等各界人士的参加，标志着政府开始关注自然学校运动。第二年，日本环境教育论坛升格为环境厅所属的团体，由原环境厅长官原文兵卫（1913—1999）担任会长，东京学艺大学名誉教授北野日出男担任理事长。

同一时期，时任筑波大学教授的饭田稔发布了"关于充实青少年野外教育的报告"，极大地促进了文部省关于野外教育的政策和措施的制定和实施。2000年，在文部省支持下，旨在培养和认证自然体验活动指导者的非政府组织自然体验活动推进协议会（CONE）成立并集合了青少年教育和自然学校中一大批参与者。截止到 2012 年 3 月，通过 CONE 认证的指导者约有 15000 人。该协会还专门制定了"自然体验活动宪章"，其内容如下：一，自然体验活动是在自然中玩耍与学习，传达愉悦之情；二，自然体验活动是为了加深对自然的理解，培养爱护自然之心；三，自然体验活动是为了创造富有人性、心意相通之人以及人与人的连接；四，自然体验活动是为了创造人与自然共存的文化和社会；五，自然体验活动是为了理解自然的力量及其危险性，提高安全意识。

从 20 世纪 80 年代清里会议开始，环境省前身的环境厅就是自然学校运动的积极支持者。2001 年，由于中央省厅再编（即中央政府机构改革），环境厅改组为环境省，下设综合环境政策局、地球环境局、水大气环境局、自然环境局等部门，其中自然环境局的业务包括自然环境保护、野生生物保护管理、亲近自然等。此外，农林水产省的林业厅支持建立了"森林环境教育网络"，致力于推动全国森林环境教育，国土交通省的河川局于 2002 年设立了"儿童水边活动支持中心"，鼓励各类水边体验活动。

除了中央政府具体部门的支持之外，具有长久性的法律能够为自然学校提供更为坚实的基础。2003 年公布的《环境保护活动和环境教育推进法》，明确了非政府组织在环境教育中的地位，在人才培养和认定方面也提出了不少措施。2011 年该法再次修订，进一步强调官民合作以及政府对环境教育的投入和支持。

四、结论：自然教育与公众生态意识

在过去二十多年中，自然教育在日本获得了长足的发展，在机构数量、组织规模、专业人才培养等方面的变化相当的惊人。在全球环境变暖、生物多样性危机加剧的情况下，环境问题作为全球性现象而持续地存在，中国则面临着国内与全球环境问题的双重压力，日本自然学校运动能给我们什么样的启示呢？

第一，自然教育的开展需要官民合作。政府和民间组织有不同的定位，政府应当通过政策导向和公共资源的分配创造有利于民间环保组织的社会大环境，而非直接、具体地参与其中。民间组织既要借鉴国外的先进经验，也要摸索适合中国现状的自然教育方式和内容。

第二，自然学校的维系仰赖于专业人才。在起步阶段，专业人才大多从业余爱好者转化而来，难免良莠不齐，因此专业资格认证有一定的必要性。而从更为长远的角度考虑，大学理应在此类专业人才的培养上发挥更大的作用。

第三，自然教育也是新型城乡关系建设的一部分。农村由于生态优势，算得上天然的自然教育场所，十分适合自然教育的开展，而自然教育的开展必然牵涉城乡关系的重构。传统乡村的生活方式中常常体现了人与自然的相处之道，自然教育从事者可以从中汲取有益的养分。

附：日本自然教育类网络资源（截至本书出版时可访问）

CONE，http://cone.jp/about

森林教育网络，http://www.shinrinreku.jp/feenet/index.html

河川财团儿童水边活动支持中心，http://www.kasen.or.jp/mizube

第23章　通向保护生物学

保护生物学是20世纪80年代建立起来的一门新兴学科，其根本目标是保护生物多样性，实现可持续发展。保护生物学因其危机性和明确的目的性而超越生物学本身，包罗更广阔的学科内容，富含人文关怀，具有鲜明的博物特征。在生态危机大爆发的当今世界，通向保护生物学，是人类的必然之举。

在威尔逊（Edward O. Wilson，1929—　）著名作品《生命的未来》（*The Future of Life*）一书的扉页上，印着索希尔（John C. Sawhill，1936—2000）[1]的一句话："最终，决定我们社会的不仅仅是我们创造了什么，还在于我们拒绝去破坏什么。"（Wilson，2002）这句话暗示了两种不同的科学宗旨，一种着眼于改造，一种着眼于减少改造（更进一步则是保护与恢复）。前者历史悠久，长盛不衰，囊括了许多自然科学；后者方兴未艾，仍然处于弱势地位，保护生物学（Conservation Biology）即属于后者。

保护生物学的根本目标是保护生物多样性，实现可持续发展。保护的动机源于对危机的警觉，源于对生活世界的博物观察。保护的行为不只是科学行为，也是伦理和美学行为——"多识于鸟兽草木之名"；保护的主体有科学家，也有普

---

1 索希尔1963年在纽约大学（New York University）获得经济学博士学位，成为纽约大学经济学教授。1975—1979年担任纽约大学校长，在任期间，极大改善了纽约大学的学术和资金状况。他关注非营利事业，开设"社会事业的有效管理"（Effective Leadership of Social Enterprises）课程，帮助学生成为非营利事业领导者。索希尔1990年起担任大自然保护协会（The Nature Conservancy）主席和CEO，直至去世。在任期间，协会成为世界最大的私人自然保护组织。

通人；保护在价值判断上预设生物多样性是好的……而这些，也恰恰与博物学的视野、研究层次、自然性、价值非中立性等完美呼应。

一、保护生物学前史概述

保护生物学作为一门新生学科，它的根源早于科学本身，可追溯到早期宗教和哲学中（Soulé，1985：733；Primack，2012：7），它的前史实际上就是一部关于保护的历史。早期的保护常与神秘崇拜和禁忌密切相关。而保护生物学中的"保护"（conservation）是指为永续发展而进行的有意识的保护，它萌芽于科学发现和技术进步之后。因此，保护史实际上是人类道德斗争和科学发现的历史，它始于人类认识到要为子孙后代考虑，认识到不能只利用自然使其对人类有益，还要保护自然使其对自然本身有益。（Dyke，2008：3）

保护的模式大致可分为两种。猎物管理（Game Management）代表了最初的保护模式——单一物种管理。这种保护模式起到了恢复特定物种的作用，但也暴露出片面恢复的问题。这种模式一直持续到19世纪70年代。1872年3月1日，格兰特（Ulysess S. Grant，1822—1885）总统将建立黄石公园的议案签署为法律，即《奉献法案》（The Act of Dedication），将怀俄明州西北部超过200万英亩的地区划为黄石国家公园，使其成为世界上第一个"从公共利益出发的大规模的荒野保留区"（纳什，2012：102）。这是与单一物种管理相对的更加生态化的保护模式。

而在保护理念上，也可分为两种：资源保护与保留荒野，典型的代表人物是平肖和缪尔。

平肖1865年8月出生于外祖父家中。他在纽约城度过青少年时光，外祖父是当时纽约城首屈一指的房地产经纪人和社交名流。大学期间，他先是在菲利普斯埃克塞特学院（Phillips Exeter Academy）学习，决定主修林学（Forestry）。但美国当时还没有这个专业，因此大二时，他去了位于法国南希（Nancy）的法国林学院（French National School of Forestry）学习。1890年他返回美国，准备把学到的知识付诸行动。平肖从林业局卸任后，资助耶鲁大学成立了耶鲁大学林学院（Yale School of Forestry），利奥波德就是在这个学院接受了德国模式的林学教育。平肖的观点集中体现在其著作《为保护而战》（The Fight for Conservation）中。

平肖和缪尔不约而同地用到 "conservation" 一词，但含义却不同。平肖明确指出，"conservation" 并不意味着保护（protect）或保留（preserve）自然，而是通过科学管理，明智和有效地使用自然资源。（Dyke，2008：15）而缪尔将 "conservation" 定义为一种道德选择，并流露出非人类中心的思想，这成为现代保护生物学的价值预设来源之一。保护生物学家强调，保护生物多样性不仅是科学行为，也是道德和美学行为。

这些保护模式（猎物管理与国家公园）和保护理念（资源保护与保留荒野）在利奥波德这里汇集，他从一开始的 "平肖主义者" 转变为主张以生态学为基础进行保护，从资源保护的信奉者变为荒野保护的呼吁者，这种转向体现了他对人类未来发展的远见。利奥波德的思想遗产是保护生物学的重要价值基础。

第二次世界大战之后，严重的环境问题爆发，如美国洛杉矶光化学烟雾事件、美国多诺拉烟雾事件、英国伦敦烟雾事件、日本四日市哮喘事件、日本水俣病事件、意大利塞维索化学污染事件等，引起了公众对环境问题的广泛关注。20世纪60年代，环境运动风起云涌，"环境" 和 "生态学" 成为日常用语。（纳什，2012：232）卡森的《寂静的春天》第一次提出广泛使用的杀虫剂问题，成为环境运动的绿色圣经。环境运动作为对危机的回应，在舆论上促进了保护生物学的诞生。

到20世纪70年代，已经形成了一些促进保护生物学成为一门独立学科的关键因素。①科学基础。早在1936年至1947年间提出的现代进化综合论（Modern Evolutionary Synthesis，或称现代达尔文主义），重新整合了生物学的不同分支科学，如遗传学、细胞学、系统分类学、植物学、形态学、生态学和古生物学等，综合了达尔文的渐进演化与孟德尔的遗传规律，同时也综合了宏观尺度的自然选择与微观尺度的种群基因漂变，最终形成了被广泛认同的演化学说。20世纪60年代，岛屿生物地理学（Island Biography）与种群生物学（Population Biology）的综合极大地扩展了对物种多样性分布、物种形成和灭绝的理解。遗传学在保护中的应用曾被忽视甚至被诋毁，随着对濒危物种遗传多样性丢失的关注不断增长，遗传学受到重视。生态系统生态学（Ecosystem Ecology）、景观生态学（Landscape Ecology）和遥感为更大空间尺度上的土地利用和保护计划提供了理论和工具。②生物学在保护中的应用不再只关注具有经济价值的资源，而注重保护生物多样性。在林学、野生动物管理、牧场管理、渔业管理和其他应用学科内，越来越倾向用生态学方法进行资源管理。③生态危机和环境运动激发了人们的保护热情，对森林砍伐、物种灭绝和热带生物学有了比较充分的数据积累，引起了全球性关注。（Wilson and Peter eds., 1988：v）IUCN（世界自然保护联盟）《濒危物种红色名录》在一定程度上促进了一些圈养保育项目，动物园、水族馆、植物园开始扩张并重新定位，成为保护者。④随着对保护的社会维度的认识，价值标准在科学中的角色开始被清楚地讨论，一些跨学科的争论使得环境史学、环境伦理学、生态经济学和其他交叉学科成长起来。⑤逐渐认识到生物多样性与经济发展密切相关。（Wilson and Peter eds, 1988：v）（部分参考 Meine, Soulé and Noss, 2006：636，639）

二、保护生物学成为一门独立学科

1. 保护生物学建制

苏莱（Michael Ellman Soulé, 1936—　）是保护生物学创始阶段的一位关键人物。他当时是密歇根大学自然资源学院（School of Natural Resources）荒地管理中心（Wildland Management Center）的副教授（adjunct professor），是一位进化遗传学家。苏莱的博士学位方向是种群生物学，在研究这一领域的过程中，他不断综合，在 1976 年前后采用"保护生物学"这一术语来表达他所做的综合工作，而这一综合工作尤其促进了遗传学与保护的融合。（Meine, Soulé and Noss, 2006：636）1974 年，他在澳大利亚休假期间，拜访了著名小麦遗传学家弗兰克尔（Otto H. Frankel, 1900—1998）[1]，弗兰克尔建议苏莱与他合写一本有关遗传学和保护的集子，也就是 1981 年出版的《保护与进化》（*Conservation and Evolution*），共同致力于推动保护遗传学（Conservation Genetics）成为一门新学科。（Soulé, 1980：151）威尔考克斯（Bruce A. Wilcox, 1948—　）、洛夫乔

---

1 弗兰克尔是位于堪培拉的澳大利亚联邦科学与工业研究组织（CSIRO）种植业部（the Division of Plant Industry）荣誉研究员。他曾当过该部门主席，是著名遗传学家，尤以在新西兰的小麦育种研究著称。

伊（Thomas E. Lovejoy，1941—　）[1]等人都曾与苏莱就这本集子进行过探讨，这些探讨也促成了第一届国际保护生物学会议的召开。（Meine，Soulé and Noss，2006：637）

1978年6月，威尔考克斯和洛夫乔伊一起筹划这次会议，他们感到遗传学和生态学都应被提及，于是威尔考克斯建议用"保护生物学"（Conservation Biology）来表达应用于保护的所有生物学科学。随后，威尔考克斯和苏莱在会议议案中以"第一届国际保护生物学研究会议"（First International Conference on Research in Conservation Biology）为题写道："本次会议的目的在于推动和加快一门严格的新科学'保护生物学'的发展——它是一种群落生态学（Community Ecology）、生物社会学（Sociobiology）、种群遗传学（Population Genetics）和生殖生物学（Reproductive Biology）。"部分由于生物学家对热带地区砍伐森林和生物多样性下降的关注，会议的组织也意在打破遗传学和生态学之间的鸿沟。而向威尔考克斯建议这次会议的戴蒙德（Jared M. Diamond，1937—　）[2]关心的是将群落生态学和岛屿生物地理学理论应用于保护中。1978年9月6日至9日，在美国加利福尼亚州圣地亚哥市拉由拉街区（La Jolla）的加利福尼亚大学，和圣帕斯夸尔谷（San Pasqual Valley）地区的圣地亚哥野生动物公园（San Diego Wild Animal Park[3]），生物学家苏莱和威尔考克斯等组织了第一届国际保护生物学会议（First International Conference on Conservation Biology）。（Soulé and Wilcox eds，1980：xiv；Meine，Soulé and Noss，2006：637）这次会议对保护生物学的发展具有里程碑意义（Dyke，2008：2），它首次把关注生物多样性的不同背景的学者和行动者召集到了一起，并在科学共同体内正式地提出了保护生物学。

与会者有科学家、动物园管理者和野生动物保护者，他们在圣地亚哥野

---

1 洛夫乔伊是乔治梅森大学（George Mason University）环境科学与政策教授，海因茨科学、经济与环境中心（H. John Heinz III Center for Science, Economics and the Environment，1995年成立，总部在华盛顿特区，致力于召集政府、商界、科学共同体以及环境团体共同制定环境政策）首任生物多样性主席（Biodiversity Chair）。曾任保护生物学会（SCB）主席，现任全球环境基金（Global Environment Facility, GEF）科技咨询委员会（Scientific Technical Advisory Panel, STAP）主席。他在1980年苏莱和威尔考克斯编著的《保护生物学：一种进化生态的视角》（*Conservation Biology: an evolutionary-ecological perspective*）的前言中，向科学共同体介绍了生物多样性（biological diversity）这一术语。

2 戴蒙德是美国加利福尼亚大学洛杉矶校区医学院生理学教授、新几内亚区系鸟类专家。代表作《枪炮、病菌与钢铁》（*Guns, Germs and Steel: The Fates of Human Societies*）、《崩溃》（*Collapse: How Societies Choose to Fail or Succeed*）。

3 2010年更名为"San Diego Zoo Safari Park"。

生动物公园参加了一个宴会，宴会就在距离濒危的非洲低地大猩猩（Lowland Gorillas）几百英尺的地方，听着受危物种亚洲狮（Asiatic Lions）的咆哮，苏莱趁机向他的同事们呼吁道，世界几乎到了6500万年来生物灭绝最严重的时刻，学者们和保护者们是时候打破界限共同努力来拯救动植物了。一些领域的科学家表示质疑，苏莱说："生态学家和生物地理学家认为遗传学家对保护没有什么贡献，野生生命管理者也不认为搞科研的那些学究有什么发言权。"很多人离开了会议。尽管第一届国际保护生物学会议并没有它的名字听起来那么宏大和成功，当时预感到将会产生一门新科学的苏莱和其他少数科学家，在几年以后成功建立了保护生物学。（Gibbons，1992）

1980年，苏莱和威尔考克斯主编出版了《保护生物学：一种进化生态的视角》，这本文集的大部分文章来自于1978年的保护生物学大会的与会者，他们都是专业的生物科学家，如戴蒙德、威尔考克斯、埃利希（Paul R. Ehrlich，1932—　）[1]等。这本文集分为四部分，每一部分针对一个主题，分别是：保护的生态学原则；岛屿化的后果；圈养繁殖与保护；开发与保护。这本文集旗帜鲜明地打出"保护生物学"的名片，被国内很多研究者认为是这门新科学开始发展的标志。（傅之屏等，1997；陈海道等，1999；郭忠玲等，2003；迟德富等，2005；张恒庆等，2009；李俊清等，2012）

但两位作者在此书第一章写道："这本书并非此领域的第一本书，已经有其他优秀的文本。"（Soulé and Wilcox eds.，1980：1）这里的"优秀的文本"是指达斯曼（Raymond F. Dasmann，1919—2002）、埃伦费尔德（David Ehrenfeld，1940s—　）等人的作品。达斯曼是一位卓越的野生动物学家和保护生物学家，他在保护前线工作了50多年，为生物多样性保护做出了极大贡献。达斯曼在1959年出版了《环境保护》（*Environmental Conservation*），后于1968年、1972年、1976年、1984年四次修订，总共五版，书的内容主要是达斯曼对他所教授的自然资源保护课程的整理。埃伦费尔德则在1970年出版了《生物学保护》（*Biological Conservation*）。埃伦费尔德认为过去的保护局限于木材产量、猎物、运动和商业渔业、粮食、饲料和牲畜等，如今问题已远远超出这些范围，扩展到动植物种群和群落、技术对自然界的影响、环境变化对人类的影响、保护与生态

1　埃利希是美国斯坦福大学教授、斯坦福保护生物学中心（Stanford's Center for Conservation Biology）主席，著有《人口爆炸》（*The Population Bomb*）。他鼓励学生进行跨学科探索，是苏莱的老师。

学的关系。（Ehrenfeld，1970：viii）这本书的观点已经非常接近保护生物学，只是未明确提出保护生物学的概念。

1985年5月，第二届国际保护生物学会议（Second International Conference on Conservation Biology）在美国密歇根州的安娜堡（Ann Arbor）召开，并在会议末尾提出成立国际保护生物学学会（Society for Conservation Biology，简称SCB）。本次会议催生了又一本保护生物学文集，苏莱主编的《保护生物学——关于稀有性和多样性的科学》（*Conservation Biology: The Science of Scarcity and Diversity*）。该书内容涉及种群生物学、生物多样性和稀有性格局、生境破碎化及其影响、群落生态学以及自然保护生物学的应用等。（Soulé, M. E. ed., 1986：v—vii）

1985年12月，苏莱在《生命科学》（*Bioscience*）杂志上发表文章，首次对保护生物学作出详细的定义："保护生物学作为**科学应用于保护问题**上的新阶段，是探讨直接或间接被人类活动或其他动因干扰的物种、群落和生态系统的生物学。其目标是为保护生物多样性提供基本原理和操作方法。"（Soulé, 1985：727）并详细阐述了保护生物学的基本原则和假设。

在这次会议上，梅（Robert M. May, 1936—   ）[1]和森博洛夫（Daniel S. Simberloff, 1942—   ）[2]同意担任一个寻找期刊编辑的委员会的负责人。会后，苏莱在圣地亚哥找了一位律师普罗布斯（Bernadette Probus），在普罗布斯的帮助下，保护生物学学会于1986年4月8日在加利福尼亚成为合法组织，并获得加利福尼亚非营利组织身份，在1986年7月7日获得内部税入服务（the Internal Revenue Service）身份。（Soulé, 1987：4）

1986年3月20日，第二届国际保护生物学会议上成立的临时管委会在华盛顿特区世界野生动物基金会和保护基金会（Conservation Foundation）办公室召开第一次会议，商讨期刊编辑方案，讨论不同出版方式的长处。之后不久，一个出版委员会（Publications Committee）成立了，成员有布鲁萨

---

1 梅，牛津大学生态学教授，著名的理论种群生物学家，生物多样性研究的知名学者。
2 森博洛夫，佛罗里达州立大学生态学教授，岛屿生物地理学的开创者之一。

德（Perter F. Brussard, 1938—　　）[1]、康韦（William G. Conway, 1929—　　）[2]、埃伦费尔德、拉布（George Rabb）和苏莱，他们推选埃伦费尔德为首任总编（Ehrenfeld, 2000：106），选择了布莱克威尔（Blackwell）作为出版商，与其签订了合同。从那时开始，保护生物学学会形成了几个常委会，分别是发展和任命委员会（Development and Nominations Committee），由康韦担任主席；会议委员会（Conference Committee），由布鲁萨德担任主席；奖励委员会（Awards Committee），由戴蒙德担任主席；政策决议委员会（Policy and Resolutions Committee），由罗尔斯（Katherine Ralls）担任主席；出版委员会（Publications Committee），由埃伦费尔德担任主席。（Soulé, 1987：4）这次会议还规定了保护生物学学会的使命："致力于发展科学和技术手段，以保护这个星球上的生命——它的物种、它的生态和进化过程以及它独特完整的环境"，这一使命刊登在不久之后出版的《保护生物学》期刊上。康韦、拉布也是动物园团体（zoo community）的代表人物，动物园团体在学会的融资和管理上发挥了重要作用。（Meine, Soulé and Noss, 2006：637）

在学会建立和初步运行之时，1986年9月，美国生物多样性论坛（National Forum on BioDiversity[3]）在华盛顿特区举行。论坛由美国国家科学院（U. S. National Academy of Sciences）和史密森学会（the Smithsonian Institution）[4]组织，通过卫星进行全球播报。很多保护生物学元老参与了这次会议，如迈尔[5]、哈钦森（G. Evelyn Hutchinson, 1903—1991）[6]、E. O. 威尔逊、雷文（Peter H. Raven,

---

1　布鲁萨德，生物学家，主要研究保护生物学、生态系统管理和美国西南部大盆地的生物地理学。

2　康韦，美国动物学家、鸟类学家和保护者。他于1956年加入纽约动物园学会（New York Zoological Society）担任鸟类馆助理馆长。20世纪80年代与夏勒一起参与中国的大熊猫工程。1992年成为纽约动物园学会主席，直到1999年退休。在任期间，学会于1993年改名为野生动物保护学会（Wildlife Conservation Society）。

3　1985年，一位项目官员罗森（Walter G. Rosen）在筹划这次会议时首次运用了"biodiversity"（生物多样性）这一缩写，此后，"biodiversity"一词成为"生物多样性"的标准表达。

4　史密森学会，1846年成立，由英国科学家史密森（James Smithson）遗赠，旨在"提升和传播知识"。美国国会法案确立其为信托机构，在职能和法律上从属于政府，但独立于联邦立法、行政和司法机构。学会包括19个博物馆和美术馆，其中包括美国国家动物园（National Zoological Park）。

5　迈尔，德裔美国生物学家。1953年成为哈佛大学"亚历山大·阿加西斯动物学教授"（Alexander Agassiz Professor of Zoology）。他是新达尔文主义和生物—物种概念的缔造者。主要研究领域为鸟类分类学（avian taxonomy）、种族遗传学（population genetics）和进化学（evolution）。迈尔被称为"20世纪的达尔文"。哈佛现有迈尔比较动物学博物馆（Ernst Mayr Library of the Museum of Comparative Zoology）。

6　哈钦森，英裔美国生态学家，被誉为现代生态学之父，首次将生态学与数学相结合。

1936— ）[1]、伊尔蒂斯（Hugh H. Iltis，1925— ）[2]、埃利希、穆尼（Harold A. Mooney，1932— ）[3]、康韦、苏莱和埃伦费尔德。此次论坛的会议论文汇总成为《生物多样性》（Biodiversity）一书。（Wilson and Peter eds.，1988）这次面向全球的论坛影响很大，推动了保护科学的进一步发展。

保护生物学学会于1987年5月创办并发行《保护生物学》（Conservation Biology）期刊，国内很多学者认为，这标志着保护生物学学科逐渐走向成熟（陈海道等，1999：4；迟德富等，2005：13）。这种说法未免太过乐观，刚刚确立起来的保护生物学远未成熟，一直饱受争议。更稳妥的说法是，这本期刊是保护生物学确立学术地位的一个标志，同时也在众多动植物园和保护组织中占有了一席之地。（Meine，Soulé and Noss，2006：639）《保护生物学》期刊很快成为生物多样性保护领域的最权威期刊。（Temple，1992b：485）在期刊第一期尾页，刊载了学会的规章条例，以及学会的目的和目标：

> 我们的目的是致力于发展科学和技术手段，以保护这个星球上的生命——它的物种、它的生态和进化过程以及它独特完整的环境。
>
> 为实现这一目的，我们的目标包括：1）促进该领域的研究，保持高学术水平和道德水平；2）出版和传播科学、技术和管理信息；3）鼓励保护生物学和其他研究保护和资源问题并建言的学科（包括其他生物学和物理学科学，行为科学和社会科学，经济学，法律和哲学）之间的交流与合作；4）推进在保护生物学原则下的，在各个层面上针对公众、生物学家和管理者的准备性的、持续的教育；5）通过提供适当的资金推进以上所有目标；6）表彰为此领域做出杰出贡献的个人或团体。

直到现在，这一陈述仍然出现在每一期的期刊上，除了第一段话略微改动，其他内容没有任何变化：

> 保护生物学学会——一个由保护领域专家组成的全球性团体——的使

---

1 雷文，美国密苏里植物园（Missouri Botanical Garden）园长，热带植物学权威，全球植物多样性研究的开创者。
2 伊尔蒂斯，捷克裔美国植物学家，尤以玉米栽培著称，也是一位坚定的保护者。
3 穆尼，美国生态学家和植物学家，斯坦福大学教授。他是1995年联合国全球生物多样性评估（Global Biodiversity Assessment）协调人。

命是致力于发展科学和技术手段，以保护地球上的生命：物种、生态系统（ecosystem）和维持它们的生态进程。

新的陈述更加强调保护生物学家的专业性，并反映了保护生物学领域新的发展，如"ecosystem"一词的运用。

到 1987 年 5 月，保护生物学基本建立起来，它拥有专门的学会（SCB）和研究人员（苏莱等一批科学家）和独立的学术期刊（《保护生物学》）。而在严格意义上说，直到 20 世纪 90 年代保护生物学进入高等教育，成为大学中设置的一个专业，它才真正确立下来。

2. 保护生物学的内容

保护（conservation）一词和生物学（biology）一词首次在科学的意义上组合使用是在 1937 年一篇名为《环颈雉的巢损情况和雏鸟死亡率评估》（The Evaluation of Nesting Losses and Juvenile Mortality of the Ring-Necked Pheasant）的文章中。（Noss，1998：714；周开亚，1992：42）作者是艾奥瓦州立科技大学（Iowa State University of Science and Technology）[1] 的埃林顿[2] 和威斯康星州纳塞达（Necedah）的哈默斯多姆（F. N. Hamerstrom, Jr., 1909—1990）[3]，他们都是利奥波德的学生。他们在文章中写道："在崭新的和正在成长的保护生物学领域中，迄今为止的研究表明，很多鸟类的繁殖高失败率引发的讨论，恐怕比几乎其他所有生命现象都多。"（In the new and growing field of conservation biology, few life history phenomena have occasioned more comments than the heavy percentages of nest failures recorded for many species of birds thus far studied.）中国学者最早提及

1　1959 年 7 月 4 日正式更名为艾奥瓦州立科技大学，1898 年至 1959 年间名为艾奥瓦农机学院（Iowa State College of Agricultural and Mechanic Arts），属于政府赠地（land-grant）大学。

2　埃林顿与利奥波德保持通信，互相影响很大。

3　哈默斯多姆，师从埃林顿获得硕士学位。之后到威斯康星州一家野生动物救护中心工作，并在威斯康星大学麦迪逊分校跟随利奥波德继续攻读博士学位。1941 年哈默斯多姆成为利奥波德门下仅有的三个男博士之一。哈默斯多姆的妻子弗朗西斯·哈默斯多姆（Frances Hamerstrom, 1907—1998）是一位美国作家、博物学家和鸟类学家，著述颇丰，发表过 100 多篇学术文章和 10 本书籍。她是利奥波德唯一的一位女硕士，在威斯康星中部做长达 60 年的草原松鸡（greater prairie chicken，目前为易危种 VU）研究。她的研究始于 20 世纪 30 年代，当时野生动物管理刚刚起步，这一领域的女性研究者更是稀少。哈默斯多姆夫妇为威斯康星州野生动物保护做出卓越贡献，1996 年被收录入"威斯康星保护名人堂"（Wisconsin Conservation Hall of Fame）。

这一渊源的是南京师范大学生物系的周开亚，他于1992年在《动物学杂志》上发表《保护生物学的发展趋势及我国近期的发展战略》一文，但文章将"P. L. Errington"误写为"P. C. Errington"。在迟德富版《保护生物学》（2002）中也提及埃林顿和哈默斯多姆，但将"Hamerstrom"误写成了"Hamestrom"。

对最早的教科书作者来说，保护生物学只是对很小一部分需要优先保护物种的关注（Meine, Soulé and Noss, 2006: 632），如在梅费（Gary K. Meffe）和卡罗尔（C. Ronald Carroll）1994年编著的《保护生物学原理》（*Principles of Conservation Biology*）第一版中，认为保护生物学还没有涵盖错综复杂的生态系统，没有顾及那些少数的不那么显眼的生态组分。（Meffe and Carroll *et al.*, 1994: 13）但到1997年教科书第二版时，前言中明确写道：

> 保护生物学是一门动态的、迅速发展着的学科。自1994年第一版出版以来，保护生物学越来越涉及复杂的环境政策，而生态系统的管理已经成为一个核心关注点。社会学、经济学、政策学以及其他人文学科不断注入保护生物学中，支持和扩充着这门学科。……
>
> 在这一版中我们主要做了几个修订。一，关于管理的两章现在聚焦于生态系统管理——这个话题在我们写第一版时才刚刚浮出水面。实际上，生态系统管理是本书的一个潜在的主题：我们感到生态系统管理这种广阔、综合、通向健康人地关系的管理方法是保护家园的最大希望。……（Meffe and Carroll *et al.*, 1997: Preface to the Second Edition）

与之类似，马西森（Peter Matthiessen, 1927—2014）[1] 在《美洲野生动物》（*Wildlife in America*）第一版（1959年）中基本上只关注到野生脊椎动物的保护问题，到1987年增订本时，他已经将保护问题扩展到"生命多样性的空前贫乏"。（Matthiessen, 1987: 279）

苏莱在1985年发表的《什么是保护生物学？》一文，是第一篇全面介绍保护生物学的文章。苏莱认为：

> 保护生物学关注直接或间接受人类活动或其他因素干扰的物种、群落、生态系统，是将科学应用于保护问题的新生物学。（Soulé, 1985: 727）

1　马西森，美国小说家、荒野作家。他的非虚构作品全部以自然为主题。

但文中含蓄地运用了"描述（describe）保护生物学"的说法，只"定义（define）保护生物学的基本主张"，而不给出保护生物学确然的定义。《保护生物学》期刊发行后，埃伦费尔德接受吉本斯（A. Gibbons）采访时说："坦率地说，保护生物学就是我们在期刊中印的那些东西。"（Gibbons，1992：20）坦普尔（Stanley A. Temple，1946—　）[1]对埃伦费尔德这一说法的评论是，保护生物学规定了《保护生物学》期刊的视野，反过来，期刊也帮助塑造着保护生物学。（Temple，1992b：485）

夸曼（David Quammen，1948—　）[2]在他的《渡渡鸟之歌》（*The Song of the Dodo*）一书中参考苏莱的观点，认为在保护生物学出现之前，关心物种灭绝的科学家们没有一个共享的平台。（Quammen，1996：529）诺斯认为保护生物学是对旧有科学无法解决当下保护问题的回应，但它要取得成功就必须建立在其他学科的基础上，包括基础科学和应用科学。（Noss，1999：113）迈内[3]认为保护生物学与其说是一门新科学，倒不如说是一门更为全面的、将不同学科更好地融合在一起的科学，以应对比20世纪70年代大多数人意识到的更加广泛、紧急和复杂的状况。（Meine，Soulé and Noss，2006：632）

3. 保护生物学的独特性

保护生物学的科学硬核建立在生物学基础上，但又远远超出生物学的范畴，所以有保护者认为"保护科学"是比"保护生物学"更恰当的提法。保护生物学与其他生物学的区别体现在以下几个方面。

（1）保护生物学是一门危机学科（crisis discipline）

保护生物学与其他生物学一个很重要的区别是，它是一门危机学科。它与生物学，尤其是生态学的关系，类似外科手术与生理学、战争与政治学之间的关

1　坦普尔，1991—1993年间任保护生物学学会主席。著名的鸟类生态学家和野生动物学家，尤其为鸟类保护做出很大贡献。他是威斯康星大学麦迪逊分校林学和野生动物生态学（Forestry and Wildlife Ecology）荣誉退休教授，利奥波德基金会高级研究员。

2　夸曼，美国科学家，自然作家，美国国家地理杂志作者。他1996年出版的《渡渡鸟之歌》（*The Song of the Dodo: Island Biography in an age of extinctions*）2011年被《哥伦比亚新闻评论》（*Columbia Journalism Review*）选为美国新闻记者推荐书目，还曾获《纽约时报》年度好书奖。

3　迈内是利奥波德基金会和国际鹤类基金会成员。他是当前对利奥波德研究最深入的学者，为利奥波德写了一本传记《利奥波德：他的生平和工作》（*Aldo Leopold: his life and work*）。迈内的学术兴趣点是保护（conservation）的哲学、科学和政策。

系。在危机学科中，科学家们必须在了解所有事实之前做出行动，因此危机学科是科学和人文交叉学科，既要求科学信息量，又要求直觉。一个保护生物学家可能必须在没有充分的经验和理论基础的情况下给出建议，必须容忍不确定性（Soulé，1985：727；Soulé and Wilcox，1980：Ch1；Dyke，2008：Preface），政治因素也是造成仓促决策的原因之一（Soulé，1985：727）。

（2）保护生物学是一门跨学科/多学科的科学（interdisciplinary/multidisciplinary science）

保护生物学植根于生物科学和资源管理，又具有综合的眼光，资源管理者的实践经验、社会和人文科学、多样的文化资源都是保护生物学的来源。（Meine，Soulé and Noss，2006：640；Ehrenfeld，1970：vii）苏莱将保护生物学与同样涉及伦理道德的癌症生物学（Cancer Biology）进行了比较，他认为两者都是综合性的、跨学科的科学，都运用了多个领域的技术和方法。而且在两者的比较中还能看到基础科学和应用科学之间的人为区分。（Soulé，1985：728）

保护生物学与"自然资源领域"有很多重叠，尤其在渔业生物学、林学和野生动物管理上。但"自然资源领域"的"资源"一词就透露出它与保护生物学的不同：其一，它出于实用和经济的目的，尽管野生生物学家推崇利奥波德的土地伦理和自然内在价值，但大部分资源的管理都必须为人类提供商业和娱乐价值，自然资源领域强调的是资源。其二，自然资源领域中资源的性质大多是整体生态区系中的一小部分，而非这些资源所处的整个生境。但随着一些资源开发机构对生态影响的重视和保护生物学对保护单一物种的介入，第一个区别正在消失。（Soulé，1985：728）

保护与发展关系密切，为改善这种关系，保护生物学家还必须与经济学家、伦理学家、决策者、社区工作者等各种群体合作。（Meine，Soulé and Noss，2006：640）

（3）保护生物学做出整体论（holistic）假设

保护生物学是整体论的学科，首先，保护生物学家认为生态的演化的进程必须在其宏观尺度上考虑，还原论无法解释种群和生态系统进程。即便生态还原论者（ecological reductionists）也赞同，保护生物学应当保护整个群落和生态系统的持续。但整体论不是神秘主义，整体论假设反映的是保护生物学着眼的尺度，而非具体的操作方法，保护生物学家必须通过对个体的科学研究才能把握错综复杂的整体。其次，整体论假设意味着保护生物学的跨学科研究方式是最有成效的。生物地理分析已被应用到保护中来。（Soulé，1985：728）

苏莱强调，在对群落结构进行整体论还是还原论分析的问题上，保护生物学并没有偏向哪一方。在实践中，还原论方法论可能是建立整体性的群落结构的最好方法，如与群落生态学（synecology）研究相对应的个体生态学（autecological）研究。可见保护生物学在最基本的操作方法上依赖于传统科学手段。

（4）保护生物学注重大的时间尺度

保护生物学家关注整个生态系统的长期可持续性，因为长期可持续性往往意味着生物多样性的自我保持。但被破坏的生态系统很难恢复自我持续循环，即便是大的自然保护地和国家公园也需要人为保护，以应对偷猎、生境破碎化、外来物种入侵等问题。（Soulé，1985：729）

（5）保护生物学具有价值预设

苏莱把保护生物学的基本假定（assumptions/postulates）分为两类，功能的（functional）/机械的（mechanistic）和伦理的（ethical）/规范的（normative）。前者是保护生物学所具有的一般生物学的特点，而后者则不同于一般生物学，而且是其他生物学极力避免的，即便是生态学，在过去的几十年里也尽量避免价值倾向。（Meine，Soulé and Noss，2006：640）

功能性假定是保护行动的基本准则，可总结为：一，构成自然群落的很多物种是共同演化的（coevolutionary）结果，它们之间有着密切的共生关系。由此可推论物种是相互依存的；很多物种是高度特化的，如寄生生物；关键物种的灭绝会产生长远后果；引进可生存范围广泛的物种可能会减少生物多样性。二，几乎所有生态系统都有其阈值，高于或低于这个值系统都会断裂、混乱或停滞。三，遗传的和人口学的进程有其阈值，低于这个阈值时，种群中就会增加不适应性和随机性。四，对于大型稀有物种来说，自然保护区本质上是难以实现生态平衡的。

伦理假定规定了保护生物学家看待生命的态度，它包括：一，生物多样性是好的。诺斯认为，生物多样性是好的，是应该被保持的，这是保护生物学的核心价值预设。（Noss，1999：117）生物多样性本身就有价值。这是保护生物学伦理假定中最基本的一条。这条假定旗帜鲜明地指出，非人类生命有其内在价值，与实用主义相对立。生物多样性的内在价值来自于每一个物种自身的进化遗产，或者说仅仅因其存在而有价值。（Soulé，1985：731）这一假定的推论就是过早的物种灭绝是坏的。（Soulé，1985：730）但需要特别注意的是，保护生物学保护生物多样性的道德感不同于倡导动物福利者对个别物种的关怀，有时候保护生物学家会牺牲某种脆弱物种。（Soulé，1985：731）二，生态复杂性是好的。三，演化是好的，演化保证了生命的延续。

与所有使命或危机导向的（mission- or crisis-oriented）学科一样，伦理规范（ethical norms）是保护生物学真实的（genuine）一部分。（Soulé，1985：727）由于这样的价值预设，保护生物学家往往是公益行动者，如《保护生物学》期刊纸张采用再生纸，油墨使用的是无毒性环保大豆油墨，梅费和卡罗尔将教科书三分之一的版税捐给保护机构，并呼吁能够在保护出版圈内形成这样一种成规，以助力保护行动。（Meffe and Carroll *et al.*，1997：Preface to the First Edition）

4. 科学与保护

保护生物学家认为科学和技术没有内在的好坏，它们只是带来福祉或造成灾难的工具。他们相信如果人们能够更明智地运用技术，那么生命的未来就是有希望的。苏莱在1985年的文章中也提到，"在历史中的此刻，对这个社会和自然的一个主要威胁就是技术，因此我们这一代人应当指望（look to）科学和技术来补充文学的和立法的回应"（Soulé，1985：733）。这句话似乎逻辑关系有些奇怪，从整篇文章可以看出，苏莱一方面认为技术咄咄逼人（withering），把人类推向毁坏家园的境地，另一方面又认为应当充分利用不断进步的科学技术保护生物多样性，缓解生态危机。

保护行动的主体是多元的，很多保护者可能在保护运动中做着不同的工作，如出版者、倡议者、行动者或指导者，保护生物学家在这场空前的运动中扮演的角色是"一个科学的角色"，他们有特殊的责任：

（1）对种群、群落、生态系统和地球整体进程（planetary processes）的建模和分析；

（2）基本的田野工作，包括编目（inventories）和分类（systematics）；

（3）做实验检验假说；

（4）发展和评估保持和恢复生物多样性及其功能的技术和管理手段；

（5）交流成果，促进应用；

（6）将保护生物学知识和技术与人类活动结合，从农学到人类学，使其相辅成成。（Soulé，1987：5）

最后一条反映了保护并不只是一个科学问题，还是一个政治的、经济的、社会的、法律的、文化的和伦理的问题。梅费和卡罗尔认为，如果没有在政治和经济层面认识到生物多样性与社会长期发展之间的密切关系，那么再好的保护生物学知识也收效甚微，因而政治和经济层面的推进将极大地推动保护行动。（Meffe and Carroll *et al.*，1997：Preface to the first Edition）在《保护生物学原理》（*Principles of Conservation Biology*）第二版中，两位作者加入一个新章节，"17章，政策过程中的保护生物学家：学着实际和有效"（17. Conservation Biologists in the Policy Process：Learning to be Practical and Effective），指出保护生物学家参与政治决策的重要性。保护生物学不仅要研究理论，还要参与决策，进行实地保护。

三、保护生物学的发展

1. 批评、回应与和解

1985年5月成立的保护生物学学会，是一个充满活力的年轻团体，绝大部分成员都在40岁以下。学会刚成立，就有人批评保护生物学只不过是趁环境思想流行之便，为获取针对全球研究和濒危物种保护的经费而掀起的"一时狂热"。（Gibbons，1992：20）1992年1月科学记者吉本斯发表在《科学》（*Science*）"新闻和评论"（News & Comment）版的《马不停蹄的保护生物学》（Conservation Biology in the fast lane）一文，标题下的导语写道："对这种新型研究（this new kind of study）的资金支持急剧增长——随之增长的是学术项目的数量——但批评者认为这更多是一时狂热（fad）而非一门新的科学学科"（Gibbons，1992：20），甚至有人画出讽刺漫画。（Meine, Soulé and Noss，2006：641）

更为直接的批评是，认为保护生物学并无任何新意，它只是野生生命科学、林学和生态学乔装打扮重新包装出来的东西,利用了时髦词语和资金支持大潮。另外,传统野生动物管理科学家也批评这种新类型(new breed)随意混淆不同学科,不符合做科研的惯例,牺牲深度以成就广度,太不切实际。当时在传统科学家中流传着一个笑话"保护生物学是没有数据的分析"。保护生物学在教科书写作上也呈现出一种"大杂烩"的面貌。梅费和卡罗尔在1994年教材的前言中写道,直到1993年秋,仍然没有一本指导保护生物学行动的教科书。这两位作者起初独立承担了这个项目,但很快就意识到单凭两个人的知识难以囊括保护生物学极为广阔的范围,既然保护生物学研究和保护生物多样性,那么以多样的方式书写保护生物学也很合理。于是这两位作者邀请了各个专门领域中最杰出的作者写作,并邀请了很多保护实践者书写保护案例,又邀请五十多位作者参与相关话题的写作。(Meffe and Carroll *et al.*,1997:Preface to the First Edition)这种"大杂烩"式的写作使保护生物学看起来只是对以往学科旧有知识的抄袭和堆砌,而众多作者的不同背景也使得传统科学家怀疑其专业性。但加利福尼亚大学圣地亚哥校区的苏莱、斯坦福大学的埃利希、加利福尼亚大学洛杉矶校区的戴蒙德、佛罗里达州立大学的森博洛夫、罗格斯大学(Rutgers University)的埃伦费尔德等人都反对这样的批评。(Gibbons,1992)

另外,由于保护生物学旗帜鲜明地宣称其价值预设——生物多样性是好的,这也成为一个靶子,批评者认为保护生物学不是科学,而是宗教。(Noss,1999:117)

在保护生物学之前,已经有过先例。20世纪70年代课程修订(curricula revisionism)时期,环境研究(environmental studies)课程风靡一时,但到80年代初,很多环境研究项目已经陷入困境,它们缺乏优秀的成员和资金支持,毕业生找不到工作,只有一些最好的环境研究项目进行了下去。一些院系主任和评议委员会成员怀疑保护生物学家的学术水平,怀疑保护生物学过于注重应用,学术性不足,担心这一新学科难以持久,会步环境研究课程后尘。(Gibbons,1992)野生动物学会(The Wildlife Society)主席麦凯(Richard J. Mackie)认为保护生物学也在经历同样的事情。

保护生物学家还常被质问:保护生物学究竟是什么?时任《保护生物学》期刊主编的埃伦费尔德说:"坦率地说,保护生物学就是我们在期刊中印的那些东西。"(Gibbons,1992:20)这样的回答难以为保护生物学正名。

面对责难，保护生物学家做出了一些回应。首先，他们做的研究常常是针对濒危物种的，而这些濒危物种本身就使得研究缺乏样本，因而难以做深度研究和对比研究；第二，对于有充分样本的研究，他们根据新的保护生物学理论来分析数据比传统保护工作更有深度。而且，保护生物学家正在积极探索新的方法。（Gibbons，1992：21）针对学术性不足的批评，保护生物学家确保他们在进入交叉学科领域前接受过良好的传统生物学科训练，如生态学、种群生物学等。事实上，保护生物学家们如苏莱、坦普尔、埃伦费尔德、E. O. 威尔逊、戴蒙德、森博洛夫、古道尔（Jane Goodall，1934—　）、夏勒（George Beals Schaller，1933—　）等都是最优秀的生物学家。影响巨大的 E. O. 威尔逊几乎为后来者树立了一个"威尔逊标杆"，在投入到保护生物学实践之前，必须获得一个博士学位，或至少在一个专门学科上有所造诣，并且有科学政策、资源经济、自然资源管理、林学和农学基础。（Gibbons，1992：21）

保护生物学家也批评传统野生动物管理，认为传统方式太倾向于关注狩猎物种。一个对 1988 年《野生动物管理》（*Journal of Wildlife Management*）期刊文章的回顾显示，73% 的文章关注的是狩猎物种。布鲁萨德说："理论上讲，一个保护生物学家对所有物种是一视同仁的。"（Gibbons，1992：21）而根据坦普尔的回忆，野生动物管理者对保护生物学家的反击不屑一顾，认为一个这样年轻的混杂的学科没有任何权利对具有百年历史的野生动物管理指手画脚。戴克（Fred Van Dyke，1930s / 1940s—　）[1]认为，时间证明保护生物学在大学项目中，在国家机构和非政府组织中，在众多学术期刊和专业会议中，都毫无疑问地被认为是"真正的科学"。（Dyke，2008：2）

但随着时间的推移，批评的声音渐渐弱化，保护生物学学会主动向批评者们伸出了橄榄枝（Meine，Soulé and Noss，2006：641），一个重要标志是 1992 年的保护生物学学会第六届年会。1992 年 6 月 27 日至 7 月 1 日，在弗吉尼亚理工学院暨州立大学（Virginia Polytechnic Institute and State University），保护生物学学会与野生动物学会联合召开保护生物学学会第六届年会。（Temple，1992a：312；

1　戴克是一位虔诚的基督徒，他教授环境研究（Environmental Studies）以及自然与伦理、政策、神学的交叉领域。1992—2001 年在艾奥瓦州西北大学（Northwestern College）担任教职。2001—2011 年担任伊利诺伊州惠顿学院（Wheaton College）的生物系教授、主任及环境研究项目主管。他还是美国国家公园管理局（National Park Service）、美国林业局（the US Forest Service）、皮尤慈善信托（the Pew Charitable Trust）和很多私人环境和保护咨询机构的科学顾问，参与过美国林业局很多交叉领域管理项目。

Meine, Soulé and Noss, 2006:641）在年度颁奖宴会上，保护生物学学会将奖项之一授予野生动物学会，对其55年来在野生动物保护和管理上的卓越贡献表示赞扬。（Temple, 1992a:312）

然而，对保护生物学真正的检验不在于它是不是一门"真正的科学"（real science），或能否与传统科学调和，或能否吸引学生，而在于它能否切实地保存生物多样性。

2. 发展状况

保护生物学学会规模迅速扩大，成立六年时已从1500多位成员增长到5000多位成员（Meine, Soulé and Noss, 2006:640），对比同期拥有76年历史、6500多位会员的美国生态学会（Ecological Society of America），成长速度可见一斑。到2006年，保护生物学学会会员已超过11000人。美国国家科学基金（National Science Foundation）每年赞助学会240万美元，一些私人基金如皮尤慈善信托基金会和麦克阿瑟基金（MacArthur Foundation）也不遗余力地支持关于环境问题的科研活动。皮尤信托的"综合培养保护和可持续发展领域人才"（Integrated Approaches to Training in Conservation and Sustainable Development）项目支持了第一批正式的研究生项目（Jacobson, 1990:434—435），"皮尤保护和环境学者项目"（The Pew Scholars Program in Conservation and the Environment）支持了很多一流保护生物学家的工作，1989年保护生物学学会在该项目支持下出版了学会第一个研究报告《保护生物学研究的优先性》（*Research Priorities for Conservation Biology*）。（Soulé and Kohm, 1989）时任学会主席的坦普尔非常高兴地评价这种发展速度令人难以置信。（Gibbons, 1992:20）

1987年6月23日—26日，在美国蒙大拿州波兹曼（Bozeman）[1]的蒙大拿州立大学（Montana State University）召开首届保护生物学学会年会（First Annual Meeting of the Society for Conservation Biology），共有200多人出席，会议包括学会首届商业会议（first business meeting）、论文演讲环节和四个专题研讨会（"疾病在种群管控和保护中的角色""边缘效应与保护""鱼类的保护遗传学"和"我们怎样训练保护生物学家？"），布鲁萨德是会议的总联系人。（Soulé, 1987:文末

---

1 波兹曼位于北落基山脉中心地带，毗邻黄石国家公园和冰川国家公园（Glacier National Parks）。从波兹曼出发，几个小时车程就能看到野牛、狼、灰熊等野生动物。

布告栏）

　　1988 年，保护生物学学会在美国蒙大拿州波兹曼正式召开第一届"国际保护生物学大会"（International Congress for Conservation Biology，ICCB），至今已在非洲、大洋洲、欧洲、南北美洲举办 26 届，自 2011 年起改为两年举办一次。这是全世界保护领域最重要的会议。

　　之后保护生物学逐渐成为许多重大国际会议的主要议题，如 1989 年在罗马召开的第五届兽类学大会上，涉及保护生物学的专题组就有 7 个。大量保护生物多样性的会议召开，与会者包括学者、政府官员、资源管理者、商业代表、国际援助机构、非政府组织等。

　　1990 年开始，北美的许多大学设立了保护生物学专业。（蒋志刚等，1997：7）一些大学积极开设保护生物学课程，部分原因是希望引入资金。1992 年，皮尤信托预算提供 1550 万美元支持保护生物多样性的研究，包括帮助大学设立训练"保护和持续发展"方向的学生。（Gibbons，1992）麦克阿瑟基金提供 1700 万美元用于生物多样性保护，美国国家科学基金每年提供 240 万美元用于保护生物学和恢复生态学。除此之外，环境问题的突出也使得学生对保护生物学课程产生极大的热情。美国和加拿大教授保护生物学的大学在 20 世纪 90 年代有 73 所，到 2003 年增加到 200 多所。（蒋志刚等，2009：110）

　　1992 年，巴西里约热内卢召开地球峰会（Earth Summit），又称"联合国环境与发展大会"（UNCED），来自全世界 178 个国家和地区的代表签署了《生物多样性公约》（*Convention on Biological Diversity*）。为响应这一公约和相关国际协作，巴西、哥斯达黎加和印度尼西亚等热带国家扩展了他们的国家公园面积。同时，各国也更加关注自然保护区传统原住民的福利，注意从传统文化中学习认识物种的价值并对它们加以利用。（普里马克，2009：8）

　　"尽管 1959 年中国科学院在鼎湖山建立了中国第一个自然保护区，但真正的生物多样性保护和研究开始于 20 世纪 80 年代后期"（蒋志刚等，1997：7）。从严格意义上说，中国的保护生物学实践在 20 世纪 80 年代初就已经开始了，而且是国际合作行动——大熊猫工程。WWF（世界自然基金会）就是因为大熊猫保护才进入中国。WWF 联手 IUCN 来北京与中国代表谈判，希望合作保护大熊猫。外国一方三人是 WWF 名誉主席斯科特（Peter Scott，1909—1989）、WWF 总干事黑斯（Charles de Haes，1975—1993 年担任 WWF 总干事）、IUCN 总干事塔尔博特（Lee M. Talbot，1980—1982年担任IUCN总干事）。中方首席谈判代表是王梦虎，时任国家林业部野生动物保护处处长。另外两位代表分别是国务院环境领导小组办公室副主任张树忠和中科院动物研究所研究员朱靖。外方随行专家是夏勒。1983年，中国卧龙自然保护区和WWF共同建立了中国保护大熊猫研究中心，动物学家胡锦矗担任中心的第一任主任。

WWF、IUCN与中国林业部合作开展大熊猫保护行动，可以说是保护生物学在中国落地的先声。1990年，中国科学院成立生物多样性工作组，1992年3月改为中国科学院生物多样性委员会。1993年，《生物多样性》杂志创刊发行。1994年，中国政府颁布《中国21世纪议程》和《中国生物多样性保护行动计划》，以履行1992年地球峰会签署的《生物多样性公约》。同年召开第一届全国生物多样性保护与持续利用研讨会。

中国的保护生物学教育工作起步于20世纪90年代中期。1997年，蒋志刚等编著第一本《保护生物学》教材。（蒋志刚等，1997）1998年北京林业大学给本科生开授"保护生物学"课，主要参考普里马克1993年和苏莱1986年的教材。（李俊清等，2012）2000年，季维智主编的普里马克《保护生物学》中译本出版（季维智等，2000），如今普里马克的《保护生物学》英文版已经出到第5版。

可持续发展是未来社会的必然选择，被认为是保护生物多样性和保证人们生活质量的最佳方案。（Meffe and Carroll *et al.*，1997：Preface to the first Edition）保护生物学所能给出的综合性的保护方案最有利于可持续发展。比如，刚果政府将齐伯嘎黑猩猩庇护所周围的一些自然村落划入自然保护区，在古道尔等人的沟通下，村民们也愿意与他们合作。而作为回报，庇护所从村子里雇佣工作人员，购买村里的食物，还为村民修建校舍和诊所。他们希望能吸引游客前来参观游玩，为这里带来更多收入。（古道尔，2006：170）古道尔认为，这种兼顾生物多样性保护和当地社区发展的方式是最好的保护方式。

政府和私人机构需要保护生物学家的建议，如引入外来物种的影响，国家公园的选址和规模，化学污染的生态后果，划定某一物种可生存阈值，经济发展的生态影响，等等。（Soulé，1985：727—728）保护生物学家能够帮助提高荒野管理的效果，能够提升风险物种存活的机会，能够缓解技术的影响。（Soulé，1985：733）

3. 保护生物学家与保护者

什么样的人可以称为保护生物学家（Conservation Biologist）？严格说来，须兼具学者身份和保护经历。这意味着，他们接受过正规的生物学训练，并对保护实践发挥着举足轻重的影响。以或多或少的科学主义的缺省配置来看，学者身份尤其重要。"××学家"本身就含有强烈的科学主义色彩，它将精英学者与普通人区隔开来，赋予精英学者以更高的威望和话语权。人们很难认同一个草根行动者是"保护生物学家"，最多称之为"保护者"（Conservationist）。但保护者是重要的，他们是保护的最终执行者，关乎保护的实际效果。好比博物学，根据研究层次的不同可分为专业博物学家和普通博物爱好者，他们同样重要。

能够推动保护生物学发展的努力至少可以分为三个类型：一是推动保护行动。二是学科建设，即为保护生物学建立自治领域，包括开展严谨的科研活动、捍卫其伦理价值等。三是培养专业人才。就保护生物学的目的来说，推动保护行动是一切努力的核心，学者、社区保护者、政府、普通民众都发挥着重要作用。学科建设和高等教育主要依靠大学学者。如果将在三个层面都做出努力的学者称为保护生物学家，那么至少可以列出以下名单（按出生年份排序）：

1900—1998，弗兰克尔，Otto H. Frankel，澳大利亚

1903—1991，哈钦森，G. Evelyn Hutchinson，英国—美国

1904—2005，迈尔，Ernst W. Mayr，德国—美国

1907—1964，卡森，Rachel L. Carson，美国

1907—1998，弗朗西斯·哈默斯多姆，Frances Hamerstrom，美国

1909—1990，哈默斯多姆，F. N. Hamerstrom Jr.，美国

1910—1980，乔伊·亚当森，Joy Adamson，奥地利

1913—1983，奥尔多·斯塔克·利奥波德，Aldo Starker Leopold，美国

1919—2002，达斯曼，Raymond F. Dasmann，美国

1920—1978，平洛特，Douglas H. Pimlott，加拿大

1925— ，伊尔蒂斯，Hugh H. Iltis，捷克—美国

1927—2014，普莱耶，Ian Player，南非

1929— ，胡锦矗，中国

1929— ，威尔逊，Edward O. Wilson，美国

1930—1972，麦克阿瑟，Robert H. MacArthur，美国

1932— ，埃利希，Paul R. Ehrlich，美国

1932— ，穆尼，Harold A. Mooney，美国

1933— ，罗普，David M. Raup 美国

1933— ，夏勒，George Beals Schaller，德国—美国

1934— ，迈尔斯，Norman Myers，英国

1934— ，古道尔，Jane Goodall，英国

1935— ，刘维新，中国

1936— ，苏莱，Michael Ellman Soulé，美国

1936— ，梅，Robert M. May，英国

1936— ，雷文，Peter H. Raven，美国

1937— ，戴蒙德，Jared M. Diamond，美国

1937— ，潘文石，中国

1938— ，布鲁萨德，Peter F. Brussard，美国

1941— ，卡利考特，J. Baird Callicott，美国

1941— ，洛夫乔伊，Thomas E. Lovejoy，美国

1930s/1940s— ，戴克，Fred Van Dyke，美国

1940s— ，埃伦费尔德，David Ehrenfeld，美国

1942— ，森博洛夫，Daniel S. Simberloff，美国

1946— ，坦普尔，Stanley A. Temple，美国

1948—1999，塞普科斯基，J. John Jr. Sepkoski，美国

1948— ，威尔考克斯，Bruce A. Wilcox，美国

1950— ，普里马克，Richard B. Primack，美国

1952— ，诺斯，Reed F. Noss，美国

1958— ，迈内，Curt Meine，美国

1962—2011，索迪，Navjot S. Sodhi，美国

1965— ，吕植，中国

在保护生物学家的著作中，女性的作品传播尤广，也许是由于女性特有的敏感和感性的书写方式。在国外，有三位女性的故事几乎家喻户晓，她们是蕾

切尔·卡森、乔伊·亚当森（Joy Adamson，1910—1980）[1]和古道尔。卡森因《寂静的春天》成为 20 世纪 60 年代环境运动的一个路标。乔伊·亚当森是一位博物学家、艺术家、作家，她的作品《与生俱来的自由：我与狮子爱尔莎的故事》（*Born Free: A Lioness of Two Worlds*）激发了很多人开始关注非洲猫科动物的保护。乔伊对狮子的观察持续了不到十年，在爱尔莎死后她把注意力转向了猎豹，而她的丈夫乔治·亚当森（George Adamson）则继续观察狮子，直到 1989 年被偷猎者枪杀。乔伊因《与生俱来的自由：我与狮子爱尔莎的故事》和根据爱尔莎故事改编的同名电影《生来自由》而名声远播。古道尔是公认的黑猩猩研究专家，她的《和黑猩猩在一起》以及"根与芽"组织激励了全世界范围的学生群体参与到保护行动中。

在中国，将保护生物学作为生态保护中的一面旗帜和科学手段的代表性人物是吕植（1965—　），她是北京大学生命科学学院教授、北京山水自然保护中心主任。吕植 1985 年加入自然保护行列，和她的导师潘文石教授在秦岭研究大熊猫。如今她的工作已经"从保护单一物种熊猫扩展到保护雪豹、西藏棕熊、普氏原羚以及西南山地和青藏高原的生态系统，从生态学研究，扩展到了科学与社会经济以及文化传统的交叉，及至对实践和有效保护模式的探索"（吕植，2014：vii）[2]。

如前所述，保护生物学家最主要的角色是科学家角色，但保护生物多样性不仅是一个科学问题。吕植与很多当地保护者如青海省三江源环境保护协会秘书长哈希·扎西多杰（1963—　）[3]、青海省果洛州白玉达唐寺"鸟喇嘛"居·扎西桑俄（1970—　）[4]等都有合作，并收到了很好的保护效果。生态保护在藏区的成功很大程度上有赖于科学保护与宗教文化的结合。在科学家的帮助下，喇嘛扎西桑俄

1　1980 年，乔伊在肯尼亚沙巴国家保护区（Shaba National Reserve）被 18 岁的伊凯（Paul Nakware Ekai）杀害。伊凯是一个图尔卡纳（Turkana）黑人，受雇于乔伊在沙巴保护区做工。当时乔伊在做一个放归猎豹的项目。但被监禁 24 年后，伊凯否认了之前的罪状，称乔伊脾气很差，因他索要工资而开枪打他，他一怒之下才开枪打死了乔伊。伊凯还称，乔伊死后，肯尼亚总统公开下令逮捕凶手，他是在酷刑折磨后认罪的。但乔伊的支持者反对伊凯的说法，一些了解乔伊的人称，虽然乔伊性格刚强，但不至于对人开枪。（Vasagar，2004）

2　出自 2014 年底由吕植主编的"自然保护丛书"第一辑序二。

3　扎西多杰是著名藏羚羊保护者索南达杰的秘书，曾目睹枪战场面。他带领协会做了大量保护工作。协会与政府和其他 NGO 合作，深入牧民社区，是保护三江源的一支重要力量。

4　扎西桑俄擅长画鸟，他长时间观察，几乎遍历了藏区鸟类。2007 年，与同伴果洛·周杰成立了"年保玉则环境保护协会"，到 2013 年时协会已有 60 多人。

从一个单纯依靠地方性知识的保护者变成一个将科学与本土文化结合起来的、能够在学术期刊上发表论文的"科学保护者"。吕植与其他保护者发现,神山圣湖作为一种生态保护机制发挥着极为重要的作用。(申小莉等,2006)

"保护生物学"的宗旨在于保护生物多样性,成为一门独立科学的意义很大程度上有赖于依靠科学主义的权威来获得生态保护的话语权。保护行动需要有一批优秀的学者在科学共同体中发声,并影响政府决策,推动高等教育,为保护行动营造积极的舆论环境,传播科学保护方法,与社区保护者合作。对保护生物多样性这一全球性全民性的行动来说,"保护生物学家"和"保护者"之间的区隔并不重要,甚至需要打破。他们之间需要合作、互相学习。保护是高度地方性的,掌握地方性知识的当地保护者与保护生物学家一样重要。

四、保护生物学的博物特征

保护生物学就其字面上看隶属于生物学,随着对这门学科的认识更加深入,很多学者和保护者认为人类学、社会学、政治学、哲学等都融合其中,保护生物学正在发展成为"保护科学"(Conservation Science)。(蒋志刚等,2009:110)实际上,将"科学"作为保护生物学的同位语,仍然难以呈现这个学科的全貌,因为它包含的自然科学与人文宗教的交叉超出了科学的范畴,又或者,保护生物学提出了一种重新定义科学的可能。在保护生物学和科学之间,存在着一种张力。博物学便存在于这样的张力中,在博物学的视野中,科学定律无法代表大自然本身。在这个意义上,将保护生物学称为"自然保护学"似乎更为恰当。

在对保护生物学史研究的过程中,两种对应的科学进路呈现出来,一种着眼于改造,一种着眼于保护和恢复。前者已经十分流行,当今大多数自然科学都属于这一类型;后者还处于弱势地位,如生态学、保护生物学等。保护和恢复进路的科学有着强烈的目的导向和道德使命,这类科学关心的是保护怎样才能更"有效"而不是更"科学"。所以在这类科学中,理论与应用紧密联结,科学与地方性知识和宗教文化紧密联结,行动方式取决于具体情境,没有放之四海而皆准的模式。从猎物管理到国家公园制度,从资源保护到生物多样性保护,保护的方法和理念越来越系统和具有道德感。保护生物学依赖地方性知识,挑战传统科学知识,认为生物多样性具有其内在价值,保护生物多样性是人类的道德使命,向传统科学的价值中立发起挑战。

保护生物学的博物特征已然自明。在博物学探出触角之处，保护生物学也在做着大胆而又小心翼翼的尝试，以整体论对抗还原论，以本土知识对抗定律化的科学知识，以道德之力对抗机械自然观。很多保护生物学家和保护者，同时也是博物学家和博物爱好者。这样的纠葛，使保护生物学与博物学互相缠结，在彼此中汲取能量，并发现希望。

第24章 博物学与生态文明建设

生态文明需要不同于数理科学的科学范式，不同于机械自然观的自然观，博物学则具有这种可能性。一个文明的存在和持续需要三个前提：生态前提、技术前提和文化前提。文化前提的功能之一是约束技术的发展，以使生态前提不遭到人类行为的破坏。工业文明不具备这一功能，因而是一种注定要崩溃的文明。一种文明形态的核心是对于好生活（幸福）的理解。社会主流价值对这一问题的理解主导着整个社会的政治、经济、法律、教育等社会体系。工业文明的核心价值是资本主义精神（马克斯·韦伯），生态文明需要新的核心价值。博物学同样可以为这种价值提供思想资源。

博物学家利奥波德在《沙乡的沉思》的序言中提出一个颇有远见的问题：看见大雁飞和看见白头翁花开，与看电视相比，哪一个更重要？

利奥波德同时还指出，对于他这样的少数人来说，看见鸟飞花开，是不可剥夺的权利。在1948年的美国，鸟飞花开还是平常事，而利奥波德却早早地预见到，工业文明的高度发达，会剥夺这种权利。

在今天城市乃至乡村的社会生活和个人生活中，"看电视"已经变得一日不可或缺，而"看大雁""看白头翁花"则只是少数人的特殊的休闲行为。

看电视，还是看鸟飞花开，这是两种不同的价值取向。"电视"关联着数理科学、工业文明，"大雁与花"则关联着博物学，指向生态文明。

一、文明存续的三个前提：生态、技术和文化 [1]

一个可持续的文明应该具备哪些条件？

首先做一个思想实验，考虑一个相对稳定的社会模型：这个社会的总体规模相对稳定；社会总体结构、生活方式、生产方式相对稳定；每一种行业的存在状况相对稳定，在整个社会结构中的位置相对稳定。如果把这个社会视为一个物理系统，那么，这个系统的稳定存在和延续需要满足如下条件：第一，有数量相对稳定的低熵物能流进入这个系统。第二，有数量大体不变的高熵物能流排出这个系统。第三，这个社会所处的自然环境具有足够的生态活力，即具有充分的资源，能够持续地为社会系统提供其所需的物能流。第四，系统排出的垃圾能够为系统所处的自然环境所吸收。[2]

前两个条件更多地掌握在人类自己手里，按照常规的说法，取决于人类社会的生产力水平，生产力水平越高，就越容易从自然中获取足够自身所用的低熵能量和物质。至于排出垃圾，在传统社会相对容易，在现代社会则引发了诸多问题。这两条可以称为文明存在的技术前提。后两个条件则是人类社会之外的自然条件，它取决于本地的生态环境，取决于本地的自然资源含量和再生能力。这两条可以称为文明存在的生态前提。

一个文明形成、存在，且持续存在，必然会形成其属于所在地域的地方性文化。从广义上说，技术也是文化的一部分。不过，鉴于所要讨论的问题，两者分开，会使问题更加清楚，且容易讨论。

依然做思想实验，考虑一个在地域相对封闭的环境之中存在的人类社会，比如群山之中几个村落。这个社会系统如果能够长期存在，它的文化需要具有这样的功能：第一，具有足够的生存智慧，能够与本地的自然环境和谐相处，既能够获取足够的物质与能量，又不伤害自然环境，从而使文明得以持续。换言之，既具有文明存在的技术前提，又能保障文明存在的生态前提不受破坏。为此，又需要有如下两条：第二，从这样的生活中获得幸福，安于这样的生活。否则，穷则生变，这个文明无法持续。第三，约束技术的发展。这一点会让人意外。技术具

---

1 参见：田松（2011c）。

2 参见：田松（2010）。

有自生长的功能，即使相对原始的技术，比如拉弓射箭，随着经验的累积，弓箭会越来越精巧，人的技能也会越来越高，天长日久，人类从山里取回来的东西超过了这座山一年里所能够生长出来的，文明的生态前提就会破坏，这个文明就会崩溃。

后两项可以称为文明持续的文化前提。倘若如此，只要这个地方不发生大的地质变化，也没有其他人类社会的入侵和干扰，这个社会就能够延续下去。

戴蒙德在《崩溃》中，描写了一些已经崩溃的人类社会，除了地质灾难和外敌入侵，也有一些是人类自身的原因导致的。复活节岛史前文明的崩溃是一个很好的例子。复活节岛位于太平洋深处，距离最近的智利海岸有2300英里，几乎与世隔绝。当波利尼西亚人在公元900年来到这个岛的时候，岛上森林密布，物产丰富，海边有方便易得的水产品。但是这个社会的文化之中没有约束自身的因素，未能与环境达成稳定的平衡。岛上各个部落出于生活、生产及宗教目的无节制地砍伐森林，砍伐速度超出了森林生长的速度，使得森林退化，产生连锁反应，环境逐渐恶化，食物来源逐渐减少，最终文明崩溃。根据人类学和考古学的考证和复原，复活节岛的森林砍伐在15世纪达到顶峰，17世纪森林殆尽。到18世纪欧洲人发现复活节岛时，原有文明已经不复存在。只留下了一些巨大的石像，昭示这里曾经存在辉煌的文明。考古复原还提供了一个有意思的细节，岛民曾经以海中贝类为食物，最初食用容易获取的大型贝类，到文明毁灭的时候，只有很小的贝类了，因为大型的贝类被人吃光了。（戴蒙德，2008：69—84）复活节岛文明崩溃的原因在于，其文化中没有满足文明持续的文化前提。

人类学给我们提供了很多案例，具有自我约束功能的文化并不罕见，相反，是非常普遍的。比如中国东北的狩猎民族，有复杂严格的禁忌，比如春天野兽发情的时候，需要禁猎，所有人遵从禁忌，不上山打猎。遇到一群猎物，也要取舍，只猎杀其中的老年、体弱的个体，不会赶尽杀绝。很多地方的渔民，也有类似的禁忌，有专门的禁渔期，保证鱼群繁殖。网眼不能过小，让小鱼能够逃生。传统文明给我们留下了大量的案例。

生态前提、技术前提和文化前提，是人类社会得以存在和持续所必须满足的三种条件。在目前的这个界定中，技术前提属于形而下的联系世界的体系，文化前提属于形而上的解释世界的体系，这两项是对人类社会的内在要求。生态前提则是人类社会的外部条件。

二、工业文明的不可持续性

按照以上分析，工业文明具有内在的缺陷。工业文明的文化中不但没有约束技术发展的功能，相反，却具有刺激技术发展的功能。在工业文明的意识形态中，经济增长是核心价值。马克斯·韦伯（Max Weber）在一百年前就注意到这个问题，他说："从来没有这样一种社会，政府的合法性是建立在经济的不断增长之上的。"如果一个政府不能维持其社会的经济增长，这个政府就应该下台。但是，地球有限，资源有限，经济的持续增长是不可能的。哪怕增长指数很小，连续迭代，也增长得很快，必然会需要无穷多的资源。

工业文明是一个全球性的文明，这种文明形态跨越地域、国界。虽然每个国家都有其原本与地域相关的传统文化，但是在走向工业文明之后，其社会基本意识形态、社会结构和经济体系，都逐渐趋同。比如，单一单向的社会发展观、科学进步观、机械自然观等观念被工业社会普遍接受，成为工业文明的意识形态。如果说传统的文明具有多种形态，是个复数，则工业文明是一个单数。

在工业文明的现代社会中，科学及其技术获得了前所未有的地位。科学，构成了工业社会的形而上的解释世界的体系的核心，科学的技术则是其形而下的联系世界的体系的核心。科学和技术不再是个人行为，而是社会体制的一部分。社会要求科学和技术的发展为经济服务。人们普遍接受这样的观念，社会发展意味着经济发展，经济发展依赖着技术发展。

科学的技术比传统的经验技术拥有更强的力量，可以从自然界中索取更多的物质和能量，甚至能够直接干扰和破坏自然生态系统的运行。砍树、挖山、筑坝，都在直接威胁和破坏文明存在的生态前提。同时，在传统社会中不是问题的垃圾成为问题，且愈演愈烈。

工业文明直接体现为全球化的现代化和现代化的全球化。这是一个食物链，其存在的前提和运行机制是：上游优先利用下游的能源和资源，并把污染和垃圾转移到下游去。任何范围的区域都存在上游和下游，它们根本上是一种分形（fractal）结构。大体上说，在全球范围内，欧美、日本是上游，中国、非洲、南美是下游；在中国范围内，东部沿海是上游，西部是下游；在美国范围内，东西沿海是上游，中部是下游；在大都市周围，城市核心区域是上游，周边是下游，所以才会有垃圾围城的现象。

　　污染与垃圾转移有两种形式。一种是直接的，就是把上游的垃圾直接送到下游去，比如中国广东的贵屿，就以处理洋电子垃圾为产业。另一种是间接的，相对隐晦，就是把高污染的工厂转移到下游区。在下游生产，利用下游的资源和能源，污染下游的土地、空气和水，再把产品卖到上游去。看来还是公平贸易，愿打愿挨。

　　很多人相信这样的观点，经济发展了，才有能力解决环境问题，并以欧美发达国家为例。然而首先，欧美早期工业化导致的环境问题并没有完全得到解决，至今仍有后患；其次，其环境问题更多的不是解决了，而是转移了。高污染的企业都转移到第三世界，本土污染就大大减少了。

　　但是，归根结底人类生活在同一个地球上。任何一个地方的环境问题，都是全球环境问题的一部分，任何一个地方的生态问题，都是全球生态问题的一部分。因而，任何一个局部的环境问题和生态问题，其实都是地球生物圈整体的问题。所以，整个工业文明食物链长期运行，一定会是这样的结果：

　　上游首先达成现代化，依靠下游的资源和能源维持并提高其现代化程度；下游随后开始现代化，同时资源流失，环境污染，生态破坏，导致局部的环境问题和生态问题。下游的环境问题和生态问题愈演愈烈，然后，由局部的环境危机和生态危机演变成全球性的环境危机和生态危机。这终将导致工业文明的整体崩溃。

　　如果把食物链划分得稍微细致一点儿，对上下游都划分出人类社会和自然环境，上游的人类社会尽可能保护自己区域的自然环境，同时，通过下游的人类社会，获取下游的能源和资源。下游的人类社会则只能剥夺自己区域的自然环境，一部分提供给上游，一方面用于自身。

　　因而，过程哲学家小约翰·柯布（John B. Cobb, Jr.）指出，当下的社会运行模式在根本上既不是公正的，也不是可持续的。即既不满足社会正义，也不满足环境正义。

　　环境问题和生态问题是全球性的，中国的问题也是全球问题的一部分。中国目前处于整个现代化食物链的下游，或者中游，所以才会成为世界工厂。从另一个角度看，中国是在耗费自己的能源，污染自己的水土和空气，为发达国家提供着廉价商品，同时，因为碳排放第一，要遭到全世界的谴责。这种景象是非常荒谬的。这种经济模式也注定是不可持续的。不仅在中国不可持续，从全球范围来看，整个人类的工业文明都是不可持续的。

人类整体必须由工业文明转向生态文明，不然整个生物圈都会被瓦解。我们正处在文明的转折点上，由工业文明转向生态文明，是全人类的大势所趋。

三、生态文明的三种理解方式[1]

党的十八大报告将生态文明单独列出一章，把生态文明建设作为国家未来发展的方向，"生态文明"成为一个高频词汇。但是，关于什么是生态文明，在大众话语、学者讨论和政府报告中，并未达成统一。归纳起来，大致有三种理解方式，或者说三个版本，分别是平行共处说、高级阶段说、彻底转型说。

无论在中文的还是英文的意义中，文明（civilization）与文化（culture）常常被混淆，这里做一个简单的辨析和界定。文化（culture）是与自然（nature）相对应的，从英文的字根上容易看出来。从中文来说，文化乃是人文化成，是人类创造的，有别于自然的。在说到远古文明时，经常使用文化一词，诸如良渚文化、半坡文化、红山文化等。当然文化一词还有更泛的用法，比如茶文化、酒文化，指具有某种规范性的行为方式，类似于民俗。文明（civilization）则是与野蛮（barbarian）相对应的，文明与野蛮都是人类的行为方式、生存方式，并不直接与自然相关联。与生态文明这个词语相应的，还有农业文明、工业文明。在这种用法里，文明是指人类（或者社会）整体的生存方式，包括其意识形态、社会制度、经济法律体系等。如果是泛泛地说生态文化，可以指生态思想，指有利于生态保护的行为方式。生态文明则是一个特指，特指人类整体的某种文明模式。显然，在一个工业文明的社会里，也会存在生态文化。

第一个版本可以叫作"平行共处说"，它把文明理解成了类似于茶文化、酒文化的文化。这种理解方式在基层比如地县一级比较常见，在基层常常可以看到这种说法。比如某一个县，有农业，所以要继续建设农业文明；有乡镇工厂，所以要进一步建设工业文明；再找一片山、一片湖，划出一个生态园区，就可以建设生态文明了——三个文明一起建设。这是对生态文明最为浅显的理解方式。也是偏离最远的方式。在工业文明的整体社会结构之下，即使存在农业，也是工业文明中的农业，而不是农业文明中的农业。这个地方所谓的农业文明和生态文

1　参见：田松（2018）。

明，其实都是工业文明的一部分。

第二个版本"高级阶段说"最为普遍，它把生态文明看作工业文明的高级阶段，认为可以在不改变工业文明整体框架的情况下，对局部进行修补改造，比如把化石能源替换为"清洁能源"，把高污染技术替换为"低碳技术"，把经济模式替换成"循环经济"……就可以使整个社会从工业文明过渡到生态文明。既享用工业文明的成果，又不产生环境问题。这种理解方式在省一级政府乃至国家层面都比较普遍。甚至大多数学者也持这样的理解方式。毫无疑问，这是最容易被当下社会所接受的理解方式。

但是，这种理解方式仍然是基于工业文明的基本原则，它所预期的那种理想状态其实是不可实现的。

"高级阶段说"没有对工业文明本身进行彻底的反思，而是寄希望于未来的科学和技术，希望以科技无限，突破地球有限，它的意识形态和社会结构依然是工业文明的。所谓"清洁能源""低碳技术""循环经济"，只可能在短期内对工业文明的问题有所缓解，不可能拯救这种文明形态。因为这些概念都存在根本上的问题。比如"清洁能源"，就是一个伪概念。能源是否清洁首先并不在于使用了哪种类型的能源，而在于所使用的能源的量，是否在一个限度之内。超出那个限度，任何能源都是不清洁的。

第三个版本"彻底转型说"则认为，生态文明是一种全新的文明形态，它不可能通过对工业文明的局部修补而获得，必须对工业文明的社会进行全方位的整体性的变革，包括主流意识形态、社会结构、生活方式等等。其中，意识形态的变革是其他变革的基础。在这个变革中，传统意识形态中的三观都需要作新的调整。这三观是：机械论、还原论、决定论的自然观（机械自然观）；单一单向的社会发展观（不同版本的社会达尔文主义）；实证主义的科学进步观。最核心的内容则是，关于社会演进的方向，关于什么样的生活是好的生活。

如何建设这一版本的生态文明？不仅要对工业文明进行彻底的反思与批判，还需要从传统文明中汲取滋养。传统是唯一的曾经存在过的可持续的文明形态。

一个可持续的文明，必须有一种约束自身扩展的力量。如果这个力量不存在，文明的生态前提迟早要遭到破坏。因而，从工业文明进入生态文明，最重要的问题就是，如何获得一种自我约束的力量。

因而，真正的问题不是怎么发展，而是怎么停下来。如果人类不考虑怎样停下来，人类文明将会在可见的未来崩溃。

四、工业文明与机械自然观

科学主义和机械自然观都是工业文明意识形态的一部分。

关于科学主义，有很多种表述方式。这里采用的是 2002 年上海科学文化会议学术宣言的表述方式。

科学主义大致包括四个层面，在知识论的层面上，相信科学是真理，乃至于唯一的真理；相信科学是对自然现象乃至社会现象的最为正确的解释。在社会层面上，相信人类社会所遇到的首要问题都可以随着科学技术的发展而得到解决，科学技术的负面效应都是暂时的、偶然的、可以避免的，并且注定会随着科学技术的进一步发展而得到解决。在人与自然关系层面，科学主义表现为人类中心主义，认为人类有能力认识自然，有权力改造自然。最后，在认识论的层面上，持一种机械自然观，它包括机械论、还原论、决定论。（柯文慧，2002）

科学主义所依仗的科学是数理科学。科学主义、数理科学、机械自然观，这三者是相互依存、相互渗透、相互建构的。

数理科学是以牛顿的经典物理学为核心逐渐发展起来的。数理科学为人类提供了一个机械化的世界图景。所谓"上帝是一个钟表匠"，上帝创造这个世界，就如同一个钟表匠制作了一只钟表。整个世界（自然）如同一架机器，这架机器由一个个机械连接的部件构成，它是物质的，没有内在的生命。机械自然观的核心是机械论，同时还隐含着还原论与决定论，三者相互关联。机械自然观相信，自然这架机器可以分离、拆卸，也可以重新安装、重新组合——还原论。同时也相信，只要对这架机器的每一个部件进行研究，掌握每一个部件的细节，就可以对整个机器有完整的了解和把握，可以对整个机械的运行做完全确定性的计算和预期——决定论。按照这种观念，整部宇宙机器的运行遵循既定的、统一的物理规律；这些规律能够被人获知，并写成数学方程；这些方程是可以计算的。数理科学试图通过计算，对大自然进行准确的分析和预言。

数理科学不仅仅是一种认知体系，同时，还通过其技术[1]，直接对自然进行干

---

1 技术可以按照其来源分为两类，经验技术与科学的技术。其中"科学的技术"，主要是指来自数理科学的技术。参见：田松（2011a）。

预。于是，大自然成为人类研究、分析、计算、控制、改造、重构的对象。物理学不仅改变了我们对于世界的看法，也改变了我们生存的世界本身。

在人与自然关系层面，由于自然是个机器，只是物质的集合，不具有内在的价值，不具备主体性资格，所以，在环境伦理的意义上，机械自然观与人类中心主义完全相容，并且相互加强。人类把自然视为自身的资源，人类相信自己有能力也有权力对自然进行控制和改造。

在工业文明的社会框架下，资本是一切的核心。整个社会都把资本增殖作为最高目标和最高行为准则，人类通过科学对自然的改造也不例外。数理科学及其技术与工业文明也是相容的。数理科学不仅在形而上的层面为工业文明的意识形态提供支持（机械自然观、人类中心主义、自然或社会进化观等），还在形而下的层面提供具体的帮助资本流通、增殖的技术。反过来，社会也对这样的科学和技术予以支持，使得这样的科学和技术获得更多的资源，从而加强了对自然的控制和改造。

随着工业文明的全球扩张，数理科学作为一种描述自然和解释自然的知识体系被全世界各个民族所接受，机械自然观也随之成为全球范围内的主流观念。数理科学被认为是一种普遍性的知识，超越地域、民族、国家、文化，同样，工业文明也被认为是一种超越性的文明形态。在发展、落后的二元话语结构中，工业文明意味着发展，传统文明意味着落后；数理科学意味着发展，传统文化意味着落后。在这种话语中，工业文明天然地居于一个制高点，把自己默认为文明的方向。

但是，科学是否具有如人们所相信的那种普遍性，科学是否真的就是古希腊人所追求的那种绝对的确定性的知识，是值得怀疑的。

按照约瑟夫·劳斯（Joseph Rouse）的科学实践哲学的观点，科学在本质上是一种地方性知识，科学知识来自于实验室，也（只）适用于实验室。数理科学只能从自然之中切割出一个局部，忽略这个局部与其他部分之间的关联，只有建立理想化的模型，才能用数学方程来描述这个局部。但是，所忽略的部分在长时段的累积之后会产生什么样的后果，是不可预料的。而根据这种实验室中切割出来的自然的局部所获得的规律，在强行应用到大自然之后，所导致的后果也是不可预料的。科学之技术的广泛应用，实际上是把大自然实验室化了。（蒋劲松，2008）但是，大自然不甘于"被动"的命运，必然以某种方式对抗人类的压迫，这表现为全球性的环境问题和生态危机。地球有限，资源有限，容纳垃圾的能力也有限，工业文明所许诺的无限发展的人类未来注定是空幻的。所谓人类的发展乃至工业文明下人类的生存本身，都是建立在对自然的伤害之上的。这是现代人的原罪。

工业文明注定是不可持续的，人类必须转向一种新的文明形态，生态文明。

五、博物学重建与生态文明 [1]

作为一种简单的划分方式，可以说，存在两大类科学形态，一种是博物学范式，一种是数理科学范式。进一步细分，数理科学之后，还发展出控制实验范式和数值模拟范式。

博物学是知识的原初形态。举凡目之所见，耳之所闻，手之所触，鼻之所嗅，都可以纳入博物学的范畴。简言之，博物学的对象就是大千世界的万事万物，无所不包。现今很多学科都与博物学有着莫大的渊源，或者直接来自博物学，比如生物、地质、地理乃至于天文、气象等等。

按照现在的学科体系，博物学之中有一部分被纳入到自然科学之中，也有一部分应该归属于人文学科。在自然科学内部，博物学常与数理科学相提并论，被视为两大自然科学传统之一。两者有不同的范式，不同的应对自然的方式和态度。数理科学持机械自然观，以数学为工具，实验为手段，将自然视为研究、分析、计算、控制、改造、重构的对象。博物学则重于观察、归纳、分类、描述，将自然视为理解、关怀乃至敬畏的对象。

作为原初的知识形态，博物学以人类的感官为首要观察手段，对自然进行最基本的认知、观察、命名、归纳，这也是人类与外界相处的本能方式。从原始思维的意义上，人类本能地采用拟人的、类比的、想象的方式，将自然视为主体，视为生命。因而，"万物有灵"几乎在所有的传统文化中都普遍存在。以现代话语来描述，或者以生态学的话语来描述，博物学把自然视为相互依存的生命体系，人类也属于这个体系，是这个体系的一个环节。按照这种生态学自然观，人无法跳出自然之外，把自然视为一个"对象"。即使作为对象，自然也只能是人

---

1 参见：田松（2011b）。

类观察、体验、了解、关怀乃至敬畏的对象。

自然生态系统的复杂程度超出了人类智慧所能把握的范围。博物学试图从整体上关爱自然、体悟自然，同时在生命的意义上达成沟通。既然万物有灵，既然人类只是自然生命体系中的一个环节，则非人类中心主义是内在于生态自然观的。

在数理科学兴起之后，基于数学方程的对于自然的分析、计算、预测，获得了更高的推崇；所建立的数学模型，被认为是自然的本质规律。数理科学获得了更高的意识形态价值。传统的博物学则被认为是原始的、粗浅的、表面的。传统博物学的领域遭到了数理科学的侵蚀。各个领域都致力于使自己数学化，进而发展成为数理科学范式的化学、生物学、地质学、气象学等学科。

人类进入工业文明之后，科学被纳入到社会建制中来，科学活动获得了国家层面的支持。那些能够为经济服务、能够使资本增殖的科学和技术得到了更多的生存空间和发展空间。显然，在根本上具有掌控自然性质的数理科学更能够满足资本的要求。而其他门类的科学，虽然也在社会结构中占有一定的位置，但是与数理科学相比，已经被边缘化了。实际上，博物学作为一门学科已经从大学的专业名录中消失了。

这样，在意识形态层面，博物学遭到数理科学的贬斥；在社会建制层面，博物学缺乏足够的社会资源。博物学全面退却，不再能够承担沟通人与自然的基本功能。机械自然观成为个人及社会所默认的自然观，而生态自然观或者被视为原始的，或者被视为后现代的，总之不是当下的。无论社会集体意识层面，还是个人情怀层面，数理科学应对自然的方式和态度都占据绝对优势。人类的意识形态与其行为方式是相互建构的，在工业社会的意识形态和社会结构中，人与自然的紧张关系陷入难以解脱的正反馈，人类总是试图在保留工业文明基本结构的状态下，通过一些修修补补的工作来拯救危机，而这样的挣扎往往使人类陷入更加严重的危机之中。在未来的生态文明之中，需要在意识形态的层面上，重新接受或者重新建构一种超越机械自然观的非人类中心主义的自然观。

观念的转变需要漫长的过程。倡导新博物学，为突破数理科学、还原论科学的屏障提供一种可能性。

所谓新博物学，与传统博物学之间有着血脉上的关联，但又不完全等同于传统博物学。新博物学否定数理科学的机械自然观及其基本范式，但是并不拒绝数理科学的某些结论；甚至在一定意义上，不拒绝数学方法，也不拒绝实验方法。

由于传统博物学中有相当一部分已经被数理科学化了，所以两者之间存在着一些中间地带。比如生态学，在一定程度上具有数理科学的特征，但是同时，又对生态自然观构成了支持。现在我们提倡新博物学，首先是在其与数理科学相对立的意义上提出的，所以新博物学的范畴自身还处于建构的过程之中。当然，其基本理念是明确的。

不妨把博物学视为拯救人类灵魂的一条小路。

博物学及博物价值至少可以从两个方面为生态文明建设做出贡献。

首先，博物学作为一种知识体系的重要价值。博物情怀原本是个人情感、个人知识中至关重要的一部分。孔子曾强调"多识鸟兽草木之名"。知道事物的名字，是识别、了解进而亲近它们的第一步。而不知道或者不屑于知道它们的名字，则意味着对它们不关心，也不认为它们与自身的生活有关。中国在现代化过程中，数理科学受到一边倒的重视，博物学被高度边缘化，公众的基本知识中缺少这个维度。则热爱自然只是一种抽象的理论上的说法，不能成为公众情感生活的一部分。

大自然中的所有物种都是相互依存的，只有人类相信自己的生存可以不依赖于任何其他物种，或者只把其他物种看作自己的资源，而不尊重它们的作为其自身生命的存在，这是长期教育的结果。提倡新博物学，从"多识鸟兽草木之名"做起，是人类了解自然，亲近自然，继而放下人类中心主义傲慢的开始。

同时，博物学还是一种不同于数理科学的看待世界、看待生活的方式。位居工业文明主导地位的机械自然观与数理科学是相互支撑的；机械自然观与强人类中心的环境伦理、与效率利润至上的经济伦理都是相容的。数理科学强调分析、还原；建构模型，用数学方程进行处理；致力于"发现"自然的"本质因素"，建构普适规律，把自然视为解剖切割的对象。博物学则重视归纳、分类，作现象层面的观察、描述，承认乃至于强调地方性与个体经验。数理科学力图把对象从环境中分离开来，博物学则关注对象所处的环境，强调对象与其环境中其他事物的关联。数理科学对于研究对象的态度是冷静的，博物学则可以是融入情感的。通过博物学，转变我们对待自然的态度，对待生活的态度，就会看到，世界也好，生活也好，不是僵硬的、单一的、普适的，而是充满生机、丰富多样的。

博物学是人类与自然相处的原初形态，回到博物学，就是回到人类的起点。

博物学承认自然的主体性，对自然进行观察、描述、分类、命名。博物学把自然理解为生命的集合体，而非物质的乃至机械零件的集合体。博物学承认不同生命形态之间的相互关联（生态学），尊重人类文明的地方性与多样性。由博物学视角出发，会给出弱人类中心乃至非人类中心的环境伦理，也会给出一种新的经济伦理。

通过博物学，人类换一种视角看待自然，并逐渐能够体会自然，感受到作为生命的自然，则可能感受到人类有史以来，尤其是工业革命以来，对自然造成的巨大伤害，从而意识到这样一个不大容易接受的现实：在自然界中，人类并非是一个有道德的物种。意识到这一点，是人类作为一个物种的道德觉醒的开始。

博物学将为生态文明提供作为基本意识形态的自然观，博物学的知识体系也将在未来文明教育体系中占据重要地位。博物学与生态文明是相互和谐、相互建构的。对于今天来说，建构博物学与建构生态文明是同步的，相互的。博物学放到生态文明建设的大背景下，会有更强的意义；反过来，生态文明建设，需要博物学提供基本的理念及知识体系。

在一个国家的大多数国民以及国家层面的社会意识中，都认为看大雁和花比看电视更为重要，则意味着这种国家已经具有了基本的生态文明理念，生态文明建设会成为自觉的主动的行为。

当然，博物学只是提供了一种可能性，一种人类自我拯救的可能性。它是否必然解决工业文明的问题，必然将人类引向一个好的未来，则尚未可知。今天，工业文明虽然面临着严重的危机，但是依然具有强大的惯性，不肯减速，也难以减速。

倡导博物学，是一种可以操作的与工业文明对抗的方式。

六、博物学与传统文化

传统文明是曾经存在过的可持续的文明形态，是生态文明建设唯一可以借鉴的实例。但是，经过工业文明的话语改造之后，人类与传统已经难以直接沟通。博物学可以成为沟通现代与传统的一个中介。

如前所述，作为原初的知识体系，博物学是人类认知的起点。在人类的自我意识形成之后，人类就必然要面对头顶的星空和身边的世界。在常常以神话形式呈现的传统文化之中，蕴含着先民的生存智慧。对于传统民族而言，神话不是虚构的故事，也不是"对自然现象认识不足而想象的产物"，而是这个民族的历史、哲学，以及法律。

在当下的话语体系中，科学被认为是对于自然现象的唯一的解释，传统民族常常被认为是缺乏知识的、对自然缺乏了解的。但是实际上，人类学提供的案例表明，很多传统民族对于身边的世界都有深厚的理解，这是其文明得以存续的基础之一。列维-斯特劳斯（Clande Levi-Strauss）在其《野性的思维》（*The Savage Mind*）中，引用了大量资料，论证传统民族的认知能力。如：

> 加蓬的芳族人在区别同一个属内各个种之间的细微差别上表现出了精确的辨别力；
>
> 这里的土著具有敏锐的感官，他们精确地注意到了陆地和海洋生物的一切物种的种属特性，以及风、光和天色、水波和海浪变化、水流和气流等自然现象最细微的变异；
>
> 菲律宾群岛的哈努诺人有一种嚼槟榔的习俗，它需要具有关于四种槟榔子和八种替代物，五种蒟酱叶和五种替代物的知识；
>
> 哈努诺人把当地鸟类分为七十五种……他们大约能分辨十几种蛇……六十多种鱼……十多种淡水和海水甲壳动物……大约同样数目的蜘蛛纲动物和节足动物……哈努诺人把现有的数千种昆虫分为一百零八类，其中包括十三种蚂蚁和白蚁……
>
> 一位尼格利托人在不能确认一种特殊的植物时，就品尝其果实，嗅其叶子，折断并察验其枝茎，琢磨它的产地。只有在做过这一切之后，他才说出自己是否知道这种植物。（列维-施特劳斯，1987：6—7）

进而，列维-施特劳斯指出，原始人的很多知识并不是出于实用的目的，而是出于求知的目的。而且，这些知识已经远远超出了实用的需要。很多动植物正是因为人们有了关于它们的知识，它们才是有用的。（列维-施特劳斯，1987：13）

这种现象是普遍的，中国的纳西族的东巴经中，有着对周边深山动植物的丰富记录。中国古代经典《诗经》中，也保留着大量的动植物的名字，"蒹葭苍苍，白露为霜"，"参差荇菜，左右流之"。离开了博物学，我们对于这些传统的理解是不完整的，对于这些传统的接续是不可能的。

一般而言，一个社会能够存在，必然是这个社会所处的环境已经具有相对充分的资源。生态前提是外在的，它的存在状况是人类社会不能控制和支配的。在人类进入科学时代之前，人类的力量相对于自然来说非常弱小。人类只能"靠山吃山、靠水吃水"，小心地接受大自然的恩赐。所以在传统社会中有着普遍的自然崇拜。对于人类来说，本地的生态活力是一种神秘的力量。树木为什么每年都会生长？泉水为什么能流淌不息？动物、植物和天气为什么有一年四季的周期性变化？都是神秘的。人类需要谨慎地与自然相处，既能够获取足够的物质与能量，又不会干扰自然的周期运行，从而使人类社会的存在得以持续。所以，传统社会在人与自然相处的过程中，都有非常多的禁忌，有对自身行为的约束。砍树、打猎、取水、耕种……所有的活动都有复杂的禁忌。从自然索取有禁忌，向自然排放的人类污秽物（垃圾）也有禁忌。这些禁忌及其文化常常是用神灵话语来表达的，这种在今天用"科学"眼光看来落后迷信的文化中，包含着古人的生存智慧。如果这种智慧能够满足文明持续的文化前提，这个社会就是可以持续的。

与我们今天的行为相比，这种智慧最大的特点是对自身的约束。拥有某种技术，但是有约束，不放纵。把所生存环境的自然生态（或者神灵），看得比人类社会自身的直接利益更加重要。

这种社会是依附于本地生态而存在的，人类自身的活动成为本地生态的一部分。由于环境本身的多样性，传统文化也具有丰富的多样性——依赖于地方性的多样性。

对于本地生态的涨落，这种社会具有一定的弹性，能够应对一定的程度的天灾——地质变化、气候变化等。当然这个弹性是有限度的，在本地生态发生巨大的灾难性变化时，社会系统会随生态系统的严重破坏而崩溃。但实际上，现代社会应对生态灾难的能力也是有限度的，差别在于，现代社会的生态灾难常常是现代社会自身导致的。

传统社会的技术虽然不能在短期内造成对自然的巨大破坏，但长期作用累积起来，也能够导致生态的毁灭。

传统文化对于自然有其独到的理解方式，传统的理解根植于本地自然环境和生态状况，是一种高度地方性的知识形态。工业文明是一个单数，全球一体；未来的生态文明，则应该是一个复数，不同的地域、不同的地理环境，应该有不同的文化样式。各种文化样式之间可以存在共性，但必然存在着非此不可的地域性差异。则生态文明与传统文明，可以存在着某种直接的借鉴。虽然环境遭到了破坏，虽然生态遭到了毁灭，但是，作为同一个地域之上的不同时空的文明形态，传统或多或少地为未来提供参照。

传统文化有其自身的丰富的知识，只不过，这些知识并不是按照现代学术的方式表述出来的，因而不能为现代人所接受。但是，借助于博物学，借助于生态学，有可能把某些传统神话，用生态学和博物学的话语重新表述出来，从而赋予其合理性，赋予其生命。

在那些可持续的传统中，必然存在着约束文明扩张的力量。那些被我们称之为迷信的古老文化中，存在着先民与自然相处的生存智慧。

建设生态文明，那些依然存在、依然有生存土壤的神灵，则会成为一支积极的力量。对于被工业文明激发起来的个人的欲望、社会的欲望、集体扩张的欲望，这一支力量有可能起到缓解、约束与控制的作用。

七、生态文明的生态理念 [1]

生态环境是人类一切活动的基础，如果没有基本的生态环境，连基本生存都不能保证，更不用说发展经济了。

在工业文明之前的漫长历史中，人类的活动能力相对弱小，人类周边的生态环境似乎是处于一个稳定的状态，大地仿佛是人类的一个坚固的、不变的舞台，供人类表演。即使如此，在足够长的时间之后，人类活动也足以对周边的生态环境产生剧烈的乃至破坏性的影响。

在进入工业文明之后，人类拥有了强大的科学和技术，可以在很短时间内对生态环境产生破坏性的作用。但是，人们依然幻想，无论人类怎么折腾，所生存的大地是稳定的、坚实的、固定的、不变的。显然，这个幻想已经破灭了。

恩格斯说："我们不要过分陶醉于我们对自然界的胜利。对于每一次这样的胜利，自然界都报复了我们。每一次胜利，在第一步都确实取得了我们预期的结果，但是在第二步和第三步却有了完全不同的、出乎意料的影响，常常把第一

1　参见：田松（2014：32—36）。

个结果又取消了。"（恩格斯《自然辩证法·劳动在从猿到人转变过程中的作用》）
中国在几十年经济高速发展的同时，也导致了严重的环境污染和生态危机。对于
我们当下的环境现状的危险，无论怎么样强调都不过分。

党的十八大报告将生态文明单独列出一章，这意味着对环境问题和生态问题
的重视，也意味着我们的生态和环境已经恶化到了非正视不可的地步。报告明确
提出："必须树立尊重自然、顺应自然、保护自然的生态文明理念"，并要求把这
种理念"融入经济建设、政治建设、文化建设、社会建设各方面和全过程"。这
意味着，国家层面开始接受半个世纪以来环境思想和生态思想的成果，在生态伦
理上发生了方向性的转变——走出以往"认识自然，改造自然"的强人类中心
主义，走向弱人类中心主义，乃至走向非人类中心主义。并且，试图使这种新理
念成为社会生活、经济生活的基础准则。这种新理念的核心就是"尊重自然、顺
应自然、保护自然"。

所谓尊重自然，就是尊重自然的权利，承认大自然的主体价值。在我们以
往的观念中，大自然只是一些物质的集合，是人类的资源，是人类开发、利用的
对象，人类可以对大自然为所能为。有能力搬山，就可以搬山；有能力填湖，就
可以填湖；有能力截断大河，就可以截断大河。这种行为方式，叫作人类中心主
义，完全以人类的利益为核心，不考虑大自然的主体价值、大自然的权利。在自
然界中，没有任何一个物种可以脱离其他物种而单独存在，这是生态学的基本结
论。但是工业文明中的人类却把自己凌驾于所有物种之上，把所有物种都视为自
己的资源，予取予夺，其结果必然是全面的环境污染和生态危机。

尊重自然，首先要认识到，大自然不是物质的集合，而是生命体的集合，其
他物种与人类同样有生存的权利，享受阳光、空气和水。人类必须学会尊重其他
物种的权利，尊重自然本身的权利，做一个有道德的物种。

所谓顺应自然，就是在承认自然主体性的前提之后，在不违背大自然自身的
生态循环的前提下，从自然中获取某些资源为人所用。从生态学看来，自然界的
各个部分都是相互依存的，各个部分构成了网络状的生态关系，成为或小或大的
生态系统。自然界生态系统的正常运行，是对人类活动的根本约束。一切人类活
动都必须以不破坏自然界生态系统的正常运行为前提。然而，我们现在的城市建
设都是以城市为中心，不考虑自然本身的运行。

要顺应自然，首先要改变我们对于自然的理解方式，改变我们的自然观。当

今社会主流意识形态的自然观，是机械自然观。机械自然观包括机械论、决定论、还原论三个层面，把世界视为一架机器，各个部分之间只有简单的机械关联，其各个零部件可以拆卸，可以替换，可以重新装配，并且相信，人类能够掌握这台机器的终极规律，可以利用这台机器为人服务，也可以对机器进行改造。

在机械自然观之下，比如说，我们在森林里修了一条公路，人们会认为，森林还是原来的森林，只不过里面多了一条路，因为世界只有机械般的关联，改变机械的一个零件，对其他地方不构成影响。但是，自然不是机器，人类以对待机器的方式对待自然，必须遭到自然的反弹，导致环境问题和生态危机。[1] 人类必须接受生态学对自然的理解方式，认识到自然界是一个巨大的生态系统，其中的各个部分有着网络般的关联，而不是简单的线性关联。我们需要意识到，当我们在森林里修了一条路之后，森林已经不再是原来的森林。当我们把一条河变成一片湖之后，会使周边的生态系统发生巨大的变化。

顺应自然，要了解大自然大大小小的生态系统，人类的活动只能在不干预生态系统运行的前提下进行。比如以往我们会这样想问题，根据经济需要，在某地建设一座50万人的卫星城市，然后再考虑，50万人用电从哪儿来，用水从哪儿调。根据新的生态文明理念，则应该反过来想，这个区域能够每年提供多少淡水为人类所用——要考虑到，自然的生态系统自身也需要水——然后，再考虑这么多的淡水能够供养多少人，然后再考虑，建一个多少人的卫星城市。

建设生态文明，必须走出机械自然观。目前有三种可能的非机械自然观可供选择：万物有灵自然观、生态学自然观和盖娅自然观。万物有灵自然观是人类认识世界的古老方式，至今仍有其现实意义。生态学自然观是建立在生态学之上的自然观，这种自然观更容易被受过现代科学教育的人所接受。盖娅自然观则是一种更宏大的自然观，可以涵盖万物有灵自然观与万物有灵自然观。可以认为，在前现代和后现代之间，存在一个通道。依据非机械自然观，则顺应自然就是一个自然而言的事情。

在尊重自然、顺应自然之后，人类才能真正保护自然。

有一个常见的口号是"人类只有一个地球"，其基本思路是，地球有限，资

---

1 云南景东芒玉大峡谷开发了一条很普通的、很窄的观光步道，看似对生态没有什么影响，但一年后紫茎泽兰沿步道大量入侵。原来，一条不起眼的步道改变了小范围空气流动和光照模式，使局部小环境更适合外来物种的入侵。

源有限，所以要精打细算，才能可持续发展。这个口号固然包含了相当多的生态思想，但是并不充分。对于这个口号的理解，需要扩展。有限的不仅仅是能源和资源，还有生物圈的生态容量，即容纳污染、容纳垃圾的能力。要意识到，地球不仅仅是人类的资源。它自身也是一个生命体，具有主体价值，也具有其自身运行的规律。简而言之，它是一个生态系统，人类把自身的垃圾和污染送到这个系统中去，在一定的限度内，可以被这个生态系统所容纳，所消化，超出这个限度，就必然导致环境问题和生态问题。在认识到地球是一个生态系统，是一个生命集合体之后，需要在这个口号后面再加上一句："地球上不只有人类"。

在新的生态理念贯穿到社会生活的方方面面之后，很多我们惯有的甚至占据主流的观念都将发生转变。

首先，要充分意识到，良好的生态本身就是巨大的财富。蓝天白云，青山绿水，这是每个人都能看得到、闻得到、尝得到的，任何人类的经济活动、社会活动，都要充分考虑，对这份天赐的财富，祖先留给我们的财富，是否构成破坏。如果用看得到、闻得到、尝得到的财富，换成 GDP 报表中的数字，表面上人类的财富增加了，实际上是减少了。严重的生态损伤是不可逆的。淮河治理已经几十年，国家投入了几千个亿，早就超过了向淮河排污的大小工厂的全部产值，当初的所谓发展，其实是得不偿失。短期的 GDP 增加是一次性的，而生态破坏导致的后果是长期的，多方面的。比方说，水质污染，空气质量下降，导致各种疾病增多，癌症普遍化、年轻化，会对公共卫生构成巨大的压力，就要求政府在这方面增加财政支出，破坏青山绿水赚来的钱，又要变成医药费。

其次，要重新认识经济活动的意义，为什么要发展经济。有一位哲学家这样说，一切哲学归根结底都是政治哲学，政治哲学归根结底是对一个问题的回答："什么样的生活是好的生活？"建设生态文明，需要我们对社会活动、经济活动的目的重新理解。"科学技术是把双刃剑"，这个说法已经深入人心。科学技术给我们带来生活上的便利，同时，也不可避免地会有负面效应，即古语之所谓"有一利必有一弊"。在绿水青山和金山银山之间，我们需要做出选择，做出平衡。贫穷当然不是好的生活，但是，拥有了手机、电视、汽车的同时，却只能与雾霾、污水、毒粮相伴，那同样不是好的生活。十八大报告中强调建设"美丽中国"，也隐含着这层意思。

如果不能汲取以往的教训，继续沿着以往的高污染、高排放的模式前进，继续幻想污染之后还能治理，必将导致"国在山河破"的严重后果。中国目前的生态问题和环境问题，无论考虑得多么严重，也不过分。河流污染、地下水污染、空气污染、农田污染都不是局部性的，而是全局性的。继续下去，不仅无法"给子孙后代留下天蓝、地绿、水净的美好家园"，无法实现"中华民族的永续发展"，连生存本身都会出现问题。

　　十八大报告中有关生态文明这一章大有深意，各级政府如果能深入领会生态文明的最新理念，并且贯彻到社会生活，尤其是经济生活中，将意味着整个社会的总体性转变。如果转向成功，我们会有"美丽中国"；如果转向不成功，或者不及时，后果不堪设想。

参考文献

A. C. (1933). Australian Artists of the Past: Mrs. Ellis Rowan. *The Age,* 03.04.

Abbot, C. (1798). *Flora Bedfordiensis, Comprehending Such Plants as Grow Wild in the County of Bedford, Arranged according to the System of Linnaeus, with Occasional Remarks.* Bedford: printed and sold by W. Smith.

Adams, Brian (1986). *The Flowering of the Pacific: Being an Account of Joseph Banks' Travels in the South Seas and the Story of His Florilegium.* London: Collins.

Aiken, Pauline (1947). The Animal History of Albertus Magnus and Thomas of Cantimpré. *Speculum*, 22 (2): 205–225.

Ainley, M. G. (1980). The Contribution of the Amateur to North American Ornithology: a Historical Perspective. *Living Bird,* 8: 161–177.

Alic, M. (1986). *Hypatia's Heritage: A History of Women in Science from Antiquity through the Nineteenth Century.* London: The Women's Press.

Allen, D. E. (1976). *The Naturalist in Britain: A Social History.* Princeton, New Jersey: Princeton University Press.

Allen, D. E. (1980). The Women Members of the Botanical Society of London, 1836–1856. *The British Journal for the History of Science,* 13 (3): 240–254.

Allen, D. E. (1993). Natural History in Britain in the Eighteenth Century. *Archives of Natural History,* 20: 333–347.

Allen, Elsa Guerdrum (1936). Some Sixteenth Century Paintings of American Birds. *The Auk*, 53 (1): 17–21.

Allen, Elsa Guerdrum (1951). The History of American Ornithology before Audubon. *Transactions of the American Philosophical Society,* New Series, 41 (3): 387–591.

Anderson, John G. T. (2013). *Deep Things Out of Darkness: A History of Natural History.* Berkeley and Los Angeles: University of California Press.

Angelo, Ray (1979). Thoreau's Climbing Fern Rediscovered//*Thoreau Society Bulletin,* 149, Fall.

Angelo, Ray (1984). *Botanical Index to the Journal of Henry David Thoreau.* Salt Lake City, Utah: Gibbs M. Smith, Inc., Peregrine Books.

Angelo, Ray (1985). Thoreau as Botanist: An Appreciation and a Critique. *Arnoldia*, 45(3): 13–23.

Anker, Jean (2014). *Bird Books and Bird Art: An Outline of the Literary History and Iconography of Descriptive Ornithology.* Springer.

Anonymous (1756). *The Delights of Flower-Painting, in which is Laid down the Fundamental Principles of That Delightful Art,* 2nd edition. London: printed for D. Voisin, Printsellr, in Middle-Row, Hoborn.

Anonymous (1765). *The Young Lady's Geography; Containing, an Accurate Description of the Several Parts of The Known World，Dedicated to Her Majesty Queen Charlotte.* London: printed for R. B. Baldwin, in Pater-noster-Row, and T. Lownds, in Fleet-Street.

Anonymous (2009). *Physiologus: A Medieval Book of Nature Lore.* Translated by M. J. Curley. Chicago: University of Chicago Press.

Anstey, P. (2012). Francis Bacon and the Classification of Natural History. *Early Science and Medicine,* 17 (1/2): 11–31.

Armitage, Kevin C. (2004). *Knowing Nature: Nature Study and American Life, 1873–1923.* Lawrence: University of Kansas, Ph.D Dissertation.

Armitage, Kevin C. (2009). *The Nature Study Movement: The Forgotten Populizer of America's Conservation Ethic.* Lawrence: University of Kansas Press.

Arnold, Stevan J. (2003). Too Much Natural History, or Too Little? *Animal Behavior,* 65:1065–1068.

Atran, S. (1990). *Cognitive Foundations of Natural History: Towards an Anthropology of Science.* Cambridge：Cambridge University Press.

Bacon, F. (1626). *Sylva Sylvarum.* London.

Bacon, F. (1657). *The Works of Francis Bacon.* Cambridge: The Riverside Press.

Bacon, F. (2000). *The New Organon.* eds. Lisa Jardine, Michael Silverthorne. New York: Cambridge University Press.

Bailey, Liberty Hyde (1903). *The Nature Study Idea: Being an Interpretation of the New School-Movement to Put the Child in Sympathy with Nature.* New York: Doubleday, Page & Company.

Baldwin, S. A. (1986). *John Ray (1627–1705), Essex Naturalist: A Summary of His Life, Work and Scientific Significance.* Baldwin's Books.

Baldwin, S. P. (1932). Baldwin to Aldo Leopold, 11 April 1932. *Aldo Leopold Papers,* 9:10–13.

Balfour, John (1851). *Phyto-Theology.* London and Edinburgh: Johnstone & Hunter.

Balme, D. (1962). Genos and Eidos in Aristotle's Biology. *The Classical Quarterly.* 12: 81–88.

Bancroft, H. (1932). Herbs, Herbals, Herbalists. *The Scientific Monthly,* 35 (3): 239–253.

Banks & Beaglehole, John (1962). *The Endeavour Journal of Sir Joseph Banks* (Vol.1). Sydney: The Trustees of the Public Library of New South Wales in association with Angus & Robertson.

Banks & Chambers, Neil (2008). *The Indian and Pacific Correspondence of Sir Joseph Banks, 1768–1820* (Vol.1). London: Pickering & Chatto.

Banks & Chambers, Neil (2012). *The Indian and Pacific Correspondence of Sir Joseph Banks,*

1768–1820 (Vol.5). London: Pickering & Chatto.

Barber, L. (1980). *The Heyday of Naturalist History (1820–1870)*. New York: Doubleday & Company, Inc.

Barr, J. (1993). *Biblical Faith and Natural Theology: the Gifford Lectures for 1991*. Oxford: Clerendon.

Barrow, M. V. (2000). *A Passion for Birds: American Ornithology After Audubon*. Princeton: Princeton University Press.

Barton, Benjamin S. (1798). *Collections for an Essay Towards a Materia Medica of the United States*. Philadelphia: printed for the auhor, by Way & Groff.

Barton, Benjamin S. (1812). *Flora Virginica*. Philadelphia: Typis D. Heartt.

Bartram, William (1804). Some Account of the Late Mr. John Bartram of Pennsylvania. *The Philadelphia Medical and Physical Journal*, 1 (1): 115–124.

Basset, Cedric (2009). In the Footsteps of Father David. *Arnoldia*, 67 (2): 22–28.

Benedict. Ralhp C. (1939). *The first experiment in plant physiology*. Science, May 5.

Benjamin, M. (1991). Elbow Room: Women Writers on Science, 1790–1840// *Science and Sensibility: Gender and Scientific Enquiry, 1780–1945*, ed. M. Benjamin. Oxford: Basil Blackwell, 28–59.

Bennett, R. J. (1793). *Letters to a Young Lady: on a Variety to Useful and Interesting Subjects*. Philadelphia: printed for W. Spotswood, and H. and P. Rice, Market-street.

Berger, Michael (1996). Henry David Thoreau's Science in "The Dispersion of Seeds". *Annals of Science*. 53 (4):381–397.

Berry, R. J. (2001). John Ray, "Father of Natural Historians". *Science and Christian Belief*, 13 (1): 25–38.

Bigelow, Jacob (1817, 1818, 1820). *American Medical Botany*, Vol. 1, 2, 3. Boston: Cummings and Hilliard.

Binet, Jacques-Louis and Jacques Roger (1977). *Un Autre Buffon*. Paris: Hermann.

Bingley, W. and J. Frost (1847). *A Practical Introduction to Botany*, 3rd edition. London: James Cornish, 1, Middle Row, Holborn.

Bircham, Peter (2007). *A History of Ornithology*. London: Collins.

Birkhead, T. R. (2008). Bird-keeping and the Development of Ornithological Science. *Archives of Natural History*, 35: 281–305.

Birkhead, T. R. and I. Charmantier (2009). History of Ornithology//*Encyclopedia of Life Sciences* (ELS). ed. John Wiley & Sons. Ltd: Chichester, 1–8.

Bloor, David (1991). *Knowledge and Social Imagery*. Chicago: The University of Chicago Press, 1–23.

Blumenthal, H. (2006). A Taste for Exotica: Maria Sibylla Merian's *Metamorphosis Insectorum Surinamensium*. Gastronomica: *The Journal of Critical Food Studies*, 6 (4): 44–52.

Blunt, W., William, T. S. (1967).*The Art of Botanical Illustration*. London and Glasgow: Collins Clear-Type Press.

Bock, Walter J. (2004). Presidential Address: Three Centuries of International Ornithology. *Acta Zoologica Sinica*, 50 (6): 880–912.

Bombardier (1944). Chaucer: Ornithologist. *Blackwood's Mag.* 256: 120–125.

Bonaparte, C. L. (1838). *A Geographical and Comparative List of the Birds of Europe and North America*. London.

Bonney, Cooper B. J. Dickinson, Kelling, S. (2009). Citizen Science: A Developing Tool for Expanding Science Knowledge and Scientific Literacy. *BioScience*, 59: 977–984.

Bonney, Rick (2014). Citizen Science: Next Steps for Citizen Science. *Science,* 343: 1436–1437.

Boubier, Maurice (1932). *L'évolution de l'ornithologie*. Felix Alcan.

Boutan, E., David, A. and Faye (1993). *Le Nuage et la Vitrine: Une Vie de Monsieur David*. Bayonne: Raymond Chabaud.

Bowler, P. (2009). *Evolution: The History of An Idea*. 25th anniversary edition. California: University of California Press.

Bowler, Peter J. (1976). Alfred Russel Wallace's Concepts of Variation. *Journal of the History of Medicine and Allied Sciences* 31:17–29.

Brantlinger, P. (1998). *The Reading Lesson: The Threat of Mass Literacy in Nineteenth-Century British Fiction*. Bloomington: University of Indiana Press.

Bridson, Gavin (2008). *The History of Natural History: An Annotated Bibliography,* 2nd edition. London: The Linnean Society of London.

Brockway, Lucile (1979). *Science and Colonial Expansion: The Role of the British Royal Botanical Gardens*. London: Academic Press.

Brooke, J. H. (2002). Natural Theology//*Science and Religion: A Historical Introduction*. ed. Gary B. Ferngren. Baltimore: Johns Hopkins University Press, 163–175.

Brooks, Paul (1989). *The House of Life: Rachel Carson at Work with Selections from Her Writings Published and Unpublished*. Boston: Houghton Mifflin.

Brown, G. (1799). *A New Treatise on Flower Painting, or Every Lady Her Own Drawing Master, Containing the Most Familiar and Easy Instructions,* 3rd edition. London: printed for the author.

Browne, J. (2002). *Charles Darwin: The Power of Place*. Princeton and Oxford: Princeton University Press.

Brunet, Pierre (1931). La notion d'infini mathématique chez Buffon. *Archeion,* 13:24.

Bryan, M. (2005). *John Ray (1627–1705), Pioneer in the Natural Sciences: A Celebration and Appreciation of His Life and Work*. Braintree: The John Ray Trust.

Buchanan, H. (1979). *Nature into Art: A Treasury of Great Natural History Books*. Weidenfeld & Nicolson.

Buell, Laurence (1995). Thoreau and the Environment//*The Cambridge Companion to Henry Thoreau*. ed. Joel Mayerson. Cambridge: Cambridge University Press, 171–193.

Buffon, Henri (1860). *Correspondance Inédite de Buffon à Laquelle ont été Réunies les Lettres Publiées jusqu'à ce Jour Recueillie et Annoté par Henri Nadault de Buffon*. Paris: Hachette.

Buffon, Henri (1971). *Correspondance Générale par Buffon. Recueillie et Annotée par H. Nadault de Buffon. To Richard de Ruffey. I.* Genève: Slatkine Reprints.

Buffon, Piveteau (1954). *Oeuvres Philosophiques de Buffon.* Paris: Presses Universitaires de France.

Bury, R. Bruce (2006). Natural History, Field Ecology, Conservation Biology and Wildlife Management: Time to Connect the Dots. *Herpetological Conservation and Biology,* 1: 56–61.

Callicott, J. Baird (1987). The Conceptual Foundations of the Land Ethic//*Companion to a Sand County Almanac: Interpretive and Critical Essays,* ed. J. Baird Callicott. Madison: University of Wisconsin Press.

Calmann, G. (1977). *Ehret: Flower Painter Extraordinary.* Boston: New York Graphic Society.

Candolle, A. P. de and Sprengel, K. (1821). *Elements of the Philosophy of Plants Containing the Principles of Scientific Botany.* Edinburgh: William Blackwood, Kessinger Publishing.

Carey, John (1841). Notice of a Flora of North America. *The American Journal of Science and Arts,* 41 (2): 275–283.

Carter, Harold (1988). *Sir Joseph Banks,* 1743–1820. London: British Museum (Natural History).

Casey, M. (1962). *An Australian Story,* 1837–1907. London: Michael Joseph Limited.

Catherine Knight (2010). The Nature Conservation Movement in Post-War Japan. *Environment and History,* 16 (3): 349–370.

Centennial International Exhibition, Melbourne, 1888–1889 (1890). *The Official Record.* Melbourne: Sands & McDougall. http://guides.slv.vic.gov.au/c.php?g=245268&p=1633216, 访问时间: 2016.05.01.

Channing, William Ellery (1873). *Thoreau: the Poet-Naturalist.* Boston: Roberts Brothers.

Channing, William Ellery (1902). *Thoreau, a Poet-Naturalist.* new edition. ed. Frank Sanborn. Boston: Charles E. Goodspeed.

Charmantier, I. (2011). Carl Linnaeus and the Visual Representation of Nature. *Historical Studies in the Natural Sciences,* 41 (4): 365–404.

Clark, M. D. (1992). Eleanor Ormerod (1828–1901) as an Economic Entomologist: Pioneer of Purity Even More Than of Paris Green. *British Journal for the History of Science,* 25 (4): 431–452.

Clark, M. D. (2004). 'Ormerod, Eleanor Anne (1828–1901)', *Oxford Dictionary of National Biography,* Oxford University Press, 访问时间: 2016.04.05.

Clarke, P. A. (2003). *Where the Ancestors Walked: Australia as an Aboriginal Landscape.* Sydney: Allen & Unwin.

Clarke, P. A. (2008). *Aboriginal Plant Collectors: Botanists and Australian Aboriginal People in the Nineteenth Century.* Sydney: Rosenberg Publishing.

Cochrane, Peter (2001). *Remarkable Occurrences: The National Library of Australia's First 100 Years, 1901–2001.* Canberra: National Library Australia.

Colden, Cadwallader (1843). *Selections from the Scientific Correspondence of Cadwallader*

Colden, with Gronovius, Linnaeus, Collinson and Other Naturalists. ed. Asa Gray. New Haven: printed by B. L. Hamlen.

Cooper, Mary Alexandra (1998). *Inventing the Indigenous: Local Knowledge and Natural History in the Early Modern German Territories.* Cambridge: Harvard University, Ph.D Dissertation.

Costabel, Pierre (1985). Descartes et la Mathématique de l'Infini. *Historia Scientiarum,* 29:37.

Crowther, J. G. (1960). *Founders of British Science.* London: The Cresset Press, 94–130.

Curtis, W. (1777). *Flora Londinensis: Or Plates and Descriptions of Such Plants as Grow Wild in the Environs of London.* London: printed for and sold by the author and B. White.

Daniels, G. H. (1968). *American Science in the Age of Jackson.* New York and London: Columbia University Press.

Daranatz, J. B. (1929). *Armand David (1826–1900): Un Grand Naturaliste Basque.* Bayonne: impr. du "Courrier".

Darian-Smith, K., Gillespie, R., Jordan, C. and Willis, E. (2008). *Seize the Day: Exhibitions, Australia and the World.* Melbourne: Monash University Publishing. http://books. publishing.monash.edu/apps/bookworm/view/SEIZE+THE+DAY/123/xhtml/cover.xml, 访问时间：2016.05.01.

Darlington, William (1849). *Memorials of John Bartram and Humphry Marshall, with Notices of Their Botanical Contemporaries.* Philadelphia: Lindsay & Blakiston.

Darlington, William (ed.) (1843). *Reliquiae Baldwinianae: Selections from the Correspondence of the Late W. Baldwin...with Occasional Notes and a Short Biographical Memoir.* Philadelphia: Kimber and Sharpless.

"Darwin Project". https://www.darwinproject.ac.uk/letter/?docId=letters/DCP-LETT-1674.xml, 访问时间：2015.06.30.

Darwin E. (2004). The Loves of the Plants. *The Collected Writings of Erasmus Darwin.* Vol. 2.

Dasmann, Raymond (1976). National Parks, Nature Conservation, and the "Future Primitive". *The Ecologist.* 6 (05).

Dasmann, Raymond F. (1984). *Environmental Conservation,* 5th edition. New York: John Wiley and Sons.

David, Armand and Helen M. Fox (1949). *Abbe David's Diary: Being an Account of the French Naturalist's Journeys and Observations in China in the Years 1866 to 1869.* Cambridge: Harvard University Press.

David, Armand (1875). *Journal de Mon Troisième Voyage d'Exploration dans l'Empire Chinois.* Paris: Hachette et Cie.

Dayton, P. K., and E. Sala (2001). Natural History: The Sense of Wonder, Creativity, and Progress in Ecology. *Science Marin,* 65:199.

Derham, W. (1846). Select Remains of the Learned John Ray. *Memorials of John Ray.* ed. Edwin Lankester. London.

Des Cowley (2002). Women's Work: Illustrating the Natural Wonders of the Colonies. *The La Trobe Journal,* 69: 11–29. http://www3.slv.vic.gov.au/latrobejournal/issue/latrobe-69/t1–

g-t3.html, 访问时间：2016.05.01.

Desmond, R. (1987). *A Celebration of Flowers: Two Hundred Years of Curtis's Botanical Magazine.* Kew: Royal Botanic Gardens.

Devall, Bill (1982). John Muir as Deep Ecologist. *Environmental Review* : ER. 6 (1).

Drouin, J. and B. Bensaude-Vincent (1996). Nature for people// *Cultures of Natural History,* eds. N. Jardine, J. A. Secord and E. C. Spary. Cambridge: Cambridge University Press, 408–425.

Duncan, Andrew (1821). *A Short Account of the Life of the Right Honourable Sir Joseph Banks KB, President of the Royal Society of London.* Edinburgh: P. Neill.

Dunn, Erica H., Charles M. Francis, Peter J. Blancher (2005). Enhancing the Scientific Value of the Christmas Bird Count. *Auk,* 122: 338–346.

Dupree, A. H. (1959/1988). *Asa Gray: American Botanist, Friend of Darwin.* Baltimore: Johns Hopkins University Press.

Durant, John R. (1979). Scientific Naturalism and Social Reform in the Thought of Alfred Russel Wallace. *British Journal for the History of Science,* 12 (1):31–58.

Dyke, Fred Van (2008). *Conservation Biology: foundations, concepts and applications,* 2nd edition. Springer Science and Business Media.

Eaton, Amos (1818). *A Manual of Botany for the Northern and Middle States of America,* 2nd edition. Albany: Websters and Skinners.

Eaton, Amos (1822). *A Manual of Botany for the Northern and Middle States of America,* 3rd edition. Albany: Websters and Skinners.

Eaton, Richard Jefferson (1974). *A Flora of Concord.* Special Publication, No. 4. The Museum of Comparative Zoology, Harvard University.

Edgeworth, M. and R. L. Edgeworth (1798). *Practical Education,* 2 Vols. London: J. Johnson.

Edgeworth, W. (1799). *Letters for Literary Ladies,* 2nd edtion. London: J. Johnson.

Egerton, F. N. (2005). A History of the Ecological Sciences, Part 18: John Ray and His Associates Francis Willughby and William Derham. *Bulletin of the Ecological Society of America,* 301–313.

Egerton, F. N. (2011). A History of Ecological Sciences, part 38A: Naturalists explore North America, mid-1820s–about 1840. *ESA Bulletin,* 92:64–91.

Ehrenfeld, D. W. (1970). *Biological Conservation.* New York: Holt, Rinehart and Winston.

Ehrenfeld, D. W. (2000). War and Peace and Conservation Biology. *Conservation Biology,* 14 (1): 105–112.

Elliott, Stephen (1821, 1824). *A Sketch of the Botany of South Carolina and Georgia,* 2 Vols. Charleston: J. R. Schenck.

Ellwood, Elizabeth R., Richard B. Primack and Michele L. Talmadge (2010). Effects of Climate Change on Spring Arrival Times of Birds in Thoreau's Concord from 1851 to 2007. *The Condor,* 112 (4):754–762.

Elton, Charles S. (2001). *Animal Ecology.* Chicago: University of Chicago Press.

Emerson, R. W. (1983). *Ralph Waldo Emerson: Essays & Lectures.* The Library of America.

Endersby, J. (2008). *Imperial Nature: Joseph Hooker and the Practices of Victorian Science.* Chicago: The University of Chicago Press.

Etheridge, K. (2011). Maria Sibylla Merian and the Metamorphosis of Natural History. *Endeavour,* 35 (1): 16–22.

Fagan, Melinda Bonnie (2007). Wallace, Darwin, and Practice of Natural History. *Journal of the History of Biology,* 40:601–635.

Fara, P. (2003a). Carl Linnaeus: Pictures and Propaganda. *Endeavour,* 27 (1): 14–15.

Fara, P. (2003b). *Sex, Botany & Empire: The Story of Carl Linnaeus and Joseph Banks.* Cambridge: Icon Book Ltd.

Fara, P. (2004). *Pandora's Breeches: Women, Science and Power in the Enlightenment.* London: Pimlico.

Farber, P. L. (1997). *Discovering Birds: The Emergence of Ornithology as a Scientific Discipline: 1760–1850.* Baltimore: John Hopkins University Press.

Farber, P. L. (2000). *Finding Order in Nature: The Naturalist Tradition from Linnaeus to E.O. Wilson.* Baltimore and London: Johns Hopkins University Press.

Fa-ti Fan (2004). *British Naturalists in Qing China: Science, Empire, and Cultural Encounter.* Cambridge: Harvard University Press.

Feingold, M. (2001). Mathematicians and Naturalists. *Issac Newton's Natural Philosophy.* eds. Jed Z. Buchwald and I. Bernard Cohen. Massachusetts: The MIT Press, 77–102.

Fichman, Martin (2004). *An Elusive Victorian: The Evolution of Alfred Russel Wallace.* Chicago: University of Chicago Press.

Field-Dodgson, C. (2003). *In Full Bloom: Botanical Art and Flower Painting by Women in 1880s New Zealand.* Wellingten: Victoria University of Wellington, Master Dissertation.

Findlen, P. (1994). *Possessing Nature: Museum, Collecting and Scientific Culture in Early Modern Italy.* University of California Press.

Findlen, P. (2006). Natural History. *The Cambridge History of Science,* Vol. 3. eds. Katharine Park and Lorranine Daston. Cambridge: Cambridge University Press, 436.

Fissell, M. and R. Cooter (2003). Exploring Natural Knowledge: Science and the Popular// *The Cambridge History of Science,* Vol. 4, *Eighteenth-century Science,* ed. Roy Porter. Cambridge: Cambridge University Press.

Flader, Susan (1987). Aldo Leopold's Sand County//*Companion to A Sand County Almanac: Interpretive and Critical Essays.* ed. J. Baird Callicott. Madison: University of Wisconsin Press.

Flader, Susan (1994). *Thinking Like a Mountain: Aldo Leopold and the Evolution of an Ecological Attitude Toward Deer, Wolves, and Forests.* Madison: University of Wisconsin Press.

Flader, Susan (2012). Searching for Aldo Leopold's Green Fire. *Forest History Today,* 5: 26–34.

Flannery, M. C. (1995). The Visual in Botany. *The American Biology Teacher,* 57 (2): 117–120.

Fleischner, Thomas L. (1994). Ecological Costs of Livestock Grazing in Western North America. *Conservation Biology,* 3: 629–644.

Fleischner, Thomas L. (2005). Natural History and the Deep Roots of Resource Management. *Natural Resources Journal,* 1: 1–13.

Fontenelle, Bernard (1727). *Eléments de la Géométrie de l'Infini. Preface.* Paris: Imprimerie Royale.

Fontenelle, Bernard (1733). *Histoire de l'Académie Royale des Sciences.* Paris.

Fontenelle, Bernard (1742). *OEuvres de Monsieur de Fontenelle. VI.* Paris: B. Brunet.

Ford, B. J. (2000). Shining Through the Centuries: John Ray's Life and Legacy. *Notes Records of Royal Society of London,* 54 (1): 5–22.

Ford, B. J. (2003). Scientific Illustration in the Eighteenth Century//*The Cambridge History of Science,* Vol. 4, *Eighteenth-century Science,* ed. Roy Porter. Cambridge: Cambridge University Press, 561–583.

Fortenbaugh, William W. *et al.* (1992a). *Theophrastus of Eresus: Sources for His Life, Writings, Thought and Influence.* Part One. Leiden: E.J. Brill.

Fortenbaugh, William W. *et al.* (1992b). *Theophrastus of Eresus: Sources for His Life, Writings, Thought and Influence.* Part Two. Leiden: E.J. Brill.

Foster, M. B. (1934). The Christian Doctrine of Creation and the Rise of Modern Natural Science. *Mind,* 43 (172): 446–468.

Francois, Yves (1952). Buffon au Jardin du Roi (1739–1788). *Buffon.*

Freeman, Richard Broke, Charles Darwin (1977). *The Works of Charles Darwin.* London: Dawsons of Pall Mall, 44–49.

French R. (1994). *Ancient Natural History.* London and New York: Routledge.

Fullerton, Patricia (2002). *The Flower Hunter Ellis Rowan.* Canberra: National Library of Australia.

Funabashi，Harutoshi（舩橋晴俊）（1992）. Environmental Problems In Postwar Japanese Society. *International Journal of Japanese Sociology*, 1: 3–18.

Gartner, Carol B. (1983). *Rachel Carson.* New York: Frederick Ungar Publishing Co.

Gascoigne, J. (1994). *Joseph Banks and the English Enlightenment: Useful Knowledge and Polite Culture.* New York: Cambridge University Press.

Gates, Barbara T. (2007). Introduction: Why Victorian Natural History? *Victorian Literature and Culture,* 539–549.

Gaukroger, S. (2006). *The Emergence of a Scientific Culture: Science and the Shaping of Modernity 1210–1685.* New York: Oxford University Press.

Gaukroger, S. (2010). *The Collapse of Mechanism and the Rise of Sensibility.* Oxford: Clarendon Press.

Genet-Varcin, Emilienne and Jacques Roger (1954). *Bibliographie de Buffon Extrait des Œuvres Philosophiques de Buffon.* Paris: Presses Univ. de France.

George, Bishop (1996). *Travels in Imperial China: The Explorations and Discoveries of Pere*

David. London: Cassell.

George, S. (2005a). Linnaeus in Letters and the Cultivation of the Female Mind: "Botany in an English Dress". *Journal for Eighteenth-century Studies,* 28 (1): 1–18.

George, S. (2005b). The Cultivation of the Female Mind: Enlightened Growth, Luxuriant Decay and Botanical Analogy in Eighteenth-century Texts. *History of European Ideas,* 31 (2): 209–223.

George, S. (2007). *Botany, Sexuality and Women's Writing, 1760—1830: from Modest Shoot to Forward Plant.* Manchester and New York: Manchester University Press.

George, S. (2010). Animated Beings: Enlightenment Entomology for Girls. *Journal for Eighteenth-century Studies,* 33 (4): 487–505.

George, S. (2014). Carl Linnaeus, Erasmus Darwin and Anna Seward: Botanical Poetry and Female Education. *Science and Education,* 23 (3): 673–694.

George, S. and A. E.Martin (2011). Botanising Women: Transmission, Translation and European Exchange. *Journal of Literature and Science,* 4 (1): 1–11.

George, Wilma (1964). *Biologist Philosopher–A Study of the Life and Writings of Alfred Russel Wallace.* Abelard-Schuman.

Gianquitto, Tina (2007). *"Good Observers of Nature": American Women and the Scientific Study of the Natural World, 1820–1885.* Athens, Georgia: The University of Georgia Press.

Gibbons, A. (1992). Conservation Biology in the fast lane. *Science,* 255 (5040): 20–22.

Gillespie, Neal. C. (1987). Natural History, Natural Theology, and Social Order: John Ray and the "Newtonian Ideology". *Journal of the History of Biology,* 20 (1): 1–49.

Gillespie, Neal. C. (1990). Divine Design and the Industrial Revolution: William Paley's Abortive Reform of Natural Theology. *Isis,* 81 (2): 214–229.

Gladstone, J. (1991). "New World of English Words"; John Ray, FRS, the Dialect Protagonist, in the Context of His Times. *Language, Self and Society.* eds. Peter Burke and Roy Porter. Cambridge: Cambridge University Press.

Goerke, Heinz (1966). *Carl von Linné; Arzt, Naturforscher, Systematiker, 1707–1778.* Stuttgart: Wissenschaftliche Verlagsgesellschaft.

Goldner, G. R. (1980). A Late Fifteenth Century Venetian Painting of a Bird Hunt. *The J. Paul Getty Museum Journal,* 8: 23–32.

Gould, Stephen Jay (1996). *The Mismeasure of Man.* New York: W. W. Norton and Company.

Graham, M.H., Parker, J. and Dayton, P. (ed.)(2011). *The Essential Naturalist: Timeless Readings in Natural History.* Chicago and London: University of Chicago Press.

Grant, E. (1996). *The Foundations of Modern Science in the Middle Ages: Their Religions, Institutional and Intellectual Contexts.* Cambridge: Cambridge University Press.

Grant, E. (2009). *A History of Natural Philosophy,From the Ancient World to the Nineteenth Century.* Cambridge: Cambridge University Press.

Gray, Asa (1836). *Elements of Botany.* New York: G. & C. Carville and Co.

Gray, Asa (1842). *The Botanical Text-book: For Colleges, Schools and Private Students.* New

York: Wiley and Putnam.

Gray, Asa (1846). Explanations: A Sequel to Vestiges of the Natural History of Creation. *The North American Review*, 62 (131): 465–506.

Gray, Asa (1859). Diagnostic Characters of New Species of Phaenogamous Plants, Collected in Japan by Charles Wright, Botanist of the U. S. North Pacific Exploring Expedition. With Observations upon the Relations of the Japanese Flora to That of North America, and of Other Parts of the Northern Temperate Zone. *Memoirs of the American Academy of Arts and Sciences*, 6 (2): 377–452.

Gray, Asa (1887). *Elements of Botany*. New York, Cincinnati and Chicago: American Book Company.

Gray, Asa (1889). *Darwiniana: Essays And Reviews Pertaining to Darwinism*. New York: D. Appleton and Company.

Gray, J. L. (ed.)(1894). *Letters of Asa Gray*, Vol.1 & Vol. 2. Boston and New York: Houghton, Mifflin and Company.

Green, James N. (2012). Hand-Coloring versus Color Printing: Early-nineteen-century Natural History Color-plate Books // *Knowing Nature: Art and Science in Philadelphia, 1740–1840*. ed. Amy R. W. Meyers. New Haven: Yale University Press, 254–271.

Greene, John C. (1984). *American Science in the Age of Jefferson*. Ames: The Iowa State University Press.

Grindle, Nick (2005). "No Other Sign or Note than the Very Order": Francis Willughby, John Ray and the Importance of Collecting Pictures. *Journal of the History of Collections*, 17 (1): 15–22.

Gronim, S. (2007). What Jane Knew: A Woman Botanist in the Eighteenth Century. *Journal of Women's History*, 19 (3): 33–59.

Gronovius, Jan Frederic (1739). *Flora Virginica, Exhibens Plantas Quas V. C. Johannes Clayton in Virginia Observavit atque Collegit*. Lugduni Batavorum, apud Cornelium Haak.

Guelke, J. K. and K. Morin (2001). Gender, Nature, Empire: Women Naturalists in Nineteenth Century British Travel Literature. *Transactions of the Institute of British Geographers*, 26 (3): 306–326.

Gunther, R. W. T. (ed.) (1928) *Further Correspondence of John Ray*. London: Ray Society.

Gurney, John Henry (1921). *Early Annals of Ornithology*. London: Witherby.

Haffer, J. (2001). Ornithological Research Traditions in Central Europe during the 19th and 20th Centuries. *Journal of Ornithology*, 142 (1): 27–93.

Haffer, J. (2007). The Development of Ornithology in Central Europe. *Journal für Ornithologie*, 148 (Suppl 1): S125–S153.

Haffer, J. (2008). The Origin of Modern Ornithology in Europe. *Archives of Natural History*, 35: 76–87.

Hagglund, B. (2011). The Botanical Writings of Maria Graham. *Journal of Literature and Science*, 4 (1): 44–58.

Hagood, Charlotte Amanda (2013). Wonders with the Sea: Rachel Carson's Ecological Aesthetic and the Mid-century Reader. *Environmental Humanities*, 2 (2): 57–77.

Hahn, Roger (1971). *The Anatomy of a Scientific Institution: the Paris Academy of Sciences, 1666–1803*. Berkeley: University of California Press.

Hall, A. R. (1956). *The Scientific Revolution 1500–1800: The Formation of the Modern Scientific Attitude*. Boston: The Beacon Press.

Hall, Alfred (1980). *Philosophers at War: A Quarrel between Newton and Leibniz*. Cambridge: Cambridge University Press.

Hanks, Lesley (1966). *Buffon Avant "l'Histoire Naturelle."*. Paris: Presses Universitaires de France.

Harding, Walter (1982). *The Days of Henry Thoreau: A Biography*. Dover Publications Inc.

Havard, V. (1895). Food Plants of the North American Indians. *Bulletin of the Torrey Botanical Club*, 22 (3): 98–123.

Havard, V. (1896). Drink Plants of the North American Indians. *Bulletin of the Torrey Botanical Club*, 23 (2): 33–46.

Hays, Samuel (1969). *Conservation and the Gospel of Efficiency*. New York: Atheneum.

Hazzard, Margaret (1984). *Australia's Brilliant Daughter, Ellis Rowan: Artist, Naturalist, Explorer*, 1848–1922. Melbourne: Greenhouse Publications.

Hazzard, Margaret (1988). Rowan, Marian Ellis (1848–1922)//*Australian Dictionary of Biography*. Vol 11. ed. G.C. Bolton. Carlton, Vic. : Melbourne University Press. http://adb.anu.edu.au/biography/rowan-marian-ellis-8282, 访问时间：2016.06.03.

Heckenberg, Kerry (2008). Vulgar Art: Issues of Genre and Modernity in the Reception of the Flower Paintings of Ellis Rowan//*Impact of the Modern: Vernacular modernities in Australia 1870s–1960s*, eds. Robert Dixon and Veronica Kelly. Sydney: Sydney University Press, 75–90.

Henrey, B. (1975). *British Botanical and Horticultural Literature before 1800*, Vol.2. London: Oxford University Press.

Heringman, Noah (ed.)(2003). *Romantic Science: The Literary Forms of Natural History*. Albany: State University of New York Press.

Hesse, Mary (1980). *Revolutions and Reconstructions in the Philosophy of Science*. Blooming ton: Indiana University Press.

Hewson, Helen J. (1999). *Australia: 300 Years of Botanical Illustration*. Melbourne: CSIRO Publishing.

Hildebidle, John (1983). *Thoreau: A Naturalist's Liberty*. Cambridge: Harvard University Press.

Hoag, Ronald Wesley (1995). Thoreau and the Environment//*The Cambridge Companion to Henry Thoreau*. ed. Joel Mayerson. Cambridge: Cambridge University Press, 152–170.

Holmes, Richard (2008). *The Age of Wonder: How the Romantic Generation Discovered the Beauty and Terror of Science*. New York: Pantheon Books.

Hoppen, K. T. (1976). The Nature of the Early Royal Society, Parts I and 2. *British Journal for the History of Science*, 9: 1–24, 243–73.

Howard, Rio (1983). *La Bibliothèque et le Laboratoire de Guy de La Brosse au Jardin des Plantes à Paris*. Genève: Droz.http://www.ecotourism-center.jp/staticpages/index.php/shizengakko. 访问时间：2016.11.10.

Hung, Kuang-Chi (2013). *Finding Patterns in Nature: Asa Gray's Plant Geography and Collecting Networks (1830s–1860s)*. Cambridge: Harvard University.

Hunter, Dupree A. (1988). *Asa Gray*. Baltimore: Johns Hopkins University Press.

Jackson, C. E. (2011a). The Painting of Hand-coloured Zoological Illustrations. *Archives of Natural History*, 38 (1): 36–52.

Jackson, C. E. (2011b). The Materials and Methods of Hand-colouring Zoological Illustrations. *Archives of Natural History*, 38 (1): 53–64.

Jackson-Houlston, C. M. (2006). 'Queen Lilies'? The Interpenetration of Scientific, Religious and Gender Discourses in Victorian Representations of Plants. *Journal of Victorian Culture*, 11 (1): 84–110.

Jacobson, Susan K. (1990). Graduate Education in Conservation Biology. *Conservation Biology*, 4 (4): 431–440.

Jahn, Laurence R. (1986). Foreword//*Game Management*. Aldo Leopold. Madison: University of Wisconsin Press.

Janick, J. (2002). The Pear in History, Literature, Popular Culture, and Art. https://www.hort.purdue.edu/newcrop/janick-papers/pearinhistory.pdf.

Jardine, N. *et al.* (ed.) (1996). *Cultures of Natural History*. Cambridge: Cambridge University Press.

Johnson, Norman A. (2008). Direct Selection for Reproductive Isolation: The Wallace Effect and Reinforcement//*Natural Selection and Beyond: The Intellectual Legacy of Alfred Russel Wallace*. eds. Charles H. Smith and George Beccaloni. New York: Oxford University Press, 114–124.

Jordan, C. (2005). *Picturesque Pursuits: Colonial Women Artists and the Amateur Tradition*. Melbourne: Melbourne University Press.

Jun, Wen (1999). Evolution of Eastern Asian and Eastern North American Disjunct Distributions in Flowering Plants. *Annual Reviews of Ecological Systematics*, 30: 421–455.

K. S. (1951.07.07). The Author: Rachel Carson. *The Saturday Review of Literature*, 34 (27): 13.

Kalm, Pehr (2008). Pehr Kalm's Journal, translated by Peter Hogg, Viveka Hansen and John Forster//*The Linnaeus Apostles*. eds. Lars Hansen, Vol. 3 (Book 1 & 2). London and Whitby: The Ik Foundation & Comapny.

Keeney, Elizabeth B. (1992). *The Botanizers: Amateur Scientists in Nineteenth-Century America*. Chapel Hill: University of North Carolina Press.

Kelley, T. (2012). *Clandestine Marriage: Botany and Romantic Culture*. Baltimore: Johns Hopkins University Press.

Kelley, T. (2014). Botanical Figura. *Studies in Romanticism*, 53 (3): 343–368.

Keynes, G. (1976). *John Ray (1627–1705): A Bibliography* 1660–1970, 2nd. Heusden.

King, A. M. (2003). *Bloom: The Botanical Vernacular in the English Novel.* New York: Oxford University Press.

Kinukawa, T. (2011). Natural History as Entrepreneurship: Maria Sibylla Merian's Correspondence with J. G. Volkamer Ii and James Petiver. *Archives of Natural History,* 38 (2): 313–327.

Koerner, L. (1993). Goethe's Botany: Lessons of a Feminine Science. *Isis,* 84 (3): 470–495.

Koerner, L. (1995). Women and Utility in Enlightenment Science. *Configurations,* 3 (2): 233–255.

Koerner, Lisbet (1996). Carl Linnaeus in His Time and Place//*Cultures of Natural History.* eds. N. Jardine *et al.* Cambridge: Cambridge University Press, 145–162.

Kohlstedt, Sally Gregory (2005). Nature, Not Books: Scientists and the Origins of the Nature-study Movement in the 1890s. *Isis,* 96 (3): 324–352.

Kottler, Malcolm Jay (1985). Charles Darwin and Alfred Russel Wallace: Two Decades of Debate over Natural Selection//*The Darwinian Heritage.* ed. David Kohn. Princeton NJ: Princeton University Press, 367–432.

Kubrin, D. C. (1967). Newton and the Cyclical Cosmos: Providence and the Mechanical Philosophy. *Journal for the History of Ideas,* 28: 325–346.

Kusukawa, S. (2012). *Picturing the Book of Nature: Image, Text, and Argument in Sixteenth-century Botany and Anatomy.* Chicago: University of Chicago Press.

Laissus, Yves and Jean Taton (1986). *Le Jardin du Roi et le Collège royal dans l'Enseignement des Sciences au XVIIIe Siècle.* Paris: Hermann.

Lankester, E. (ed.) (1846). *Memorials of John Ray.* London: Printed for the Ray society.

Lankester, E. (ed.) (1848). *The Correspondence of John Ray.* London.

Larson, James (1971). *Reason and Experience: The Representation of Natural Order in the Work of Carl von Linné.* Berkeley: University of California Press.

Lazenby, E. M. (1995). *The Histaria Plantarum Generalis of John Ray: Book I—A Translation and Commentary.* Newcastle: University of Newcastle upon Tyne, Ph. D Dissertation.

Lear, Linda J. (2009). *Rachel Carson: Witness for Nature.* republished. New York: Mariner Books.

Lear, Linda J. (ed.) (1998). *Lost Woods: The Discovered Writing of Rachel Carson.* Boston: Beacon Press.

Leopold, Aldo (1924). Grass, Brush, Timber, and Fire in Southern Arizona. *Journal of Forestry,* 22: 1–10.

Leopold, Aldo (1934). What Is the University of Wisconsin Arboretum, Wild Life Refuge, and Forest Experiment Preserve? *University of Wisconsin Arboretum Papers.* General Files, UW Archives, Series 38/3/1, Box 1.

Leopold, Aldo (1937). Teaching Wildlife Conservation in Public Schools. *Wisconsin Academy of Sciences, Arts and Letters,* 30: 80.

Leopold, Aldo (1949). *A Sand County Almanac and Sketches Here and There.* New York and Oxford: Oxford University Press.

Leopold, Aldo (1986). *Game Management.* Madison: University of Wisconsin Press.

Leopold, Aldo (1993). *Round River: From the Journals of Aldo Leopold,* ed. Luna B. Leopold. New York: Oxford University Press.

Leopold, Aldo and Alfred E. Eynon (1961). Avian Daybreak and Evening Song in Relation to Time and Light Intensity. *The Condor,* 4: 269–293.

Leopold, Aldo and Sara Elizabeth Jones (1947). A Phenological Record for Sauk and Dane Counties, Wisconsin, 1935–1945. *Ecological Monographs,* 1: 81–122.

Leopold, Luna B. (1953). Preface//*Round River: From the Journals of Aldo Leopold,* Aldo Leopold, ed. Luna B. Leopold. New York: Oxford University Press.

Levine, J. M. (1983). Natural History and the History of the Scientific Revolution. *Clio,* 13 (1): 57–73.

Lightman, Bernard (2009a). Darwin and the Popularization of Evolution. *Notes and Records of the Royal Society,* 5–34.

Lightman, Bernard (2009b). *Victorian Popularizers of Science: Designing Nature for New Audiences.* Chicago: University of Chicago Press, 18–176.

Limbaugh, Ronald H. (1992). John Muir and Modern Environmental Education. *California History,* 71 (2).

Linnaeus, Carl (1753). *Species plantarum.* London.

Linnaeus, Carl (1938). *Critica Botanca.* translated by Arthur Hort. London.

Linnaeus, Carl (2003). *Pilosophia Botanica.* translated by Stephen Freer. Oxford: Oxford University Press.

Linné, C. (1957). *Species Plantarum: A Facsimile of the First Edition* 1753, Vol. 1, with an Introduction by W. T. Stearn. London: printed for the Ray Society.

Lipscomb, Susan Bruxvoort (2007). Introducing Gilbert White: An Exemplary Natural Historian and His Editors. *Victorian Literature and Culture,* 35 (2): 551–567.

London Intercolonial Exhibition of 1873 (1873). *Official Record.* Melbourne: Mason, Firth and M'Cutcheon, Printers. http://guides.slv.vic.gov.au/c.php?g=245268&p=1633162, 访问时间：2016.05.01

Lönnberg, E. (1931). Olof Rudbeck, Jr., the First Swedish Ornithologist. *Ibis,* 73 (2): 302–307.

Lopez, Barry (2001). The Naturalist. *Orion Magazine,* 20: 38.

Losano, A. (1997). A Preference for Vegetables: The Travel Writings and Botanical Art of Marianne North. *Women's Studies: An Interdisciplinary Journal,* 26 (5): 423–448.

Lounsberry, A. & M. E. R. Rowan. (1899). *A Guide to Wildflowers.* New York: Stokes.

Lounsberry, A. & M. E. R. Rowan. (1900). *A Guide to Trees.* New York: Stokes.

Lucas, A. M. and P. J. Lucas. (2014). Natural History "Collectors": Exploring the Ambiguities. *Archives of Natural History,* 41 (1): 63–74.

Lucas, F. A. (1908). Linnaeus and American Natural History. *N. Y. Acad. of Sci. Annals,* 18 (1): 52–57.

Lytle, Mark Hamilton (2007). *The Gentle Subversive: Rachel Carson, Silent Spring, and the Rise of the Environmental Movement*. New York: Oxford University Press.

Macinnis, P. (2012). *Curious Minds: the Discoveries of Australian Naturalists*. Canberra: National Library of Australia.

Marchant, James (ed.) (1916). *Alfred Russel Wallace, Letters and Reminiscences*. Volume I. London: Cassell.

Maroske, S. (2014). 'A Taste for Botanic Science': Ferdinand Mueller's Female Collectors and the History of Australian Botany. *Muelleria*, 32: 72–91.

Maroske, S. and Vaughan, A. (2014). Ferdinand Mueller's Female Plant Collectors: A Biographical Register. *Muelleria*, 32: 92–172.

Martin A. E. (2011). The Voice of Nature: British Women Translating Botany in the Earth Nineteenth Century// *Translating Women*. ed. Luise von Flotow. Ottawa: University of Ottawa Press, 11–35.

Matthes, Francois E. (1950). John Muir and the Glacial Theory of Yosemite. *The Incomparable Valley: A Geologic Interpretation of the Yosemite*. Berkeley: University of California Press.

Matthiessen, Peter (1987). *Wildlife in America*. New York: Viking Penguin.

Matthiessen, Peter (ed.) (2007). *Courage for the Earth: Writers, Scientists, and Activists Celebrate the Life and Writing of Rachel Carson*. Boston: Houghton Mifflin.

Mayr, E. (1984). Commentary: The Contributions of Ornithology to Biology. *BioScience*, 250–255.

Mayr, Ernst (1981). *The Growth of Biological Thought*. Cambridge: Harvard University Press.

McCay, Mary A. (1993). *Rachel Carson*. New York: Twayne Publishers.

McEwan, C. (1998). Gender, Science and Physical Geography in Nineteenth-century Britain. *Area*, 30 (3): 215–223.

McGrath, A. E. (ed.) (1999). *The Blackwell Encyclopedia of Modern Christian Thought*. Massachusetts: Blackwell Publishers Inc.

McGrath, A. E. (2006). *The Order of Things: Explorations in Scientific Theology*. Blackwell Publishing.

McGregor, Robert Kuhn (1997). *A Wider View of the Universe: Henry Thoreau's Study of Nature*. Champaign: University of Illinois Press.

McKay, J. (1990). *Ellis Rowan, A Flower-Hunter in Queensland*. Brisbane: Queensland Museum.

McMahon, S. (1994). *Natural History or Histories of Nature: Perspectives on English Natural History in the Seventeenth Century*. Edmonton: University of Alberta, M. A. Thesis.

McMahon, S. (2000). John Ray (1627–1705) and The Act of Uniformity 1662. *Notes Record Royal Society London*, 54 (2): 153–178.

McMahon, S. (2001). *Constructing Natural History in England* (1650–1700). Edmonton: University of Alberta, Ph. D Dissertation.

McMahon, S. (2003). *John Ray, Joseph Tournefort and Essences in the Seventeenth Century*. Paper delivered at July meeting of the International Society for the History, Philosophy, and Social Studies of Biology in Vienna.

McMullen, R. (1979). Introduction of *Botany: A Study of Pure Curiosity. Botanical Letters and Notes Towards a Dictionary of Botanical Terms by Jean-Jacques Rousseau.* translated by Kate Ottevanger. London: Michael Joseph.

Medeiros, M. (2012). Crossing Boundaries into a World of Scientific Discoveries: Maria Graham in Nineteenth-century Brazil. *Studies in Travel Writing,* 16 (3): 263–285.

Meffe, Gary K., Carroll, C. Ronald *et al.* (1997). *Principles of Conservation Biology,* 2nd edition. Sunderland, Massachusetts: Sinauer Associations.

Meine, Curt D. (2010). *Aldo Leopold: His Life and Work.* Madison, WI: University of Wisconsin Press.

Meine, Curt, Michael E. Soulé and Reed F. Noss (2006). "A Mission-Driven Discipline": the Growth of Conservation Biology. *Conservation Biology,* 20 (3): 631–651.

Melbourne International Exhibition 1880 (1880). *The Official Catalogue of Exhibits.* 2 vols. Melbourne: Mason, Firth and M'Cutcheon, Printers, 64–67. http://guides.slv.vic.gov.au/c.php?g=245268&p=1633191, 访问时间：2016.05.01.

Meltzer, M. and Harding, W. (1998). *A Thoreau Profile.* Reprint for Thoreau Society.

Merchant, C. (1980). *The Death of Nature: Women, Ecology, and the Scientific Revolution.* San Francisco: Harper and Row.

Merrill, Lynn L. (1989). *The Romance of Victorian Natural History.* New York and Oxford: Oxford University Press.

Meyer, F. G., Emily, E. T. and John, L. H. (1999). *The Great Herbal of Leonhart Fuchs, Vol. I, Commentary.* California: Stanford University Press.

Michaut, Gustave (1931). Buffon Administrateur et Homme d'Affaires. *Annales de l'Universite de Paris-IV* :15.

Mickel, C. E. (1973). John Ray: Indefatigable Student of Nature. *Annu. Rev. Entomol.* 18: 1–17.

Miles, R. and Serra, J. (1978). *Geometrical Probability and Biological Structures: Buffon's 200 Anniversary; Proceedings of the Buffon Bicentenary Symposium on Geometr. Probability, Image Analysis, Mathemat. Stereology and Their Relevance to the Determination of Biolog. Structures, Held in Paris, June 1977.* Berlin [West][u.a.]: Springer.

Miles, S. J. (2001). Charles Darwin and Asa Gray Discuss Teleology and Design. *Perspectives on Science and Christian Faith,* 53: 196–201.

Miller, David (1981). Sir Joseph Banks: An Historiographical Perspective. *History of Science,* 19 (4): 284–291.

Miller, David (1989). "Into the Valley of Darkness": Reflections on the Royal Society in the Eighteenth Century. *History of Science,* 27 (2): 155–166.

Miller, H. S. (1970). *Dollars for Research: Science and Its Patrons in Nineteenth-century America.* Seattle and London: University of Washington Press.

Miller, P. J. (1972). Women's Education: Self Improvement and Social Mobility, a Late Eighteenth Century Debate. *British Journal of Educational Studies,* 20: 302–314.

Mitchell, R. (2004) "Callcott, Maria, Lady Callcott (1785–1842)", *Oxford Dictionary of National*

Biography, Oxford University Press. 2016.03.29 访问 .

Moerman, Daniel E. (1996). An Analysis of the Food Plants and Drug Plants of Native North America. *Journal of Ethnopharmacology,* 52: 1–22.

Moerman, Daniel E. (1998). *Native American Ethnobotany.* Portland, OR: Timber Press.

Mollendorf, M. A. (2013). *The World in a Book: Robert John Thornton's "Temple of Flora".* Cambridge: Harvard University, Ph.D dissertation.

Monod-Cassidy, Hélène and Jean Bernard Le Blanc (1941). *Un Voyageur-Philosophe au XVIIIe Siècle: l'Abbé Jean-Bernard le Blanc. Par Hélène Monod-Cassidy. Correspondence of J.B. Le Blanc. With a Biographical Introduction by H.M. Cassidy. With a portrait.* Cambridge: Harvard University Press.

More, H. (1809). *Strictures on the Modern System of Female Education: With a View of the Principles and Conduct Prevalent Among Women of Rank and Fortune,* Vol. 1. London: Samuel West.

Morton, T. and Dempsey, J. (2000). *New English Canaan.* Digital Scanning Inc.

Morton-Evans, C. and M. Morton-Evans (2009). *The Flower Hunter: The Remarkable Life of Ellis Rowan.* Sydney: Simon & Schuster Australia.

Moss, S. (2004). *A Bird in the Bush: A Social History of Birdwatching.* London: Aurum Press Ltd.

Moyal, Ann (1981). Collectors and Illustrators: Women Botanists of the Nineteenth Century// *People and Plants in Australia,* eds. D. J. Carr and S. G. M. Carr. Sydney: Academic Press.

Moyal, Ann (1993). *A Bright & Savage Land: Scientists in Colonial Australia.* Melbourne: Penguin Books Australia.

Muir, John (1871). Yosemite Glaciers. *New York Tribune,* 12.05.

Muir, John (1894). *The Mountains of California.* New York: The Century Company.

Muir, John (1911). *My First Summer in the Sierra.* Boston and New York: Houghton Mifflin Company.

Muir, John (1913). *The Story of My Boyhood and Youth.* Boston and New York: Houghton Mifflin Company.

Muir, John (1915). *Travels in Alaska.* Boston and New York: Houghton Mifflin Company.

Muir, John (1916). *A Thousand-Mile Walk to the Gulf.* Boston and New York: Houghton Mifflin Company.

Muir, John (1924). *The Life and Letters of John Muir.* Boston and New York: Houghton Mifflin Company.

Müller-Wille, Staffan and Reeds, Karen (2007). A Translation of Carl Linnaeus's Introduction to *Genera Plantarum* (1737). *Studies in History and Philosophy of Biological and Biomedical Sciences,* 38 (3): 563–572.

Müller-Wille, Staffan (2005). Walnuts at Hudson Bay, Coral Reefs in Gotland: The Colonialism of Linnaean Botany//*Colonial Botany: Science, Commerce, and Politics in the Early Modern World,* ed. Londa Schiebinger and Claudia Swan. Philadelphia: University of Pennsylvania Press, 34–65.

Mumby, Frank Arthur (1934). *The House of Routledge, 1834–1934.* London: Routledge.

Murray, C. (1808). *The British Garden: A Descriptive Catalogue of Hardy Plants, Indigenous, or Cultivated in the Climate of Great Britain,* 3rd edition. London: printed for Thomas Wilson, 10, London House Yard, St. Paul's; and All other Booksellers.

Myers, G. S. (1964). A Brief Sketch of the History of Ichthyology in America to the Year 1850. *Copeia,* 1964 (1): 33–41.

Nash, Roderick (1982). *Wilderness and the American Mind.* New Haven: Yale University.

National Education Association (1893). *Report of the Committee of Ten on Secondary Schools Studies.* Washington, D. C.: U. S. Government Printing Office.

Neri, Janice (2011). *The Insect and the Image: Visualizing Nature in Early Modern Europe, 1500–1700.* Minneapolis: University of Minnesota Press.

Newton, Alfred (1899). *A Dictionary of Birds.* London: A. and C. Black.

Nichols, A. (2006). *The Golden Age of Quaker Botanists.* Cambria: Quaker Tapestry at Kendal.

Nicholson, A. J. (1960). The Role of Population Dynamics in Natural Selection//*Evolution After Darwin.* Volume I, ed. Sol Tax. Chicago: University of Chicago Press, 477–521.

Nickelsen, K. (2006a). Draughtsmen, Botanists and Nature: Constructing Eighteenth-century Botanical Illustrations. *Studies in History and Philosophy of Biological and Biomedical Sciences,* 37 (1): 1–25.

Nickelsen, K. (2006b). *Draughtsmen, Botanists and Nature: The Construction of Eighteenth-century Botanical Illustrations.* Vol. 15. Springer.

North, Marianne (1894). *Recollection of a Happy Life: Being the Autobiography of Marianne North.* Vol 2. New York: MacMillan.

Noss, Reed F. (1998). Aldo Leopold Was a Conservation Biologist. *Wildlife Society Bulletin,* 26 (4): 713–718.

Noss, Reed F. (1999). Is There a Special Conservation Biology? *Ecography,* 22 (2): 113–122.

O'Brian, Patrick (1987). *Joseph Banks: A Life.* London: Collins Harvill.

Ogilvie, B.W. (2006). *The Science of Describing: Natural History in Renaissance Europe.* Chicago and London: The University of Chicago Press.

Olivier, M. (2005). Gilles Auguste Bazin's "True Novel" of Natural History. *Eighteenth-century Fiction,* 18 (2): 187–202.

Olsen, P. (2013). *Collecting Ladies: Ferdinand von Mueller and Women Botanical Artists.* Canberra: National Library of Australia.

O'Malley, T. and A. R. W. Meyers (2008). *The Art of Natural History: Illustrated Treatises and Botanical Paintings, 1400–1850.* Washington: National Gallery of Art; New Haven and London: Yale Univ. Press.

Orr, Kirsten (2011). Women Exhibitors at the First Australian International Exhibitions. *Journal of Colonialism and Colonial History,* 12 (3): 1–10.

Orr, M. (2014). Fish with a Different Angle: The Fresh-water Fishes of Great Britain by Mrs Sarah Bowdich (1791–1856). *Annals of Science,* 71 (2): 206–240.

Ortner, S. B. (1972). Is Female to Male as Nature Is to Culture? *Feminist Studies,* 1 (2): 5–31.

Parrish, Susan Scott (2006). *American Curiosity: Cultures of Natural History in the Colonial British Atlantic World.* Chapel Hill: University of North Carolina Press.

Partridge, L. D. (1996). By the Book: Audubon and the Tradition of Ornithological Illustration. *Huntington Library Quarterly,* 59 (2/3): 269–301.

Peltonen, M. (ed.) (1996). *The Cambridge Companion to Bacon.* Cambridge: Cambridge University Press.

Pennisi, Elizabeth (2008). Where Have All Thoreau's Flowers Gone? *Science,* New Series, 321 (5885):24–25.

Peterson, M. J. (1984). No Angels in the House: the Victorian Myth and the Paget Women. *The American Historical Review,* 89 (3): 677–708.

Petty, W. (1674). *The Discourse Made Before the Royal Society the 26. of November 1674 Concerning the Use of Duplicate Proportion in Sundry Important Particulars.* London.

Phelps, A. H. L. (1829). *Familiar Lectures on Botany, Including Practical and Elementary Botany with Generic and Specific Descriptions.* Harford: H. and F. J. Huntington.

Phelps, A. H. L. (1837). *Botany for Beginners: An Introduction to Mrs. Lincoln's Lectures on Botany.* New York: F. J. Huntington & Co..

Phelps, A. H. L. (1852) *Familiar Lectures on Botany.* new edition, revised and enlarged. New York: F. J. Huntington.

Phelps, A. H. L. (1873). *Reviews and Essays on Art, Literature and Science.* Philadelphia: Claxton, Remsen & Haffelfinger.

Phillips, P. (1990). *The Scientific Lady: A Social History of Women's Scientific Interests, 1520–1918.* London: Weidenfeld and Nicolson.

Pinchot, Gifford (1901). Trees and Civilization. *World's Work.* 2 (7).

Plantinga, A. (1980). The Reformed Objection to Natural Theology. *Proceedings of the American Catholic Philosophical Association,* 54: 49.

Pocock, Michael J.O., Roy, Helen E., Preston, Chris D. and Roy, David B. (2015).The Biological Records Centre: A Pioneer of Citizen Science. *Biological Journal of the Linnean Society,* 115 (3):475–493.

Pomat, Gianna *et al.* (ed.) (2005). *Historia: Empiricism and Erudition in Early Modern Europe.* Cambridge: MIT Press.

Porter, D. (1993). On the Road to the Origin with Darwin, Hooker and Gray. *Journal of the History of Biology,* 26 (1): 1–38.

Potts, A. (1990). Natural Order and the Call of the Wild: The Politics of Animal Picturing. *Oxford Art Journal,* 13 (1): 12–33.

Pratt, Mary Louise (2008). *Imperial Eyes: Travel Writing and Transculturation.* London and New York: Routledge.

Primack, Richard B. (2014). *Walden Warming: Climate Change Comes to Thoreau's Woods.* Chicago: The University of Chicago Press.

Priscian (1997). On Theophrastus on Sense-perception. translated by Pamela Huby. Ithaca, New York: Cornell University Press.

Pulteney, R. (1790). *Historical and Biographical Sketches of the Progress of Botany in England: From Its Origin to the Introduction of the Linnaean System.* Vol. 1. London: printed for T. Cadell, in the Strand.

Quammen, David (1996). *The Song of the Dodo: Island Biogeography in an Age of Extinctions.* New York: Simon and Schuster.

Rafinesque, Constantine S. (1817). Survey of the Progress and Actual State of Natural Sciences in the United States of America, from the Beginning of this Century to the Present Time. *The American Monthly Magazine and Critical Review,* 2 (2): 81–89.

Raven, C. E. (1947). *English Naturalists from Neckam to Ray: A Study of the Making of the Modern World.* Cambridge: Cambridge University Press.

Raven, C. E. (1986/1950). *John Ray: Naturalist, His Life and Works,* 2nd edition. Cambridge: Cambridge University Press.

Ray, J. & Willughby, F. (1678). *The Ornithology of Francis Willughby of Middleton.* London.

Ray, John (1660). *Catalogus Plantarum circa Cantabrigiam Nascentium.* Londini.

Ray, John (1670a). Concerning Some Un-common Observations and Experiments Made with an Acid Juyce to be Found in Ants. *Philosophical Transactions* (1665–1678), 5: 2063–2066.

Ray, John (1670b). *A Collection of English Proverbs.* Cambridge.

Ray, John (1673). *Topographical, Moral and Physiological Observations Made in a Journey Through Part of the Low-countries: Germany, Italy, and France, with a Catalogue of Plants Not Native of England, Found Spontaneously Growing in Those Parts, and Their Virtues.* London: Royal Society.

Ray, John (1674). *A Collection of English Words.* London.

Ray, John (1677). *Catalogus Plantarum Angliae et Insularum Adjacentium.* 2nd edition. Londini.

Ray, John (1678). *A Collection of English Proverbs.* 2nd edition. Cambridge.

Ray, John (1688). *Fasciculus Srirpium Britannicarum.* Londini.

Ray, John (1690). *Synopsis Methodica Stirpium Britannicarum.* Londini.

Ray, John (1690). *Synopsis Methodica Stirpium Britannicarum.* Londini.

Ray, John (1692). *Miscellaneous Discourses Concerning the Dissolution and Changes of the World.* London.

Ray, John (1693). *Historia Plantarum.* Londini: Impensis Samuelis Smith & Benjamin Walford.

Ray, John (1694). *Sylloge Europeanarum.* Londini.

Ray, John (1696). *Dissertatio de Methodis.* Londini.

Ray, John (1703). *Method Plantarum Nova.* Londini.

Ray, John (1710). *HistoriaInsectorum.* Londini.

Ray, John (1717/1704). *The Wisdom of God Manifested in the Works of the Creation.* 4th edition. London.

Ray, John (1719/1700). *A Persuasive to a Holy Life from the Happiness Which Attends It Both in This World and in the World to Come.* London.

Ray, John (1732). *Three Physico-Theological Discourses.* 4th edition. corrected. London.

Ray, John (1737). *A Compleat Collection of English Proverbs; Also the Most Celebrated Proverbs of the Scotch, Italian, French, Spanish and Other Languages.* 3rd edition. London.

Ray, John (1738). *A Collection of Curious Travels and Voyages.* 2nd edition. London: Olive.

Ray, John (1760). Itineraries//*Select Remains of the Learned John Ray, M. A. and F. R. S. with His Life by the Late William Derham, D. D. Canon of Windfor, and F. R. S.* ed. George Scott. London, 105–319.

Ray, John (1813). *A Compleat Collection of English Proverbs;Also the Most Celebrated Proverbs of the Scotch, Italian, French, Spanish and Other Languages,* 5th edition. London.

Ray, John (1817). *A Compleat Collection of English Proverbs; Also the Most Celebrated Proverbs of the Scotch, Italian, French, Spanish and Other Languages* (reprinted Verbatim from the edition of 1768). London.

Ray, John (1855). *A Hand-book of Proverbs: Comprising an Entire Republication of Ray's Collection of English Proverbs, with His Additions from Foreign Languages. And a Complete Alphabetical Index.* ed. Henry G. Bohn. London.

Ripple, William J. and Beschta, Robert L. (2005). Linking Wolves and Plants: Aldo Leopold on Trophic Cascades. *Biology in History,* 7: 613–621.

Robinson, Martha (2005). New Worlds, New Medicines: Indian Remedies and English Medicine in Early America. *American Studies,* 3 (1): 94–110.

Roger, Jacques (1989). *Buffon: Un Philosophe au Jardin du Roi.* Paris: Fayard.

Ross, W. D. (1924). *Aristotle's Metaphysics.* http://classics.mit.edu/Aristotle/metaphysics.7.vii. html, 访问时间：2015.11.12.

Rossi, P. (2008). *Francis Bacon: From Magic to Science.* New York: Routledge.

Rousseau, G. S. (2003). Science, Culture, and the Imagination: Enlightenment Configuration// *The Cambridge History of Science,* Vol. 4, *Eighteenth-century Science,* ed. Roy Porter. Cambridge: Cambridge University Press, 762–799.

Rousseau, J. J. (2000). *The Reveries of the Solitary Walker: Botanical Writings; and Letter to Franquières.* ed. C. Kelly. University Press of New England.

Rowan, E. (1887). *Crinum flaccidum (Herb.), family Amaryllidaceae.* http://nla.gov.au/nla.obj-138760568, 访问时间：2016.06.01.

Rowan, E. (1891a). *Native plums, Queensland.* http://nla.gov.au/nla.obj-138805062, 访问时间：2016.06.01.

Rowan, E. (1891b). *Nepenthes mirabilis (Lour.) Druce, family Nepenthaceae, Somerset, Queensland.* http://nla.gov.au/nla.obj-138767019, 访问时间：2016.06.01.

Rowan, E. (1898). *A Flower-hunter in Queensland & New Zealand.* London: John Murray.

Rowan, E. (1916a). *Netted stinkhorn fungus, Dictyophora phalloidea or Dictyophora multicolour, Papua New Guinea.* http://nla.gov.au/nla.obj-149741530, 访问时间：2016.06.01.

Rowan, E. (1916b). *Netted stinkhorn fungus, Dictyophora phalloidea or Dictyophora multicolour, Papua New Guinea.* http://nla.gov.au/nla.obj-149741085, 访问时间：2016.06.01.

Rowan, E. (1917a). *Princess Stephanie's Bird of Paradise, Astrapia stephaniae.* http://nla.gov.au/nla.obj-138745669, 访问时间：2016.06.01.

Rowan, E. (1917b). *Sunbirds, Papua New Guinea.* http://nla.gov.au/nla.obj-138738561, 访问时间：2016.06.01.

Rowan, E. (1886). *Celmisia spectabilis (Silver Snow Daisy) family Asteraceae, New Zealand.* http://nla.gov.au/nla.obj-138758318, 访问时间：2016.06.01.

Rudolph E. D. (1973). How It Developed that Botany Was the Science Thought Most Suitable for Victorian Young Ladies. *Children's Literature, 2*: 92−97.

Sachs, Julius von (1906). *History of Botany (1530–1860).* Henry E. F. Garnsey (tr.). Oxford: Clarendon Press.

Sattelmeyer, Robert (1988). *Thoreau's Reading: A Study in Intellectual History.* Princeton: Princeton University Press.

Saunders, G. (2009). *Picturing Plants: An Analytical History of Botanical Illustration,* 2nd edition. Chicago: KWS Publishers.

Schiebinger, Londa (1991). *The Mind Has No Sex?: Women in the Origins of Modern Science.* Cambridge, and London: Harvard University Press.

Schiebinger, Londa (1993). *Nature's Body: Gender in the Making of Modern Science.* Boston: Beacon Press.

Schnoor, Jerald L. (2007). Citizen Science. *Environmental Science and Technology, 41* (17): 5923.

Schwartz, Joel S. (1984). Darwin, Wallace, and the "Descent of Man". *Journal of the History of Biology, 17*: 271−289.

Scott, Bernard (2004). Père Jean Pierre Armand David CM. *Oceania Vincentian,* (5): 43−106.

Scott, Charles B. (1900). *Nature Study and Child.* Boston: D. C. Heath & Co., Publishers.

Secord, A. (1994). Science in the Pub: Artisan Botanists in the Early Nineteenth-century Lancashire. *History of Science, 32*: 269−315.

Secord, A. (2002). Botany on a Plate. *Isis, 93* (1): 28−57.

Secord, A. (2010). Press into Service: Specimens, Space, and Seeing in Botanical Practice// *Geographies of Nineteenth-century Science,* eds. David N. Livingstone and Charles W. J. Withers. Chicago and London: the University of Chicago Press.

Sheets-Pyenson, S. (1981). War and Peace in Natural History Publishing: *The Naturalist's Library, 1833–1843. Isis, 72* (1): 50−72.

Shermer, Michael (2002). *In Darwin's Shadow: The Life and Science of Alfred Russel Wallace: A Biographical Study on the Psychology of History.* New York: Oxford University Press.

Shteir, A. B. (1996). *Cultivating Women, Cultivating Science: Flora's Daughters and Botany in England 1760–1860.* Baltimore and London: The Johns Hopkins University Press.

Shteir, A. B. (1997). Gender and "Modern" Botany in Victorian England. *Osiris,* 1997: 29–38.

Shteir, Ann B. (2004). 'Blackburne, Anna (bap. 1726, d. 1793)'. *Oxford Dictionary of National Biography,* Oxford University Press, 访问时间：2016.03.28.

Shteir, Ann B. (2006). Iconographies of Flora: The Goddess of Flowers in the Cultural History of Botany// *Figuring It Out: Science, Gender, and Visual Culture.* eds. Ann B. Shteir and Bernard Lightman. Hanover and New Hampshire: Dartmouth College Press, 3–27.

Shteir, Ann B. (2007a). Flora Primavera or Flora Meretrix? Iconography, Gender, and Science. *Studies in Eighteenth Century Culture,* 1 (1): 147–168.

Shteir, Ann B. (2007b). "Fac-Similes of Nature": Victorian Wax Flower Modelling. *Victorian Literature and Culture,* 35 (2): 649–661.

Sideris, Lisa H., Moore, Kathleen Dean (2008). *Rachel Carson: Legacy and Challenge.* Albany: State University of New York Press.

Sigrist, R. and Widmer, E. D. (2011). Training Links and Transmission of Knowledge in 18th Century Botany: A Social Network Analysis. *REDES (Revista hispana para el análisis de redes sociales),* 21 (7): 347–387.

Slatter, E. (1998a). Some Noteworthy Early British Floras and Their Diverse Authors. *The Linnaean,* 14 (2): 20–24.

Slatter, E. (1998b). Some Noteworthy Early British Floras and Their Diverse Authors. *The Linnaean,* 14 (3): 22–27.

Smith, C. T. (1807). *Beachy Head: with Other Poems.* London: J. Johnson.

Smith, J. E. (ed.)(1821). *A Selection of the Correspondence of Linnaeus and other Naturalists (2 vols).* London: Longman, Hurst, Rees, Orme, and Brown.

Smith, J. E. (1824). *The English Flora,* Vol. 1. London: printed for Longman, Hurst, Rees, Orme, Brown and Green.

Smith-Rosenberg, C. (1975). The Female World of Love and Ritual: Relations between Women in Nineteenth-century America. *Signs,* 1 (1): 1–29.

Snyder, Micheal (1994). *Sir Joseph Banks and Commercial Biology.* A Dissertation Presented to the University of Alberta.

Souder, William (2012). *On a Farther Shore: The Life and Legacy of Rachel Carson.* New York: Crown Publishers.

Soulé, M. E. (1985). What Is Conservation Biology? *Bioscience,* 35 (11): 727–734.

Soulé, M. E. (1987). History of the Society for Conservation Biology: How and Why We Got Here. *Conservation Biology,* 1 (1): 4–5.

Soulé, M. E. and B. A.Wilcox. (eds.) (1980). *Conservation Biology: An Evolutionary-ecological Perspective.* Sunderland: Sinauer Associates.

Soulé, M. E. and K. A. Kohm (1989). *Research Priorities for Conservation Biology.* Washington, D. C. : Island Press.

Soulé, M. E. (ed.) (1986). *Conservation Biology: The Science of Scarcity and Diversity.* Sunderland: Sinauer Associates.

Sox, David (2009). *Père David: Nature Explorer in China, Jean Pierre Armand David: 1826–1900*. York: Sessions Book Trust, The Ebor Press.

Spedding, J. *et al.* (ed.) (1874). *The Works of Francis Bacon*. Boston: Houghton, Mifflin and Company; Cambridge: The Riverside Press.

Sprat, T. (1959). *The History of the Royal Society of London* (reprint). St. Louis: Washington University Studies, 72–73.

Stafleu, Frans A. (1971). *Linnaeus and the Linnaeus: The Spreading of Their Ideas in Systematic Botany, 1735–1789*. Utrecht.

Stearn, William. T. (1976). From Theophrastus and Dioscorides to Sibthorp and Smith: The Background and Origin of the Flora Graeca. *Biological Journal of the Linnean Society, 8* (4): 285–298.

Stearn, William T. (2001). Linnaean Classification, Nomenclature and Method//*Linnaeus: the Compleat Naturalist*. Blunt, Wilfrid. Princeton and Oxford: Princeton University Press.

Stearn, William T. (2004). *Botanical Latin*. Portland: Timber Press.

Stebbins, R. A. (1979). *Amateurs: On the Margin Between Work and Leisure*. London: Sage Publications.

Stephen, W. Kress (1985). *The Audubon Society Guide to Attracting Birds*. New York: Charles Scribner's Sons.

Sterling, Philip (1970). *Sea and Earth: The Life of Rachel Carson*. Women of America Series. New York: Thomas Y. Crowell Company.

Stevenson, I. P. (1947). John Ray and His Contribution to Plant and Animal Classification. *Journal of the History of Medicine*, 250–261.

Stoller, Leo (1956). A Note on Thoreau's Place in the History of Phenology. *Isis*. 47 (2):172–181.

Stresemann, Erwin (1975). Ornithology from Aristotle to the Present. Cambridge: Harvard University Press.

Taylor, G. (1951). *Some Nineteenth Century Gardeners*. London: Skeffington.

Temple, Stanley A. (1992a). News of the Society. *Conservation Biology, 6* (3): 312–313.

Temple, Stanley A. (1992b). The Search for a New Editor. *Conservation Biology, 6* (4): 485.

Theophrastus (1916). *Enquiry into Plants and Minor Works on Odours and Weather Signs*. Vol.1: Books I–V. edited and translated by A.F. Hort. Loeb Classical Library 070. Cambridge: Harvard University Press.

Theophrastus (1926). *Enquiry into Plants and Minor Works on Odours and Weather Signs*. Vol.2: Books VI–IX. edited and translated by A.F. Hort. Loeb Classical Library 079. Cambridge: Harvard University Press.

Theophrastus (1976). *De Causis Plantarum*. Vol.1: Books I–II. edited and translated by B. Einarson and G.K.K. Link. Loeb Classical Library 471. Cambridge: Harvard University Press.

Theophrastus (1990a). *De Causis Plantarum*. Vol.2: Books III–IV. edited and translated by B. Einarson and G.K.K. Link. Loeb Classical Library 474. Cambridge: Harvard University

Press.

Theophrastus (1990b). *De Causis Plantarum.* Vol.3: Books V–VI. edited and translated by B. Einarson and G.K.K. Link. Loeb Classical Library 475. Cambridge: Harvard University Press.

Theophrastus (2002). *Characters.* edited and translated by J. Rustin and I.C. Cunningham. Loeb Classical Library 225. Cambridge: Harvard University Press.

Thomson, S. (1926). Antimonyall Cupps: Pocula Emetica, or Calices Vomitorii. *The British Medical Journal,* 1 (3406): 669–671.

Thoreau, Henry D. (1906). *The Writings of Henry David Thoreau.* 20 Volumes. Boston: Houghton Mifflin Company.

Thoreau, Henry. D. (1910). *Notes on New England Birds by Henry D. Thoreau.* ed. Francis Ellen. Boston: Houghton Mifflin Company.

Thoreau, Henry D. (1993). *Faith in a Seed: The Dispersion of Seeds and Other Late Natural History Writings.* ed. Bradley P. Dean. Washington D. C.: Island Press.

Thoreau, Henry D. (1976). *The Writings of Henry David Thoreau: Early Essays and Miscellanies.* Princeton: Princeton University Press.

Tjaden, W. L. (1972). Herbarium Blackwellianum Emendatum et Auctum... Norimbergae, 1747–1773. *Taxon,* 21 (1): 147–152.

Tobin, Beth (1999). Picturing Imperial Power: Colonial Subjects in Eighteeth-century. Durham and London: Duke University Press.

Tomasi, L. T. (1997). *An Oak Spring Flora: Flower Illustration from the Fifteenth Century to the Present Time.* Upperville Virginia: Oak Spring Garden Library.

Tomasi, L. T. (2008). "La Femminil Pazienza": Women Painters and Natural History in the Seventeenth and Early Eighteenth Centuries// *The Art of Natural History: Illustrated Treatises and Botanical Paintings, 1400–1850.* eds. Therese O'Malley and Amy R. W. Meyers. Washington D. C.: National Gallery of Art, 158–185.

Tomlinson, Charles (1844). *Sir Joseph Banks and the Royal Society.* London: John W. Parker, West Strand.

Torrey, John (1828). Some Account of a Collection of Plants Made During a Journey to and from the Rocky Mountains in the Summer of 1820, by Edwin P. James, M. D. Assistant Surgeon U. S. Army. Read December 11, 1826. *Annals of the Lyceum of Natural History,* 2: 161–254.

Torrey, John and Asa Gray (1838–1840). *A Flora of North America,* Vol. 1. New York: Wiley & Putnam.

Turi, Christina E. and Susan J. Murch (2013). Spiritual and Ceremonia Plants in North America: An Assessment of Moerman's Ethnobotanical Database Comparing Residual, Binomial, Bayesian and Imprecise Dirichlet Model (IDM) Analysis. *Journal of Ethnopharmacology,* 148: 386–394.

Turnor, Edmund (1806). *Collections for the History of the Town and Soke of Grantham.* London: William Miller.

Upton, John (1910). *Three Great Naturalists.* Cleveland, OH: Pilgrim Press.

Verhaeren, H. (1949). *Catalogue of the Pei-tang Library.* Peking: Lazarist Mission Press.

Vickery, A. (1993). Golden Age to Separate Spheres? A Review of the Categories and Chronology of English Women's History. *The Historical Journal,* 36: 383–414.

Vincent, David (1993). *Literacy and Popular Culture: England 1750–1914.* Cambridge: Cambridge University Press.

Vincentians (1936). *Annales de la Congrégation de la Mission.* Paris: Rue de Sevres.

Wakefield, P. (1796). *An Introduction to Botany, in Series of Familiar Letters.* Dublin: Thomas Burnside.

Wakefield, P. (1816). *An Introduction to the Natural History and Classification of Insects, in a Series of Familiar Letters.* London: printed for Darton, Harvey and Darton.

Wakeman, G. (1973). *Victorian Book Illustration: The Technical Revolution.* David and Charles: Newton Abbot.

Wallace, Alfred Russel (1864a). The Origin of Human Races and the Antiquity of Man Deduced From the Theory of "Natural Selection". *Journal of the Anthropological Society of London* 2: clviii–clxx.

Wallace, Alfred Russel (1883). *Australasia.* London: Edward Stanford.

Wallace, Alfred Russel (1905). *My Life: A Record of Events and Opinions.* Volume II. New York: Dodd, Mead.

Wallace, Alfred Russel (1889). *Darwinism: An Exposition of the Theory of Natural Selection with Some of Its Applications.* London and New York: Macmillan.

Weaver, Rachel (2015). Ecologies of the Beachcomber in Colonial Australian Literature. *Journal of the Association for the Study of Australian Literature,* 15 (2): 1–14.

Weil, François (1961). La Correspondance Buffon-Cramer. *Revue d'Histoire des Sciences,* 14 (2): 97–136.

Westfall, R. S. (1958). *Science and Religion in Seventeenth-century England.* New Haven: Yale University Press.

Westfall, Richard (1980). *Never at Rest: A Biography of Isaac Newton.* Cambridge: Cambridge University Press.

Whitfield, Roderick (1993). *Fascination of Nature: Plants and Insects in Chinese Painting and Ceramics of the Yuan Dynasty (1279–1368).* Seoul: Yekyong Publications.

Whittle, Tyler (1970). *The Plant Hunters.* London: Heinemann.

Wilson, E. O. and Peter, F. M. (1988). *Biodiversity.* Washington, D.C.: National Academies Press.

Wilson, Ernest H. (1913). *Naturalist in Western China.* Vol (2). London: Methuen & Co. LTD.

Withering, W. (1776). *A Botanical Arrangement of All the Vegetables Naturally Growing in the Great Britain,* 2 Vols. Birmingham: printed by M. Swinney.

Witt, C. (1989). Book Review: Aristotle's Classification of Animals. *The Philosophical Review,* 98 (4): 543–544.

Wolfe, Linnie Marsh (1945). *Son of the Wilderness: The Life of John Muir*. New York: Knopf.

Wolff, Shana M. (2010). An Analysis of Plants Traditionally Used by Plains Indians as Topical Antiseptics for Antimicrobial Effectiveness. *Plains Anthropologist,* 55 (216): 311–317.

Wood, John George (1855). *Sketches and Anecdotes of Animal Life.* London: Routledge, 2–4.

Wood, Theodore (1890). *The Rev. J. G. Wood.* Cambridge: Cambridge University Press, 61–116.

Woods，M. (1993). Form, Species, and Predication in Aristotle. *Synthese,* 96 (3): 399–415.

Worster, Donald (1992). *Nature's Economy: A History of Ecological Ideas.* Cambridge: Cambridge University Press.

Worster, Donald (2005). John Muir and the Modern Passion for Nature. *Environmental History,* 10 (1).

Worster, Donald (2008). *A Passion for Nature: The Life of John Muir.* London: Oxford University Press.

Yeats, F. (2002). *The Rosicrucian Enlightenment.* New York: Routledge.

Young, S. Hall (1915). *Alaska Days with John Muir.* New York, Chicago, Toronto, London and Edinburgh: Fleming H. Revell Company.

Zalasiewicz, J., Williams, M., Steffen, W. and Crutzen, P. (2010). The New World of the Anthropocene. *Environmental Science & Technology,* 44 (7): 2228–2231.

Zimmerman, J. H. (1951). The Songs of Summer Resident Birds. *Pigeon,* 13: 61–66.

阿多（2015）. 伊西斯的面纱：自然的观念史随笔. 张卜天译. 上海：华东师范大学出版社.

阿克塞尔罗德（2008）. 合作的复杂性. 上海：上海人民出版社.

爱默生（1986）. 爱默森文集. 范道伦编，张爱玲译. 北京：生活·读书·新知三联书店.

巴伯（2004）. 当科学遇到宗教. 苏贤贵译. 北京：生活·读书·新知三联书店.

巴勒斯（2012）. 醒来的森林. 程虹译. 北京：生活·读书·新知三联书店.

鲍勒（1999）. 进化思想史. 田洺译. 南昌：江西教育出版社.

北京大学哲学系外国哲学史教研室，编译（1982）. 古希腊罗马哲学. 北京：商务印书馆.

伯特（2012）. 近代物理科学的形而上学基础. 长沙：湖南科学技术出版社.

柏拉图（1982）. 巴曼尼得斯篇. 陈康译注. 北京：商务印书馆.

策勒尔（2007）. 古希腊哲学史纲. 翁绍军译. 上海：上海人民出版社.

查德伯恩（2015）. 自然神学十二讲. 熊姣译. 上海：上海交通大学出版社.

查德伯恩（2017）. 博物学四讲. 邬娜译. 上海：上海交通大学出版社.

查律（2008）. 中国花鸟画通鉴13. 卢辅圣编. 上海：上海书画出版社.

陈东、宋涛（2010）. 避暑山庄园林景观·动植物景观分卷. 石家庄：河北科学技术出版社.

陈海道、钟炳辉（1999）. 保护生物学. 北京：中国林业出版社.

程虹（2001）. 寻归荒野. 北京：生活·读书·新知三联书店.

程虹（2013）. 承载着人类精神的土地. 读书，11：94—101.

迟德富、孙凡、严善春等（2005）. 保护生物学. 哈尔滨：东北林业大学出版社.

达尔文（2005）. 物种起源. 舒德干等译. 北京：北京大学出版社.

戴克斯特霍伊斯（2010）. 世界图景的机械化. 张卜天译. 长沙：湖南科学技术出版社.

戴蒙德（2006）. 枪炮、病菌与钢铁：人类社会的命运. 谢延光译. 上海：上海译文出版社.

戴蒙德（2008）. 崩溃：社会如何选择成败兴亡，上海：上海译文出版社.

道金斯（2010）. 祖先的故事：生命起源的朝圣之旅. 王修强、傅强译. 南京：江苏科学技术出版社.

邓春（2012）. 画继//中国艺术文献丛刊. 王群栗校. 杭州：浙江人民美术出版社.

狄博斯（2000）. 文艺复兴时期的人与自然. 周雁翎译. 上海：复旦大学出版社.

娥满（2015）. 从民间信仰看藏族灵魂观中的自然主义倾向. 昆明理工大学学报（社会科学版），5：96—101.

法伯（2015）. 发现鸟类：鸟类学的诞生（1760—1850）. 刘星译. 上海：上海交通大学出版社.

法伯（2017）. 探寻自然的秩序：从林奈到 E.O. 威尔逊的博物学传统. 杨莎译. 北京：商务印书馆.

法拉（2017）. 性、植物学与帝国. 李猛译. 北京：商务印书馆.

范发迪（2011）. 清代在华的英国博物学家：科学、帝国与文化遭遇. 袁剑译. 北京：中国人民大学出版社.

费金（2015）. 汤姆斯河. 王雯译. 上海：上海译文出版社.

菲塞尔、库特（2010）. 自然知识的探索：科学和大众//剑桥科学史第四卷：18 世纪科学. 波特主编，方在庆主译. 郑州：大象出版社，110—135.

芬奇（1979）. 芬奇论绘画. 戴勉编译. 北京：人民美术出版社.

冯春玲（2014）. 提奥弗拉斯托斯的植物学思想研究：以《植物史》和《植物的本原》为中心. 安徽师范大学，硕士论文.

福柯（2001）. 词与物：人文科学考古学. 莫伟民译. 上海：上海三联书店.

傅之屏、房凯、刘君荣（1997）. 保护生物学的兴起与发展. 绵阳师范高等专科学校学报（S2 版）：49—55.

高鹏（2003）. 英国维多利亚时期彩色印刷及图书设计研究（1837—1890）. 中央美术学院，博士论文.

古道尔（2006）. 和黑猩猩在一起. 秦薇、卢伟译. 成都：四川人民出版社.

古尔德（2008）. 熊猫的拇指：自然史深思录. 田洺译. 海口：海南出版社.

广濑敏通等（2013）. 2010 年自然学校全国调查报告书. http://www.ecotourism-center.jp/

staticpages/index.php/shizengakko，访问时间：2016.11.10.

桂起权（1995）. 目的论自然哲学之复活. 自然辩证法研究，11（7）：1—9.

郭忠玲、赵秀海（2003）. 保护生物学概论. 北京：中国林业出版社.

哈丁（2002）. 科学的多元文化. 夏侯炳、谭兆民译. 南昌：江西教育出版社.

哈里斯（2014）. 无限与视角. 张卜天译. 长沙：湖南科学技术出版社.

何军民（2010）. 培根《木林集》蠡测. 中国科学技术大学，博士论文.

赫胥黎（2015）. 伟大的博物学家. 王晨译. 北京：商务印书馆.

黑格尔（1978）. 哲学史讲演录（第四卷）. 贺麟等译. 北京：商务印书馆.

黑川纪章（2015）. 新共生思想. 北京：中国建筑工业出版社.

胡宇齐（2015）. 宋代绘画与中国博物传统. 北京：中国科学院大学，硕士论文.

環境省自然環境局（2003）. 平成 14 年度中山間地域等における自然体験活動等を通じた地域活性化方策調査. http://www.ecotourism-center.jp/staticpages/index.php/shizengakko，访问时间：2016.11.10.

黄见德（2014）. 明清之际西学东渐与中国社会. 福州：福建人民出版社.

惠特利（2016）. 领导力与新科学. 简学译. 杭州：浙江人民出版社.

季维智、普里马克（2000）. 保护生物学基础. 北京：中国林业出版社.

江宏、邵琦（2008）. 中国花鸟画通鉴 1. 卢辅圣编. 上海：上海书画出版社.

姜虹（2015a）. 十八、十九世纪的英国植物学文化：三位女性传播者. 北京大学，博士论文.

姜虹（2015b）. 从一款植物学游戏看 18、19 世纪的科学传播. 科普研究，10（3）：75—81.

姜虹（2015c）. 从花神到植物学：论科学的女性标签. 自然辩证法研究，31（7）：53—58.

姜虹（2015d）. 男性影响下的双面科普作家：简·劳登和《给女士写的植物学》. 自然辩证法通讯，37（2）：144—151.

姜虹（2016）. 卢梭的女性植物学. 自然辩证法通讯，38（2）：80—85.

蒋高明（2011）. 中国生态环境危急. 海口：海南出版社.

蒋高明（2016）. 中国生态六讲. 北京：中国科学技术出版社.

蒋劲松（2008）. 作为环境问题根源的实验科学传统初探 // 科学的异域. 我们的科学文化第 3 辑. 江晓原、刘兵主编. 上海：华东师范大学出版社.

蒋志刚、马克平（2009）. 保护生物学的现状、挑战和对策. 生物多样性，17（2）：107—116.

蒋志刚、马克平、韩兴国（1997）. 保护生物学. 杭州：浙江科学技术出版社.

降旗信一（2005）. 自然体験学習実践における青少年教育の現状と課題：自然学校の成立と発展に注目して. ESD 環境史研究：持続可能な開発のための教育，4：32—40.

卡森（1994）. 海风下. 尹萍译. 台北：季节风出版有限公司.

卡森（1998）．海之滨．庄安祺译．台北：天下文化出版公司．

卡森（2010）．海洋传．方淑惠、余佳玲译．南京：译林出版社．

卡逊（1997）．寂静的春天．吕瑞兰、李长生译．长春：吉林人民出版社．

凯曼（2015）．丈量世界．文泽尔译．海口：南海出版公司．

坎菲尔德等（2016）．野外笔记．杜伟华译．海口：南方出版社．

柯瓦雷（1994）．科学思想史指南．孙永平译．成都：四川教育出版社．

柯瓦雷（2008）．从封闭世界到无限宇宙．张卜天译．北京：北京大学出版社．

柯文慧（2002）．对科学文化的若干认识：首届"科学文化研讨会"学术宣言．中华读书报，12.25.

科尔（1989）．科学的社会分层．赵佳苓等译．北京：华夏出版社．

科学普及研究所（2015）．科学传播中的策略问题．北京：科学普及出版社．

克罗宁（2001）．蚂蚁与孔雀：耀眼羽毛背后的性选择之争．杨玉龄译．上海：上海科学技术出版社．

克罗斯比（2001）．生态扩张主义：欧洲900—1900年的生态扩张．许友民、许学征译．沈阳：辽宁教育出版社．

夸曼（2009）．谁是华莱士．陈昊译．中国国家地理，2：122—149.

莱斯（2007）．自然的控制．岳长龄译．重庆：重庆出版社．

赖毓芝（2011）．图像、知识与帝国：清宫的食火鸡图绘．故宫学术季刊，29（2）：01—75.

劳埃德（罗维）（2004）．早期希腊科学．孙小淳译．上海：上海科技教育出版社．

雷毅（2014）．利奥波德与大地伦理．绿叶，10：18—24.

李建会（2009）．自然选择的单位：个体、群体还是基因．科学文化评论，6：19—29.

李剑鸣（1994）．文化的边疆：美国印第安人与白人文化关系史论．天津：天津人民出版社．

李俊清等（2012）．保护生物学．北京：科学出版社．

李时珍（1982）．本草纲目（下册）．北京：人民卫生出版社．

李雪艳、梁璐、宫鹏（2012）．中国观鸟数据揭示鸟类分布变化．科学通报，31：2956—2963.

利奥波德（1996）．原荒纪事．邱明江译．北京：科学出版社．

利奥波德（2010）．沙乡的沉思．侯文蕙译．北京：新世界出版社．

列维–斯特劳斯（1987）．野性的思维，北京：商务印书馆．

列维–斯特劳斯（2006）．野性的思维．李幼蒸译．北京：中国人民大学出版社．

林健（2013）．试谈宋代至明初毗陵草虫画及在东亚的影响．荣宝斋，11：110—117.

林奇（2016）．少年迈尔斯的海．殷丽君译．北京：北京联合出版公司．

刘蓓（2013）．论美国生态批评的文本基础与研究传统．青海社会科学，4：152—155,

190.

刘兵（2009）. 克里奥眼中的科学（第2版）. 上海：上海科技教育出版社.

刘兵（2011）. 博物学科学编史纲领的意义. 广西民族大学学报（哲学社会科学版），33（6）：12—14.

刘创馥（2010）. 亚里士多德范畴论. 台大文史哲学报，72：67—95.

刘禾（2016）. 世界秩序与文明等级. 北京：生活·读书·新知三联书店.

刘华杰（2003）. 新博物学. 文汇报，08.03.

刘华杰（2007）. 看得见的风景. 北京：科学出版社.

刘华杰（2008）.《植物学》中的自然神学. 自然科学史研究，27（2）：166—178.

刘华杰（2009a）. 植物的茎向左转还是向右转？——漫话地方性知识与博物学 // 首都科学讲堂：名家讲科普（4）. 周立军主编. 北京：中国对外翻译出版公司，143—170.

刘华杰（2009b）. 达尔文选择了博物学. 科学时报，08.13.

刘华杰（2009c）. 被"劫持"的达尔文：对进化论传播历史的一点反思. 中华读书报，09.30.

刘华杰（2010a）. 大自然的数学化、科学危机与博物学. 北京大学学报（哲学社会科学版），47（3）：64—73.

刘华杰（2010b）. 理解世界的博物学进路，安徽大学学报（哲学社会科学版），6：17—23.

刘华杰（2010c）. 自由意志、生活方式与博物学生存. 绿叶，11：35—42.

刘华杰（2010d）. 博物学与地方性知识 // 我们的科学文化·科学的越位. 江晓原、刘兵主编. 上海：华东师范大学出版社，33—61.

刘华杰（2011a）. 博物学、科学传播与民间组织. 科普研究，6（3）：32—39.

刘华杰（2011b）. 近代博物学的兴起 // 新编科学技术史教程（第14章）. 刘兵等主编. 北京：清华大学出版社，212—232.

刘华杰（2011c）. 博物学论纲. 广西民族大学学报（哲学社会科学版），33（6）：2—11. 转载：中国人民大学复印报刊资料B2：科学技术哲学，3：59—69.

刘华杰（2012/2016）. 博物人生（第1版和第2版）. 北京：北京大学出版社.

刘华杰（2013a）. 洛克与夏威夷檀香属植物的分类学史. 自然科学史研究，32（1）：112—128.

刘华杰（2013b）. 博物顺生. 中国图书评论，10：37—44.

刘华杰（2014a）. 博物学文化与编史. 上海：上海交通大学出版社.

刘华杰（2014b）. 博物学文化丛书总序 // 约翰·雷的博物学思想. 熊姣. 上海：上海交通大学出版社.

刘华杰（2015a）. 博物学服务于生态文明建设. 上海交通大学学报（哲学社会科学版），

23（1）：37—45.

刘华杰（2015b）.博物画的历史与地位.艺术与科学（卷14），李砚祖主编.北京：清华大学出版社，14：1—11.

刘华杰（2016）.从博物的观点看.上海：上海科学技术文献出版社.

刘华杰（2017a）.论博物学的复兴与未来生态文明.人民论坛·学术前沿，（3上）：76—84.

刘华杰（2017b）.从博物学视角推进植物园的植物文化传播.生物多样性，25（9）：938–944.

刘华杰（2017a）.复兴博物学的"理论问题".科技日报，08.17.

刘华杰（2017b）.推进复兴博物学文化的几点看法.中华读书报，11.15.

刘明翰、张志宏（1982）.美洲印第安人史略.北京：生活·读书·新知三联书店.

刘啸霆、史波（2014）.博物论：博物学纲领及其价值.江海学刊，5：5—11.

罗桂环（1985）.打开植物学研究之门的人：西奥弗拉斯图.植物杂志，4：40—42.

罗桂环（2005）.近代西方识华生物史.济南：山东教育出版社.

吕植（2014）.序二//草场、人和普氏原羚.张璐、刘佳子、王大军.北京：北京大学出版社.

马古利斯、萨根（1999）.倾斜的真理.南昌：江西教育出版社.

马吉（2013）.大自然的艺术.杨文展译.北京：中信出版社.

马克思（1957）.马克思恩格斯全集第二卷.中共中央马克思恩格斯列宁斯大林著作编译局译.北京：人民出版社.

玛格纳（1985）.生命科学史（第1版）.李难等译.武汉：华中工学院出版社.

玛格纳（2009）.生命科学史（第3版）.刘学礼译.上海：上海出版社.

迈尔（1990）.涂长晟等译.生物学思想发展的历史.成都：四川教育出版社.

迈尔（2009）.进化是什么.田洺译.上海：上海科技出版社.

麦茜特（1999）.自然之死.吴国盛等译.长春：吉林人民出版社.

梅特卡夫（2012）.以人为本的科学传播：科学传播的国际实践.张礼建、刘丽英等译.北京：中国科学技术出版社.

弥尔顿（1981）.复乐园·斗士参孙·短诗选.朱维之译.上海：上海译文出版社.

孟强（2016）.生地法则：为社会契约补充一份自然契约.新京报，12.17.

苗力田（1990）.古希腊哲学.北京：中国人民大学出版社.

摩尔（2001）.达尔文与基督教世界的沟通：他的跨洋策略.金晓星译.科学文化评论，8（5）：54—68.

默雷（1988）.古希腊文学史.上海：上海译文出版社.

纳什（2012）.荒野与美国思想.侯文蕙、侯钧译.北京：中国环境科学出版社.

纳什（2005）.大自然的权利.杨通进译.青岛：青岛出版社.

诺夫乔伊（2002）. 存在巨链：对一个观念的历史的研究. 张传有、高秉江译. 南昌：江西教育出版社.

区锳、赵凯（2013）. 约翰·克莱尔诗歌中自然对理想的重建. 中山大学学报（社会科学版），53（4）：14—21.

帕福德（2008）. 植物的故事. 北京：生活·读书·新知三联书店出版社.

培根（1975）.《伟大的复兴》序言 // 十六—十八世纪西欧哲学. 北京大学哲学系外国哲学史教研室编. 北京：商务印书馆.

培根（1984）. 新工具. 许宝骙译. 北京：商务印书馆.

培根（2007）. 学术的进展. 刘运同译. 上海：上海人民出版社.

培根（2012）. 新大西岛. 何新译. 北京：商务印书馆.

皮克斯通（2008）. 认识方式：一种新的科学、技术和医学史. 陈朝勇译. 上海：上海科技教育出版社.

普里马克（2009）. 保护生物学简明教程. 第4版. 中文版. 马克平主编. 北京：高等教育出版社.

普利高津（2015）. 确定性的终结. 湛敏译. 上海：上海世纪出版集团.

齐默（2011）. 演化：跨越40忆年的生命记录. 唐嘉慧译. 上海：上海科学技术出版社.

萨顿（2007）. 文艺复兴时期的科学观. 郑诚等译. 上海：上海交通大学出版社.

塞尔（2016）. 生地法则. 邢杰、谭弈珺译. 北京：中央编译出版社.

山脇あゆみ（2010）. 近代日本の野外教育史に関する一考察 -- イギリス·ドイツ·アメリカの影響. 人間社会環境研究，20：1—12.

申小莉、李晟之、吕植（2006）. "神山圣湖"：探讨中国西部自然保护的传统知识和理论实践 // 野生动物生态与资源保护第三届全国学术研讨会论文摘要集.

施奈勒（1965）. 植物物候学. 杨郁华译. 北京：科学出版社.

苏立文（1998）. 东西方美术的交流. 陈瑞林译. 南京：江苏美术出版社.

苏贤贵（2002）. 梭罗的自然思想及其生态伦理意蕴. 北京大学学报（哲学社会科学版），2：58—66.

孙永艳、董群（2011）. 西方文化启蒙背景下的宗教与科学. 江苏社会科学，1：214—216.

梭罗（1997）. 瓦尔登湖. 徐迟译. 长春：吉林人民出版社.

梭罗（2011）. 瓦尔登湖. 徐迟译. 上海：上海译文出版社.

田松（2010）. 工业文明的痼疾：垃圾问题的热力学阐释及其推论. 云南师范大学学报，6：45—55.

田松（2011a）. 科学的技术与经验的技术：兼论中西医学之别. 哲学研究，2：100—106.

田松（2011b）. 博物学：人类拯救灵魂的一条小路. 广西民族大学学报（哲学社会科学版），33（6）：50—52.

田松（2011c）.人类文明的生态、技术和文化前提.云南师范大学学报，3：35—38.

田松（2014a）.生态文明建设需要新的生态理念.绿叶，2：32—36.

田松（2014b）.警惕科学.上海：科学技术文献出版社.

田松（2016）.稻香园随笔.上海：科学技术文献出版社.

田松（2018）."发展"的反向解读——生态文明的三种理解方案.自然辩证法通讯，7：
136—142.

田智新（1999）.试论植物绘图与绘画.植物学通报，16（4）：470—476.

托马斯（2009）.人类与自然世界：1500—1800年间英国观念的变化.宋丽丽译.南京：
译林出版社.

瓦格纳（2016）.中世纪的自由七艺.张卜天译.长沙：湖南科学技术出版社.

汪子春（2009）.世界生物学史.长春：吉林教育出版社.

王泉、陈婧（2013）."历史"考辨.辞书研究，6：80—82.

王新生（2013）.战后日本史.南京：江苏人民出版社.

王彦、张小云、王丽贤（2011）.SCI收录的鸟类学核心期刊介绍.四川动物，30（2）：
274—276.

沃什伯恩（1997）.美国印第安人.陆毅译.北京：商务印书馆.

沃斯特（1999）.自然的经济体系：生态思想史.侯文蕙译.北京：商务印书馆.

吴国盛（2007）.回归博物科学.文化思考，3：21—23.

吴国盛（2013）.科学的历程.北京：北京大学出版社.

吴国盛（2016a）.自然史还是博物学？读书，1：89—95.

吴国盛（2016b）.西方近代博物学的兴衰.广西民族大学学报（自然科学版），1：18—29.

吴国盛（2016c）.博物学：传统中国的科学.学术月刊，4：11—19.

吴国盛（2017）.对批评的答复.哲学分析，2：42.

吴彤（2005）.走向实践优位的科学哲学：科学实践哲学发展述评哲学研究，5：86—93.

西村仁志（2006）.日本における「自然学校」の動向：持続可能な社会を築いていくため
の学習拠点へ.同志社政策科学研究，8（2）：31—44.

希罗多德（2013）.历史.徐松岩译.北京：中信出版社.

席宾格（2010）.哲学家的胡须：科学研究中的女性与性别//剑桥科学史第四卷：18世纪
科学.波特主编，方在庆主译.郑州：大象出版社，157—182.

夏平（2004）.科学革命.上海：上海科技教育出版社.

先刚（2014）.柏拉图的本原学说.北京：生活·读书·新知三联书店.

谢和耐、戴密微等（2011）.明清间耶稣会士入华与中西汇通.耿昇译.北京：东方出版
社.

辛（2014）.通草纸蝴蝶画册//自然的历史.汤姆·拜恩编.重庆：重庆大学出版社，
123—125.

辛格（2008）.植物系统分类学：综合理论及方法.刘全儒等译.北京：化学工业出版社.

熊姣（2013）.约翰·雷的动物学研究与自然神学.自然辩证法通讯，35（4）：38.

熊姣（2015）.约翰·雷的博物学思想.上海：上海交通大学出版社.

邢鑫（2013）.战后日本的环境危机、环境运动和自然学校.自然辩证法研究，29（增刊）：30—35.

邢鑫（2015a）.《植物学》卷八"分科"考.或问，28：95—106.

邢鑫（2015b）.日本博物学史的近世起源.或问，27：101—116.

徐保军（2012）.建构自然秩序：林奈的博物学.北京大学，博士论文.

徐保军（2015a）.使徒、通信者与林奈体系的传播.学术前沿.11（下）：92—95.

徐保军（2015b）.林奈自然经济的缘起与实践.自然辩证法研究，31（12）：63—69.

徐铭谦（2016）.像山那样思考.北京：北京出版社.

徐松岩（2013）.中译本序//历史.希罗多德.北京：中信出版社.

亚里士多德（1990）.亚里士多德全集.第一卷.北京：中国人民大学出版社.

亚里士多德（1993）.亚里士多德全集.第七卷.北京：中国人民大学出版社.

亚里士多德（1995）.亚里士多德全集.第六卷.北京：中国人民大学出版社.

亚里士多德（1996）.亚里士多德全集.第四卷.北京：中国人民大学出版社.

亚里士多德（1997）.亚里士多德全集.第五卷.北京：中国人民大学出版社.

亚里士多德（2010）.动物志.吴寿彭译.北京：商务印书馆.

杨伯达（1993）.清代院画.北京：紫禁城出版社.

杨海燕（2003）.钱伯斯与前达尔文进化思想研究.北京大学，博士论文.

杨海燕（2014）.演化思想发展中的自然神学.自然辩证法通讯，36（2）：58—63.

游淙祺（2016）.现象学与生活：胡塞尔的方案.哲学分析，7（6）：16—26.

余丽嫦（1987）.培根及其哲学.北京：人民出版社.

俞剑华，注译（2007）.宣和画谱.南京：江苏美术出版社.

袁江洋（1995）.论波义耳—牛顿思想体系及其信仰之矢：十七世纪英国自然哲学变革是如何发生的？.自然辩证法通讯，17（1）：43—52.

袁江洋、王克迪（2001）.论牛顿的宇宙论思想.自然辩证法通讯，23（5）：60—96.

扎西桑俄、周杰（2013）.藏鹀的自然历史、威胁和保护.动物学杂志，1：28—35.

张恒庆、张文辉（2009）.保护生物学.第二版.北京：科学出版社.

张弘星（1994）.《乾坤生意》：读韦陀先生论草虫画专著.朵云，44：170—172.

张冀峰（2016）.博物学不是闹着玩的.中华读书报，03.04.

张立文（2016）.和合学（上、下）.北京：中国人民大学出版社.

张孟闻（1987）.中国生物分类学史述论.中国科技史料，6：3—27.

张西平（2009）.欧洲早期汉学史：中西文化交流与西方汉学的兴起.北京：中华书局.

赵恺（2013）.于毁灭中救赎永恒之美：论约翰·克莱尔诗艺美学理想.暨南学报（哲学

社会科学版），11：124—130.

郑光美（2012）.鸟类学（第2版）.北京：北京师范大学出版社.

周开亚（1992）.保护生物学的发展趋势及我国近期的发展战略.动物学杂志，5：42—48.

竺可桢、宛敏渭（1963）.物候学.北京：科学普及出版社.

朱昱海（2014）.法国来华博物学家谭卫道.自然辩证法通讯，36（4）：102—110.

朱昱海（2015）.从数学到博物学：布丰《博物志》创作的缘起.自然辩证法研究，31（1）：81—85.

邹一桂（2007）.小山画谱.王其和点校.济南：山东画报出版社.

后　记

本书是"西方博物学文化与公众生态意识关系研究"课题组集体协作的成果之一。此项工作还不够成熟。公开出版一方面是满足当下急需，喜欢博物学的人很想从整体上了解西方博物学并知晓它与科技史、环境史及生态保护行动的关系，另一方面是投石问路，想听听对这类二阶博物工作的反馈。

博物学历史悠久，范围颇广。西方博物学本身也非常复杂。整体上看，学界对博物学的关注、研究还比较初步，对博物学的定位更是很困难的事情，这里仅提供我们的一些思考和整理，未必恰当。

无疑，此时倡导博物学文化，除了纯学术之外，也有现实的考虑。我们确实希望国人广泛吸收中外文化传统，在现实生活中实践博物人生。读者若能借鉴先贤，蠲忿忘忧，自在生活（客观上、整体上也有利于生态文明），作者的一点辛苦也是值得的。

本书各章节具体撰稿人如下（按姓名音序排列）：

付敬辉：第 17 章。

姜　虹：第 14 章、第 19 章。

李　猛：第 9 章。

刘华杰：引言、第 1 章。

刘　星：第 12 章。

马　洁：第 13 章。

彭凌璨：第 2 章。

仇　艳：第 11 章。

苏贤贵：第 15 章。

孙才真：第 23 章。

田　松：第 24 章。

王　钊：第 20 章。

邢　鑫：第 22 章。

熊　姣：第 3 章、第 6 章。

徐保军：第 4 章。

杨　莎：第 8 章、第 10 章。

郑笑冉：第 7 章。

周奇伟：第 16 章。

朱瑞旻：第 18 章。

朱昱海：第 5 章、第 21 章。

初稿完成后，曾交付课题组其他成员审读并在小范围内报告过。徐保军、李猛、杨莎、王钊、仇艳、杨舒娅对他人撰写的部分书稿进行了编辑，全书由刘华杰统稿。

在组织这部书稿时，一直想着一部经典作品：剑桥大学出版社 1996 年出版的《博物学文化》（*Cultures of Natural History*）。篇幅与本书差不多，也是多作者文集，作者们所在学术领域相近。两文集都不强调体系的完整性，但力求对博物学的某些侧面有一定程度的描述。剑桥的这部文集极大地推动了全球范围博物学史、博物学文化的研究。我们的文集是面向中国读者的，虽然水平极有限，但作者也努力给出自己的一种二阶博物叙述方式，迈出这一步不容易，也希望人们感兴趣。

研究历史，特别是西洋的文化史，不可避免有着实用的考虑，没有必要避讳。确实想借此推动中国的博物学文化复兴，它是整个计划中的一个组成部分。积累一定经验，有了叙事框架后，可以考虑研究中国历史上的博物学文化。中国传统文化并不缺少博物的内容，但准确把握、评价却很难。可以粗略地说，修身、齐家、治国、平天下诸层面与博物活动都可呼应起来。博物活动是"成人"（人之为动物、为人）的一种方式。个体博物有利于身心健康，满足兴趣爱好，提高个人觉悟。博物重在夫妇亲子于日常居家生活中身体力行，潜移默化。博物活动可令我们对家园感觉亲切、记忆深刻，可令学子事业有成之时想着回报故乡。博物培育长程权衡，有利于保护祖国绿水青山，做到天人系统可持续生存。

博物亦有利于人类突破种族、国家以及人这个物种的狭隘观念，充分意识到在更大的命运共同体中人与人、人与自然协调演化的必要性。当然，这一切都是可能或者有利于，而非必然。能治国平天下者，鲜矣，而热爱大自然，推动共同体和平、和谐发展，确实人人可以参与。

具体到 STS 领域，博物学文化视角的加入也有助于拓展视野。在我国以及在世界上许多地方，人们在热闹地讨论着 STS，其中第一个 S 指科学，第二个 S 指社会，T 指技术。现代科技的突飞猛进，影响巨大，关涉人自身的发展，也关涉人以外其他物种、无机界的演化。STS 学科群中最早成熟的学科是科学哲学，然后是科学史、科学社会学和技术哲学，接着诞生了把科学—技术—医学—社会等联系起来研究的综合性学科或学术领域，其中的一个目的就是要理解有如此影响力的科技。各子学科相继登台，人们看到研究范围的扩展，问题的增多和交织，但是其中也有东西在弱化和丢失，比如本体论、自然观问题。在 STS 中，科技、社会都得到了应有的重视，而自然本身却被无意中抛弃。可持续发展、环境教育等对此有一定补充，却未能好好地反思科技。STS 早先其实并不反思科技，后来有不同程度反思，却仍囿于学科相关的局部分问题论道，并未回到文化、文明、生存层面来反思和行动。推进 STS 和科学史研究的一种建议是，把 STS 扩展为 NSTS，其中 N 指自然（nature）。

可是，现在人文学者或大众能探索大自然吗？这是一个问题。按科学主义或现代性的逻辑，探索大自然，讨论自然观、本体论，只能依据科学，即从科学的角度进行探究。人文学者早已本能地意识到这不是自己的强项，如果还承认有此使命的话，那么这部分工作必然外移，转让给或者被迫交给科学家来做。科学家制造知识，并没时间理会普通人这点可怜的需求，于是任务落到了科普工作者头上。现实中，一些科普工作者告诉民众转基因生物是否有问题、"三聚氰胺奶"能不能喝、环境是否变差、癞蛤蟆上街是怎么回事。一句话，科学和科普告诉人们大自然如何运作，世界看起来什么样或者说世界图景怎样，哲学以及其他学科都没有太大发言权，也不敢主张自己有任何发言权。但是，大自然的运作、环境、生态、天人系统可持续发展诸问题，真实存在，关系到每一个主体（agent）的利益，并非天然归科学管。任何生物都要先通过自己的感官接触、了解外部世界，人本来也如此。

充满悖论的是，科技越发达，个体的人越显得渺小、胆怯。即使大家都同意人们归根结底都生存在在大自然中，现在普通人与大自然之间的通道基本上被关闭了，人类自然感受外部世界的能力在退化。稍弱化一点，可以承认民众对自然之感受的价值，但其中没有"智识"可言。

早在 19 世纪，恩格斯就在《自然辩证法》中讨论了人与自然的关系问题，而且给出了极为生动的描述，西方 STS 关注环境问题要比这个晚许多（通常并不提及优先权）。苏联和中国也沿这本书的名字而发展出一个大学科，此时正在衰落。回想过去的一百多年，有些研究深化了，但是恩格斯提出的核心问题反而不见了。值得注意的是，他说的是自然辩证法，而不是科学辩证法、科技辩证法或者 STS 辩证法。自然哪儿去了？隐含在其他事物之中，悄悄交给了专业团体。

需要理论思考和现实关注，甚至包括对人类未来、地球未来的憧憬，才能意识到这个现实窘境。重启博物学，涉及人为何物，人如何理性地、有尊严地生存的大问题。复兴博物学，决不是多发几篇学术论文、申请更多项目的问题，二阶研究必须与一阶实践紧密结合。Living as a naturalist（像博物学家一样生活）不算很苛刻的要求，对于我们的祖先它是一项自然而然的日常生活，对于我们则先要解决人生观问题才有可能操作。

复兴博物学，就是要延续一个古老的文化传统、认知传统。每个人都有感受、探究大自然的权利，并且在此过程中获得洞见，然后将相关洞见运用于对未来的筹划。唯有如此，才能避免资本和权力对智识活动的绑架而使人过分在乎小尺度算计、丧失宏观判断力。维系大的共同体的可持续生存，是人这个物种的道德义务。如果还原论还有一点道理的话，就需要每个人明确生活态度，选择生活方式，在多尺度上进行价值权衡。

有人可能会担心，这样的呼吁是不是故意把事情对立起来，或者说故意与当今主流科学过不去？其实完全不是这样。坚强、高大、占主流的科技界应当放心，这种争取平衡的努力不会伤及科学共同体，长远看还有利于科技发展。复兴博物学，是顺生而非逆生，是在做加法，并未动了科技界的奶酪。况且，我们鼓励博物爱好者虚心向科学、科学家学习，尽可能了解最新科技进展。

复兴博物文化传统，任重道远，不是历史实在论意义上的嗜古、复古，而是通过一阶与二阶并重，建构一种新文化。就 NSTS 而言，现在再讨论的 N 不是早期西方哲学本体论式的玄学构思，也不是当代科普意义上的讲故事，而是在主动吸收科技成果的基础上，融合个体的亲身实践，力图描述出多元的世界图景，理清我们自身与大自然之间的情感、审美和伦理关系。

培根、马克思、胡塞尔、萨特、海德格尔、福柯之学术，无不源于对自己所处时代尖锐实际问题的回应，他们有担当有使命感，提出了有特色的思想，所谓"时代精神"也。今日社会，人类和大自然面对"智力军备竞赛"和"资本增殖冲动"的挑战，学人需要不断反省：什么是文明？怎样的生活是好的？多少现代性教育算够？长达十几年甚至二十几年的正规教育是如何把一个自然人变成有教养、有文化、有竞争力的螺丝钉的？学人需要批判科学主义以及数理—还原论意义上的科学本身。这种科学是胡塞尔所说的导致危机的那种智力活动。这类科学和技术高效却"不真实"。理论产生之初它就不真实，因为孤立对象、建模都要大大简化复杂的情境；应用之时亦不真实，因为复杂的现实世界并不严格适合"简化出来的因果关系"。不真实却有操作之冲动，只能勉强为之，引发问题。前者导致理论失真，后果并不严重，最多是出来一批糟糕的科学、伪科学；后者则直接伤害经验世界，影响你我他和整体大自然。理论要么完全烂，烂到一点用也没有，那样的话也不至于伤害什么；要么极其完善，原则上也不会伤害世界。实际情况介于其间，不断勾起人们改进的新冲动，这种过程美其名曰"进步"。问题多从来不是问题，反而激发了斗志，找到进一步"发展"的理由。

现在提倡博物学文化，大约会遭到自以为掌握真理的聪明人的嘲笑，以为是一场反智闹剧。不过，重要的也许不是精英吆喝什么，而是广大民众最终愿意相信什么。

老子说："智慧出，有大伪"。物极必反。聪明反被聪明误。此智慧此聪明，并非真智慧真聪明，不过高举着好招牌罢了。

特别感谢中国人民大学刘大椿教授、清华大学吴彤教授对本课题的支持和帮助。

2017 年 2 月 10 日初稿
2018 年 4 月 20 日修订

科学元典丛书

即将出版

博物文库

生态与文明系列

自然博物馆系列